U0185041

国家出版基金资助项目
现代数学中的著名定理纵横谈丛书
丛书主编　王梓坤

KOLMOGOROV TYPE COMPARISON THEOREM
—FUNCTION APPROXIMATION THEORY(I)

Kolmogorov型比较定理
——函数逼近论（上）

孙永生 著

HITP 哈爾濱工業大學出版社
HARBIN INSTITUTE OF TECHNOLOGY PRESS

内容简介

本书分为上下册，共十章，上册六章，下册四章. 前四章是实变函数逼近论的经典问题的基础知识，其中特别注意用近代泛函分析的观点和方法统贯材料. 后六章是本书的重点所在，系统地介绍了逼近论在现代发展中出现的两个新方向——宽度论和最优恢复论.

本书可供高等学校基础数学、计算数学专业的高年级大学生以及函数论方向的研究生作教材或参考书，亦可供有关研究人员参考.

图书在版编目(CIP)数据

Kolmogorov 型比较定理：函数逼近论. 上/孙永生著. —哈尔滨：哈尔滨工业大学出版社，2021.1

（现代数学中的著名定理纵横谈丛书）

ISBN 978-7-5603-7867-1

Ⅰ. ①K… Ⅱ. ①孙… Ⅲ. ①函数逼近论-高等学校-教材 Ⅳ. ①O174.41

中国版本图书馆 CIP 数据核字(2018)第 302932 号

策划编辑　刘培杰　张永芹
责任编辑　张永芹　陈雅君
封面设计　孙茵艾
出版发行　哈尔滨工业大学出版社
社　　址　哈尔滨市南岗区复华四道街 10 号　邮编 150006
传　　真　0451-86414749
网　　址　http://hitpress.hit.edu.cn
印　　刷　黑龙江艺德印刷有限责任公司
开　　本　787 mm×960 mm　1/16　印张 39.5　字数 455 千字
版　　次　2021 年 1 月第 1 版　2021 年 1 月第 1 次印刷
书　　号　ISBN 978-7-5603-7867-1
定　　价　88.00 元

⊙代序

读书的乐趣

你最喜爱什么——书籍.

你经常去哪里——书店.

你最大的乐趣是什么——读书.

这是友人提出的问题和我的回答.真的,我这一辈子算是和书籍,特别是好书结下了不解之缘.有人说,读书要费那么大的劲,又发不了财,读它做什么?我却至今不悔,不仅不悔,反而情趣越来越浓.想当年,我也曾爱打球,也曾爱下棋,对操琴也有兴趣,还登台伴奏过.但后来却都一一断交,"终身不复鼓琴".那原因便是怕花费时间,玩物丧志,误了我的大事——求学.这当然过激了一些.剩下来唯有读书一事,自幼至今,无日少废,谓之书痴也可,谓之书橱也可,管它呢,人各有志,不可相强.我的一生大志,便是教书,而当教师,不多读书是不行的.

读好书是一种乐趣,一种情操;一种向全世界古往今来的伟人和名人求教的方法，一种和他们展开讨论的方式；一封出席各种活动、体验各种生活、结识各种人物的邀请信；一张迈进科学宫殿和未知世界的入场券；一股改造自己、丰富自己的强大力量.书籍是全人类有史以来共同创造的财富，是永不枯竭的智慧的源泉.失意时读书，可以使人重整旗鼓；得意时读书，可以使人头脑清醒；疑难时读书，可以得到解答或启示；年轻人读书，可明奋进之道；年老人读书，能知健神之理.浩浩乎！洋洋乎！如临大海，或波涛汹涌，或清风微拂，取之不尽，用之不竭.吾于读书，无疑义矣，三日不读，则头脑麻木，心摇摇无主.

潜能需要激发

我和书籍结缘，开始于一次非常偶然的机会.大概是八九岁吧，家里穷得揭不开锅，我每天从早到晚都要去田园里帮工.一天，偶然从旧木柜阴湿的角落里，找到一本蜡光纸的小书，自然很破了.屋内光线暗淡，又是黄昏时分，只好拿到大门外去看.封面已经脱落，扉页上写的是《薛仁贵征东》.管它呢，且往下看.第一回的标题已忘记，只是那首开卷诗不知为什么至今仍记忆犹新：

日出遥遥一点红，飘飘四海影无踪.

三岁孩童千两价，保主跨海去征东.

第一句指山东，二、三两句分别点出薛仁贵(雪、人贵).那时识字很少，半看半猜，居然引起了我极大的兴趣，同时也教我认识了许多生字.这是我有生以来独立看的第一本书.尝到甜头以后，我便千方百计去找书，向小朋友借，到亲友家找，居然断断续续看了《薛丁山征西》《彭公案》《二度梅》等，樊梨花便成了我心中的女英雄.我真入迷了.从此,放牛也罢,车水也罢,我总要带一本书,还练出了边走田间小路边读书的本领,读得津津有味,不知人间别有他事.

当我们安静下来回想往事时,往往会发现一些偶然的小事却影响了自己的一生.如果不是找到那本《薛仁贵征东》,我的好学心也许激发不起来.我这一生,也许会走另一条路.人的潜能,好比一座汽油库,星星之火,可以使它雷声隆隆、光照天地;但若少了这粒火星,它便会成为一潭死水,永归沉寂.

抄,总抄得起

好不容易上了中学,做完功课还有点时间,便常光顾图书馆.好书借了实在舍不得还,但买不到也买不起,便下决心动手抄书.抄,总抄得起.我抄过林语堂写的《高级英文法》,抄过英文的《英文典大全》,还抄过《孙子兵法》,这本书实在爱得狠了,竟一口气抄了两份.人们虽知抄书之苦,未知抄书之益,抄完毫末俱见,一览无余,胜读十遍.

始于精于一,返于精于博

关于康有为的教学法,他的弟子梁启超说:"康先生之教,专标专精、涉猎二条,无专精则不能成,无涉猎则不能通也."可见康有为强烈要求学生把专精和广博(即"涉猎")相结合.

在先后次序上,我认为要从精于一开始.首先应集中精力学好专业,并在专业的科研中做出成绩,然后逐步扩大领域,力求多方面的精.年轻时,我曾精读杜布(J. L. Doob)的《随机过程论》,哈尔莫斯(P. R. Halmos)的《测度论》等世界数学名著,使我终身受益.简言之,即"始于精于一,返于精于博".正如中国革命一样，必须先有一块根据地，站稳后再开创几块，最后连成一片.

丰富我文采，澡雪我精神

辛苦了一周，人相当疲劳了，每到星期六，我便到旧书店走走，这已成为生活中的一部分，多年如此. 一次，偶然看到一套《纲鉴易知录》，编者之一便是选编《古文观止》的吴楚材. 这部书提纲挈领地讲中国历史，上自盘古氏，直到明末，记事简明，文字古雅，又富于故事性，便把这部书从头到尾读了一遍. 从此启发了我读史书的兴趣.

我爱读中国的古典小说，例如《三国演义》和《东周列国志》. 我常对人说，这两部书简直是世界上政治阴谋诡计大全. 即以近年来极时髦的人质问题（伊朗人质、劫机人质等），这些书中早就有了，秦始皇的父亲便是受害者，堪称"人质之父".

《庄子》超尘绝俗，不屑于名利. 其中"秋水""解牛"诸篇，诚绝唱也.《论语》束身严谨，勇于面世，"己所不欲，勿施于人"，有长者之风. 司马迁的《报任少卿书》，读之我心两伤，既伤少卿，又伤司马；我不知道少卿是否收到这封信，希望有人做点研究. 我也爱读鲁迅的杂文，果戈理、梅里美的小说. 我非常敬重文天祥、秋瑾的人品，常记他们的诗句："人生自古谁无死，留取丹心照汗青""休言女子非英物，夜夜龙泉壁上鸣". 唐诗、宋词、《西厢记》《牡丹亭》，丰富我文采，澡雪我精神，其中精粹，实是人间神品.

读了邓拓的《燕山夜话》，既叹服其广博，也使我动了写《科学发现纵横谈》的心. 不料这本小册子竟给我招来了上千封鼓励信. 以后人们便写出了许许多多的“纵横谈”.

从学生时代起,我就喜读方法论方面的论著.我想,做什么事情都要讲究方法,追求效率、效果和效益,方法好能事半而功倍.我很留心一些著名科学家、文学家写的心得体会和经验.我曾惊讶为什么巴尔扎克在51年短短的一生中能写出上百本书,并从他的传记中去寻找答案.文史哲和科学的海洋无边无际,先哲们的明智之光沐浴着人们的心灵,我衷心感谢他们的恩惠.

读书的另一面

以上我谈了读书的好处,现在要回过头来说说事情的另一面.

读书要选择.世上有各种各样的书:有的不值一看,有的只值看20分钟,有的可看5年,有的可保存一辈子,有的将永远不朽.即使是不朽的超级名著,由于我们的精力与时间有限,也必须加以选择.决不要看坏书,对一般书,要学会速读.

读书要多思考.应该想想,作者说得对吗?完全吗?适合今天的情况吗?从书本中迅速获得效果的好办法是有的放矢地读书,带着问题去读,或偏重某一方面去读.这时我们的思维处于主动寻找的地位,就像猎人追找猎物一样主动,很快就能找到答案,或者发现书中的问题.

有的书浏览即止,有的要读出声来,有的要心头记住,有的要笔头记录.对重要的专业书或名著,要勤做笔记,“不动笔墨不读书”.动脑加动手,手脑并用,既可加深理解,又可避忘备查,特别是自己的灵感,更要及时抓住.清代章学诚在《文史通义》中说:“札记之功必不可少,如不札记,则无穷妙绪如雨珠落大海矣.”

许多大事业、大作品,都是长期积累和短期突击相结合的产物.涓涓不息,将成江河;无此涓涓,何来江河?

爱好读书是许多伟人的共同特性,不仅学者专家如此,一些大政治家、大军事家也如此.曹操、康熙、拿破仑、毛泽东都是手不释卷,嗜书如命的人.他们的巨大成就与毕生刻苦自学密切相关.

王梓坤

⊙ 前言

本书是根据作者在北京师范大学数学系给历届函数论专业的研究生讲课的讲稿整理而成的. 前四章简要介绍了实变逼近论的基础知识,包括 Chebyshev 逼近的基础理论知识和线性卷积算子逼近的某些内容. 这一部分材料基本上是逼近论从 19 世纪末到 20 世纪 50 年代末的成果,其中有一部分内容已经成为经典,在很多已出版的逼近论的著作中都能找到. 本书对这部分材料的处理的想法提出以下两点:第一,我们力求运用泛函分析的观点和方法,在赋范线性空间的框架之内对 Chebyshev 逼近的古典材料给出统一处置,特别突出了对偶定理的作用. 第二,我们综合介绍了一些最佳逼近的经典课题(主要是三角多项式逼近和代数多项式逼近),研究了近些年来的发展状况,特别介绍了我国逼近论工作者在这一领域内取得的一些成果.

后六章是本书的重点，其内容是介绍逼近论在现代发展中出现的两个方向——宽度论和最优恢复论.

逼近论中宽度问题的研究肇端于 A. N. Kolmogorov 发表于 1936 年的开创性工作. 但是在这以后直到 20 世纪 50 年代末，这一问题的研究基本上处于停滞状态. 从 1959 年开始，V. M. Tikhomirov 发表了一系列关于宽度问题的论文，促使这一方面的研究活跃了起来，逐渐形成了逼近论中的一个新的研究方向. 近些年来这一方向的研究已经积累了十分丰硕的成果，我们可以列举以下几个方面：第一，在相当广泛的抽象空间内建立了系统的点集宽度理论. 第二，完成了对一些重要函数类的宽度的定量估计，包括一些细致而深刻的精确常数估计. 第三，对一批重要函数类的宽度找出了极子空间并构造了最佳的逼近工具，特别值得指出的是揭示了样条子空间和样条插值在解决这类问题中的突出作用. 第四，建立了宽度理论和一些别的数学分支理论之间的联系. 比如，A. N. Kolmogorov，K. I. Babenko，Jerome，Schumaker，Ismagilov 等人的工作阐明了 Hilbert 空间内点集宽度问题和线性自伴算子的本征值和本征向量问题的联系；Pietsch，Triebel 的工作揭示了宽度理论和 Banach 空间内算子插值理论的联系；V. M. Tikhomirov 的工作揭示了 Sobolev 类的宽度问题和非线性微分算子本征值问题的联系；以及 Micchelli，Traub 等人所阐明的宽度问题和计算复杂度问题的联系，等等.

促使宽度问题的研究趋于活跃的一个重要背景是数值分析和应用数学的需要. 数学物理问题的近似求解是应用数学和数值分析的重要组成部分. 当代科学

技术的发展是许多数学物理问题的源泉.数学物理问题一般以各种提法的算子方程的求解问题出现,而算子是抽象空间内无穷维点集间的映射.这类问题作为计算数学的研究对象,其第一步是对问题的离散化处置.离散化处置的一个基本环节在于对算子的定义域和值域的离散化,即先把它们分解成一些紧集的并,然后用一定类型的有限维紧集去近似地代替无限维(紧)集.这种一定类型的有限维点集一般并不唯一,而构成一个集族,若需在集族之内加以选择,以得到"最优的"离散化方案,就引导出这样或那样意义下的宽度概念.粗略地讲,点集宽度是点集在一定意义下"最优的"离散化的一个数量特征,集族的选择不同,赋予"最优性"不同的具体含义,就可促使建立各种不同意义的点集宽度概念.宽度概念并不仅仅限于函数逼近论中提出来的几种.拓扑学中有 P. S. Alexandrov 的 A 宽度,数值逼近中的网格宽度等,都有重要的实际意义.宽度问题研究的理论成果可以为数学物理问题的近似求解选择"最优的"求解方案提供理论分析基础.近年来,越来越多的数值分析学者对宽度理论感兴趣.苏联著名的函数论和数值分析专家,科学院院士 K. I. Babenko 教授在 1985 年的"Успехи Математических Наук"上发表长篇综述文章,从逼近论和数值分析广泛结合的角度出发,论述了宽度、度量熵概念对数值分析的意义,并且提出了一系列值得研究的课题.苏联在 1986 年出版了 K. I. Babenko 的著作《数值分析基础》一书,其中把宽度和熵列为数值分析理论基础的重要概念而给以相当详细的介绍.这是很值得注意的.

20 世纪 70 年代国际上一些逼近论和数值分析的

学者提出了最优恢复理论(最优算法论),其要旨在于根据一类对象的一定信息构造算法以实现对该类对象的“最有效”的逼近.推出这一理论的实际背景是:在快速电子计算机的使用中,计算的问题的信息量要求大、精度要求高、速度要求快和机器本身在计算速度、存储量等条件的限制之间存在着矛盾,对矛盾着的诸多因素的综合处理促使提出计算复杂性问题的研究,它属于计算机科学.相应地,在数学上促使提出研究一类新型的极值问题,这就要求在根据一定信息构造的一类近似计算方案(算法)中寻求最优方案(最优算法).这类问题在数值分析和应用数学中有着广泛的背景.数值积分、插值、函数逼近、算子方程的近似求解等方向在它们的长期发展中为最优恢复概念的形成提供了条件.我们可以提出对最优恢复的形成和发展产生了重要影响的早期的工作.Sard,Nikolsky 在 20 世纪 50 年代初关于最优数值积分公式方面的工作,Golumb,Weinberg 在 1959 年关于最优逼近方面的工作,Tikhonov,Ivanov,Morozov 等从 20 世纪 60 年代开始的关于非适定算子方程的最优调整的系列工作,Smolyak,Bakhvalov 关于线性泛函的线性最优算法的工作,等等.1977 年 Micchelli 和 Rivlin 发表了《最优恢复综述》的长篇论文,1980 年出版了 Traub 和 Wozniakowski 的专著 *General Theory of Optimal Algorithm* 一书,推动了这一方向的形成和发展.这一方向提出的极值问题一般相当艰深,它们的解决需要综合运用现代数学的各种工具和技巧.以最优求积问题为例,可微函数类 W_p^1 上最优求积公式在一般提法下的存在性、唯一性和构造问题,构造问题就是一个非常复杂的问题.要解决这个问题,除了使用传统的经典分析工具以外,还必须用到非线性泛函和拓扑学理论等一些深刻的现代数学工具方能奏效.

综上所述,可以看出宽度论和最优恢复论是逼近论中既有理论意义,又有实际背景和应用前景的两个重要方向.出版一本以介绍这两个方向为主要内容的逼近论的书籍不是多余的.本书就是为了适应这一目的而做的一种尝试.

本书的第五章至第八章介绍了宽度理论.第五章是通论,在赋范线性空间的框架下叙述 Kolmogorov 宽度、Gelfand 宽度和线性宽度的基本理论.第六章介绍 $\mathscr{L}$—样条的极值性质.这里主要介绍了 Landau-Kolmogorov不等式的一种扩充形式及其与逼近问题的联系.这一方向的基本结果是苏联学派做的,已经系统地总结在 Н. П. Корнейчук 的两本专著《逼近论的极值问题》《带限制的逼近》中了.我们的工作是把这些基本结果扩充到由任意实系数的常微分算子 $P_n(D)=D^n+\sum_{i=1}^{n}a_jD^{n-j}$ 确定的函数类上.这一扩充显示了由 $P_n(D)$确定的可微函数类上的一些极值问题的解和 $\mathscr{L}$—样条的深刻联系.这一扩充的意义,通过 Chahkiev 和房艮孙的工作得到了明确.第七章介绍以广义 Bernoulli 函数为卷积核的周期卷积类上的宽度估计的精确结果,包括常义下的宽度和单边逼近意义下的宽度估计问题.这部分内容是孙永生、黄达人和房艮孙共同工作的结果的总结,它扩充了苏联学派和 A. Pinkus 等外国学者的结果.这一扩充的意义在于沟通了周期可微函数类和以 CVD 核或 B—核构成的周期卷积类之间的极值问题的联系.第八章主要介绍 Micchelli 和 Pinkus 所建立的全正核(非周期的)的宽度理论.本书

第九章和第十章介绍了最优恢复理论.第九章是通论，系统地介绍了在赋范线性空间内的最优恢复的基本概念和一般性结果.第十章主要介绍了一个具体的研究方向——最优求积公式问题.这里不仅介绍了有关这一问题的结果,还结合了结果的陈述扼要地介绍了非线性泛函和拓扑学等近代数学工具的应用.

由于本书内容涉及的方面比较广泛,不可能做到自给自足,有些相关的问题只好请读者参考以下几本专著:

1. A. Pinkus, n-Widths in Approximation Theory, Springer-Verlag, 1985.

2. 考涅楚克,逼近论的极值问题,孙永生译,上海科技出版社,1982.

3. Н. П. Корнейчук 等, Аппроксимация с ограничениями, Киев, 1982.

为了便于读者查阅,我们在每一章最后都写了一节"注和参考资料".

本书分上、下两册出版.上册共六章,孙永生著;下册共四章,孙永生、房艮孙合著.限于作者的水平,加以仓促成书,疏漏和不当之处在所难免,希望国内专家和读者给予指正.

作者谨识

目录

线性赋范空间内的最佳逼近问题(Ⅰ)

第一章

§1 基本概念

在本章内以实数域**R**或复数域**C**为标量域的赋范线性空间记作$(X,\|\cdot\|)$,$(Y,\|\cdot\|)$,….

定义 1.1.1 给定$(X,\|\cdot\|)$的非空子集F.当考虑以这样或那样的方式从F中选择元素作为X中的元素的近似表示时,称F为X内的一个逼近集.

取定$x\in X$,逼近集F内的元素u若被取作x的近似物,其偏差是$\|x-u\|$.经常遇到的一种F对x的逼近方式是:要求u在F内变动,使$\|x-u\|$尽可能地小.此时导致引入量

$$e(x,F)=\inf_{u\in F}\|x-u\| \tag{1.1}$$

称为 F 对定元 x 的最佳逼近.

若有 $u_0 \in F$ 使 $e(x,F)=\|x-u_0\|$,则称 u_0 是 x 在 F 内的最佳逼近元. x 在 F 内的最佳逼近元的全体记作 $\mathscr{L}_F(x)$,称为 x 在 F 内的最佳逼近元集. 应该注意,可能有 $\mathscr{L}_F(x)=\varnothing$.

定义 1.1.2

存在性集 若对每一 $x\in X$ 都有 $\mathscr{L}_F(x)\neq\varnothing$,则称 F 是 X 内的存在性集.

唯一性集(半 Chebyshev 集) 若对每一 $x\in X$, $\mathscr{L}_F(x)$ 是单点集或空集,则称 F 是 X 内的唯一性集.

Chebyshev **集**(存在唯一性集) 若对每一 $x\in X$, $\mathscr{L}_F(x)$ 都是单点集,则称 F 为 X 内的 Chebyshev 集.

定义 1.1.3

最佳逼近泛函 若已知 $X\supset F\neq\varnothing$, $e(x,F)$ 是 $X\to\mathbf{R}$ 的映射,则称 $e(x,F)$ 为最佳逼近泛函.

度量投影 当 F 是一存在性集时,任取 $x\in X$,在 $\mathscr{L}_F(x)$ 内指定一个元 y 作为 x 的象,这样的映射统称为 X 到 F 上的度量投影(或称最佳逼近算子),记作 P_F. 除非 F 是唯一性集,否则 P_F 并不唯一确定.

下面是两个最简单的例子.

例 1.1.1

$$X=\mathbf{R}_2^2=\{x=(x_1,x_2)\mid \|x\|=(x_1^2+x_2^2)^{\frac{1}{2}}, x_1,x_2\in\mathbf{R}\}$$

$$F=\{(x_1,0)\mid x_1\in\mathbf{R}\}\subset\mathbf{R}_2^2$$

是 Chebyshev 集,但 $F\backslash\{(0,0)\}$ 是半 Chebyshev 集.

例 1.1.2

$$X=\mathbf{R}_\infty^2=\{x=(x_1,x_2)\mid \|x\|$$

$$= \max(|x_1|, |x_2|), x_1, x_2 \in \mathbf{R}\}$$

$$F = \{x \in \mathbf{R}^2_\infty \mid \|x\| = 1\}$$

是存在性集,但不是唯一性集.事实上,$x=(2,0)$ 的最佳逼近元集为

$$\mathscr{L}_F(x) = \{(x_1, x_2) \mid x_1 = 1, |x_2| \leqslant 1\}$$

本章要讨论的问题是:线性赋范空间内什么集合是存在性集、唯一性集、Chebyshev 集?我们在下一节先讨论存在性集的问题.

§2　线性赋范空间内最佳逼近元的存在定理

本节给出判断存在性集的一些充分条件.

引理 1.2.1　线性赋范空间内的存在性集是闭集.

证　设 $F \subset X$ 是存在性集,F 的闭包是 $\overline{F}$.若 $\overline{F} \neq F$,则对每一 $x \in \overline{F} \backslash F$ 有 $e(x, F) = 0$,但 $\mathscr{L}_F(x) = \varnothing$,得到矛盾.

定理 1.2.1　设 $X \supset F \neq \varnothing$,$F$ 是 X 内局部列紧的闭集,则 F 是 X 内的存在性集.

证　只需对每一 $x \in X \backslash F$ 证明 $\mathscr{L}_F(x) \neq \varnothing$ 就够了.为此,我们首先要指出:存在元素序列 $\{u_n\} \subset F$ 满足 $\lim\limits_{n \to +\infty} \|x - u_n\| = e(x, F)$.比如,对每一 $n \in \mathbf{Z}_+$,有 $u_n \in F$ 使

$$e(x, F) \leqslant \|x - u_n\| < e(x, F) + n^{-1}$$

这样的 $\{u_n\}$ 就满足上述要求(满足上述要求的序列 $\{u_n\}$ 统称为 x 在 F 内的最小化序列).$\{u_n\}$ 有界,因为有

$$\begin{aligned}\|u_n\| &\leqslant \|x-u_n\|+\|x\| \\ &\leqslant \|x\|+e(x,F)+1\end{aligned}$$

故根据局部列紧性,存在一收敛子列$\{u_{n_j}\}\subset\{u_n\}$,即对某个$u_0\in X$有

$$\lim_{j\to+\infty}\|u_{n_j}-u_0\|=0$$

由于F是闭集,$u_0\in F$,所以有

$$e(x,F)\leqslant\|x-u_0\|=\lim_{j\to+\infty}\|x-u_{n_j}\|=e(x,F)$$
$$\Rightarrow e(x,F)=\|x-u_0\|$$

即$u_0\in\mathscr{L}_F(x)$.

推论 $(X,\|\cdot\|)$的任一有限维线性子空间是存在性集.

例 1.2.1 $X=C[0,1]$是$[0,1]$上实值连续函数的全体,任取$f\in C[0,1]$,赋以一致范数$\|f\|_C=\max\limits_{0\leqslant x\leqslant 1}|f(x)|$.取

$$F=P_n\overset{\text{df}}{=\!=}\{p_n(x)\text{是次数小于或等于}n-1\text{的代数多项式}\}$$

考虑

$$e(f,P_n)=\inf_{p_n\in P_n}\|f-p_n\|_C$$

存在一多项式$p_n^*\in P_n$使$e\{f,P_n\}=\|f-p_n^*\|_C$. p_n^*是f在P_n内的最佳一致逼近多项式.

例 1.2.2 在定理 1.2.1 的推论中,有限维线性子空间不能改成无限维的,即使是闭的线性子空间.下例取自[19].

取$X=C_0$,C_0是由趋于零的实数序列$f=(\xi_1,\cdots,\xi_n,\cdots)$构成,赋范$\|f\|=\max\limits_n|\xi_n|$. C_0对此范数构成一个B空间.取

$$F=\{f\mid f=(\xi_1,\cdots,\xi_n,\cdots),\sum_{n=1}^{+\infty}\frac{\xi_n}{2^n}=0\}$$

F 是 C_0 内的无限维的闭线性子空间. F 是闭集可以验证如下:

若有 $f_k\in F$, $\|f_k-f\|\to 0$,记

$$f_k=(\xi_1^{(k)},\cdots,\xi_n^{(k)},\cdots),f=(\xi_1,\cdots,\xi_n,\cdots)$$

已知 $\sum\limits_{n=1}^{+\infty}\xi_n^{(k)}/2^n=0(\forall k\in\mathbf{Z}_+)$,则

$$\left|\sum_{n=1}^{+\infty}\frac{\xi_n}{2^n}\right|=\left|\sum_{n=1}^{+\infty}\frac{\xi_n-\xi_n^{(k)}}{2^n}\right|$$
$$\leqslant\sum_{n=1}^{N}\frac{|\xi_n-\xi_n^{(k)}|}{2^n}+\sum_{n=N+1}^{+\infty}\frac{|\xi_n-\xi_n^{(k)}|}{2^n}$$

对任一 $N\in\mathbf{Z}_+$ 成立. 存在一正数 C 使

$$|\xi_n-\xi_n^{(k)}|\leqslant C,\forall n,k\in\mathbf{Z}_+$$

所以有

$$\sum_{n=N+1}^{+\infty}\frac{|\xi_n-\xi_n^{(k)}|}{2^n}\leqslant C\sum_{n>N}\frac{1}{2^n}=\frac{C}{2^N}$$

$\forall\varepsilon>0,\exists k_0\in\mathbf{Z}_+$,对任何 $k\geqslant k_0$ 有

$$\sum_{n=1}^{N}\frac{|\xi_n-\xi_n^{(k)}|}{2^n}<\varepsilon\sum_{n=1}^{N}\frac{1}{2^n}<\varepsilon$$

从而得

$$\left|\sum_{n=1}^{+\infty}\frac{\xi_n}{2^n}\right|<\varepsilon+\frac{C}{2^N}\Rightarrow\sum_{n=1}^{+\infty}\frac{\xi_n}{2^n}=0$$

即 F 是闭集. 现证 $\forall g=\{\eta_1,\cdots,\eta_n,\cdots\}\in C_0\backslash F$,有 $\mathscr{L}_F(g)=\varnothing$. 置

$$\lambda=\sum_{k=1}^{+\infty}\frac{\eta_k}{2^k},\lambda\neq 0$$

在 F 内取一点列 $\{f_1,f_2,\cdots,f_n,\cdots\}$ 如下,即

$$f_1=-\frac{2}{1}(\lambda,0,0,\cdots)+g$$

$$f_2=-\frac{4}{3}(\lambda,\lambda,0,0,\cdots)+g$$

$$\vdots$$

$$f_n=-\frac{2^n}{2^n-1}(\underbrace{\lambda,\lambda,\cdots,\lambda}_{n\text{个}},0,0,\cdots)+g$$

则

$$\| f_n-g \| =\frac{2^n}{2^n-1}|\lambda|\to|\lambda|$$

所以有 $e(g,F)\leqslant|\lambda|$. 但在 F 内不存在一个点 g' 使 $\| g-g' \| \leqslant|\lambda|$. 事实上, $\forall f=(\xi_1,\cdots,\xi_n,\cdots)\in F$. 若有 $\| g-f \| \leqslant|\lambda|$, 注意到对 f 可以选取 $k_0\in\mathbf{Z}_+$ 使当 $k\geqslant k_0$ 时, 有 $|\xi_k-\eta_k|<\frac{1}{2}|\lambda|$, 则

$$\left|\sum_{k=1}^{+\infty}\frac{\eta_k}{2^k}\right|=\left|\sum_{k=1}^{+\infty}\frac{\eta_k-\xi_k}{2^k}\right|\leqslant\sum_{k=1}^{+\infty}\frac{|\eta_k-\xi_k|}{2^k}$$

$$\leqslant|\lambda|\sum_{k<k_0}\frac{1}{2^k}+\frac{1}{2}|\lambda|\sum_{k\geqslant k_0}\frac{1}{2^k}<|\lambda|$$

得到矛盾.

下面的两个定理给出了无限维点集成为存在性集的一些充分条件.

定理 1.2.2 自反的 B 空间内任一非空的弱闭集是存在性集.

证 设 $(X,\|\cdot\|)$ 是自反的 B 空间, $X\supset F\neq\varnothing$, F 是 W 闭集. 根据泛函分析(见[1]), 称 $x_n\xrightarrow{W}x$, 若 $\forall f\in X^*$ (X^* 是 X 的共轭空间) 有

$$\lim_{n\to+\infty}f(x_n)=f(x)$$

此处要用到自反空间的局部 W 列紧性(见[1], 第五章, §4 的 Eberlein-Shmulyan 定理). $\forall x\in X\backslash F$, x 在 F 内有最小化序列 $\{u_n\}$, 即满足 $e(x,F)=$

$\lim\limits_{n\to+\infty}\|x-u_n\|$. $\{u_n\}$是有界集，即有$C>0$，$\|u_n\|\leqslant C$. 根据 Eberlein-Shmulyan 定理，存在一子列$\{u_{n_j}\}\subset\{u_n\}$，满足

$$u_{n_j}\xrightarrow{W}x_0\in F, j\to+\infty$$

我们说$x_0\in\mathscr{L}_F(x)$. 事实上，由

$$\|x-x_0\|=\sup_{\substack{\|f\|\leqslant 1\\ f\in X^*}}|f(x-x_0)|$$

以及

$$f(x-x_0)=\lim_{j\to+\infty}f(x-u_{n_j})$$

得到

$$\|x-x_0\|\leqslant\lim_{j\to+\infty}\|x-u_{n_j}\|=e(x,F)$$

再由相反的不等式$e(x,F)\leqslant\|x-x_0\|$即得所求.

因为在线性赋范空间内强闭的凸集必为W闭集(见[1],第五章)，所以有：

推论　自反B空间内任一强闭凸集是存在性集. 特别地，自反B空间内任一闭线性子空间是存在性集.

例 1.2.2 说明，对于不是自反的B空间，推论一般不成立.

下面的定理给出了可分的线性赋范空间X的共轭空间X^*内点集能成为存在性集的一种充分条件. 它类似于定理 1.2.2 中的条件，只是要用X^*内序列的$^*W$收敛性代替W收敛性.

定理 1.2.3　若$(X,\|\cdot\|)$可分，$X^*\supset F\neq\varnothing$，$F$在$X^*$内$^*W$闭，则$F$是存在性集.

证　证明方法和定理 1.2.2 相仿. $\forall f\in X^*\backslash F$，$f$在$F$内的最小化序列为$\{f_n\}$，$\{f_n\}$是有界集. 根据$X^*$的局部$^*W$列紧性(见[2],第 254 页)，存在一个子

序列$\{f_{n_j}\}\subset\{f_n\}$满足$f_{n_j}\xrightarrow{{}^*W}f_0\in F$(因$F$是${}^*W$闭集). 由此得

$$e(f,F)\leqslant\|f-f_0\|\leqslant\lim_{j\to+\infty}\|f-f_{n_j}\|=e(f,F)$$

即$f_0\in\mathscr{L}_F(f)$.

以上三条抽象存在定理应用于具体函数空间上可以得出一系列具体结果，最重要的情形包括$X=L^p(Q,\Sigma,\mu)(1<p<+\infty)$,$F\subset L^p$是一闭凸集，$X=L^1(Q,\Sigma,\mu)$,$F\subset L^1$是有限维线性子空间，以及$X=C(Q)$($Q$在这里是一紧的 Hausdorff 空间，比如$Q=[a,b]$，或$T$即单位圆),$F\subset C(Q)$是有限维的线性子空间. 但是它们包含不了不属于线性集或凸集作为逼近集的情况. 比如，在$C[a,b]$内取有理函数集

$$R_{m,n}=\left\{\frac{P_m(x)}{P_n(x)}\mid m,n\in\mathbf{Z}_+\text{ 固定},\right.$$
$$P_i(x)\text{ 表示次数小于 } i \text{ 的多项式},$$
$$\left.\text{且分母 } P_n(x)\neq 0,\forall x\in[a,b]\right\}$$

$R_{m,n}$不是线性集，也不是凸集. 在$C[a,b]$内$R_{m,n}$是存在性集的事实不能从前面三个存在定理推出.

三个定理给出了判定存在性集的三种充分条件. 条件具有某种共性，它们是点集F具有：

(1) 一定意义下(强,W,${}^*W$)的闭性.

(2)X中的每一点在F内的任一最小化序列中都含有一定意义下(强,W,${}^*W$)的收敛子列.

(3) 范数在一定意义下(强,W,${}^*W$)的下半连续性.

定理中每一有界序列的局部(强,W,${}^*W$)紧致性保证(2)成立. 对这一条件的进一步分析，促使建立一

个重要概念.

定义 1.2.1　设 $X \supset F \neq \varnothing$. 如果任一 $x \in X \backslash F$ 在 F 内的每一个最小化序列中都含有(强) 收敛子列，其极限元属于 F,则称 F 为逼近性(强) 列紧集(ASC 集).

这一概念是 Efimov 和 Stêchkin 首先引入的(见[4]),随后,Breckner[5] 提出了逼近性 W 列紧集，Vlasov[6] 提出了逼近性 τ 列紧集(τ 是空间 X 内的一种拓扑结构). 这些概念的引入有助于对逼近性集的深入研究. 最广泛的概念是 Frank Deutsch[7] 在 1980 年引入的. 下面介绍 Deutsch 的某些概念. Deutsch 仍使用逼近性 τ 列紧集概念,但 τ 是某种满足一定正则条件的收敛方式,而不必是拓扑,详细地说有：

定义 1.2.2　已知$(X, \|\cdot\|)$. 称 X 的序列$\{x_n\}$ 是正则 τ 收敛,如果$x_n \xrightarrow{\tau} x$ 满足条件：

(1)τ 平移不变,即 $x_n \xrightarrow{\tau} x \Rightarrow \forall y \in X$ 有

$$x_n + y \xrightarrow{\tau} x + y$$

(2)τ 齐性,即 $x_n \xrightarrow{\tau} x \Rightarrow \forall \alpha \in \mathbf{R}$(或 $\mathbf{C}$),$\alpha x_n \xrightarrow{\tau} \alpha x$.

(3)τ 范数控制,即 $x_n \xrightarrow{\tau} x \Rightarrow \|x\| \leqslant \overline{\lim} \|x_n\|$.

容易验证,线性赋范空间内序列的强(依范) 收敛. W 收敛,其共轭空间内序列的 $^*W$ 收敛都属于正则 τ 收敛. 这三种情况下的收敛性都是拓扑的. 下面给出一个非拓扑的正则 τ 收敛的例子.

例 1.2.3[7]　T 是紧的 Hausdorff 空间. $C(T)$ 是定义在 T 上的实值连续函数集. $\{x_n(t)\} \subset C(T)$. 称 $x_n(t) \xrightarrow{\Delta} x(t) \in C(T)$,若存在一个子集 $T_0 \subset T$,

$\overline{T}_0$(闭包)$=T$,T_0 依赖于$\{x_n(t)\}$使

$$\lim_{n\to+\infty} x_n(t)=x(t),\forall t\in T_0$$

$C(T)$ 内序列的 Δ 收敛性是正则 τ 收敛,这容易验证,但 Δ 收敛不是拓扑的.

定义 1.2.3 称 $F\subset X$ 在 X 内是逼近性 τ 列紧集,若每一 $x\in X$ 在 F 内的任一最小化序列中都含有 τ 收敛子列,且其 τ 极限包含于 F 内.

F. Deutsch 证明了:

定理 1.2.4[7] 若 τ 在 X 上的正则序列收敛,$X\supset F\neq\varnothing$,$F$ 在 X 内逼近性 τ 列紧,则 F 是存在性集.

证明的基本步骤和前面三个定理无异,这里不重复.值得指出的是,定理1.2.4 不但包括了定理 1.2.1,定理 1.2.2,定理 1.2.3 作为特例,而且包括了三个定理包括不了的一些重要情形,例如,$R_{m,n}$ 在 $C[a,b]$ 内是存在性集.所以,定理 1.2.4 是有意义的.下面我们讨论 $R_{m,n}$ 在 $C[a,b]$ 内是存在性集的问题.先证:

引理 1.2.2 给定有理分式集

$$R_{m,n}=\left\{\frac{g}{h}\mid g\in P_m,h\in P_n,h(t)>0,a\leqslant t\leqslant b\right\}$$

则 $R_{m,n}$ 内每一有界序列内都含有 Δ 收敛的子序列,且其极限是 $R_{m,n}$ 内的函数.

证 设$\{r_k\}\subset R_{m,n}$,$r_k=g_m^{(k)}/h_n^{(k)}$,不妨限定 $\|h_n^{(k)}\|_C=1$.由假定,$\|r_k\|_C\leqslant M$.则由

$$|g^{(k)}(t)|=|r_k(t)|\cdot|h^{(k)}(t)|\leqslant M$$

知 $\|g^{(k)}\|_C\leqslant M$.故存在正整数子列$\{k_j\}$使$\{g_m^{(k_j)}\}$,$\{h_n^{(k_j)}\}$一致收敛,即存在$g_m^{(0)}\in P_m$,$h_n^{(0)}\in P_n$ 满足

$$\lim_{j\to+\infty}\|g_m^{(k_j)}-g_m^{(0)}\|_C=0$$

$$\lim_{j\to+\infty}\|h_n^{(k_j)}-h_n^{(0)}\|_C=0$$

由 $\| h_n^{(0)} \|_C = 1$,知 $h_n^{(0)}(t) \not\equiv 0$. 故在不等式

$$| g_m^{(k_j)}(t) | \leqslant M \cdot | h_n^{(k_j)}(t) |, t \in [a,b]$$

中,令 $j \to +\infty$ 得到

$$| g_m^{(0)}(t) | \leqslant M | h_n^{(0)}(t) |, t \in [a,b]$$

由此,对每一 $t_0 \in [a,b]$ 都有 $h_n^{(0)}(t_0) = 0$,同时有 $g_m^{(0)}(t_0) = 0$. 若把 $g_m^{(0)}(t)/h_n^{(0)}(t)$ 对应于在$[a,b]$内分子和分母的共同零点的公共因子消去,其结果记作 $r_n^{(0)}(t)$,那么 $r_n^{(0)} \in R_{m,n}$. 而且显然有

$$r_{k_j}(t) \xrightarrow{\Delta} r_n^{(0)}(t)$$

由此易证:

定理 1.2.5　$R_{m,n}$ 是 $C[a,b]$ 内的存在性集.

证　$\forall x(t) \in C[a,b] \backslash R_{m,n}$, $\{r_k(t)\}$ 是 $x(t)$ 在 $R_{m,n}$ 内的一个最小化序列,$\{r_k(t)\}$ 依 C 范数有界,故由引理 1.2.2,其中存在一个 Δ 收敛子序列 $\{r_{k_j}\}$, $r_{k_j} \xrightarrow{\Delta} r_0 \in R_{m,n}$. 所以 $x - r_{k_j} \xrightarrow{\Delta} x - r_0$,而且

$$\| x - r_0 \|_C \leqslant \overline{\lim_{j \to +\infty}} \| x - r_{k_j} \|_C = e(x, R_{m,n})$$

另一方面,有明显的不等式 $e(x, R_{m,n}) \leqslant \| x - r_0 \|_C$. 从而

$$\| x - r_0 \|_C = e(x, R_{m,n})$$

研究存在性问题的另一种方法是利用空间 X 的共轭空间 X^*,即借助对偶性. 这将在第二章内提到.

§3　线性赋范空间内最佳逼近元的唯一性定理

由 §2 看出,点集 F 是否是存在性集依赖于它的某种紧性. 本节讨论点集的半 Chebyshev 性质和

Chebyshev 性质. 将会看到：这依赖于 X 空间的范数(通过单位球反映出来)的构造. 本节引入两类有特殊结构的线性赋范空间.

我们知道空间$(X, \|\cdot\|)$的单位球

$$B=\{x \in X \mid \|x\| \leqslant 1\}$$

是凸集，即 $\forall x, y \in B, \forall \alpha \in [0,1]$，有

$$\alpha x+(1-\alpha) y \in B$$

定义 1.3.1 若 $\forall x, y \in B, x \neq y, \|x\|=\|y\|=1, \forall \alpha \in (0,1)$ 有 $\|\alpha x+(1-\alpha) y\|<1$，则称$(X, \|\cdot\|)$是严凸空间.(几何含义：球面上不含有线段)非严凸空间称为平凸空间.

下面先给出判断严凸性的几个等价条件.

定理 1.3.1 在$(X, \|\cdot\|)$内以下断语等价：

(1)X 严凸.

(2)$\forall x, y \in B, x \neq y, \|x\|=\|y\|=1 \Rightarrow \left\|\frac{x+y}{2}\right\|<1$.

(3)$\forall x, y \in X, x, y \neq 0, \|x+y\|=\|x\|+\|y\| \Rightarrow \exists c>0$ 使 $x=c y$.

证 (1)$\Leftrightarrow$(2) 是平凡的. 下面来证(1)$\Leftrightarrow$(3).

(1)$\Rightarrow$(3). 设 $\|\cdot\|$ 严凸. 任取 $x, y \in X, x, y \neq 0$，假定 $x \neq c y(\forall c>0)$，置 $x'=\|x\|^{-1} \cdot x, y'=\|y\|^{-1} \cdot y$，则 $x' \neq y'$，且 $\|x'\|=\|y'\|=1$. 故 $\forall \alpha \in (0,1)$ 有

$$\|\alpha x'+(1-\alpha) y'\|<1$$

取 $\alpha=\|x\| \cdot(\|x\|+\|y\|)^{-1}$，那么

$$1-\alpha=\|y\|(\|x\|+\|y\|)^{-1}$$

代入 $\|\alpha x'+(1-\alpha) y'\|<1$ 得

$$\left\|\frac{x+y}{\|x\|+\|y\|}\right\|<1$$

此即 $\|x+y\|<\|x\|+\|y\|$.

(3)⇒(1). $\forall x,y\in X,x\neq y$ 且 $\|x\|=\|y\|=1$,则 $\forall c>0$ 及 $\alpha\in(0,1)$ 有 $\alpha x\neq c(1-\alpha)y$. 由此,假定断语(3)成立,则对于满足 $x\neq y,\|x\|=\|y\|=1$ 的 x,y,由于 $\alpha x\neq c(1-\alpha)y,\forall c>0(\alpha\in(0,1))$,必有

$$\|\alpha x+(1-\alpha)y\|<\|\alpha x\|+\|(1-\alpha)y\|=1$$

这说明$(X,\|\cdot\|)$严凸.

例 1.3.1　$1<p<+\infty,L^p(Q,\Sigma,\mu)$严凸. 当 $p=1$ 时,$L^p(Q,\Sigma,\mu)$不严凸. 又 $C(Q)$ 不严凸.

定理 1.3.2　严凸空间内的凸集是半 Chebyshev 集.

证　设$(X,\|\cdot\|)$为严凸空间,$X\supset F\neq\varnothing$,$F$ 是一凸集. 假定 $x\in X$ 在 F 内有最佳逼近元 u_1,u_2,即

$$e(x,F)=\|x-u_1\|=\|x-u_2\|$$

则 $\bar{u}=\frac{1}{2}(u_1+u_2)$ 也是最佳逼近元. 事实上

$$\begin{aligned}&e(x,F)\leqslant\|x-\bar{u}\|\\&\leqslant\frac{1}{2}\|x-u_1\|+\frac{1}{2}\|x-u_2\|=e(x,F)\\&\Rightarrow\|x-\bar{u}\|=e(x,F)\end{aligned}$$

所以

$$\begin{aligned}&\|(x-u_1)+(x-u_2)\|\\&=\|x-u_1\|+\|x-u_2\|\\&=2e(x,F)\end{aligned}$$

我们不妨只考虑 $e(x,F)>0$,此时有

$$\|x-u_1\|=\|x-u_2\|=\left\|\frac{(x-u_1)+(x-u_2)}{2}\right\|>0$$

所以 $x-u_1=x-u_2\Rightarrow u_1=u_2$.(因若 $x-u_1\neq x-u_2$,则由严凸性必有

$$\left\|\frac{(x-u_1)+(x-u_2)}{2}\right\|<\|x-u_1\|=\|x-u_2\|$$

得到矛盾.)

下面给出比严凸空间更窄的一类赋范空间.

定义 1.3.2 在$(X,\|\cdot\|)$内取 $S=\{\xi\in X\mid\|\xi\|=1\}$. 若 $\forall\varepsilon\in(0,2)$,$\exists\delta>0$,使得对任取的 x,$y\in S$,只需 $\|x-y\|\geqslant\varepsilon$ 便有

$$\left\|\frac{x+y}{2}\right\|\leqslant 1-\delta \tag{1.2}$$

则称$(X,\|\cdot\|)$是匀凸的.

匀凸定义有一些等价形式.

定理 1.3.3 在$(X,\|\cdot\|)$内以下条件等价:

(1)$(X,\|\cdot\|)$匀凸.

(2)$\forall\varepsilon>0$,$\exists\delta>0$,对任取的 $x,y\in S$,只需

$$\left\|\frac{x+y}{2}\right\|>1-\delta$$

便有 $\|x-y\|<\varepsilon$.

(3) 任意序列$\{x_m\}$,$\{y_n\}\subset S$,只需

$$\lim_{m,n\to+\infty}\left\|\frac{x_m+y_n}{2}\right\|=1$$

便有 $\lim\limits_{m,n\to+\infty}\|x_m-y_n\|=0$.

证明从略.

注记 1.3.1 为了刻画单位球的凸性,引入匀凸模的概念. 任取 $\varepsilon>0$(实际上只对 $\varepsilon\in(0,2)$ 有意义),对单位球面 $S=\{\xi\in X\mid\|\xi\|=1\}$ 上满足 x,$y\in S$,$\|x-y\|=\varepsilon$ 的一切点偶(x,y)考虑量 $1-\left\|\frac{x+y}{2}\right\|(\geqslant 0)$,即联结两点 x,y 的线段中点$\frac{1}{2}(x+y)$

到单位球面的距离.今取

$$\delta(\varepsilon)=\inf_{\substack{x,y\in S\\ \|x-y\|=\varepsilon}}\left\{1-\left\|\frac{x+y}{2}\right\|\right\}$$

$\delta(\varepsilon)>0$(对一切 $\varepsilon\in(0,2)$)是匀凸的充分必要条件.量 $\delta(\varepsilon)$ 叫作匀凸模.

关于匀凸和严凸的关系,我们有:

定理 1.3.4　匀凸空间严凸.

证　若$(X,\|\cdot\|)$匀凸,$\forall\varepsilon\in(0,2)$,则由 $\|x-y\|=\varepsilon$,$\|x\|=\|y\|=1\Rightarrow\left\|\frac{x+y}{2}\right\|<1$. 故 X 严凸.

定理 1.3.5　对有限维线性赋范空间,严凸 $\Rightarrow$ 匀凸.

证　假定$(X,\|\cdot\|)$是有限维线性空间,取 $X\times X$ 赋以范数

$$\|(x,y)\|=\max(\|x\|,\|y\|)$$

取

$$M=\{(x,y)\in X\times X\mid \|x\|=\|y\|=1,\ \|x-y\|=\varepsilon\}$$

考虑泛函

$$\Phi(x,y)=1-\left\|\frac{x+y}{2}\right\|>0$$

$M\subset(X\times X,\|(\cdot,\cdot)\|)$作为有限维闭集具有紧性,容易验证泛函 $\Phi(x,y)$ 在 M 上连续.所以

$$\delta(\varepsilon)=\min_{(x,y)\in M}\Phi(x,y)>0$$

即 X 是匀凸的.

注意当 X 是无限维的赋范空间时,由严凸不能推出匀凸.一个反例见[9].

关于匀凸空间与自反空间的关系有著名的

Milman 定理.

定理 1.3.6(Milman)　匀凸空间是自反的.

本定理的证明可参考定光桂著《巴拿赫空间引论》,第 217-219 页.其逆不真,可参看 Day 的论文[8].

关于匀凸空间的具体例子,最著名的是 Clarkson 的:

定理 1.3.7　若 $1<p<+\infty$,则 L^p 是匀凸的.

这条定理的证明主要应用下面的:

Clarkson 不等式　设 p 满足 $1<p<+\infty$,f_1,$f_2\in L^p$,则有:

(1) 当 $2\leqslant p<+\infty$ 时有

$$\begin{aligned}&\|f_1+f_2\|^p+\|f_1-f_2\|^p\\&\leqslant 2^{p-1}\{\|f_1\|^p+\|f_2\|^p\}\end{aligned}\tag{1.3}$$

(2) 当 $1<p<2$ 时有

$$\begin{aligned}&\|f_1+f_2\|^q+\|f_1-f_2\|^q\\&\leqslant 2\{\|f_1\|^p+\|f_2\|^p\}^{q-1}\\&\qquad\frac{1}{p}+\frac{1}{q}=1\end{aligned}\tag{1.4}$$

证　(1) 分成以下几个小步骤:

(ⅰ) 若 $a_1,\cdots,a_n\geqslant 0$,$0<r<s$,则

$$(a_1^s+\cdots+a_n^s)^{\frac{1}{s}}\leqslant(a_1^r+\cdots+a_n^r)^{\frac{1}{r}}\tag{1.5}$$

(ⅱ)
$$\begin{aligned}&|a_1+a_2|^p+|a_1-a_2|^p\\&\leqslant 2^{p-1}(|a_1|^p+|a_2|^p)\end{aligned}\tag{1.6}$$

因

$$\begin{aligned}&(|a_1+a_2|^p+|a_1-a_2|^p)^{\frac{1}{p}}\\&\leqslant(|a_1+a_2|^2+|a_1-a_2|^2)^{\frac{1}{2}}\\&=\sqrt{2}(a_1^2+a_2^2)^{\frac{1}{2}}\end{aligned}$$

$$\leqslant\sqrt{2}\left\{\left(\sum_{i=1}^{2}a_i^{2\cdot\frac{p}{2}}\right)^{\frac{2}{p}}\cdot\left(\sum 1\right)^{1-\frac{2}{p}}\right\}^{\frac{1}{2}}$$

$$=\sqrt{2}\cdot 2^{\frac{1}{2}-\frac{1}{p}}\{|a_1|^p+|a_2|^p\}^{\frac{1}{p}}$$

$$=2^{1-\frac{1}{p}}\{|a_1|^p+|a_2|^p\}^{\frac{1}{p}}$$

(由 Hölder 不等式)即得式(1.6).

(2) 任给两个复数 c_1,c_2,可证:

(ⅰ) 若 $p^{-1}+q^{-1}=1$,则

$$|c_1+c_2|^q+|c_1-c_2|^q\leqslant 2\{|c_1|^p+|c_2|^p\}^{q-1}\tag{1.7}$$

事实上,若记 $c_1+c_2=2\alpha,c_1-c_2=2\beta$,则式(1.7)化作

$$2^q(|\alpha|^q+|\beta|^q)\leqslant 2(|\alpha+\beta|^p+|\alpha-\beta|^p)^{q-1}$$

而此式又等价于

$$|\alpha+\beta|^p+|\alpha-\beta|^p\geqslant 2(|\alpha|^q+|\beta|^q)^{p-1}$$

不妨假定 $\max(|\alpha|,|\beta|)=|\alpha|>0$,由 $|\alpha|^p=|\alpha|^{q(p-1)}$ 知最后不等式又等价于

$$\left|1+\frac{\beta}{\alpha}\right|^p+\left|1-\frac{\beta}{\alpha}\right|^p\geqslant 2\left(1+\left|\frac{\beta}{\alpha}\right|^q\right)^{p-1}$$

再置 $z=\dfrac{\beta}{\alpha},z=\rho e^{i\varphi},0<\rho\leqslant 1$,则上式又等价于

$$|1+z|^p+|1-z|^p\geqslant 2(1+|z|^q)^{p-1}\tag{1.8}$$

$|1+z|^p+|1-z|^p$ 对每一个 ρ 其最小值在 $\varphi=0$ 时取到.故若能证

$$f(\rho)=\frac{1}{2}[(1+\rho)^p+(1-\rho)^p-(1+\rho^q)^{p-1}]\geqslant 0\tag{1.9}$$

在 $0\leqslant\rho\leqslant 1$ 内成立,则式(1.8)得证.当 $\rho=0,1$ 时显然,只需讨论 $0<\rho<1$.由二项级数

$$\frac{1}{2}[(1+\rho)^p+(1-\rho)^p]$$

$$=1+\frac{p(p-1)}{2!}\rho^2+\frac{p(p-1)(2-p)(3-p)}{4!}\rho^4+\cdots+$$

$$\frac{p(p-1)(2-p)\cdots(2k-1-p)}{(2k)!}\rho^{2k}+\cdots$$

$$(1+\rho^q)^{p-1}$$

$$=1+(p-1)\rho^q+\frac{(p-1)(p-2)}{2!}\rho^{2q}+\cdots+$$

$$\frac{(p-1)(p-2)\cdots(2k-1-p)}{(2k-1)!}\rho^{(2k-1)q}-$$

$$\frac{(p-1)(p-2)\cdots(2k-p)}{(2k)!}\rho^{2kq}+\cdots$$

得到

$$f(\rho)=\sum_{k=1}^{+\infty}\frac{(2-p)(3-p)\cdots(2k-p)}{(2k-1)!}\cdot$$

$$\left[\frac{1-\rho^{\frac{2k-p}{p-1}}}{\left(\frac{2k-p}{p-1}\right)}-\frac{1-\rho^{\frac{2k}{p-1}}}{\left(\frac{2k}{p-1}\right)}\right]$$

由于当 $t>0,0<\rho<1$ 时 $t^{-1}(1-\rho^t)\downarrow$，得知 $f(\rho)\geqslant 0$.

式(1.8)得证.

(ⅱ)若 $f_1,f_2\in L,1<k<+\infty$,则

$$\left[\left(\int|f_1|\mathrm{d}\mu\right)^k+\left(\int|f_2|\mathrm{d}\mu\right)^k\right]^{\frac{1}{k}}$$

$$\leqslant\int(|f_1|^k+|f_2|^k)^{\frac{1}{k}}\mathrm{d}\mu \qquad (1.10)$$

因若置 $a_i=\int|f_i|\mathrm{d}\mu$,并设 $b_i\geqslant 0,b_1^l+b_2^l=1$,其中 l 满足 $k^{-1}+l^{-1}=1$,则由 Hölder 不等式

$$\begin{aligned}\sum_{i=1}^{2} a_i b_i &= \int \sum_{i=1}^{2} b_i \mid f_i \mid \mathrm{d}\mu \\ &\leqslant \int \left(\sum \mid f_i \mid^k\right)^{\frac{1}{k}} \cdot \left(\sum \mid b_i \mid^l\right)^{\frac{1}{l}} \mathrm{d}\mu \\ &= \int \left(\sum_{i=1}^{2} \mid f_i \mid^k\right)^{\frac{1}{k}} \mathrm{d}\mu \overset{\mathrm{df}}{=\!=} M\end{aligned}$$

由此得

$$\sup_{b_i} \sum_{i=1}^{2} a_i b_i \leqslant M$$

但显然有$\sup\limits_{b_i} \sum\limits_{i=1}^{2} a_i b_i = \left(\sum\limits_{i=1}^{2} a_i^k\right)^{\frac{1}{k}}$. 由此得式(1.10).

(ⅲ) 设 $1 < p < 2, f_1, f_2 \in L^p$, 则

$$\begin{aligned}&\| f_1 + f_2 \|^q + \| f_1 - f_2 \|^q \\ \leqslant &\left(\int \mid f_1 + f_2 \mid^p \mathrm{d}\mu\right)^{\frac{q}{p}} + \left(\int \mid f_1 - f_2 \mid^p \mathrm{d}\mu\right)^{\frac{q}{p}}\end{aligned}$$

现在证(2). 在式(1.10) 内, 取 $k = \dfrac{q}{p}$ 得

$$\begin{aligned}&\| f_1 + f_2 \|^q + \| f_1 - f_2 \|^q \\ \leqslant &\left\{\int \left(\mid f_1 + f_2 \mid^{p \cdot \frac{q}{p}} + \mid f_1 - f_2 \mid^{p \cdot \frac{q}{p}}\right)^{\frac{p}{q}} \mathrm{d}\mu\right\}^{\frac{q}{p}} \\ = &\left\{\int \left(\mid f_1 + f_2 \mid^q + \mid f_1 - f_2 \mid^q\right)^{\frac{p}{q}} \mathrm{d}\mu\right\}^{\frac{q}{p}}\end{aligned}$$

再利用式(1.7) 得

$$\mid f_1 + f_2 \mid^q + \mid f_1 - f_2 \mid^q \leqslant 2\left(\mid f_1 \mid^p + \mid f_2 \mid^p\right)^{q-1}$$

所以有

$$\begin{aligned}&\int \left(\mid f_1 + f_2 \mid^q + \mid f_1 - f_2 \mid^q\right)^{\frac{p}{q}} \mathrm{d}\mu \\ \leqslant &2^{\frac{p}{q}} \left(\int \mid f_1 \mid^p \mathrm{d}\mu + \int \mid f_2 \mid^p \mathrm{d}\mu\right)\end{aligned}$$

由此得

$$\| f_1+f_2 \|^q+\| f_1-f_2 \|^q \leqslant 2(\| f_1 \|^p+\| f_2 \|^p)^{\frac{q}{p}}$$

再注意到$\frac{q}{p}=q-1$即得(2).

由 Clarkson 不等式(1)(2) 即得 L^p 的匀凸性. 注意 $p=2$ 时的匀凸性由范数的平行四边形公式

$$\| f_1+f_2 \|^2+\| f_1-f_2 \|^2=2(\| f_1 \|^2+\| f_2 \|^2) \tag{1.11}$$

立得.

定理 1.3.8 匀凸的 B 空间内任一非空凸闭集是 Chebyshev 集.

证 (1) 先设$(X,\|\cdot\|)\supset F\neq\varnothing$,$F$是闭凸集,$0\in F$,而且$e(0,F)=\inf\limits_{x\in F}\|x\|=1$. 设$\{x_n\}\subset F$是0元在$F$内的最小化序列,那么有$\lim\limits_{n\to+\infty}\|x_n\|=1$. 我们来证$\{x_n\}$是一基本列. 为此,置$d_n=\|x_n\|\geqslant 1$. 则由

$$\frac{1}{2}\left\{\frac{x_m}{d_m}+\frac{x_n}{d_n}\right\}=\frac{d_n x_m+d_m x_n}{d_m+d_n}\cdot\frac{d_m+d_n}{2d_m d_n}$$

记$y_{mn}=\frac{d_n x_m+d_m x_n}{d_m+d_n}$,则$y_{mn}\in F$,因$F$为凸集,$y_{mn}$是$x_m,x_n$的凸组合. 注意到

$$\lim_{m,n\to+\infty}\frac{d_m+d_n}{2d_m d_n}=1$$

得到

$$\left\|\frac{1}{2}\left(\frac{x_m}{d_m}+\frac{x_n}{d_n}\right)\right\|\geqslant\frac{d_m+d_n}{2d_m d_n}\to 1$$

(因$\|y_{mn}\|\geqslant 1$.) 由匀凸性(见定理 1.3.3 的(3)) 推出

$$\lim_{m,n\to+\infty}\left\|\frac{x_m}{d_m}-\frac{x_n}{d_n}\right\|=0$$

这说明$\{d_m^{-1}x_m\}$是一基本列. 再由$d_m\to 1$即得$\{x_m\}$是

一基本列. 由此,若 $x_m \to x_0$,则 $x_0 \in F$,且 $\| x_0 \| = e(0,F) = \min\limits_{x\in F} \| x \|$. $\mathscr{L}_F(0)=\{x_0\}$ 是单点集(见定理 1.3.2).

(2) 设 $x \overline{\in} F$,此时 $e(x,F)>0$. 假定 $e(x,F)=1$,此时以点集 $x-F \overset{\text{df}}{=} \{x-u \mid u\in F\}$ 代替 F,就化归到(1).

如果 $e(x,F)\neq 1$,再作一次变换,用 $x'=\dfrac{x}{e(x,F)}$,$\widetilde{F}=e(x,F)^{-1}\cdot F$ 及 $x'-\widetilde{F}$ 代替 $x-F$ 进行论证,得所欲求.

可以证明,匀凸 B 空间内,任一非空凸闭集上的度量投影唯一确定,且为强连续算子.

§4　$C(Q)$ 空间内的 Chebyshev 最佳一致逼近

本节讨论具体空间 $C(Q)$ 内的最佳逼近问题,Q 是一紧 Hausdorff 空间,$C(Q)$ 是 $Q\to\mathbf{R}$(或 $\mathbf{C}$) 的连续映射全体,赋以一致范数. 作为逼近集的 F 是有限或无限维的线性子集. 关于最佳逼近元的存在问题,当 F 是有限维时可以从定理 1.2.1 得到解决. 唯一性问题则需单独讨论,因为 $C(Q)$ 不是严凸空间. 此外,我们要研究最佳逼近元的特征问题. 先给出下面一般性的注记.

设$(X,\|\cdot\|)\supset F\neq\varnothing$,$F$ 是一线性子集,$x\in X\backslash F$,记 $e=x-x_0$,x_0 是某个元. 容易明白有

$$x_0\in\mathscr{L}_F(x) \Leftrightarrow \| y+e \| \geqslant \| e \|,\ \forall y\in F \tag{1.12}$$

式(1.12) 右边的不等式给出了最佳逼近元 x_0 在线性

集 F 上满足的一个基本变分条件. 这个条件可以借助于几何语言来叙述,如果在一般的线性赋范空间内引入正交(垂直) 概念.

定义 1.4.1 $(X, \|\cdot\|) \supset Y \neq \varnothing$,$Y$ 是一线性子集,$x \in X$. 若对每一 $y \in Y$ 有 $\|y+x\| \geqslant \|x\|$,则称 x 正交于 Y,记作 $x \perp Y$.

当 X 是内积空间时,这里的正交概念和内积空间中借助于内积定义的正交概念是一致的. 我们在这里不拟对这类扩充了的正交概念展开讨论,只是为了行文的方便,在后面借用一下几何术语.

现在回到空间 $C(Q)$. 有几个重要的特殊情形值得特别提出.

$Q=[a,b]$ 是有限闭区间,此时 $C(Q)$ 记作 $C[a,b]$.

$Q=T=\{e^{i\theta} \mid 0 \leqslant \theta \leqslant 2\pi\}$ 是复平面上的单位圆,$C(T)$ 是由 $T \to \mathbf{R}$ 或 $\mathbf{C}$ 的连续函数全体,实即 2π 周期实值或复值的连续函数的全体. 这个集合有时也记作 $C_{2\pi}$.

注意空间 $C[a,b]$,$C_{2\pi}$ 都是可分的. 一般地,当 Q 是紧距离空间,或为具有可数拓扑基的紧的 Hausdorff 空间时,$C(Q)$ 可分.

一个特殊情形是 $Q=\{1,2,\cdots,n\}$,此时 $C(Q)$ 实际上是 n 维实或复向量空间,赋以 l_∞ 范数,即对 $x=(x_1,\cdots,x_n)$ 规定 $\|x\|_{l_\infty}=\max\limits_{1\leqslant j\leqslant n}|x_j|$. 本节的讨论将包括这些重要的特殊情形. 下面再引进一些概念和记号.

$C(Q)$ 内的 n 维广义多项式子空间

设 $\varphi_1(t),\cdots,\varphi_n(t) \in C(Q)$ 是 n 个线性无关的函

数. $\varphi_1,\cdots,\varphi_n$ 的任一线性组合 $\varphi(t)=\sum_{j=1}^{n}c_j\varphi_j(t)$ 称为一个 n 维广义多项式,其全体 $\mathscr{M}=\operatorname{span}\{\varphi_1,\cdots,\varphi_n\}$ 称为 $C(Q)$ 内 n 维广义多项式子空间.

特例　$Q=[a,b]$,$\varphi_j(t)=t^{j-1}(j=1,\cdots,n)$ 时给出常义的 n 维代数多项式子空间 P_n,其中每一多项式的次数不超过 $n-1$. $Q=T$,取

$$\mathscr{M}=\operatorname{span}\left\{1,\begin{matrix}\sin t\\ \cos t\end{matrix},\cdots,\begin{matrix}\sin(n-1)t\\ \cos(n-1)t\end{matrix}\right\}$$
$$=\operatorname{span}\{e^{i\nu t}\mid \nu=-(n-1),\cdots,0,1,\cdots,n-1\}$$

则

$$\varphi(t)\in\mathscr{M}\Leftrightarrow\varphi(t)\sum_{|j|<n}c_j e^{ijt}$$

$c_{-j}=\bar{c}_j$,$\bar{c}_j$ 为 c_j 的共轭复数,是 $2n-1$ 阶的实值三角多项式子空间,这一集合有时也记作 T_{2n-1}.

$C(Q)$ 内函数 $x(t)$ 的 n 阶最佳一致逼近

设 $\mathscr{M}\subset C(Q)$ 为一 n 维广义多项式子空间. 称量 $e(x,\mathscr{M})$ 为 $x(t)$(相对于 $\mathscr{M}$ 的) 的 n 阶最佳一致逼近. 由存在定理,有$(c_1^0,\cdots,c_n^0)$ 使

$$e(x,\mathscr{M})=\max_{t\in Q}\left|x(t)-\sum_{j=1}^{n}c_j^0\varphi_j(t)\right|$$

称 $\varphi^0(t)=\sum_{j=1}^{n}c_j^0\varphi_j(t)$ 为 $x(t)$ 在 $\mathscr{M}$ 内的一个最佳逼近多项式.

当 $Q=[a,b]$,$\mathscr{M}=P_n$,或 $Q=T$,$\mathscr{M}=T_{2n-1}$ 时,按照习惯,$e(x,\mathscr{M})$ 都记作 $E_n(x)_C$.

(一)Kolmogorov 条件

设 $C(Q)$ 是一实值连续函数空间. 给定 $x(t)\in$

$C(Q)$,$x(t)\neq 0$. 记 $e^+=\{t\in Q\mid x(t)=\|x\|\}$,$e^-=\{t\in Q\mid x(t)=-\|x\|\}$. $e=e^+\cup e^-$ 称为 $x(t)$ 的极点集,它是非空闭集,故为紧致集.

定理 1.4.1(Kolmogorov[10]) 设 $x(t)\in C(Q)$,$x(t)\neq 0$,$Y\subset C(Q)$ 为一线性子集,则 $x(t)\perp Y$,当且仅当 $\forall y\in Y$ 有

$$\min_{t\in e}x(t)y(t)\leqslant 0 \tag{1.13}$$

证 (1) 假定 $x(t)\perp Y$ 不成立,则存在 $y(t)\in Y$ 使 $\|x-y\|<\|x\|$. 对这样的 $y(t)$ 必有

$$\operatorname{sgn}y(t)=\operatorname{sgn}x(t),\ \forall t\in e$$

从而 $x(t)y(t)>0$ 在 e 上成立,所以有

$$\min_{t\in e}x(t)y(t)>0$$

(2) 反之,设条件(1.13) 不成立,则存在 $y(t)\in Y$,$\min\limits_{t\in e}y(t)x(t)>0$. 从而

$$\operatorname{sgn}y(t)=\operatorname{sgn}x(t),\ \forall t\in e$$

置

$$\min_{t\in e}y(t)x(t)=2\delta>0$$

存在开集 $G\supset e$,使 $y(t)x(t)>\delta$ 在 G 上成立.

令 $G'=Q\backslash G$,G' 紧致,且在 G' 上有 $|x(t)|<\|x\|$. $|x(t)|$ 在 G' 上的最大值

$$\max_{t\in G}|x(t)|=(1-\alpha)\|x\|,0<\alpha<1$$

由此

$$\begin{aligned}(x(t)-\varepsilon y(t))^2&=x^2(t)-2\varepsilon x(t)y(t)+\varepsilon^2y^2(t)\\&\leqslant\|x\|^2+\varepsilon^2\|y\|^2-2\varepsilon\delta\\&<\|x\|^2\end{aligned}$$

当 $\varepsilon>0$ 充分小,$t\in G$ 时成立. 而当 $\varepsilon>0$ 充分小,$t\in G'$ 时有

$$|x(t)-\varepsilon y(t)|\leqslant(1-\alpha)\|x\|+\varepsilon\|y\|$$
$$=\|x\|+(\varepsilon\|y\|-\alpha\|x\|)<\|x\|$$

所以对充分小的 $\varepsilon>0$ 在 $G\cup G'=Q$ 上有

$$|x(t)-\varepsilon y(t)|<\|x\|$$

即 $x\perp Y$ 不成立.

推论　设 $x(t)\in C(Q)$,$x\overline{\in}Y\subset C(Q)$,$Y$ 为一线性子集,$y_0\in Y$. y_0 是 x 在 Y 内的最佳逼近元,当且仅当

$$\min_{t\in e}y(t)[x(t)-y_0(t)]\leqslant 0,\forall y\in Y \tag{1.14}$$

此处 e 是 $x(t)-y_0(t)$ 的极点集.

条件(1.14)即所说的 Kolmogorov 条件. 它的意思是说:任一 $y(t)\in Y$ 都不能和 $x(t)-y_0(t)$ 在 e 上处处同号. 由于 Y 是线性集,在式(1.14)内以 $-y(t)$ 代替 $y(t)$ 照样成立. 由于

$$\min_{t\in e}(-y(t)(x(t)-y_0(t)))$$
$$=-\max_{t\in e}y(t)(x(t)-y_0(t))$$

可见条件(1.14)等价于

$$\max_{t\in e}(x(t)-y_0(t))y(t)\geqslant 0,\forall y\in Y \tag{1.14'}$$

式(1.14′)说明:任一 $y(t)\in Y$ 都不能和 $x(t)-y_0(t)$ 在 e 上处处异号. 故式(1.14)和(1.14′)说明 Kolmogorov 条件的全部含义是:任一 $y\in Y(y\neq 0)$ 在 e 的某些点上与 $x(t)-y_0(t)$ 同号,在另一些点上与之异号.

Kolmogorov 条件刻画了最佳逼近元的特征. 我们指出,Kolmogorov 最初是对复值连续函数借助于复多项式的最佳一致逼近建立的. 把定理 1.4.1 拓广

到复空间 $C(Q)$ 中去没有困难.事实上,只要代替条件(1.13)采用

$$\min_{t\in e}\operatorname{Re}\{x(t)\cdot \overline{y(t)}\}\leqslant 0,\forall y\in Y \quad (1.15)$$

其中 $e=\{t\in Q\mid |x(t)|=\|x\|\}$,$\overline{y}(t)$ 是 $y(t)$ 的共轭复数,$\operatorname{Re}\{\cdot\}$ 表示复数的实部.证明细节省略(见[28]).

当 Y 是有限维时,Kolmogorov 条件可以转化成一些别的形式,其含义更加明确.这种转化主要借助于 $\mathbf{R}^n$ 空间内凸集的表现定理来实现.

定理 1.4.2(Caratheodory) $\mathbf{R}^n$ 内任一子集 A 的凸包 $co(A)$ 的每一点都可表示成 A 的至多 $n+1$ 个点的凸组合.

证 设定理不成立,则存在 $x\in co(A)$,x 的任一凸表示的项数 $r>n+1$.设 r_0 是 x 的凸表示的最小项数,则

$$x=\sum_{i=1}^{r_0}\alpha_i x^{(i)},\alpha_i>0,\sum\alpha_i=1,x^{(i)}\in A$$

$x^{(2)}-x^{(1)},\cdots,x^{(r_0)}-x^{(1)}$ 的个数大于 n,故线性相关.从而存在一组数 $(\beta_1,\cdots,\beta_{r_0-1})\neq(0,\cdots,0)$ 使

$$\sum_{i=1}^{r_0-1}\beta_i(x^{(i+1)}-x^{(i)})=\sum_{i=1}^{r_0}p_i x^{(i)}=0$$

其中 p_i 不全是零,但 $\sum p_i=0$.故对任意的 λ 有

$$x=\sum_{i=1}^{r_0}(\alpha_i+\lambda p_i)x^{(i)}$$

这里 $\sum_{i=1}^{r_0}(\alpha_i+\lambda p_i)=1$.如果能找到一个 λ 使得 $\alpha_i+\lambda p_i\geqslant 0(i=1,\cdots,r_0)$,且对某个 i,$\alpha_i+\lambda p_i=0$,便得到

矛盾. 置

$$\lambda_0 = \min\left\{\frac{\alpha_i}{|p_i|} \mid p_i < 0\right\}$$

$\{p_i\}$ 中有负数,所以 $\lambda_0 > 0$,它能满足要求,这是因为,若 $p_i \geqslant 0$,自然有 $\alpha_i + \lambda_0 p_i \geqslant 0$,若对 i 有 $p_i < 0$,则

$$\alpha_i - \lambda_0 |p_i| \geqslant \alpha_i - \frac{\alpha_i}{|p_i|} \cdot |p_i| = 0$$

但是对号码 i_0 能使 $\lambda_0 = \frac{\alpha_{i_0}}{|p_{i_0}|}$ 成立,有 $\alpha_{i_0} - \lambda_0 |p_{i_0}| = 0$,得到矛盾.

推论 1　有限维线性赋范空间 $(\mathbf{R}^n, \|\cdot\|)$ 内任一紧集的凸包是紧集.

此推论的证明,可以根据Caratheodory定理,采用古典分析中 Bolzano-Weierstrass 引理的手法进行. 细节省略.

推论 2　$(\mathbf{R}^n, \|\cdot\|)$ 内任一有界闭集 A 的凸包 $co(A)$ 可以表示为

$$co(A) = \bigcap_{H \supset A} H$$

其中 H 取遍包含 A 的闭半空间,即由 $(\mathbf{R}^n, \|\cdot\|)$ 上任意线性连续泛函 f 及实数 c 确定的点集

$$H = \{x \in \mathbf{R}^n \mid f(x) \leqslant c\}$$

证　由于每一 H 是凸集,故显然有 $\bigcap_{H \supset A} H \supset co(A)$. 任取 $x_0 \overline{\in} co(A)$,则由 $\{x_0\} \cap co(A) \neq \varnothing$,及 $co(A)$ 的紧性,知存在一个以 x_0 为中心的开球

$$B(x_0, \varepsilon) = \{x \in \mathbf{R}^n \mid \|x - x_0\| < \varepsilon,$$
$$\varepsilon > 0 \text{ 是某个定数}\}$$

$B(x_0, \varepsilon) \cap co(A) = \varnothing$. 根据凸集的隔离定理(见[1]),存在 $(\mathbf{R}^n, \|\cdot\|)$ 上的线性连续泛函 f_0 把 $B(x_0, \varepsilon)$ 与

$co(A)$ 分离,换句话说,存在一个半闭空间

$$H_0 = \{x \in \mathbf{R}^n, f_0(x) \leqslant c_0\}$$

使 $H_0 \supset co(A)$, $x_0 \overline{\in} H_0$. 从而 $x_0 \overline{\in} \bigcap\limits_{H \supset B} H$. 这就证明了 $co(A) = \bigcap\limits_{H \supset B} H$.

定理 1.4.3 已知 $F = \mathrm{span}\{\varphi_1, \cdots, \varphi_n\} \subset C(Q)$ 是一 n 维线性子空间, $f \in C(Q)$, $f \neq 0$. 则下列各命题等价:

(1) f 满足 Kolmogorov 条件(1.13).

(2) 若定义映射 $T(Q \to \mathbf{R}^n)$,有

$$T(t) = (f(t)\varphi_1(t), \cdots, f(t)\varphi_n(t))$$

则有 $(\underbrace{0, \cdots, 0}_{n\text{个}}) \in co(T(e))$, e 是 f 的极点集.

(3) 存在 $t_1, \cdots, t_r \in e(1 \leqslant r \leqslant n+1)$ 及 $\varepsilon_1, \cdots, \varepsilon_r \in \mathbf{R}$ 满足:

(ⅰ) $\mathrm{sgn}\ \varepsilon_j = \mathrm{sgn}\ f(t_j)$, $j = 1, \cdots, r$.

(ⅱ) $\sum\limits_{j=1}^{r} \varepsilon_j p(t_j) = 0$, $\forall\, p \in F$.

证 (1)⇒(2).

$e \subset Q$, e 是紧集, T 是 $Q \to \mathbf{R}^n$ 的连续映射(例如 $\mathbf{R}^n$ 赋以 l_2 范数,构成一欧氏空间),则 $T(e)$ 紧,故 $co(T(e))$ 也是紧集. 若 $(\underbrace{0, \cdots, 0}_{n\text{个}}) \overline{\in} co(T(e))$,则根据隔离定理,存在一个包含点 $(0, \cdots, 0)$ 的超平面

$$f(y) = \sum_{j=1}^{n} a_j y_j = 0, (a_1, \cdots, a_n) \neq (0, \cdots, 0)$$

而点集 $co(T(e))$ 被包含在由 f 给出的半闭空间的内部. 故对任一 $t \in e$ 不妨认为有

$$\sum_{j=1}^{n} a_j f(t)\varphi_j(t) > 0$$

此即

$$f(t)\cdot\sum_{j=1}^{n}a_j\varphi_j(t)>0,\forall t\in e$$

故由 Kolmogorov 定理，$f\perp F$ 不成立，得到矛盾.(2)得证.

(2)⇒(3).

由 Caratheodory 定理，存在 $r\in\{1,\cdots,n+1\}$，r 个正数 $c_1,\cdots,c_r$ 及 $t_1,\cdots,t_r\in e$ 使

$$\sum_{i=1}^{r}c_if(t_i)\varphi_k(t_i)=0,k=1,\cdots,n$$

置 $\varepsilon_i=c_i\operatorname{sgn} f(t_i)$，则上式化作

$$\|f\|\sum_{i=1}^{r}\varepsilon_i\varphi_k(t_i)=0,k=1,\cdots,n$$

而此式等价于

$$\sum_{i=1}^{r}\varepsilon_ip(t_i)=0,\forall p\in F$$

故(3)成立.

(3)⇒(1).

不妨设 $\sum_{i=1}^{r}|\varepsilon_i|=1$，因为不然的话，可以用 $\varepsilon'_i=\varepsilon_i(\sum_{i=1}^{r}|\varepsilon_i|)^{-1}(i=1,\cdots,r)$ 代替 ε_i. 若(3)成立，则对任一 $p\in F$，由于

$$\begin{aligned}\|f\|&=\sum_{i=1}^{r}\varepsilon_if(t_i)=\sum_{i=1}^{r}\varepsilon_i(f(t_i)-p(t_i))\\&\leqslant\sum_{i=1}^{r}|\varepsilon_i|\cdot\|f-p\|=\|f-p\|\end{aligned}$$

便知 $f\perp F$ 成立.(1)得证.

利用凸性对 Kolmogorov 条件的进一步明朗化的

工作是 Rivlin 和 Shapiro 在 1961 年发表的(见[12]),他们引进了一个重要概念(见[13]).

定义 1.4.2 定义在 Q 上的函数 $\sigma(t)$,若:

(1) 存在有限个点 $t_1,\cdots,t_m \in Q$,使

$$|\sigma(t_i)|=1, i=1,\cdots,m$$

(2) $\sigma(t)=0, \forall t \in Q\backslash\{t_1,\cdots,t_m\}$,

则称 $\sigma(t)$ 是 Q 上的符号差.

设 $F=\mathrm{span}\{\varphi_1,\cdots,\varphi_n\} \subset C(Q)$. Q 上的符号差 $\sigma(t)$ 叫作关于 F 的极符号差,若存在一函数 $\mu(t)$ 满足:

(1) $\sup p(\mu(t))=\{t_1,\cdots,t_r\}$ 为 $\sigma(t)$ 的支集.

(2) $\mathrm{sgn}\,\mu(t_i)=\sigma(t_i), i=1,\cdots,r$.

(3) $\sum\limits_{i=1}^{r}\mu(t_i)p(t_i)=0, \forall p \in F$.

实际上 $\mu(t)$ 确定了 Q 上的一个 Borel 测度,即以 $t_1,\cdots,t_r$ 为原子的离散测度,在点 t_i 集中质量 $\mu(t_i)$. 条件(3) 可以利用积分形式表示成

$$\int_Q p\,\mathrm{d}\mu=0, \forall p \in F$$

使用极符号差概念,定理 1.4.3 便可转述为:

定理 1.4.4 若 $f \in C(Q), f \neq 0, F=\mathrm{span}\{\varphi_1,\cdots,\varphi_n\}$,则 $f \perp F$,当且仅当存在满足下列条件的关于 F 的极符号差 $\sigma(t)$:

(1) $\sigma(t)$ 的支集 $\{t_1,\cdots,t_r\} \subset e \subset Q$,这里 e 是 f 的极点集,而 $1 \leqslant r \leqslant n+1$.

(2) $\mathrm{sgn}\,\sigma(t_i)=\mathrm{sgn}\,f(t_i), i=1,\cdots,r$.

就内容来说,定理 1.4.4 是定理 1.4.3 中 (1)$\Leftrightarrow$(3) 的转述. 但是有一点是定理 1.4.3 所没有的,即由定理 1.4.4 可以给出 $C(Q)$ 内任一函数在 F 内的

最佳逼近元借助于 $C(Q)$ 的共轭空间刻画的特征条件.

定理 1.4.5　设 $f \in C(Q), f \neq 0, F = \operatorname{span}\{\varphi_1, \cdots, \varphi_n\}$，则 $f \perp F$，当且仅当存在 $C(Q)$ 上的线性连续泛函 $L(\varphi)$ 满足：

(1) $L(f) = \| f \|$.

(2) $\| L \| = 1$.

(3) $L(p) = 0, \forall p \in F$.

证　若(1) ~ (3) 满足，则

$$\begin{aligned} \| f \| &= L(f) = | L(f - p) | \\ &\leqslant \| f - p \| \cdot \| L \| \\ &\leqslant \| f - p \|, \forall p \in F \\ &\Rightarrow f \perp F \end{aligned}$$

反之，若 $f \perp F$，由定理 1.4.4，存在关于 F 的极符号差 $\sigma(t)$，满足定理1.4.4 中的两个条件. 于是有 $\mu(t)$ 满足：

(1) $\sup p(\mu(t)) = \sup p(\sigma(t)) = \{t_1, \cdots, t_r\} \subset e$, $1 \leqslant r \leqslant n + 1$.

(2) $\operatorname{sgn} \mu(t_i) = \sigma(t_i), i = 1, \cdots, r$.

(3) $\sum_{i=1}^{r} \mu(t_i) p(t_i) = 0, \forall p \in F$.

不妨设 $\sum_{i=1}^{r} | \mu(t_i) | = 1$. 置

$$L(\varphi) = \sum_{i=1}^{r} \mu(t_i) \varphi(t_i), \varphi \in C(Q)$$

可以验证 $L(\varphi)$ 满足(1)(2)(3).

定理 1.4.5 在第二章内可以从最佳逼近的一般对偶定理推出，但是这里给出定理 1.4.5 有其独立的意义，因为这里的证明无须用到 $C(Q)$ 上线性有界泛函

的 Riesz 表示定理这样深刻的结果,而线性泛函 $L(\varphi)$ 的表示又相当具体,只是和 $t_1,\cdots,t_r,\varepsilon_1=\mu(t_1),\cdots,\varepsilon_r=\mu(t_r)$ 这 $2r$ 个参量有关.

定理1.4.4还可以进一步演化,得出 $C(Q)$ 空间内最佳逼近的量的对偶表现形式,它对于最佳逼近的量的估计问题具有重要意义.

定理 1.4.6 设 $F=\text{span}\{\varphi_1,\cdots,\varphi_n\}\subset C(Q)$ 是一 n 维子空间,$f\in C(Q)\backslash F$,则

$$e(f,F)=\min_{p\in F}\|f-p\|=\max\frac{\left|\sum_{i=1}^{r}\varepsilon_i f(t_i)\right|}{\sum_{i=1}^{r}|\varepsilon_i|} \tag{1.16}$$

等号右边的最大值对满足以下条件的一切可能的 $t_1,\cdots,t_r$ 及 $\varepsilon_1,\cdots,\varepsilon_r$ 取:

(1) $t_1,\cdots,t_r\in Q,r\in\{1,\cdots,n+1\}$.

(2) $\sum_{i=1}^{r}\varepsilon_i p(t_i)=0,\forall p\in F$.

在 $\{t_1^0,\cdots,t_r^0\}$ 及 $\varepsilon_1^0,\cdots,\varepsilon_r^0$ 上实现最大值的充分必要条件是:

(1) $\{t_1^0,\cdots,t_r^0\}\subset e$,$e$ 是 $f(t)-p^*(t)$ 的极点集,而 $p^*(t)$ 是 $f(t)$ 在 F 内的一最佳逼近元.

(2) 存在关于 F 的,以 $S=\{t_1^0,\cdots,t_r^0\}$ 为支集的极符号差 $\sigma(t)$,而 $\mu(t_i^0)=\varepsilon_i^0,i=1,\cdots,r$.

证 对满足定理条件(1)(2)的任一组 $t_1,\cdots,t_r$ 及 $\varepsilon_1,\cdots,\varepsilon_r$ 有

$$\left|\sum_{i=1}^{r}\varepsilon_i f(t_i)\right|=\left|\sum_{i=1}^{r}\varepsilon_i(f(t_i)-p(t_i))\right|$$

$$\leqslant \sum_{i=1}^{r} |\varepsilon_i| |f(t_i)-p(t_i)|$$

$$\leqslant \| f-p \| \sum_{i=1}^{r} |\varepsilon_i|, \forall p \in F$$

从而得

$$\sup_{\{t_i,\varepsilon_i\}} \frac{\left|\sum_{i=1}^{r}\varepsilon_i f(t_i)\right|}{\sum |\varepsilon_i|} \leqslant \inf_{p\in F} \| f-p \| = e(f;F)$$

当$\{t_1^0,\cdots,t_r^0\} \subset e$,且$t_1^0,\cdots,t_r^0,\varepsilon_1^0,\cdots,\varepsilon_r^0$满足定理的条件时,显然有

$$e(f;F)=\frac{\left|\sum \varepsilon_i^0 f(t_i^0)\right|}{\sum |\varepsilon_i^0|}$$

反之,若对一组$(t_1,\cdots,t_r)\subset Q$及$\varepsilon_1,\cdots,\varepsilon_r$满足定理中条件,则下式成立

$$e(f;F)=\frac{\left|\sum_{i=1}^{r}\varepsilon_i f(t_i)\right|}{\sum_{i=1}^{r} |\varepsilon_i|}$$

置$\varepsilon_i^0=\varepsilon_i/\sum_{i=1}^{r} |\varepsilon_i|$,则得

$$\sum_{i=1}^{r} |\varepsilon_i^0|=1$$

从而

$$\| f-p^* \| = \left|\sum_{i=1}^{r}\varepsilon_i^0(f(t_i)-p^*(t_i))\right|$$

由于$|f(t_i)-p^*(t_i)| \leqslant \| f-p^* \|$,故若等号成立,必须是:

(1) $|f(t_i)-p^*(t_i)|=\| f-p^* \|$,即$t_i \in e$.

(2) $\operatorname{sgn} \varepsilon_i^0 = \operatorname{sgn}(f(t_i) - p^*(t_i)), i = 1, \cdots, r$.

下面的定理把 $C(Q)$ 中函数在全定义域 Q 上的最佳一致逼近问题化归到在 Q 的一个有限集上的最佳一致逼近问题. 这种类型的定理在有些资料中称为“削皮”定理(见[14]).

定理 1.4.7(“削皮”定理)

$$e(f, F)_{C(Q)} = \max_{Q_{n+1}} \min_{p \in F} \| f - p \|_{C(Q_{n+1})} \tag{1.17}$$

此处 $Q_{n+1} \subset Q$ 是 Q 的任一 $n+1$ 点子集. 又

$$\| f - p \|_{C(Q_{n+1})} \overset{\text{df}}{=} \max_{1 \leqslant i \leqslant n+1} \{ | f(t_i) - p(t_i) | \}$$

其中

$$Q_{n+1} = \{t_1, \cdots, t_{n+1}\} \subset Q$$

等式右边的 max 对这样的 Q_{n+1}^0 实现:若 $p^*(t)$ 是 $f(t)$ 在 F 内的最佳一致逼近元,e 是 $f - p^*$ 的极点集,有 $\{t_1^0, \cdots, t_r^0\} \subset e (1 \leqslant r \leqslant n+1)$ 作为关于 F 的极符号差的支集而 $Q_{n+1}^0 \supset \{t_1^0, \cdots, t_r^0\}$.

证 任取 $Q_{n+1} = \{t_1, \cdots, t_{n+1}\} \subset Q$,则对每一 $p \in F$ 有

$$\| f - p \|_{C(Q)} \geqslant \| f - p \|_{C(Q_{n+1})}$$

从而

$$e(f, F)_{C(Q)} \geqslant e(f, F)_{C(Q_{n+1})}, \forall Q_{n+1} \subset Q$$

所以

$$e(f, F)_{C(Q)} \geqslant \sup_{Q_{n+1}} e(f, F)_{C(Q_{n+1})}$$

假定 Q_{n+1}^0 满足定理中要求的条件,考虑

$$e(f, F)_{C(Q_{n+1}^0)} = \min_{p \in F} \| f - p \|_{C(Q_{n+1}^0)}$$

$Q_{n+1}^0 \subset Q$ 是 Q 的紧子空间,对上式使用定理 1.4.6 的结论,便得

$$e(f,F)_{C(Q_{n+1}^0)} \geqslant \frac{\left|\sum_{i=1}^{r}\varepsilon_i^0 f(t_i^0)\right|}{\sum_{i=1}^{r}|\varepsilon_i^0|} = \| f-p^* \|_{C(Q)}$$
$$= e(f,F)_{C(Q)}$$

本段的结果是对实空间 $C(Q)$ 叙述的,但可以拓广到复空间的情形,可以参看 H. S. Shapiro 的[13].

若对 Q 及 F 再加上一些合理的限制,本节的主要结果还可进一步得到明确化,这将在下一段内给出.

(二)Chebyshev 系

定义 1.4.3　设 Q 至少有 n 个点. $\{\varphi_1(t),\cdots,\varphi_n(t)\}\subset C(Q)$ 称为 Q 上的(n 阶)Chebyshev 系,若对任何数组 $(c_1,\cdots,c_n)\neq(0,\cdots,0)$, $p(t)=\sum_{i=1}^{n}c_i\varphi_i(t)$ 在 Q 内至多有 $n-1$ 个零点.

n 阶的 Chebyshev 系张成的线性子空间 $H=\operatorname{span}\{\varphi_1,\cdots,\varphi_n\}$ 称为 $C(Q)$ 的一个 Haar 子空间(n 维的线性集).

Chebyshev **系的例子**

例 1.4.1　$Q=\langle a,b\rangle$,此处 $-\infty\leqslant a<b\leqslant+\infty$, $\langle a,b\rangle$ 表示以 a,b 为端点的区间,端点属于或不属于该区间. $\{1,t,\cdots,t^{n-1}\}(n\geqslant 1)$ 是 $\langle a,b\rangle$ 上的 Chebyshev 系.

例 1.4.2　$Q=T$(或$[0,2\pi)$),且

$$\left\{1,\begin{matrix}\sin t\\ \cos t\end{matrix},\cdots,\begin{matrix}\sin(n-1)t\\ \cos(n-1)t\end{matrix}\right\}$$

是 T 上的$(2n-1)$ 阶 Chebyshev 系,而

$$\{1,\cos t,\cdots,\cos(n-1)t\},\{\sin t,\cdots,\sin nt\}$$

分别是$[0,\pi]$,$(0,\pi)$上的(n 阶)Chebyshev 系.

例 1.4.3 设 $\alpha_1,\cdots,\alpha_n$ 是不同的实数,则$\{x^{\alpha_1},\cdots,x^{\alpha_n}\}$是 $Q=(0,+\infty)$ 上的 Chebyshev 系.这件事可以利用 Rolle 定理,借助数学归纳法验证.

例 1.4.4 设 $\alpha_1,\cdots,\alpha_n$ 是不同的实数,且 $\alpha_i\overline{\in}[a,b]$,则 $\{(x-\alpha_i)^{-1}\}$ $(i=1,\cdots,n)$ 是 $[a,b]$ 上的 Chebyshev 系.

例 1.4.5 若 $f^{(n)}(t)>0$ 在$[a,b]$上成立,则$\{1,t,\cdots,t^{n-1},f(t)\}$是$[a,b]$上的($n+1$ 阶)Chebyshev 系.

例 1.4.6 设 Q 是复平面上的一个区域,$C(Q)$ 是复值连续函数空间. $\{1,z,\cdots,z^{n-1}\}$ 是 Q 上的(n 阶)Chebyshev 系.

我们只讨论实值函数的 Chebyshev 系.

定义 1.4.4 $\{\varphi_1(t),\cdots,\varphi_n(t)\}\subset C(Q)$ 称为 Q 上的 Markov 系,若对每一 $k\in\{1,2,\cdots,n\}$,$\{\varphi_1(t),\cdots,\varphi_k(t)\}$ 都是 Q 上的(k 阶)Chebyshev 系.

设$\{t_1,\cdots,t_n\}\subset Q$. 记

$$D\begin{pmatrix}\varphi_1 & \varphi_2 & \cdots & \varphi_n\\ t_1 & t_2 & \cdots & t_n\end{pmatrix}\overset{\text{df}}{=}\begin{vmatrix}\varphi_1(t_1) & \varphi_1(t_2) & \cdots & \varphi_1(t_n)\\ \varphi_2(t_1) & \varphi_2(t_2) & \cdots & \varphi_2(t_n)\\ \vdots & \vdots & & \vdots\\ \varphi_n(t_1) & \varphi_n(t_2) & \cdots & \varphi_n(t_n)\end{vmatrix}$$

下面的引理给出刻画 Chebyshev 系的几个等价条件.

引理 1.4.1 $\{\varphi_1(t),\cdots,\varphi_n(t)\}\subset C(Q)$. 下面的几条断语等价:

(1)$\{\varphi_1,\cdots,\varphi_n\}$ 是 Q 上的 n 阶 Chebyshev 系.

(2) 任取 n 个不同点 $t_1,\cdots,t_n\in Q$ 有

$$D\begin{pmatrix}\varphi_1 & \varphi_2 & \cdots & \varphi_n\\ t_1 & t_2 & \cdots & t_n\end{pmatrix}\neq 0$$

(3) 对任取的n个不同点$t_1,\cdots,t_n\in Q$及任意n个数$y_1,\cdots,y_n$，有唯一的一组数$c_1,\cdots,c_n$使$p_n(t)=\sum_{i=1}^{n}c_i\varphi_i(t)$满足插值条件

$$p_n(t_k)=y_k,k=1,\cdots,n$$

证明是平凡的.

Chebyshev 系在分析中有很多应用. 如果用 Haar 子空间作逼近集，那么最佳逼近元的特征刻画和唯一性问题都能得到很好的解决. 下面先来讨论 Chebyshev 系的极符号差的特点.

引理 1.4.2　设Q至少含有$n+1$个点，$\{\varphi_1(t),\cdots,\varphi_n(t)\}$是$Q$上的 Chebyshev 系，则关于$H=\operatorname{span}\{\varphi_1,\cdots,\varphi_n\}$的任一极符号差的支集至少包含$n+1$个点.

证　任取$\{t_1,\cdots,t_r\}\subset Q,r\leqslant n$. 根据插值条件，存在一广义多项式$\tilde{p}(t)\in H$满足

$$\tilde{p}(t_1)=1,\tilde{p}(t_j)=0,j=2,\cdots,r$$

假定$\sigma(t)$是关于H的以$\{t_1,\cdots,t_r\}$为支柱的极符号差，那么存在$\varepsilon_1,\cdots,\varepsilon_r,\sigma(t_i)=\operatorname{sgn}\varepsilon_i(i=1,\cdots,r)$，且有$\sum_{i=1}^{r}\varepsilon_i p(t_i)=0,\forall p\in H$. 于是对$\tilde{p}$有

$$\sum_{i=1}^{r}\varepsilon_i\tilde{p}(t_i)=\varepsilon_1=0$$

得到矛盾.

引理 1.4.3　设Q至少含有$n+1$个点，$\{\varphi_1,\cdots,\varphi_n\}$是$Q$上的 Chebyshev 系，则任取$n+1$个不同点

$\{t_1,\cdots,t_{n+1}\}\subset Q$,必存在 H 的极符号差以 $\{t_1,\cdots,t_{n+1}\}$ 为其支集,并且两个满足相同条件的极符号差至多相差一个符号.

证 由定义,$\sigma(t)$ 是关于 H 的,以 $\{t_1,\cdots,t_{n+1}\}$ 为支集的极符号差 $\Leftrightarrow\exists\{\varepsilon_1,\cdots,\varepsilon_{n+1}\}$,$\mathrm{sgn}\ \varepsilon_i=\sigma(t_i)$,且 $\sum_{i=1}^{n+1}\varepsilon_i p(t_i)=0,\forall p\in H$. 最后条件等价于

$$\sum_{i=1}^{n+1}\varepsilon_i\varphi_k(t_i)=0,k=1,\cdots,n \tag{1.18}$$

即$(\varepsilon_1,\cdots,\varepsilon_{n+1})$是线性方程组(1.18)的非平凡解. 方程组(1.18)的系数阵是

$$\begin{pmatrix}\varphi_1(t_1) & \varphi_1(t_2) & \cdots & \varphi_1(t_{n+1})\\ \varphi_2(t_1) & \varphi_2(t_2) & \cdots & \varphi_2(t_{n+1})\\ \vdots & \vdots & & \vdots\\ \varphi_n(t_1) & \varphi_n(t_2) & \cdots & \varphi_n(t_{n+1})\end{pmatrix} \tag{1.19}$$

其秩为 n,所有的 $n\times n$ 子行列式不是零. 故方程组(1.18)确有非平凡解,且解的各分量都不是零,任两组非平凡解成比例. 那么,若$(\varepsilon_1^0,\cdots,\varepsilon_{n+1}^0)$为其一组非零解时,只需取 $\sigma(t_i)=\mathrm{sgn}\ \varepsilon_i^0(i=1,\cdots,n+1)$,则 $\sigma(t)$ 就是关于 H 的极符号差,以 $\{t_1,\cdots,t_{n+1}\}$ 为支集.

由引理 1.4.2, 引理 1.4.3 可知:若 $H=\mathrm{span}\{\varphi_1,\cdots,\varphi_n\}\subset C(Q)$ 是 n 维 Haar 子空间,则不失一般性,可以认为,关于 H 的每一极符号差的支集含有 Q 的 $n+1$ 个不同点;并且,若不计符号,这样的极符号差是唯一确定的.

如果 Q 是一全序集,那么会得到更明确的结果. 下面就 Q 是区间$[a,b]$的情形进行讨论. 这种情形看起来很特殊,但实质上,在上面能存在实的非平凡的

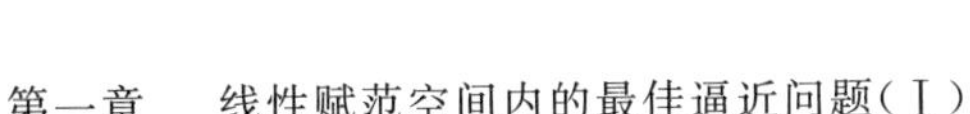

Chebyshev 系的紧致集 Q 不可能再有比该线性集的拓扑结构更复杂的点集了. 这一问题容稍后讨论.

引理 1.4.4　$Q=[a,b]$, $\{\varphi_1,\cdots,\varphi_n\}\subset C(Q)$ 是 $[a,b]$ 上的 Chebyshev 系, $\{t_1<t_2<\cdots<t_{n+1}\}\subset Q$, $H=\mathrm{span}\{\varphi_1,\cdots,\varphi_n\}$ 的以 $\{t_1,\cdots,t_{n+1}\}$ 为支集的极符号差交错变号, 即 $\sigma(t_i)\cdot\sigma(t_{i+1})<0, i=1,\cdots,n$. 为证此引理, 我们先给出:

引理 1.4.5　已知 $\{\varphi_1(t),\cdots,\varphi_n(t)\}$ 是 $[a,b]$ 上的 n 阶 Chebyshev 系, $x_2<\cdots<x_n$ 是 $[a,b]$ 上的 $n-1$ 个点, 则多项式

$$p(t)=D\begin{pmatrix}\varphi_1 & \varphi_2 & \cdots & \varphi_n\\ t & x_2 & \cdots & x_n\end{pmatrix}$$

仅当 $t=x_i(i=2,\cdots,n)$ 时得零, 且 $p(t)$ 在每一 $x_i\in(a,b)$ 处变号.

证　$p(x_i)=0(i=2,\cdots,n)$, 且 $P(t)\not\equiv 0$, 故它除 x_i 外无其他零点. 剩下的事是证 $p(t)$ 在 (a,x_2), (x_2,x_3), $\cdots$, (x_n,b) 内依次变号(当 $x_2=a$ 或 $x_n=b$ 时, 不必考虑相应的区间). 不妨设 $a<x_2$, 先讨论 $p(t)$ 在 (a,x_2), (x_2,x_3) 内的符号. 任取 x', x'', $a<x'<x_2<x''<x_3$. 下面证 $p(x')p(x'')<0$. 由于

$$p(x')=D\begin{pmatrix}\varphi_1 & \varphi_2 & \cdots & \varphi_n\\ x' & x_2 & \cdots & x_n\end{pmatrix}$$

$$p(x'')=D\begin{pmatrix}\varphi_1 & \varphi_2 & \cdots & \varphi_n\\ x'' & x_2 & \cdots & x_n\end{pmatrix}=-D\begin{pmatrix}\varphi_1 & \varphi_2 & \cdots & \varphi_n\\ x_2 & x'' & \cdots & x_n\end{pmatrix}$$

故只需证

$$D\begin{pmatrix}\varphi_1 & \varphi_2 & \cdots & \varphi_n\\ x' & x_2 & \cdots & x_n\end{pmatrix}D\begin{pmatrix}\varphi_1 & \varphi_2 & \cdots & \varphi_n\\ x_2 & x'' & \cdots & x_n\end{pmatrix}>0$$

为此我们先指出一条有用的事实：$D\begin{pmatrix}\varphi_1 & \varphi_2 & \cdots & \varphi_n \\ x_1 & x_2 & \cdots & x_n\end{pmatrix}$ 对一切 $\{x_1 < x_2 < \cdots < x_n\} \subset [a,b]$ 保持相同符号. 因若有 $\{x_1 < \cdots < x_n\}$, $\{y_1 < \cdots < y_n\} \subset [a,b]$ 使

$$D\begin{pmatrix}\varphi_1 & \varphi_2 & \cdots & \varphi_n \\ x_1 & x_2 & \cdots & x_n\end{pmatrix} < 0 < D\begin{pmatrix}\varphi_1 & \varphi_2 & \cdots & \varphi_n \\ y_1 & y_2 & \cdots & y_n\end{pmatrix}$$

则存在某个 $\lambda \in (0,1)$ 使

$$D\begin{pmatrix}\varphi_1 & \varphi_2 & \cdots & \varphi_n \\ z_1 & z_2 & \cdots & z_n\end{pmatrix} = 0$$

其中 $z_i = \lambda x_i + (1-\lambda) y_i\ (i=1,\cdots,n)$. 根据 Chebyshev 系的性质,应有号码 i,j 使

$$z_i = z_j \Rightarrow \lambda(x_i - x_j) = (1-\lambda)(y_j - y_i)$$

得到矛盾. 对其他区间可用同种方法处理.

推论 在 $\{x_2 < \cdots < x_n\}$ 上等于零的广义多项式的一般表达式是 $\tilde{p}(t) = cp(t)$.

证 设 $\tilde{p}(t) \in H, \tilde{p}(x_2) = \cdots = \tilde{p}(x_n) = 0$, $\tilde{p}(t) \not\equiv 0$. 假定 $\tilde{p} \neq p$, 则有 $t_0 \in [a,b], \tilde{p}(t_0) \neq p(t_0), t_0 \neq x_i, p(t_0) \neq 0$. 置

$$p^*(t) = \begin{vmatrix} p(t) & p(t_0) \\ \tilde{p}(t) & \tilde{p}(t_0) \end{vmatrix}$$

因为

$$p^*(t_0) = p^*(x_i) = 0 \Rightarrow p^*(t) \equiv 0$$

所以 $\tilde{p}(t) = \dfrac{\tilde{p}(t_0)}{p(t_0)} \cdot p(t)$.

引理 1.4.4 的证明 完全仿引理 1.4.3 的证法，考虑线性方程组

$$\begin{cases}\varepsilon_1\varphi_1(t_1)+\cdots+\varepsilon_{n+1}\varphi_1(t_{n+1})=0\\ \quad\vdots\\ \varepsilon_1\varphi_n(t_1)+\cdots+\varepsilon_{n+1}\varphi_n(t_{n+1})=0\end{cases}$$

对奇数 n 有

$$\frac{\varepsilon_1}{D\begin{pmatrix}\varphi_1 & \varphi_2 & \cdots & \varphi_n\\ t_2 & t_3 & \cdots & t_{n+1}\end{pmatrix}}=\frac{(-1)\varepsilon_2}{D\begin{pmatrix}\varphi_1 & \varphi_2 & \cdots & \varphi_n\\ t_3 & t_4 & \cdots & t_{n+1}\ t_1\end{pmatrix}}=\cdots$$

$$=\frac{(-1)^n\varepsilon_{n+1}}{D\begin{pmatrix}\varphi_1 & \varphi_2 & \cdots & \varphi_n\\ t_1 & t_2 & \cdots & t_n\end{pmatrix}}$$

对偶数 n 有

$$\frac{\varepsilon_1}{D\begin{pmatrix}\varphi_1 & \varphi_2 & \cdots & \varphi_n\\ t_2 & t_3 & \cdots & t_{n+1}\end{pmatrix}}=\frac{\varepsilon_2}{D\begin{pmatrix}\varphi_1 & \cdots & \varphi_{n-1} & \varphi_n\\ t_3 & \cdots & t_{n+1} & t_1\end{pmatrix}}=\cdots$$

$$=\frac{\varepsilon_{n+1}}{D\begin{pmatrix}\varphi_1 & \varphi_2 & \cdots & \varphi_n\\ t_1 & t_2 & \cdots & t_n\end{pmatrix}}$$

只需验证行列式

$$D\begin{pmatrix}\varphi_1 & \varphi_2 & \cdots & \varphi_n\\ t_2 & t_3 & \cdots & t_{n+1}\end{pmatrix},D\begin{pmatrix}\varphi_1 & \cdots & \varphi_{n-1} & \varphi_n\\ t_3 & \cdots & t_{n+1} & t_1\end{pmatrix},\cdots,$$

$$D\begin{pmatrix}\varphi_1 & \varphi_2 & \cdots & \varphi_n\\ t_1 & t_2 & \cdots & t_n\end{pmatrix}$$

的符号.容易证明,当 n 是偶数时,其符号排列是正负交错的;而当 n 是奇数时,它们同号.从而即得 $\varepsilon_i\cdot\varepsilon_{i+1}<0,i=1,\cdots,n$.

至此,我们得到一个古典的结果.

定理 1.4.8　$Q=[a,b],\{\varphi_1,\cdots,\varphi_n\}\subset C(Q)$ 是 $[a,b]$ 上的 n 阶 Chebyshev 系,$f(t)\in C(Q)\backslash H$,则 $p_n^*(t)\in H$ 是 $f(t)$ 在 H 内的最佳逼近元,当且仅当存

在 $n+1$ 个点 $\{t_1<t_2<\cdots<t_{n+1}\}\subset[a,b]$,满足条件:

(1) $|f(t_i)-p_n^*(t_i)|=\|f-p_n^*\|,i=1,\cdots,n+1.$

(2) $\operatorname{sgn}\{f(t_i)-p_n^*(t_i)\}\cdot\operatorname{sgn}\{f(t_{i+1})-p_n^*(f_{i+1})\}<0,i=1,\cdots,n.$

点组 $\{t_1,\cdots,t_{n+1}\}$ 叫作 f 的 Chebyshev 交错.

现在定理 1.4.6 可以写成取以下形式.

定理 1.4.9 若 $\{\varphi_1,\cdots,\varphi_n\}$ 是 $Q=[a,b]$ 上的 Chebyshev 系,$f(t)\in C(Q)\backslash H$,则

$$e(f;H)=\max_{(t_1<\cdots<t_{n+1})\subset Q}\left|\sum_{i=1}^{n+1}a_if(t_i)\right|$$

此处 $a_i=(-1)^iM_i/M,M=\sum\limits_{i=1}^{n+1}M_i$,而

$$M_i=D\begin{pmatrix}\varphi_1 & \varphi_2 & \cdots & \varphi_{i-1} & \varphi_i & \cdots & \varphi_n\\ t_1 & t_2 & \cdots & t_{i-1} & t_{i+1} & \cdots & t_n\end{pmatrix}$$

右边的 max 当且仅当 $\{t_1,\cdots,t_{n+1}\}$ 是 f 的 Chebyshev 交错时实现.

注意,此处的 M_i 同号,a_i 则满足:

(1) $a_i\cdot a_{i+1}<0,i=1,\cdots,n.$

(2) $\sum\limits_{i=1}^{n+1}|a_i|=1.$

(3) $\sum\limits_{i=1}^{n+1}a_ip(t_i)=0,\forall p\in H.$

我们还可以得到最佳逼近的下方估计的一条古典定理(Vallèe-Poussin).

定理 1.4.10 已知 $Q=[a,b]$,$\{\varphi_1,\cdots,\varphi_n\}$ 是 Q 上的 Chebyshev 系,$f(t)\in C(Q)\backslash H$. 若存在一广义多项式 $p_n(t)\in H$ 及 $n+1$ 个点 $t_1<t_2<\cdots<t_{n+1}$ 满足

$$\operatorname{sgn}\{f(t_i)-p_n(t_i)\}\cdot\operatorname{sgn}\{f(t_{i+1})-p_n(t_{i+1})\}$$

$<0,i=1,\cdots,n$

则

$$e(f;H)\geqslant\min_i\{|f(t_i)-p_n(t_i)|\}$$

证　存在 $\varepsilon_1,\cdots,\varepsilon_{n+1}$ 满足

$$\varepsilon_i=\operatorname{sgn}\{f(t_i)-p_n(t_i)\}$$

$$\sum_{i=1}^{n+1}|\varepsilon_i|=1,\sum_{i=1}^{n+1}\varepsilon_i p(t_i)=0,\forall\,p(t)\in H$$

于是

$$\begin{aligned}&\min_i\{|f(t_i)-p_n(t_i)|\}\\ \leqslant&\sum_{i=1}^{n+1}\varepsilon_i[f(t_i)-p_n(t_i)]=\sum_{i=1}^{n+1}\varepsilon_i f(t_i)\\ =&\sum_{i=1}^{n+1}\varepsilon_i[f(t_i)-p(t_i)]\\ \leqslant&\|f-p\|,\forall\,p\in H\end{aligned}$$

这一段的主要结果是定理 1.4.8. 它包括了 Chebyshev 最佳一致逼近的两个最重要的古典情形. 其一,$Q=[a,b]$ 为有界区间,$H=\operatorname{span}\{1,t,\cdots,t^{n-1}\}$;其二,$Q=T$(或取$[0,2\pi)$)

$$H=\operatorname{span}\left\{1,\begin{matrix}\sin t\\ \cos t\end{matrix},\cdots,\begin{matrix}\sin(n-1)t\\ \cos(n-1)t\end{matrix}\right\}$$

后者,被逼近的函数$f\in C_{2\pi}$.

讨论和注记

什么样的紧集Q上存在着非平凡的实Chebyshev系? Haar 最早指出,设$Q\subset\mathbf{R}^n(n\geqslant 2)$, 如果 Q 有内点,则在Q上只存在平凡的实Chebyshev系,即一阶的Chebyshev系(取 $\varphi_1(t)\equiv 1$ 即可). 事实上,例如取 $Q=[0,1]\times[0,1]\subset\mathbf{R}^2$,假定 $\varphi_1(X),\varphi_2(X)$ 是Q上的(二阶)Chebyshev 系. 置

$$g(X,Y)=\begin{vmatrix}\varphi_1(X)&\varphi_2(X)\\ \varphi_1(Y)&\varphi_2(Y)\end{vmatrix},X,Y\in Q$$

当 $X \neq Y$ 时,$g(X,Y) \neq 0$. 在 Q 内取三个不同点 X_1,X_2,X_3,Γ_1,Γ_3,Γ_2 分别为包含在 Q 内的联结 X_1X_3,X_3X_2,X_2X_1 的简单连续曲线,则见图 1.1.

$g(X_1,X_2) \longrightarrow g(X_3,X_2) \longrightarrow g(X_3,X_1) \longrightarrow g(X_2,X_1)$

X 沿 Γ_1 由 X_1 到 X_3　　Y 沿 Γ_2 由 X_2 到 X_1　　X 沿 Γ_3 由 X_3 到 X_2

图 1.1

今设 Γ_1,Γ_3,Γ_2 各不穿过 X_2,X_1,X_3,则自变元按图 1.2,图 1.3 连续变动时,$g(X,Y)$ 不变号. 比如,$g(X_1,X_2)$ 与 $g(X_3,X_2)$ 同号. 若反号,则在 Γ_1 上存在点 X' 使 $g(X',X_2)=0$,$X' \neq X_2$. 这不可能. 这样一来,得到 $g(X_1,X_2)$ 与 $g(X_2,X_1)$ 同号. 显然与 $\{\varphi_1(X),\varphi_2(X)\}$ 是 Chebyshev 系的假设矛盾. 故在 Q 上不存在二阶 Chebyshev 系.

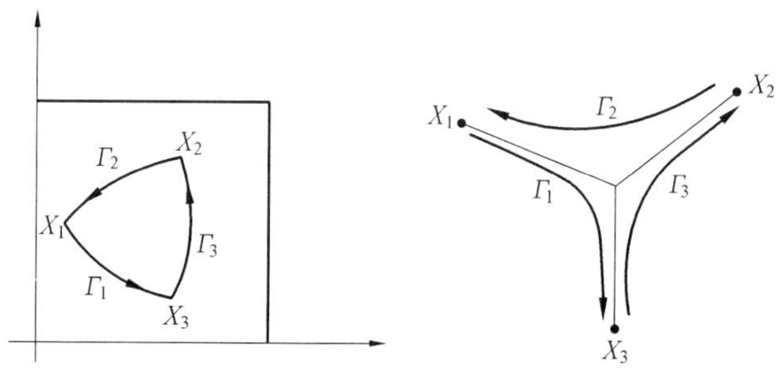

图 1.2　　　　图 1.3

即使 Q 无内点,只要 Q 内含有一个三歧点就同样会导致矛盾. Mairhuber[15],Curtis[16],Siekluski[17] 在 1956 ~ 1960 年彻底解决了在它上面存在非平凡的实 Chebyshev 系的紧集 Q 的拓扑特征问题. 首先是 Mairhuber 对 $\mathbf{R}^n$ 中的紧集 Q 得到结果,随后 Siekluski 在 1960 年把他的结果拓广到紧的 Hausdorff 空间. 他

们的基本结果可归纳为：

定理 1.4.11　紧 Hausdorff 空间 Q 上存在二阶及二阶以上实 Chebyshev 系的充要条件是 Q 和圆周的一子集同胚.

(三) 最佳逼近元的唯一性问题

$C(Q)$ 的一致范数不是严凸的，其 n 维线性子空间一般不是唯一性集. Haar 首先给出了 n 维线性子空间是唯一性集的条件.

定理 1.4.12　n 维线性子空间 $P_n \subset C(Q)$ 是唯一性集，当且仅当 P_n 是 Haar 子空间.

先证必要性. 它包含在下面的引理之中.

引理 1.4.6　若线性无关的 n 个函数 $\varphi_i(t),\cdots,\varphi_n(t) \in C(Q)$ 不是 Q 上的 Chebyshev 系，则存在 $f_0 \in C(Q)$，它在 $P_n = \mathrm{span}\{\varphi_1,\cdots,\varphi_n\}$ 内的最佳逼近元集 $\mathscr{L}_{P_n}(f_0)$ 具有连续统的势.

证　存在 n 个点 $x_1,\cdots,x_n \in Q$ 使

$$D\begin{pmatrix}\varphi_1 & \varphi_2 & \cdots & \varphi_n \\ x_1 & x_2 & \cdots & x_n\end{pmatrix} = 0$$

我们说，此时 $\{x_1,\cdots,x_n\}$ 含有一子集是某个关于 P_n 的极符号差的支集. 这是因为齐次线性方程组 $\sum_{i=1}^{n} c_i\varphi_k(x_i) = 0(k=1,\cdots,n)$，由于它有非零解 $(c_1,\cdots,c_n) \neq (0,\cdots,0)$，所以对任取的 $p \in P_n$（p 是 $\varphi_1,\cdots,\varphi_n$ 的线性组合）有

$$\sum_{i=1}^{n} c_i p(x_i) = 0$$

这样一来点集 $\{x_i \mid 对\ c_i \neq 0\ 的\ i\}$ 便是关于 P_n 的某极

符号差的支集. 构造一个 $\tilde{p}(t)\in P_n,\tilde{p}(t)\neq 0$, 但 $\tilde{p}(x_i)=0,i=1,\cdots,n$. 为此设 $\tilde{p}(t)=\sum_{i=1}^{n}\alpha_i\varphi_i(t)$, $(\alpha_1,\cdots,\alpha_n)\neq(0,\cdots,0)$,取

$$\sum_{i=1}^{n}\alpha_i\varphi_i(x_j)=0,j=1,\cdots,n$$

的非零解就可以,后者有非零解无疑,因为它是前面齐次线性方程组的转置. 不妨设

$$0<\|\tilde{p}\|<1$$

构造一个 $\tilde{f}_0(t)\in C(Q)$ 使它满足:

(1) $\tilde{f}_0(x_i)=\operatorname{sgn} c_i,i=1,\cdots,n.$

(2) $\|\tilde{f}_0\|\leqslant 1.$

根据紧空间上的连续函数保范扩张定理(即 Tietze 定理) $\tilde{f}_0$ 是存在的. 置

$$f_0(t)=\tilde{f}_0(t)(1-|\tilde{p}(t)|)$$

f_0 即为所求. 我们说,对每一 $\varepsilon\in[0,1]$, $\varepsilon\tilde{p}(t)$ 都是 f_0 在 P_n 内的最佳逼近元. 事实上,易得 $\|f_0\|=1$,而且

$$\begin{aligned}&|f_0(t)-\varepsilon\tilde{p}(t)|\\ \leqslant&|\tilde{f}_0(t)|(1-|\tilde{p}(t)|)+\varepsilon|\tilde{p}(t)|\\ \leqslant&1-(1-\varepsilon)|\tilde{p}(t)|\leqslant 1\end{aligned}$$

但对某些 i 有

$$|f_0(x_i)-\varepsilon\tilde{p}(x_i)|=|\tilde{f}_0(x_i)|=1$$

所以 $\|f_0-\varepsilon\tilde{p}\|=1$. 这就说明 $\varepsilon\tilde{p}$ 是 f_0 在 P_n 内的最佳逼近元,因为若记

$$e_\varepsilon=\{t\in Q\mid |f_0(t)-\varepsilon\tilde{p}(t)|=1\}$$

则 $e_\varepsilon \supset \{x_i \mid 对 c_i \neq 0 的 i\}$,而 $\sigma_i = \mathrm{sgn}\, c_i (c_i \neq 0)$ 是关于 P_n 的极符号差,所以根据定理 1.4.4,得所欲证.

充分性的证明　若 Q 中恰有 n 个点,则 $C(Q) = P_n$,此时显然. 往下设 Q 中至少含有 $n+1$ 个点. 设 $f(t) \in C(Q)$ 在 P_n 内有最佳逼近元 $p_1(t), p_2(t)$,置 $\tilde{p}(t) = \frac{1}{2}(p_1(t) + p_2(t))$,$\tilde{p}(t)$ 也是 $f(t)$ 在 P_n 内的最佳逼近元,因为

$$\left\| f - \frac{1}{2}(p_1 + p_2) \right\| \leqslant \frac{1}{2}\| f - p_1 \| + \frac{1}{2}\| f - p_2 \|$$
$$= e(f; P_n)$$

以及

$$e(f; P_n) \leqslant \left\| f - \frac{1}{2}(p_1 + p_2) \right\|$$

由此得

$$\| (f - p_1) + (f - p_2) \| = \| f - p_1 \| + \| f - p_2 \|$$

$f(t) - \frac{1}{2}(p_1(t) + p_2(t))$ 的极点集必含有 $n+1$ 个点 $x_1, x_2, \cdots, x_{n+1}$,在每一点 x_i 上,有

$$\| f - p_1 \| + \| f - p_2 \| = \| f - p_1 + f - p_2 \|$$
$$= | f(x_i) - p_1(x_i) + f(x_i) - p_2(x_i) |$$
$$\leqslant | f(x_i) - p_1(x_i) | + | f(x_i) - p_2(x_i) |$$
$$\Rightarrow | f(x_i) - p_1(x_i) | = \| f - p_1 \|,$$
$$| f(x_i) - p_2(x_i) | = \| f - p_2 \|, i = 1, \cdots, n+1$$
$$\Rightarrow | (f(x_i) - p_1(x_i)) + (f(x_i) - p_2(x_i)) |$$
$$= | f(x_i) - p_1(x_i) | + | f(x_i) - p_2(x_i) |, i = 1, \cdots, n$$
$$\Rightarrow p_1(x_i) = p_2(x_i), i = 1, \cdots, n+1$$
$$\Rightarrow p_1(t) \equiv p_2(t)$$

Haar 定理对复值函数空间亦成立. 证明没有本质

的差别[10](或[34]).

$C(Q)$ 空间中的强唯一性问题

Newman 和 Shapiro[18] 研究了下面的问题. 设 $P_n \subset C(Q)$ 是一 n 维线性子空间,$f \in C(Q)$ 在 P_n 内的最佳逼近元为 p^*,另有 $p \in P_n, p \neq p^*$. 考虑偏差 $\| f-p \|$ 偏离其最小值 $\| f-p^* \|$ 相对于 p 偏离 p^* 的速度,亦即考虑比值

$$\frac{\| f-p \| - \| f-p^* \|}{\| p-p^* \|}$$

定义 1.4.5 称 p^* 是强唯一的,若

$$\varliminf_{\substack{p \to p^* \\ \| \cdot \|}} \frac{\| f-p \| - \| f-p^* \|}{\| p-p^* \|} > 0 \tag{1.20}$$

换句话说,若存在 $\gamma > 0$,对每一 $p \in P_n$ 有

$$\| f-p \| \geqslant \| f-p^* \| + \gamma \| p-p^* \| \tag{1.21}$$

则称 p^* 是强唯一的.

由定义看出,强唯一性含有唯一性. 另一方面,当 f 的最佳逼近元不唯一时,$\gamma = 0$,即无强唯一性. 由于

$$| \| f-p \| - \| f-p^* \| | \leqslant \| p-p^* \|$$

知若满足式(1.21)的 $\gamma > 0$ 存在,必须 $\gamma \leqslant 1$,满足式(1.21)的最大的 γ 称为强唯一性常数,它依赖于 f 和 P_n.

现在的问题是:是不是只要最佳逼近元唯一,它就是强唯一的? 答案是否定的.

例 1.4.7 $Q=[0,2], n=1, \varphi_1(x)=x$,有

$$f(x)=\begin{cases}1-x^2, 0 \leqslant x \leqslant 1 \\ 1-x, 1 \leqslant x \leqslant 2\end{cases}$$

$$F=\{a\varphi_1(x),a\in\mathbf{R}\}$$

易得

$$e(f;F)=\min\max_{0\leqslant x\leqslant 2}|f(x)-ax|=\|f\|=1$$

其唯一解是 $a=0$,即 $p^*(x)\equiv 0$.任取 $a\neq 0$,由

$$\begin{aligned}\|f(x)-ax\|&=\max\{\max_{0\leqslant x\leqslant 1}|ax-1+x^2|,\\&\qquad\max_{1\leqslant x\leqslant 2}|ax-1+x|\}\\&=\begin{cases}1+\dfrac{a^2}{4},a<0\\1+2a,a>0\end{cases},|a|\text{充分小}\end{aligned}$$

那么对于充分小的 $|a|$,当 $a<0$ 时,有

$$\|f(x)-ax\|-\|f(x)\|=\frac{a^2}{4}$$

知不存在 $\gamma>0$ 使

$$\|f(x)-ax\|-\|f(x)\|\geqslant\gamma|a|$$

故 p^* 不是强唯一的.

定理1.4.13 若 $P_n\subset C(Q)$ 是 n 维 Haar 子空间,则每一 $f\in C(Q)$ 在 P_n 内的最佳逼近元是强唯一的.

证 只需考虑 $f\overline{\in}P_n$ 的情形.当 $f\in P_n$ 时要证的式子变成 $\|f-p\|=\|f-p\|$.因 $f=p^*$,故取 $\gamma=1$ 便可.当 $f\overline{\in}P_n$ 时,可把一般情形化归到一个特殊情形,即 $f\perp P_n$ 的情形.故只要能证:设 $f\overline{\in}P_n$,$f\perp P_n\Rightarrow\exists\gamma>0,\forall p\in P_n$ 有

$$\|f+p\|\geqslant\|f\|+\gamma\|p\|$$

就够了.

如前,置 $e=\{t\mid t\in Q,|f(t)|=\|f\|\}$,则存在 $t_1,\cdots,t_{n+1}\in e$ 及 $\varepsilon_1,\cdots,\varepsilon_{n+1}$ 使

$$\sum_{i=1}^{n+1}\varepsilon_i p(t_i)=0,\forall p\in P_n$$

而且 $\varepsilon_i f(t_i)>0$，记 $\sigma_i=\operatorname{sgn}\varepsilon_i$，$\sigma_i$ 便是 P_n 的一个以 $\{t_1,\cdots,t_{n+1}\}$ 为支集的极符号差. 从

$$\sum_{i=1}^{n+1}\varepsilon_i p(t_i)=\sum_{i=1}^{n+1}|\varepsilon_i|\sigma_i p(t_i)=0$$

可知，$\forall p\in P_n, p(t)\not\equiv 0, \exists i\in\{1,\cdots,n+1\}$ 使 $\sigma_i p(t_i)>0$，故

$$\max_{1\leqslant i\leqslant n+1}\sigma_i p(t_i)>0, \forall p\in P_n, p\neq 0$$

置 $\gamma=\min\limits_{\|p\|=1}\max\limits_{1\leqslant i\leqslant n+1}\sigma_i p(t_i)$，$\gamma>0$，即为所求.

事实上，$\forall p\neq 0, p\in P_n$，有

$$\begin{aligned}\|f+p\|&\geqslant\sigma_i(f(t_i)+p(t_i))\\&=\sigma_i f(t_i)+\sigma_i p(t_i)\\&=\|f\|+\sigma_i p(t_i)\end{aligned}$$

此式对任一 $i\in\{1,\cdots,n+1\}$ 成立. 若选择 i 使 $\sigma_i p(t_i)>0$，就有

$$\frac{\sigma_i p(t_i)}{\|p\|}\geqslant\gamma$$

所以

$$\|f+p\|\geqslant\|f\|+\gamma\|p\|$$

当 $p=0$ 时上式也对.

推论[25] 对每一 $f_0\in C(Q)$，存在常数 $\lambda>0$，不论 $f\in C(Q)$ 如何取，下式总成立

$$\|P(f_0)-P(f)\|\leqslant\lambda\|f_0-f\|$$

P 是 $C(Q)\to P_n$ 的最佳逼近算子.

证 由强唯一性，$\forall p\in P_n$，有

$$\|f_0-p\|\geqslant\|f_0-P(f_0)\|+\gamma\|P(f_0)-p\|$$

以 $P(f)$ 代替 p 给出

$$\begin{aligned}&\|f_0-P(f)\|\\&\geqslant\|f_0-P(f_0)\|+\gamma\|P(f_0)-P(f)\|\end{aligned}$$

$$\begin{aligned}
&\Rightarrow \| P(f_0) - P(f) \| \\
&\leqslant \gamma^{-1}(\| f_0 - P(f) \| - \| f_0 - P(f_0) \|) \\
&\leqslant \gamma^{-1}(\| f_0 - f \| + \| f - P(f) \| - \\
&\quad \| f_0 - P(f_0) \|) \\
&\leqslant \gamma^{-1}(\| f_0 - f \| + \| f - P(f_0) \| - \\
&\quad \| f_0 - P(f_0) \|) \\
&\leqslant \gamma^{-1}(\| f_0 - f \| + \| f - f_0 \| + \\
&\quad \| f_0 - P(f_0) \| - \| f_0 - P(f_0) \|) \\
&= 2\gamma^{-1} \| f_0 - f \|, \lambda = 2\gamma^{-1}
\end{aligned}$$

推论表明:一个 Haar 子空间上的最佳逼近算子在每一点满足 Lipschitz 条件,但李氏常数是逐点改变的.此式含有最佳逼近算子的强连续性(依范数连续).

(四)Chebyshev 多项式

俄国数学家 Chebyshev 是最佳一致逼近论的创始人.他讨论过一个:

问题　在区间$[a,b]$上给出全体的 n 次多项式,其最高次项系数固定.试求该类内多项式在$[a,b]$上的最大值对整个类的最小值,并找出实现此最小值的多项式.

如果取 $a=-1,b=1$,首项系数固定为 1,那么问题就归结到求

$$\min_{\{a_1,\cdots,a_n\}} \max_{|x|\leqslant 1} | x^n + a_1 x^{n-1} + \cdots + a_n | \quad (1.22)$$

Chebyshev 解决了该问题.实现最小值的多项式序列以 Chebyshev(第一类) 多项式命名.Chebyshev 多项式在许多逼近论书中有很详尽的叙述(比如[26]),且出版了专著[27].故这里只简略地介绍其主要性质.

引理 1.4.7　当 $|x|\leqslant 1, n\geqslant 0$ 时,$\cos(n\arccos x)$ 是

首项系数为 2^{n-1} 的代数多项式. 以 $T_n(x)$ 表示,我们有

$$T_0(x)=1, T_1(x)=x$$

$$T_2(x)=2x^2-1, T_3(x)=4x^3-3x$$

$$T_4(x)=8x^4-8x^2+1, \cdots$$

引理 1.4.8(递推公式)

$$T_n(x)=2xT_{n-1}(x)-T_{n-2}(x), n\geqslant 2$$

证 由恒等式

$$\cos n\theta=2\cos\theta\cos(n-1)\theta-\cos(n-2)\theta, n\geqslant 2$$

令 $\theta=\arccos x$ 代换即得证.

引理 1.4.9(Chebyshev 多项式的母函数)

$$\frac{1-tx}{1-2tx+t^2}=\sum_{n=0}^{+\infty}t^nT_n(x), \ |t|<1$$

证 由三角级数

$$\sum_{n=0}^{+\infty}t^n\cos n\theta=\frac{1-t\cos\theta}{1-2t\cos\theta+t^2}, \ |t|<1$$

令 $\theta=\arccos x$ 代换即得证.

引理 1.4.10

$$T_n(x)=\frac{1}{2}\left[(x+\mathrm{i}\sqrt{1-x^2})^n+(x-\mathrm{i}\sqrt{1-x^2})^n\right]$$

证 由恒等式

$$\cos n\theta=\frac{1}{2}[(\cos\theta+\mathrm{i}\sin\theta)^n+(\cos\theta-\mathrm{i}\sin\theta)^n], \ |x|\leqslant 1$$

令 $\theta=\arccos x$ 代换即得证.

实际上,对一切实数及复数 x,此式都成立. 这可以用二项式定理展开后直接验证.

引理 1.4.11

$$(1-x^2)T''_n(x)-xT'_n(x)+n^2T_n(x)=0$$

证 直接验算.

引理 1.4.12　$\{T_n(x)\}$ 是$[-1,1]$上以 $p(x)=(1-x^2)^{-\frac{1}{2}}$ 为权的正交多项式

$$\int_{-1}^{1} T_n(x)T_m(x)\frac{\mathrm{d}x}{\sqrt{1-x^2}}=0, n\neq m$$

证　令 $x=\cos\theta$,得

$$\int_{-1}^{1} T_n(x)T_m(x)\frac{\mathrm{d}x}{\sqrt{1-x^2}}=\int_0^{\pi}\cos n\theta\cos m\theta\mathrm{d}\theta$$

$$=0, n\neq m$$

下面讨论 Chebyshev 多项式的极值性质,这是本段的主要结果.

记 $\widetilde{T}_n(x)=2^{1-n}T_n(x)$.

定理 1.4.14

$$\min_{\{a_1,\cdots,a_n\}}\max_{\|x\|\leqslant 1}|x^n+a_1x^{n-1}+\cdots+a_n|=\|\widetilde{T}_n\|=2^{1-n} \tag{1.23}$$

其极值点是 $x_k=\cos\frac{k\pi}{n}, k=0,1,\cdots,n$.

证　若置 $\theta_k=\frac{k\pi}{n}$,由 $\cos n\theta_k=(-1)^k, k=0,\cdots,n$,知

$$\widetilde{T}_n(x_k)=(-1)^k2^{1-n}, k=0,\cdots,n$$

故由最佳逼近特征定理,得所欲证.

例 1.4.8　给定实数 $\xi(|\xi|>1)$ 及 η. 记

$$P_n(\xi,\eta)=\{p(x)\in P_n \mid p(\xi)=\eta\}$$

求

$$\min_{p\in P_n(\xi,\eta)}\max_{\|x\|\leqslant 1}|p(x)|$$

解　$p(x)\in P_n(\xi,\eta)\Leftrightarrow p(x)=\eta+(x-\xi)q(x)$, $q(x)\in P_{n-1}$. 故问题归结为解

$$\min_{q\in P_{n-1}}\max_{\|x\|\leqslant 1}|\eta+(x-\xi)q(x)|$$

$$=\min_{q\in P_{n-1}}\max_{\|x\|\leqslant 1}|x-\xi|\cdot\left|\frac{\eta}{x-\xi}+q(x)\right|$$

此处 $w(x)=|x-\xi|$ 在$[-1,1]$上是正连续函数. 这是 $f(x)=\frac{\eta}{x-\xi}$ 借助 P_{n-1} 在 $C[-1,1]$ 空间内的带权 $w(x)$ 一致的最佳逼近问题. 这种情形和我们讨论过的情形(相当于 $w(x)\equiv 1$) 没有原则区别,因若$\{\varphi_1,\cdots,\varphi_n\}\subset C[-1,1]$是 n 阶 Chebyshev 系,则对任何正的连续函数 $w(x)$,$\{w\varphi_1,\cdots,w\varphi_n\}$ 也是 Chebyshev 系. 所以,最佳逼近的 Chebyshev 交错定理仍成立. 由此,置

$$r(x)=\eta\frac{T_n(x)}{T_n(\xi)}$$

则得 $r(x)\in P_n(\xi,\eta)$,且 $r(x)$ 在$[-1,1]$内 $n+1$ 个点上达到其极值,其符号交错变号,所以求得的最小值等于$\frac{\eta}{|T_n(\xi)|}$,实现最小值的多项式 $r(x)$ 是唯一的.

推论 若 n 次多项式 $p(x)$ 在$[-1,1]$上满足

$$\max_{|x|\leqslant 1}p(x)\leqslant L,\xi\overline{\in}[-1,1]$$

则

$$|p(\xi)|\leqslant L|T_n(\xi)| \tag{1.24}$$

此不等式是精确的.

此不等式可以扩充到 ξ 取复值的情形.

例 1.4.9 给定 $\alpha\in(0,\pi)$,$\alpha<\xi<\pi$. 在区间$[-\alpha,\alpha]$上考虑阶数小于或等于 n 的三角多项式集

$$T_n(\xi,\eta)=\{t_n\in T_n\mid t_n(\xi)=\eta\}$$

$\eta\neq 0$ 是一定数. 试求下列极值问题的解

$$\min_{t_n \in T_n(\xi,\eta)} \max_{-\alpha \leqslant x \leqslant \alpha} |t_n(x)| = L$$

解 如果能求出满足下列两个条件的 n 阶三角多项式 $T(x)$,则 $T(x)$ 给出上面问题的解. 其条件是:

(1) $T(\xi)=\eta$.

(2) 在 $[-\alpha,\alpha]$ 上有 $2n+1$ 个点 $x_1<x_2<\cdots<x_{2n+1}$,使得

$$T(x_j)=\sigma(-1)^j \|T(x)\|_{[-\alpha,\alpha]}$$
$$|\sigma|=1, j=1,\cdots,2n+1$$

因若不然,则存在某个 $\widetilde{T}(x)\in T_n(\xi,\eta)$,有

$$\|\widetilde{T}(x)\|_{[-\alpha,\alpha]}<\|T(x)\|_{[-\alpha,\alpha]}$$

置 $U(x)=T(x)-\widetilde{T}(x)$,则 $U(\xi)=0$,此外,在每一对相邻点 x_j,x_{j+1} 之间有 z_j,使 $U(z_j)=0, j=1,\cdots,2n$. $U(x)$ 作为 n 阶三角多项式在一个周期内有 $2n+1$ 个零点,这导致 $U(x)\equiv 0$,得到矛盾.

假定存在满足条件(1)(2) 的 $T(x)$,我们说

$$|T(\pm\alpha)|=\|T(x)\|_{[-\alpha,\alpha]}$$

假若不然,如果

$$|T(\pm\alpha)|\leqslant\|T(x)\|_{[-\alpha,\alpha]}$$

那么

$$\{x_1,x_2,\cdots,x_{2n+1}\}\subset(-\alpha,\alpha)$$
$$\Rightarrow T'(x_j)=0, j=1,\cdots,2n+1$$
$$\Rightarrow T'(x)\equiv 0\Rightarrow T(x)=c$$

这不可能. 若 $\pm\alpha$ 内只有一个满足,比如对 α 有 $|T(\alpha)|=\|T\|_{[-\alpha,\alpha]}$,而 $|T(-\alpha)|<\|T\|_{[-\alpha,\alpha]}$,则 $T'(x)=0$ 在 $(-\alpha,\alpha)$ 内至少有 $2n$ 个零点. 不难看出,这时 $T'(x)=0$ 在 $[-\pi,\pi)\backslash[-\alpha,\alpha]$ 内有一零点,这也导致 $T'(x)\equiv 0$.

由此,今考虑以下两个三角多项式

$$[1-\cos(x-\beta)][L^2-T^2(x)]$$

$$(\cos x-\cos\alpha)T'^2(x)$$

其中 β 容稍后再来确定.二者都是 $2n+1$ 阶三角多项式.前者在一个周期内有 $4n+2$ 个零点:其中 $\{x_2,\cdots,x_{2n}\}$ 为二重零点,共计 $4n-2$ 个;$x_1=-\alpha$,$x_{2n+1}=\alpha$ 为单零点;β 为二重零点.后者亦有 $4n+2$ 个零点:其中 $\{x_2,\cdots,x_{2n}\}$ 为二重零点;$\pm\alpha$ 为其单零点;$T'(x)=0$ 由于周期性除 $x_2,\cdots,x_{2n}$ 外在 $[-\pi,\pi]$ 内有一零点.故若将 β 取在这一零点上,那么以上两个多项式在一个周期内有完全相同的零点(包括其重次都一样).这样一来得

$$\begin{aligned}&[1-\cos(x-\beta)][L^2-T^2(x)]\\=&k(\cos x-\cos\alpha)T'^2(x)\end{aligned}$$

比较最高阶项系数,得出 $k=\frac{1}{n^2}$,$\beta=\pi$,于是得到微分方程

$$n^2(1+\cos x)[L^2-T^2(x)]=(\cos x-\cos\alpha)T'^2(x)$$

分离变量,得

$$\frac{\mathrm{d}T}{\sqrt{L^2-T^2}}=n\sqrt{\frac{\cos x+1}{\cos x-\cos\alpha}}\,\mathrm{d}x,\ -\alpha\leqslant x\leqslant\alpha$$

积分后给出

$$T(x)=L\cos\left(n\arccos\frac{\cos x-\cos^2\frac{\alpha}{2}}{\sin^2\frac{\alpha}{2}}+c\right)$$

为使 $T(x)$ 是三角多项式,需令 $c=0$.从而得

$$T(x)=L\cos\left(n\arccos\frac{\cos x-\cos^2\frac{\alpha}{2}}{\sin^2\frac{\alpha}{2}}\right)$$

当 x 由 $-\alpha$ 递增至 α 时，$n\arccos\dfrac{\cos x-\cos^2\frac{\alpha}{2}}{\sin^2\frac{\alpha}{2}}$ 连续地从 $-n\pi$ 递增至 $n\pi$，那么 $T(x)$ 恰好有 $2n+1$ 次符号交替地取到 L. 最后，由条件 $T(\xi)=\eta$ 定出 L，所得 $T(x)$ 完全满足了条件(1)(2)，其存在性得证.

推论　若 n 阶三角多项式 $T(x)$ 满足

$$\max_{-\alpha\leqslant x\leqslant\alpha}|T(x)|\leqslant L$$

则在点 $\xi\in[-\pi,\pi]\backslash[-\alpha,\alpha]$ 上有

$$\begin{aligned}|T(\xi)|&\leqslant L\left\|\cos\left(n\arccos\frac{\cos x-\cos^2\frac{\alpha}{2}}{\sin^2\frac{\alpha}{2}}\right)\right\|_{[-\pi,\pi]}\\&=\frac{L}{2}\left(\tan^{2n}\frac{\alpha}{4}+\cot^{2n}\frac{\alpha}{4}\right)\end{aligned}\tag{1.25}$$

例 1.4.10　Weierstrass 函数(见[29])

$$f(\theta)=\sum_{m=0}^{+\infty}a^m\cos(b^m\theta)$$

其中 $0<a<1$，$b\geqslant3$ 为奇数. 当 $ab>1+\dfrac{3}{2}\pi$ 时，$f(\theta)$ 处处不可导. 取 $f(\theta)$ 的 n 阶 Fourier 部分和

$$S_n(f;\theta)=\sum_{m=0}^{k}a^m\cos(b^m\theta)$$

k 满足 $b^k\leqslant n<b^{k+1}$，则

$$\begin{aligned}\|f-S_n(f)\|_C&=\left\|\sum_{m=k+1}^{+\infty}a^m\cos(b^m\theta)\right\|_C\\&=\sum_{m=k+1}^{+\infty}a^m=\frac{a^{k+1}}{1-a}\end{aligned}$$

现证

$$E_n(f)_C \stackrel{\mathrm{df}}{=} \min_{T\in T_{2n+1}} \| f-T \|_C = \frac{a^{k+1}}{1-a}$$

事实上,在$[0,2\pi]$内取点

$$\theta_r = \frac{r\pi}{b^{k+1}}, r=1,2,\cdots,2b^{k+1}$$

则由 $2b^{k+1} \geqslant 2n+2$,以及

$$\sum_{m=k+1}^{+\infty} a^m \cos(b^m \theta_r) = (-1)^r \sum_{m=k+1}^{+\infty} a^m = (-1)^r \frac{a^{k+1}}{1-a}$$

便知 $E_n(f)_C = \dfrac{a^{k+1}}{1-a}$.

$f(\theta)$ 的 Fourier 级数是 Hadamard 缺项的三角级数. 一般而言,设 $f(\theta) \in C_{2\pi}$ 的 Fourier 级数呈下列形状

$$f(\theta) \sim \sum_{m=0}^{+\infty} (a_m \cos n_m\theta + b_m \sin n_m\theta)$$

$\{n_m\} \subset \mathbf{Z}_+$,且存在一个 $q>1$ 使

$$\frac{n_{m+1}}{n_m} \geqslant q, m=0,1,2,\cdots$$

则称 f 的 Fourier 级数是 Hadamard 缺项的. 根据三角级数理论,连续函数的 Fourier 级数是 Hadamard 缺项绝对收敛,即

$$\sum_{m=0}^{+\infty} | a_m \cos n_m\theta + b_m \sin n_m\theta |$$

处处收敛. 而此式根据 Lusin-Danjoy 定理含有 $\sum \rho_m < +\infty, \rho_m = \sqrt{a_m^2 + b_m^2}$. 对任一定数 $n \in \mathbf{Z}_+$,设 k 满足 $n_k \leqslant n < n_{k+1}$,那么

$$S_n(f,\theta) = \sum_{m=0}^{k} (a_m \cos n_m\theta + b_m \sin n_m\theta)$$

对 f 的逼近度和 $E_n(f)_C$ 同阶. 详细地说有:

定理 1.4.15　若 $f \in C_{2\pi}$ 的 Fourier 级数是 Hadamard 缺项的,则

$$E_n(f)_C \leqslant L_n(f)_C \leqslant CE_n(f)_C, n=1,2,3,\cdots$$

$$L_n(f)_C = \| f - S_n(f) \|_C \asymp \sum_{m>n} \rho_m, C>0$$

只与 f 和 q 有关(证明见[30]).

§5　Chebyshev 逼近的进一步结果的综述

(一) 有理逼近

本章叙述了逼近集是线性集的 Chebyshev 逼近. 用线性集作为逼近集,不论从理论上,还是从应用上都有其简便之处,但是也有不足之处. 我们这里简要地介绍非线性集作为逼近集的 Chebyshev 逼近的一个古典情形:借助于有理分式的逼近,虽然有理逼近的思想很早就有了,但有理逼近的基本定理在 20 世纪 30 年代才建立起来.

给定 $f \in C[a,b]$ 及一对整数 $m \geqslant 0, n \geqslant 0$. 考虑用有理分式

$$r_{m,n}(x) = \frac{p_m(x)}{q_n(x)}$$

在 $[a,b]$ 上对 $f(x)$ 的一致逼近,此处 p_m, q_n 分别是次数小于或等于 m, n 的多项式,$q_n(x)$ 在 $[a,b]$ 上无零点. 引入量

$$\rho_{m,n}(f) \stackrel{\text{df}}{=} \inf_{r_{m,n}} \max_{a \leqslant x \leqslant b} | f(x) - r_{m,n}(x) |$$

$\rho_{m,n}(f)$ 是函数类 $R_{m,n} = \{r_{m,n}\}$ 对 f 的最佳一致逼近.

这里的基本问题仍然是最佳逼近元的存在性、唯一性和特征刻画.

最佳逼近元的存在性定理最早出自 Walsh[33]. 定理 1.2.5 的证明包含了它的基本点,从这个证明可以看出,证明不能仅仅依据有限维空间内有界闭集的紧致性而达到目的,还必须有附加的讨论.

至于有理最佳逼近元的特征定理和唯一性定理,首先由 N. Ⅰ. Achiezer[34] 在 20 世纪 30 年代得出.

给定 $p(x)$,$q(x)$ 两个多项式,其次数分别记作 ∂p,∂q. 若 $p/q \in R_{m,n}$,置

$$d = \min\{m - \partial p, n - \partial q\}$$

d 称为分式 p/q 的亏值. 当 $d > 0$ 时,p/q 是降格的,否则,它是非降格的,或标准的.

定理 1.5.1 已知 $f \in C[a,b]$,$r \in R_{m,n}$. r 是 f 在 $R_{m,n}$ 内的最佳逼近元,当且仅当在$[a,b]$内存在 $N = m+n+2-d$ 个点成为 $f(x)-r(x)$ 的 Chebyshev 式交错点.

这一结果包括了多项式逼近的经典结果,其所异于多项式逼近,在于交错点组所含点的个数是变动的,只有当最佳逼近元 $r(x)$ 是标准的,其交错点组就含有 $m+n+2$ 个点.

定理 1.5.2 每一 $f \in C[a,b]$ 在 $R_{m,n}$ 内的最佳逼近元唯一.

此外,Achieser 还证明了给出有理逼近 $\rho_{m,n}$ 下方估计的 Vallèe-Poussin 式定理.

到 20 世纪 60 年代初,E. W. Cheney,H. L. Loeb 以及 B. Boehm 等人研究了广义有理 Chebyshev 逼近,发展了 Achiezer 的早先的结果.

在 $C[a,b]$ 内取两个线性子空间 P,Q,其维数分别为 m,n. 假定 Q 内存在一个 $q(x)>0$,引入广义有理函数集

$$R(P,Q)\overset{\text{df}}{=}\{r=\frac{p}{q}\mid p\in P,q\in Q,$$

$$q(x)\neq 0,\text{在}[a,b]\text{上处处成立}\}$$

置

$$\rho_{m,n}(f)\overset{\text{df}}{=}\inf_{r\in R(P,Q)}\|f-r\|$$

Boehm[36] 解决了 f 在 $R(P,Q)$ 内最佳逼近元的存在问题,其关键是引入了一个新概念.

定义 1.5.1　$P_n=\text{span}\{\varphi_1,\cdots,\varphi_n\}\subset C[a,b]$. 若对任取的一组数 $(c_1,\cdots,c_n)\neq(0,\cdots,0)$,广义多项式 $\sum_{j=1}^{n}c_j\varphi_j(t)\neq 0$ 的点集在 $[a,b]$ 内稠,则称 P_n 在 $[a,b]$ 上非零稠密.

易得 Haar 子空间非零稠密.

定理 1.5.3　设 $P=\text{span}\{\varphi_1,\cdots,\varphi_n\}$, $Q=\text{span}\{\psi_1,\cdots,\psi_n\}\subset C[a,b]$, Q 在 $[a,b]$ 上非零稠密,则任一 $f\in C[a,b]$ 在 $R(P,Q)$ 内有最佳逼近元.

E. W. Cheney 与 H. L. Loeb[37] 证明了与本章定理 1.4.1(Kolmogorov 判据),定理 1.4.3($0\in co(T(e))$)相平行的特征定理和 Chebyshev 交错型的特征定理,以及最佳逼近元的唯一性、强唯一性定理.

(二) 单一可解类及可变可解类

在 1949 ~ 1950 年,Motzkin[38],Tornheim[39] 试图把借助线性集作为逼近集的 Chebyshev 逼近概念扩充到非线性集的情形,提出了单一可解性概念.

定义 1.5.2 设 $\varphi(\cdot,a_1,\cdots,a_n)\in C[a,b]$,其中的 $a_1,\cdots,a_n$ 是在某个范围内取值的参数.若有 $\mathbf{R}^n$ 的非空子集 $\mathscr{M}$,对在 $[a,b]$ 内任取的 n 个不同的点 $x_1,\cdots,x_n$ 及任一 n 数组 $(y_1,\cdots,y_n)\in\mathbf{R}^n$,都存在 $(a_1,\cdots,a_n)\in\mathscr{M}$ 使有

$$\varphi(x_i;a_1,\cdots,a_n)=y_i,i=1,\cdots,n$$

则称 $\varphi(x;a_1,\cdots,a_n)$(对 $\mathscr{M}$)n 阶可解.

定义 1.5.3 若对任取的 $\mathrm{a}^{(1)},\mathrm{a}^{(2)}\in\mathscr{M}$,此处 $\mathrm{a}^{(1)}=(a_1^{(1)},\cdots,a_n^{(1)}),\mathrm{a}^{(2)}=(a_1^{(2)},\cdots,a_n^{(2)}),\mathrm{a}^{(1)}\neq\mathrm{a}^{(2)}$ 含有 $\varphi(x;a_1^{(1)},\cdots,a_n^{(1)})\quad\varphi(x;a_1^{(2)},\cdots,a_n^{(2)})$ 在 $[a,b]$ 内至多有 $n-1$ 个零点,则称 φ 在 $\mathscr{M}$ 内具有 n 阶 Z 性质.

定义 1.5.4 若 $\varphi(x,a_1,\cdots,a_n)$ 对 $\mathscr{M}$ 具有 n 阶可解性及 n 阶 Z 性质,则称之为在 $\mathscr{M}$ 上单一可解.

这个概念的背景是由 n 阶 Chebyshev 系给出的线性组合 $\varphi(x;a_1,\cdots,a_n)=\sum\limits_{j=1}^{n}a_j\varphi_j(x)$.事实上 n 阶可解性是在 n 个点上插值的可能性,而 n 阶 Z 性质则保证插值唯一性,单一可解类比 n 维 Haar 子空间要广泛一些,它可以是 Haar 子空间的一个子集,或者是非线性的函数集.Motzkin,Tornheim 证明,用单一可解类作为 $C[a,b]$ 空间内的逼近集,可以证明任何函数 $f\in C[a,b]$ 的最佳逼近元的存在性、唯一性以及 Chebyshev 交错定理和 Haar 子空间作为逼近集的情形完全一样,但是单一可解类过于狭窄,包含为数甚少的非线性集,比如,它不能包括有理分式类,因为我们已经指出,有理分式类 $R_{m,n}$ 内最佳逼近元的 Chebyshev 交错点组的点数不是固定的,而是可变的.

为了改进这种情况,Rice 在 1960 年[40] 提出了可

变可解类(Varisolvent Family)的概念,其实质在于把单一可解类的 n 阶可解性(一种大范围的性质,n 是固定的)局部化,而且阶数 n 不再是固定不变的.

定义 1.5.5 称 $\varphi(x,a_1,\cdots,a_n)$ 在 $\mathrm{a}^*=(a_1^*,\cdots,a_n^*)\in\mathscr{M}$ 有 $m=m(\mathrm{a}^*)$ 阶 Z 性质,如果 $\forall\,\mathrm{a}\in\mathscr{M},\mathrm{a}\neq\mathrm{a}^*$,$\varphi(x,a_1,\cdots,a_n)-\varphi(x,a_1^*,\cdots,a_n^*)$ 在$[a,b]$内零点个数小于或等于 $m-1$.

定义 1.5.6 称 $\varphi(x;\mathrm{a})$ 在点 $\mathrm{a}^*\in\mathscr{M}$ 是 $m=m(\mathrm{a}^*)$ 阶局部可解的,若对$[a,b]$内任取的 m 个点 $a\leqslant x_1<x_2<\cdots<x_m\leqslant b$ 及 $\varepsilon>0$,存在一个 $\delta>0$,使得对满足

$$|y_j-y_j^0|<\delta,j=1,\cdots,m$$

的任一数组$(y_1,\cdots,y_m)$存在 $\bar{\mathrm{a}}\in\mathscr{M}$ 使有

$$\varphi(x_j;\bar{\mathrm{a}})=y_j,j=1,\cdots,m$$

而且

$$\|\varphi(x;\bar{\mathrm{a}})-\varphi(x;\mathrm{a}^*)\|<\varepsilon$$

此处的 $y_j^0=\varphi(x_j;\mathrm{a}^*)$.

$\varphi(x;\mathrm{a})$ 是可变可解的,若在每一点 $\mathrm{a}\in\mathscr{M}$ 上同时具有 m 阶 Z 性质与 m 阶局部可解性,$m=m(\mathrm{a})$ 随点 a 的变动而有所不同,但规定它在 $\mathscr{M}$ 上一致有界是合理的.

Rice 对于以可变可解类作为逼近集的情形证明了最佳逼近元的存在性、唯一性及 Chebyshev 交错模式的特征定理. Chebyshev 交错组的点数是变动的.

定理 1.5.4 设 $\varphi(x;\mathrm{a})(\mathrm{a}\in\mathscr{M})$ 是可变可解类,$\mathrm{a}=\mathrm{a}^*$ 时其阶数为 $m(\mathrm{a}^*)$,则 $\varphi(x,\mathrm{a}^*)$ 是 $f(x)$ 在$[a,b]$上的最佳一致逼近元,当且仅当 $f(x)-\varphi(x;\mathrm{a}^*)$ 在$[a,b]$内存在着含有 $m(\mathrm{a}^*)$ 个点的 Chebyshev 交错组.

作为可变可解类的重要范本,除广义有理函数类外,还有由形如

$$\varphi(x;\mathrm{a})=\sum_{i=1}^{k}\Big(\sum_{j=0}^{m_i}p_{ij}x^j\Big)\mathrm{e}^{t_i x}$$

的函数构成的函数集,其中 $\sum_{i=1}^{k}(m_i+1)\leqslant N$, p_{ij}, $t_i\in\mathbf{R}$. 它的进一步推广是所谓 γ 多项式类,引起了一系列的研究工作(见[41][42]).

(三) 非线性 Chebyshev 逼近

Meinardus, Schwedt[43] 从拓广 Kolmogorov 条件入手研究了非线性 Chebyshev 逼近. 仍记 $\mathrm{a}=(a_1,\cdots,a_n)\in\mathbf{R}^n$,且

$$e(\mathrm{a})=\{x\mid x\in[a,b],\ |f(x)-\varphi(x;\mathrm{a})|=\|f-\varphi\|\}$$

此处 $f\in C[a,b]$.

定理 1.5.5 若

$$\min_{x\in e(\mathrm{a})}(f(x)-\varphi(x,\mathrm{a}))(\varphi(x,\mathrm{a})-\varphi(x,\mathrm{a}))\leqslant 0$$

$\forall c=(c_1,\cdots,c_n)\in\mathbf{R}^n$,则 $\varphi(x,\mathrm{a})$ 是 f 的最佳逼近元.

这是 Kolmogorov 模式的充分条件. Meinardus 指出,当 $\varphi(x,\mathrm{a})$ 满足某种渐近凸性条件时,定理的条件对于刻画最佳逼近元也是必要的.

渐近凸性

$\forall\alpha,c\in\mathbf{R}^n$ 及 $\gamma(0\leqslant\gamma\leqslant 1)$, $\exists d(\gamma)\in\mathbf{R}^n$ 及一连续函数 $g(x,\gamma)$, $(x,\gamma)\in[a,b]\times[0,1]$, $g(x,0)>0$,且有

$$\|\varphi(x;d(\gamma))-(1-\gamma g(x,\gamma))\varphi(x,\alpha)-\gamma g(x,\gamma)\varphi(x;c)\|=o(\gamma),\gamma\to 0$$

当 $\varphi(x;\mathrm{a})$ 对 a 的每一分量的偏导数连续时,可借助下面的形式给出最佳逼近元特征的必要条件.

定理 1.5.6　若 $\varphi(x;\mathrm{a})$ 是 $f\in C[a,b]$ 的最佳逼近元($\mathrm{a}\in\mathbf{R}^n$),则 $\forall c\in\mathbf{R}^n$ 有

$$\min_{x\in e(\mathrm{a})}(f(x)-\varphi(x,\mathrm{a}))\sum_{i=1}^{n}c_i\frac{\partial\varphi(x,\mathrm{a})}{\partial a_i}\leqslant 0$$

$$c=(c_1,c_2,\cdots,c_n)$$

Krab 指出,为使这一条件也是充分的,只要 $\varphi(x;\mathrm{a})$ 满足一个表现条件便够了.

表现条件　$\forall\varphi(x,\mathrm{b}),\varphi(x,\mathrm{a}),\exists\delta=\delta(\mathrm{a},\mathrm{b})\in\mathbf{R}^n$ 及 $K=K(x,\mathrm{a},\mathrm{b})>0$ 在$[a,b]$上使得

$$\varphi(x,\mathrm{a})-\varphi(x,\mathrm{b})=K\sum_{i=1}^{n}\delta_i\frac{\partial\varphi(x,\mathrm{a})}{\partial a_i}$$

此处 $\delta=(\delta_1,\cdots,\delta_n)$.

利用 $\mathrm{span}\left\{\frac{\partial\varphi(x,\mathrm{a})}{\partial a_i}\right\}(i=1,\cdots,n)=W(\mathrm{a})$ 是满足某阶的 Haar 条件,也可给出最佳逼近元的 Chebyshev 交错特征定理和唯一性定理.

总之,非线性 Chebyshev 逼近,除有理逼近已有充分而深入的研究外,别的情形难说,其基本问题的提法和基本结果的表述经常保留着线性集(多项式)逼近的一些特色. 详细的阐述可以参看[32].

§6　注和参考资料

(一) §1～§3 涉及泛函分析知识

[1] 吉田耕作,泛函分析,吴元恺等译,北京:人民教育出版社,1980.

[2] Л. А. Люстерник, В. И. Соболев, Элементы Функционального анализа, НАУКА. М., 1965.

线性赋范空间中的最佳逼近问题,参看:

[3] I. Singer, Best approximation in normed linear spaces by elements of linear subspaces, Springer-Verlag, Berlin-Heidelberg-New York, 1970.

[4] N. V. Efimov, S. B. Stêchkin, Approximative compactness and Chebyshev sets, Dokl. Akad. Nauk SSSR 140(1961)522-524.(原著是俄文,英译载于 Sov. Math. Dokl. 2,1961,1226-1228)

[5] W. W. Breckner, Bemerkungen über die Existenz von Minimallösungen in normierten linearen Raümen, Mathematica, (Cluj) 10 (1968) 223-228.

[6] L. P. Vlasov, Approximative properties of sets in normed linear spaces, Russian Math. Surveys 28 (1973)1-66.

[7] F. Deutsch, Existence of best approximation, Jour. A. T. 28(1980)132-154.

不匀凸的自反 B 空间见:

[8] Day,不和匀凸空间同构的自反空间,Bulletin AMS,47(1974)313-317.

严凸但非匀凸空间的一例见:

[9] B. V. Limaye, Functional Analysis, Wiley Eastyes Limited,1980,第 134 页.

关于 Clarkson 不等式有多种证明. 对 $L^p(1<p<+\infty)$ 的匀凸模有进一步的研究工作,计算出它的精确阶,参考定光桂著《巴拿赫空间引论》所引有关资料. 当

$1<p<2$ 时 L^p 的匀凸模估计的一个较简便方法见 Illinois J. M. (1984),№3 所载 Meir 的论文.

(二)$C(Q)$空间内的 Chebyshev 逼近

Kolmogorov 条件出自论文:

[10] A. N. Kolmogorov, A remark on the polynomials of Chebyshev, deviating the least from a given function,(俄文)Успехи МН 3, №1 (1948)216-221.

20 世纪 50 年代 Зуховицкий 等人把它拓广到向量值函数空间. 见:

[11] С. И. Зуховицкий, On approximation of real functions in the sense of Chebyshev,(俄文) Успехи МН 11, №2(1956)125-159.

Rivlin 和 Shapiro 的工作见:

[12] T. J. Rivlin, H. S. Shapiro, A unified approach to certain problems of approximation and minimization, SIAM J 9,670-699.

[13] H. S. Shapiro, Topics in Approximation Theory, Lecture Notes in Mathematics, 187. 第二章.

"削皮"定理的名词见:

[14] В. М. Тихомиров, Некоторые Вопросы Теории Приближния, ИЗДАТ МГУ, М. 1976.

什么样的紧空间上存在非平凡的实 Chebyshev 系,刻画这类紧空间的拓扑结构的资料有:

[15] J. Mairhuber, On Haar's theorem concerning Chebyshev approximation problems having unique solutions, Proc. AMS, 7(1956)609-615.

[16] P. C. Curtis, n-parameter families and best approximation, Pacific J. M. ,9(1959)1013-1027.

[17] K. Siekluski, Topological properties of sets admitting the Tschebyshev systems, BAP 6,603-606. (1958)

强唯一性出自：

[18] D. J. Newman, H. S. Shapiro, Some theorems on Tchebyshev approximation, Duke M. J. 30 (1963) 673-682.

这里的定理 1. 4. 13 的证明出自 E. W. Chcncy.

[19] E. W. Cheny,逼近论导引,徐献喻等译,上海:上海科技出版社,1981.

在线性赋范空间内最佳逼近元的强唯一性问题的提法,以及 Kolmogorov 模式的刻画强唯一性特征的条件,参看资料：

[20] Peter Mah, Characteriztion of the strong unique best approximation, Numer. Funct. Anal. and optimization, 7(4)(1984-1985)311-331.

[21] P. L. Papini, Approximation and strong uniqueness in normed linear spaces via tangent functionals, Jour. A. T. 22(1978)111-118.

[22] A. Wojcik, Characterization of strong unicity by tangent cones, in Approximation and Function Spaces, Edited by Ciesielski, North-Holland, Amsterdam, 1981.

[23] Daniel Wulbert, Uniqueness and differential characterization of approximation from manifold of functions, Amer. J. M. 18(1971)350-

366.

[24] M. W. Bartelt, H. W. McLauglin, Characterizations of strong unicity in approximation theory, Jour, A. T. ,9(1973)255-266.

强唯一性和最佳逼近算子的局部 Lipschitz 性的关系,最早的工作属于G. Freud.

[25] G. Freud, Eine ungleichung für Tschebysheffsche Approximationspolynome, Acta Scientiarum Mathematicarum (Szeged), 19(1958)162-164.

Newman 和 Shapiro 在资料[18]中也有这方面结果. 强唯一性在Chebyshev一致逼近的近似方法中的应用,参看[19],第 122 页.

关于 Chebyshev 多项式,参考:

[26] И. П. Натансон, Конструктивная Теория функций (中译本《函数构造论》,上册). М-Л. 1949.

[27] T. J. Rivlin, The Chebyshev Polynomials, Wiley, New York, 1974.

例 1.4.8,例 1.4.9 取自:

[28] В. Л. Гончаров, Теория интерполирования иприближения функций, Гостехиздат, 1954.

在 Chebyshev 最佳一致逼近问题中,对固定的函数,要求出它的最佳逼近多项式的精确表示和最佳逼近度的精确值是很困难的. 迄今没有一般方法,然而对于一些特殊类型的函数设计出这样或那样精巧的方法是可能的,对 Weierstrass 函数的最佳逼近精确值的研究属于 С. Н. Бернштейн. 见:

[29] С. Н. Бернштейи, Sur la valeur asymptotique de

la meilleure approximation des fonctions analytiques, C. R. Acad. Sc. 155(1912)1062-1065.

С. Б. Стечкин 研究了能用 Hadamard 缺项三角级数表示的连续函数用三角多项式的最佳逼近. 见:

[30] С. Б. Стечкин, Наилучшие приближения функций, прелставимых лакунарными тригонометрическими рялами, Докл. АН СССР, 76, №1(1951)33-36.

С. Н. Бернштейн 在其早期工作中,对于函数$(x-a)^{-s}$($s\geqslant 1$ 整数),$|a|>1$,以及$(a-x)^m\ln(a-x)$,$a>1$,$m\geqslant 0$ 是整数,$-1\leqslant x\leqslant 1$ 借助于代表多项式的最佳一致逼近问题有精细的研究. 在这些工作中发展了多项式逼近的位相方法,其要旨如下:设 $f\in C[-1,1]$,逼近集为 P_n,作变元代换 $x=\cos\varphi$,$0\leqslant\varphi\leqslant\pi$. 若能找到一多项式 $p_n\in P_n$ 及依赖于 φ 的连续函数 $\varepsilon_n(\varphi)$ 满足条件(1)$\varepsilon_n(0)=\varepsilon_n(\pi)=0$;(2)对某个正数 λ 成立着

$$f(\cos\varphi)=P_n(\cos\varphi)+\lambda\cos[(n+1)\varphi+\varepsilon_n(\varphi)]$$

则 p_n 是 f 的最佳逼近多项式,还出现了一些位相方法和数值逼近的方法相结合的工作.

[31] E. Stiefel, Phase Methods for polynomial approximation, Approximation of Functions, ELsevier Publishing Company, (1965)68-82.

[32] G. Meinardus, 函数逼近:理论与数值方法, 赵根榕、赵冰译, 北京:高等教育出版社, 1986. 38-48.

(三)有理逼近和非线性逼近

[33] J. L. Walsh, The existence of rational functions of best approximation, Trans. A MS 33, 668-689.

[34] Н. И. Ахиезер, Лекции по теории аппроксимации, НАУКА, Москва, 1965.

E. W. Cheney 关于广义有理逼近的结果除上面所引[19]外.可在以下资料中找到.

[35] E. W. Cheney, Approximation by generalized rational functions, Approximation of Functions, Elsevier Publishing Company, 1965.

[36] B. Boehm, Existence of best rational Tchebycheff approximation, Pac. J. Math., 15(1965) 19-28.

[37] E. W. Cheney, H. L. Loeb, Generalized rational approximation, SIAM J. Numer. Anal. 1 (1964)11-25.

关于单一可解.可变可解概念,见:

[38] T. S. Motzkin, Approximation by curves of a unisolvent family, Bull. AMS 55(1949)789-793.

[39] L. Tornheim, On n-parameter families of functions and associated convex functions, Trans. AMS 69(1950)457-467.

[40] J. R. Rice, The Approximation of functions, Vol 1 and 2, Addison-Wesley. 1964, 1969.

[41] D. Braess, Chebyshev approximation by γ-polynomials, Jour. A. T., 9(1973)20-43; 11(1974a) 16-37.

[42] D. Braess, Geometrical Characterization for nonlinear uniform approximation, Jour. A. T. 11 (1974b)260-274.

非线性 Chebyshev 逼近,见:

[43] Meinardus, Schwedt, Nicht lineare approximationen, Arch. Rat. Mech. Anal. 17(1964)297-326.

Meinardus[32]中有较系统的介绍.

第二章 线性赋范空间内的最佳逼近问题(Ⅱ)

§1 某些泛函分析的知识

本节是辅助性的,目的是介绍一些后面要用到的泛函分析知识.

定义 2.1.1 给定

$$M \subset (X, \|\cdot\|), f \in X^*$$

若对每一 $x \in M$ 有 $f(x)=0$,则称 f 是 M 的零化泛函,简记 $f(M)=0$. 定义

$$M^{\perp}=\{f \in X^* \mid f(M)=0\}$$

称 $M^{\perp}$ 是 M 的零化子.

定义 2.1.2 给定

$$\Gamma \subset (X^*, \|\cdot\| = \|x^*\|), x \in X$$

若对每一 $f \in \Gamma$ 有 $f(x)=0$,则称 x 是 Γ 的零化元.

规定

$$\Gamma_{\perp}=\{x \in X \mid f(x)=0, \forall f \in \Gamma\}$$

叫作 Γ 的核.

引理 2.1.1 对任取的 $M\subset X$ 及 $\Gamma\subset X^*$，$M^{\perp}$ 及 $\Gamma_{\perp}$ 分别是 $(X^*,\|\cdot\|)$ 及 $(X,\|\cdot\|)$ 内的闭线性子空间.

证 (1)$M^{\perp}$ 是线性集. 取 $f_0\in\overline{M}^{\perp}$（闭包），则有 $f_n\in M^{\perp}$ 使

$$\begin{aligned}\|f_n-f_0\|\to 0\Rightarrow |f_0(x)| &= |f_0(x)-f_n(x)|\\ &\leqslant \|f_0-f_n\|\cdot\|x\|\to 0\\ &\Rightarrow f_0(x)=0\\ &\Rightarrow f_0\in M^{\perp},\forall x\in M\end{aligned}$$

(2) 记

$$N(f)=\{x\in X\mid f(x)=0\},f\in X^*$$

则 $N(f)$ 是闭线性子空间. 由 $\Gamma_{\perp}=\bigcap\limits_{f\in\Gamma}N(f)$ 得所欲证.

定理 2.1.1 $(M^{\perp})_{\perp}\supset M$，$(M^{\perp})_{\perp}=M$，当且仅当 M 是 X 的闭线性子空间.

证 $(M^{\perp})_{\perp}\supset M$ 不证. 当 M 是 X 的闭线性子空间时 $M=(M^{\perp})_{\perp}$，假定不然，就有 $(M^{\perp})_{\perp}\not\supseteq M$. 取 $x_0\in(M^{\perp})_{\perp}\backslash M$，我们有

$$e(x_0;M)=\inf_{u\in M}\|x_0-u\|>0$$

由 Hahn-Banach 定理，有 $f_0\in X^*$，$\|f_0\|=1$，$f_0(M)=0$，$f_0(x_0)=e(x_0,M)$，但由 $x_0\in(M^{\perp})_{\perp}$，应有 $f_0(x_0)=0$，因 $f_0\in M^{\perp}$，得到矛盾.

定理 2.1.2 $(\Gamma_{\perp})^{\perp}\supset\Gamma$，$(\Gamma_{\perp})^{\perp}=\Gamma$，当且仅当 Γ 是 X^* 内的 ${}^*w$ 闭线性子空间.

证 显然有 $(\Gamma_{\perp})^{\perp}\supset\Gamma$. 下面考虑 $(\Gamma_{\perp})^{\perp}=\Gamma$ 的必要充分条件. 必要条件可由下列事实推出：

任取 $M\subset X$，$M^{\perp}\subset X^*$ 在 X^* 内 ${}^*w$ 闭. 事实上，任取 $M^{\perp}$ 在 X^* 内 ${}^*w$ 闭包 $(M^{\perp})_{*w}$ 的一元 f_0，则对任取的 $\varepsilon>0$ 及 $x\in X$，f_0 的邻域

$$V(f_0;\varepsilon,x)=\{f\in X^* \mid |f(x)-f_0(x)|<\varepsilon\}$$

内含有 $M^{\perp}$ 的元. 如果取 $x\in M$,那么有 $g\in M^{\perp}$ 使

$$|g(x)-f_0(x)|<\varepsilon,g(x)=0$$

$$\Rightarrow |f_0(x)|<\varepsilon\Rightarrow f_0(x)=0$$

所以 $f_0\in M^{\perp}$,即 $M^{\perp}$ $^*w$ 闭.

反之,设 Γ 是 X^* 内的 $^*w$ 闭的线性集. 我们证明 $f_0\overline{\in}\Gamma\Rightarrow f_0\overline{\in}(\Gamma_{\perp})^{\perp}$,若此式得证,就得到 $\Gamma=(\Gamma_{\perp})^{\perp}$.

由 $f_0\overline{\in}\Gamma(=(\overline{\Gamma})_{*w})\Rightarrow$ 存在 $\varepsilon>0$ 及 $x_1,\cdots,x_n\in X$ 使 f_0 的邻域

$$V(f_0;\varepsilon,x_1,\cdots,x_n)$$
$$=\{f\in X^* \mid |f(x_i)-f_0(x_i)|<\varepsilon\},i=1,\cdots,n$$

内不含有 Γ 的元,即对每一 $g\in\Gamma$,不等式

$$|g(x_i)-f_0(x_i)|<\varepsilon,i=1,\cdots,n$$

中至少有一条不成立,现在考虑一个 $\Gamma\to\mathbf{R}^n$ 的线性映射

$$g\to(g(x_1),\cdots,g(x_n))\in\mathbf{R}^n,\forall g\in\Gamma$$

记 $\Gamma_n=\{(g(x_1),\cdots,g(x_n))\mid g\in\Gamma\}$,则 $\Gamma_n\subset\mathbf{R}^n$. 在 $\mathbf{R}^n$ 内以 $(f_0(x_1),\cdots,f_0(x_n))$ 为中心,边长为 2ε 的开正方体不含于 Γ_n 内. 故 $\dim(\Gamma_n)\leqslant n-1$,从而存在 $(c_1,\cdots,c_n)\neq(0,\cdots,0)$ 使

$$\sum_{i=1}^{n}c_ig(x_i)=0,\forall g\in\Gamma$$

但 $\sum_{i=1}^{n}c_if_0(x_i)\neq0$. 故置 $x_0=\sum_{i=1}^{n}c_ix_i$,即得 $g(x_0)=0$,$\forall g\in\Gamma$,$f_0(x_0)\neq0$,$x_0\in\Gamma_{\perp}$,$f_0\overline{\in}(\Gamma_{\perp})^{\perp}$. 证毕.

X^* 的任一有限维子空间 $^*w$ 闭.

§2　最佳逼近的对偶定理

线性赋范空间中的最佳逼近问题，当逼近集是线性集或凸集时，可借助对偶空间来进行研究，它的基本工具是 Hahn-Banach 定理以及凸集的隔离定理. 对偶定理的意义在于把一个线性赋范空间内的最佳逼近问题化归为它的共轭空间内线性有界泛函的极值问题. 这一方法对研究最佳逼近的定性问题和定量问题都是十分有成效的.

定理 2.2.1　若 $M \subset X$ 是一线性集，$x \in X$，则

(1)
$$\inf_{u \in M} \| x - u \| = \max_{\substack{f \in M \\ \| f \| \leqslant 1}} | f(x) | \tag{2.1}$$

(2)
$$\min_{\varphi \in M^{\perp}} \| f - \varphi \| = \sup_{\substack{u \in M^{\perp} \\ \| u \| \leqslant 1}} | f(u) | \tag{2.2}$$

在式(2.2)中 $f \in X^*$.

证　(1) 由 $f \in M^{\perp}$ 有

$$\begin{aligned} \| f \| \leqslant 1 \Rightarrow f(x) = f(x-u), \forall u \in M \\ \Rightarrow | f(x) | = | f(x-u) | \\ \leqslant \| f \| \cdot \| x - u \| \\ \leqslant \| x - u \|, \forall u \in M \\ \Rightarrow \sup_{\substack{f \in M^{\perp} \\ \| f \| \leqslant 1}} | f(x) | \leqslant \inf_{u \in M} \| x - u \| \end{aligned}$$

若 $\inf\limits_{u \in M} \| x - u \| = d = 0$，则式(2.1)等号自成立. 设有 $d > 0$，则由 Hahn-Banach 定理，存在 $f_0 \in X^*$，$\| f_0 \| = 1, f_0(M) = 0, f_0(x) = d$. 对此 f_0 即有 $\max\limits_{f \in M^{\perp}} | f(x) | = f_0(x) = d$. 式(2.1)证完.

(2) 任取 $\varphi \in M^{\perp}$，对每一 $u \in M$，$\| u \| \leqslant 1$ 有

$f(u)=f(u)-\varphi(u)=(f-\varphi)(u)$，那么

$$\begin{aligned}|f(u)|&=|(f-\varphi)(u)|\leqslant\|f-\varphi\|\cdot\|u\|\\&\leqslant\|f-\varphi\|\end{aligned}$$

所以

$$\sup_{\substack{u\in M\\ \|u\|\leqslant 1}}|f(u)|\leqslant\inf_{\varphi\in M^{\perp}}\|f-\varphi\|$$

记 $\sup\limits_{\substack{u\in M\\ \|u\|\leqslant 1}}|f(u)|=\|f\|_M$，是为 f 在 M 上的限制 f_M 的范数. 由 Hahn-Banach 定理，f_M 有从 M 到 X 上的保范延拓 f_1，则

$$f(u)=f_1(u),\ \forall u\in M$$
$$\|f\|_M=\|f_1\|$$

置 $f_0=f-f_1$，则 $f_0\in M^{\perp}$，且 $\|f-f_0\|=\|f_1\|=\|f\|_M$. 故有

$$\begin{aligned}\min_{\varphi\in M^{\perp}}\|f-\varphi\|&=\|f-f_0\|=\|f\|_M\\&=\sup_{\substack{u\in M\\ \|u\|\leqslant 1}}|f(u)|\end{aligned}$$

此即式(2.2).

推论 1　若 $M=\mathrm{span}\{x,\cdots,x_n\}\subset X$，则 $\forall x\in X$ 有

$$\min_{\alpha_k}\|x-\sum_{k=1}^{n}\alpha_k x_k\|=\max_{\substack{f\in X^*\\ \|f\|\leqslant 1\\ f(x_j)=0}}|f(x)| \tag{2.3}$$

推论 2　若有 $f_1,\cdots,f_n\in X^*$，则 $\forall f\in X^*$ 有

$$\min_{\alpha_k}\|f-\sum_{k=1}^{n}\alpha_k x_k\|=\sup_{\substack{x\in X\\ \|f\|\leqslant 1\\ f_j(x)=0}}|f(x)| \tag{2.4}$$

证　令 $\Gamma=\mathrm{span}\{f_1,\cdots,f_n\}$，$\Gamma$ 在 X^* 内 $^*w$ 闭，故 $\Gamma=(\Gamma_{\perp})^{\perp}$. 此时可以根据式(2.2)得式(2.4).

这种类型的对偶定理的特殊形式是式(2.3)和

(2.4) 首见于 S. M. Nikolsky 的[3]. 式(2.1) 和(2.2) 见于 R. C. Buck 的[1],这些关系式有更一般情形的拓广. 对于逼近论的应用来说,最重要的一个情形应该说是逼近集为凸集的情形. 下面的定理见于[4].

定理 2.2.2 若 $F \subset X$ 是一非空闭凸集,则对任一 $x \in X$ 有

$$\inf_{u\in F}\| x-u \| = \max_{\substack{f\in X^* \\ \|f\|\leqslant 1}}\left[f(x)-\sup_{u\in F} f(u)\right] \tag{2.5}$$

证 记

$$e(x)=\inf_{u\in F}\| x-u \|$$

$$n(x)=\sup_{f\in \overline{S}^*}\left[f(x)-\sup_{u\in F} f(u)\right]$$

$\overline{S}^*$ 是 X^* 的闭单位球. 先注意 $\forall f \in X^*$ 有

$$f(x)-\sup_{u\in F} f(u)=\inf_{u\in F}[f(x)-f(u)]=\inf_{u\in F} f(x-u)$$

$$f=0 \Rightarrow f(x-u)\equiv 0$$

所以

$$n(x)=\sup_{f\in \overline{S}^*}\inf_{u\in F} f(x-u)\geqslant 0$$

当 $x \in F$ 时,有 $\inf\limits_{u\in F} f(x-u)\leqslant 0$. 故对 $x \in F$ 有 $e(x)=n(x)=0$,下面讨论 $x \overline{\in} F$ 的情形,此时:

(1) $n(x)\leqslant e(x)$. 事实上,$\forall \varepsilon>0$ 有 $u_0 \in F$ 使

$$e(x)\leqslant \| x-u_0 \| < e(x)+\varepsilon, \forall f \in \overline{S}^*$$

有

$$f(x)-\sup_{u\in F} f(u)\leqslant f(x)-f(u_0)=f(x-u_0)$$
$$\leqslant \| x-u_0 \| < e(x)+\varepsilon$$

所以

$$n(x)<e(x)+\varepsilon \Rightarrow n(x)\leqslant e(x)$$

(2) $e(x)\leqslant n(x)$. 事实上,取开球

$$B(x,e(x))=\{y\in X \mid \| x-y \| < e(x)\}$$

$$B(x,e(x))\cap F=\varnothing$$

由凸集分离定理，存在非零泛函 $f_0\in X^*$，使 $f_0(B)\leqslant f_0(F)$. 不妨认为 $\|f_0\|=1$，上式给出

$$\sup_{y\in B}f_0(y)\leqslant\inf_{u\in F}f_0(u)$$

置 $y=x+z$，$\|z\|<e(x)$，则 $\forall\, y=x+z$，由

$$f_0(y)=f_0(x)+f_0(z)$$

得

$$\begin{aligned}
&\sup_{y\in B}f_0(y)=f_0(x)+\sup_{\|z\|\leqslant e(x)}f_0(z)\\
&=f_0(x)+e(x)\\
&\Rightarrow e(x)\leqslant\inf_{u\in F}f_0(u)-f_0(x)=\inf_{u\in F}f_0(u-x)\\
&=\inf_{u\in F}f_0^-(x-u)\\
&\leqslant n(x)=\sup_{f\in\overline{S}^*}\ \inf_{u\in F}f(x-u)
\end{aligned}$$

其中 $f_0^-=-f_0\in\overline{S}^*$. 综合以上即得 $e(x)=n(x)$，而且 f_0^- 是达到极值的泛函.

当 F 是线性集时，式(2.5) 变成式(2.1). 这是因为，若 $f\,\overline{\in}\,F^\perp$，则存在$u'\in F$，$f(u')=\alpha\neq 0$. 由于 F 是线性集，对任取的 $\lambda\in\mathbf{R}$ 都有 $\lambda u\in F\Rightarrow f(x)-\sup\limits_{u\in F}f(u)=-\infty$. 故此时需限制 $f\in F^\perp$，这便得到式(2.1).

这里提出问题：能不能建立类似于定理 2.2.1 的(2) 的，X^* 内的凸集逼近的对偶定理？即是说，是否成立：

命题　X^* 为 X 的共轭空间，$\Gamma\subset X^*$ 为一闭凸集，$\forall f\in X^*$ 有

$$\inf_{\varphi\in\Gamma}\|f-\varphi\|=\sup_{\substack{u\in X\\ \|u\|\leqslant 1}}\{f(u)-\sup_{\varphi\in\Gamma}\varphi(u)\}\tag{2.6}$$

有反例说明命题不成立.(该反例见[4])

例 2.2.1 $X=L[-1,1],X^{*}=L^{\infty}[-1,1]$，取 $F=C[-1,1]\subset L^{\infty}[-1,1]$，被逼近元为

$$f_0(t)=\begin{cases}-1,t<0\\0,t=0\\1,t>0\end{cases}$$

易得

$$\inf_{\varphi\in C[-1,1]}-\|f_0-\varphi\|_{L_\infty}=1$$

$(\forall\varphi\in C[-1,1]$ 都有 $\operatorname*{ess\,sup}_{-1\leqslant t\leqslant 1}|f_0(t)-\varphi(t)|\geqslant 1.)$

但

$$\sup_{\|g\|_L\leqslant 1}\left\{\int_{-1}^{1}f_0(t)g(t)\mathrm{d}t-\sup_{u\in C}\int_{-1}^{1}g(t)u(t)\mathrm{d}t\right\}=0$$

实因 $g(t)$ 必须限制使其满足

$$\int_{-1}^{1}g(t)u(t)\mathrm{d}t=0,\forall u\in C[-1,1]$$

这样一来就有 $g(t)\xlongequal{\text{a. e.}}0$，从而只能给出

$$\sup\int_{-1}^{1}g(t)f_0(t)\mathrm{d}t=0$$

于是 $n(f_0)=0,e(f_0)=1$，等号不成立.

Ⅰ. Singer[23] 证明：在 $\Gamma\subset X^{*}$ 是 $^{*}w$ 闭线性子集，则命题成立.

蒋讯[5] 证明了下面两个定理.

定理 2.2.3 设 X 是 B 空间，$X^{(n)}(n\geqslant 2)$ 是 X 的第 n 对偶空间，$F\subset X^{(n)}$ 是 $X^{(n)}$ 内的闭凸集，则 $\forall x'\in X^{(n)}$ 有

$$\inf_{y'\in F}\|x'-y'\|=\sup_{\substack{x\in X^{(n-1)}\\\|x\|\leqslant 1}}\{x'(x)-\sup_{y'\in F}y'(x)\}\tag{2.7}$$

且右端能对某个 $x\in X^{(n-1)},\|x\|\leqslant 1$ 达到.

定理 2.2.4 设 X 是线性赋范空间，$F\subset X^{*}$ 是

一$^*\omega$闭凸集,则 $\forall x' \in X^*$ 有

$$\inf_{y'\in F}\|x'-y'\| = \sup_{\substack{x\in X\\ \|x\|\leqslant 1}}\{x'(x)-\sup_{y'\in F}y'(x)\} \tag{2.8}$$

例 2.2.1说明,在 X^* 内(即 $n=1$ 的情形)F^*w闭条件不能改成强闭.

为证明这些定理,需在空间 X^* 内引入一个 $*$ 隔离的概念.

定义 2.2.1　设 $A,B\subset X^*$,如果存在 $x_0\in X$ 使得

$$\sup_{\varphi\in A}\varphi(x_0)\leqslant\inf_{\psi\in B}\psi(x_0) \tag{2.9}$$

那么称 A,B 是 $*$ 隔离的.

定理 2.2.5　若 $A,B\subset X^{**}$ 是两个互不相交的凸集,且其中有一个含有内点,则 A,B 是 $*$ 隔离的.

此定理的证明见[5].根据它,重复定理 2.2.2 的证明步骤,即得定理2.2.3 的证明,至于定理 2.2.4 的证明,需借助于下面的 $*$ 隔离定理.

定理 2.2.6　设 $A,B\subset X^*$ 是凸集,$A\cap B=\varnothing$,A^*w闭,B^*w紧,则二者是 $*$ 隔离的.

这个定理事实上是局部凸的拓扑向量空间内一个凸集隔离定理的特例.(见[6],第 96 页的命题 4)

当 X 是具体的函数空间时,利用 X 上线性有界泛函的一般形式,可以把式(2.5)具体化.

现在转到利用对偶定理来讨论最佳逼近元的存在性、唯一性及特征刻画问题,我们从特征定理开始.

定理 2.2.7　$F\subset X$ 是非空凸闭集,$x\in X\backslash F$,$u_0\in F$,$u_0\in\mathscr{L}_F(x)$,当且仅当存在 $f_0\in X^*$ 有:

(1) $\|f_0\|=1$.

(2) $f_0(x-u_0)=\|x-u_0\|$. (2.10)

(3) $f_0(u_0)=\sup\limits_{u\in F} f_0(u)$.

证 (1) 必要性. 若 $u_0 \in \mathscr{L}_F(x)$，我们说定理 2.2.2 中断言其存在的 f_0^- 即适合(1)(2)(3).

$\|f_0^-\|=1$ 是已证明的，则

$$\|x-u_0\|=f_0^-(x)-\sup_{u\in F} f_0^-(u)$$

显然 $f_0^-(u_0)\leqslant \sup\limits_{u\in F} f_0^-(u)$. 这里实际上有等号. 否则，假定 $f_0^-(u_0)<\sup\limits_{u\in F} f_0^-(u)$，则由

$$f_0^-(x)-f_0^-(u_0)=f_0^-(x-u_0)\leqslant \|x-u_0\|$$
$$\Rightarrow \|x-u_0\|\geqslant f_0^-(x)-f_0^-(u_0)$$
$$>f_0^-(x)-\sup_{u\in F} f_0^-(u)$$

得到矛盾. 所以

$$f_0^-(u_0)=\sup_{u\in F} f_0^-(u)$$

最后 $\|x-u_0\|=f_0^-(x)-f_0^-(u_0)=f_0^-(x-u_0)$. 必要性得证.

(2) 充分性. 设有 $f_0\in X^*$ 满足(1)(2)(3). 任取 $u\in F$ 有

$$\|x-u_0\|=f_0(x-u_0)$$
$$=f_0(x-u)+(f_0(u)-f_0(u_0))$$

由于

$$f_0(u)\leqslant f_0(u)=\sup_{u\in F} f_0(u)$$
$$\Rightarrow \|x-u_0\|\leqslant f_0(x-u)$$
$$\leqslant \|x-u\|,\forall u\in F$$

所以 $u_0\in \mathscr{L}_F(x)$.

推论 1 设 $F\subset X$ 是线性子集，$x\in X\backslash\overline{F}$，$u_0\in F$，$u_0\in \mathscr{L}_F(x)\Leftrightarrow \exists f_0\in X^*$，有：

(1) $\|f_0\|=1$.

(2) $\|x-u_0\|=f_0(x)$. $\quad$ (2.11)

(3) $f_0\in F^{\perp}$.

定理 1.4.5 便是推论 1 的特例.

如果 $\Gamma\subset X^*$ 是一线性子集,$x\in X$. 把 x 在由 X 到 X^{**} 的自然嵌入 π 映射之下的象记作 x^{**},x^{**} 在 Γ 上的限制记作 x_Γ^{**}. 写作

$$\|x\|_\Gamma=\sup_{\substack{\varphi\in\Gamma\\ \|\varphi\|\leqslant 1}}|\varphi(x)|\ (=\|x_\Gamma^{**}\|)$$

很明显 $\|x\|_\Gamma\leqslant\|x\|$.

推论 2　$F\subset X$ 是一线性子集,$x\in X\backslash\overline{F}$,$u_0\in F$,则 $u_0\in\mathscr{L}_F(x)$,当且仅当

$$\|x-u_0\|_{F^{\perp}}=\|x-u_0\|$$

证　(1) 设 $u_0\in\mathscr{L}_F(x)$. 由推论 1,存在 $f_0\in X^*$,满足(1)(2)(3),从而有

$$\begin{aligned}\|x-u_0\|&=f_0(x-u_0)\leqslant\sup_{\substack{\varphi\in F^{\perp}\\ \|\varphi\|\leqslant 1}}|\varphi(x-u_0)|\\&=\|x-u_0\|_{F^{\perp}}\leqslant\|x-u_0\|\\&\Rightarrow\|x-u_0\|_{F^{\perp}}=\|x-u_0\|\end{aligned}$$

(2) 反之,若 $\|x-u_0\|_{F^{\perp}}=\|x-u_0\|$,则由

$$\begin{aligned}\|x-u_0\|&=\|x-u_0\|_{F^{\perp}}=\sup_{\substack{\varphi\in F^{\perp}\\ \|\varphi\|\leqslant 1}}|\varphi(x-u_0)|\\&=\sup_{\substack{\varphi\in F^{\perp}\\ \|\varphi\|\leqslant 1}}|\varphi(x)|=\sup_{\substack{\varphi\in F^{\perp}\\ \|\varphi\|\leqslant 1}}|\varphi(x-u)|\\&\leqslant\|x-u\|,\ \forall u\in F\\&\Rightarrow u_0\in\mathscr{L}_F(x)\end{aligned}$$

下面给出一条与推论 2 平行的,在 X^* 内的结果,但需用到 X^* 内的 $^*w$ 拓扑性质.

推论 3　设 $\Gamma\subset X^*$ 是 $^*w$ 闭线性子空间. $f\in$

X^*，$\varphi_0 \in \Gamma$，则

$$\varphi_0 \in \mathscr{L}_\Gamma(f) \Leftrightarrow \|(f-\varphi_0)_{\Gamma_\perp}\| = \|f-\varphi_0\|$$

$(f-\varphi_0)_{\Gamma_\perp}$ 是 $f-\varphi_0$ 在 $\Gamma_\perp$ 上的限制.

证 (1) 先设 $\|(f-\varphi_0)_{\Gamma_\perp}\| = \|f-\varphi_0\|$，则

$$\begin{aligned}\|f-\varphi_0\| &= \sup_{\substack{x\in\Gamma_\perp\\ \|x\|\leqslant 1}} |f(x)-\varphi_0(x)| \\ &= \sup_{\substack{x\in\Gamma_\perp\\ \|x\|\leqslant 1}} |f(x)| \\ &= \min_{\varphi\in(\Gamma_\perp)^\perp} \|f-\varphi\|\end{aligned}$$

(根据式(2.2).) 再根据定理 2.1.2，$(\Gamma_\perp)^\perp = \Gamma$，即得 $\varphi_0 \in \mathscr{L}_F(f)$.

(2) 设 $\varphi_0 \in \mathscr{L}_\Gamma(f)$. 由于 Γ 的 $^*w$ 闭 $\Rightarrow$ 对每一正数 c，$0 < c < \|f-\varphi_0\|$(此处设 $\|f-\varphi_0\| > 0$)，存在一元 $x_c' \in \Gamma_\perp$ 使 $\|x_c'\| \leqslant c^{-1}$，且 $f(x_c') = 1$(见吉田耕作《泛函分析》，第五章附录的 §4). 若置 $x_c = \|x_c'\|^{-1}\cdot x_c'$，那么 $\|x_c\| = 1$，而 $f(x_c) = \|x_c'\|^{-1} \geqslant c$. 从而

$$\begin{aligned}\|(f-\varphi_0)_{\Gamma_\perp}\| &= \sup_{\substack{x\in\Gamma_\perp\\ \|x\|\leqslant 1}} |(f-\varphi_0)(x)| \\ &= \sup_{\substack{x\in\Gamma_\perp\\ \|x\|\leqslant 1}} |f(x)| \geqslant c\end{aligned}$$

c 任意接近于 $\|f-\varphi_0\|$. 故

$$\|f-\varphi_0\|_{\Gamma_\perp} \geqslant \|f-\varphi_0\|$$

反向不等式明显成立. 所以

$$\|f-\varphi_0\| = \|(f-\varphi_0)_{\Gamma_\perp}\|$$

$\|f-\varphi_0\| = 0$ 的情况是平凡的.

下面转到讨论存在性、唯一性问题.

定义 2.2.2 $\Gamma \subset X^*$ 为一线性子集. 若任一 $x \in X$，x_Γ^{**} 至少存在一个 $y \in X$ 使 y^{**} 为 x_Γ^{**} 由 Γ 到

X^* 上的保范延拓,换句话说,有 $y \in X$ 使:

(1)$\varphi(y)=\varphi(x), \forall \varphi \in \Gamma$.

(2) $\| y \| = \| x \|_\Gamma$.

则称 Γ 在 X^* 具有 E_* 性质.

E^* 性质是刻画存在性的本质性质.

定理 2.2.8　$F \subset X$ 为一线性集. F 是存在性集,当且仅当 F 是闭集,且 $F^\perp$ 在 X^* 内具有 E_* 性质.

证　(1) 设 F 是存在性集,F 是闭集不待证. 由定理 2.2.3 推论 2,$\forall x \in X, \exists u_0 \in F$ 有

$$\| x - u_0 \|_{F^\perp} = \| x - u_0 \|$$

记 $y = x - u_0$,则由 $F^\perp$ 定义得

$$\begin{aligned} \| y \| &= \| x - u_0 \| = \| x - u_0 \|_{F^\perp} \\ &= \sup_{\substack{\varphi \in F^\perp \\ \| \varphi \| \leqslant 1}} | \varphi(x) | = \| x \|_{F^\perp} \end{aligned}$$

所以 $F_\perp$ 具有 E_* 性质.

(2) 反之,若 F 是闭集,而且 $F^\perp$ 具有 E_* 性质,任取 $x \in X$,有 $y \in X$ 使

$$\varphi(y)=\varphi(x), \forall \varphi \in F^\perp$$

且 $\| y \| = \| x \|_{F^\perp}$. 令 $u_0 = x - y$,则 $u_0 \in (F^\perp)_\perp = \overline{F} = F$, 而且

$$\| x - u_0 \| = \| y \| = \| x \|_{F^\perp} = \| x - u_0 \|_{F^\perp}$$

故 $u_0 \in \mathscr{L}_F(x)$.(定理 2.2.7 的推论)

把条件 E_* 稍为减弱,可以得到刻画唯一性的条件.

定义 2.2.3　$\Gamma \subset X^*$ 是一线性子集. 若对每一 $x \in X$,x_Γ^{**} 至多有一个保范线性延拓 $y^{**}(y \in X)$,即至多有一个 $y \in X$ 使满足:

(1)$\varphi(y)=\varphi(x), \forall \varphi \in \Gamma$.

(2) $\| y \| = \| x \|_{\Gamma}$.

则称 Γ 在 X^* 内具有 u_* 性质.

u_* 性质可用来刻画唯一性集.

定理 2.2.9 $F \subset X$ 为一闭线性子集. F 是唯一性集(即半 Chebyshev 集),当且仅当 $F^{\perp}$ 具有 u_* 性质.

证 (1) 若 F 不是唯一性集,且存在 $x \in X$,对其有 $u_1, u_2, u_1 \neq u_2, u_1, u_2 \in \mathscr{L}_F(x)$. 置 $y_1 = x - u_1$, $y_2 = x - u_2$,我们有:

(ⅰ) $\varphi(x) = \varphi(y_i), i = 1, 2, \forall \varphi \in F^{\perp}$.

(ⅱ) $\| y_i \| = \| x \|_{F^{\perp}}, i = 1, 2$.

$y_1 \neq y_2$,可见 $F^{\perp}$ 没有 u_* 性质.

(2) 若 $F^{\perp}$ 没有 u_* 性质,则对某 $x \in X$ 有 y_1, $y_2 \in X, y_1 \neq y_2$,且有:

(ⅰ) $\varphi(x) = \varphi(y_i) (i = 1, 2), \forall \varphi \in F^{\perp}$.

(ⅱ) $\| x \|_{F^{\perp}} = \| y_i \|, i = 1, 2$. 置 $g_i = x - y_i (i = 1, 2), g_1 \neq g_2$,而且 $g_i \in (F^{\perp})_{\perp} = F$($F$ 是闭集). 故由

$$\begin{aligned} \| y_i \| = \| x - g_i \| &= \| x \|_{F_{\perp}} \\ &= \sup_{\substack{\varphi \in F^{\perp} \\ \| \varphi \| \leqslant 1}} | \varphi(x) | \\ &= \sup_{\substack{\varphi \in F^{\perp} \\ \| \varphi \| \leqslant 1}} | \varphi(x - g_i) | \\ &= \| x - g_i \|_{F^{\perp}}, i = 1, 2 \end{aligned}$$

故由定理 2.2.7 的推论 2, $g_i \in \mathscr{L}_F(x)$,即 F 不是唯一性集.

作为以上两个定理的推论,我们有:

定理 2.2.10 X 的闭线性子空间 F 是 Chebyshev 集,当且仅当对每一 $x \in X$,恰有一个 $y \in X$ 使:

(1) $\varphi(y) = \varphi(x), \forall \varphi \in F^{\perp}$.

(2) $\| y \| = \| x \|_{F^{\perp}}$.

定义 2.2.4　$F\subset X$ 是一线性子集，若 F 上的任一线性有界泛函有唯一的(到 X 上)保范延拓，则称 F 具有 u 性质.

我们有：

定理 2.2.11　$X\supset F$ 为一线性集，若 $F^{\perp}$ 具有 u 性质，则 F 是唯一性集.

证　$F^{\perp}$ 有 u 性质 $\Rightarrow F^{\perp}$ 有 u_* 性质. 事实上，若对某 $x\in X$ 有 $y_1,y_2\in X,y_1\neq y_2$，使：

(1) $\varphi(x)=\varphi(y_i),i=1,2,\forall\varphi\in F^{\perp}$.

(2) $\|y_i\|=\|x\|_{F^{\perp}}$.

那么 $F^{\perp}$ 上的线性有界泛函 $\Phi_x(f)=f(x),f\in F^{\perp}$，往 X^* 上有两个不同的保范延拓. 他们是

$$\psi_{y_1}(f)=f(y_1),\psi_{y_2}(f)=f(y_2),f\in F^{\perp}$$

从而 $F^{\perp}$ 无 u 性质.

利用对偶定理得到的这些结果的意义在于把一个线性赋范空间内最佳逼近元的存在唯一性问题转化为其共轭空间内某一特定泛函的保范延拓的可能性和唯一性问题，这对具体空间需要具体研究. 用作判定存在性和唯一性的准则，当然没有第一章中的定理方便.

§3　几何解释

定义 2.3.1　$f\in X^*,f\neq 0,\alpha\in\mathbf{R}$. 点集 $M=\{x\in X\mid f(x)=\alpha\}$ 称为 X 内的一个超平面. 当 $\alpha=0$ 时，M 是 f 的核，称为 X 内的一个齐性超平面.

定义 2.3.2　线性向量空间 X 的线性子集 L 叫作 X 内的 n 余维子空间，若：

(1) 在 X 内存在 n 个线性无关元 $x_1,\cdots,x_n$，使每一 $x \in X$ 都能表示为

$$x=\sum_{j=1}^{n} a_j x_j + y, y \in L$$

(2) X 内任意个数少于 n 的元都不具备(1) 的性质.

定理 2.3.1 $f \in X^*, f \neq 0$. 由 f 确定的齐性超平面 L_f 是 1 余维的线性子空间.

证 设 $x_0 \notin L_f$，那么 $f(x_0) \neq 0$. 对任给的 $y \in X$，置 $\lambda=\dfrac{f(y)}{f(x_0)}$，$x=y-\lambda x_0$，则 $y=x+\lambda x_0$，而且 $f(x)=0$. 当固定 x_0 时，y 的表示唯一. 因若有 $y=\lambda x_0+x=\lambda' x_0+x'$，则 $(\lambda-\lambda')x_0=x'-x$. 假定 $\lambda \neq \lambda'$，那么 $x_0=(\lambda-\lambda')^{-1}\cdot(x'-x) \in L_f$，此不可能.

所以 $\lambda=\lambda' \Rightarrow x'=x$，即 y 的表示唯一.

定义 2.3.3 若 $x \in (X,\|\cdot\|)$，$r>0$，$\overline{B}(x;r)=\{y \in X \mid \|x-y\| \leqslant r\}$，$A \subset X$，$A \neq \varnothing$，称 A 是球体 $\overline{B}(x;r)$ 的支撑集，若：

(1) $A \cap B(x;r)=\varnothing$.

(2) $d(A,\overline{B}(x;r))=0$，此处

$$d(A,\overline{B})=\inf_{\substack{a \in A \\ b \in \overline{B}}}\|a-b\|$$

表示点集 $A,\overline{B}$ 的距离.

我们先给出 X 内一点到一个超平面的距离.

定理 2.3.2 设 $f \in X^*, f \neq 0, x \in X, M_f=\{y \in X \mid f(y)=\alpha\}$，则

$$d(x,M_f) \overset{\text{df}}{=} \inf_{y \in M_f}\|x-y\|=\frac{|f(x)-\alpha|}{\|f\|}$$

证 $\forall y \in M_f$，由

$$|f(x-y)| \leqslant \|f\| \cdot \|x-y\|$$

$$\Rightarrow \|x-y\| \geqslant \frac{|f(x)-f(y)|}{\|f\|}$$

$$\Rightarrow d(x,M_f) \geqslant \frac{|f(x)-\alpha|}{\|f\|}$$

另一方面,任取 $\varepsilon, 0<\varepsilon<\|f\|$,有 $z \in X$ 使

$$|f(z)| \geqslant (\|f\|-\varepsilon)\|z\|$$

置

$$y = x - \frac{f(x)-\alpha}{f(z)} \cdot z$$

易见 $f(y)=\alpha$. 由此

$$\|x-y\| = \frac{|f(x)-\alpha|}{f(z)}\|z\| < \frac{f(x)-\alpha}{\|f\|-\varepsilon}$$

由于 ε 可任意小,$y \in M_f$ 而依赖于 ε,使得

$$d(x,M_f) \leqslant \frac{|f(x)-\alpha|}{\|f\|}$$

定理 2.3.3 $A \subset X$ 是 $\overline{B}(x;r)$ 的支撑集 $\Leftrightarrow$ $d(x,A)=\inf\limits_{u \in A}\|x-u\|=r$.

证 (1) 设 $d(x,A)=\alpha \neq r$. 若 $\alpha<r$,取 $\varepsilon>0$ 使 $\alpha+\varepsilon<r$,则对任何 $y \in A$, 只要能满足

$$\|x-y\| \leqslant d(x,A)+\varepsilon$$

(这样的 y 依赖于 ε,必存在) 必有

$$\|x-y\| \leqslant \alpha+\varepsilon<r \Rightarrow y \in B(x,r)$$

所以

$$A \cap B(x,r) \neq \varnothing$$

若 $\alpha>r$,可以取 $\varepsilon>0$ 使 $\alpha>r+\varepsilon$,对 ε 有 $y \in A$ 使

$$d(y,\overline{B}) \leqslant d(A,\overline{B})+\varepsilon$$

所以 $d(A,\overline{B}) \geqslant d(y,\overline{B})-\varepsilon$. 由于

$$d(y,\overline{B}) \geqslant \| y-x \| - r$$

那么

$$d(A,\overline{B}) \geqslant \| y-x \| - r - \varepsilon \geqslant \alpha - (r+\varepsilon) > 0$$

(因为 $\| y-x \| \geqslant d(x,A)=\alpha$) 可见 $\alpha < r$ 或 $\alpha > r$ 都推出 A 不支撑 $\overline{B}(x;r)$.

(2) 设 $d(x,A) = r$, $\forall \varepsilon > 0$, $\exists y \in A$ 使 $\| x-y \| < r+\varepsilon$. 置

$$z = \frac{\varepsilon}{r+\varepsilon}x + \frac{r}{r+\varepsilon}y$$

则由

$$\| x-z \| = \frac{r}{r+\varepsilon} \| x-y \| < r \Rightarrow z \in B(x,r)$$

再由

$$\| y-z \| = \frac{\varepsilon}{r+\varepsilon} \| x-y \| < \varepsilon$$

且 $\varepsilon > 0$ 任意小 $\Rightarrow d(A,\overline{B})=0$, 另一方面, 若有 $y \in A \cap B(x,r)$, 则 $d(x,A) \leqslant \| x-y \| < r$, 此与 $d(x,A)=r$ 矛盾, 故 $A \cap B = \varnothing$. 这就证得 A 支撑 $\overline{B}(x,r)$.

我们特别感兴趣的是, 超平面作为支撑集的情形.

定理 2.3.4 设 $x \in X$, $r > 0$, $f \in X^*$, $\| f \| = 1$, 则超平面

$$K = \{ y \in X \mid f(y) = f(x) - r \}$$

支撑 $\overline{B}(x;r)$. 反之, $\overline{B}(x,r)$ 的任一支撑超平面 K 对应着唯一的 $f \in X^*$, $\| f \| = 1$ 能使 K 作如上表示.

证 (1) 设 $f \in X^*$, $\| f \| = 1$, $r > 0$, 则对

$$K = \{ y \in X \mid f(y) = f(x) - r \}$$

有 $d(x,K)=r$(定理 2.3.2). 故由定理 2.3.3, 知 K 是 $\overline{B}(x,r)$ 的支撑集.

(2) 设有

$$K=\{y\in X \mid f_1(y)=\alpha_1\}$$

支撑 $\overline{B}(x,r)$，$\|f_1\|=1$，则由 $d(x,K)=r\Rightarrow |f_1(x)-\alpha_1|=r$. 若$f_1(x)-\alpha_1=r$,那么只需取$\alpha_1=f_1(x)-r$便得$K$的表示式. 若 $f_1(x)-\alpha_1=-r$，我们置 $f_2=-f_1$，则

$$f_2(x)-(-\alpha_1)=r=|f_2(x)-(-\alpha_1)|$$

此时

$$K=\{y\in X \mid f_2(y)=-\alpha_1=f_2(x)-r\}$$

存在性得证.

若有 $f_1,f_2\in X^*$，$\|f_1\|=\|f_2\|=1$，$f_1\neq f_2$ 使

$$K=\{y\in X \mid f_i(y)=f_i(x)-r\},i=1,2$$

则

$$K\subset\{y\in X \mid (f_1-f_2)(y)=(f_1-f_2)(x)\}$$

$f_1-f_2\neq 0$，故

$$\{y\in X \mid (f_1-f_2)(y)=(f_1-f_2)(x)\}\subset X$$

也是超平面,从而有

$$K=\{y\in X \mid (f_1-f_2)(y)=(f_1-f_2)(x)\}$$
$$\Rightarrow x\in K$$

此时与 $d(x,K)=r>0$ 矛盾. K 表示的唯一性成立(图 2.1).

定理 2.3.5　设 $F\subset X$ 是一线性集，$x\in X\backslash\overline{F}$，$u_0\in F$，$f_0\in X^*$，则 f_0 满足定理 2.2.2 推论 1 的(1)(2)(3)，当且仅当齐性超平面

$$K=\{y\in X \mid f_0(y)=0\}$$

包含 F 并支撑球体 $\overline{B}(x,\|x-u_0\|)$. 由此得：

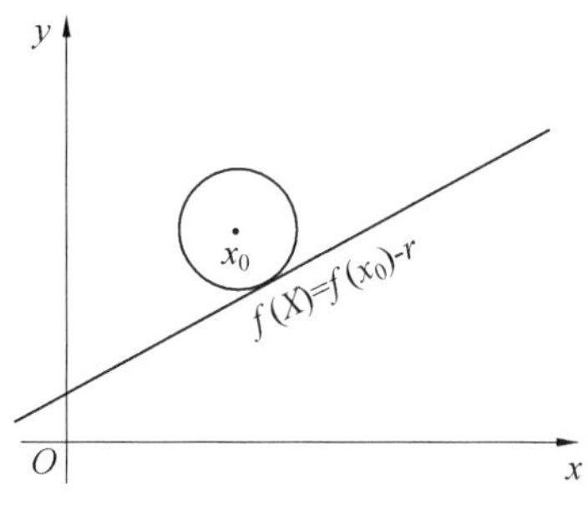

图 2.1

推论 $u_0 \in \mathscr{L}_F(x) \Leftrightarrow$ 存在一个包含 F 且支撑球体 $\overline{B}(x, \| x-u_0 \|)$ 的齐性超平面.

§4 $L(Q,\Sigma,\mu)$ 空间内的最佳平均逼近问题

和一致逼近概念一样,平均逼近概念也是很经典的概念.本节介绍的许多事实属于逼近论的古典结果,所不同的是,我们在这里使用逼近论的对偶定理来建立最佳逼近元的特征定理,并且使用一条由拓扑定理得来的性质(Hobby-Rice 定理)把 L 逼近的一系列经典结果联系起来.

给定测度空间(Q,Σ,μ),μ 是一完全 σ 有限测度,$0<\mu(Q)<+\infty$. Q 上的两个 μ 可测函数 f,g,如果 $f(t) \overset{\text{a.e.}}{=\!=} g(t)$,则二者等同. μ 可测函数 L 可和,系指 $\int_Q |f| \mathrm{d}\mu<+\infty$,记 Q 上的 L 可和函数(实值,除非特别申明)全体记为 $L(Q,\Sigma,\mu)$. $L(Q,\Sigma,\mu)$ 有时简写为 $L(Q)$,当 $Q=[a,b]$,$\mathrm{d}\mu$ 是 Lebesgue 测度时,简记为

$L[a,b]$,2π 周期的函数空间记作 $L_{2\pi}$.

$L(Q)$ 内的最佳平均逼近

给定 $F\subset L(Q)$,$F\neq\varnothing$,$f\in L(Q)$,称

$$e(f,F)_1\overset{\text{df}}{=}\inf_{g\in F}\|f-g\|_1$$

为 f 借助 F 的最佳平均逼近. 当 F 是有限维线性子集时,f 在 F 内有最佳逼近元. 往下,当 $Q=[a,b]$,$F=P_n$ 或 $Q=[0,2\pi]$,$F=T_{2n-1}$ 时,我们把 $f\in L(Q)$ 借助 P_n 或 T_{2n-1} 的最佳平均逼近记作 $E_n(f)_1$. 下面先从刻画最佳逼近元的特征开始.

(一) 最佳平均逼近元的特征

在空间 $L(Q,\Sigma,\mu)$ 内,每一 $f\in L$ 在一线性子集内的最佳平均逼近元的特征,可借助对偶定理得出具体明确的表述.

定理 2.4.1　设 $F\subset L$ 是一非空线性子集,$f\in L$,$f\neq 0$,则 $f\perp_{(L)}F$,当且仅当

$$\left|\int_Q p(t)\operatorname{sgn} f(t)\mathrm{d}\mu\right|\leqslant\int_{Z_0}|p(t)|\mathrm{d}\mu,\ \forall p\in F \tag{2.12}$$

此处

$$Z_0=\{t\in Q\mid f(t)=0\}.$$

证　(1) $f\perp_{(L)}F$ 即 $\min\limits_{p\in F}\|f+p\|_1=\|f\|_1$,亦即 $0\in\mathscr{L}_F(f)$. 由定理2.2.7 的推论 1,存在 L 上的线性有界泛函 φ_0 满足三个条件:

(ⅰ) $\|\varphi_0\|=1$.

(ⅱ) $\varphi_0(p)=0$,$\forall p\in F$.

(ⅲ) $\varphi_0(f)=\|f\|_1$.

对应于 φ_0 有 $\varphi_0(t)\in L^\infty(Q,\Sigma,\mu)$ 使

$$\| \varphi_0 \| = \operatorname*{ess\ sup}_{t\in Q} | \varphi_0(t) | = 1$$

$$\varphi_0(p) = \int_Q p(t)\varphi_0(t)\mathrm{d}\mu = 0, \forall p \in F$$

$$\int_Q | f | \mathrm{d}\mu = \int_Q f\varphi_0 \mathrm{d}\mu$$

记 $Q_1 = Q\backslash Z_0$. 在 Q_1 上 $f(t) \neq 0$,则由

$$\int_{Q_1} | f | \mathrm{d}\mu = \int_{Q_1} f\varphi_0 \mathrm{d}\mu \Rightarrow \varphi_0 \overset{\text{a. e.}}{=\!=\!=} \operatorname{sgn} f$$

在 Q_1 上成立. 任取 $p \in F$,则有

$$\begin{aligned}\int_Q p\operatorname{sgn} f\mathrm{d}\mu &= \int_{Q_1} p\operatorname{sgn} f\mathrm{d}\mu + \int_{Z_0} p\operatorname{sgn} f\mathrm{d}\mu \\ &= \int_{Q_1} p\varphi_0 \mathrm{d}\mu + \int_{Z_0} p\operatorname{sgn} f\mathrm{d}\mu \\ &= \int_Q p\varphi_0 \mathrm{d}\mu + \int_{Z_0} p\operatorname{sgn} f\mathrm{d}\mu - \int_{Z_0} p\varphi_0 \mathrm{d}\mu \\ &= -\int_{z_0} p\varphi_0 \mathrm{d}\mu\end{aligned}$$

所以

$$\left|\int_Q p\operatorname{sgn} f\mathrm{d}\mu\right| \leqslant \int_{Z_0} | p\varphi_0 | \mathrm{d}\mu \leqslant \int_{Z_0} | p | \mathrm{d}\mu$$

必要性得证.

(2) 假定式(2.12),若 $\mu(Z_0) = 0$,则$\int_Q p\operatorname{sgn} f\mathrm{d}\mu = 0, \forall p \in F$. 由此得

$$\begin{aligned}\int_Q | f | \mathrm{d}\mu &= \int_Q p\operatorname{sgn} f\mathrm{d}\mu = \int_Q (f - p)\operatorname{sgn} f\mathrm{d}\mu \\ &\leqslant \int_Q | f - p | \mathrm{d}\mu, \forall p \in F\end{aligned}$$

所以有 $f \perp_{(L)} F$.

假定 $\mu(Z_0) > 0$,在 $L(Z_0, \Sigma(Z_0), \mu)$(即把原空间内的每一 f 限制在 Z_0 上来考虑)的线性子集 F 内定义映射 G 有

$$G(p)=-\int_{Q_1}p\operatorname{sgn} f\mathrm{d}\mu,\forall p\in F$$

易见 $G(p)$ 是线性泛函数,即

$$G(p_1+p_2)=G(p_1)+G(p_2),\forall p_1,p_2\in F$$

且 $G(\alpha p)=\alpha G(p)$,又 $G(p)$ 在 F 上有界,因由所设条件及

$$\int_Q p\operatorname{sgn} f\mathrm{d}\mu=\int_{Q_1}p\operatorname{sgn} f\mathrm{d}\mu$$

知

$$|G(p)|=\left|\int_{Q_1}p\operatorname{sgn} f\mathrm{d}\mu\right|\leqslant\int_{Z_0}|p|\mathrm{d}\mu=\|p\|_{1(Z_0)}$$

故由 Hahn-Banach 定理,存在 $G(p)$ 由 F 到全 $L(Z_0,\Sigma(Z_0),\mu)$ 上的保范线性延拓,亦即存在一个 $\varphi_0(t)\in L^\infty(Z_0,\Sigma(Z_0),\mu)$ 使得:

(1) $\|\varphi_0(t)\|_\infty\leqslant 1,t\in Z_0$.

(2) $\int_{Z_0}\varphi_0 p\mathrm{d}\mu=-\int_{Q_1}p\operatorname{sgn} f\mathrm{d}\mu,\forall p\in F$.

现在定义一个 $\varphi_0^*\in L^\infty(Q,\Sigma,\mu)$ 有

$$\varphi_0^*(t)=\begin{cases}\operatorname{sgn} f(t),t\in Q_1\\ \varphi_0(t),t\in Z_0\end{cases}$$

则:

(1) $\operatorname*{ess\,sup}_{t\in Q}|\varphi_0^*(t)|=1$.

(2) $\int_Q\varphi_0^* p\mathrm{d}\mu=\int_{Q_1}p\operatorname{sgn} f\mathrm{d}\mu+\int_{Z_C}p\varphi_0\mathrm{d}\mu=0$, $\forall p\in F$.

(3) $\int_Q\varphi_0^* f\mathrm{d}\mu=\int_{Q_1}|f|\mathrm{d}\mu=\|f\|_1$.

再一次应用定理 2.2.7 的推论 1,即得 $f\perp F$ 的证.

推论 1　当 $\mu(Z_0)=0$ 时

$$f \perp F \Leftrightarrow \int_Q p \operatorname{sgn} f \mathrm{d}\mu = 0, \forall p \in F \quad (2.13)$$

推论 2 $\forall f \in L, p^* \in F$,则 p^* 是 f 在 F 内的最佳平均逼近元,当且仅当

$$\left|\int_Q p(t) \cdot \operatorname{sgn}(f(t) - p^*(t)) \mathrm{d}\mu\right| \leqslant \int_{Z_0} |p(t)| \mathrm{d}\mu, \forall p \in F$$

此处

$$Z_0 = \{t \in Q \mid f(t) - p^*(t) = 0\}$$

当 $\mu(Z_0) = 0$ 时,条件简化为

$$\int_Q p(t) \operatorname{sgn}(f(t) - p^*(t)) \mathrm{d}\mu = 0, \forall p \in F$$

推论 3 不论 $\mu(Z_0) = 0$ 成立与否,条件

$$\int_Q p(t) \operatorname{sgn}(f(t) - p^*(t)) \mathrm{d}\mu = 0, \forall p \in F$$

总含有

$$p^* \in \mathscr{L}_F(f) \quad (2.14)$$

证 实因

$$\begin{aligned}
&\int_Q |f(t) - p^*(t)| \mathrm{d}\mu \\
=& \int_Q (f(t) - p^*(t)) \cdot \operatorname{sgn}(f(t) - p^*(t)) \mathrm{d}\mu \\
=& \int_Q f(t) \operatorname{sgn}(f(t) - p^*(t)) \mathrm{d}\mu \\
=& \int_Q (f(t) - p(t)) \operatorname{sgn}(f(t) - p^*(t)) \mathrm{d}\mu, \forall p \in F \\
\leqslant& \int_Q |f(t) - p(t)| \mathrm{d}\mu, \forall p \in F \Rightarrow p^* \in \mathscr{L}_F(f)
\end{aligned}$$

从定理 2.4.1 可以看出,为了刻画 $p^* \in F$ 作为 f 在 F(F 是线性子集)内的最佳平均逼近元的特征,函

数 $\operatorname{sgn}(f(t)-p^*(t))$ 起着非常重要的作用. 它对于最佳平均逼近的意义,正像极符号差对于最佳一致逼近,有必要对它进行深入的讨论. 下面仅就一个最简单,然而最基本的情形:$Q=[a,b]$ 为有界闭区间及 T,$\mathrm{d}\mu$ 为 Lebesgue 测度,$F\subset L(Q)$ 是有限维线性子空间的情形给出较为完整的结果.

(二)Hobby-Rice 定理及其推论

定理 2.4.1 的推论 3 指出了,符号函数 $\operatorname{sgn}(f(t)-p^*(t))$ 满足条件(2.14) 对判定 $p^*\in\mathscr{L}_F(f)$ 的意义. 我们从满足条件(2.14) 的符号函数的存在性问题开始.

问题　设 $F=\operatorname{span}\{\varphi_1,\cdots,\varphi_n\}\subset L[a,b]$ 是一 n 维线性子集,是否存在一个符号函数 $g(t)$,使 $\int_a^b\varphi_i(t)g(t)\mathrm{d}t=0(i=1,\cdots,n)$ 成立? 所谓符号函数 $g(t)$,即$[a,b]$上满足以下条件的可测函数

$$|g(t)|=1,\forall t\in[a,b]\backslash Z_0$$
$$Z_0=\{t\in[a,b]\mid g(t)=0\}$$

回答这一问题的有以下:

定理 2.4.2(Hobby,Rice[7])　设 $\varphi_1,\cdots,\varphi_n\in L[a,b]$ 线性无关,则存在一组点 $\xi_0=a<\xi_1<\cdots<\xi_r<b=\xi_{r+1}$ 使得

$$\sum_{j=1}^{r+1}(-1)^j\int_{\xi_{j-1}}^{\xi_j}\varphi_i(t)\mathrm{d}t=0,i=1,\cdots,n$$

其中 $r\in\{0,\cdots,n\}$. 换句话说:存在符号函数

$$g(t)=\begin{cases}(-1)^j,\xi_j<t<\xi_{j+1},j=0,\cdots,r\\0,\text{在}[a,b]\text{内其他点上}\end{cases}$$

满足条件

$$\int_a^b p(t)g(t)\mathrm{d}t=0,\forall p\in F$$

$g(t)$ 是$[a,b]$上的阶梯函数,其跳跃点(即零点)的数目小于或等于 n.

这一定理的证明要用到一条拓扑定理.

定理 2.4.3(Borsuk[9]) 设 X_{n+1},Y_n 分别是维数 $n+1,n$ 的线性赋范空间,$S_n=\{x\in X_{n+1}\mid \|x\|=1\}$. $P:S_n\to Y_n$ 是一连续奇映射(即 $P(-x)=-P(x),\forall x\in S_n$),则存在 $x_0\in S_n,P(x_0)=0$.

Borsuk 定理的证明要用到代数拓扑. 利用该定理给出 Hobby-Rice 定理的证明如下.

定理 2.4.2 的证明 不妨设 $a=0,b=1$. 取

$$X_{n+1}=\mathbf{R}_{l_1}^{n+1}=\{x=(x_1,\cdots,x_{n+1})\mid \|x\|_1=\sum_{i=1}^{n+1}|x_i|\}$$

S_n 是 X_{n+1} 的单位球面. $\forall x\in S_n$,置

$$y_0(x)=0,y_j(x)=\sum_{k=1}^{j}|x_k|,j=1,\cdots,n+1$$

$y_{n+1}(x)=1$. $\{y_0\leqslant\cdots\leqslant y_{n+1}\}$ 是$[0,1]$的一组分点,含于$[0,1]$内的不同点的个数小于或等于 n(可能是 0,比如当 $x=(\underbrace{0,\cdots,0}_{n个},1)$ 时),对应着$\{y_0,\cdots,y_{n+1}\}$作一阶梯函数

$$g_x(t)=\operatorname{sgn} x_j,t\in(y_{j-1},y_j)$$

在别的点上,$g_x(t)$ 的值规定为 0. 最后置

$$T(x)=(T_1(x),\cdots,T_n(x))$$

其中

$$T_i(x)=\int_0^1\varphi_i(\tau)g_x(\tau)\mathrm{d}\tau$$

$$=\sum_{j=1}^{n+1}(\operatorname{sgn} x_j)\int_{y_{j-1}(x)}^{y_j(x)}\varphi_i(\tau)\mathrm{d}\tau, i=1,\cdots,n$$

T 是 $S_n\to Y_n=(\mathbf{R}^n,\|\cdot\|)$ 的映射,容易验证 T 是奇的,即 $T(-x)=-T(x)$, $\forall x\in S_n$. 下面证 T 的连续性,为此,设 $x_0\in S_n$, $\{x_m\}\subset S_n$, $x_m\to x_0$, 记 $x_m=(x_1^{(m)},\cdots,x_{n+1}^{(m)})(m=0,1,2,\cdots)$, 则由 $x_j^{(m)}-x_j^{(0)}$, $m\to+\infty$, $(j=1,\cdots,n+1)$ 得

$$y_j(x^{(m)})\to y_j(x^{(0)}), m\to+\infty, j=1,\cdots,n+1$$

任给 $\varepsilon>0$,存在有限个互不相交的开区间 $\delta_1,\cdots,\delta_p$, $\sum\limits_{j=1}^{p}|\delta_j|<\varepsilon$, $|\delta_j|$ 表示 δ_j 的长度,使 $\{y_0(x^{(0)}),\cdots,y_{n+1}(x^{(0)})\}\subset\bigcup\limits_{j=1}^{p}\delta_j$,当 m 充分大时有 $g_{x_m}(t)=g_{x_0}(t)$ 在 $t\in(0,1)\setminus\bigcup\limits_{j=1}^{p}\delta_j$ 上成立,此时有

$$T_i(x_m)-T_i(x_0)=\int_0^1\varphi_i(\tau)[g_{x_m}(\tau)-g_{x_0}(\tau)]\mathrm{d}\tau$$

那么由

$$|T_i(x_m)-T_i(x_0)|\leqslant 2\sum_{i=1}^{p}\int_{\delta_i}|\varphi_i(\tau)|\mathrm{d}\tau$$

$\forall\delta>0$,只要 $\varepsilon>0$ 适当小,便可保证

$$2\sum_{j=1}^{p}\int_{\delta_j}|\varphi_i(\tau)|\mathrm{d}\tau<\delta, i=1,\cdots,n$$

从而

$$|T_i(x_m)-T_i(x_0)|<\delta, i=1,\cdots,n$$

对充分大的 m 成立,这就证明了 $T(x)$ 的连续性. 根据 Borsuk 定理,存在 $x_0\in S_n$ 使 $T(x_0)=0$,即 $T_i(x_0)=0$, $i=1,\cdots,n$. 假定对应于 x_0 有分点 $\xi_0=0<\xi_1<\cdots<\xi_r<\xi_{r+1}=1$, $r\leqslant n$,在得到这一组分点时,我们预先已经把 x_0 的分量与其相邻而有同号者所对

应的区间加以合并,使得在任两相邻区间(ξ_{i-1},ξ_i),(ξ_i,ξ_{i+1})内反号,那么,对于$g_\xi(t)$便有

$$\int_0^1 g_\xi(\tau)\varphi_i(\tau)\mathrm{d}\tau=0, i=1,\cdots,n$$

注意$r=0$是可能的.如果$\varphi_i(t)$中有一个不变号,例如$\varphi_1(t)\equiv 1$,则$1\leqslant r\leqslant n$.为了得到关于r的更准确的信息,必须给$\{\varphi_1,\cdots,\varphi_n\}$加上进一步的限制.

定理 2.4.4 设$\{\varphi_1(t),\cdots,\varphi_n(t)\}$是$[a,b]$上的$n$阶 Chebyshev 系,$g(t)=(-1)^j, t_j<t<t_{j+1}, j=0,\cdots,r, t_0=a, t_{r+1}=b$,并且$\int_a^b\varphi_i(t)g(t)\mathrm{d}t=0(j=1,\cdots,n)$,则$r\geqslant n$.

证 假定$r\leqslant n-1$.在$[a,b]$内取$n-1$个分点$a=\xi_0<\xi_1<\cdots<\xi_r<\cdots<\xi_{n-1}<\xi_n=b$,其中$\xi_j=t_j$,当$j=1,\cdots,r$时,我们从

$$\int_a^b g(t)\varphi_j(t)\mathrm{d}t=\sum_{i=1}^n\sigma_i\int_{\xi_{i-1}}^{\xi_i}\varphi_j(t)\mathrm{d}t$$
$$=\sum_{i=1}^n\sigma_i\psi_i(\varphi_j)=0$$

$j=1,\cdots,n$,此处的$\psi_i(\varphi_j)=\int_{\xi_{i-1}}^{\xi_i}\varphi_j(t)\mathrm{d}t$,$\sigma_i=\pm 1$,那么$\det(\psi_i(\varphi_j))=0$.转置方程组

$$\sum_{k=1}^n c_k\psi_i(\varphi_k)=0, i=1,\cdots,n$$

也有非零解$(c_1,\cdots,c_n)$.令

$$g_n(t)=\sum_{k=1}^n c_k\varphi_k(t), g_n(t)\not\equiv 0$$

$$\psi_i(g_n)=\sum_{k=1}^n c_k\psi_i(\varphi_k)=0, i=1,\cdots,n$$

故$g_n(t)$在每一区间(ξ_k,ξ_{k+1})内部有零点.

所以 $g_n(t)$ 在 (a,b) 内有 n 个不同的零点 $\Rightarrow$ $g_n(t)\equiv 0$. 得到矛盾.

由定理 2.4.3,定理 2.4.4 得到,对 Chebyshev 系来说,成立:

定理 2.4.5　若 $\{\varphi_1(t),\cdots,\varphi_n(t)\}$ 是 $[a,b]$ 上的 Chebyshev 系,则存在唯一的一组点 $a=t_0<t_1<\cdots<t_n<t_{n+1}=b$,使得对应的阶梯函数 $g(t)$ 满足

$$\int_a^b g(t)\varphi_j(t)\mathrm{d}t=0,\ j=1,\cdots,n$$

证　设有两组点

$$\xi=\{a=\xi_0<\xi_1<\cdots<\xi_n<\xi_{n+1}=b\}$$

$$\eta=\{a=\eta_0<\eta_1<\cdots<\eta_n<\eta_{n+1}=b\}$$

与之对应的阶梯函数 $g_\xi(t),g_\eta(t)$ 有

$$\int_a^b g_\xi(t)p(t)\mathrm{d}t=0$$

$$\int_a^b g_\eta(t)p(t)\mathrm{d}t=0$$

$\forall\, p\in\mathrm{span}\{\varphi_1,\cdots,\varphi_n\}$. 假定 $\xi_1\leqslant\eta_1$,且当 $0\leqslant t\leqslant\xi_1$ 时,$g_\xi(t)=g_\eta(t)$,构造一个 $p_0(t)\in P_n$ 使其有

$$p_0(\xi_2)=\cdots=p_0(\xi_n)=0,p_0(t)\not\equiv 0$$

$p_0(t)$ 在 (a,b) 内除 $\xi_2,\cdots,\xi_n$ 外无其他零点,又 $\xi_2,\cdots,\xi_n$ 为其变号点,选择符号 $\sigma=1$ 或 -1,使 $\sigma p_0(t)g_\xi(t)\geqslant 0$ 在 $\xi_1\leqslant t\leqslant b$ 上成立. 我们有

$$\sigma\int_a^b(g_\xi(t)-g_n(t))p_0(t)\mathrm{d}t$$

$$=\int_{\xi_1}^b(g_\xi(t)-g_n(t))(\sigma\cdot p_0(t))\mathrm{d}t=0$$

由于 $\xi_1\leqslant t\leqslant b$ 时有

$$g_\xi(t)\cdot\sigma p_0(t)-g_\eta(t)\sigma p_0(t)$$

$$=|p_0(t)|-g_\eta(t)\sigma p_0(t)\geqslant 0$$

那么

$$(g_\xi(t)-g_\eta(t))p_0(t)\xlongequal{\text{a.e.}}0,\xi_1\leqslant t\leqslant b$$

但 $p_0(t)$ 只有有限个零点,所以 $g_\xi(t)=g_\eta(t),a\leqslant t\leqslant b$,即 $\xi=\eta$.

应该注意,对于给定的 n 阶 Chebyshev 系 $\{\varphi_1(t),\cdots,\varphi_n(t)\}\subset C[a,b]$,满足条件

$$\sum_{j=0}^{r}\int_{\xi_j}^{\xi_{j+1}}\varphi_k(t)\mathrm{d}t=0,k=1,\cdots,n$$

的点组 $\{a=\xi_0<\xi_1<\cdots<\xi_r<\xi_{r+1}=b\}$ 并不是唯一的,定理 2.4.5 的含义是:含有 n 个点(即 $r=n$,不能再少!)的这种点组是唯一确定的.为便于叙述,我们把满足定理 2.4.5 的条件的点组称为 Chebyshev 系 $\{\varphi_1,\cdots,\varphi_n\}$ 的零化结点系.下面的推论给出确定 Chebyshev 系的零化结点系的方法.

推论 已知 $P_n=\text{span}\{\varphi_1,\cdots,\varphi_n\}\subset C[a,b]$ 是 $[a,b]$ 上的 n 维 Haar 子空间,$f\in C[a,b]$.若对任一 $p(t)\in P_n$,$f(t)-p(t)$ 在 (a,b) 内至多有 n 个零点,则 $f(t)$ 在 P_n 的最佳平均逼近多项式 $p^*(t)$ 必满足:

(1) $f(t)-p^*(t)$ 在 $[a,b]$ 内恰好有 n 个变号点.

(2) 这一组变号点便是 $\{\varphi_1,\cdots,\varphi_n\}$ 的零化结点系.

附带指出,这个推论还说明,若 $\{\varphi_1,\cdots,\varphi_n,f\}$ 是 $[a,b]$ 上 $n+1$ 阶 Chebyshev 系,则 f 在 P_n 内有唯一的最佳逼近多项式.在下一节我们将会看到,在比这弱得多的条件下,唯一性结论仍然成立.

下面以推论为依据,给出确定 Chebyshev 系的零化结点系的步骤.

给定一个 n 阶的 Markov 系 $\{\varphi_1(t),\cdots,\varphi_n(t)\}\subset$

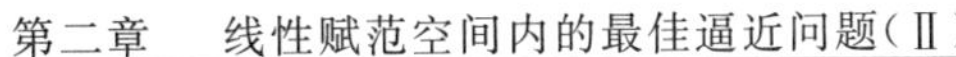

$C[a,b]$. 置 $\Psi_1(t)=\varphi_1(t)$.

$\Psi_2(t)=\varphi_2(t)-c_1^{(1)}\varphi_1(t)$,此处 $c_1^{(1)}$ 有如下选择

$$\|\Psi_2\|_1=\min_{c_1}\|\varphi_2-c_1\varphi_1\|_1$$

$\Psi_3(t)=\varphi_3(t)-\sum\limits_{j=1}^{2}c_j^{(2)}\varphi_j^{(t)}$,此处 $c_1^{(2)},c_2^{(2)}$ 有如下选择

$$\|\Psi_3(t)\|_1=\min_{c_1,c_2}\|\varphi_3-\sum_{j=1}^{2}c_j\varphi_j\|_1$$

$$\vdots$$

$$\Psi_n(t)=\varphi_n(t)-\sum_{j=1}^{n-1}c_j^{(n-1)}\varphi_j(t)$$

其中 $c_1^{(n-1)},\cdots,c_{n=1}^{(n-1)}$ 由下式确定

$$\|\Psi_n\|_1=\min_{c_1,\cdots,c_{n-1}}\|\varphi_n-\sum_{j=1}^{n-1}c_j\varphi_j\|_1$$

然后,取

$$g_1(t)=\operatorname{sgn}\Psi_1(t)$$

$$g_2(t)=\operatorname{sgn}\Psi_2(t)$$

$$\vdots$$

$$g_n(t)=\operatorname{sgn}\Psi_n(t)$$

定理 2.4.6　$g_i(t)$ 在 (a,b) 内恰有 $i-1$ 个变号点,而且有 $\int_a^b g_i(t)\varphi_k(t)\mathrm{d}t=0,k=1,\cdots,i-1$($i=1$ 时此条件轮空). 换句话说,$g_i(t)$ 的变号点是 $\{\varphi_1,\cdots,\varphi_{i-1}\}$ 是零化结点系.

证　$\sum\limits_{i=1}^{i-1}c_j^{(i-1)}\varphi_j(t)$ 是 $\varphi_i(t)(i>1)$ 的最佳平均逼近,且由于 $\Psi_i(t)$ 的零点个数有限,所以

$$\int_a^b g_i(t)\varphi_k(t)\mathrm{d}t=0,k=1,\cdots,i-1$$

由此知 $g_i(t)=\mathrm{sgn}\ \Psi_i(t)$ 的变号点数为 $i-1$. 由零化结点系的唯一性,便知定理的结论成立.

(三) 两种具体 Chebyshev 系的零化结点系

情形 1 $Q=[-1,1]$, $\varphi_k(t)=t^k$, $k=0,\cdots,n$, 此时 $\{1,t,\cdots,t^n\}$ 是 Markov 系. 置 $\Psi_0(t)=1$, 为了确定 $\Psi_j(t)(j\geqslant 1)$, 考虑下面极值问题的解.

问题 在一切首项系数为 1 的 j 次代数多项式中,求其 $L[-1,1]$ 的最小范数和达到最小范数的多项式,即解

$$\min_{a_1\cdots a_j}\int_{-1}^{1}\left|t^j+\sum_{k=1}^{j}a_kt^{j-k}\right|\mathrm{d}t \tag{2.15}$$

实现最小值的多项式称为第二类 Chebyshev 多项式. 下面扼要列举它的一些基本性质.

引理 2.4.1 由 $-1\leqslant x\leqslant 1$, 则

$$\frac{\sin(n+1)\arccos x}{\sqrt{1-x^2}}$$

是一 n 次代数多项式,首项系数为 2^n.

证 当 $n=0$ 时,上式等于 1. 当 $n\geqslant 1$ 时,利用恒等式

$$\frac{\sin(n+1)\theta}{\sin\theta}=\frac{\sin n\theta}{\sin\theta}\cdot\cos\theta+\cos n\theta$$

以及

$$\cos n\theta=2^{n-1}\cos^n\theta+\sum_{k=0}^{n-1}\mu_k^{(n)}\cos^k\theta$$

置 $\theta=\arccos x$ 即得.

往下记

$$\widetilde{U}_n(x)=2^{-n}\frac{\sin(n+1)\arccos x}{\sqrt{1-x^2}},n=0,1,2,\cdots$$

$$\widetilde{U}_0(x)=1, \widetilde{U}_1(x)=x, \widetilde{U}_2(x)=x^2-\frac{1}{4}, \cdots$$

引理 2.4.2(递推公式)

$$\widetilde{U}_{n+2}(x)=x\widetilde{U}_{n+1}(x)-\frac{1}{4}\widetilde{U}_n(x)$$

引理 2.4.3　$\widetilde{U}_n(x)$ 是$[-1,1]$上的以$\sqrt{1-x^2}$为权的正交系.

下面的定理揭示$\widetilde{U}_n(x)$在 L 范数下的一个极值性质.

定理 2.4.7(Золотарёв-Коркин)

$$\min_{\{a_k\}}\int_{-1}^{1}\left|t^n+\sum_{k=1}^{n}a_k t^{n-k}\right|\mathrm{d}t=\int_{-1}^{1}|\widetilde{U}_n(t)|\mathrm{d}t=2^{1-n}$$

证　根据特征定理,只需证

$$\int_{-1}^{1}x^k \operatorname{sgn} U_n(x)\mathrm{d}x=0, k=0,\cdots,n-1$$

作变量替换 $x=\cos\theta$,并在扩充的区间$[-\pi,\pi)$上积分,得知只需能证

$$\int_{-\pi}^{\pi}\cos^k\theta\sin\theta \operatorname{sgn}\sin(n+1)\theta\mathrm{d}\theta=0, k=0,\cdots,n-1$$

由于 $\cos^k\theta\sin\theta$ 是 $\mathrm{e}^{\mathrm{i}m\theta}$ 的线性组合,其中 $|m|\leqslant n$,那么只需证明

$$I=\int_{-\pi}^{\pi}\mathrm{e}^{\mathrm{i}m\theta}\operatorname{sgn}\sin(n+1)\theta\mathrm{d}\theta=0, \ |m|\leqslant n$$

作变量代换 $\theta=\varphi+\frac{\pi}{n+1}$,利用函数的周期性,得

$$I=\int_{-\pi}^{\pi}\mathrm{e}^{\mathrm{i}m(\varphi+\frac{\pi}{n+1})}\operatorname{sgn}\sin(\overline{n+1}\varphi+\pi)\mathrm{d}\varphi=-\mathrm{e}^{\frac{im\pi}{n+1}}I$$

$$\mathrm{e}^{\frac{im\pi}{n+1}}\neq-1\Rightarrow I=0$$

$U_n(x)$ 的零点是

$$x_k^{(u)} = \cos \frac{k\pi}{n+1}, k=1,\cdots,n$$

这一组点便是 Chebyshev 系 $\{1,t,\cdots,t^{n-1}\}$ 在区间 $[-1,1]$ 上的零化结点系.

情形 2　$Q=[0,2\pi)$. 此时以 $L_{2\pi}$ 代表 $\mathbf{R}$ 上的 2π 周期的可测函数集,其中任一 f 有 $\int_0^{2\pi} |f(t)| \mathrm{d}t < +\infty$, $L_{2\pi}$ 范数规定为 $\|f\|_1 = \int_0^{2\pi} |f(t)| \mathrm{d}t$. 取

$$T_{2n-1} = \operatorname{span}\left\{\begin{matrix}\sin t\\ \cos t\end{matrix},\cdots,\begin{matrix}\sin(n-1)t\\ \cos(n-1)t\end{matrix}\right\}, n \geqslant 1$$

T_{2n-1} 是 $2n-1$ 维的 Haar 子空间. 注意,由于周期性, $[0,2\pi)$ 上的三角多项式 Haar 子空间的维数只能是奇数. T_{2n-1} 的零化结点系有以下特点:

(1) 零化结点系中含有点的个数是 $2n$, 而不是 $2n-1$. 这是因为根据定理2.4.2, 定理 2.4.4, 对于 $[0,2\pi)$ 上的 $2n-1$ 维 Haar 子空间 T_{2n-1} 存在 $2n-1$ 个点 $0<\xi_1<\cdots<\xi_{2n-1}<2\pi$ 使 $g_\xi(t)$ 零化 T_{2n-1}, 函数 $g_\xi(t)$ 的 2π 周期延拓在一个周期区间内有 $2n$ 个变号点.

(2) 零化结点系没有常义下的唯一性. 因任取 $\alpha \in \mathbf{R}$, $g_\xi(t+\alpha)$ 都满足与 T_{2n-1} 的正交条件.

(3) $\left\{\frac{k\pi}{n}\right\}$ $(k=0,\cdots,2n-1)$ 是 T_{2n-1} 的一个零化结点系,因为有明显的关系式

$$\int_0^{2\pi} (\operatorname{sgn} \sin nt) \begin{matrix}\sin kt\\ \cos kt\end{matrix} \mathrm{d}t = 0, k=0,\cdots,n-1$$

我们能证明: T_{2n-1} 的任一零化结点系必定是 $\left\{\frac{k\pi}{n}\right\}$ $(k=0,\cdots,2n-1)$ 的一个平移.

详细地说,仿定理 2.4.5 的证法,可以证明:

定理 2.4.8　设有一组点 $\xi_0=0<\xi_1<\cdots<\xi_{2n-1}<2\pi$ 及函数 $g_\xi(x)=(-1)^j,\xi_j<x<\xi_{j+1}(j=0,\cdots,2n-1,\xi_{2n}\overset{\mathrm{df}}{=\!=}2\pi),g_\xi(\xi_j)=0,g_\xi(x+2\pi)=g_\xi(x)$,而且满足

$$\int_0^{2\pi} g_\xi(x)\begin{matrix}\sin kx\\ \cos kx\end{matrix}\,\mathrm{d}x=0,k=0,1,\cdots,n-1$$

则 $g_\xi(x)=\operatorname{sgn}\sin nx$.

推论　若 $f\in C_{2\pi}$ 对任一三角多项式 $T(t)\in T_{2n-1}$,$f(t)-T(t)$ 在 $[0,2\pi)$ 内零点个数小于或等于 $2n$,则 f 在 T_{2n-1} 内的最佳平均逼近多项式 T^* 对某个 α 满足以下条件

$$\operatorname{sgn}\{f(t)-T^*(t)\}=\sigma\operatorname{sgn}\sin(nt-\alpha)$$

$\sigma=1$ 或 -1 是固定的.

根据以上讨论,我们得出结论:T_{2n-1} 的零化结点系是 $\left\{\dfrac{k\pi}{n}+\alpha\right\}(k=0,\cdots,2n-1)$,其中 α 是任意实数.

(四)连续函数借助 Haar 子空间的最佳平均逼近

设 $P_n=\operatorname{span}\{\varphi_1,\cdots,\varphi_n\}\subset L[a,b]$ 是 n 维 Haar 子空间,$f\in C[a,b]$,先给出:

定理 2.4.9[①]　假定有 n 个点 $a<\xi_1<\cdots<\xi_n<b$ 及广义多项式 $p_n^*\in P_n$ 使得:

(1) $p_n^*(\xi_i)=f(\xi_i),i=1,\cdots,n$.

(2) $f(t)-p_n^*(t)$ 在 (a,b) 内恰有 n 个变号点 ξ_i.

① 这个定理在资料中以 Markov 判据著称.

(3) $\int_a^b p(t)\cdot \operatorname{sgn}(f(t)-p_n^*(t))\mathrm{d}t=0, \forall p\in P_n$.

则 $p_n^*\in \mathscr{L}_{P_n}(f)$,且

$$e_n(f)_1=\left|\int_a^b f(t)\operatorname{sgn}(f(t)-p_n^*(t))\mathrm{d}t\right| \tag{2.16}$$

证 由定理的假定,可知 $\operatorname{sgn}(f(t)-p_n^*(t))$ 的变号点组$\{\xi_i\}(i=1,\cdots,n)$ 是 P_n 的零化结点系,利用定理 2.4.1,得所欲求.

这个定理提示给我们一个解决用 Haar 子空间作为逼近集的最佳平均逼近问题的方法. 如果知道 P_n 的零化结点系$\{\xi_i\}(i=1,\cdots,n)$,构造一个广义多项式 $p_n^*\in P_n$ 使之对 f 在$\{\xi_i\}(i=1,\cdots,n)$上实现插值条件 $p_n^*(\xi_i)=f(\xi_i)(i=1,\cdots,n)$,由于 P_n 是 Haar 子空间,p_n^* 存在而且唯一,然后研究 $f-p_n^*$ 的符号. 若 $f-p_n^*$ 在而且仅在 $\xi_i(i=1,\cdots,n)$ 处变号,则 $p_n^*\in\mathscr{L}_{P_n}(f)$,而式(2.16) 成立. 当 $P_n=\operatorname{span}\{1,t,\cdots,t^{n-1}\}$ 时,这一方案即可实现,因其零化结点系已经知道了. 当 $Q=[0,2\pi)$,逼近集是 T_{2n-1},$f\in C_{2\pi}$ 时,零化结点系是 $\left\{\frac{k\pi}{n}+\alpha\right\}(k=0,\cdots,2n-1)$,其中 α 是任意的,此时需要选择一点 α_0 使得构造一个三角多项式 $T^*\in T_{2n-1}$ 对 f 实现插值条件

$$T^*\left(\frac{k\pi}{n}+\alpha_0\right)=f\left(\frac{k\pi}{n}+\alpha_0\right), k=0,\cdots,2n-1$$

成为可能,这样的 α_0 是否存在? 回答是肯定的.

定理 2.4.10(M. G. Krein[10]) 函数

$$H_n(f,t)=\sum_{k=1}^{2n}(-1)^k f\left(t+\frac{k-1}{n}\pi\right) \tag{2.17}$$

有零点 α_0，对 α_0 存在 $T^* \in T_{2n-1}$ 满足

$$T^*\left(\alpha_0+\frac{k\pi}{n}\right)=f\left(\alpha_0+\frac{k\pi}{n}\right),k=0,\cdots,2n-1$$

证　$\forall f\in C_{2\pi}$，先证 $H_n(f,t)$ 有零点，为此，只需注意 $H_n(f,t)\in C_{2\pi}$，且$\int_0^{2\pi}H_n(f,t)\mathrm{d}t=0$，即知有 $\alpha_0\in[0,2\pi)$，$H_n(f,\alpha_0)=0$，对任一点 t_0 存在 $T^*\in T_{2n-1}$ 有

$$T^*\left(t_0+\frac{k\pi}{n}\right)=f\left(t_0+\frac{k\pi}{n}\right),k=0,\cdots,2n-2$$

考虑

$$\sum_{k=1}^{2n}(-1)^k\left\{f\left(t_0+\frac{k-1}{n}\pi\right)-T^*\left(t_0+\frac{k-1}{n}\pi\right)\right\}$$

注意

$$\sum_{k=1}^{2n}(-1)^kT^*\left(t_0+\frac{k-1}{n}\pi\right)\equiv 0,\forall t_0\in[0,2\pi)$$

(只需对三角系 $\cos kt,\sin kt,0\leqslant k\leqslant n-1$ 进行验证)便得

$$H_n(f,t_0)=f\left(t_0+\frac{2n-1}{n}\pi\right)-T^*\left(t_0+\frac{2n-1}{n}\pi\right)=0$$

当且仅当 $t_0=\alpha_0$，α_0 是 $H_n(f,t)$ 的零点时成立.

以上定理解决了在 T_{2n-1} 的零化结点系上构造 $T^*\in T_{2n-1}$ 对 f 实现插值的问题，构造了 T^*，若能证明 $f-T^*$ 在而且仅在插值结点上变号，则根据定理 2.4.9 便知 $T^*\in\mathscr{L}_{T_{2n-1}}(f)$.

下面介绍一些用此方法得到的重要结果.

例 2.4.1　若在 $[-1,1]$ 上 $f^{(n)}(x)>0$，则 $\{1,x,\cdots,x^{n-1},f(x)\}$ 是Chebyshev系(例1.4.5). 那么对任一次数小于或等于 $n-1$ 的多项式 $p_n(x)$，$f(x)-p_n(x)$ 在 $[-1,1]$ 内零点个数小于或等于 n. 令 $p_n^*(x)$ 是 $f(x)$ 以 $\{x_k^{(n)}\}(k=1,\cdots,n)$ 为结点的内插多

项式：$p_n^*(x_k^{(n)})=f(x_k^{(n)})$，$x_k^{(n)}=\cos\dfrac{k\pi}{n+1}$，$k=1,\cdots,n$，则 p_n^* 是 f 的最佳平均逼近多项式(次数小于或等于 $n-1$)，且

$$\begin{aligned}E_n(f)_1&\xlongequal{\text{df}}\inf_{p_n\in P_n}\|f-p_n\|_1\\&=\int_{-1}^{1}|f(x)-p_n^*(x)|\,\mathrm{d}x\\&=\left|\int_{-1}^{1}f(x)\operatorname{sgn}U_n(x)\,\mathrm{d}x\right|\end{aligned}\tag{2.18}$$

利用第二类 Chebyshev 多项式的零点作插值结点来构造最佳平均逼近多项式，并从而算出可微函数的 n 阶最佳平均逼近的最优误差界的工作见 S. M. Nikolsky[11]，V. A. Kofanov[12].

例 2.4.2 Bernoulli 函数的三角多项式最佳平均逼近.

Bernoulli 函数是指的由下式定义的 2π 周期函数

$$D_r(x)=\sum_{k=1}^{+\infty}k^{-r}\cos\left(kx-\frac{\pi r}{2}\right),r\in\mathbf{Z}_+\tag{2.19}$$

在基本区间 $(0,2\pi)$ 内我们有

$$D_1(x)=\sum_{k=1}^{+\infty}k^{-1}\sin kx=\frac{\pi-x}{2}$$

$$D_2(x)=-\sum_{k=1}^{+\infty}k^{2}\cos kx=-\frac{3x^2-6\pi x+2\pi^2}{12}$$

$$D_3(x)=-\sum_{k=1}^{+\infty}k^{-3}\sin kx=-\frac{x^3-3\pi x^2+2\pi^2x}{12}$$

$$\vdots$$

故为 r 次代数多项式，除 $r=1$ 时，$D_1(x)$ 在 $2k\pi(k=0,\pm1,\pm2,\cdots)$ 为第一类间断外，对 $r\geqslant2$，$D_r(t)$ 在 $\mathbf{R}$ 上连续. 经计算容易验证

$$H_n(D_r;t)=\frac{1}{n^r}\sum_{\nu=1}^{+\infty}\frac{\cos\left[(2\nu+1)nt-\frac{\pi r}{2}\right]}{(2\nu+1)^r}$$

故只需考虑 $n=1$ 的情形便可. $n=1$ 给出

$$H_1(D_r;t)=\sum_{\nu=1}^{+\infty}\frac{\cos\left[(2\nu+1)t-\frac{\pi r}{2}\right]}{(2\nu+1)^r}$$

除 $r=1$ 时, $H_1(D_1;t)$ 在 $k\pi(k=0,\pm 1,\pm 2,\cdots)$ 有第一类间断点(变号点)外, $r\geqslant 2$ 时在 $\mathbf{R}$ 上连续. 对奇数 r, $H_1(D_r;t)=0$ 在周期区间内有两个零点 $0,\pi$; 对偶数 r, 零点为 $\frac{\pi}{2},\frac{3}{2}\pi$, 那么, 对任意的正整数 n, 只需各取 $\alpha=\alpha_n=0$(r 奇); $\alpha=\alpha_n=\frac{\pi}{2n}$($r$ 偶), 由定理 2.4.10 便可构造 $D_r(t)$ 的 n 阶插值三角多项式. 至于 $r=1$ 的情形, $H_1(D_1;t)$ 没有零点, 但在 $k\pi$ 处变号. 同样也存在以 $\frac{k\pi}{n}$ 为插值结点的 n 阶三角多项式. 实际上, 由于 $D_r(t)$ 的奇(r 奇)偶(r 偶)性, 这样构造的插值多项式亦各具奇或偶性, 其显式可以利用 Lagrange 三角插值公式写出来. 为方便起见, 对 $D_r(x)$ 如此构造的 n 阶($2n-1$ 次的)三角多项式记作 $T_{n,r}(t)$, 关键的一步是证

$$\operatorname{sgn}[D_r(x)-T_{nr}(x)]=\sigma_r\operatorname{sgn}\cos\left(nx-\frac{\pi r}{2}\right)$$

$\sigma_r=1$ 或 -1, 此式可以利用 Rolle 定理来证.

定理 2.4.11(Favard-Achieser-Krein)

$$\begin{aligned}E_n(D_r)_1&=\|D_r-T_{nr}\|_1\\&=\left|\int_0^{2\pi}D_r(x)\operatorname{sgn}\cos\left(nx-\frac{\pi r}{2}\right)\mathrm{d}x\right|\end{aligned}$$

$$= \frac{4}{n^r} \sum_{k=0}^{+\infty} \frac{(-1)^{k(r+1)}}{(2k+1)^{r+1}}, n, r \in \mathbf{Z}_+ \quad (2.20)$$

常数 $\mathcal{K}_r = \frac{4}{\pi} \sum_{k=0}^{+\infty} \frac{(-1)^{k(r+1)}}{(2k+1)^{r+1}}$ 称为 Favard 常数.

围绕这一结果有一系列拓广的工作. 这里介绍 $D_r(x)$ 的共轭函数

$$\overline{D}_r(x) = \sum_{k=1}^{+\infty} k^{-r} \sin\left(kx - \frac{\pi r}{2}\right), r \in \mathbf{Z}_+$$

$\overline{D}_r(x)$ 在 $(0, 2\pi)$ 内不是多项式. 比如 $r = 1$ 时

$$\overline{D}_1(x) = \sum_{k=1}^{+\infty} k^{-1} \cos kx - \ln\left(2\sin\frac{x}{2}\right), 0 < x < 2\pi$$

[19] 证明: $\overline{D}_r$ 的 n 阶最佳平均逼近三角多项式 T_{nr} 满足条件

$$\operatorname{sgn}\{\overline{D}_r(x) - \overline{T}_{nr}(x)\} = \sigma'_r \operatorname{sgn} \sin\left(nx - \frac{\pi r}{2}\right)$$

$\sigma'_r = 1$ 或 -1. 从而得到:

定理 2.4.12

$$\begin{aligned} E_n(\overline{D}_r)_1 &= \| \overline{D}_r - \overline{T}_{nr} \|_1 \\ &= \left| \int_0^{2\pi} \overline{D}_r(x) \operatorname{sgn} \sin\left(nx - \frac{\pi r}{2}\right) \mathrm{d}x \right| \\ &= \frac{4}{n^r} \sum_{k=0}^{+\infty} \frac{(-1)^{kr}}{(2k+1)^{r+1}}, n, r \in \mathbf{Z}_+ \quad (2.21) \end{aligned}$$

(五) 最佳平均逼近元的唯一性定理

仍限于讨论 $L[a,b]$. 我们已经看到 Haar 子空间对 $C(Q)$ 空间内最佳逼近元的唯一性问题的重要作用. 对 L 空间内的最佳逼近元的唯一性问题, 它也具有重要作用.

定理 2.4.13(D. Jackson[14]) 若 $\{\varphi_1, \cdots, \varphi_n\}$ 是

$[a,b]$ 上的 Chebyshev 系，则每一连续函数 $f\in C[a,b]$ 在 $P_n=\mathrm{span}[\varphi_1,\cdots,\varphi_n]$ 内有唯一的最佳平均逼近元.

证　先指出一个事实：对 $f(t)$ 在 P_n 内的任何最佳逼近(平均逼近)多项式 $p_n(t)$，$f(t)-p_n(t)$ 在 (a,b) 内零点个数小于或等于 n. 否则由

$$\int_a^b \varphi_i(t)\mathrm{sgn}(f(t)-p_n(t))\mathrm{d}t=0,i=1,\cdots,n \tag{2.22}$$

得出与定理 2.4.4 矛盾的结论. 今设 $f(t)$ 在 P_n 内有 p_n^*,p_n^{**} 为其最佳平均逼近多项式，那么 $p=\frac{1}{2}(p_n^*+p_n^{**})$ 也是，从而

$$2\int_a^b|f(t)-p(t)|\mathrm{d}t-\int_a^b|f(t)-p_n^*(t)|\mathrm{d}t-\int_a^b|f(t)-p_n^{**}(t)|\mathrm{d}t=0$$

由于

$$2|f(t)-p(t)|\leqslant|f(t)-p_n^*(t)|+|f(t)-p_n^{**}(t)|$$

$\forall t\in[a,b]$，所以

$$|f(t)-p(t)|\equiv\frac{1}{2}|f(t)-p_n^*(t)|+\frac{1}{2}|f(t)-p_n^{**}(t)| \tag{2.23}$$

$f(t)-p(t)$ 在 (a,b) 内至少有 n 个零点 $t_1,\cdots,t_n$，在这些点上 $f(t_i)-p_n^*(t_i)=f(t_i)-p_n^{**}(t_i)=0,i=1,\cdots,n$，所以 $p_n^*(t_i)=p_n^{**}(t_i)(i=1,\cdots,n)\Rightarrow p_n^*=p_n^{**}$.

这个简洁的证明出自 E. W. Cheney: Mathematical Magazine, V. 38, №4, (1965) 189-191.

Jackson 定理对不连续函数不成立.

例 2.4.3 $Q=[0,2]$, $\varphi_1(x)=1$,则

$$f(x)=\begin{cases}1,0\leqslant x\leqslant 1\\-1,1<x\leqslant 2\end{cases}$$

$\operatorname{span}\{\varphi_1\}=\mathbf{R}^1$ 是一维 Haar 子空间,任取 $c\in[-1,1]$,都有

$$\min_{a\in\mathbf{R}^1}\|f-\alpha\|_1=\|f-c\|_1=2$$

这说明 f 在 $\mathbf{R}^1$ 内的最佳平均逼近元集具有连续统的势,对这一问题的进一步讨论见 S. Ya. Havinson[15].

和一致逼近有所不同,Haar 子空间不能保证连续函数借助于它来平均逼近的最佳平均逼近元的强唯一性.

例 2.4.4 $Q=[0,1]$, $\varphi_1(x)=1$, $P_1=\operatorname{span}[\varphi_1]=\mathbf{R}^1$,被逼近函数为 $f(x)=x^2$. 置

$$r_1(a)=\int_0^1|x^2-a|\,\mathrm{d}x$$

易见 $\min\limits_a\ r_1(a)$ 在 $[0,1]$ 内达到. 当 $a\in[0,1]$ 时

$$\int_0^1|x^2-a|\,\mathrm{d}x=\int_0^{\sqrt{a}}(a-x^2)\mathrm{d}x+\int_{\sqrt{a}}^1(x^2-a)\mathrm{d}x$$
$$=\frac{4}{3}a^{\frac{3}{2}}-a+\frac{1}{3}$$

$a=\frac{1}{4}$ 给出其极小值 $\frac{1}{4}$,我们有

$$r_1\left(\frac{1}{4}\right)=\min_a\int_0^1|x^2-a|\,\mathrm{d}x=\frac{1}{4}$$

$r_1(a)$ 的曲线(偏差曲线)是光滑的,在点 $a=\frac{1}{4}$ 上有

$$\lim_{a\to\frac{1}{4}}\frac{r_1(a)-r_1\left(\frac{1}{4}\right)}{\left|a-\frac{1}{4}\right|}=0$$

所以不存在 $\gamma>0$ 对一切 a 成立

$$\| f-a \|_1 = r_1(a) \geqslant r_1\left(\frac{1}{4}\right)+\gamma\left\|a-\frac{1}{4}\right\|_1$$

$$\left\|a-\frac{1}{4}\right\|_1=\left|a-\frac{1}{4}\right|$$

一致逼近的偏差曲线与此有很大的差别. 记 $r_\infty(a)=\| x^2-a \|_c$,易见

$$\min_a r_\infty(a)=r_\infty\left(\frac{1}{2}\right)=\frac{1}{2}$$

则

$$r_\infty(a)=\begin{cases}1-a, a\leqslant\dfrac{1}{2}\\ a, a>\dfrac{1}{2}\end{cases}$$

$r_\infty(a)$ 的曲线(偏差曲线)在点 $a=\frac{1}{2}$ 有一尖点,此处 $r_\infty(a)$ 在 $a=\frac{1}{2}$ 无导数,但左、右导数分别是 $-1,1$,那么

$$\lim_{a\to\frac{1}{2}}\frac{r_\infty(a)-\dfrac{1}{2}}{\left|a-\dfrac{1}{2}\right|}=1>0$$

故强唯一性成立.

§5　$L^p(Q,\Sigma,\mu)(1<p<+\infty)$ 内的最佳逼近问题

和 $C(Q)$,$L(Q,\Sigma,\mu)$ 不同,$1<p<+\infty$ 时的 L^p 是自反空间,在它里面最佳逼近的基本问题解决得较

为单纯.

定理 2.5.1 $F\subset L^p$ 是一线性子集,$1<p<+\infty$,$f\neq 0$,则 $f\perp F(L^p)\Leftrightarrow \forall\varphi\in F$ 有

$$\int_Q \varphi(t)\,|\,f(t)\,|^{p-1}\operatorname{sgn} f(t)\,\mathrm{d}\mu=0 \qquad (2.24)$$

证 (1) 必要性. $f\perp F(L^p)\Leftrightarrow \|f+\varphi\|_p\geqslant \|f\|_p,\forall\varphi\in F$. 根据对偶定理,$\exists h_0(t)\in L^{p'}(Q,\Sigma,\mu)\left(\dfrac{1}{p}+\dfrac{1}{p'}=1\right)$满足:

(ⅰ) $\|h_0\|_{p'}=1$.

(ⅱ) $\int_Q h_0(t)\varphi(t)\,\mathrm{d}\mu=0,\forall\varphi\in F$.

(ⅲ) $\|f\|_p=\int_Q f(t)h_0(t)\,\mathrm{d}\mu$.

由 Hölder 不等式

$$\begin{aligned}\int_Q f(t)h_0(t)\,\mathrm{d}t&\leqslant\int_Q |\,f(t)\,|\cdot|\,h_0(t)\,|\,\mathrm{d}t\\&\leqslant \|f\|_p\cdot\|h_0\|_{p'}=\|f\|_p\end{aligned}$$

得

$$\int_Q f(t)h_0(t)\,\mathrm{d}\mu=\int_Q |\,f(t)h_0(t)\,|\,\mathrm{d}\mu=\|f\|_p$$

故在 Q 上几乎处处成立.

$|\,h_0(t)\,|=\alpha\,|\,f(t)\,|^{p-1},\alpha>0$ 是某个常数,而且 $f(t)h_0(t)\geqslant 0$ 在 Q 上几乎处处成立,从而

$$\operatorname{sgn} h_0(t)\overset{\text{a. e.}}{=\!=\!=}\operatorname{sgn} f(t)$$

所以 $h_0(t)=\alpha\,|\,f(t)\,|^{p-1}\operatorname{sgn} f(t)$. 必要性得证.

(2) 充分性. 有

$$\begin{aligned}\|f\|_p^p&=\int_Q f\cdot|\,f\,|^{p-1}\operatorname{sgn} f\,\mathrm{d}\mu\\&=\int_Q (f+\varphi)\cdot|\,f\,|^{p-1}\operatorname{sgn} f\,\mathrm{d}\mu\end{aligned}$$

$$\leqslant \int_Q |f+\varphi| \cdot |f|^{p-1} \mathrm{d}\mu$$
$$\leqslant \|f+\varphi\|_p \cdot \|f\|_p^{p-1}, \forall \varphi \in F$$

由此得

$$\|f\|_p \leqslant \|f+\varphi\|_p, \forall \varphi \in F$$

推论　若 $F \subset L^p(1<p<+\infty)$ 是一线性子集，$f \in L^p \backslash \overline{F}$，$g_0 \in F$，则 g_0 是 f 在 F 内的最佳 L^p 平均逼近元，当且仅当，存在 $h_0(t) \in L^{p'}$，使：

(1) $\|h_0\|_{p'}=1$.

(2) $\int_Q h_0(t)\varphi(t)\mathrm{d}\mu=0, \forall \varphi \in F$.

(3) $\|f-g_0\|_p=\int_Q h_0(t)(f(t)-g_0(t))\mathrm{d}\mu$.

$h_0(t)$ 唯一. 有

$$h_0(t) \xlongequal{\text{a.e.}} \frac{|f-g_0|^{p-1}\operatorname{sgn}(f-g_0)}{\|f-g_0\|_p^{p-1}}$$

以上三条，关键的是条件(2)，故与条件(1)(2)(3)等价的条件是

$$\int_Q \varphi(t)|f(t)-g_0(t)|^{p-1}\operatorname{sgn}(f(t)-g_0(t))\mathrm{d}\mu$$
$$=0, \forall \varphi \in F$$

$p=2$ 时，此条件就化归为 $L^2(Q,\Sigma,\mu)$ 空间内的正交条件. 其实，在逼近论中最为有用的，而且得到充分讨论的也仅仅是 $p=2$.

关于 $g_0(t)$ 有何进一步的信息？很少. 如果 $F=\operatorname{span}\{\varphi_1,\cdots,\varphi_n\}$ 是 $Q=[a,b]$ 上的 Haar 子空间，而 f 是连续函数，可以给出：

定理 2.5.2　设 $Q=[a,b]$，$F=\operatorname{span}[\varphi_1,\cdots,\varphi_n]$ 是一 Haar 子空间，$f(t) \in C[a,b]$，$f \overline{\in} F$. 而且

$p_n^*(t)\in F$ 是 f 在 F 内的最佳 L^p 平均逼近多项式,则 $f-p_n^*$ 在 (a,b) 内至少有 n 个变号.

证 仿定理 2.4.4 细节省略.

例 2.5.1 $Q=[-1,1]$,$\varphi_k(t)=t^{k-1}$,$k=1,\cdots,n$,$1<p<+\infty$,考虑在 L^p 尺度下,首项系数为 1 的 n 次多项式中与零的偏差最小的多项式,即求下列极值问题的解

$$\min_{a_j}\int_{-1}^{1}\left|t^n+\sum_{j=1}^{n}a_jt^{n-j}\right|^p\mathrm{d}t \tag{2.25}$$

两个极端情形 $p=+\infty$,$p=1$ 已分别讨论过了. $p=+\infty$(取 C 范数)时其解是第一类 Chebyshev 多项式;$p=1$ 时其解是第二类 Chebyshev 多项式. $1<p<+\infty$ 时,根据本节的定理,式(2.25)有唯一解,但除了 $p=2$ 以外,别的情形下都给不出解的显式,$p=2$ 时其解是有名的 Legendre 多项式,它是区间$[-1,1]$上以 $w(x)\equiv 1$ 为权的正交多项式,在均方逼近理论中有详尽的讨论(见[20]),对于问题式(2.25)的讨论可参看资料[16].

$L^p(1<p<+\infty)$ 尺度下的最佳平均逼近问题,也只是在 $p=2$ 时有充分的研究和广泛的应用,这属于均方逼近的范围,其基本理论和方法在许多逼近论的书中已有很详尽的叙述. 例如 I. P. Natanson[20],N. I. Achiezer[21],E. W. Cheney[22].

我们最后来讨论一下最佳 $\overline{L}^p$ 平均逼近与最佳一致逼近的关系,以结束本节.

设 Q 是一紧 Hausdorff 空间,在 Q 上定义了一个正则的,完全 σ 有限测度 μ,Q 的任一非空开子集具有有限 μ 正测度. $\varphi_1,\cdots,\varphi_n\in C(Q)$ 线性无关,$P_n=$

$\text{span}\{\varphi_1,\cdots,\varphi_n\}$，$f \in C(Q)\backslash P_n$，把 f 在 P_n 内最佳 L^p 平均逼近多项式记为

$$P(A_p;t)=\sum_{i=1}^{n}a_i^{(p)}\varphi_i(t)$$

$$A_p=(a_1^{(p)},\cdots,a_n^{(p)}),1<p<+\infty$$

定理 2.5.3(Polya)　$\{A_p\}(1<p<+\infty)\subset \mathbf{R}^n$ 是有界集. 若对 p 的序列 $1<p_1<\cdots<p_m<\cdots$，$\lim p_m=+\infty$ 有 $A_{p_m}-A_0=(a_1^{(0)},\cdots,a_n^{(0)})\in \mathbf{R}^n$，则 $P(A_0;t)$ 是 f 在 P_n 内的一个最佳一致逼近多项式.

证　为论证方便，我们假定 $\mu(Q)=1$. 记 $M=\|f\|_C$. 由

$$\|f-P(A_p;\cdot)\|_p\leqslant\left(\int_Q|f(t)|^p\mathrm{d}\mu\right)^{\frac{1}{p}}\leqslant M$$

$$\Rightarrow\|P(A_p;\cdot)\|_1\leqslant\|P(A_p;\cdot)\|_p$$

$$\leqslant 2M,\forall p\in(1,+\infty)$$

此式含有 $\{A_p\}$ 在 $\mathbf{R}^n$ 内有界. 设 $1<p_1<\cdots<p_m<\cdots$，$\lim\limits_{m\to+\infty}p_m=+\infty$ 时，$A_{pm}-A_0\in\mathbf{R}^n$，令 $M_0=\|f(\cdot)-P(A_0;\cdot)\|_C$，则

$$M^*=\|f(\cdot)-P(A^*;\cdot)\|_C$$

$P(A^*;t)\in P_n$ 是 f 在 P_n 内的一最佳一致逼近多项式，只要能证 $M_0=M^*$ 便可. 否则，$M_0>M^*$. 令 $\varepsilon=(M_0-M^*)\cdot(M^*)^{-1}$，则

$$Q_0=\left\{t\in Q\,\middle|\,|P(A_0;t)-f(t)|\geqslant M^*\left(1+\frac{2\varepsilon}{3}\right)\right\}$$

$\mu(Q_0)>0$. 选择 m_0 充分大，使得对 $m>m_0$ 有

$$|p(A_m;t)-p(A_0;t)|\leqslant\frac{\varepsilon M^*}{3},\forall t\in Q$$

则对 $m>m_0$，$t\in Q_0$ 有

$$|P(A_m;t)-f(t)|\geqslant M^*\left(1+\frac{\varepsilon}{3}\right)$$

由于 $\|P(A^*;\cdot)-f(\cdot)\|_p\leqslant M^*$,以及

$$\|P(A_m;\cdot)-f(\cdot)\|_{p_m}$$
$$\geqslant\left(\int_{Q_0}|P(A_m;t)-f(t)|^{p_m}\mathrm{d}\mu\right)^{p_m^{-1}}$$
$$\geqslant M^*\left(1+\frac{\varepsilon}{3}\right)\cdot(\mu(Q_0))^{\frac{1}{p_m}},(\mu(Q_0))^{\frac{1}{p_m}}\to 1$$

那么,对充分大的 m 有

$$\|P(A_m;t)-f(t)\|_{p_m}>M^*$$
$$\geqslant\|P(A^*;t)-f(t)\|_{p_m}$$

这与 A_{p_m} 的定义相矛盾了.故 $M_0=M^*$.

推论 若 f 在 P_n 内有唯一的最佳一致逼近多项式,则

$$\lim_{p\to+\infty}A_p=A^*$$

且

$$\lim_{p\to+\infty}\|P(A_p;t)-P(A^*;t)\|_{C(Q)}=0\quad(2.26)$$

以及

$$\lim_{p\to+\infty}e(f,P_n)_p=e(f,P_n)_c\quad(2.27)$$

和 Polya 定理有关的资料见 J. Descloux[18].

§6 注和参考资料

(一)关于对偶定理

对偶定理的最广泛的形式属于凸分析.结合逼近论的资料有:

[1] R. C. Buck, Application of duality in approximation theory, Approximation of functions, Elsevier Publishing Company, (1965) 27-42.

[2] А. Д. Иоффе, В. М. Тихомиров, Двойственеость выпуклых функций и экстремалвные эапачи, Успехи МН, Т. 23 вып 6[144], 1968, 51-116.

С. М. Никрльский 在 1946 年建立了逼近集为有限维线性子集的最佳逼近对偶定理,并用于解决可微函数类 W_1^r 上最佳逼近的精确估计问题. 见:

[3] С. М. Никольский, Приближение функций всреднем тригонометрическими полиномами, Изв. АН СССР сер. матем. 10(1946) 207-256.

定理 2.2.2 取自:

[4] Korneichuck,逼近论的极值问题,孙永生译,上海:上海科技出版社,1982.

例 2.2.1 也取自[4]. 见该书第 296 页. 共轭空间内凸集逼近的对偶定理是蒋铎等建立的. 他们引入了 * 隔离概念. 见:

[5] 蒋铎,蒋迅,关于凸集的 * 隔离定理,北京师范大学学报(自然科学版),№1(1987)8-11.

[6] Н. Бурбаки, Топологические Векторные Пространства, Издат. Иностранной Литературы, Москва, 1959.

借助对偶性讨论最佳逼近元的存在、唯一及特征问题,可参考第一章资料[3].

(二) L 空间内的最佳逼近

Hobby-Rice 定理出自:

[7] C. R. Hobby, J. R. Rice, A moment problem i" L^1-

approximation, Proc AMS(1965)665-670.

这里的证明是大大简化了的. 出自 A. Pinkus.

[8] A. Pinkus, A simple proof of Hobby-Rice theorem, Proc. AMS 60(1976)82-84.

Borsuk 定理出自:

[9] K. Borsuk, Drei satze über die n-dimensionalle euklische sphäre, Fund. Math., B. 20(1933) 177-191.

定理 2.4.10 见:

[10] М. Г. Крейн, К Теории наилучшего приближения периодических функций, Докл. АН СССР 18 (1938).

非周期的可微函数类 $W_1^r[-1,1]$ 利用代数多项式集 P_n 的 L 平均逼近度的估计, С. М. Никольский 在下列文章中求出了强渐近估计式:

[11] С. М. Никольский, Докл. АН СССР, Т. 58, №2 (1947).

它的精确估计在前几年才得到. 见:

[12] В. А. Кофанов, Изв. АН СССР сер. матем. Т. 47 №5(1983).

Bernoulli 函数及其共轭函数利用 T_{2n-1} 的最佳平均逼近的精确估计, 在 1935～1936 年间由 J. Favard, Н. И. Ахиезер, М. Г. Крейн 解决. 见[4].

В. К. Dзядык, С. Б. Стечкин, 孙永生对 Weyl 类及其共轭类利用 T_{2n-1} 的最佳逼近的精确估计的研究是在 1953～1962 年间进行的. 这归结为研究函数

$$D_{r,\alpha}(x)=\sum_{k=1}^{+\infty}k^{-r}\cos\left(kx-\frac{\pi\alpha}{2}\right),r>0,\alpha\in\mathbf{R}$$

利用 T_{2n-1} 的最佳平均逼近. В. К. Dзядык 在第四届全苏数学大会(1961 年在列宁格勒举行)上有一综述. 见:

[13] В. К. Dзядык, О некоторых направлениях в развитии теории приближения функций за период с 1956 по 1961 год, Труды 4-ого Всесоюзного Математического сьезда, Том2, Секционноые доклады, НАУКА, Ленинград, 1964. 629-638. 详见本书第四章,例4. 2. 6.

(三)最佳平均逼近的唯一性

[14] D. Jackson, A general class of problems in approximation, Amer. J. M. ,46(1924)215-234.

[15] С. Я. Хавинсон, О единственности функций наилучшего при лижения в метрике пространства L^1, Изв. АН СССР, сер. матем. 22,№2(1958) 243-270.

(四)L^p 空间内的最佳逼近

关于和零在 L^p 范数下偏差最小的多项式问题见:

[16] J. Gillis, G. Lewis, Monic polynomials with minimum norm, Jour. A. T. 34(1982)187-193.

关于 Polya 定理(定理 2. 5. 3)可查阅第一章的[41]. 以及:

[17] 沈燮昌,多项式最佳逼近的实现,上海:上海科技出版社,1984:284.

[18] J. Descloux, Approximation in L^p and Cheby-

shev approximation, SIAM, J. 11(1963)1017-1026.

[19] Н. И. Ахиезер, М. Г. Крейн, О наилучшем приближении периодических функций, Докл. АН СССР 15(1937).

[20] 第一章[26].

[21] 第一章[34].

[22] 第一章[19].

[23] 第一章[3].

第三章 最佳逼近的定量理论

在逼近论中研究函数的构造性质和它的(借助于一定的逼近工具)逼近度之间的关系的理论,通常称为逼近论的定量理论.定量理论形成于20世纪初,首先得到充分发展并臻于完善的部分是连续函数(包括周期的和非周期的)借助于多项式(包括三角多项式和代数多项式)的最佳一致逼近理论.一批杰出的数学家,包括Weierstrass,Vallèe-Poussin,Lebesgue,Bernstein,Jackson等人对此做出了重大贡献.他们的工作对逼近论以后的发展产生了深远的影响.本章目的就是要介绍这一部分内容.

1885年Weierstrass证明了:

定理A 任给 $f \in C[a,b]$ 及 $\varepsilon > 0$,有多项式 $p(x)$ 使

$$|f(x)-p(x)|<\varepsilon$$

对每一 $x \in [a,b]$ 成立.

这就是著名的 Weierstrass 第一逼近定理.

定理 B 任给 $f \in C_{2\pi}$(以 2π 为周期的连续函数)及 $\varepsilon > 0$,有三角多项式 $T(x)$ 使得 $|f(x) - T(x)| < \varepsilon$ 对每一 $x \in \mathbf{R}$ 成立.

这是著名的 Weierstrass 第二逼近定理.

Weierstrass 逼近定理是分析学的基本定理之一,同时是逼近论的定量理论的基础.它在原则上肯定了连续函数可以利用多项式来实现任意程度的一致逼近.这一点非常重要.须知在 19 世纪上半叶,虽然经过 Bolzano,Cauchy 等分析学者的努力,连续函数的概念达到了严格化:函数 $f(x)$ 在区间$[a,b]$上连续,若有

$$\lim_{x \to x_0} f(x) = f(x_0), \forall x_0 \in [a,b]$$

但是这个定义不是构造性的.什么样的简单的分析工具能用来表示任意连续函数?这是当时摆在分析学面前一个带有原则性的基本课题.Weierstrass 逼近定理揭示了连续函数的构造性的实质:$f(x) \in C[a,b]$,当且仅当,$f(x)$ 可表示成在$[a,b]$上一致收敛的函数项级数,其各项都是多项式,从而彻底解决了上面提出的基本课题.Weierstrass 逼近定理和 Chebyshev 的最佳逼近思想的结合,是本世纪逼近论发展的基础,因为 Weierstrass 定理仅仅在原则上肯定了任一连续函数可以利用多项式来实现任意程度的一致逼近,但是并未回答,为了把逼近(一致)误差控制在预定的范围 ε 之内,多项式应该如何选择,方能使计算量较小(即多项式的次数较低,参数(系数)较少),而 Chebyshev 的最佳一致逼近的概念恰好是从这一角度考虑问题而提出的一个概念,所以说,Weierstrass 逼近定理和 Chebyshev 最佳逼近思想的结合是逼近论发展的基

础. 实际上,从 20 世纪末,逼近论的发展就是在这个基础上展开的. 记着$P_n=\{p \mid p$ 是次数小于或等于 $n-1$ 的多项式$\} \subset C[a,b]$,$f \in C[a,b]$. 并

$$E_n(f)_C=\min_{p \in P_n} \| f-p \|_C$$

根据 Weierstrass 第一逼近定理知道:$\forall f \in C[a,b]$ 有

$$\lim_{n \to +\infty} E_n(f)_C=0 \tag{3.1}$$

反之,如果 $f \in L^{\infty}[a,b]$,那么式(3.1)含有 $f \in C[a,b]$. 这里很自然地提出研究数列$\{E_n(f)_C\}$下降到零的数量级和函数的构造性质之间的关系. 所谓构造性质,可以通过满足 Lipschitz 条件,或满足一定的可微性条件,或解析性条件得到表现. 这一类问题的研究构成定量理论的基本课题.

§1　Weierstrass-Stone 定理

Weierstrass 定理有很多证明. 半个多世纪以来,不断有新颖证法被设计出来,其中由于包含着新思想或使用了新工具,从而在逼近论中开创新的研究方向(比如奇异积分论、Fourier 级数求和理论、插值算子、单调(正)算子理论,等等,这些方向的出现和发展都和 Weierstrass 逼近定理有关). 在这些工作中,Stone 在 1937 年发表的独具一格的定理是意义深长的. 本节主要介绍 Stone 的定理.

若从代数结构来看,那么 $C[a,b]$ 不仅是向量空间,引进了乘法运算后,成为一个“代数”,而多项式集 $P \subset C[a,b]$ 是一子代数. Weierstrass 逼近定理无非说明,P 按一致收敛拓扑在 $C[a,b]$ 内稠:$\overline{P}=C[a,b]$.

Stone 提出问题:一个子代数在 $C[a,b]$ 内依一致收敛拓扑是稠集的充分必要条件是什么?经过对 P 的仔细分析,发现有两条性质是关键的.

(1) $\forall x_0 \in [a,b]$, $\exists p(x) \in P$ 使 $p(x_0) \neq 0$,这一条叫作集合 P 在$[a,b]$上是不消失的. 反过来,若有一点 $x_0 \in [a,b]$, $\forall p(x) \in P$ 有 $p(x_0)=0$,则 P 在$[a,b]$上是消失的.

(2) $\forall x_1, x_2 \in [a,b]$, $x_1 \neq x_2 \Rightarrow \exists p(x) \in P$ 使 $p(x_1) \neq p(x_2)$,这一条叫作$[a,b]$被 P 所分离.

Stone 发现:$C[a,b]$ 的任一子代数凡具备(1)(2)的,在 $C[a,b]$ 内稠,而且,$[a,b]$ 可以用任何一个紧的 Hausdorff 空间代替.

定理 3.1.1(Weierstrass-Stone[5][6]).

设 $C(Q)$ 是紧 Hausdorff 空间 Q 上的实连续函数空间,$\mathscr{M}(Q) \subset C(Q)$ 是其子代数,$\overline{\mathscr{M}}(Q)$ 是 $\mathscr{M}(Q)$ 按一致收敛拓扑的闭包. $\overline{\mathscr{M}}(Q)=C(Q)$,当且仅当 $\mathscr{M}(Q)$ 在 Q 上不消失,且分离 Q.

证此定理的前提,当然是 Q 中含有两个不同点,此时必要性部分是平凡的,充分性部分可分作几个小步骤来完成.

引理 3.1.1 $C(Q)$ 的子代数 $\mathscr{M}(Q)$ 的一致闭包 $\overline{\mathscr{M}}(Q)$ 是 $C(Q)$ 内一致闭子代数.

证明省略.

引理 3.1.2 若 $C(Q)$ 的子代数 $\mathscr{M}(Q)$ 分离 Q,且在 Q 上不消失,则 $\mathscr{M}(Q)$ 具有“插值性质”:$\forall x_1, x_2 \in Q$, $x_1 \neq x_2$, $c_1, c_2 \in \mathbf{R}$, $\exists f \in \mathscr{M}(Q)$ 使 $f(x_1)=c_1$, $f(x_2)=c_2$.

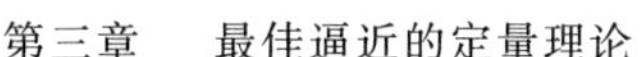

证　由假定 $\exists g,h\in\mathscr{M}(Q)$ 使 $g(x_1)\neq g(x_2)$，$h(x_1)\neq 0$. 我们说有 $u(x)\in\mathscr{M}(Q)$，使 $u(x_1)\neq u(x_2)$，$u(x_1)\neq 0$. 事实上，若 $g(x_1)\neq 0$，则令 $u=g$，否则，设 $g(x_1)=0$，置 $u=g+\lambda h$，由条件 $\lambda h(x_1)\neq 0$，$g(x_1)+\lambda h(x_1)\neq g(x_2)+\lambda h(x_2)$ 可确定 λ. u 可以标准化，即找到 $f_1\in\mathscr{M}(Q)$ 使 $f_1(x_1)=1$，$f_1(x_2)=0$. 取

$$f_1(x)=\frac{u(x)}{u(x_1)}\cdot\frac{u(x)-u(x_2)}{u(x_1)-u(x_2)}\in\mathscr{M}(Q)$$

便可. 同理有 $f_2\in\mathscr{M}(Q)$ 使 $f_2(x_1)=0$，$f_2(x_2)=1$，最后置 $f=c_1f_1+c_2f_2$ 即为所欲求.

引理 3.1.3　$f\in\overline{\mathscr{M}}(Q)\Rightarrow|f|\in\overline{\mathscr{M}}(Q)$.

证　设 $a=\max\limits_{x\in Q}|f(x)|>0$. 先注意函数 $|y|$ 在 $[-a,a]$ 上面可以用一多项式序列 $\{P_n(y)\}$ 一致逼近：$\lim\limits_{n\to+\infty}P_n(y)=|y|$ 在 $-a\leqslant y\leqslant a$ 上一致成立，则由于 $\lim\limits_{n\to+\infty}P_n(0)=0$，故 $P_n(y)-P_n(0)\to|y|$ 也在 $-a\leqslant y\leqslant a$ 上一致成立. 记

$$P_n(y)-P_n(0)=\sum_{k=1}^{n}c_ky^k$$

无常数项，以 $y=f(x)$ 代入上式，得：$\forall\varepsilon>0$ 有 $P_n(y)-P_n(0)$ 使

$$\left|\sum_{k=1}^{n}c_kf^k(x)-|f(x)|\right|<\varepsilon,\ \forall x\in Q$$

但由 $f\in\overline{\mathscr{M}}(Q)\Rightarrow\sum\limits_{k=1}^{n}c_kf^k(x)\in\overline{\mathscr{M}}(Q)$.

所以

$$|f|\in\overline{\mathscr{M}}(Q)$$

推论 $f,g\in\overline{\mathscr{M}}(Q)\Rightarrow\max(f,g),\min(f,g)\in\overline{\mathscr{M}}(Q)$.

证 由 $\max(f,g)=\dfrac{f+g}{2}+\dfrac{|f-g|}{2}$,有

$$\min(f,g)=\frac{f+g}{2}+\frac{|f-g|}{2}$$

引理 3.1.4 已知 $f(t)\in C(Q)$,$x_0\in Q$,$\varepsilon>0$,存在 $g_{x_0}(t)\in\overline{\mathscr{M}}(Q)$ 满足

$$g_{x_0}(x_0)=f(x_0),\text{且 } g_{x_0}(t)>f(t)-\varepsilon,\forall t\in Q$$

证 先指出,$\mathscr{M}(Q)$ 在 Q 上不消失且分离 $Q\Rightarrow\overline{\mathscr{M}}(Q)$ 亦然. 那么 $\forall y\in Q$,$\exists h_y(t)\in\overline{\mathscr{M}}(Q)$ 使 $h_y(x_0)=f(x_0)$,$h_y(y)=f(y)$. 对 $\varepsilon>0$,存在 $y\in Q$ 的开邻域 V_y 使得

$$h_y(t)>f(y)-\frac{\varepsilon}{2},f(y)>f(t)-\frac{\varepsilon}{2},\forall t\in V_y$$

$$\Rightarrow h_y(t)>f(t)-\varepsilon,\forall t\in V_y$$

由 $\bigcup V_y\supset Q\Rightarrow$ 存在 $y_1,\cdots,y_n\in Q$ 使得

$$\bigcup_{i=1}^{n}V_{y_i}\supset Q$$

相应地有 $h_{y_1}(t),\cdots,h_{y_n}(t)$. 令

$$g_{x_0}(t)=\max[h_{y_1}(t),\cdots,h_{y_n}(t)]$$

则 $g_{x_0}\in\overline{\mathscr{M}}(Q)$ 且 $g_{x_0}(x_0)=f(x_0)$,且任取一点 $t\in Q$,有一 y_i 使 $t\in V_{y_i}$,从而

$$g_{x_0}(t)\geqslant h_{y_i}(t)>f(t)-\varepsilon$$

$g_{x_0}(t)$ 是 $f(t)$ 的 ε 上方控制函数,即 $gx_0(t)+\varepsilon>f(t)$ 在 Q 上成立,ε 上方控制函数不唯一. 若 $g_1,\cdots,g_n\in\overline{\mathscr{M}}(Q)$ 是 f 的 ε 上方控制函数,则

$$\min\{g_1,\cdots,g_n\} \in \overline{\mathscr{M}}(Q)$$

也是.

Weierstrass-Stone **定理的证明**

由引理 3.1.4,对每一 $x \in Q$,有 $h_x(t) \in \overline{\mathscr{M}}(Q)$ 使 $h_x(x)=f(x)$,$h_x(t)>f(t)-\varepsilon$,$\forall t \in Q$.

另一方面存在 x 的开邻域 V_x,使得有

$$h_x(t)<f(t)+\varepsilon, \forall t \in V_x$$

由于 $\bigcup V_n \supset Q \Rightarrow$ 存在 $x_1,\cdots,x_m \in Q$, $\bigcup\limits_{i=1}^{m} V_{x_i} \supset Q$. 取出 $\{h_{x_1}(t),\cdots,h_{x_m}(t)\}$. 其中每一 $h_{x_i}(t)$ 是 $f(t)$ 的 ε 上方控制函数. 所以若置

$$h(t)=\min\{h_{x_1}(t),\cdots,h_{x_m}(t)\}$$

$h(t) \in \overline{\mathscr{M}}(Q)$ 仍为 f 的 ε 上方控制,但 h 同时是 f 的 ε 下方控制:因 $\forall t \in Q$ 有某个 i,使 $t \in V_{x_i}$,那么

$$h(t) \leqslant h_{x_i}(t)<f(t)+\varepsilon$$

所以 $f(t)-\varepsilon<h(t)<f(t)+\varepsilon$, $\forall t \in Q$,从而由 $h \in \overline{\mathscr{M}}(Q)$,$\varepsilon>0$ 任意 $\Rightarrow f \in \overline{\mathscr{M}}(Q) \Rightarrow \overline{\mathscr{M}}(Q)=C(Q)$.

这里有一点应予澄清,即 $|y|$ 在 $-a \leqslant y \leqslant a$ 内用多项式的一致逼近. 先取 $a=1$,则由

$$|y|=\sqrt{y^2}=\sqrt{1-(1-y^2)}=\sqrt{1-u}$$

$$u=1-y^2, 0 \leqslant u \leqslant 1$$

$$\sqrt{1-u}=1-\frac{1}{2}u-\frac{1}{2^2 \cdot 2!}u^2-\frac{1 \cdot 3}{2^3 \cdot 3!}u^3-\cdots$$

在 $0 \leqslant u \leqslant 1$ 内一致收敛,从而

$$|y|=1-\frac{1}{2}(1-y^2)-\frac{1}{2^2 \cdot 2!}(1-y^2)^2-\cdots$$

在 $-1 \leqslant y \leqslant 1$ 上一致收敛. 对任意的 $a>0$,可令

$$|y|=a \cdot \left|\frac{y}{a}\right|, \left|\frac{y}{a}\right| \leqslant 1$$

Weierstrass-Stone 定理对 $C(Q)$ 是复域 $\mathbf{C}$ 上的代数情形亦成立. 我们有:

定理 3.1.2 设 $C(Q)$ 是一复代数,$\mathscr{M}(Q)$ 为其子代数. 若 $\mathscr{M}(Q)$ 在 Q 上不消失且分离 Q,且由 $f \in \mathscr{M}(Q) \Rightarrow \overline{f} \in \mathscr{M}(Q)$($\overline{f}$ 是 f 的复数共轭),则

$$\overline{\mathscr{M}}(Q)=\mathscr{M}(Q)$$

证 $f, \overline{f} \in \mathscr{M}(Q) \Rightarrow \mathrm{Re}\, f, \mathrm{Im}\, f \in \mathscr{M}(Q) \Rightarrow \mathscr{M}_r(Q)$ 在 $C_r(Q)$ 内稠,此处 $\mathscr{M}_r, C_r$ 分别表示 $\mathscr{M}(Q), C(Q)$ 的实子代数. 事实上,任取 $x_1, x_2 \in Q, x_1 \neq x_2$,则 $\exists f \in \mathscr{M}(Q), f(x_1) \neq f(x_2)$,那么

$$\mathrm{Re}\, f(x_1) \neq \mathrm{Re}\, f(x_2)$$

或

$$\mathrm{Im}\, f(x_1) \neq \mathrm{Im}\, f(x_2)$$

二者必有一成立,但

$$\mathrm{Re}\, f, \mathrm{Im}\, f \in \mathscr{M}_r(Q)$$

所以 $\mathscr{M}_r(Q)$ 分离 Q.

同理可证,$\mathscr{M}_r(Q)$ 在 Q 上不消失,故 $\mathscr{M}_r(Q)$ 在 $C_r(Q)$ 内稠. 再由 $C(Q)=C_r(Q)+\mathrm{i}C_r(Q)$ 即得所求.

下面给出 $C(Q)$ 是可分空间的一个充分条件.

定理 3.1.3 若 Q 是紧距离空间,则 $C(Q)$ 可分.

证 Q 有可数拓扑基$\{u_n\}$$(n=1,\cdots,+\infty)$,其中每一 u_n 是开集,Q 的任一开子集 G 皆可表示成若干 u_i 的并. 置

$$g_n(t)=\inf_{s \in Q \backslash u_n} \rho(s,t), t \in Q$$

$g_n(t) \in C_r(Q), n=1,2,3,\cdots, \{g_n(t)\}$ 区分 Q 的点. 因任取 $x,y \in Q, x \neq y$ 时有 u_n, 使 $x \in u_n, y \overline{\in} u_n$, 那么 $g_n(y)=0, g_n(x) \neq 0$. 由 $\{g_n(t)\}$ 做成单项式集 $\{g_1^{\alpha_1}\cdots g_n^{\alpha_n} \mid n \in \mathbf{Z}_+, \alpha_1,\cdots,\alpha_n \geqslant 0, \alpha_j \in \mathbf{Z}\}$ 是可数集, 由其生成的实向量空间即 $C_r(Q)$ 的子代数, 在 $C_r(Q)$ 内稠. 若系数限定为有理数, 即得 $C_r(Q)$ 的可分性.

Weierstrass-Stone 定理包含了大量具体结果. 下面列举一些.

例 3.1.1　$Q \subset \mathbf{R}^n$ 为有界闭集, $P(Q)$ 是 n 个变元 $x_1,\cdots,x_n$ 的多项式集, $P(Q) \subset C(Q)$ 是一子代数. $P(Q)$ 在 Q 上不消失, 因 $1 \in P(Q)$, 又任取 $x^{(1)}=(x_1^{(1)},\cdots,x_n^{(1)}), x^{(2)}=(x_1^{(2)},\cdots,x_n^{(2)}) \in Q, x^{(1)} \neq x^{(2)} \Rightarrow$ 有 j 使 $x_j^{(1)} \neq x_j^{(2)}$, 单项式 $P(x_1,\cdots,x_n)=x_j$ 即分离 $x^{(1)}$ 与 $x^{(2)}$, 由此得 $\overline{P}(Q)=C(Q)$.

例 3.1.2　$Q=T=\{e^{i\theta} \mid 0 \leqslant \theta \leqslant 2\pi\}$ 是一单位圆, $C(T)$ 是一复代数. $\mathscr{M}(T)$ 取作由 $\{1, e^{it}, e^{-it}\}$ 生成的复代数, $\mathscr{M}(T) \subset C(T)$, 易见 $\mathscr{M}(T)$ 的元是复的三角和, 即

$$\mathscr{M}(T)=\left\{\sum_{n=-N}^{N} c_n e^{int} \mid N \geqslant 0, c_n \in \mathbf{C}\right\}$$

e^{it} 区分 T 的点, 又由于 $1 \in \mathscr{M}(T)$, 故 $\mathscr{M}(T)$ 不消失, 所以 $\overline{\mathscr{M}}(T)=C(T)$.

若取 $Q=T^n=\underbrace{T \times T \times \cdots \times T}_{n个}$, $\mathscr{M}(T^n)$ 是包含 1, 以及 $e^{\pm it}k(k=1,\cdots,n)$ 的子代数, 则同样有 $\mathscr{M}(T^n)=C(T^n)$.

例 3.1.3　$Q=[a,b], \varphi(t)$ 是 $[a,b]$ 上的严格单调连续函数, $\mathscr{M}(Q)$ 是包含 $1, \varphi(t)$ 的子代数, 则 $\overline{\mathscr{M}}(Q)=$

$C(Q)$.

例 3.1.4 $Q=\mathbf{R}\cup\{+\infty\}$, $f\in C(Q)\Leftrightarrow f$ 在 $\mathbf{R}$ 上处处连续,且 $\lim\limits_{x\to+\infty} f(x)$ 有限存在, $\mathscr{M}(Q)$ 是一切形如

$$\frac{a_0+\cdots+a_nx^n}{b_0+\cdots+b_nx^n}, b_n\neq 0$$

$$b_0+\cdots+b_nx^n\neq 0, n\geqslant 0, \text{整数}$$

的有理分式集. 则 $\mathscr{M}(Q)\subset C(Q)$ 为一子代数,满足 Stone 两个条件,故 $\overline{\mathscr{M}}(Q)=C(Q)$.

§2 连续模和光滑模

连续模和光滑模是为了刻画连续函数的连续性和光滑性的优劣程度而引入的一种数量特征. 在逼近论的定量问题的涉及逼近度的数量估计中有广泛的应用,同时又是函数论中用来刻画一些重要函数类的一种基本数量特征.

(一) 连续模(一阶连续模)

连续模最初是对单变元函数引入的. 为了扩充其使用范围,我们把函数的定义域取作一个距离空间 Q, $C(Q)$ 是 Q 上定义的一切连续函数的集合. Q 先不具体化,但需给它加上一定的合理的限制,以保证对它定义的连续模能保持住一些"好"的性质.

条件 T(见[7]) 称距离空间(Q,ρ) 适合条件 T,若对任取的 $x_1,x_2\in Q$ 及 $t_1,t_2\in\mathbf{R}, t_1,t_2\geqslant 0$, 由 $\rho(x_1,x_2)\leqslant t_1+t_2\Rightarrow\exists x_3\in Q$ 使 $\rho(x_1,x_3)\leqslant t_1$, $\rho(x_2,x_3)\leqslant t_2$.

作为满足 T 条件的例子,可以取线性赋范空间内的任一凸集 M. 设 $x_1, x_2 \in M$, $\| x_1 - x_2 \| \leqslant t_1 + t_2$, 当 $\| x_1 - x_2 \| \leqslant \min(t_1, t_2)$ 是不待证. 假定 $\| x_1 - x_2 \| > t_1$, 取

$$x_0 = \alpha x_1 + (1-\alpha) x_2, 0 < \alpha < 1$$

易见有

$$\| x_1 - x_0 \| + \| x_2 - x_0 \| \leqslant t_1 + t_2$$

由

$$\begin{aligned} \| x_1 - x_0 \| &\leqslant (1-\alpha) \| x_1 - x_2 \| \\ &\leqslant (1-\alpha)(t_1 + t_2) \end{aligned}$$

即 α 使

$$\| x_1 - x_0 \| = t_1$$

得

$$\| x_2 - x_0 \| \leqslant t_2$$

特例　当 $Q \subset \mathbf{R}^n$ 是 n 维长方体时,Q 满足 T 条件. 本段的 Q 都假定满足 T 条件,不再每次说明.

定义 3.2.1　$f(x) \in C(Q)$,函数

$$\omega(f;t) = \sup_{\rho(x_1, x_2) \leqslant t} | f(x_1) - f(x_2) | \tag{3.2}$$

是由$[0, +\infty) \to [0, +\infty)$ 的映射,称为 f 的连续模. 下面是 $\omega(f;t)$ 的一组初等性质.

定理 3.2.1　$f \in C(Q)$ 的连续模 $\omega(f;t)$ 具有以下性质:

(1)$\omega(f;0) = 0$.

(2)$\omega(f;t)$ 单调增.

(3)$\omega(f;t)$ 半加性:$\forall t_1, t_2 \geqslant 0$ 有

$$\omega(f;t_1 + t_2) \leqslant \omega(f;t_1) + \omega(f;t_2)$$

(4) 以下三命题等价:

(ⅰ)$\omega(f;t)$ 在 $t=0$ 右连续.

(ⅱ)$\omega(f;t)$ 在$[0, +\infty)$ 内处处连续.

(ⅲ) f 在 Q 上一致连续.

证 (1)(2)(3) 是明显的.

(ⅰ)⇒(ⅱ),利用半加性,对 $0<\delta<t_0$ 可得

$$|\omega(f;t_0\pm\delta)-\omega(f;t_0)|\leqslant\omega(f;\delta)$$

从此便可由(ⅰ)⇒(ⅱ).

(ⅰ)⇔(ⅲ). 由 $\omega(f;t)$ 在 $t=0$ 右连续 ⇒ $\forall\varepsilon>0$, $\exists\delta>0$,对任一 t, $0<t<\delta$ 有 $\omega(f;t)<\varepsilon$,那么任取 $x_1,x_2\in Q$,当 $\rho(x_1,x_2)<\delta$ 时便有

$$|f(x_1)-f(x_2)|\leqslant\omega(f;t)<\varepsilon, t=\rho(x_1,x_2)$$

即 f 在 Q 上一致连续. 反之,由 f 在 Q 上一致连续,立得 $\omega(f;t)\to 0+$.

推论 1 $\forall t\geqslant 0,\lambda>0$ 有

$$\omega(f;\lambda t)\leqslant(\lambda+1)\omega(f;t) \tag{3.3}$$

当 λ 为整数时,可得 $\omega(f;\lambda t)=\lambda\omega(f;t)$.

推论 2 若 $f\neq\text{const}$,则$\lim\limits_{t\to 0+}\dfrac{\omega(f;t)}{t}>0$.

证 $\forall t_1,t_2>0$,设 $0<t_1<t_2$. 置

$$n=\left[\frac{t_2}{t_1}\right], t_2=nt_1+\theta t_1, 0\leqslant\theta<1$$

有

$$\begin{aligned}\omega(f;t_2)&=\omega(f,nt_1+\theta t_1)\leqslant\omega(f;nt_1)+\omega(f;\theta t_1)\\&\leqslant n\omega(f;t_1)+\omega(f;t_1)=(n+1)\omega(f;t_1)\\&=\left(\left[\frac{t_2}{t_1}\right]+1\right)\omega(f;t_1)\leqslant\frac{2t_2}{t_1}\omega(f;t_1)\\&\Rightarrow\frac{1}{2}\frac{\omega(f;t_2)}{t_2}\leqslant\frac{\omega(f;t_1)}{t_1}\end{aligned} \tag{3.4}$$

若 $f\neq\text{const}$,则对定数 $t_2>0$ 总有 $\omega(f;t_2)>0$,那么任取 $t\in(0,t_2)$ 有

$$\lim_{t\to 0+}\frac{\omega(f;t)}{t}>0$$

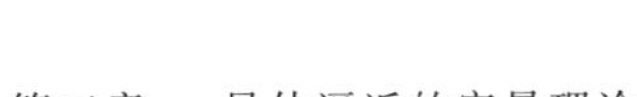

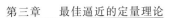

推论 2 揭示：除非 $f=\mathrm{const}$，否则 $f\in C(Q)$ 的连续模不能太小．同时这一推论还揭示连续模 $\omega(f;t)$ 具有下列性质：存在常数 λ，$0<\lambda\leqslant 1$ 有

$$\forall t_1,t_2,0<t_1<t_2\Rightarrow\lambda\frac{\omega(f;t_2)}{t_2}\leqslant\frac{\omega(f;t_1)}{t_1}$$

这条性质称为函数$\frac{\omega(f;t)}{t}$的几乎单调下降性（$\lambda=1$ 时便是常义的单调下降性）．

定义 3.2.2　由$[0,+\infty)\to\mathbf{R}$ 的函数 $\omega(t)$ 称为连续模，若满足：

(1)$\omega(0)=0$.

(2)$\omega(t)$ 单调增.

(3)$\omega(t)$ 半可加.

(4)$\omega(t)$ 在点 0 处右连续.

$\omega(t)$ 是不是某一函数的连续模？是，它是其自身的连续模．由

$$\omega(\omega;t)\overset{\mathrm{df}}{=}\sup_{|t_1-t_2|=t}|\omega(t_1)-\omega(t_2)|$$

及

$$|\omega(t_1)-\omega(t_2)|\leqslant\omega(|t_1-t_2|)=\omega(t)$$

此等号是当 $t_1=0,t_2=t$ 时成立，所以 $\omega(\omega;t)=\omega(t)$.

定理 3.2.2　满足：

(1)$\omega(0)=0$.

(2)$\omega(t)$ 单调增.

(3)$\lim\limits_{t\to 0+}\omega(t)=0$.

(4)$t^{-1}\omega(t)$ 单调降的 $\omega(t)$ 是连续模.

证　因

$$\omega(t_1+t_2)=t_1\frac{\omega(t_1+t_2)}{t_1+t_2}+t_2\frac{\omega(t_1+t_2)}{t_1+t_2}$$

$$\leqslant t_1 \cdot \frac{\omega(t_1)}{t_1} + t_2 \cdot \frac{\omega(t_2)}{t_2}$$
$$= \omega(t_1) + \omega(t_2)$$

推论 满足(1)(2)(3)的任一向上凸函数 $\omega(t)$ 是连续模.

证 任取 $0 \leqslant t_1 < t_2, t \in [t_1, t_2]$,我们有

$$\omega(t) \geqslant \frac{t_2 - t}{t_2 - t_1}\omega(t_1) + \frac{t - t_1}{t_2 - t_1}\omega(t_2)$$

$t_1 = 0$ 给出 $\omega(t) \geqslant \frac{t}{t_2}\omega(t_2) \Rightarrow \frac{\omega(t)}{t} \downarrow$. 故知所云.

连续模不一定向上凸. S. B. Stêchkin 证明,任意连续模都存在"不太大"的上方控制的向上凸连续模.

定理 3.2.3 任给连续模 $\omega(t)$,存在一向上凸连续模 $\omega^{**}(t)$ 使

$$\omega(t) \leqslant \omega^{**}(t) \leqslant 2\omega(t) \tag{3.5}$$

2 不能减小.

证[①] 任取 $\alpha > 0$,过点 $(\alpha, 2\omega(\alpha))$ 引直线 l_α, $l_\alpha(t) = 2\omega(\alpha) + K_\alpha(t - \alpha), K_\alpha > 0$. 若 K_α 能选择使得 $\omega(t) \leqslant l_\alpha(t)$,则命题得证,这是由于 $l_\alpha(t)$ 上凸且单调增加,若置 $\omega^{**}(t) = \inf\limits_{\alpha} l_\alpha(t)$,则 $\omega^{**}(t)$ 单调增加,向上凸,并且 $\omega(t) \leqslant \omega^{**}(t)$. 规定 $\omega^{**}(0) = 0$,我们有

$$\lim_{t \to 0+} \omega^{**}(t) = 0$$

事实上,由于 $\omega^{**}(t) \leqslant l_\alpha(t), \forall \alpha > 0$,若置 $\alpha = t$ 便得 $\omega^{**}(t) \leqslant l_t(t) = 2\omega(t)$,从而 $\omega^{**}(t) \to 0$,由此可见,只要能证 $\forall \alpha > 0, \exists K_\alpha > 0$ 使得 $\omega(t) \leqslant l_\alpha(t)$ 在

① 本证明取自 Дугавет:《逼近论导引》列宁格勒大学版(1978).

$[0,+\infty)$ 上成立，则定理证完. 下面证明这样的 K_α 存在.

固定 $\alpha>0$，存在 $\overline{K}_\alpha>0$ 使得 $\omega(t)<l_\alpha(t)=2\omega(\alpha)+\overline{K}_\alpha(t-\alpha)$ 对 $0\leqslant t\leqslant\alpha$ 成立. $\overline{K}_\alpha$ 有上界，比如，$\overline{K}_\alpha\leqslant\dfrac{2\omega(\alpha)}{\alpha}$. 置

$$K_\alpha^*=\sup\{\overline{K}_\alpha\mid\omega(t)<l_\alpha(t)\text{ 在}[0,\alpha]\text{上成立}\}$$

令 $l_\alpha^*(t)=2\omega(\alpha)+K_\alpha^*(t-\alpha)$，则 $\omega(t)\leqslant l_\alpha^*(t)$ 在 $[0,+\infty)$ 上成立. $0\leqslant t\leqslant\alpha$ 的情形不用说. 当 $t>\alpha$ 时，可以置 $t=n\alpha+\theta\alpha$，$0\leqslant\theta<1$，n 是正整数(图 3.1)，则

$$\begin{aligned}\omega(t)&=\omega(n\alpha+\theta\alpha)\leqslant n\omega(\alpha)+\omega(\theta\alpha)\\&\leqslant n\omega(\alpha)+l_\alpha^*(\theta\alpha)\end{aligned}$$

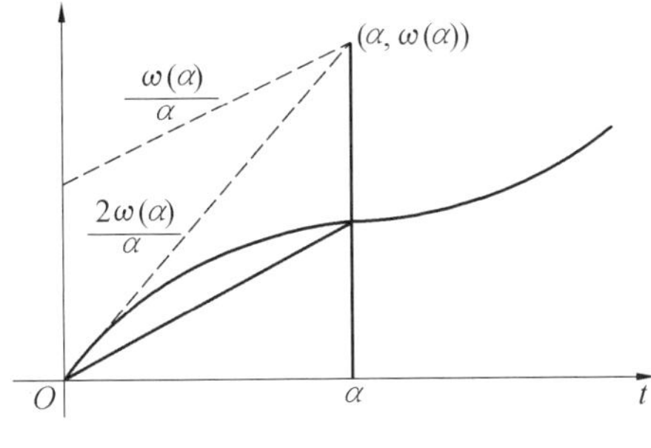

图 3.1

而

$$\begin{aligned}l_\alpha^*(\theta\alpha)&=2\omega(\alpha)+K_\alpha^*(\theta\alpha-\alpha)\\&\Rightarrow\omega(t)\leqslant n\omega(\alpha)+2\omega(\alpha)+K_\alpha^*(\theta\alpha-\alpha)\\&=2\omega(\alpha)+n\omega(\alpha)+K_\alpha^*(\theta\alpha-\alpha)\\&\leqslant 2\omega(\alpha)+n\alpha K_\alpha^*+K_\alpha^*(\theta\alpha-\alpha)\\&\quad\left(\text{因为任一 }\overline{K}_\alpha\text{ 必满足 }\overline{K}_\alpha\geqslant\frac{\omega(\alpha)}{\alpha}\right)\\&=2\omega(\alpha)+K_\alpha^*(t-\alpha)=l_\alpha^*(t)\end{aligned}$$

2 不能减小.

例 3.2.1 设 $0 < h < 1$,有

$$\omega(t)=\begin{cases}\dfrac{t}{h},0\leqslant t\leqslant h\\ 1,h\leqslant t\leqslant 1\\ \dfrac{1}{h}(t-1+h),1\leqslant t\leqslant 1+h\\ 2,t>1+h\end{cases}$$

$\omega(t)$ 是连续模,但非向上凸. $\omega^{**}(t)$ 的图像(图 3.2)是由三段直线组成的折线,其中$[h,1+h]$的部分用虚线代替了原来凹下去的折线,在点 $t=1$ 上

$$\omega^{**}(1)=(2-h)\omega(1)$$

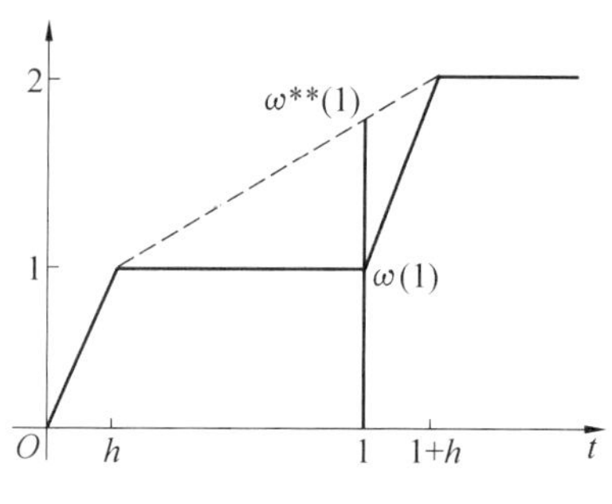

图 3.2

$h>0$ 可任意小. 故 2 不能用小于它的数代替.

作为连续模的一种应用,我们来讨论 $C(Q)$ 空间内紧集的特征. 假定 Q 是一紧距离空间. 前面已指出,此时 $C(Q)$ 可分. Arzepla-Ascoli 定理给出了 $C(Q)$ 内紧集的充要条件. 利用连续模及最佳一致逼近,可以给出这些条件的等价条件. 设$\{g_1,\cdots,g_n,\cdots\}\subset C(Q)$,且对每一 n,$g_1,\cdots,g_n$ 线性无关,$\{g_n\}(n=1,\cdots,+\infty)$的线性包在 $C(Q)$ 内稠. 记 $P_n=\mathrm{span}\{g_1,\cdots,g_n\}$,对

$f \in C(Q)$，记$E_n(f)_C = \min\limits_{g \in P_n} \| f - g \|_C, n=1,2,3,\cdots$. 又记 $E_0(f)_C = \| f \|_C$. 由 Weierstrass 定理知 $E_n(f)_C \downarrow 0$.

定理 3.2.4　Q 为满足 T 条件的紧距离空间，$W \subset C(Q)$. 则以下各命题等价：

(1)W 是紧集.

(2)W 一致有界，且存在连续模 $\Omega(t)$，对每一 $f \in W$ 有 $\omega(f;t) \leqslant \Omega(t)$.

(3) 存在单调下降的零序列$\{\varepsilon_n\}(n=0,\cdots,+\infty)$，对任一 $f \in W$ 有$E_n(f)_C \leqslant \varepsilon_n, n=0,1,2,\cdots$.

证　(2)⇒(1). 因任取 $x_1, x_2 \in Q, \rho(x_1,x_2) \leqslant t$. 对任一 $f \in W$ 有

$$|f(x_1) - f(x_2)| \leqslant \omega(f;t) \leqslant \Omega(t)$$

由此推出 W 等度连续，故由 Arzela-Ascoli 定理知(1)成立.

(1)⇒(2). 置 $\Omega(t) = \sup\limits_{f \in W} \omega(f;t), \Omega(0)=0$，单调增加，半加性都明显. 下面证

$$\lim_{t \to 0+} \Omega(t) = 0$$

任取 $t_0 > 0, \varepsilon > 0$ 有 $f \in W$ 使

$$\Omega(t_0) < \omega(f;t_0) + \varepsilon$$

对 ε，在 W 内存在它的有限ε 网$\{f_1,\cdots,f_m\}$，则对 f 有 f_j 使 $\| f - f_j \|_C < \varepsilon$，则任取$x_1,x_2 \in Q, \rho(x_1,x_2) \leqslant t_0$ 时由

$$\begin{aligned} & |f(x_1) - f(x_2)| \\ \leqslant & |f(x_1) - f_j(x_1)| + |f_j(x_1) - f_j(x_2)| + \\ & |f_j(x_2) - f(x_2)| \\ \leqslant & \omega(f_j;t_0) + 2\varepsilon \end{aligned}$$

得

$$\omega(f;t_0) < \omega(f_j;t_0) + 2\varepsilon$$

若令 $\delta(t_0) = \max\limits_{1 \leqslant j \leqslant m}\{\omega(f_j;t_0)\}$,$t_0 > 0$ 充分小时,可使 $\delta(t_0) < \varepsilon$,那么,当 $0 \leqslant t < t_0$ 时由

$$\Omega(t) \leqslant \Omega(t_0) < \omega(f;t_0) + \varepsilon < \delta(t_0) + 3\varepsilon$$

得 $\Omega(t) < 4\varepsilon$,从而 $\Omega(t) \to 0(t \to 0+)$. $\Omega(t)$ 为连续模. (2) 得证.

(1)⇒(3). 令 $\varepsilon_n = \sup\limits_{f \in W} E_n(f)_C$,$\varepsilon_n \downarrow$ 是明显的. 证 $\varepsilon_n \downarrow 0$,任取 $\varepsilon > 0$,W 内含有 W 的有限 ε 网 $\{f_1,\cdots,f_m\}$,对指定的 n,有 $f \in W$ 使

$$\varepsilon_n < E_n(f)_C + \varepsilon$$

在 ε 网内有一 f_j 使 $\| f - f_j \|_C < \varepsilon$,则由

$$| E_n(f)_C - E_n(f_j)_C | \leqslant \| f - f_j \|_C < \varepsilon$$

得 $E_n(f)_C \leqslant E_n(f_j)_C + \varepsilon$,从而

$$\varepsilon_n < E_n(f_j)_C + 2\varepsilon \leqslant \max_{j=1,\cdots,m} E_n(f_j)_C + 2\varepsilon$$

由于 $E_n(f_j)_C \to 0(n \to +\infty)$,故对 $\varepsilon > 0$,对充分大的 n 有

$$\max E_n(f_j)_C < \varepsilon$$

所以 $\varepsilon_n < 3\varepsilon$,即 $\varepsilon_n \to 0$.

(3)⇒(1) 一致有界性明显. 令 $\forall \varepsilon > 0$ 有 n,$\varepsilon_n < \varepsilon$,那么 $\forall f \in W$ 有 $E_n(f)_C < \varepsilon$. 设 f 在 P_n 内的最佳逼近元是 $p^*(f)$,则由

$$\| f - p^*(f) \|_C = E_n(f)_C < \varepsilon$$

$$\Rightarrow \| p^*(f) \|_C \leqslant \| f \|_C + \varepsilon \leqslant \varepsilon_0 + \varepsilon$$

$\{p^*(f)\} \subset P_n$ 是有限维子集,故为 W 的 ε 列紧网,即 W 是紧集.

定理 3.2.4 给出了 $C(Q)$ 空间内紧集 W 的两种等

价的刻画方式，其中条件(2)利用了连续模 $\Omega(t)$，反映了 W 类函数的结构性质，条件(3)则利用了 $C(Q)$ 内一个基本集的有限子集序列生成的线性子空间对 W 的逼近度 ε_n，是一种构造性的条件. 研究函数 $\Omega(t)$ 和数列 $\{\varepsilon_n\}$ 之间的关系，是逼近论的定量理论的基本问题.

下面给出几个例子.

例 3.2.2　$Q=[a,b]$，$f\in C(Q)$，则

$$\omega(f;t)=\begin{cases}\sup\limits_{|x_1-x_2|\leqslant t}|f(x_1)-f(x_2)|, & 0\leqslant t<b-a\\ \max f-\min f, & t\geqslant b-a\end{cases}$$

例 3.2.3　$Q=\mathbf{R}$，$f(x)=\sin x$，有

$$\begin{aligned}f(x_1)-f(x_2)&=\sin x_1-\sin x_2\\&=2\cos\frac{x_1+x_2}{2}\sin\frac{x_1-x_2}{2}\end{aligned}$$

则

$$\begin{aligned}\omega(f;t)&=2\sup_{|x_1-x_2|\leqslant t}\left|\cos\frac{x_1+x_2}{2}\right|\cdot\left|\sin\frac{x_1-x_2}{2}\right|\\&=2\sup_{|x_1-x_2|\leqslant t}\left|\sin\frac{x_1-x_2}{2}\right|\end{aligned}$$

由此可见

$$\omega(f;t)=\begin{cases}2\sin\dfrac{t}{2}, & 0\leqslant t\leqslant\pi\\ 2, & t>\pi\end{cases}$$

此现象有普遍性. 对任意的 2π 周期连续函数 f，都成立 $\omega(f;t)=\omega(f;\pi)$ 对 $t\geqslant\pi$.

例 3.2.4　Lipschitz 函数类(Hölder 类). 给定 $\alpha>0$，称 $f\in C[a,b]$ 属于 Lip α 类(或 H^α 类)，若 $\omega(f;t)=O(t^\alpha)$ ($t\to 0$ 时)，注意当 $\alpha>1$ 时，$\omega(f;t)=O(t^\alpha)\Rightarrow f=\text{const}$，所以这样的函数类只有当 $0<\alpha\leqslant 1$ 时有意义. 在逼近论中，有时把该函数集按

Lipschitz 常数分成一些子集. 比如，一切满足 $\omega(f;t)\leqslant Mt^{\alpha}(M>0$ 是一定数）的 f 的集可写作 $\mathrm{Lip}\,\alpha(M)$ 或 MH^{α}. 我们有 $H^{\alpha}=\bigcup\limits_{M>0}(MH^{\alpha})$，对不同的 α，H^{α} 集的“大小”有别，α 越大，H^{α}“越小”，即若 $0<\alpha<\beta\leqslant 1$，则 $H^{\alpha}\supsetneqq H^{\beta}$. $\beta=1$ 时，$H^{1}=\mathrm{Lip}1$ 是著名的 Lipschitz 函数类，该类函数有简单的特征，即

$$f\in MH^{1}[a,b]\Leftrightarrow f(x)=f(a)+\int_{a}^{x}f'(t)\mathrm{d}t$$

$$\operatorname*{ess\,sup}_{a\leqslant t\leqslant b}|f'(t)|\leqslant M$$

当 $0<\beta<1$ 时，H^{β} 内的函数没有这样简单的特征. 事实上，$H^{\beta}(0<\beta<1)$ 类内的函数可以非有界变差，从而它不是一个 Lebesgue 不定积分. 另一方面，绝对连续函数可以不属于每一 $H^{\alpha}(0<\alpha<1)$. 由此可见 H^{α} 类与绝对连续函数类之间的关系是比较复杂的. 在一个固定的 H^{α} 类与任一 $\beta>\alpha$ 相对应的 H^{β} 之间，若有必要，还可以插入某种中间函数类 $\mathscr{M}$，一方面有 $H^{\alpha}\supsetneqq\mathscr{M}$，另一方面对每一 $\beta>\alpha$ 都有 $\mathscr{M}\supsetneqq H^{\beta}$. 比如，所以满足 $\omega(f;t)=O(t^{\alpha}|\ln t|^{-1})$，$t\to 0+$ 的函数集便是一例.

$H^{\alpha}\subset C[a,b]$ 是一线性集，在 H^{α} 内可适当赋范，使之成为一 B 空间：比如

$$\|f\|=|f(a)|+\sup_{x_{1}\neq x_{2}}\frac{|f(x_{1})-f(x_{2})|}{|x_{1}-x_{2}|^{\alpha}}\tag{3.6}$$

便是范数.

类似于此，对多元函数也可定义相应的函数类. 其详细讨论，参见 A. F. Timan[8].

Lipschitz 类给出了连续函数子集的某种“大小”

的等级，不过这种划分对光滑性好的函数失效，比如，所有二阶以上的可微函数 f 统统有 $\omega(f;t)=O(t)$，(即属于 Lip 1 类)，f 的可微分阶数的高低层次分辨不出来了．为了分辨可微分阶数的不同所反映出来的函数的不同层次的光滑程度，引入光滑模或高阶连续模．

(二) 高阶连续模(光滑模)

我们这里考虑 $Q=[a,b]$ 或 T.

先给出 f 在定点 x 上的 k 阶差分定义.

定义 3.2.3　给定 $x\in[a,b]$，整数 $k\geqslant 1, h\neq 0$，设 $x+kh\in[a,b]$. 量

$$\Delta_h^k(f;x)\overset{\mathrm{df}}{=}\sum_{i=0}^{k}(-1)^{k-i}\binom{k}{i}f(x+ih) \quad (3.7)$$

称为 f 在点 x 上步长 h 的 k 阶向前差分.

特例　当 $k=1$ 时，记

$$\Delta_h^1(f;x)=\Delta_h(f;x)=f(x+h)-f(x)$$

当 $k=2$ 时

$$\Delta_h^2(f;x)=f(x+2h)-2f(x+h)+f(x)$$

下面是 f 的 k 阶差分的一组简单性质.

引理 3.2.1　对任意正整数 j,k 有：

(1) $\Delta_h^{j+k}(f;x)=\Delta_h^j[\Delta_h^k(f;x)]$.

(2) 对任意正整数 k,n 有

$$\Delta_{nh}^k(f;x)=\sum_{i_1=0}^{n-1}\sum_{i_2=0}^{n-1}\cdots\sum_{i_k=0}^{n-1}\Delta_h^k(f;x+i_1h+\cdots+i_kh)$$

(3) 若 f 的 $r-1$ 阶导数 f^{r-1} 绝对连续，则

$$\Delta_h^r(f;x)=\int_0^h \mathrm{d}u_1\cdots\int_0^h f^{(r)}(x+u_1+\cdots+u_r)\mathrm{d}u_r$$

以上三条均可利用归纳法来验证．下面是(3)的一条

推论.

(3) 的推论　若 $f\in C^{(r)}$,则存在 $\theta\in(0,1)$ 使

$$\Delta_h^r(f;x)=h^r f^{(r)}(x+\theta\cdot rh)$$

定义 3.2.4　$f\in C[a,b],k\geqslant 1,t\geqslant 0$ 有

$$\omega_k(f;t)\overset{\text{df}}{=\!=}\max_{\substack{x,x+kh\in[a,b]\\|h|\leqslant t}}|\Delta_h^k(f;x)| \tag{3.8}$$

称为 f 的 k 阶连续模. $h=1$ 时,它就是上一段中定义过的连续模.

从定义看出,t 的取值范围是 $\left[0,\dfrac{b-a}{k}\right]$. 定义里 h 不妨限定 $h\geqslant 0$. 所以实际上有

$$\omega_k(f;t)=\max_{\substack{a\leqslant x\leqslant b-h\\0\leqslant h\leqslant t}}|\Delta_h^k(f;x)|,0\leqslant t\leqslant\frac{b-a}{k}$$

定理 3.2.5　$\omega_k(f;t)$ 具有以下性质:

(1)$\omega_k(f;0)=0$.

(2)$\omega_k(f;t)$ 单调增.

(3)$\omega_k(f;t)$ 连续.

(4)$\forall\lambda>0$ 有

$$\omega_k(f;\lambda t)\leqslant(1+\lambda)^k\omega_k(f;t) \tag{3.9}$$

若 $\lambda=n$ 是整数,则

$$\omega_k(f;nt)\leqslant n^k\omega_k(f;t)$$

(5)$\forall t_1,t_2\geqslant 0,\left(t_1+t_2\leqslant\dfrac{b-a}{k}\right)$ 有

$$\omega_k(f;t_1+t_2)\leqslant 2^k(\omega_k(f;t_1)+\omega_k(f;t_2))$$

(6)$\forall f\in C[a,b],\omega_k(f;t)\neq 0$,则

$$\varliminf_{t\to 0+}\frac{\omega_k(f;t)}{t^k}>0 \tag{3.10}$$

证　都可从定义推出. 只给出(3) 的证明,由于 $k>1$ 时没有半加性,故只好直接推导. 设 $t>t'>0$ 有

$$\omega_k(f;t)-\omega_k(f;t')$$
$$=\max_{\substack{a\leqslant x\leqslant b-kh\\0\leqslant h\leqslant t}}|\Delta_h^k(f;x)|-\max_{\substack{a\leqslant x\leqslant b-kh'\\0\leqslant h'\leqslant t'}}|\Delta_{h'}^k(f;y)|$$
$$=\max_{\substack{a\leqslant x\leqslant b-k\theta t\\0\leqslant\theta\leqslant 1}}|\Delta_{\theta t}^k(f;x)|-\max_{\substack{a\leqslant y\leqslant b-k\theta't'\\0\leqslant\theta'\leqslant 1}}$$
$$|\Delta_{\theta't'}^k(f;y)|\leqslant\max_{\substack{a\leqslant x\leqslant b-k\theta\\0\leqslant\theta\leqslant 1}}\{|\Delta_{\theta t}^k(f;x)|-|\Delta_{\theta t'}^k(f;x)|\}$$
$$\leqslant\max_{\substack{a\leqslant x\leqslant b-k\theta t\\0\leqslant\theta\leqslant 1}}\left|\sum_{i=0}^k(-1)^{k-i}\binom{k}{i}\cdot\right.$$
$$\left.[f(x+i\theta t)-f(x+i\theta t')]\right|$$
$$\leqslant\sum_{i=0}^k\binom{k}{i}\omega_1(f;i(t-t'))$$
$$\leqslant\sum_{i=0}^k i\binom{k}{i}\omega_1(f;t-t')\to 0$$

下面三个定理涉及一阶连续模碰不到的情况.

定理 3.2.6　$f\in C^r[a,b],k\geqslant 1\Rightarrow$

$$\omega_{k+r}(f;t)\leqslant t^r\omega_k(f^{(r)};t)\tag{3.11}$$

证

$$\omega_{k+r}(f;t)$$
$$=\max_{\substack{a\leqslant x\leqslant b-(k+r)h\\0\leqslant h\leqslant t}}|\Delta_k^{k+r}(f;x)|$$
$$=\max_{\substack{x\\0\leqslant h\leqslant t}}|\Delta_h^k(\Delta_h^r(f;x))|$$
$$=\max_{\substack{x\\0\leqslant h\leqslant t}}\left|\int_0^h du_1\cdots\int_0^h\Delta_h^k(f^{(r)};x+u_1+\cdots+u_r)du_r\right|$$
$$\leqslant\max_{\substack{x\\0\leqslant h\leqslant t}}\left|\int_0^h du_1\cdots\int_0^k\omega_k(f^{(r)};h)du_r\right|$$
$$\leqslant t^r\omega_k(f^{(r)};t)$$

下面定理涉及同一函数的二个不同阶连续模间的关系.

定理 3.2.7 任取正整数 $j<k$,有

$$\omega_k(f;t)\leqslant 2^{k-j}\omega_j(f;t) \tag{3.12}$$

证

$$\begin{aligned}
\omega_k(f;t)&=\max_{\substack{a\leqslant x\leqslant b-kh\\0\leqslant h\leqslant t}}\left|\Delta_h^k(f;x)\right|\\
&=\max_{\substack{a\leqslant x\leqslant b-kh\\0\leqslant h\leqslant t}}\left|\Delta_k^{k-j}[\Delta_h^j(f;x)]\right|\\
&=\max_{\substack{a\leqslant x\leqslant b-hk\\0\leqslant h\leqslant t}}\left|\sum_{i=0}^{k-j}(-1)^{k-j-i}\binom{k-j}{i}\Delta_h^j(f;x+ih)\right|\\
&\leqslant\sum_{i=0}^{k-j}\binom{k-j}{i}\omega_j(f;t)=2^{k-j}\omega_j(f;t)
\end{aligned}$$

定理 3.2.8(Marchoud) $\forall f\in C[a,b]$,$k\geqslant 1$ 正整数 $\Rightarrow$ 存在只依赖于 k 的数 $A_k>0$,对充分小的 $t>0$ 有

$$\omega_k(f;t)\leqslant A_kt^k\left\{\int_t^{\frac{b-a}{2k}}\frac{\omega_{k+1}(f;u)}{u^{k+1}}\mathrm{d}u+\frac{\|f\|_C}{(b-a)^k}\right\} \tag{3.13}$$

证 先来建立一个能递推的不等式.

若 $x\in\left[a,\frac{a+b}{2}\right]$,$t\in\left(0,\frac{b-a}{4k}\right)$,$0\leqslant h\leqslant t$,则

$$\left|\Delta_h^k(f;x)\right|\leqslant\frac{k}{2}\omega_{k+1}(f;t)+2^{-k}\left|\Delta_{2h}^k(f;x)\right|$$

欲证此式,先估计 $\left|\Delta_{2h}^k(f;x)-2^k\Delta_h^k(f;x)\right|$. 由

$$\Delta_{2h}^k(f;x)=\sum_{i_1=0}^{1}\cdots\sum_{i_k=0}^{1}\Delta_h^k(f;x+(i_1+\cdots+i_k)h)$$

对每一 $\nu\in\{0,1,\cdots,k\}$,满足 $i_1+\cdots+i_k=\nu$ 的数组 $(i_1,\cdots,i_k)$ 的个数是组合数 $\binom{k}{\nu}$,所以

$$\Delta_{2h}^k(f;x)=\sum_{\nu=0}^{k}\binom{k}{\nu}\Delta_h^k(f;x+\nu h)$$

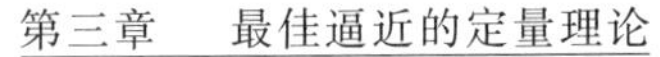

再由 $2^k=\sum_{\nu=0}^{k}\binom{k}{\nu}$ 得

$$\Delta_{2h}^{k}(f;x)-2^k\Delta_h^k(f;x)=\sum_{\nu=0}^{k}\binom{k}{\nu}\Delta_h^k(f(x+\nu h)-f(x))$$
$$=\sum_{\nu=0}^{k}\binom{k}{\nu}\Delta_h^k\sum_{j=0}^{\nu-1}\Delta_h f(x+jh)$$
$$=\sum_{\nu=0}^{k}\binom{k}{\nu}\sum_{j=0}^{\nu-1}\Delta_h^{k+1}(f;x+jh)$$

所以

$$|\Delta_{2h}^{k}(f;x)-2^k\Delta_h^k(f;x)|\leqslant\sum_{\nu=0}^{k}\nu\binom{k}{\nu}\cdot\omega_{k+1}(f;h)$$

所以

$$|\Delta_h^k(f;x)|\leqslant 2^{-k}\cdot\omega_{k+1}(f;h)\sum_{\nu=0}^{k}\nu\binom{k}{\nu}+2^{-k}|\Delta_{2h}^k(f;x)|$$

再由

$$\sum_{\nu=0}^{k}\binom{k}{\nu}=k\cdot 2^{k-1}$$

代入上式便得所求的不等式.把此式用作递推公式,可以写成

$$|\Delta_{2h}^k(f;x)|\leqslant\frac{k}{2}\omega_{k+1}(f;2h)+2^{-k}|\Delta_{4h}^k(f;x)|$$
$$\vdots$$
$$|\Delta_{2^{r-1}h}^k(f;x)|\leqslant\frac{k}{2}\omega_{k+1}(f;2^{r-1}h)+2^{-k}|\Delta_{2^r h}^k(f;x)|$$

r 为正整数,其大小待后面选定,由此得

$$|\Delta_h^k(f;x)|$$
$$\leqslant\frac{k}{2}\omega_{k+1}(f;h)+\frac{k}{2}\cdot 2^{-k}\omega_{k+1}(f;2h)+\cdots+$$

$$\frac{k}{2}\cdot 2^{-k(r-1)}\omega_{k+1}(f;2^{r-1}h)+2^{-rk}\mid \Delta_{rh}^{k}f(x)\mid$$

$$=\frac{k}{2}\sum_{j=0}^{r=1}\frac{\omega_{k+1}(f;2^{j}h)}{2^{jk}}+2^{-rk}\mid \Delta_{2^{r}h}^{k}f(x)\mid$$

由于 $\mid \Delta_{2^{r}h}^{k}f(x)\mid\leqslant 2^{k}\parallel f\parallel_{C}$,故得

$$\mid \Delta_{h}^{k}(f;x)\mid\leqslant\frac{k}{2}\sum_{j=0}^{r-1}\frac{\omega_{k+1}(f;2^{j}t)}{2^{jk}}+\frac{\parallel f\parallel_{C}}{2^{k(r-1)}}$$

把上式的右边化成积分,为此注意对 $j\geqslant 0$ 有

$$t^{k}\int_{2^{j}t}^{2^{j+1}t}\frac{\omega_{k+1}(f;u)}{u^{k+1}}\mathrm{d}u\geqslant t^{k}\omega_{k+1}(f;2^{j}t)\cdot\int_{2^{j}t}^{2^{j+1}t}\frac{\mathrm{d}u}{u^{k+1}}$$

$$\geqslant\frac{\omega_{k+1}(f;2^{j}t)}{2k\cdot 2^{jk}}$$

那么

$$\sum_{j=0}^{r-1}\frac{\omega_{k+1}(f;2^{j}t)}{2^{jk}}\leqslant 2k\cdot t^{k}\sum_{j=0}^{r-1}\int_{2^{j}t}^{2^{j+1}t}\frac{\omega_{k+1}(f;u)\mathrm{d}u}{u^{k+1}}$$

$$\leqslant 2k\cdot t^{k}\int_{t}^{\frac{b-a}{2k}}\frac{\omega_{k+1}(f;u)}{u^{k+1}}\mathrm{d}u$$

这里的 r 选择得使之满足 $\frac{b-a}{4k}<2^{r}t\leqslant\frac{b-a}{2k}$. 这样一来便有

$$\mid \Delta_{h}^{k}(f;x)\mid\leqslant k^{2}\cdot t^{k}\int^{\frac{b-a}{2k}}\frac{\omega_{k+1}(f;u)}{u^{k+1}}\mathrm{d}u+\frac{\parallel f\parallel_{C}}{2^{k(r-1)}}$$

由 r 选择的条件有

$$\frac{1}{2^{r-1}}<\frac{8kt}{b-a}$$

那么

$$\frac{1}{2^{k(r-1)}}<\left(\frac{8kt}{b-a}\right)^{k}=\left(\frac{8k}{b-a}\right)^{k}\cdot t^{k}$$

故最后得

$$\mid \Delta_{h}^{k}(f;x)\mid\leqslant A_{k}t^{k}\left\{\int_{t}^{\frac{b-a}{2k}}\frac{\omega_{k+1}(f;u)}{u^{k+1}}\mathrm{d}u+\frac{\parallel f\parallel_{C}}{(b-a)^{k}}\right\}$$

左边对 $0\leqslant h\leqslant t$ 取 sup 即得所求.

当 $x\in\left[\frac{a+b}{2},b\right]$ 时，经过一个自变量代换可化归于前者.

式(3.13)中右边积分号下连续模的阶数可以提高到 $\omega_{k+l}(f,u)$，$l\geqslant 1$. 事实上，反复使用关系式(3.13)有限次，经过计算，便可得到 Marchoud 不等式的一般形式

$$\omega_k(f,t)\leqslant A_{k+l}t^k\left\{\int_t^{\frac{b-a}{2k}}\frac{\omega_{k+1}(f;u)}{u^{k+1}}\mathrm{d}u+\frac{\|f\|_C}{(b-a)^k}\right\} \tag{3.14}$$

和一阶连续模的情形有所不同. 我们迄今还不知道一个函数是(某个连续函数的)高阶连续模的充分必要条件，类似于一阶情形，下面讨论一些其高阶连续模满足一定限制条件的连续函数类，用来控制高阶连续模的是满足一些合理条件的连续函数.

定义 3.2.5　函数 $\omega(t)$ 若满足条件：

(1)$\omega(0)=0$.

(2)$\omega(t)$ 在$[0,\infty)$上连续且单调增.

(3)$\omega(nt)\leqslant n^k\omega(t)$，$\forall n\in\mathbf{Z}_+$.

此处 $k\geqslant 1$ 是正整数，则称 $\omega(t)$ 为一 k 阶型连续模，记作 $\omega(t)\in p^{(k)}$.

k 阶型连续模的用处是用它来控制函数的 k 阶连续模，由此来确定一些函数类. 在逼近论中最常用的一个 k 阶型连续模是 $\omega(t)=Mt^\alpha$，$M>0$，$0<\alpha\leqslant k$，由它确定的函数类是

$$MH_k^\alpha\overset{\text{df}}{=}\{f\in C[a,b](\text{或 }C_{2\pi})\mid\omega_k(f;t)\leqslant Mt^\alpha\} \tag{3.15}$$

是为高阶 Hölder 类或称高阶 Lipschitz 类，阶数指标是 (k,α)，$M>0$ 是 Lipschitz 常数. $k=1$ 时，就是普通意义下的 Hölder 类或 Lip α 类. 若不考虑常数，我们把一切 $f\in C[a,b](C_{2\pi})$ 并满足 $\omega_k(f;t)=O(t^\alpha)(t\to 0+)$ 的 f 的全体记作 H_k^α 或 $\mathrm{Lip}(k,\alpha)$，显然 $H_k^\alpha=\bigcup\limits_{M>0}(MH_k^\alpha)$，易见对 $0<\alpha<\beta\leqslant k$ 有

$$H_k^\beta\subset H_k^\alpha \tag{3.16}$$

另一种情形应予注意，即对 $0<\alpha<k<k_1$ 可能有 $H_{k_1}^\alpha=H_k^\alpha$. 确切地说，成立着以下事实：若 $k\geqslant 2,0<\alpha<k-1$，则

$$H_k^\alpha=H_{k-1}^\alpha \tag{3.17}$$

式(3.17)的成立可以用 Marchoud 不等式验证. 事实上，一方面根据定理3.2.7，若 $f\in H_{k-1}^\alpha$，则由

$$\omega_k(f;t)\leqslant 2\omega_{k-1}(f;t)=O(t^\alpha)(t\to 0+)\Rightarrow f\in H_k^\alpha$$

所以 $H_k^\alpha\supset H_{k-1}^\alpha$. 另一方面，若 $f\in H_k^\alpha$，则由 Marchoud 不等式有

$$\omega_{k-1}(f;t)\leqslant A_{k-1}t^{k-1}\left\{\int_t^{\frac{b-a}{2(k-1)}}\frac{\omega_k(f;u)}{u^k}\mathrm{d}u+\frac{\|f\|_C}{(b-a)^{k-1}}\right\}$$

注意由 $\omega_k(f;u)=O(u^\alpha)$ 及 $0<\alpha<k-1$，代入上式，经计算得 $\omega_k(f;t)=O(t^\alpha)(t\to 0+)$.

所以 $f\in H_{k-1}^\alpha$，从而得 $H_{k-1}^\alpha=H_k^\alpha$. 特例，当 $0<\alpha<1$ 时有 $H_2^\alpha=H_1^\alpha$，这表明当 α 不“大”时，函数类 H_2^α 并不比 H_1^α(即 Lip α)“大”，但是，当 $\alpha=1$ 时情况产生了本质的差别. 我们有

$$H_2^1\supsetneqq H^1 \tag{3.18}$$

事实上，$H_2^1\supset H^1$ 是显然的，这仍然从应用定理 2.3.7 得到验证. 另一方面，应用 Marchoud 不等式，任取 $f\in H_2^1$，可以算出

$$\omega(f;t)=O\left(t\ln\frac{1}{t}\right),t\to 0+ \tag{3.19}$$

估计式(3.19)对整个函数类 H_2^1 不能再改进.例如,取函数

$$f(x)=\begin{cases}0,x=0\\ x\ln|x|,x\neq 0,-1\leqslant x\leqslant 1\end{cases} \tag{3.20}$$

经过计算可以证明

$$\omega_2(f;t)=O(t),\frac{\omega(f;t)}{t}\geqslant t\ln\frac{1}{t},t\to 0+$$

这表明 $H_2^1\supsetneqq H^1$.

$H_2^1[a,b]$(或 $\widetilde{H}_2^1\subset C_{2\pi}$)在资料中称为 Z 类(Zygmund 类),或亚光滑函数类.(A. Zygmund[10] 首先对该类上的逼近做了系统研究)式(3.18)对一般情形也成立.事实上,若 $k\geqslant 2,\alpha=k-1$,则有

$$H_k^{k-1}\subsetneqq H_{k-1}^{k-1} \tag{3.21}$$

还有一点值得一提,当 $k-1<\alpha\leqslant k(k\geqslant 2)$ 时,可以证明

$$f\in H_k^{\alpha}\Leftrightarrow f^{(k-1)}\in H_1^{\beta},\beta=\alpha-(k-1) \tag{3.22}$$

(此式简记作 $H_k^{\alpha}=W^{(k-1)}H_1^{\beta}$.)而当 $\alpha=k-1$ 时($k\geqslant 3$)有

$$f\in H_k^{k-1}\Leftrightarrow f^{(k-2)}\in H_2^1 \tag{3.23}$$

(此式简记作 $H_k^{k-1}=W^{(k-2)}H_2^1$.)

这说明高阶 Hölder 类只需到二阶,二阶以上的实际上无非是一阶或二阶类的积分.

更广泛一些有下面定理成立.

定理 3.2.9(Brudny,Shevchuk[9])　设两个正整数 $r<k$,及 $\omega(t)\in\Phi^{(k)},\omega(t)\in\Phi^{(k-r)},\omega(t)=t^r\overline{\omega}(t)$,

则

$$\int_0^t \frac{\overline{\omega}(u)}{u}\mathrm{d}u = O(\overline{\omega}(t)) \Leftrightarrow H_k^{\omega} = W^{(r)} H_{k-r}^{\overline{\omega}} \tag{3.24}$$

对于 H_k^{ω} 的详细讨论,可以参阅 V. K. Dzjadyk 的专著[9].

(三) 连续积分模

在这一段里我们扼要介绍连续模可积函数类上的扩充.为确定起见,我们取 $Q=[a,b]$ 或 T,$L^p(Q)$,$1\leqslant p<+\infty$.当 $Q=[a,b]$ 时,在下列定义中认定 $f\in L^p[a,b]$ 如下地延拓到全实轴上:当 $x\in \mathbf{R}\backslash[a,b]$ 时规定 $f(x)=0$.

定义 3.2.6 给定整数 $k\geqslant 1$,$h\neq 0$,设 $x,x+kh\in[a,b]$,有

$$\omega_k(f;t) \overset{\mathrm{df}}{=} \sup_{|h|\leqslant t} \| \Delta_h^k(f,\cdot)\|_p \tag{3.25}$$

称为 f 的 k 阶 L^p 积分模,此处 $Q=[a,b]$,f 非周期时

$$\| f\|_p \overset{\mathrm{df}}{=} \left(\int_a^b |f(x)|^p \mathrm{d}x\right)^{\frac{1}{p}}$$

而当 $f\in L_{2\pi}^p$ 时

$$\| f\|_p \left(\int_0^{2\pi} |f(x)|^p \mathrm{d}x\right)^{\frac{1}{p}}.\ \omega(f;t)_p \overset{\mathrm{df}}{=} \omega_1(f;t)_p$$

定理 3.2.10 $\forall f\in L^p(Q)$,$\omega(f;t)_p$ 满足定义 3.2.2 中列举的四条性质,以及定理 3.2.1 的推论 1,推论 2.

证明可仿照一致范数的情况处理,细节从略.

和一致范数的情况不同,当 $p\neq 1,2$ 时,还不知道一个函数 $\omega(t)$ 成为某个 $f\in L^p(Q)$ 的 L^p 连续模的充分必要条件.$p=2$ 时的充要条件由 Besov 和 Stêchkin[11] 给

出. $p=1$ 时,Berdyshev[12] 曾讨论过,得到了当 $\omega(t)$ 是上凸函数时它成为某个 $f\in L^1(Q)$ 的 L^1 连续模的充要条件.

假定 $W\subset L^p(Q)$. 类似于定理 3.2.4 也可以给出利用 L^p 连续积分模或最佳逼近来刻画 W 的紧性的特征定理.(见 A. F. Timan[8],第 106 页)

当 $k\geqslant 2$ 时,定理 3.2.5 的各条性质对 $\omega_k(f;t)_p$ 都成立. 此外还成立:

定理 3.2.11　设 $f\in W_p^r$,亦即 $f^{(r-1)}$ 绝对连续,且 $f^{(r)}\in L^p(Q)$,则

$$\omega_{k+r}(f;t)_p\in t^r\omega_k(f^{(r)};t)_p \tag{3.26}$$

定理 3.2.12　设 $f\in W_p^r$,$j<k$ 为正整数,则

$$\omega_k(f;t)_p\in 2^{k-j}\omega_j(f;t)_p \tag{3.27}$$

Marchoud 不等式(3.13) 可以写成下列形式

$$\omega_k(f,t)\leqslant A_k t^k\int_t^{\frac{b-a}{2k}}\frac{\omega_{k+1}(f;u)}{u^{k+1}}\mathrm{d}u+O(t^k)$$

它与式(3.13) 的区别是,$O(t^k)$ 项的系数不具体出现. 此时,把连续模换成 L^p 连续积分模不等式仍然成立. 但此时不等式可能不精确. 对指标 p 取某些特殊值它还可以改进.(见[8],第 121-122 页)

最后,和一致范数情形类似,用对函数的 L^p 积分模加上一定的限制条件的方法也可确定 $L^p(Q)$ 空间内的一些函数类,其中最重要的是 L^p 范下的 Lipschitz 类 $H_k^\alpha(L^p)$(或记作 $\mathrm{Lip}(k,\alpha,p)$)

$$H_k^\alpha(L_p)\xlongequal{\mathrm{df}}\{f\in L^p(Q)\mid\omega_k(f;t)_p=O(t^\alpha),t\to 0+\} \tag{3.28}$$

对它的某些情形的讨论可参看[9].

§3 周期函数类上最佳逼近的正逆定理

本节讨论以 2π 为周期的函数空间($C_{2\pi}, L_{2\pi}^p$)内最佳逼近的定量问题,作为逼近集取三角多项式子空间 T_{2n-1}.

(一)Jackson 不等式

D. Jackson 最早在 1911 年给出了周期连续函数 f 借助三角多项式子空间 T_{2n-1} 的最佳一致逼近 $E_n(f)$ 的上方估计式,这一工作成了逼近论的定量理论的基础. 几十年来,Jackson 的这一结果得到了不断的扩充、完善和发展. 这里首先叙述 Jackson 不等式的 Zygmund-Stêchkin 的拓广形式,然后介绍一些较晚时期出现的新的处理方法和技巧.

定理 3.3.1 给定任一正整数 r,则对每一 $f \in C_{2\pi}$ 及每一正整数 n,存在阶数小于或等于 n 的三角多项式 $T_n(f;x)$ 使

$$\| f - T_n(f) \|_C \leqslant C_r \omega_r\left(f;\frac{1}{n}\right) \tag{3.29}$$

$C_r > 0$ 只和 r 有关,$\| f \|_C \stackrel{\mathrm{df}}{=} \max | f(x) |$.

证明的关键是构造一个 $C_{2\pi} \to T_{2n+1}$ 的线性卷积算子 $T_n(f)$,其卷积核是特别选定的. 下面引入核函数,并讨论其基本性质.

定义 3.3.1 给定 $r \geqslant 2$ 为一正整数. 置

$$\widetilde{K}_{nr}(t) = \left(\frac{\sin \frac{nt}{2}}{\sin \frac{t}{2}}\right)^{2r} \tag{3.30}$$

称为 Jackson 型核. 记着

$$\lambda_{nr}=\int_{-\pi}^{\pi}\widetilde{K}_{nr}(t)\mathrm{d}t, L_{nr}(t)=\lambda_{nr}^{-1}\cdot\widetilde{K}_{nr}(t), n'=1+\left[\frac{n}{r}\right]$$

下面是关于 $L_{nr}(t)$ 的一组命题.

引理 3.3.1

(1) $L_{nr}(t)$ 是 $r(n-1)$ 阶的偶三角多项式.

(2) $\lambda_{nr}\asymp n^{2r-1}, c_2\leqslant\frac{\lambda_{nr}}{n^{2r-1}}\leqslant c_1, c_1>c_2>0$.

(3) $\int_0^{\pi}t^kL_{nr}(t)\mathrm{d}t\asymp n^{-k}, 1\leqslant k\leqslant 2r-2$.

证　(1) 由

$$\left(\frac{\sin\frac{nt}{2}}{\sin\frac{t}{2}}\right)=2n\left\{\frac{1}{2}+\sum_{k=1}^{n-1}\left(1-\frac{k}{n}\right)\cos kt\right\}$$

用数学归纳法即得(1).

(2) λ_{nr} 的阶的估计.

首先指出以下初等不等式

$$|\sin t|\leqslant|t|, |\sin nt|\leqslant n|\sin t|, \forall t\in\mathbf{R}$$

又当 $0<t<\frac{\pi}{2}$ 时, $\frac{\sin t}{t}\geqslant\frac{2}{\pi}$. 由于

$$\int_0^{\pi}\left(\frac{\sin\frac{nt}{2}}{\sin\frac{t}{2}}\right)^{2r}\mathrm{d}t=\left\{\int_0^{\frac{\pi}{n}}+\int_{\frac{\pi}{n}}^{\pi}\right\}\left(\frac{\sin\frac{nt}{2}}{\sin\frac{t}{2}}\right)^{2r}\mathrm{d}t$$

则当 $0<t\leqslant\frac{\pi}{n}$ 时

$$\frac{2n}{\pi}=\frac{\frac{2}{\pi}\cdot\frac{nt}{2}}{\frac{t}{2}}\leqslant\frac{\sin\frac{nt}{2}}{\sin\frac{t}{2}}\leqslant n\Rightarrow\left(\frac{2n}{\pi}\right)^{2r}\leqslant\left(\frac{\sin\frac{nt}{2}}{\sin\frac{t}{2}}\right)^{2r}\leqslant n^{2r}$$

所以

$$\int_0^{\frac{\pi}{n}}\left(\frac{\sin\frac{nt}{2}}{\sin\frac{t}{2}}\right)^{2r}\mathrm{d}t\asymp n^{2r-1}$$

当$\frac{\pi}{n}\leqslant t\leqslant\pi$时,$\frac{\left|\sin\frac{nt}{2}\right|}{\sin\frac{t}{2}}\leqslant\frac{\pi}{t}$,所以

$$\int_{\frac{\pi}{n}}^{\pi}\left(\frac{\sin\frac{nt}{2}}{\sin\frac{t}{2}}\right)^{2r}\mathrm{d}t<\int_{\frac{\pi}{n}}^{\pi}\left(\frac{\pi}{t}\right)^{2r}\mathrm{d}t\asymp n^{2r-1}$$

合并起来得(2).

(3)$\int_0^{\pi}t^kL_{nr}(t)\mathrm{d}t=\lambda_{nr}^{-1}\left(\int_0^{\frac{\pi}{n}}+\int_{\frac{\pi}{n}}^{\pi}\right)t^k\left(\frac{\sin\frac{nt}{2}}{\sin\frac{t}{2}}\right)^{2r}\mathrm{d}t$,然后仿照(2)即得.

引理 3.3.2 设$n'=\left[\frac{n}{r}\right]+1,j=1,\cdots,r$,则

$$\int_{-\pi}^{\pi}L_{n'r}(t)f(x+jt)\mathrm{d}t$$

都是阶数小于或等于n的三角多项式.

证 $L_{n'r}(t)$的阶数$=r(n'-1)\leqslant n$.下面计算

$$\int_{-\pi}^{\pi}f(x+jt)\cos kt\,\mathrm{d}t,k\leqslant n$$

我们说:

(1)若$j\mid k$,则$\int_{-\pi}^{\pi}f(x+jt)\cos kt\,\mathrm{d}t$是阶数小于或等于$\frac{k}{j}$的三角多项式.事实上,$j=1$时不证,假定$j\geqslant 2,k=jl$,经过变量代换有

$$\begin{aligned}&\int_{-\pi}^{\pi} f(x+jt)\cos l(jt)\,\mathrm{d}t\\ =&\frac{1}{j}\int_{-j\pi}^{j\pi} f(x+u)\cos lu\,\mathrm{d}u\\ =&\frac{1}{j}\left\{\int_{-j\pi}^{j\pi+2\pi} f(x+u)\cos lu\,\mathrm{d}u+\cdots+\right.\\ &\left.\int_{j\pi-2\pi}^{\pi j} f(x+u)\cos lu\,\mathrm{d}u\right\}\\ =&\int_{0}^{2\pi} f(x+u)\cos lu\,\mathrm{d}u\end{aligned}$$

由此看出它是一个阶数小于或等于 l 的三角多项式，即断语(1) 成立.

(2) 若 $j\nmid k$，则 $\int_{-\pi}^{\pi} f(x+jt)\cos kt\,\mathrm{d}t=0$. 事实上，这时有 $k=lj+k', l\geqslant 0, j\geqslant 2, 1\leqslant k'<j$. 由

$$\begin{aligned}I=&\int_{-\pi}^{\pi} f(x+jt)\cos(jl+k')t\,\mathrm{d}t\\ =&\int_{-\pi}^{\pi} f(x+jt)\cos ljt\cos k't\,\mathrm{d}t-\\ &\int_{-\pi}^{\pi} f(x+jt)\sin ljt\sin k't\,\mathrm{d}t\\ =&\frac{1}{j}\left\{\int_{-j\pi}^{j\pi} f(x+u)\cos lu\cos\left(\frac{k'}{j}\right)u\,\mathrm{d}u-\right.\\ &\left.\int_{-j\pi}^{j\pi} f(x+u)\sin lu\sin\left(\frac{k'}{j}\right)u\,\mathrm{d}u\right\}\end{aligned}$$

记 $\varphi(u)=f(x+u)\mathrm{e}^{\mathrm{i}lu}$，$\mathrm{i}=\sqrt{-1}$. 若能证

$$I'=\int_{-j\pi}^{j\pi}\varphi(u)\mathrm{e}^{\mathrm{i}\left(\frac{k'}{\mathrm{i}}\right)u}\,\mathrm{d}u=0$$

则断语(2) 得证. 注意到 $\varphi(u+2\pi)=\varphi(u)$，而 $\mathrm{e}^{\mathrm{i}\left(\frac{k'}{\mathrm{i}}\right)\pi}$ 以 $2j\pi$ 为周期，那么有

$$I'=\int_{-j\pi}^{j\pi}\varphi(u+2\pi)\mathrm{e}^{\mathrm{i}\left(\frac{k'}{\mathrm{i}}\right)(u+2\pi)}\,\mathrm{d}u=\mathrm{e}^{\mathrm{i}\frac{2k'\pi}{j}}\cdot I'$$

所以有 $(1-\mathrm{e}^{\mathrm{i}\frac{2k'\pi}{j}})I'=0$,但

$$1-\mathrm{e}^{\mathrm{i}\frac{2k'\pi}{j}}\neq 0$$

故 $I'=0$. (2) 得证.

Jackson **不等式的证明**

由 f 的 r 阶差分表示式

$$\Delta_t^r f(x)=\sum_{j=0}^{r}(-1)^{r-j}\binom{r}{j}f(x+jt)$$

如果取

$$T_n(f;x)=(-1)^{r-1}\sum_{j=1}^{r}(-1)^{r-j}\binom{r}{j}\int_{-\pi}^{\pi}L_{n'r}(t)f(x+jt)\mathrm{d}t \tag{3.31}$$

则见 $T_n(f)$ 是 $C_{2\pi}\to T_{2n+1}$ 的线性映射[①]. 由

$$f(x)-T_n(f,x)=(-1)^r\int_{-\pi}^{\pi}\Delta_t^r f(x)\cdot L_{nr}(t)\mathrm{d}t$$

得到

$$\begin{aligned}
&|f(x)-T_n(f,x)|\\
\leqslant&\int_{-\pi}^{\pi}|\Delta_t^r f(x)|\cdot L_{n'r}(t)\mathrm{d}t\\
\leqslant&\int_{-\pi}^{\pi}\omega_r(f;|t|)L_{n'r}(t)\mathrm{d}t\\
\leqslant&\int_{-\pi}^{\pi}(n'|t|+1)^r\omega_r\left(f;\frac{1}{n'}\right)L_{n'r}(t)\mathrm{d}t\\
=&\omega_r\left(f;\frac{1}{n'}\right)\int_{-\pi}^{\pi}(n'|t|+1)^rL_{n'r}(t)\mathrm{d}t\\
\leqslant&C_r\omega_r\left(f;\frac{1}{n}\right)
\end{aligned}$$

① $n=1$ 时,$L_{n'r}(t)\equiv 1$,$T_1(f,x)=\mathrm{const}$,故 $T_1(f)$ 实际上是 $C_{2\pi}\to T_1$ 的映射,$T_1=\mathbf{R}^1$.

最后步骤的完成用到了引理 3.3.1 的(2)(3) 及 r 阶连续模的性质.

定理 3.3.1 可以直接扩充到 $f \in L_{2\pi}^{p}(1 \leqslant p \leqslant +\infty)$，$T_n(f)$ 照旧可用，证法基本上不变，右端积分的计算要应用扩充的 Minkowski 不等式. 最后的结论中 C_r 尚依赖于 p，$\omega_r\left(f;\frac{1}{n}\right)$ 换成 $\omega_r\left(f;\frac{1}{n}\right)_p$.

如果 $f \in C_{2\pi}^{r}$，则由于

$$\omega_{k+r}(f;t) \leqslant t^r \omega_k(f^{(r)};t)$$

得
$$\| f - T_n(f) \|_C \leqslant \frac{C_{k+r}}{n^r}\omega_k\left(f^{(r)};\frac{1}{n}\right) \tag{3.32}$$

定理 3.3.1 包括了 Jackson 和 Zygmund 的经典结果.

推论 1　若 $f \in W^r H_{2\pi}^{\alpha}(r \geqslant 0, 0 < \alpha \leqslant 1)$ 为 2π 周期的函数，则

$$E_n(f)_C \leqslant \text{const} \cdot n^{-(r+\alpha)}$$

推论 2　若 $f \in W^r H_{2,2\pi}^{1}(r \geqslant 0)$，为 2π 周期的函数，则

$$E_n(f)_C \leqslant \text{const} \cdot n^{-(r+1)}$$

这些不等式中的常数不仅依赖 r，也与 f 有关.

定理 3.3.1 的证明的基本方法是 D. Jackson[13] 给出的，但是 Jackson 只讨论了 $r = 1$ 的情形，A. Zygmund[10] 扩充到 $r = 2$，Stêchkin[15] 又扩充它到任意正整数 r. 高阶($r > 2$) 的 Jackson 型核和算子 $T_n(f)$ 都是 Stêchkin 引入的.

Jackson 不等式还有一些别的证法，特别是对 $r=1$ 的情形有许多深入细致的研究工作. 下面介绍两个结果.

定理 3.3.2　$\forall f \in C_{2\pi}$，有

$$E_n(f)_C \leqslant \frac{3}{2}\omega\left(f;\frac{\pi}{n}\right),n=1,2,\cdots \quad (3.33)$$

此处特别注意

$$E_n(f)_C = e(f;T_{2n-1})_C = \min_{T\in T_{2n-1}} \| f-T \|_C$$

证明分成两个步骤.每一步骤得到的结果和使用的方法都有独立的意义.

(1)(见[17])设 $r\geqslant 1,f\in C_{2\pi}^r$(即 $f^{(r)}\in C_{2\pi}$),则

$$E_n(f)_C \leqslant \mathscr{K}_r \cdot n^{-r} \cdot E_n(f^{(r)})_C \quad (3.34)$$

$\mathscr{K}_r$ 是Favard逼近常数(见定理2.4.11).不等式(3.34)中的常数 $\mathscr{K}_r$ 是最佳的.

证 (1)$f\in C_{2\pi}^r$ 时,其Fourier级数一致收敛.写作

$$f(x)=\frac{a_0}{2}+\sum_{k=1}^{+\infty}(a_k\cos kx+b_k\sin kx)$$

注意到

$$a_k\cos kx+b_k\sin kx=\frac{1}{\pi}\int_0^{2\pi} f(t)\cos k(x-t)\mathrm{d}t$$

对上式右边的积分做 r 次分部积分得

$$\begin{aligned}&a_k\cos kx+b_k\sin kx\\&=\frac{1}{\pi}\cdot k^{-r}\int_0^{2\pi} f^{(r)}(t)\cos\left[k(x-t)-\frac{\pi r}{2}\right]\mathrm{d}t\end{aligned}$$

由此得

$$f(x)=\frac{a_0}{2}+\frac{1}{\pi}\int_0^{2\pi} D_r(x-t)f^{(r)}(t)\mathrm{d}t \quad (3.35)$$

$D_r(x)$ 是 Bernoulli 函数,顺便指出,式(3.35)在较弱条件下仍保持成立.比如,若 $f^{(r-1)}$ 满足 Lipschitz 条件,则式(3.35)成立.取 $D_r(x)$ 在 T_{2n-1} 内的 L 平均最佳逼近多项式 $\widetilde{T}_{nr}(x)$ 以及 $f^{(r)}$ 在 T_{2n-1} 内的最佳一致逼近多项式 $U_n(f^{(r)},x)$,考虑

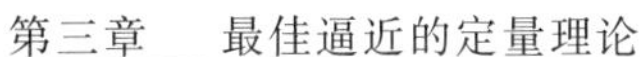

$$\frac{1}{\pi}\int_0^{2\pi}[D_r(x-t)-\widetilde{T}_{nr}(x-t)][f^{(r)}(t)-U_n(f^{(r)},t)]\mathrm{d}t$$

易见此积分等于 $f(x)-T_n^*(x)$，$T_n^*(x)$ 是某个属于 T_{2n-1} 的三角多项式，由此得

$$\begin{aligned}E_n(f)_C &\leqslant \| f-T_n^* \|_C \\ &\leqslant \frac{1}{\pi}\int_0^{2\pi} | D_r(x-t)-\widetilde{T}_{nr}(x-t) | \cdot \\ &\quad \| f^{(r)}-U_n(f^{(r)}) \|_C \mathrm{d}t \\ &= \frac{1}{\pi}E_n(D_r)_1 \cdot E_n(f^{(r)})_C\end{aligned}$$

这便是(1). 式(3.34)中的常数 K_r 不能再减小，因为我们如果取函数

$$\Phi_{n,r}(x)=\frac{1}{\pi}\int_0^{2\pi}D_r(x-t)\cdot \operatorname{sgn}\sin nt\,\mathrm{d}t \tag{3.36}$$

经过计算有表示式

$$\Phi_{n,r}(x)=\frac{4}{\pi n^r}\sum_{k=0}^{+\infty}\frac{\sin\left[(2k+1)nx-\frac{\pi r}{2}\right]}{(2k+1)^{r+1}} \tag{3.37}$$

它在区间 $[0,2\pi)$ 内在 $2n$ 个等距点 $x_\nu=\frac{\nu\pi}{n}+\frac{\pi}{4\pi}[1+(-1)^r]$ $(\nu=0,\cdots,2n-1)$ 上符号交错地达到最大值，所以，根据定理 1.4.8 得到

$$E_n(\Phi_{n,r})_C=\| \Phi_{n,r} \|_C=\frac{K_r}{n^r} \tag{3.38}$$

$\Phi_{r,n}^{(r)}(t)=\operatorname{sgn}\sin nt$ 不是连续函数，但它只有第一类间断点(变号点)，其个数在区间内为 $2n$. 根据 Luzin 定理，可以构造一个 2π 周期的连续函数 $\Phi_\delta^{(r)}(x)$ 满足：

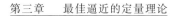

(ⅰ) $\int_0^{2\pi}\Phi_\delta^{(r)}(x)\mathrm{d}x=0$.

(ⅱ) $\mathrm{mes}\{x\in[0,2\pi]\mid\Phi_\delta^{(r)}(x)\neq\mathrm{sgn}\sin nt\}<\delta$.

(ⅲ) $\max\mid\Phi_\delta^{(r)}(x)\mid=1$.

$\delta>0$ 可以取得任意小,这样保证 $\Phi_\delta^{(r)}(x)$ 在 $[0,2\pi)$ 内在 $2n$ 个点上符号交错地达到它的最大值 1,从而 $E_n(\Phi_\delta^{(r)})_C=1$. 若置

$$\Phi_{n,r}^\delta(x)=\frac{1}{\pi}\int_0^{2\pi}D_r(x-t)\Phi_\delta^{(r)}(t)\mathrm{d}t$$

则 $\frac{\mathrm{d}^r}{\mathrm{d}x^r}\Phi_{n,r}^\delta(x)=\Phi_\delta^{(r)}(x)$,而且量

$$\mid\Phi_{n,r}^\delta(x)-\Phi_{n,r}(x)\mid<\varepsilon,\forall x\in[0,2\pi),\varepsilon>0$$

是任意给的小数,只需 $\delta>0$ 适当小. 由此得(根据 Vallèe-Poussin 定理)

$$E_n(\Phi_{n,r}^\delta)_c\geqslant\frac{K_r}{n^r}-\varepsilon$$

这就证明了 K_r 的最佳性.

(2) 现在考虑 $C_{2\pi}$ 类上的逼近. 我们使用逼近论中的一个重要方法:中间逼近法,其要旨在于适当选择一个光滑程度高的函数类作媒介. 为了适合此处的需要,在 Lipschitz 类中选一个子集就可以,为此,我们引入:

定义 3.3.2 固定 $\delta>0,\forall f\in L_{2\pi}^\infty$,置

$$f_\delta(x)\xlongequal{\mathrm{df}}\frac{1}{2\delta}\int_{x-\delta}^{x+\delta}f(t)\mathrm{d}t\tag{3.39}$$

f_δ 称为 f 的游动平均或称为 f 的 Stêklov 函数,$f_\delta\in$ Lip 1. 事实上,由

$$f'_\delta(x)\xlongequal{\text{a. e.}}\frac{1}{2\delta}[f(x+\delta)-f(x-\delta)]\tag{3.40}$$

得知 $\mathrm{ess\ sup}\mid f'_\delta(x)\mid<+\infty$,$f_\delta$ 绝对连续是明显的,所以 $f_\delta\in$ Lip 1. 如果 $f\in C_{2\pi}$,那么有

$$|f_\delta(x)-f(x)|\leqslant\frac{1}{2\delta}\int_{x-\delta}^{x+\delta}|f(t)-f(x)|\,\mathrm{d}t\leqslant\omega(f;\delta)\tag{3.41}$$

以及

$$|f'(x)|\leqslant\frac{1}{2\delta}\omega(f;2\delta)\tag{3.42}$$

注意 f_δ 也是 2π 周期的.

现在转到考虑对 $f\in C_{2\pi}$ 的逼近.根据式(3.34),在其中取 $r=1$,我们有

$$E_n(f_\delta)_C\leqslant\frac{\mathcal{K}_1}{n}\|f'_\delta\|_C\leqslant\frac{\mathcal{K}_1}{n}\cdot\frac{1}{2\delta}\omega(f;2\delta)$$

记 f_δ 在 T_{2n-1} 内的最佳一致逼近多项式为 $T_n(f_\delta)$,则有

$$\begin{aligned}\|f-T_n(f_\delta)\|_C&\leqslant\|f-f_\delta\|_C+\|f_\delta-T_n(f_\delta)\|_C\\&\leqslant\omega(f,\delta)+\frac{\mathcal{K}_1}{2\delta n}\omega(f;2\delta)\end{aligned}$$

取 $2\delta=\frac{\pi}{n}$ 即得

$$E_n(f)_C\leqslant\omega\left(f;\frac{\pi}{2n}\right)+\frac{\mathcal{K}_1}{\pi}\omega\left(f;\frac{\pi}{n}\right)\leqslant\frac{3}{2}\omega\left(f;\frac{\pi}{n}\right)$$

其中 $\mathcal{K}_1=\frac{\pi}{2}$ 是 Favard 常数在 $r=1$ 时的值.

中间逼近的基本思想可追溯到Jackson[13].近年来中间逼近法在N. P. Korneichuk 的工作中有很大发展,用它解决了可微函数类上最佳逼近的许多重要极值问题(见[45]).

往下转到介绍 P. P. Korovkin 的一个结果.定理3.3.1的证明中使用的逼近工具 $T_n(f)$ 并不是最佳逼近算子,而是一个多项式型的正卷积算子.Korovkin直接研究了这种类型算子在 $C_{2\pi}$ 空间上的逼近性能.

给定一个三角阵$\{\rho_k^{(n)}\}(n,k=1,2,3,\cdots)$满足：

(1) $\lim\limits_{n\to+\infty}\rho_1^{(n)}=1$.

(2)$\rho_k^{(n)}=0,k>n$.

(3) $\frac{1}{2}+\sum\limits_{k=1}^{n}\rho_k^{(n)}\cos kt\geqslant 0$.

置 $K_n(t)=\frac{1}{2}+\sum\limits_{k=1}^{n}\rho_k^{(n)}\cos kt$. 利用 $K_n(t)$ 为核作卷积算子序列

$$\sigma_n(f;x)=\pi^{-1}\int_{-\pi}^{\pi}f(x+t)K_n(t)\mathrm{d}t$$

若 $f\in C_{2\pi}$，易证

$$\|\sigma_n(f;x)-f(x)\|\to 0,n\to+\infty$$

Korovkin 给出：

定理 3.3.3，$\forall f\in C_{2\pi}$ 有

$$\|\sigma_n(f)-f\|\leqslant\omega(f;m^{-1})\left(1+\frac{m\pi}{\sqrt{2}}\cdot\sqrt{1-\rho_1^{(n)}}\right)\tag{3.43}$$

$m\geqslant 1$ 是任何正整数.

证 由

$$\sigma_n(f;x)-f(x)=\pi^{-1}\int_{-\pi}^{\pi}(f(x+t)-f(x))K_n(t)\mathrm{d}t$$

得到

$$\begin{aligned}&\|\sigma_n(f)-f\|\\&\leqslant\frac{1}{\pi}\int_{-\pi}^{\pi}\omega(f;|t|)K_n(t)\mathrm{d}t\\&\leqslant\omega(f;m^{-1})\cdot\pi^{-1}\int_{-\pi}^{\pi}(1+m|t|)K_n(t)\mathrm{d}t\\&=\omega(f;m^{-1})\left\{1+\frac{m}{\pi}\int_{-\pi}^{\pi}|t|\cdot K_n(t)\mathrm{d}t\right\}\end{aligned}$$

然后，由

$$\frac{1}{\pi}\int_{-\pi}^{\pi} |t| \cdot K_n(t)\mathrm{d}t \leqslant \frac{2}{\pi}\int_{-\pi}^{\pi} \sin\left|\frac{t}{2}\right| \cdot K_n(t)\mathrm{d}t$$

$$\leqslant \left\{\int_{-\pi}^{\pi} \sin^2 \frac{t}{2} K_n(t)\mathrm{d}t\right\}^{\frac{1}{2}} \cdot \left\{\int_{-\pi}^{\pi} K_n(t)\mathrm{d}t\right\}^{\frac{1}{2}}$$

注意到

$$\int_{-\pi}^{\pi} K_n(t)\mathrm{d}t = \pi$$

$$\int_{-\pi}^{\pi} \sin^2 \frac{t}{2} K_n(t)\mathrm{d}t = \frac{\pi}{2}(1-\rho_1^{(n)})$$

代入上式,即得所求.

为了从此式得到 Jackson 的不等式,需取 $m \asymp n$,同时构造三角阵满足(1)(2)(3),并使

$$\sqrt{1-\rho_1^{(n)}} = O(n^{-1}) \tag{3.44}$$

Korovkin 给出了这类三角阵的具体例子,即著名的 Fejèr-Korovkin 算子,他还给出了构造这一类算子核的相当一般的条件.

定理 3.3.4(Korovkin[20])

若 $\varphi(t)$ 在$[0,1]$上满足 $\mathrm{Lip}(1,M)$($M>0$ 是 Lipschitz 常数),$\int_0^1 \varphi^2(t)\mathrm{d}t>0$,而且 $\varphi(0)=\varphi(1)=0$,置 $c_n=\sum\limits_{k=0}^{n}\varphi^2\left(\frac{k}{n}\right)$,假定 $c_n>0(n=1,2,\cdots)$ 核

$$K_n(t)=\frac{1}{2}c_n^{-1}\left|\sum_{k=0}^{n}\varphi\left(\frac{k}{n}\right)\mathrm{e}^{\mathrm{i}kt}\right|^2 \tag{3.45}$$

是阶数小于或等于 n 的偶三角多项式,而且满足

$$\sqrt{1-\rho_1^{(n)}} = O(n^{-1})$$

证　由于

$$K_n(t)=\frac{1}{2}c_n^{-1}\left(\sum_{k=0}^{n}\varphi\left(\frac{k}{n}\right)\mathrm{e}^{\mathrm{i}kt}\right)\left(\sum_{k=0}^{n}\varphi\left(\frac{k}{n}\right)\mathrm{e}^{-\mathrm{i}kt}\right)$$

$$\rho_{1,n}=c_n^{-1}\sum_{k=0}^{n-1}\varphi\left(\frac{k}{n}\right)\varphi\left(\frac{k+1}{n}\right)$$

所以

$$\begin{aligned}n^2(1-\rho_{1,n})&=c_n^{-1}\cdot n^2\sum_{k=0}^{n-1}\left[\varphi^2\left(\frac{k}{n}\right)-\varphi\left(\frac{k}{n}\right)\varphi\left(\frac{k+1}{n}\right)\right]\\&=\frac{n^2}{c_n}\sum_{k=0}^{n-1}\frac{1}{2}\left[\varphi\left(\frac{k}{n}\right)-\varphi\left(\frac{k+1}{n}\right)\right]^2\end{aligned}$$

由于 $\varphi\in\mathrm{Lip}(1,M)$，我们有

$$\left|\varphi\left(\frac{k}{n}\right)-\varphi\left(\frac{k+1}{n}\right)\right|\leqslant M\cdot n^{-1}$$

$$\begin{aligned}\Rightarrow n^2(1-\rho_{1,n})&\leqslant\frac{1}{2}M^2n\cdot c_n^{-1}\\&=\frac{1}{2}M^2\left(\sum_{k=0}^{n}\frac{1}{n}\varphi^2\left(\frac{k}{n}\right)\right)^{-1}\end{aligned}$$

其中

$$\sum_{k=0}^{n}\frac{1}{n}\varphi^2\left(\frac{k}{n}\right)\to\int_0^1\varphi^2(t)\mathrm{d}t>0$$

从而得

$$n^2(1-\rho_{1,n})\leqslant\mathrm{const}\cdot\left(\int_0^1\varphi^2(t)\mathrm{d}t\right)^{-1}$$

例 3.3.1 $\varphi(t)=\sin\pi t$ 给出的算子是著名的 Fejèr-Korovkin 算子，它的核有下列表达式

$$K_n(t)=\frac{1}{n+2}\left(\frac{\sin\dfrac{\pi}{n+2}\cos\dfrac{n+2}{2}t}{\cos t-\cos\dfrac{\pi}{n+2}}\right)^2,\rho_{1,n}=\cos\frac{\pi}{n+2}$$

对这一算子的详细讨论可参考 Korovkin[20].

(二)Jackson 不等式中的精确常数问题

不等式(3.33)中的常数$\dfrac{3}{2}$能否减小？其中的最

佳常数是什么？这个问题由 N. P. Korneichuk(见[18])在 1963 年解决. A. F. Timan[19] 在 1965 年给出了更广泛的结果，他的证明颇具特色，我们在这里介绍他们的一些结果.

设 (Q,ρ) 是满足 T 条件的紧距离空间. $\omega(t)$, $\psi(t)$ 是两个连续模，$H^{\omega}(Q)$, $H^{\psi}(Q)$ 分别表示 $C(Q)$ 内一切满足条件 $\omega(f;t)\leqslant\omega(t)$, $\omega(f;t)\leqslant\psi(t)$ 的 f 的集合. $C(Q)$ 赋以一致范数.

定理 3.3.5(Timan[19])　$\forall f\in H^{\omega}(Q)$，存在 $g\in H^{\psi}(Q)$ 满足条件

$$\| f-g\| \leqslant \frac{1}{2}\sup_{t>0}(\omega(t)-\psi(t)) \tag{3.46}$$

证　记 $\delta=\frac{1}{2}\sup\limits_{t>0}(\omega(t)-\psi(t))$，不妨设 $0<\delta<+\infty$，对固定了的 $f\in C(Q)$ 定义一函数

$$g(x)=\min_{y\in Q}(f(y)+\psi(\rho(x,y)))+\delta$$

$\forall x\in Q$，上式右边的 min 可以达到，即存在 $x'\in Q$，使

$$g(x)=f(x')+\psi(\rho(x,x'))+\delta$$

(1) $g\in H^{\psi}(Q)$.

事实上，任取 $t>0$，及 $x_0,x_1\in Q$, $\rho(x_0,x_1)\leqslant t$，有

$$g(x_0)=f(x_0')+\psi(\rho(x_0,x_0'))+\delta$$

然而

$$g(x_1)\leqslant f(x_0')+\psi(\rho(x_1,x_0'))+\delta$$

所以

$$\begin{aligned} g(x_1)-g(x_0) &\leqslant \psi(\rho(x_1,x_0'))-\psi(\rho(x_0,x_0')) \\ &\leqslant \psi(|\rho(x_1,x_0')-\rho(x_0,x_0')|) \end{aligned}$$

$$\leqslant \psi(\rho(x_0,x_1)) \leqslant \psi(t)$$

由于 x_0,x_1 是对称的,在上面论证中若二者调换位置,便得

$$g(x_0)-g(x_1) \leqslant \psi(t)$$

所以

$$|g(x_0)-g(x_1)| \leqslant \psi(t) \Rightarrow \omega(g;t) \leqslant \psi(t)$$

(2) $\| f-g \| \leqslant \delta$.

事实上,由

$$\begin{aligned} f(x)-g(x) &= f(x)-[f(x')+\psi(\rho(x,x'))]-\delta \\ &= (f(x)-f(x'))-\psi(\rho(x,x'))-\delta \\ &\leqslant \omega(\rho(x,x'))-\psi(\rho(x,x'))-\delta \\ &\leqslant 2\delta-\delta=\delta \end{aligned}$$

另一方面

$$\begin{aligned} & g(x) \leqslant f(x)+\psi(\rho(x,x))+\delta=f(x)+\delta \\ & \quad \Rightarrow g(x)-f(x) \leqslant \delta \end{aligned}$$

所以 $|g(x)-f(x)| \leqslant \delta$. 由 x 是任意的,故得所欲证.

如果 Q 的直径是 d,则 Timan 的结果可以如下地给出:

推论 1 $\forall f \in H^{\omega}(Q)$, $\exists g \in H^{\psi}(Q)$ 使

$$\| f-g \| \leqslant \delta=\frac{1}{2} \max_{0 \leqslant t \leqslant d}(\omega(t)-\psi(t)) \quad (3.47)$$

现将推论 1 用到一个十分有趣的情形. 设 $f \in C_{2\pi}$, f 的逼近集取 $MH_{2\pi}^1 \subset C_{2\pi}$,则有:

推论 2 $\forall f \in C_{2\pi}$,有

$$e(f, MH_{2\pi}^1)=\frac{1}{2} \max_{0 \leqslant t \leqslant \pi}(\omega(f;t)-Mt) \quad (3.48)$$

证 在 Zeeman 定理内置 $\omega(t)=\omega(f;t)$, $\psi(t)=$

Mt，则对 $f(\in H^{\omega})$，$\exists\varphi\in MH^{1}\overset{\text{df}}{=\!=}H^{\psi}$，使

$$\|f-\varphi\|\leqslant\frac{1}{2}\max_{0\leqslant t\leqslant\pi}\{\omega(f;t)-Mt\}$$

所以

$$e(f,MH_{2\pi}^{1})\leqslant\frac{1}{2}\max_{0\leqslant t\leqslant\pi}\{\omega(f;t)-Mt\}$$

这里实际上有等号成立. 我们不妨取$\overline{f}\in MH_{2\pi}^{1}$，设

$$\max_{0\leqslant t\leqslant\pi}(\omega(f;t)-Mt)=\omega(f;t_0)-Mt_0$$

有

$$x',x''\in[0,2\pi),\ |x'-x''|=t_0$$
$$|f(x')-f(x'')|=\omega(f;t_0)$$

$\forall\varphi\in MH_{2\pi}^{1}$ 有

$$\begin{aligned}2\|f-\varphi\|&\geqslant|f(x')-\varphi(x')|+|f(x'')-\varphi(x'')|\\&\geqslant|f(x')-\varphi(x')-f(x'')+\varphi(x'')|\\&\geqslant|f(x')-f(x'')|-|\varphi(x')-\varphi(x'')|\\&\geqslant\omega(f;t_0)-Mt_0\end{aligned}$$

所以

$$\inf_{\varphi\in MH_{2\pi}^{1}}\|f-\varphi\|=e(f;MH_{2\pi}^{1})\geqslant\frac{1}{2}(\omega(f;t_0)-Mt_0)$$

定理 3.3.6(Korneichuk[18])

给定一向上凸连续模 $\omega(t)$，有

$$H_{2\pi}^{\omega}\overset{\text{df}}{=\!=}\{f\in C_{2\pi}\mid\omega(f;t)\leqslant\omega(t)\}$$

则 $\forall f\in H_{2\pi}^{\omega}$ 有

$$E_n(f)_C\leqslant\frac{1}{2}\omega\left(\frac{\pi}{n}\right)\tag{3.49}$$

$\frac{1}{2}$ 不能再减小.

证　任取一常数 $M>0$，则

$$
\begin{aligned}
E_n(f)_C &\leqslant e(f;MH^1_{2\pi})+\frac{M\pi}{2n}\\
&\leqslant \frac{1}{2}\max_{0\leqslant t\leqslant \pi}\{\omega(t)-Mt\}+\frac{M\pi}{2n}
\end{aligned}
$$

由于 $\omega(t)$ 上凸,存在 M_n 使得

$$
\max_{0\leqslant t\leqslant \pi}\{\omega(t)-M_n t\}=\omega\left(\frac{\pi}{n}\right)-\frac{M_n\pi}{n}
$$

$M=M_n$ 给出 $E_n(f)_C\leqslant \frac{1}{2}\omega\left(\frac{\pi}{n}\right)$,为了证明 $\frac{1}{2}$ 是最好的常数,我们构造以 $\frac{2\pi}{n}$ 为周期的奇函数 $f_{n0}(x)$(图 3.3),它在 $\left[0,\frac{\pi}{n}\right]$ 上定义为

$$
f_{n0}(x)=\begin{cases}\frac{1}{2}\omega(2x),0\leqslant x\leqslant \frac{\pi}{2n}\\ \frac{1}{2}\omega\left(2\left(\frac{\pi}{n}-x\right)\right),\frac{\pi}{2n}\leqslant x\leqslant \frac{\pi}{n}\end{cases} \tag{3.50}
$$

$f_{n0}\in H^{\omega}_{2\pi}(n=1,2,3,\cdots)$,我们证明 $\omega(f_{n0};t)\leqslant \omega(t)$,且当 $0\leqslant t\leqslant \frac{\pi}{n}$ 时,有等号成立.

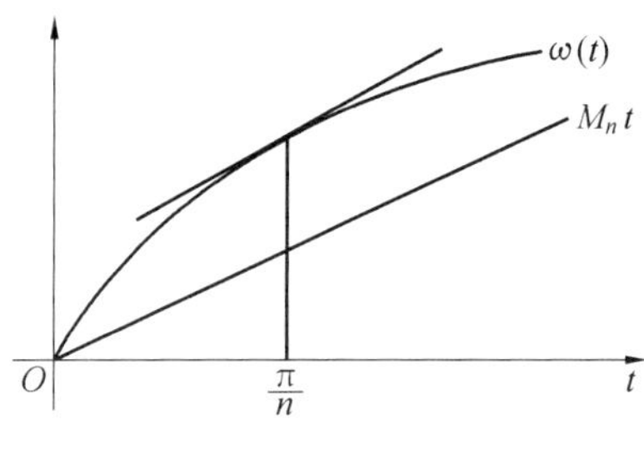

图 3.3

先设 x',x'' 满足条件 $\frac{-\pi}{2n}\leqslant x'\leqslant 0\leqslant x''\leqslant\frac{\pi}{2n}$，则有

$$\begin{aligned}&|f_{n0}(x')-f_{n0}(x'')|\\=&f_{n0}(x'')-f_{n0}(x')\\=&\frac{1}{2}[\omega(2x'')+\omega(-2x')],-2x'\geqslant 0\end{aligned}$$

利用向上凸性，得

$$\begin{aligned}&\frac{1}{2}[\omega(2x'')+\omega(-2x')]\leqslant\omega\left(\frac{2x''-2x'}{2}\right)\\=&\omega(x''-x')=\omega(|x'-x''|)\end{aligned}$$

若 $0<x'<x''\leqslant\frac{\pi}{2n}$，则

$$\begin{aligned}&|f_{n0}(x')-f_{n0}(x'')|=\frac{1}{2}\omega(2x'')-\frac{1}{2}\omega(2x')\\\leqslant&\frac{1}{2}\omega(2(x''-x'))\leqslant\omega(x''-x')\\=&\omega(|x'-x''|)\end{aligned}$$

且由 f_{n0} 是奇函数，那么对 $-\frac{\pi}{2n}\leqslant x'<x''<0$ 的情形也有同样结果.

在一般情形下，任取 x',x''，在 $\left[-\frac{\pi}{2n},\frac{\pi}{2n}\right]$ 内可找到 x_1,x_2 使 $|x_1-x_2|\leqslant|x'-x''|$，$f_{n0}(x')=f_{n0}(x_1)$，$f_{n0}(x'')=f_{n0}(x_2)$，那么

$$\begin{aligned}&|f_{n0}(x')-f_{n0}(x'')|=|f_{n0}(x_1)-f_{n0}(x_2)|\\\leqslant&\omega(|x_1-x_2|)\leqslant\omega(|x'-x''|)\end{aligned}$$

所以 $f_{n0}\in H_{2\pi}^{\omega}$. 对于 f_{n0}，应用Chebyshev交错性质立得

$$E_n(f_{n0})_C=\frac{1}{2}\omega\left(\frac{\pi}{n}\right)$$

从 Korneichuck 定理立刻推出：

定理 3.3.7 $\forall f \in C_{2\pi}$ 有

$$E_n(f)_C \leqslant \omega\left(f;\frac{\pi}{n}\right), n=1,2,3,\cdots \quad (3.51)$$

此不等式中的常数 1 是最佳的.

证 根据定理 3.2.3,对 $\omega(f;t)$ 存在一上凸连续模 $\omega^{**}(t)$ 满足

$$\omega(f;t) \leqslant \omega^{**}(t) \leqslant 2\omega(f;t)$$

由 $f \in H_{2\pi}^{\omega^{**}} \Rightarrow E_n(f)_C \leqslant \frac{1}{2}\omega^{**}\left(\frac{\pi}{n}\right) \leqslant \omega\left(f;\frac{\pi}{n}\right)$,为了证明不等式准确,请看 Korneichuk 给出的例子.

设 $0<\varepsilon<\frac{1}{2}, h=\frac{\pi}{n}$,选择 $\beta \in \left(0,\frac{2\varepsilon}{n^2}\right)$,并置 $x_i = ih-(n-i)\beta, i=1,\cdots,n$. $x_{i+1}-x_i=h+\beta>0$,且 $x_n=nh=\pi$. 今用图像(图 3.4)来定义 f,并规定 $f(-x)=f(x)$.

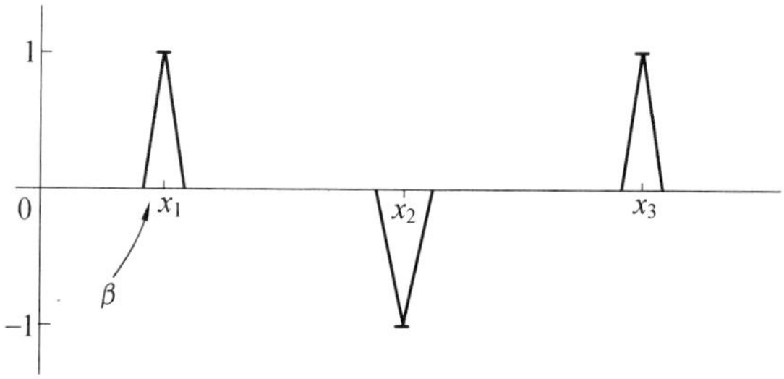

图 3.4

从定义看出 $\omega\left(f;\frac{\pi}{n}\right)=1$. 证

$$E_n(f)_C \geqslant \frac{2n-1}{2n}-\varepsilon$$

为此,记

$$P(x)=\frac{1}{n}\left(\frac{1}{2}+\cos x+\cdots+\cos(n-1)x\right)$$

$$=\frac{\sin\left(n-\frac{1}{2}\right)x}{2n\sin\frac{x}{2}}$$

易见

$$P(0)=\frac{2n-1}{2n}, P(ih)=\frac{(-1)^{i+1}}{2n}, \|P'\|\leqslant\frac{n-1}{2}$$

那么

$$|P(x_i)-P(ih)|=|P'(\xi_i)|\cdot|x_i-ih|$$

$$\leqslant\frac{n-1}{2}\cdot(n-i)\beta\leqslant\varepsilon$$

所以

$$f(x_i)-P(x_i)=f(x_i)-P(ih)+P(ih)-P(x_i)$$

$$=(-1)^{i+1}-(-1)^{i+1}\cdot\frac{1}{2n}+\delta_i$$

$$|\delta_i|\leqslant\varepsilon$$

于是 $f(x)-P(x)$ 在 $[-\pi,\pi)$ 的 $2n$ 个点上符号交替，其绝对值不小于 $\frac{2n-1}{2n}-\varepsilon$，0 是 $2n$ 个点中的一个. 由 Vallèe-Poussin 定理得

$$E_n(f)_C\geqslant\frac{2n-1}{2n}-\varepsilon$$

王兴华求出了用 Jackson 算子逼近 $C_{2\pi}$ 中的函数 $f(x)$ 时，Jackson 不等式中的精确常数，在爵克松奇异积分对连续函数逼近的准确常数（载于数学学报，14，№2(1964)231-237）一文中证明了：

定理 3.3.7′　对于 $f\in C_{2\pi}$ 和 $n=0,1,2,\cdots$，记 $N=1+\left[\frac{n}{2}\right]$ 有

$$J_n(f;x)=\frac{3}{2\pi N(2N^2+1)}\int_{-\pi}^{\pi}f(t)\left(\frac{\sin N\dfrac{t-x}{2}}{\sin\dfrac{t-x}{2}}\right)^4\mathrm{d}t$$

成立着不等式

$$\| J_n(f)-f\|_C\leqslant\frac{3}{2}\omega(f;\frac{\pi}{n+1})$$

等号仅当 $f=\text{const}$ 时成立.不等式右端的绝对常数 $\frac{3}{2}$ 是最佳的.事实上有

$$\sup_n\sup_{\substack{f\in C_{2\pi}\\ f\neq\text{const}}}\frac{\| J_n(f)-f\|_C}{\omega\left(f;\dfrac{\pi}{n+1}\right)}=\frac{3}{2}$$

王兴华在同一论文中提出问题:是否存在 $C_{2\pi}\to T_{2n+1}$ 的线性多项式算子 $L_n(f)$ 使

$$\sup_n\sup_{\substack{f\in C_{2\pi}\\ f\neq\text{const}}}\frac{\| L_n(f)-f\|_C}{\omega\left(f;\dfrac{\pi}{n+1}\right)}=1$$

成立?

A. A. Ligun 与 A. N. Davidchick 对此问题给出了部分解答.

定理 3.3.7″ 对任一 $C_{2\pi}\to T_{2n+2}$ 的线性正算子 $L_n(f)$ 成立着

$$\sup_{\substack{f\in C_{2\pi}\\ f\neq\text{const}}}\frac{\| L_n(f)-f\|_C}{\omega\left(f;\dfrac{\pi}{n+1}\right)}\geqslant 1,n=1,2,\cdots$$

若记 $C_{2\pi}^*=\{f\mid f\in C_{2\pi},\omega(f;t)\text{ 为上凸函数}\}$,$Z_n$,$Z_n^+$ 分别表示 $C_{2\pi}\to T_{2n+1}$ 的线性算子集和线性正算子集,则成立

$$\inf_{L_n\in Z_n}\sup_{\substack{f\in C^*\\ f\neq\text{const}}}\frac{\| L_n(f)-f\|_C}{\omega\left(f;\dfrac{\pi}{n+1}\right)}$$

$$= \inf_{L_n \in Z_n^+} \sup_{\substack{f \in C^* \\ f \neq \text{const}}} \frac{\| L_n(f) - f \|_C}{\omega\left(f; \frac{\pi}{n+1}\right)}$$

$$= 1, n = 1, 2, 3, \cdots$$

A. A. Ligun 与 A. N. Davidchick 指出：Fejèr-Korovkin 算子(见例3.3.1)是使上面等式中下确界(对每一 n)实现的一例. 孙永生指出了：当 n 充分大时，Jackson 算子 $J_n(f)$ 也是. 以上结果的详细证明见资料：

1. А. Н. Давидчик, А. А. Лигун, Матем. Заметки, 16, №5 (1974) 681-690.

2. 孙永生，北京师范大学学报，(自然科学版)，№1(1981)，1-6.

下面两段叙述 Jackson 定理的逆定理，即从函数的最佳逼近度趋于零的阶来判断函数的连续模，或其若干阶导数的连续模趋于零的阶，在逼近论的发展中，首先是 Bernstein，Zygmund 等在周期函数类上获得了完整结果.

(三) Bernstein，Markov 不等式

建立逆定理遇到的一个关键问题是，从一个多项式(三角多项式或代数多项式)的大小来估计它的导数的大小. 本段介绍 Bernstein 不等式和 Markov 不等式属于这一方面的基本经典结果.

定理 3.3.8(Bernstein)　若三角多项式 $T_n(x) = \frac{a_0}{2} + \sum_{k=1}^{n}(a_k \cos kx + b_k \sin kx)$ 在 $\mathbf{R}$ 上满足 $\| T_n \|_C \leqslant M$，则 $| T_n'(x) | \leqslant nM$. 不等式精确.

Bernstein 不等式有多种证法，各具特色；而且这

些不同的证法往往和它向不同方向的推广相联系.下面给出它的一个初等证法.

证 假定定理不成立,则存在多项式 $T_n(x)$,使 $\| T'_n \| = nL$,$L > M = \| T_n \|$,存在点 $x_0 \in [0,2\pi)$ 使 $| T'_n(x_0) | = nL$,不妨假定 $T'_n(x_0) = nL$.由于 $T'_n(x)$ 在 x_0 达到极大,那么 $T''_n(x_0) = 0$.置

$$S_n(x) = L\sin n(x - x_0) - T_n(x)$$

在一个周期区间内,$\sin n(x-x_0)$ 在 $2n$ 个点 $x_k = x_0 + \frac{2k+1}{2n}\pi(k=0,1,\cdots,2n-1)$ 上符号交错地达到其最大值,但由于 $L > M$,故 $S_n(x)$ 在 x_k 上交错变号,故由 $S_n(x)$ 的 2π 周期性,知它在一个周期区间内有 $2n$ 个不同零点.根据 Rolle 定理,$S'_n(x) = nL\cos n(x - x_0) - T'_n(x)$ 在一周期区间内也有 $2n$ 个不同零点,又在 x_0 上有 $S'_n(x_0) = nL - T'_n(x_0) = 0$,$x_0$ 是其中的一个.

又 $S''_n(x_0) = -T''_n(x_0) = 0$,对 $S''_n(x)$ 用 Rolle 定理,可知 $S''_n(x)$ 有 $2n$ 个位于 $S'_n(x)$ 的零点间的零点,除此之外,x_0 给出 $S''_n(x_0) = 0$.从而 $S''_n(x) = 0$ 在一个周期区间内有 $2n+1$ 个零点了,这不可能,除非是 $S''_n(x) \equiv 0$,即 $S_n(x)$ 是常数.得到矛盾.

推论 1 若 $T_n(x) = \sum_{k=-n}^{n} c_k \mathrm{e}^{\mathrm{i}kx}$ 是任意复系数三角多项式,则有 $| T'_n(x) | \leqslant n \| T_n \|_C$.

证 设 $| T'_n(x_0) | = \| T'_n \|_C$,存在实数 α,使

$$\mathrm{e}^{\mathrm{i}\alpha} T'_n(x_0) = | T'_n(x_0) | = \| T'_n \|_C$$

置 $S_n(x) = \mathrm{Re}\{\mathrm{e}^{\mathrm{i}\alpha} T_n(x)\}$,$S_n(x)$ 是实三角多项式,且有

$$\| S_n \| \leqslant \| T_n \|, S'_n(x) = \mathrm{Re}\{\mathrm{e}^{\mathrm{i}\alpha} T'_n(x)\}$$

所以

$$\| T_n' \| = e^{i\alpha} T_n'(x_0) = S_n'(x_0) \leqslant n \| S_n \| \leqslant n \| T_n \|_C$$

推论 2　在圆 $|z| \leqslant 1$ 上的复系数多项式 $P_n(z) = \sum_{k=0}^{n} a_k z^k$，若 $\| P_n \| = \max_{|z| \leqslant 1} |P_n(z)|$，则

$$\| P_n' \| \leqslant n \| P_n \|$$

证　在 $|z| = 1$ 上考查 $P_n(z), P_n'(z)$，此时 $z = e^{ix}, x \in \mathbf{R}, P_n(z) = \sum_{k=0}^{n} a_k e^{ikx}, P_n'(z) = \sum_{k=1}^{n} k a_k e^{i(k-1)x}$ 都是复系数三角多项式，所以由推论 1 有

$$\max_{|z|=1} |P_n(z)| \leqslant n \cdot \max_{|z|=1} |P_n'(z)|$$

再由最大模原理，知

$$\| P_n \| = \max_{|z|=1} |P_n(z)|, \| P_n' \| = \max_{|z|=1} |P_n'(z)|$$

即得所求.

推论 3　对 n 次代数多项式 $P_n(x)$，若在 $-1 \leqslant x \leqslant 1$ 时有 $|P_n(x)| \leqslant M$，则

$$|P_n'(x)| \leqslant \frac{Mn}{\sqrt{1-x^2}} \tag{3.52}$$

证　作变量代换 $x = \cos t, P_n(\cos t) = T_n(t)$ 是 n 阶三角多项式，那么

$$|T_n'(t)| \leqslant Mn$$

但 $T_n'(t) = \pm P_n'(x)\sqrt{1-x^2}$，代入上式便得.

往下转到叙述 Markov 不等式. Markov 不等式，是从代数多项式的大小来估计其导数的大小的一个不等式. 上面的推论 3 亦属于此类型，但用起来不方便，因为当 $x \to \pm 1$ 时，$1 - x^2 \to 0$. 为了建立平行于 Bernstein 不等式的不等式，下面的一步是关键的.

定理 3.3.9(Schur)　若 $S_{n-1}(x)$ 是一 $n-1$ 次代

数多项式,在 $-1<x<1$ 时有

$$|S_{n-1}(x)|\leqslant L(1-x^2)^{-\frac{1}{2}}$$

则在全区间上有 $|S_{n-1}|\leqslant L_n$.

证 令第一类 Chebyshev$n$ 次多项式 $T_n(x)=\cos(n\arccos x)$ 的零点 $-1<x_n<\cdots<x_1<1$,其中 $x_k=\cos\frac{2k-1}{2n}\pi,k=1,\cdots,n$,以 $\{x_k\}$ 为插值结点,任一 $f\in C[-1,1]$ 的 Lagrange 内插多项式是

$$Ln(f,x)=\frac{1}{n}\sum_{j=1}^{n}(-1)^{j-1}f(x_j)\ \frac{\cos n\theta}{\cos\theta-\cos\theta_j}\sin\theta_j$$

其中 $\theta=\arccos x,\theta_j=\frac{2j-1}{2n}\pi$. 当 P_{n-1} 是一 $n-1$ 次代数多项式时,有恒等式

$$P_{n-1}(x)=\frac{1}{n}\sum_{j=1}^{n}P_{n-1}(x_j)\ \frac{T_n(x)}{(x-x_j)}(-1)^{j-1}\sqrt{1-x_j^2}$$

$T_n(x)$ 的零点把$[-1,1]$分成三段:

(1)$x\in[x_n,x_1]$ 时

$$x_n=\cos\frac{2n-1}{2n}\pi=-\cos\frac{\pi}{2n}=-x_1$$

令 $x=\cos\theta$,则

$$\sqrt{1-x^2}=\sin\theta\geqslant\sin\frac{\pi}{2n}\geqslant\frac{\pi}{2n}\cdot\frac{2}{\pi}=n^{-1}$$

故在 $x\in[-x_1,x_1]$ 时有

$$|S_{n-1}(x)|\leqslant L(1-x^2)^{-\frac{1}{2}}\leqslant Ln$$

(2)$x\in[x_1,1]$ 时,$x-x_j\geqslant 0,j=1,\cdots,n$. 由假定,$\sqrt{1-x_j^2}\ |S_{n-1}(x_j)|\leqslant L$,所以,由 Lagrange 插值多项式

$$|S_{n-1}(x)|\leqslant n^{-1}\sum_{j=1}^{n}\left|\frac{T_n(x)}{x-x_j}\right|\sqrt{1-x_j^2}\ |S_{n-1}(x_j)|$$

$$\leqslant Ln^{-1}\sum_{j=1}^{n}\left|\frac{T_n(x)}{x-x_j}\right|=Ln^{-1}\left|\sum_{j=1}^{n}\frac{T_n(x)}{x-x_j}\right|$$

注意到

$$T_n'(x)=\sum_{j=1}^{n}\frac{T_n(x)}{x-x_j}=n\frac{\sin n\theta}{\sin\theta},\theta=\arccos x$$

以及

$$\left|\frac{\sin n\theta}{\sin\theta}\right|\leqslant n\Rightarrow |T_n'(x)|\leqslant n^2$$

所以 $|S_{n-1}(x)|\leqslant Ln$.

(3) 当 $-1\leqslant x\leqslant x_n$ 时，$x-x_j\leqslant 0(j=1,\cdots,n)$. 可用与(2)一样的方法处理.

现在由 Schur 的不等式和推论 3 可推出 Markov 不等式.

若代数多项式 $P_n(x)$ 在 $-1\leqslant x\leqslant 1$ 上有 $\|P_n\|\leqslant L$，则 $\|P_n'\|\leqslant Ln^2$. 不等式精确.

证　Schur 不等式给出：$|P_n'(x)|\leqslant\dfrac{Ln}{\sqrt{1-x^2}}\Rightarrow$ $|P_n'(x)|\leqslant Ln^2$.

Markov 不等式精确：第一类 n 次 Chebyshev 多项式给出极值多项式.

讨论　Bernstein 不等式可从 Schur 不等式推出. 事实上，Schur 不等式给出：

推论 1　奇三角多项式 $S(\varphi)=\sum_{j=1}^{n}a_j\sin j\varphi$ 若满足 $\|S(\varphi)\|\leqslant 1$，则

$$\left|\frac{S(\varphi)}{\sin\varphi}\right|\leqslant n$$

证　$\dfrac{S(\varphi)}{\sin\varphi}=\sum_{j=1}^{n}a_j\dfrac{\sin j\varphi}{\sin\varphi}$ 可化作一偶三角多项

式,进一步化作$P_{n-1}(\cos\varphi)$,$P_{n-1}(\cdot)$是一$n-1$次代数多项式. 令 $x=\cos\varphi$, $\sqrt{1-x^2}=\sin\varphi$, 则 $S(\varphi)=\sin\varphi P_{n-1}(\cos\varphi)=\pm\sqrt{1-x^2}P_{n-1}(x)(-1\leqslant x\leqslant 1)$,于是问题化归到使用 Schur 不等式.

推论 2 n 阶三角多项式 $T_n(x)$,若 $\|T_n\|\leqslant 1$,则 $|T'_n(x)|\leqslant n$.

证 置 $S(x;\varphi)=\frac{1}{2}\{T_n(x+\varphi)-T_n(x-\varphi)\}$.
固定 x,$S(x;\varphi)$ 是 φ 的 n 阶三角多项式,且为奇函数:$S(x;\varphi)=-S(x;-\varphi)$,又 $|S(x;\varphi)|\leqslant 1$,所以

$$\left|\frac{\sin(x;\varphi)}{\sin\varphi}\right|\leqslant n$$

但

$$\frac{S(x;\varphi)}{\sin\varphi}=\frac{T_n(x+\varphi)-T_n(x-\varphi)}{2\varphi}\cdot\frac{\varphi}{\sin\varphi}$$

$$\lim_{\varphi\to 0}\frac{S(x;\varphi)}{\sin\varphi}=T'_n(x)$$

从而得 $|T'_n(x)|\leqslant n$.

(四)Bernstein-Zygmund 定理

定理 3.3.10 给定连续模 $\omega(t)$,及整数 $r\geqslant 0$. 当 $r\geqslant 1$ 时 $\omega(t)$ 满足一个补充条件$\int_0^1\frac{\omega(t)}{t}\mathrm{d}t<+\infty$,若对 $f\in C_{2\pi}$ 存在三角多项式序列$\{T_n(x)\}$,其中 $T_n(x)$ 是 n 阶的,对它成立

$$\|f-T_{n-1}\|_C\leqslant An^{-r}\omega\left(\frac{1}{n}\right),n=1,2,\cdots \tag{3.53}$$

则:

(1)$r=0$ 时,有

$$\omega_k(f;t)\leqslant AA_1t^k\int_t^1\frac{\omega(u)}{u^{k+1}}\mathrm{d}u \qquad (3.54)$$

(2)$r\geqslant 1$ 时,则 $f^{(r)}\in C_{2\pi}$,且

$$\omega_k(f^{(r)};t)\leqslant AA_1\left\{t^k\int_t^1\frac{\omega(u)}{u^{k+1}}\mathrm{d}u+\int_0^t\frac{\omega(u)}{u}\mathrm{d}u\right\} \qquad (3.55)$$

$A_1>0$ 是一依赖于 k 与 f 的常数.

证　(1)$r=0$ 时,任取正整数 N 有

$$\begin{aligned}f(x)=&T_1(x)+[T_2(x)-T_1(x)]+\\&[T_{2^2}(x)-T_2(x)]+\cdots+\\&[T_{2^N}(x)-T_{2^{N-1}}(x)]+\\&[f(x)-T_{2^N}(x)]\end{aligned}$$

设 $0<t\leqslant\dfrac{1}{2}$,$0\leqslant h\leqslant t$,取 N 使 $2^{-(N+1)}<t\leqslant 2^{-N}$.

我们有

$$\begin{aligned}\Delta_h^kf(x)=&\Delta_h^kT_1(x)+\sum_{j=1}^N\Delta_n^k(T_{2^j}-T_{2^{j-1}})(x)+\\&\Delta_h^k(f-T_{2^N})(x)\end{aligned}$$

$$\begin{aligned}\|\Delta_h^kT_1(x)\|_C&\leqslant h^k\|T_1^{(k)}\|_C\leqslant h^k\|T_1\|_C\\&\leqslant h^k\{\|T_1-f\|_C+\|f\|_C\}\\&\leqslant h^k\{\|f\|_C+A\omega(1)\}\leqslant C_1h^k\end{aligned}$$

$$C_1\geqslant\|f\|_C+A\omega(1)$$

$$\begin{aligned}&\|\Delta_h^k(T_{2^j}-T_{2^{j-1}})(x)\|_C\\\leqslant&h^k\|T_{2^j}^{(k)}-T_{2^{j-1}}^{(k)}\|_C\leqslant h^k\cdot 2^{jk}\|T_{2^j}-T_{2^{j-1}}\|_C\\\leqslant&h^k\cdot 2^{jk}\{\|T_{2^j}-f\|_C+\|f-T_{2^{j-1}}\|_C\}\\\leqslant&2Ah^k\cdot 2^{jk}\omega\left(\frac{1}{2^{j-1}}\right)\leqslant 4Ah^k\cdot 2^{jk}\omega\left(\frac{1}{2^j}\right)\end{aligned}$$

$$\|\Delta_h^k(f-T_N)(x)\|_C\leqslant 2^k\|f-T_{2^N}\|_C\leqslant A2^k\omega\left(\frac{1}{2^N}\right)$$

所以

$$|\Delta_h^k f(x)| \leqslant C_1 h^k + 4Ah^k \sum_{j=1}^{N} 2^{jk} \omega\left(\frac{1}{2^j}\right) + A2^k \omega\left(\frac{1}{2^N}\right)$$

由于

$$2^{jk}\omega\left(\frac{1}{2^j}\right) = \frac{2^{k+1}}{2^j} \cdot \frac{\omega\left(\frac{1}{2^j}\right)}{\frac{1}{2^{(k+1)(j-1)}}} \leqslant 2^{k+1}\int_{\frac{1}{2^j}}^{\frac{1}{2^{j-1}}} \frac{\omega(u)}{u^{k+1}} \mathrm{d}u$$

得到

$$\sum_{j=1}^{N} 2^{jk}\omega\left(\frac{1}{2^j}\right) \leqslant 2^{k+1}\sum_{j=1}^{N}\int_{2^{-j}}^{2^{-j+1}} \frac{\omega(u)}{u^{k+1}}\mathrm{d}u \leqslant 2^{k+1}\int_t^1 \frac{\omega(u)}{u^{k+1}}\mathrm{d}u$$

又有 $A2^k\omega\left(\frac{1}{2^N}\right) \leqslant A2^k\omega(2t) \leqslant A2^{k+1}\omega(t)$. 故得

$$|\Delta_h^k f(x)| \leqslant C_1 t^k + 2^{k+3}At^k\int_t^1 \frac{\omega(u)}{u^{k+1}}\mathrm{d}u + 2^{k+1}A\omega(t)$$

注意到

$$\int_t^1 \frac{\omega(u)}{u^{k+1}}\mathrm{d}u \geqslant \omega(t)\int_t^1 u^{-(k+1)}\mathrm{d}u = \omega(t) \cdot k^{-1}\{t^{-k}-1\}$$
$$= \frac{\omega(t)}{kt^k}(1-t^k) \geqslant \frac{\omega(t)}{2k \cdot t^k}$$

我们有

$$\omega(t) \leqslant C_k t^k \int_t^1 \frac{\omega(u)}{u^{k+1}}\mathrm{d}u$$

综合以上得

$$\|\Delta_h^k f(x)\| \leqslant A_1 A t^k \int_t^1 \frac{\omega(u)}{u^{k+1}}\mathrm{d}u$$

由此就得(1)的证明.

(2) 设 $r \geqslant 1$,子序列$\{T_{2^j}\}$一致收敛到 f,写成级数是

$$f(x) = T_1(x) + \sum_{i=1}^{+\infty}\{T_{2^j}(x) - T_{2^{j-1}}(x)\}$$

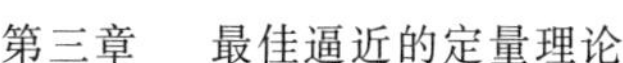

今往证$\{T_{2^j}^{(r)}\}$一致收敛,从而知$T_{2^j}^{(r)}$一致收敛到$f^{(r)}$,且

$$f^{(r)}(x)=T_1^{(r)}(x)+\sum_{j=1}^{+\infty}\{T_{2^j}^{(r)}(x)-T_{2^{j-1}}^{(r)}(x)\}$$

因根据 Bernstein 不等式,可得

$$\begin{aligned}&\|T_{2^j}^{(r)}-T_{2^{j-1}}^{(r)}\|\leqslant 2^{jr}\|T_{2^j}-T_{2^{j-1}}\|\\ \leqslant\ & 2^{jr}\{\|T_{2^j}-f\|+\|f-T_{2^{j-1}}\|\}\\ \leqslant\ & 2^{jr}\cdot A\left\{\frac{1}{2^{jr}}\omega(2^{-j})+\frac{1}{2^{(j-1)r}}\omega(2^{-j+1})\right\}\\ \leqslant\ & \frac{2^{jr+1}\cdot A}{2^{(j-1)r}}\omega\left(\frac{1}{2^{j-1}}\right)=2^{r+1}A\omega\left(\frac{1}{2^{j-1}}\right)\leqslant 2^{r+2}A\omega\left(\frac{1}{2^j}\right)\end{aligned}$$

所以

$$\begin{aligned}\sum_{j=1}^{+\infty}\|T_{2^j}^{(r)}-T_{2^{j-1}}^{(r)}\|&\leqslant 2^{r+2}A\sum_{j=1}^{+\infty}\omega\left(\frac{1}{2^j}\right)\\ &\leqslant\frac{2^{r+2}A}{\ln 2}\int_0^1\frac{\omega(u)}{u}\mathrm{d}u<+\infty\end{aligned}$$

这是由于

$$\int_{\frac{1}{2^j}}^{\frac{1}{2^{j-1}}}\frac{\omega(u)}{u}\mathrm{d}u\geqslant\omega\left(\frac{1}{2^j}\right)\int_{\frac{1}{2^j}}^{\frac{1}{2^{j-1}}}\frac{\mathrm{d}u}{u}=\ln 2\cdot\omega\left(\frac{1}{2^j}\right)$$

所以$f^{(r)}\in C_{2\pi}$.

下面估计$\|f^{(r)}-T_{2^j}^{(r)}\|$.我们有

$$\begin{aligned}\|f^{(r)}-T_{2^j}^{(r)}\|&\leqslant\sum_{v=j+1}^{+\infty}\|T_{2^v}^{(r)}-T_{2^{v+1}}^{(r)}\|\\ &\leqslant 2^{r+2}A\sum_{v=j+1}^{+\infty}\omega\left(\frac{1}{2^v}\right)\\ &\leqslant\frac{2^{r+2}A}{\ln 2}\int_0^{2^{-j}}\frac{\omega(u)}{u}\mathrm{d}u\\ &=\widetilde{A}\Omega(2^{-j})\end{aligned}$$

此处我们写着$\widetilde{A}=\dfrac{2^{r+2}A}{\ln 2}$,且$\Omega(t)=\displaystyle\int_0^t\frac{\omega(u)}{u}\mathrm{d}u$,$\Omega(t)$除

半加性外，连续模的其他条件都满足，然而由于

$$\Omega(2t)=\int_0^{2t}\frac{\omega(u)}{u}\mathrm{d}u=\int_0^t\frac{\omega(2u)}{u}\mathrm{d}u$$

$$\leqslant 2\int_0^t\frac{\omega(u)}{u}\mathrm{d}u=2\Omega(t)$$

这一条件在计算中已经够用，所以，在估计 $\omega_k(f^{(r)};t)$ 时，可对 $\Omega(t)$ 使用(1) 的结论，得

$$\omega_k(f^{(r)};t)\leqslant A_1\widetilde{A}t^k\int_t^1\frac{\Omega(u)}{u^{k+1}}\mathrm{d}u$$

再由

$$\int_t^1\frac{\Omega(u)}{u^{k+1}}\mathrm{d}u=\int_t^1\Omega(u)\mathrm{d}\left(\frac{u^{-k}}{-k}\right)$$

$$=-\frac{1}{k}\left\{\Omega(u)\cdot\frac{1}{u^k}\bigg|_t^1-\int_t^1\frac{\Omega'(u)}{u^k}\mathrm{d}u\right\}$$

$$=\frac{1}{k}\left\{\int_t^1\frac{\omega(u)}{u^{k+1}}\mathrm{d}u+\frac{\Omega(t)}{t^k}-\Omega(1)\right\}$$

$$=\frac{1}{k}\left\{\int_t^1\frac{\omega(u)}{u^{k+1}}\mathrm{d}u+\frac{1}{t^k}\int_0^t\frac{\omega(u)}{u}\mathrm{d}u-\int_0^1\frac{\omega(u)}{u}\mathrm{d}u\right\}$$

$$<\frac{1}{k}\left\{\int_t^1\frac{\omega(u)}{u^{k+1}}\mathrm{d}u+\frac{1}{t^k}\int_0^t\frac{\omega(u)}{u}\mathrm{d}u\right\}$$

代入上式便得所欲求.

推论 1 已知 $f\in C_{2\pi},E_n(f)_C\leqslant An^{-(r+\alpha)},r\geqslant 0$, $0<\alpha<1$，则当 $r\geqslant 1$ 时，$f^{(r)}\in C_{2\pi}$，并且对 $r\geqslant 0$ 有

$$\omega(f^{(r)};t)=O(t^\alpha),t\to 0+$$

换句话说，$f\in W^rH^\alpha$.

此即 S. Bernstein 的经典结果.

推论 2 已知 $f\in C_{2\pi},E_n(f)_C\leqslant An^{-(r+1)},r\geqslant 0$，则当 $r\geqslant 1$ 时，$r^{(r)}\in C_{2\pi}$，且对 $r\geqslant 0$ 有

$$\omega_2(f^{(r)},t)=O(t),t\to 0+$$

换句话说，$f\in W^rH_2^1$($H_2^1=W^0H_2^1$ 即 Zygmund类) 这

是 Zygmund 的结果.

顺便指出,此处事实上给出了式(3.22)和(3.33)的证明(对周期函数而言).

比较 Jackson 定理的推论 1,推论 2 和这里的推论 1,推论 2,可以看出,对 $f \in C_{2\pi}$ 有下列事实上:

(1)$E_n(f)_C = O(n^{-(r+\alpha)}) \Leftrightarrow \omega(f^{(r)};t) = O(t^\alpha)$,$0 < \alpha < 1$,$r \geqslant 0$.

(2)$E_n(f)_C = O(n^{-(r+1)}) \Leftrightarrow \omega_2(f^{(r)};t) = O(t)$,$r \geqslant 0$.

50 年代 S. M. Lozinsky,N. K. Bary,S. B. Stêchkin 继续 Bernstein 和 Zygmund 的工作,研究 $f \in C_{2\pi}$ 的最佳一致逼近的阶和 f 的可微性,及其导数的 k 阶连续模在 0 点的(无穷小量的)阶之间的关系;同时,后面二人还研究了 $f \in C_{2\pi}$ 的共轭函数 $\overline{f}$ 的最佳逼近、k 阶连续模和 f 的最佳逼近以及 k 阶连续模之间的关系. 建立了系统而完整的一套理论. 其中的一个典型的问题叫作等价问题. 下面介绍所谓 O 型等价问题的一个例子及 Lozinsky 的解答.

假定 $\varphi(t)$ 满足以下条件:

(1)$\varphi(t)$ 在 $[0,\pi]$ 上连续.

(2)$\varphi(t)$ 单调增.

(3)$t > 0$ 时,$\varphi(t) > 0$.

(4)$\lim\limits_{t \to 0+} \varphi(t) = 0$.

简记作 $\varphi(t) \in \Phi$,$f \in C_{2\pi}$. 为使

$$E_n(f) = O\left[\frac{1}{n^r}\varphi\left(\frac{1}{n}\right)\right] \Leftrightarrow \omega_k(f^{(r)};t) = O(\varphi(t))$$

其中 $r \geqslant 0$,$k \geqslant 1$ 是给定的整数,$\varphi(t)$ 要满足的充分兼必要条件是什么?

S. M. Lozinsky 给出的条件是:

条件 $\mathscr{L}_k$　存在常数 $C>1$,使下式成立

$$1<\varliminf_{t\to 0+}\frac{\varphi(Ct)}{\varphi(t)}\leqslant\varlimsup_{t\to 0+}\frac{\varphi(Ct)}{\varphi(t)}<C^k \tag{3.56}$$

在这一系列的研究中,上述作者还引入了 $\mathscr{L}_k$ 等价的一些条件.关于这一方面的信息详见 Bary 与 Stêchkin 合著的论文《一对共轭函数的最佳逼近及微分性质》(莫斯科数学会论文集,第 5 卷,1956,483-522).

§4　有限区间上的连续函数借助代数多项式的逼近

(一)最佳一致逼近

有限区间上的连续函数借助于代数多项式的最佳一致逼近度的估计,可以经过一个简单的变元代换把问题化归到周期函数的三角多项式逼近.

不妨得一般性,可以取 $[a,b]=[-1,1]$.设 $f\in C[-1,1]$,置 $x=\cos t$,$f(\cos t)$ 在 $[0,\pi]$ 上连续.当以 $-t$ 代 t 时 $f(\cos t)$ 不变,所以 $f(\cos t)$ 是 $[-\pi,\pi]$ 上的偶函数,它以 2π 为周期延拓到实轴上.对 $f(\cos t)$ 可以利用 Jackson 算子来逼近.取 $r=2$ 时的 Jackson 核,置 $n'=\left[\frac{n}{2}\right]+1$,以及

$$J_n(f;t)=\int_{-\pi}^{\pi}L_{n'2}(u)f(\cos(t+u))\mathrm{d}u \tag{3.57}$$

$J_n(f;t)\in T_{2n+1}$.所以由

$$\begin{aligned}&f(\cos t)-J_n(f;t)\\&=\int_{-\pi}^{\pi}[f(\cos t)-f(\cos(t+u))]L_{n'2}(u)\mathrm{d}u\end{aligned}$$

得

$$\begin{aligned}&|f(\cos t)-J_n(f;t)|\\&\leqslant\int_{-\pi}^{\pi}|f(\cos t)-f(\cos(t+u))|L_{n'2}(u)\mathrm{d}u\end{aligned}$$

注意到

$$\begin{aligned}&|f(\cos t)-f(\cos(t+u))|\\&\leqslant\omega_f(|\cos t-\cos(t+u)|)\end{aligned}$$

$\omega_f(\delta)$ 是 $f(x)$ 的连续模. 由于

$$|\cos t-\cos(t+u)|\leqslant|u|$$

所以

$$|f(\cos t)-f(\cos(t+u))|\leqslant\omega_f(|u|)$$

从而

$$\begin{aligned}&|f(\cos t)-J_n(f;t)|\\&\leqslant\int_{-\pi}^{\pi}\omega_f(|u|)L_{n'2}(u)\mathrm{d}u\\&=\int_{-\pi}^{\pi}\omega_f\left(n'|u|\cdot\frac{1}{n'}\right)L_{n'2}(u)\mathrm{d}u\\&\leqslant\omega\left(f;\frac{1}{n'}\right)\int_{-\pi}^{\pi}(1+n'|u|)L_{n'2}(u)\mathrm{d}u\end{aligned}\tag{3.58}$$

计算

$$\begin{aligned}&\int_{-\pi}^{\pi}(1+n'|u|)L_{n'2}(u)\mathrm{d}u\\&=1+n'\int_{-\pi}^{\pi}|u|L_{n'2}(u)\mathrm{d}u=O(1)\end{aligned}$$

及 $\omega\left(f;\frac{1}{n'}\right)\leqslant2\omega\left(f;\frac{1}{n}\right)$ 就得

$$|f(\cos t)-J_n(f;t)|\leqslant C\omega\left(f;\frac{1}{n}\right)$$

$J_n(f;t)$ 是一 n 阶偶三角多项式，故存在一个 n 次的代

数多项式 $P_n(x)$ 使 $P_n(\cos t)=J_n(f;t)$. 这样一来便得

$$|f(x)-P_n(x)|\leqslant C\omega\left(f;\frac{1}{n}\right) \tag{3.59}$$

这便是非周期的连续函数借助代数多项式子空间 P_n 的最佳一致逼近的 Jackson 不等式. 其中连续模是一阶的. 和周期函数的情形一样,这个不等式可以推广到 L^p 空间($1\leqslant p\leqslant+\infty$)和高阶连续模. 但是这一推广不能用变量替换 $x=\cos t$ 来达到. 这是由于,一方面 $f\in L^p(1<p<+\infty)$ 未必能保证 $g(t)=f(\cos t)\in L^p$;另一方面,复合函数 $f(\cos t)$ 的高阶差分不能归结到 $f(\cdot)$ 的同阶差分. 包含高阶连续模的,L^p 空间($1\leqslant p\leqslant+\infty$, $p=+\infty$ 时为 C 空间)内的非周期函数在有限区间上借助 P_n 的最佳逼近的 Jackson 不等式到 1976 年才由 R. DeVore 给出证明[41].

定理 3.4.1(DeVore[41],杨义群[42])

设 $1\leqslant p<\infty$, $1\leqslant k\leqslant m$. 存在一个仅依赖于 p 和区间 $Q=[a,b]$ 的常数 $c_1>0$,使对任何 $f\in L^p(Q)$ 有一个多项式 $P(f;\cdot)\in P_m$ 成立着

$$\|f-P(f)\|_p\leqslant c_1\omega_k\left(f;\frac{b-a}{2m}\right)_p \tag{3.60}$$

同样结果对 $p=\infty$ 成立,此时取 $f\in C[a,b]$.

我们在这里不准备叙述定理的证明了. 可以参看 L. Schumaker 的[41]. 但是想扼要地介绍一下证明要点. 它的证明主要包括:

(1) 利用 Whitney 的一条扩充定理[41],把 $f\in L^p[a,b]$ 延拓到包含$[a,b]$的某个较大的有限区间上,但是保持它的 k 阶 L^p 连续积分模的阶.

(2) 构造一个代数多项式型的代数卷积算子,卷

积核是利用 Legendre 正交多项式特别构造的，在证明过程中起着 Jackson 型核所起的作用.

非周期函数的最佳一致逼近的 Jackson 型定理的一个明显的缺陷是，它不能像周期情形那样建立最佳逼近与连续模之间的等价关系. 若已知 $f\in C[-1,1]$，$E_n(f)[-1,1]\overset{\text{df}}{=}\min\limits_{p\in P_n}\|f-p\|_C=O(n^{-\alpha})(0<\alpha\leqslant 1)$，借助于 $g(t)=f(\cos t)$ 可以证明：

定理 3.4.2　对任取的闭区间 $[a,b]\subset(-1,1)$ 有

(1) 当 $0<\alpha<1$ 时，$f\in H^{\alpha}[a,b]$.

(2) 当 $\alpha=1$ 时，$f\in H_2^1[a,b]$.

但这里面 Lipschitz 常数 M 依赖于 a,b,α. 当 $a\to -1,b\to 1$ 时，M 一般是无界的. 所以得不出 $f\in H^{\alpha}[-1,1]$ 或 $f\in H_2^1[-1,1]$ 的结论. 定理 3.4.2 的证明本身并不困难. 可参阅 I. P. Natanson 的[48]. 倒是它揭示的这种不同于周期情形的现象颇值得深思.

出现这种现象的原因何在？是由于方法上的缺陷，这是由于函数类

$$S=\{f\in C[-1,1]\mid E_n(f)[-1,1]=O(n^{-\alpha})\},0<\alpha\leqslant 1$$

是和 $H^{\alpha}[-1,1](0<\alpha<1$ 时）或者是和 $H_2^1[1,1]$ ($\alpha=1$ 时）不是同一个类？下例表明情况属于后者而非前者.

例 3.4.1　$f(x)=\sqrt{1-x^2}$，$-1\leqslant x\leqslant 1$. 置 $x=\cos t$，则

$$f(\cos t)=|\sin t|$$

由于

$$||\sin t|-|\sin t'||\leqslant|\sin t-\sin t'|\leqslant|t-t'|$$

$\Rightarrow f(\cos t)=|\sin t|\in \mathrm{Lip}\,1$

所以

$$E_n(f)[-1,1]=O\left(\frac{1}{n}\right)$$

那么,对每一 $\alpha,0<\alpha<1$ 也有

$$E_n(f)[-1,1]=O(n^{-\alpha})$$

当 $\frac{1}{2}<\alpha\leqslant 1$ 时,取 $h,0<h<1$ 由

$$\frac{|f(1)-f(1-h)|}{h^{\alpha}}=\frac{f(1-h)}{h^{\alpha}}=\frac{\sqrt{h(2-h)}}{h^{\alpha}}$$

$$=\frac{\sqrt{2-h}}{h^{\alpha-\frac{1}{2}}}\to+\infty,h\to 0+$$

知 $f\notin H^{\alpha}[-1,1]$. 此例说明,至少当 $\frac{1}{2}<\alpha$ 时,$S\supsetneqq H^{\alpha}[-1,1]$.

以上分析说明:和 2π 周期的情形不同,在这里利用最佳一致逼近 $E_n(f)[-1,1]=O(n^{-\alpha})$ 不能刻画 Lipschitz 类 $H^{\alpha}[-1,1]$ 的特征. 这反映了周期函数类的最佳逼近与有限区间上(非周期)函数类的最佳逼近的本质差别.

为了刻画 Lipschitz 类 $H^{\alpha}[-1,1]$ 的特征,必须用比一致逼近误差更精细的逼近误差来代替最佳一致逼近. 在这一方向上,苏联学者 S. M. Nikolsky[22] 在 1946 年得到了第一个重要结果.

定理 3.4.3 任取 $f\in 1\cdot H^{1}[-1,1]$,对每一正整数 n 存在 n 次代数多项式 $P_n(x)$ 使

$$|f(x)-P_n(x)|\leqslant\frac{\pi}{2}\left[\frac{\sqrt{1-x^{2}}}{n}+O\left(\frac{\ln n}{n^{2}}\right)\right] \tag{3.61}$$

常数$\frac{\pi}{2}$是最小的.

把这个结果和一致逼近的结果加以对比是有趣的.一致逼近的估计式是

$$|f(\cos t)-J_n(f,t)|\leqslant Cn^{-1}$$

Nikolsky 的估计包含了一致逼近的估计,但是比后者要细致. Nikolsky 的估计是点态的,当点 x 靠近 0 时,$\frac{\sqrt{1-x^2}}{n}$ 是主项,它给出的数量级为 $O(n^{-1})$,同于一致逼近的阶;但当 x 靠近端点 ±1 达到一定程度时,$O\left(\frac{\ln n}{n^2}\right)$ 成为主项,其数量级是 $O\left(\frac{\ln n}{n^2}\right)$ 而不是 $O(n^{-1})$. Nikolsky 曾推测,他的估计式可以改进成

$$|f(x)-P_n(x)|\leqslant C\left[\frac{\sqrt{1-x^2}}{n}+O\left(\frac{1}{n^2}\right)\right]$$

这个猜测到 1951 年就为他的学生 A. F. Timan 所证实.

(二) 点态的 Jackson 不等式

置 $\Delta_0(x)=1,\Delta_n(x)=\max\left(\frac{\sqrt{1-x^2}}{n},\frac{1}{n^2}\right),-1\leqslant x\leqslant 1,n=1,2,3,\cdots$,经变量代换 $x=\cos t$. 与此相对应地写着 $\delta_0(t)=1,\delta_n(t)=\max\left(\frac{|\sin t|}{n},\frac{1}{n^2}\right)$,函数 $\Delta_n(x)$ 也可以用 $\rho_n(x)=\frac{\sqrt{1-x^2}}{n}+\frac{1}{n^2}$ 代替,它们的关系是

$$\frac{1}{2}\rho_n(x)\leqslant\Delta_n(x)\leqslant\rho_n(x),-1\leqslant x\leqslant 1$$

定理 3.4.4 存在绝对常数 $M>0$,对任一 $f\in C[-1,1]$,有多项式序列 $\{P_n(x)\}(n=0,\cdots,+\infty)$,$P_n$ 的次数小于或等于 n,使

$$|f(x)-P_n(x)|\leqslant M\omega(f;\Delta_n(x))$$
$$-1\leqslant x\leqslant 1,n=0,1,2,\cdots$$

定理 3.4.5 给定正整数 $r\geqslant 1$,存在仅依赖于 r 的常数 $M_r>0$ 对任一 $f\in C^r[-1,1]$ 有多项式序列 $\{P_n(x)\}(n\geqslant r)$,P_n 的次数小于或等于 n,使

$$|f(x)-P_n(x)|\leqslant M_r(\Delta_n(x))^r\omega(f^{(r)};\Delta_n(x))$$
$$-1\leqslant x\leqslant 1,n\geqslant r \tag{3.63}$$

不等式(3.62)和(3.63)即所说的点态 Jackson 不等式.首先是由 A. F. Timan 在 1951 年发表的[23],这里介绍 Timan 的证明,其基本思想仍然是利用式(3.57)给出的算子 $J_n(f;t)$ 逼近 $f(\cos t)$,和前面一样,先得到

$$|f(\cos t)-J_n(f;t)|$$
$$\leqslant\int_{-\pi}^{\pi}|f(\cos t)-f(\cos(t+u))L_{n'2}(u)\mathrm{d}u$$
$$\leqslant\int_{-\pi}^{\pi}\omega_f(|\cos t-\cos(t+u)|)L_{n'2}(u)\mathrm{d}u$$

往下经过

$$\omega_f(|\cos t-\cos(t+u)|)$$
$$\leqslant\left\{1+\frac{|\cos t-\cos(t+u)|}{\delta_n(t)}\right\}\omega_f(\delta_n(t))$$
$$\delta_n(t)=\max\left\{\frac{|\sin t|}{n},\frac{1}{n^2}\right\},n\geqslant 1$$

而得到

$$\int_{-\pi}^{\pi}|f(\cos t)-f\cos(t+u)|L_{n'2}(u)\mathrm{d}u$$

$$\leqslant \omega_f(\delta_n(t))\int_{-\pi}^{\pi}\left\{1+\frac{|\cos t-\cos(t+u)|}{\delta_n(t)}\right\}L_{n'2}(u)\mathrm{d}u$$

关键是证明量

$$\int_{-\pi}^{\pi}\frac{|\cos t-\cos(t+u)|}{\delta_n(t)}L_{n'2}(u)\mathrm{d}u\leqslant C \tag{3.64}$$

对 t 和 n 一致成立，这里 Timan 证明式(3.62) 的基本点，对式(3.63) 的证明也遇到类似于式(3.64) 的积分估计问题.

综合 Timan 处理此类型积分的估计技巧，给出下面的引理：

引理 3.4.1　设 $\varphi(u)$ 对 $u\geqslant 0$ 有定义，满足条件：

(1)$\varphi(u)\geqslant 0$.

(2)$\varphi(u)$ 单调上升.

(3) 对某个整数 $m\geqslant 0$ 有

$$\varphi(\lambda u)\leqslant(1+\lambda)^m\varphi(u),\ \forall\lambda>0,u\geqslant 0$$

整数 $r\geqslant 2$，又 $s\geqslant 1$ 满足 $2s+m\leqslant 2r-2$，则存在常数 $B_r\geqslant 0$ 使得

$$\int_{-\pi}^{\pi}|\cos t-\cos(t+u)|^s\varphi\left(\delta_n+\frac{|u|}{n}\right)K_{nr}(u)\mathrm{d}u$$

$$\leqslant B_r(\delta_n(t))^s\varphi(\delta_n(t)),n=0,1,2,\cdots$$

其中 $\delta_n(t)=\max\left(\frac{|\sin t|}{n},\frac{1}{n^2}\right)$，$\delta_0(t)\equiv 1$，$K_{nr}=L_{n'r}$，

$n'=\left[\frac{n}{r}\right]+1$.

证　由于

$$|\cos t-\cos(t+u)|$$

$$=2\left|\sin\frac{u}{2}\sin\left(t+\frac{u}{2}\right)\right|$$

$$=2\left|\sin\frac{u}{2}\right|\cdot\left|\sin t\cos\frac{u}{2}+\cos t\sin\frac{u}{2}\right|$$

$$\leqslant 2\sin^2\frac{u}{2}+2\left|\sin\frac{u}{2}\right|\cdot|\sin t|$$

$$\leqslant u^2+|u|\cdot|\sin t|$$

写着 $\lambda=\left(\delta_n+\frac{|u|}{n}\right)\cdot\delta_n^{-1}$,则

$$\varphi\left(\delta_n+\frac{|u|}{n}\right)=\varphi(\lambda\delta_n)\leqslant(1+\lambda)^m\varphi(\delta_n)$$

$$=\left(2+\frac{|u|}{n\delta_n}\right)^m\cdot\varphi(\delta_n)$$

所以

$$\int_{-\pi}^{\pi}|\cos t-\cos(t+u)|^s\varphi\left(\delta_n+\frac{|u|}{n}\right)K_{nr}(u)\mathrm{d}u$$

$$\leqslant 2\varphi(\delta_n)\cdot\delta_n^s\int_0^{\pi}\left(\frac{u^2+|u|\cdot|\sin t|}{\delta_n}\right)^S\cdot$$

$$\left(2+\frac{|u|}{n\delta_n}\right)^m\cdot K_{nr}(u)\mathrm{d}u$$

最后的积分不超过形如

$$I=\int_0^{\pi}\left(\frac{u^2}{\delta_n}\right)^i\left(\frac{|u|\cdot|\sin t|}{\delta_n}\right)^j\left(\frac{u}{n\delta_n}\right)^k K_{nr}(u)\mathrm{d}u$$

的常数倍的有限项之和,其中 $i+j=s,0\leqslant h\leqslant m$.由于 $2i+j+k\leqslant 2r-2$,故得

$$I=\left(\frac{1}{\delta_n}\right)^i\left(\frac{|\sin t|}{\delta_n}\right)^j\left(\frac{1}{n\delta_n}\right)^k\int_0^{\pi}u^{2i+j+k}K_{nr}(u)\mathrm{d}u$$

$$\asymp\left(\frac{1}{\delta_n}\right)^i\left(\frac{|\sin t|}{\delta_n}\right)^j\left(\frac{1}{n\delta_n}\right)^k\cdot n^{-(2i+j+k)}$$

$$=\left(\frac{1}{n^2\delta_n}\right)^{i+k}\cdot\left(\frac{|\sin t|}{n\delta_n}\right)^j\leqslant 1$$

由此,知有常数 $B_r>0$,使引理 3.4.1 的不等式成立.

定理 3.4.4 的证明 由

$$\begin{aligned}&|f(\cos t)-J_n(f;t)|\\ \leqslant&\ \omega_f(\delta_n)\int_{-\pi}^{\pi}\left[1+\frac{|\cos t-\cos(t+u)|}{\delta_n}\right]K_{nr}(u)\mathrm{d}u\\ =&\ \omega_f(\delta_n)+\omega_f(\delta_n)\cdot\\ &\ \delta_n^{-1}\int_{-\pi}^{\pi}|\cos t-\cos(t+u)|K_{nr}(u)\mathrm{d}u\end{aligned}$$

利用引理 3.4.1 的结果给出上式内积分的估计：置 $r=2,s=1,m=0,\varphi(u)\equiv 1$ 便得

$$\begin{aligned}|f(\cos t)-J_n(f;t)|&\leqslant\omega_f(\delta_n)+\omega_f(\delta_n)\cdot\delta_n^{-1}\cdot B_2\delta_n\\ &=(1+B_2)\omega(f;\delta_n)\end{aligned}$$

此式给出

$$|f(x)-P_n(x)|\leqslant M\omega(f;\Delta_n(x)),n=1,2,3,\cdots$$

又 $n=0$ 时有

$$|f(x)-f(0)|\leqslant\omega(1)=\omega(f;\Delta_0)$$

转到证定理 3.4.5，把证明分成两个小步骤.

引理 3.4.2　设 B_r,φ 如引理 3.4.1，$m+2\leqslant 2r-2,f\in C^1[-1,1]$ 且

$$|f'(\cos t)|\leqslant\varphi(\delta_n(t)),n=1,2,3,\cdots$$

$$J_{nr}(t)=\int_{-\pi}^{\pi}f(\cos(t+u))K_{nr}(u)\mathrm{d}u,K_{nr}=L_{n'r}$$

其中 $n'=\left[\frac{n}{r}\right]+1$，则

$$|f(\cos t)-J_{nr}(t)|\leqslant B_r\delta_n(t)\varphi(\delta_n(t))\tag{3.65}$$

证　写着

$$\begin{aligned}&f(\cos t)-J_{nr}(t)\\ =&\int_{-\pi}^{\pi}[f(\cos t)-f(\cos(t+u)]K_{nr}(u)\mathrm{d}u\end{aligned}$$

中值公式给出

$$\begin{aligned}&|f(\cos t)-f(\cos(t+u))|\\&=|\cos t-\cos(t+u)|\cdot|f'(\cos\xi)|\end{aligned}$$

其中 $\xi=t+\theta u, 0\leqslant\theta\leqslant 1$. 由假定

$$|f'(\cos\xi)|\leqslant\varphi(\delta_n(\xi))$$

$$\begin{aligned}\delta_n(\xi)&=\max\left(\frac{|\sin\xi|}{n},n^{-2}\right)\\&\leqslant\max\left\{\frac{|\sin t|}{n}+\frac{|\sin\theta u|}{n},n^{-2}\right\}\\&\leqslant\max\left\{\frac{|\sin t|}{n},n^{2}\right\}+\frac{|u|}{n}\\&=\delta_n(t)+\frac{|u|}{n}\end{aligned}$$

所以

$$\begin{aligned}&|f(\cos t)-J_{nr}(t)|\\&\leqslant\int_{-\pi}^{\pi}|\cos t-\cos(t+u)|\varphi\left(\delta_n+\frac{|u|}{n}\right)K_{nr}(u)\mathrm{d}u\end{aligned}$$

再一次应用引理 3.4.1,其中 $s=1$,便得

$$|f(\cos t)-J_{nr}(t)|\leqslant B_r\delta_n(t)\varphi(\delta_n(t))$$

引理 3.4.3 设 φ 如引理 3.4.1,$f\in C^1[-1,1]$. 若对某个 $n\geqslant 0$ 有代数多项式 $P_n(x)$ 使

$$|f'(x)-P_n(x)|\leqslant\varphi(\Delta_n(x)),\ -1\leqslant x\leqslant 1$$

则存在 $n+1$ 次的代数多项式 $Q_{n+1}(x)$ 使

$$|f(x)-Q_{n+1}(x)|\leqslant B'_m\Delta_{n+1}(x)\varphi(\Delta_{n+1}(x))\tag{3.66}$$

其中 $B'_m>0$ 是一只与 m 有关的常数,$m+2\leqslant 2r-2$, m 的定义已在引理3.4.1 内给出过.

证 先设 $n\geqslant 1$. 取 r,使 $2r\geqslant m+4$,$P_{n+1}(x)$ 代表 $P_n(x)$ 的积分,记

$$g(x)=f(x)-P_{n+1}(x)$$

则

$$g'(x)=f'(x)-P_n(x)$$

而且

$$|g'(x)|=|f'(x)-P_n(x)|\leqslant\varphi(\Delta_n(x))=\varphi(\delta_n(t))$$

对 $g'(x)$ 使用引理 3.4.2，得

$$|g(\cos t)-J_{nr}(g,t)|\leqslant B_r\delta_n(t)\varphi(\delta_n(t))$$

$$J_{nr}(g,t)=\overline{P}_n(\cos t)$$

此处 $\overline{P}_n(\cdot)$ 是一 n 次代数多项式. 若令 $Q_{n+1}(x)=P_{n+1}(x)+\overline{P}_n(x)$，便得

$$|f(x)-Q_{n+1}(x)|\leqslant B_r\Delta_n(x)\varphi(\Delta_n(x))$$

再由 $\Delta_n(x)\leqslant 4\Delta_{n+1}(x)$ 推出

$$\begin{aligned}\Delta_n(x)\varphi(\Delta_n(x))&\leqslant 4\Delta_{n+1}(x)\varphi(4\Delta_{n+1}(x))\\&\leqslant 4(1+4)^m\Delta_{n+1}(x)\varphi(\Delta_{n+1}(x))\end{aligned}$$

由此即得 $n\geqslant 1$ 时引理的证.

若 $n=0$，由假设，存在常数 c 使

$$|f'(x)-c|\leqslant\varphi(1),\ -1\leqslant x\leqslant 1$$

由 $f(x)-cx=f(0)+\int_0^x(f'(u)-c)\mathrm{d}u$，得

$$\begin{aligned}|f(x)-f(0)-cx|&\leqslant|x|\cdot\|f'-c\|\\&\leqslant\Delta_0(x)\varphi(\Delta_0(x))\end{aligned}$$

但由 $\Delta_1(x)=\max\{\sqrt{1-x^2},1\}=1=\Delta_0(x)$ 得

$$|f(x)-f(0)-cx|\leqslant\Delta_1(x)\varphi(\Delta_1(x))$$

$n=0$ 的情形得证.

定理 3.4.5 的证明　对 $f^{(r)}$ 应用定理 3.4.4 后，连续应用引理 3.4.2 共 $r-1$ 次，得所欲求.

(三) 关于多项式导数的点态不等式

为了建立 Timan 定理的逆定理，需要把经典的

Bernstein-Markov 型的不等式扩充到一个新的情况.下面的定理首先由 V. K. Dzjadyk 证明于 1956[25].

定理 3.4.6 给定整数 $r \geqslant 0$ 及连续模 $\omega(t)$. 若 n 次的代数多项式 $P_n(x)$ 满足

$$|P_n(x)| \leqslant [\Delta_n(x)]^r \omega(\Delta_n(x)),\ -1 \leqslant x \leqslant 1$$

则

$$|P_n'(x)| \leqslant M_r [\Delta_n(x)]^{r-1} \omega(\Delta_n(x)),\ -1 \leqslant x \leqslant 1 \tag{3.67}$$

$M_r > 0$ 仅与 r 有关.

$n=1$ 时结论是平凡的. 因为这时 $\Delta_1(x)=1$, 如果 $P_1(x)=c_1x+c_0$, 由假定 $|c_1x+c_0| \leqslant \omega(1)$, 令 $x=1$, -1 得

$$|c_1+c_0| \leqslant \omega(1),\ |c_1-c_0| \leqslant \omega(1)$$

所以

$$|P_1'(x)| = |c_1| = \frac{1}{2}|(c_0+c_1)-(c_0-c_1)|\ \omega(1)$$

所以往下只讨论 $n>1$ 的情形. 先给出几个引理.

引理 3.4.4 已知 $r \geqslant 0$, $n \geqslant 1$ 为整数. 每一 n 阶三角多项式 $T_n(t)$ 及其导数 $T_n'(t)$ 之间成立着恒等式

$$T_n'(t) = 2^{2r} \cdot n^{-2r+2} \int_{-\pi}^{\pi} T_n(t+u) H_{nr}(u) \widetilde{K}_{nr}(u) \mathrm{d}u \tag{3.68}$$

其中 $\widetilde{K}_{nr}(u) = \left(\dfrac{\sin \frac{nu}{2}}{\sin \frac{u}{2}}\right)^{2r}$, $H_{nr}(u)$ 是一三角多项式, 满足 $|H_{nr}(u)| \leqslant 1$.

证 首先考虑 $r=0$. 此时, 每一 n 阶三角多项式 $T_n(t)$ 成立着

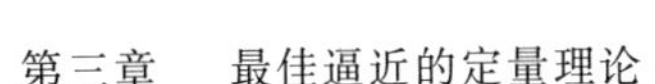

$$T_n(t)=\frac{1}{\pi}\int_{-\pi}^{\pi}T_n(u)D_n(u-t)\mathrm{d}u$$

其中 $D_n(u)=\frac{1}{2}+\sum_{k=1}^{n}\cos ku$. 求导数，得到

$$T'_n(t)=-\frac{1}{\pi}\int_{-\pi}^{\pi}T_n(u+t)D'_n(u)\mathrm{d}u$$

$$D'_n(u)=-\sum_{k=1}^{n}k\sin ku$$

由于 $|D'_n(u)|\leqslant n^2\pi$，故若置 $H_{n0}(u)=n^{-2}\pi^{-1}D'_n(u)$ 即得

$$T'_n(t)=n^2\int_{-\pi}^{\pi}T_n(t+u)H_{n0}(u)\mathrm{d}u$$

得所欲求.

假定命题对某个 $r(\geqslant 1)$ 及一切 $n\geqslant 1$ 成立. 任取一 n 阶三角多项式，那么

$$S_{2n}(t)=T_n(x+t)\left(\frac{\sin\frac{nt}{2}}{\sin\frac{t}{2}}\right)^2, x \text{ 是参数}$$

作为 t 的 $2n-1$ 阶三角多项式，由归纳假定，有下式成立

$$S'_{2n}(0)=2^{2r}(2n)^{-2r+2}\int_{-\pi}^{\pi}S_{2n}(u)H_{2n_1r}(u)\widetilde{K}_{2n_1r}(u)\mathrm{d}u$$

由于 $S'_{2n}(0)=n^2T'_n(x)$ 有

$$\widetilde{K}_{2n,r}(u)=\left(\frac{2\sin\frac{nu}{2}\cos\frac{nu}{2}}{\sin\frac{u}{2}}\right)^{2r}=2^{2r}\left(\cos\frac{nu}{2}\right)^{2r}\widetilde{K}_{nr}(u)$$

则得

$$n^2T'_n(x)=2^{2r}(2n)^{-2r+2}\int_{-\pi}^{\pi}T_n(x+u)H_{2n,r}(u)\cdot$$

$$\left(\cos\frac{nu}{2}\right)^{2r}\cdot 2^{2r}\cdot\left(\frac{\sin\frac{nu}{2}}{\sin\frac{u}{2}}\right)^{2r+2}\mathrm{d}u$$

从而

$$T_n'(x)=2^{2(r+1)}\cdot n^{-2r}\int_{-\pi}^{\pi}T_n(x+u)H_{n,r+1}(u)\widetilde{K}_{n,r+1}(u)\mathrm{d}u$$

其中

$$H_{n,r+1}(u)=H_{2n,r}(u)\left(\cos\frac{nu}{2}\right)^{2r},\ |H_{n,r+1}(u)|\leqslant 1$$

引理3.4.5 设 $r\geqslant 0,n>1,\omega(t)$ 为连续模,则由

$$|P_n(x)|\leqslant[\Delta_n(x)]^r\omega(\Delta_n(x)),\ -1\leqslant x\leqslant 1$$

得

$$|P_n'(x)|\leqslant\frac{nM'}{\sqrt{1-x^2}}[\Delta_n(x)]^r\omega(\Delta_n(x))$$

$$-1<x<1$$

证 令 $x=\cos t$,置 $P_n(\cos t)=T_n(t)$,利用上面的引理有

$$\begin{aligned}T_n'(t)&=-P_n'(x)\sin t\\&=2^{2r'}\cdot n^{-2r'+2}\int_{-\pi}^{\pi}T_n(t+u)H_{n,r'}(u)\widetilde{K}_{n,r'}(u)\mathrm{d}u\end{aligned}$$

r' 容稍后选定. 令 $\varphi(u)=u^r\omega(u)$,则对 $\lambda>0$ 有

$$\varphi(\lambda u)=\lambda^r u^r\cdot\omega(\lambda u)\leqslant(1+\lambda)^{r+1}\varphi(u)$$

我们取$m=r+1$,选 r' 使 $r+1=m\leqslant 2r'-2$(r' 不唯一,可取满足以上条件的 r' 中的最小者),注意在前面引入 Jackson 核时用过的记号 $\widetilde{K}_{n,r'}(u)=\lambda_n L_{nr'}(u)$,那么$\lambda_n\asymp n^{2r'-1}$,再注意

$$\delta_n(t+u)\leqslant\delta_n(t)+\frac{|u|}{n}$$

$$\Rightarrow\varphi(\delta_n(t+u))\leqslant\varphi\left(\delta_n(t)+\frac{|u|}{n}\right)$$

则得

$$
\begin{aligned}
&|P_n'(x)|\cdot|\sin t|\\
&\leqslant 2^{2r'}\cdot n^{-2r'+2}\int_{-\pi}^{\pi}\varphi(\delta_n(t+u))\widetilde{K}_{nr'}(u)\mathrm{d}u\\
&=2^{2r'}\cdot n^{-2r'+2}\cdot\lambda_n\int_{-\pi}^{\pi}\varphi(\delta_n(t+u))L_{nr'}(u)\mathrm{d}u\\
&\leqslant C\cdot 2^{2r'}\cdot n^{-2r'+2}\cdot n^{2r'-1}\int_{-\pi}^{\pi}\varphi\left(\delta_n(t)+\frac{|u|}{n}\right)L_{nr'}(u)\mathrm{d}u\\
&\leqslant C'n\varphi(\delta_n(t))
\end{aligned}
$$

注意此处又一次应用了引理 3.4.1($s=0$),再用上

$$|\sin t|=\sqrt{1-x^2}$$

便得所求.

推论 当$\sqrt{1-x^2}=|\sin t|\geqslant n^{-1}$时有

$$|P_n'(x)|\leqslant M_r[\Delta_n(x)]^{r-1}\omega(\Delta_n(x))$$

证 因为此时有$\dfrac{\sqrt{1-x^2}}{n}\geqslant\dfrac{1}{n^2}$,那么$\Delta_n(x)=\dfrac{\sqrt{1-x^2}}{n}$,从而

$$
\begin{aligned}
|P_n'(x)|&\leqslant C'\left(\frac{\sqrt{1-x^2}}{n}\right)^{-1}[\Delta_n(x)]^r\omega(\Delta_n(x))\\
&=M_r[\Delta_n(x)]^{r-1}\omega(\Delta_n(x))
\end{aligned}
$$

剩下需要处理$\sqrt{1-x^2}<\dfrac{1}{n}$的情形.假定$a\in(0,1]$,$|x|\leqslant a$,引入依赖于端点$a$的标准函数

$$\Delta_n(x,a)=\max\left(\frac{\sqrt{a^2-x^2}}{n},\frac{1}{n^2}\right),n\geqslant 1,\Delta_0(x,a)=1$$

引理 3.4.6 若$0<a\leqslant 1$,$|x|\leqslant a$,且对n次多项式$P_n(x)$有

$$|P_n(x)|\leqslant\varphi(\Delta_n(x,a)),\ |x|\leqslant a$$

$\varphi(u)$ 是引理 3.4.1 中给出的函数，则任取 $q\in(0,a)$，对 $a_1=a-qn^{-2}$ 有

$$|P_n'(x)|\leqslant \text{const}\cdot(\Delta_n(x,a_1))^{-1}\varphi(\Delta_n(x,a_1))\quad |x|\leqslant a_1 \tag{3.69}$$

其中常数与 a,q,m 有关.

证 置 $x=a\cos t$，记 $T_n(t)=P_n(a\cos t)$，由假定

$$|T_n(x)|\leqslant\varphi(\Delta_n(x,a))\leqslant\varphi(\delta_n(t))$$

因为有

$$\Delta_n(x,a)=\max\left\{\frac{a|\sin t|}{n},\frac{1}{n^2}\right\}\leqslant\delta_n(t)$$

由于 $\varphi(\lambda u)\leqslant(1+\lambda)^m\varphi(u)$，选择一正整数 r，使 $m\leqslant 2r-2$，仍利用引理3.4.4，由

$$\begin{aligned}T_n'(t)&=-aP_n(a\cos t)\sin t\\&=2^{2r}\cdot n^{-2r+2}\lambda_n\int_{-\pi}^{\pi}T_n(t+u)H_{nr}(u)L_{nr}(u)\mathrm{d}u\end{aligned}$$

得到

$$\begin{aligned}&a|P_n'(x)|\cdot|\sin t|\\&\leqslant\text{const}\cdot n\int_{-\pi}^{\pi}\varphi\left(\delta_n(t)+\frac{|u|}{n}\right)L_{nr}(u)\mathrm{d}u\\&\leqslant\text{const}\cdot n\varphi(\delta_n(t))\end{aligned}$$

对 $a_1=a-qn^{-2}$，$|x|\leqslant a_1$，如能证明

$$\varphi(\delta_n(t))\leqslant\text{const}\cdot\varphi(\Delta_n(x,a_1))\tag{3.70}$$

$$\frac{n}{|\sin t|}\leqslant\text{const}\cdot[\Delta_n(x,a_1)]^{-1}\tag{3.71}$$

则引理得证.

设 $|x|\leqslant a_1<a$，$x=a\cos t$，则由

$$\sqrt{a^2-x^2}=a|\sin t|\leqslant\sqrt{a^2-a_1^2}+\sqrt{a_1^2-x^2}$$

并且

$$\sqrt{a^2-a_1^2}=\sqrt{(2a-qn^{-2})\cdot qn^{-2}}\asymp n^{-1}$$

所以有

$$\frac{|\sin t|}{n} \leqslant a^{-1}\left(\frac{\sqrt{a_1^2-x^2}}{n}+\frac{\sqrt{a^2-a_1^2}}{n}\right)$$

$$\leqslant \mathrm{const}\left(\frac{\sqrt{a_1^2-x^2}}{n}+\frac{1}{n^2}\right)$$

$$\frac{1}{n^2} \leqslant \mathrm{const}\left(\frac{\sqrt{a_1^2-x^2}}{n}+\frac{1}{n^2}\right)$$

从而

$$\delta_n(t) \leqslant \mathrm{const}\left(\frac{\sqrt{a_1^2-x^2}}{n}+\frac{1}{n^2}\right)$$

所以得 $\varphi(\delta_n(t)) \leqslant \mathrm{const}\ \varphi(\Delta_n(x,a_1))$，此即式(3.70).

又当 $|x| \leqslant a_1$ 时

$$a|\sin t| = \sqrt{a^2-x^2} \geqslant \sqrt{a^2-a_1^2} \geqslant \mathrm{const}\cdot n^{-1}$$

以及

$$a|\sin t| \geqslant \sqrt{a_1^2-x^2} \Rightarrow \frac{n}{|\sin t|} \leqslant \mathrm{const}\cdot\frac{n}{\sqrt{a_1^2-x^2}}$$

所以

$$\frac{n}{|\sin t|} \leqslant \mathrm{const}\cdot\min\left\{n^2,\frac{n}{\sqrt{a_1^2-x^2}}\right\} = \frac{\mathrm{const}}{\Delta_n(x,a_1)}$$

此即式(3.71).

引理 3.4.7　存在一绝对常数 $C>0$，对任一 $n(n>1$，任意)次代数多项式 $P_n(x)$ 有

$$|P_n(x)| \leqslant M,\ |x| \leqslant 1-n^{-2}$$

在$[-1,1]$上有

$$|P_n(x)| \leqslant CM \tag{3.72}$$

证　先设 n 次代数多项式 $P_n(x)$ 在$[-1,1]$上满足 $|P_n(x)| \leqslant M$，则对 x_0，$|x_0|>1$，由例 1.4.8 的

推论得

$$|P_n(x_0)|\leqslant M|T_n(x_0)|$$

根据引理1.4.9,当$|x|>1$时$T_n(x)=\frac{1}{2}(R^n+R^{-n})$,$R(x)=x+\sqrt{x^2-1}$,$R^{-1}(x)=x-\sqrt{x^2-1}$,由此

$$|P_n(x_0)|\leqslant\frac{M}{2}(|R(x_0)|^n+|R(x_0)|^{-n})\tag{3.73}$$

当$P_n(x)$在任意区间$[a,b]$上满足$|P_n(x)|\leqslant M$时,如欲对$x_0\overline{\in}[a,b]$估计$|P_n(x_0)|$,只要作一自变量代换便得

$$|P_n(x_0)|\leqslant M\left|\cos n\arccos\left(\frac{2x_0-(a+b)}{b-a}\right)\right|$$

其中$\cos n\arccos\frac{2x-a-b}{b-a}$是由$\cos n\operatorname{arccot}$经变量替换$t=\frac{2x-a-b}{b-a}$而得的$n$次代数多项式,而$\cos n\arccos\left(\frac{2x_0-a-b}{b-a}\right)$是该多项式在点$x_0$的值.此时仍有

$$\cos n\arccos\frac{2x-a-b}{b-a}=\frac{1}{2}(R^n+R^{-n})$$

其中

$$R=\frac{y+\sqrt{y^2-h^2}}{h},h=\frac{1}{2}(b-a),y=x-\frac{a+b}{2}$$

由此.对任意区间$[a,b]$上的n次多项式$P_n(x)$及$x_0\overline{\in}[a,b]$有

$$|P_n(x_0)|\leqslant\frac{M}{2}(|R(y_0)|^n+|R(y_0)|^{-n})\tag{3.74}$$

$y_0=x_0-\frac{1}{2}(a+b)$，在最后不等式内置 $a=-1+n^{-2}$，$b=1-n^{-2}(n\geqslant 2)$，$1-n^{-2}<|x_0|\leqslant 1$，此时 $h=1-n^{-2}$，$y_0=x_0$，所以

$$R(y_0)=\left(1-\frac{1}{n^2}\right)^{-1}(x_0+\sqrt{x_0^2-(1-n^{-2})^2})$$
$$=1+O(n^{-1})$$

所以，存在与 n 无关的数 $C>0$，使

$$|P_n(x)|\leqslant CM,-1\leqslant x\leqslant 1$$

定理 3.4.6 的证明

如前所述，现在只需考虑 $n>1,\sqrt{1-x^2}<\frac{1}{n}$ 的情形，注意到 $\left\{x\mid x\in[-1,1],\sqrt{1-x^2}<\frac{1}{n}\right\}\subset[1-n^{-2},1]\cup[-1,-1+n^{-2}]$，$r\geqslant 0$，取 $q=\frac{1}{r+1}$，$a_1=1-qn^{-2}$. 由条件

$$|P_n(x)|\leqslant[\Delta_n(x)]^r\omega(\Delta_n(x)),-1\leqslant x\leqslant 1$$

根据引理 3.4.6 有

$$|P_n'(x)|\leqslant M[\Delta_n(x,a_1)]^{r-1}\omega(\Delta_n(x,a_1))$$
$$|x|\leqslant a_1$$

若 $r\geqslant 1$，继续取 $a_2=1-2qn^{-2}$，再根据引理 3.4.6，有

$$|P_n''(x)|\leqslant M'[\Delta_n(x,a_2)]^{r-2}\omega(\Delta_n(x,a_2))$$
$$|x|\leqslant a_2$$

对 $j=1,\cdots,r+1$ 使用引理 3.4.6 得

$$|P_n^{(j)}(x)|\leqslant M^{(j-1)}[\Delta_n(x,a_j)]^{r-j}\omega[\Delta_n(x,a_j)]$$
$$|x|\leqslant a_j$$

其中 $a_j=1-jqn^{-2}$，$j=r+1$ 时 $a_{r+1}=1-n^{-2}$. 记 $b=a_{r+1}$，见图 3.5.

$-1+\frac{1}{n^2}$　　$1-\frac{1}{n^2}$

-1　　0　　a_{r+1}　a_r　　a_1　1

图 3.5

$j=r+1$ 时给出

$$|P_n^{(r+1)}(x)|\leqslant M^{(r)}[\Delta_n(x,b)]^{-1}\omega[\Delta_n(x,b)]$$
$$-b\leqslant x\leqslant b$$

在此取值范围内 $\Delta_n(x,b)=\max\left\{\frac{\sqrt{b^2-x^2}}{n},\frac{1}{n^2}\right\}$ 在 $x=b$ 时最小，其值为 n^{-2}，那么，利用函数 $\omega(t)\cdot t^{-1}$ 的几乎下降性（见定理 3.2.1 的推论 2）知道. 对于 x，$|x|\leqslant 1-n^{-2}$，从 $\Delta_n(x,b)\geqslant n^{-2}$ 有

$$\frac{\omega(\Delta_n(x,b))}{\Delta_n(x,b)}\leqslant 2\frac{\omega(n^{-2})}{n^{-2}}=2n^2\omega\left(\frac{1}{n^2}\right)$$

所以

$$|P_n^{(r+1)}(x)|\leqslant 2M^{(r)}n^2\omega\left(\frac{1}{n^2}\right),\ |x|\leqslant 1-n^{-2} \tag{3.75}$$

根据引理 3.4.7，存在常数 $C>0$ 使有

$$|P_n^{(r+1)}(x)|\leqslant 2CM^{(r)}n^2\omega\left(\frac{1}{n^2}\right)$$

对 x，$|x|\leqslant 1$ 成立. 现在来估计 $|P'_n(x)|$ 当 $x\in[-1,-1+n^{-2}]\cup[1-n^{-2},1]$，不妨只讨论 $1-n^{-2}\leqslant x\leqslant 1$ 的情形，利用关系式

$$P_n^{(r)}(x)=P_n^{(r)}(a_r)+\int_{a_r}^{x}P_n^{(r+1)}(u)\mathrm{d}u$$

以及

$$|P_n^{(r)}(a_r)|\leqslant M^{(r-1)}\omega(\Delta_n(a_r,a_r))=M^{(r-1)}\omega\left(\frac{1}{n^2}\right)$$

有

$$|P_n^{(r)}(x)| \leqslant M^{(r-1)}\omega\left(\frac{1}{n}\right)+$$

$$|x-a_r|\cdot 2CM^{(r)}n^2\omega\left(\frac{1}{n^2}\right)$$

$$\leqslant \text{const}\ \omega\left(\frac{1}{n^2}\right)$$

经 r 次积分得

$$P'_n(x) \leqslant \text{const}\cdot n^{-2(r-1)\omega}\left(\frac{1}{n^2}\right)$$

最后注意到$\sqrt{1-x^2}<\frac{1}{n}$时，$1-n^{-2}\leqslant|x|\leqslant 1$，那么上式成立，而此时由于

$$\frac{\sqrt{1-x^2}}{n}<\frac{1}{n^2}\Rightarrow\Delta_n(x)=\frac{1}{n^2}$$

故得

$$|P'_n(x)|\leqslant \text{const}\cdot[\Delta_n(x)]^{r-1}\omega(\Delta_n(x))$$

(四)Dzjadyk 定理

现在给出点态的 Jackson 定理的逆定理.

定理 3.4.7　给定连续模 $\omega(t)$. 若对 $f\in C[-1,1]$ 存在 n 次的代数多项式序列 $\{P_n(x)\}(n=0,\cdots,+\infty)$ 使有

$$|f(x)-P_n(x)|\leqslant\omega(\rho_n(x)),\ -1\leqslant x\leqslant 1 \tag{3.76}$$

此处 $\rho_0(x)=1$，$\rho_n(x)=\frac{1}{n}\left(\sqrt{1-x^2}+\frac{1}{n}\right)$，则

$$\omega(f;t)<ct\int_t^1\frac{\omega(u)}{u^2}\mathrm{d}u,\ 0\leqslant t\leqslant\frac{1}{2} \tag{3.77}$$

$c>0$ 是一与 f 无关的常数.

证　(1) 任取 $x\in[-1,1]$，$N\geqslant 3$，$0\leqslant h\leqslant N^{-1}$，

只要 $x+h\in[-1,1]$,便有

$$|f(x)-f(x+h)|\leqslant\frac{c_1}{N}\sum_{k=0}^{N}\omega\left(\frac{1}{k+1}\right)\tag{3.78}$$

$c_1>0$ 是一与 f 无关的常数.

任取整数 $m\geqslant 0$ 有

$$\begin{aligned}&|\Delta_h f(x)-\Delta_h P_{2^{m+1}}(x)|\\ \leqslant&|f(x+h)-P_{2^{m+1}}(x+h)|+\\ &|f(x)-P_{2^{m+1}}(x)|\\ \leqslant&\omega\left[\frac{1}{2^{m+1}}\left(\sqrt{1-(x+h)^2}+\frac{1}{2^{m+1}}\right)\right]+\\ &\omega\left(\frac{1}{2^{m+1}}\left(\sqrt{1-x^2}+\frac{1}{2^{m+1}}\right)\right]\\ \leqslant&2\omega\left(\frac{1}{2^{2m+2}}\right)+\omega\left(\frac{1}{2^{m+1}}\sqrt{1-x^2}\right)+\\ &\omega\left(\frac{1}{2^{m+1}}\sqrt{1-(x+h)^2}\right)\end{aligned}$$

固定 x 及 N,可适当地选择 m 使得

$$\omega\left(\frac{1}{2^{2m+2}}\right),\omega\left(\frac{\sqrt{1-x^2}}{2^{m+1}}\right),\omega\left(\frac{\sqrt{1-(x+h)^2}}{2^{m+1}}\right)\leqslant\omega\left(\frac{c_2}{N}\right)$$

$c_2>0$ 是绝对常数.为证此式,我们区两种情形:

(i) $|x|\geqslant 1-\frac{2}{N}$.

此时由于

$$\sqrt{1-x^2}\leqslant\sqrt{\frac{2}{N}\left(2-\frac{2}{N}\right)}<\frac{2}{\sqrt{N}}$$

$$\sqrt{1-(x+h)^2}<\frac{3}{\sqrt{N}}$$

取 m 使

$$2^m\leqslant\sqrt{N}<2^{m+1}$$

即

$$m=\left[\frac{\ln N}{2\ln 2}\right]$$

就有

$$2^{-(2m+2)}<N^{-1}$$

$$2^{-(m+1)}\sqrt{1-x^2}<2N^{-1}$$

$$2^{-(m+1)}\sqrt{1-(x+h^2)}<3N^{-1}$$

（ⅱ）$|x|<1-\dfrac{2}{N}$.

此时$\sqrt{1-x^2}>\sqrt{\dfrac{2}{N}}$，$\sqrt{1-(x+h)^2}>\dfrac{1}{\sqrt{N}}$. 取 m 使

$$2^m\leqslant N\sqrt{1-x^2}<2^{m+1}$$

亦即

$$m=\left[\frac{\ln(N\sqrt{1-x^2})}{\ln 2}\right]$$

就有

$$\begin{aligned}2^{-(2m+2)}&\leqslant N^{-2}(1-x^2)^{-1}\\&=N^{-1}\left(\frac{1}{\sqrt{N(1-x^2)}}\right)^2<N^{-1}\end{aligned}$$

$$2^{-(m+1)}\sqrt{1-x^2}<N^{-1}$$

至于 $2^{-(m+1)}\sqrt{1-(x+h)^2}$，分两种情形计算：

(a) 若 $x\geqslant 0$ 时，则有

$$2^{-(m+1)}\sqrt{1-(x+h)^2}\leqslant 2^{-(m+1)}\sqrt{1-x^2}<N^{-1}$$

(b) 若 $x<0$，则由

$$\begin{aligned}&\left|\sqrt{1-(x+h)^2}-\sqrt{1-x^2}\right|\\=&\frac{|(x+h)^2-x^2|}{\sqrt{1-(x+h)^2}+\sqrt{1-x^2}}\end{aligned}$$

$$\leqslant \frac{h(2|x|+h)}{2\sqrt{1-(x+h)^2}} < \frac{h(2|x|+h)}{\frac{2}{\sqrt{N}}}$$

$$< \frac{4}{N}\cdot\frac{\sqrt{N}}{2} = \frac{2}{\sqrt{N}}$$

所以有

$$\frac{\sqrt{1-(x+h)^2}}{2^{m+1}} \leqslant \frac{\sqrt{1-x^2}+\frac{2}{\sqrt{N}}}{2^{m+1}} < \frac{1}{N} + \frac{1}{2^m\sqrt{N}}$$

$$\frac{1}{2^m\sqrt{N}} = \frac{2}{2^{m+1}\sqrt{N}} < \frac{2}{N} \Rightarrow \frac{\sqrt{1-(x+h)^2}}{2^{m+1}} < 3N^{-1}$$

综合起来得：$\forall x\in[-1,1]$，$0\leqslant h\leqslant N^{-1}$，只要是 $x+h\in[-1,1]$ 就有

$$|\Delta_h f(x) - \Delta_h P_{2^{m+1}}(x)| \leqslant 6\omega\left(\frac{2}{N}\right)$$

这里当 $|x|\geqslant 1-\frac{2}{N}$ 时，$m=\left[\frac{\ln N}{2\ln 2}\right]$；而当 $|x|<1-\frac{2}{N}$ 时

$$m = \left[\frac{\ln(N\sqrt{1-x^2})}{\ln 2}\right]$$

由上面的不等式得

$$|\Delta_h f(x)| \leqslant |\Delta_h P_{2^{m+1}}(x)| + 6\omega\left(\frac{2}{N}\right) \tag{3.79}$$

为估计 $\Delta_h P_{2^{m+1}}(x)$，由中值定理得

$$|\Delta_h P_{2^{m+1}}(x)| = h\,|P'_{2^{m+1}}(x')|$$

$$x' = x+\theta h, 0\leqslant\theta\leqslant 1$$

问题化归到估计 $P'_{2^{m+1}}(x)$. 由

$$P'_{2^{m+1}}(x) = P'_1(x) + \sum_{k=1}^{m}[P'_{2^{k+1}}(x) - P'_{2^k}(x)]$$

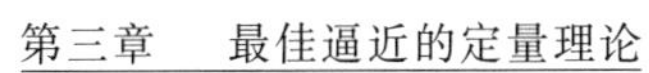

$$\Rightarrow |P'_{2^{m+1}}(x)| \leqslant |P'_1(x) - P'_0(x)| + \sum_{k=1}^{m} |P'_{2^{k+1}}(x) - P'_{2^k}(x)|$$

及

$$\begin{aligned} & |P_1(x) - P_0(x)| \\ \leqslant & |P_1(x) - f(x)| + |f(x) - P_0(x)| \\ \leqslant & \omega(\rho_1(x)) + \omega(\rho_0(x)) \leqslant 2\omega(\rho_1(x)) \leqslant 4\omega(\rho_0) \\ \Rightarrow & |P'_1(x)| \leqslant 4\omega(\rho_0) = 4\omega(1) \end{aligned}$$

同理

$$\begin{aligned} & |P_{2^{k+1}}(x) - P_{2^k}(x)| \\ \leqslant & 2\omega\left[\frac{1}{2^k}\left(\sqrt{1-x^2} + \frac{1}{2^k}\right)\right] \\ \Rightarrow & |P'_{2^{k+1}}(x) - P'_{2^k}(x)| \\ \leqslant & c\,\frac{2^k\omega\left[\frac{1}{2^k}\left(\sqrt{1-x^2} + \frac{1}{2^k}\right)\right]}{\sqrt{1-x^2} + \frac{1}{2^k}} \end{aligned}$$

（ⅲ）$|x| \geqslant 1 - \frac{2}{N}$.

不妨只讨论 $1 - \frac{2}{N} \leqslant x \leqslant 1$，这时由于 $\sqrt{1-x^2} < \frac{2}{\sqrt{N}} < \frac{1}{2^{m-1}} < \frac{2}{2^k}, k = 1, \cdots, m$，所以有

$$\frac{1}{2^k}\left(\sqrt{1-x^2} + \frac{1}{2^k}\right) < \frac{3}{2^{2^k}}, k = 1, \cdots, m$$

$$|P'_{2^{k+1}}(x) - P'_{2^k}(x)| \leqslant c2^{2k}\omega\left(\frac{3}{2^{2k}}\right) \leqslant c_1 2^{2k}\omega\left(\frac{1}{2^{2k}}\right)$$

所以

$$|P'_{2^{m+1}}(x)| \leqslant 4\omega(1) + c_1 \sum_{k=1}^{m} 2^{2k}\omega\left(\frac{1}{2^{2k}}\right)$$

$$\leqslant c_2\sum_{k=0}^{m}2^{2k}\omega\left(\frac{1}{2^{2k}}\right)$$

由于

$$4^k\omega\left(\frac{1}{4^k}\right)\leqslant 4\sum_{j=4^{k-1}}^{4^k-1}\omega\left(\frac{1}{j+1}\right),k=1,\cdots,m$$

所以有

$$\sum_{k=0}^{m}4^k\omega\left(\frac{1}{4^k}\right)\leqslant\omega(1)+4\sum_{k=1}^{m}\sum_{j=4^{k-1}}^{4^k-1}\omega\left(\frac{1}{j+1}\right)$$

$$\leqslant 4\sum_{j=0}^{4^m}\omega\left(\frac{1}{j+1}\right)\leqslant 4\sum_{j=0}^{N}\omega\left(\frac{1}{j+1}\right)$$

所以

$$|P'_{2^{m+1}}(x)|\leqslant 4c_2\sum_{j=0}^{N}\omega\left(\frac{1}{j+1}\right)$$

(ⅳ) $|x|<1-\dfrac{2}{N}$.

令

$$\sum_{k=0}^{m}|P'_{2^{k+1}}(x)-P'_{2^k}(x)|=\sum\nolimits_1+\sum\nolimits_2$$

其中

$$\sum\nolimits_1=\sum_{2^{-k}\geqslant\sqrt{1-x^2}}|P'_{2^{k+1}}(x)-P'_{2^k}(x)|$$

$$\sum\nolimits_2=\sum_{2^{-k}<\sqrt{1-x^2}}|P'_{2^{k+1}}(x)-P'_{2^k}(x)|$$

为书写的便利,置 $2^v\leqslant(1-x^2)^{-\frac{1}{2}}<2^{v+1}$,则利用 $\dfrac{\omega(u)}{u}$ 的几乎下降性有

$$\sum\nolimits_1=\sum_{k\leqslant v}\leqslant c_5\sum_{k=0}^{v}2^{2k}\omega\left(\frac{1}{2^{2k}}\right)\leqslant c_6\sum_{j=0}^{2^{2v}}\omega\left(\frac{1}{j+1}\right)$$

$$\sum\nolimits_2=\sum_{k>v}\leqslant c_7\sum_{k=v+1}^{m}\frac{2^k}{\sqrt{1-x^2}}\omega\left(\frac{\sqrt{1-x^2}}{2^k}\right)$$

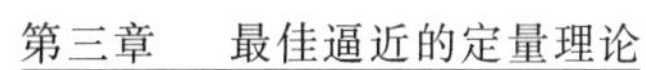

$$\leqslant c_7 \sum_{k=v+1}^{m} 2^{k+v+1} \omega\left(\frac{1}{2^{k+n}}\right) \leqslant c_8 \sum_{j=0}^{2^{m+v}} \left(\frac{1}{j+1}\right)$$

所以

$$|P'_{2^{m+1}}(x)| \leqslant \sum\nolimits_1 + \sum\nolimits_2$$

$$\leqslant c_6 \sum_{j=0}^{2^{2j}} \omega\left(\frac{1}{j+1}\right) + c_8 \sum_{j=0}^{2^{m+j}} \omega\left(\frac{1}{j+1}\right)$$

注意到这时 $2^m \leqslant N\sqrt{1-x^2} < 2^{m+1} \Rightarrow 2^{m+1} \leqslant N$,以及 $v \leqslant m$,故有

$$|P'_{2^{m+1}}(x)| \leqslant c_9 \sum_{j=1}^{N} \omega\left(\frac{1}{j+1}\right)$$

综合以上得

$$|\Delta_h f(x)| \leqslant \frac{c_{10}}{N} \sum_{j=0}^{N} \omega\left(\frac{1}{j+1}\right) + 6\omega\left(\frac{2}{N}\right)$$

再由

$$\omega\left(\frac{2}{N}\right) \leqslant 2\omega\left(\frac{1}{N}\right) \leqslant 4\omega\left(\frac{1}{N+1}\right) \leqslant \frac{4}{N} \sum_{j=0}^{N} \omega\left(\frac{1}{j+1}\right)$$

遂得所求.

(2) 由上所得,对 $t, 0 < t \leqslant 1/2$,若取 $N = [t^{-1}]$,则得

$$\omega(f;t) \leqslant \frac{c_{11}}{N} \sum_{j=1}^{N} \omega\left(\frac{1}{j+1}\right)$$

再由 $\sum_{j=0}^{N} \omega\left(\frac{1}{j+1}\right) \leqslant c_0 \int_{\frac{1}{N+1}}^{1} \frac{\omega(u)}{u^2} \mathrm{d}u$ 即得

$$\frac{1}{N} \sum_{j=0}^{N} \omega\left(\frac{1}{j+1}\right) \leqslant \frac{c_0}{N} \int_{\frac{1}{N+1}}^{1} \frac{\omega(u)}{u^2} \mathrm{d}u \leqslant c_0 t \int_{t}^{1} \frac{\omega(u)}{u^2} \mathrm{d}u$$

得所欲求.

推论　若 $\omega(t) = t^{\alpha}, 0 < \alpha < 1$,则 $\omega(f;t) = O(t^{\alpha})(t \to 0+)$.

证　因

$$\int_t^1 \frac{u^\alpha}{u^2}\mathrm{d}u = \frac{1}{1-\alpha}(t^{\alpha-1}-1)$$

所以当 $t \to 0+$ 时有 $t\int_t^1 \frac{\omega(u)}{u^2}\mathrm{d}u = O(t^\alpha)$.

仿照 2π 周期情形的处理方法,但是用点态不等式代替 Bernstein 不等式,可得:

定理 3.4.8 若连续模 $\omega(t)$ 满足 $\int_0^1 \frac{\omega(u)}{u}\mathrm{d}u < +\infty$,$r \geqslant 1$,且对 $f \in C[-1,1]$ 有 n 次多项式序列 $\{P_n(x)\}$,使

$$|f(x)-P_n(x)| \leqslant [\rho_n(x)]^r\omega[\rho_n(x)]$$
$$-1 \leqslant x \leqslant 1, n=0,1,2,\cdots$$

则:

(1)$f^{(r)} \in [-1,1]$.

(2)$\omega(f^{(r)};t) \leqslant A_r\left(t\int_t^1 \frac{\omega(u)}{u^2}\mathrm{d}u + \int_0^t \frac{\omega(u)}{u}\mathrm{d}u\right)$.

特例 $\omega(t)=t^\alpha$,$0<\alpha<1$ 时,由

$$|f(x)-P_n(x)| \leqslant [\rho_n(x)]^{r+\alpha}$$

得 $\omega(f^{(r)};t)=O(t^\alpha)(t \to 0+)$.

证 (1) 取子列$\{p_{2^j}(x)\}$ 有

$$f(x) = \lim_{i\to+\infty} p_{2^i}(x) = p_1(x) + \sum_{j=1}^{+\infty}(p_{2^j}(x)-p_{2^{j-1}}(x))$$

证$\sum_{j=1}^{+\infty}(p_{2^j}^{(r)}(x)-p_{2^{j+1}}^{(r)}(x))$一致收敛.

由

$$|p_{2^j}(x)-p_{2^{j-1}}(x)| \leqslant c_r(\rho_{2^j}(x))^r\omega(\rho_{2^j}(x))$$
$$\Rightarrow |p_{2^j}^{(r)}(x)-p_{2^{j-1}}^{(r)}(x)| \leqslant c'_r\omega(\rho_{2^j}(x))$$

注意到

$$\rho_{2^{j-1}}(x) \leqslant 4\rho_{2^j}(x)$$

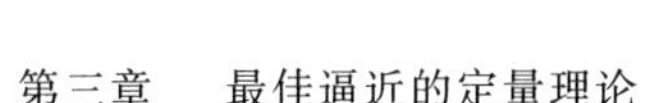

$$\int_{\rho_{2^j(x)}}^{\rho_{2^{j-1}(x)}} \frac{\omega(u)}{u}\mathrm{d}u \geqslant \omega(\rho_{2^j}(x))\ln\frac{\rho_{2^{j-1}}(x)}{\rho_{2^j}(x)}$$

$$\ln\frac{\rho_{2^{j-1}}(x)}{\rho_{2^j}(x)} = \ln\frac{\dfrac{\sqrt{1-x^2}}{2^{j-1}}+\dfrac{1}{(2^{j-1})^2}}{\dfrac{\sqrt{1-x^2}}{2^j}+\dfrac{1}{2^{2j}}}$$

$$=\ln\frac{\dfrac{\sqrt{1-x^2}}{2^j}\cdot 2+\dfrac{1}{2^{2j}}\cdot 4}{\dfrac{\sqrt{1-x^2}}{2^j}+\dfrac{1}{2^{2j}}} > \ln 2$$

$$\Rightarrow \omega(\rho_{2^j}(x)) \leqslant \frac{1}{\ln 2}\int_{\rho_{2^j(x)}}^{\rho_{2(j+1(x))}} \frac{\omega(u)}{u}\mathrm{d}u$$

$$\Rightarrow \sum_{j=1}^{+\infty} \mid p_{2^j}^{(r)}(x) - p_{2^{j-1}}^{(r)}(x) \mid$$

$$\leqslant \frac{c'_r}{\ln 2}\int_0^{\rho_1(x)} \frac{\omega(u)}{u}\mathrm{d}u < +\infty$$

$$\Rightarrow p_{2^j}^{(r)}(x) \text{ 一致收敛于 } f^{(r)} \in C[-1,1]$$

(2) 估计 $\omega(f^{(r)};t)$.

利用

$$\mid f^{(r)}(x) - p_{2^j}^{(r)}(x) \mid$$

$$\leqslant \sum_{v=j+1}^{+\infty} \mid p_{2^v}^{(r)}(x) - p_{2^{v-1}}^{(r)}(x) \mid$$

$$\leqslant c'_r \sum_{v=j+1}^{+\infty} \omega(\rho_{2^v}(x))$$

$$\leqslant \frac{c'_r}{\ln 2}\int_0^{\rho_{2^j(x)}} \frac{\omega(u)}{u}\mathrm{d}u = \frac{c'_r}{\ln 2}\Omega(\rho_{2^j}(x))$$

$$\Omega(t) \xlongequal{\mathrm{df}} \int_0^t \frac{\omega(u)}{u}\mathrm{d}u$$

由此,完全仿照周期函数的处理方法,即得

$$\omega(f^{(r)};t) \leqslant M_r t\int_t^1 \frac{\Omega(u)}{u^2}\mathrm{d}u$$

$$\leqslant M_r\left\{t\int_t^1 \frac{\omega(u)}{u^2}\mathrm{d}u+\int_0^t \frac{\omega(u)}{u}\mathrm{d}u\right\}$$

定理 3.4.7,定理 3.4.8 没有包括 $\alpha=1$. 此时有:

定理 3.4.9(Dzjadyk[26]) $r\geqslant 0$ 为一整数,$f\in W^rH_2^1[-1,1]$,当且仅当存在多项式序列 $\{P_n(x)\}$ $(n\geqslant r)$,P_n 次数小于或等于 n,满足

$$|f(x)-P_n(x)|\leqslant c(P_n(x))^{r+1},-1\leqslant x\leqslant 1$$

$c>0$ 是一仅依赖于 r 的常数.

证明见 Dzjadyk 的[9]或 Timan 的[8].

(五)讨论和注记

关于点态 Jackson 型不等式,继 Nikolsky 的开创性工作[22]之后,A. F. Timan 在 1951 年首先对 $f\in C[-1,1]$ 具有连续模 $\omega(f;t)=O(t^\alpha)(0<\alpha<1)$ 的情形建立,之后扩充到 $f^{(r)}$ 具有任意连续模的情形. 1956 年 V. K. Dzjadyk[26],1958 年 G. Freud[27] 各自独立地把它拓广到二阶连续模的情形. 到 1963 年 Yu. Brudny 成功地把它拓广到任意 k 阶连续模.

定理 3.4.10(Yu. Brudny[29]) 任给 $f\in C[-1,1]$,存在一个多项式序列 $\{P_n(x)\}$ 其中 $P_n(x)$ 的次数小于或等于 n,使

$$|f(x)-P_n(x)|\leqslant c_k\omega_k(f;\Delta_n(x)),-1\leqslant x\leqslant 1$$

$c_k>0$ 仅与 k 有关.

G. Lorentz 在 1963 年 Oberwolfach 逼近论会议上提出问题:能否将 Timan 不等式中的 $\Delta_n(x)$ 改成 $\frac{\sqrt{1-x^2}}{n}$?

1966 年 S. A. Têliakovsky 回答了 Lorentz 问题.

证明了：

定理 3.4.11　任给一正整数 $n(n>r)$ 和 $f\in C^r[-1,1]$，存在一 n 次多项式 $P_n(x)$ 使有

$$|f(x)-P_n(x)|\leqslant \mathscr{K}_r\left(\frac{\sqrt{1-x^2}}{n}\right)^r\omega\left(f^{(r)};\frac{\sqrt{1-x^2}}{n}\right),-1\leqslant x\leqslant 1$$

而 R. M. Trigub 证明了：

定理 3.4.12　任取 $f\in C^r[-1,1]$，$r\geqslant 1$，存在 n 次多项式序列 $\{P_n(x)\}$ $(n\geqslant r)$，使得

$$|f^{(s)}(x)-P_n^{(s)}(x)|\leqslant K_r(\Delta_n(x))^{r-s}\omega(f^{(r)};\Delta_n(x))$$

对 $s=0,\cdots,r$ 在 $-1\leqslant x\leqslant 1$ 上同时成立. $K_r>0$ 是一依赖于 r 的常数.

后者是一个同时逼近的点态结果.

以 Têliakovsky 的工作为起点，随后提出了一系列研究课题，并得出了很多新的，有深刻意义的结果. 这里的几个重要问题包括：定理 3.4.12 中的标准函数 $\Delta_n(x)$ 可否用 $\frac{\sqrt{1-x^2}}{n}$ 代替？多项式序列 $\{P_n(x)\}$ 的构造能否具体化、特殊化，比如，可不可以是线性的（线性依赖于 f），或为特定的插值类型的？一阶连续模可否用高阶连续模代替？等等，关于头两个问题，早在 1967 年，I. Gopengauz 就给予了肯定的解答.

定理 3.4.13[31]　设 $r\geqslant 0, n\geqslant 4r+5$. 存在 $C^r[-1,1]\to P_n$ 的线性算子序列 $G_{n,r}$，使对每一 $f\in C^r[-1,1]$ 有

$$|f^{(s)}(x)-G_{n,r}^{(s)}(f;x)|\leqslant c_r\left(\frac{\sqrt{1-x^2}}{n}\right)^{r-s}\cdot\omega\left(f^{(r)};\frac{\sqrt{1-x^2}}{n}\right),s=0,\cdots,r$$

至于定理 3.4.11 的不等式中的连续模能否换成高阶的问题一直到近年才得到解决，首先，R. Devore 证明了：

定理 3.4.14(R. DeVore[32]) $\forall f\in C[-1,1]$ 存在着代数多项式序列 $\{P_n(x)\}$，P_n 的次数小于或等于 n，使有

$$|f(x)-P_n(x)|\leqslant c\omega_2\left(f;\frac{\sqrt{1-x^2}}{n}\right),-1\leqslant x\leqslant 1$$

Eva Hinnemann 和 H. Gonska 在 1983 年[33] 拓广 DeVore 的结果到 $f\in C^r[-1,1]$，$r\geqslant 1$，二阶连续模的情形. 能否往二阶以上连续模扩充呢？一般预料应是可能的.

余祥明在 1984 年第四届全国逼近论会议(大连会议)上宣布了一个出乎意料的反面结果.

定理 3.4.15(余祥明[34]) 任给 $c>0$ 及正数列 $\{\varepsilon_n\}$，$\varepsilon_n\downarrow 0$，存在一正整数 N，对每一 $n>N$ 存在 $f\in C[-1,1]$ 具有下列性质：对任一次数小于或等于 n 的代数多项式 $P_n(x)$，必有一点 $x_0\in[-1,1]$ 使得

$$|f(x_0)-P_n(x_0)|>c\omega_3\left(f;\frac{\sqrt{1-x_0^2}}{n}+\frac{\varepsilon_n}{n^2}\right)$$

由此定理推知，定理 3.4.14 的不等式不能在整个 $C[-1,1]$ 类上扩充到三阶连续模.

与此同时，李武在工作[35] 中对这一问题做了更深入的讨论. 参阅谢庭藩的论文[43].

由于 Timan 不等式的重要性，三十余年来出现了大量不同的证法，对原始的证法给予简化、改进，Heinz-Gerd Lehnhoff[36] 指出，Timan 定理的构造性的证法基本上有两种类型：

(1) 以某一适当选取的正偶三角多项式序列为核构造卷积型线性算子序列，它们作用到 $f(\cos t)$ 上给出三角多项式序列 $T_n(f;\cdot)$，再经过变量代换 $x=\cos t$ 给出所需要的代数多项式序列. A. F. Timan 本人的证法就是这样的.

(2) 借助于某个特定的内插步骤来构造一个代数多项式序列并直接证明它合乎要求，这是 20 世纪 70 年代以来一些逼近论学者从研究多项式插值算子逼近提出来的新方法，如 R. B. Saxena, G. Freud, P. Vertesi, A. Varma 等人. 近年来出现了估计 Тимаи 不等式中逼近常数的工作，H-G. Lehnhoff[36][37] 包括了这方面的一些结果，但是在此之前苏联学者已经有了一系列深刻的工作.

定理 3.4.16(Korneichuk, Polovina[39])　若 $\omega(t)$ 是一上凸连续模，$f\in H^{\omega}[-1,1]$，则存在多项式序列 $\{P_n(x)\}$，P_n 的次数小于或等于 n，使有

$$|f(x)-P_n(x)|\leqslant\frac{1}{2}\omega\left(\frac{\pi}{n+1}\sqrt{1-x^2}\right)+o\left(\omega\left(\frac{1}{n+1}\right)\right)$$

在 $-1\leqslant x\leqslant 1$ 上一致成立，常数 $\frac{1}{2}$ 是最好的.

定理 3.4.17(见[40])　已知 r 是奇数，$f\in C^r[-1,1]$，存在代数多项式序列 $\{P_{n,r}(x)\}(n=0,\cdots,+\infty)$，$P_{n,r}$ 的次数小于或等于 n，且线性依赖 f，使当 $n\to+\infty$ 时，在 $-1\leqslant x\leqslant 1$ 上一致成立

$$|f(x)-P_{n,r}(x)|\leqslant\frac{\mathcal{K}_r}{2}\left(\frac{\sqrt{1-x^2}}{n}\right)\omega\left(f^{(r)};\frac{\pi}{n}\sqrt{1-x^2}\right)+$$

$$o\left(\frac{1}{n^r}w\left(f^{(r)};\frac{1}{n}\right)\right)$$

$\mathcal{K}_r$ 是 Favard 常数，$\frac{\mathcal{K}_r}{2}$ 是最好的.

关于多项式点态逼近的渐近精确结果，以及 Timan-Dzjadyk 的结果在 $L^p(1\leqslant p<+\infty)$ 尺度下的类比，此处不能详述，参阅 N. P. Korneichuk[45]（第 102-106 页），以及 Z. Ditzian，V. Totik[46].

§5 注和参考资料

(一) 关于 Weierstrass 逼近定理

Weierstrass 逼近定理发表于 1885 年，随后相继出现了该定理的许多新的证明和扩充，包括了那个时代许多杰出的数学家的经典工作，其中最著名的，对这一方向的发展产生了很大影响的有 Lebesgue，Fejèr，Landau，de là Vallèe Poussin，Bernstein，Müntz 等. Lebesgue 的工作发表在 *Bulletin des Sciences mathematiques*，(1898) 上，其基本思想是用折线函数（分段线性的连续函数）来逼近连续函数，而折线函数的每一直线段可以用多项式逼近，此问题分析到最后，化归到研究 $|x|$ 在区间 $[-1,1]$ 上借助多项式的一致逼近，这引起了一系列的研究工作. Vallèe-Poussin 证明，$E_n(|x|,[-1,1])\leqslant Kn^{-1}$，$K>0$ 是一常数，但是未能给出该量的精确阶的估计，Bernstein 在他的博士论文中证明了

$$\frac{\sqrt{2}-1}{4(2n-1)}<E_{2n}(|x|,[-1,1])<\frac{2}{\pi(2n+1)}$$

解决了 Vallée-Poussin 问题. Bernstein 还有系列工作深入探讨逼近常数

$$\lim_{n\to+\infty} nE_n(|x|;[-1,1])=\mu$$

Bernstein 猜想 $\mu=\frac{1}{2\sqrt{\pi}}$. 直到不久以前,出现了 R. Varga 的[47],否定了这一猜想. 但 $\mu=?$ 的问题迄今仍未获解.

Fejèr 在 1904 年证明,连续周期函数 f 的 Fourier 级数部分和的算术平均一致收敛到 f. 这个结果给了 Weierstrass 第二逼近定理一个十分精彩的证明,同时开拓了 Fourier 级数的线性求和的发展方向. Bernstein 研究了 Fejèr 算子在 Lipschitz 类 $H_{2\pi}^{\alpha}(0<\alpha<1)$ 上的逼近度的精确阶估计,这一工作之后在 C. M. Никольский 等人的工作中得到了进一步发展.

Landau, de la Vallée-Poussin 给出的 Weierstrass 逼近定理的证明,其基本思想是构造奇异积分算子. Landau 和 Vallée-Poussin 的奇异积分各对非周期连续函数和周期函数设计的,Landau 核是

$$L_n(x,t)=\mu_n^{-1}\{1-(t-x)^2\}^n,0\leqslant x,t\leqslant 1$$

其中

$$\mu_n^{-1}=\int_{-1}^{1}(1-u^2)^n\mathrm{d}\mu$$

Vallée-Poussin 核是

$$V_n(x,t)=\frac{(2n)!!}{(2n-1)!!}\cdot\frac{1}{2\pi}\cos^{2n}\left(\frac{x-t}{2}\right)$$

以它们为核构造成了所谓奇异积分算子. 关于奇异积分的一般概念,可在专著:

[1] Г. Алексич, Проблемы Сходимости ортогональных рядов(俄文)ФМ, Москва, 1963.

[2] G. G. Lorentz, Bernstein Polynomials, Math. Expos. №8(1953).

中找到.

Bernstein 多项式是 Бернштейн 为证明 Weierstrass 第一逼近定理而构造的逼近多项式,它实际上是一种离散型的奇异积分算子,G. Lorentz 的(2)对它有系统介绍,迄今对 Bernstein 多项式的研究发展了很多方向,积累了大量资料. 50 年代以来的资料目录见:

[3] H. Gonska, J. Meier, A Bibliography on approximation of functions by Bernstein type operators, (1955,1982). Approximation Theory Ⅳ, Acad. Press, New-york, London. 1983.

[4] H. Gonska, J. Meier-Gonska, A Bibliography on approximation of functions by Bernstein-type operators. (supplement 1986). Approximation V, Acad. Press, New-York, London, 1986.

Fejèr 在 1930 年给出了借助于 Hermite-Fejèr 内插多项式的 Weierstrass 逼近定理的证明.

Müntz 对 Weierstrass 逼近定理的研究别具一格, Weierstrass 第一定理说明,集合$\{1,x,x^2,\cdots\}$在$C[0,1]$内是基本的(即其线性包在$C[0,1]$内稠)Müntz 研究了下面问题:给出集合$\{1,x,\cdots,x^n,\cdots\}$的一个子集是$C[0,1]$内的基本集的充分兼必要条件,Müntz 给出这一问题以及在L^2尺度下的同一问题以彻底地解决.

Stone 定理见诸下列资料:

[5] H. Stone, Applications of the theory of Boolean rings to general topology, Trans. AMS V. 41(1937)375-381.

[6] H. Stone, The generalized Weierstrass approximation theorem, Math. Magazine, 21 167-183, 237-254.

(二) 连续模

(Q,ρ) 空间上连续模的定义转引自专著：

[7] И. К. Даугавет, Введение в теорию приближения функций, Л. ЛГУ 1977.

下面两部书中对连续模的种种性质有颇为详尽的讨论：

[8] А. Ф. Тиман, Теория приближения функций действительного переменного, Физматгиз, М., 1960.

[9] В. К. Dзялык, Введение в теорию равномерного приближения непрерывных функций полиномами, НАУКА, М., 1977.

A. Zygmund 在 1945 年把 Jackson 不等式拓广到二阶连续模情形，并且很透彻地研究了后来被称作"Z"类的光滑函数类，见资料：

[10] A. Zygmund, Smooth functions, Duke Math. Jour., 12(1945)47-76.

L^2 尺度下连续积分模的特征是 С. Б. Стечкин, О. В. Бесов 给出的. 见：

[11] О. В. Бесов, С. Б. Стечкин, Описание моздулей непрерывности в L^2, Турды матем. ин-та АН СССР 134(1975)23-25.

之后,Л. В. Тайков 刻画了 L^2 尺度的高阶连续模. L 尺度的连续积分模的一个充分条件见于:

[12] В. И. Бердышев, Изв. АН СССР Сер. матем., 29, №3 (1965) 505-526.

(三)周期函数类上的最佳逼近

关于 Jackson 不等式的基本资料:

[13] D. Jackson, Uber cenauigkeit der Annäherung stetiger Functionen durch ganze rationale Functionen gegebenen grades und trigonometrische Summengegebener Ordnung, Dissertation Götingen, 1911.

[14] A. Zygmund(见[10]).

[15] С. Б. Стечкин, О порядке наилучших приближений непрерывных функций, Изв. АН СССР сер. матем. 15(1951)219-242.

[16] Н. К. Бари, С. Б. Стечкин, О наилучших приближениях и дифференциальном свойстве двух сопряжённых функций, Труды Московского матем. общ. 5(1956)483-522.

[17] Сунь Юн-шен, О наилучших приближениях непреоывных периодических функций представимых в форме свертки, Докл. АН СССР 118, №2(1958).

[18] Н. П. Корнейчук, 见第二章的(4).

[19] А. Ф. Тиман, Деформация метрических пространств и некоторые связанные с ней вопросы теории функций, Успехи МН 20, №2(1965)53-87.

[20] П. П. Коровкин, 线性算子和逼近论, 郑维

行译,北京:高等教育出版社,1960.

Jackson 不等式的精确常数问题是一个活跃的方向,资料很多,在 Korneichuck 的《逼近论的极值问题》一书的第 9 章中对问题的提法和基本结果做了详细介绍.近年在苏联学派的工作中有新发展.例如见:

[21]А. А. Лигун, О точных константах в неравенствах типа Джексона, Докл. АН СССР, 283, №1(1985)34-38.

(四)Bernstein, Markov 不等式

对多项式及其导数在一个区间上的最大模之间的关系的研究肇端于 А. А. Марков 和 В. А. Марков 兄弟. А. А. Марков 在回答 Д. И. Менделеев 院士(化学家,周期律的发现者)提出的一个问题时,证得下列事实:对 n 次多项式 $p_n(x)$ 有

$$|p_n'(x)| \leqslant n^2 \cdot \max_{|x|\leqslant 1} |p_n(x)|, -1 \leqslant x \leqslant 1$$

且等号仅对第一类 n 次 Chebyshev 多项式 $cT_n(x)$(可以差一个常数因子 c)在区间端点上达到. В. А. Марков 拓广了 А. А. Марков 的结果,他的一个著名结果是

$$|P_{n^{(k)}}(x)| \leqslant \frac{n^2(n^2-1^2)\cdots(n^2-(k-1)^2)}{1\cdot 3\cdot 5\cdots(2k-1)} \cdot \max_{|x|\leqslant 1} |P_n(x)|, -1 \leqslant x \leqslant 1$$

С. Н. Бернштейн 改变了 Марков 不等式问题原先的提法:用 $|P_n'(x)|\sqrt{1-x^2}$ 代替 $|P_n'(x)|$,他证明下列不等式;对任何 n 次多项式 $P_n(x)$ 有

$$\max_{|x|\leqslant 1} |P_n'(x)\sqrt{1-x^2}| \leqslant n \cdot \max_{|x|\leqslant 1} |P_n(x)|$$

且等号仅对 $cT_n(x)$ 达到,他还证明了

$$\left|\{P_{n-1}(x)\sqrt{1-x^2}\}'\sqrt{1-x^2}\right|$$
$$\leqslant n\cdot\max_{|x|\leqslant 1}\left|P_{n-1}(x)\sqrt{1-x^2}\right|,-1\leqslant x\leqslant 1$$

且等号仅对 $cT'_n(x)$ 达到.

以上两个不等式中,若置 $x=\cos\theta$ 就给出三角多项式的 Bernstein 不等式

$$|S'_n(\theta)|\leqslant n\cdot\max|S_n(\theta)|,0\leqslant\theta\leqslant 2\pi$$

Landau 曾经指出过,以上两组不等式实际上是等价的.

M. Riesz 曾给出 Bernstein 不等式一个十分简练的证明,之后,Szegö 扩充了 Riesz 的结果,而 Бернштсйн 又进一步扩充 Szegö 的工作,给出了它的完善的形式.

给定(一般是复的)三角多项式

$$S_n(\theta)=\sum_{k=0}^{n}(a_k\cos k\theta+b_k\sin k\theta)$$

及其共轭函数

$$\widetilde{S}_n(\theta)=\sum_{k=1}^{n}(b_k\cos k\theta-a_k\sin k\theta)$$

然后,取实数 $\omega_0,\omega_1,\cdots,\omega_n$ 作为乘数,定义 $S_n(\theta)$, $\widetilde{S}_n(\theta)$ 的 ω 变换

$$S_{n,w}(\theta)=\sum_{k=0}^{n}\omega_{n-k}(a_k\cos k\theta+b_k\sin k\theta)$$

$$\widetilde{S}_{n,w}(\theta)=\sum_{k=1}^{n}\omega_{n-k}(b_k\cos k\theta-a_k\sin k\theta)$$

Bernstein 证明:若给定两组实数

$$\lambda_0,\lambda_1,\cdots,\lambda_n;\mu_0,\mu_1,\cdots,\mu_n$$

其中 $\lambda_0>0,\mu_0=0,\mu_n=0$,且置

$$W(\theta)=\{S_{n,\lambda}(\theta)+\widetilde{S}_{n,\mu}(\theta)\}\cdot\cos\alpha+\{\widetilde{S}_{n,\lambda}(\theta)-S_{n,\mu}(\theta)\}\cdot\sin\alpha$$

α 是定数. 为了使

$$\max|W(\theta)|\leqslant\lambda_0\max|S_n(\theta)|$$

对一切 $S_n(\theta)$ 成立，且等号仅当 $S_n(\theta)=a_n\cos n\theta+b_n\sin n\theta$ 时成立，其充分必要条件为

$$\mathrm{Re}\left\{\frac{\lambda_0}{2}+\sum_{k=1}^{n}(\lambda_k+\mathrm{i}\mu_k)\mathrm{e}^{\mathrm{i}k\left(\frac{\alpha}{n}+\frac{v\pi}{n}\right)}\right\}\geqslant 0$$

$$v=0,1,2,\cdots,2n-1$$

特例　置 $\lambda_k=n-k,\mu_k=0(k=0,1,\cdots,n)$，则有

$$\mathrm{Re}\left\{\frac{n}{2}+\sum_{k=1}^{n}(n-k)\mathrm{e}^{\mathrm{i}k\left(\frac{\alpha}{n}+\frac{v\pi}{n}\right)}\right\}=\frac{1}{2}\left(\frac{\sin\frac{nt}{2}}{\sin\frac{t}{2}}\right)^2$$

其中 $t=\frac{\alpha}{n}+\frac{v\pi}{n}$，此时 α 可取任何实数，同时有

$$\widetilde{S}_{n,\lambda}(\theta)=S'_n(\theta),S_{n,\lambda}(\theta)=-\widetilde{S}_n(\theta)$$

那么就得到下面不等式

$$|\sin\alpha\cdot S'_n(\theta)-\cos\alpha\cdot\widetilde{S}'_n(\theta)|\leqslant n\cdot\max|S_n(\theta)|$$

让 $\alpha=\frac{\pi}{2}$ 就给出 Бернштейн 不等式的原始形式

$$|S'_n(\theta)|\leqslant n\cdot\max|S_n(\theta)|$$

这些不等式随后又被拓广到指数型整函数类上. 以及被拓广到 $L^p(1\leqslant p<+\infty)$ 尺度，关于这一方向的详尽的介绍，可参考[8]和第一章[34].

(五)代数多项式对连续函数在有限区间上的点态逼近

早期的工作见：

[22] С. М. Никольский, О наилучшем приближении многочленами фцнкций удовлетворяюших условию Липшица, Изв. АН СССР сер Матем., Т. 10, №4 (1946)295-322.

[23] А. Ф. Тиман, Приближение функций, удовлетворяюших условию Липшица обыкновенными многочленами, Докл. АН СССР 77, №6 (1951) 969-972.

[24] А. Ф. Тиман, Усиление теормы Джексона онаилучшем прнближении непрерывных функций многочленами на конечном отрезке вешественной оси, Докл. АН СССР 78, №1(1951)17-20.

[25] В. Қ. Dзялык, О конструктивной характеристике функций, удовлетворяюших условию Ліp α ($0<\alpha<1$) на копсчпом отрсзкс вешественной оси, Изв. АН СССР сер. Матем. 20(1956)623-642.

[26] В. Қ. Dзялык, О приближении функций обыкновенными многочленами иа конечном отрезке вешественной оси, Изв. АН СССР сер. Матем. 22№3 (1958)337-354.

[27] G. Freud, Über die Approximation reeller stetiger Functionen durch gewöhnliche Polynome, Math. Ann. 137(1959)17-25.

[28] Ю. А. Брудный, Докл. АН СССР 124 (1959)739-742.

关于这一课较后期的资料：

[29] Ю. А. Брудный, ОБобшение одной теоремы А. Ф. Тимана, Докл. АН СССР 148(1963)1237-

1240.

[30] C. A. Теляковский，Дье теоремы о приближении функций алгебраическими многочленами，Матем. сб. 70，№2(1966)252-265.

[31] И. Е. Гопенгауз，关于多项式逼近函数的Тиман定理(俄文)，матем. зам.，1，№2(1967)163-172.

[32] R. DeVore，Pointwise approximation by Polynomials and splines，Теория Прибл. функц.(苏联Калуг国际逼近论会议论文集)НЗДАТ，НАУКА，M. 1977. 132-141.

[33] Eva Hinnemann，Heinz Gonska，Generalization of a theorem of DeVore，Approximation Theory Ⅳ(美国A&M大学第四届国际逼近论会议论文集)Acad. Press(1983). 527-532.

[34] 余祥明，Pointwise estimate for algebraic polynomial approximation，Appr. Theory d its appl. V. 1，№3(1985)109-114.

[35] 李武，关于代数多项式逼近的Timan型定理，数学学报，29，№4(1986)544-549.

[36] H. Lehnhoff，A Simple proof of Timan's theorem，Jour. A. T.，38(1983)172-176.

[37] H. Lehnhoff，A new proof of Teliakowski's theorem，Jour. A. T.，38(1983)177-181.

[38] H. H. Gonska，Modified Pičugov-Lehnhoff operators，Approximation Theory Ⅴ(International Symposium on approximation theory，5th：1986：Texas A&M Universtity)Acad. Press(1986)355-358.

[39] Н. П. Корнейчук, А. И. Половина,用代数多项式逼近连续函数(俄文)Укр. М. Ж. 24(1972)328-340.

[40] Н. П. Корнейчук 等, Приближение с ограничениямн(俄文),ДУМКА,Киев. (1982)174-178.

[41] L. Schumaker,Spline functions:Basic Theory,(1981),92-96.

[42] 杨义群,K 泛函和逼近阶(Ⅱ),数学学报,27,№2(1984)192-202.(见该文的第 198-201 页)

[43] 谢庭藩,多项式逼近函数的几个问题(全国第二届函数逼近论会议论文:综合报告,杭州大学数学系,1980).

[44] Р. М. Тригуб, Приближение функций многочленами с целыми коэффициентами, Изв. АН СССР сер. матем. 26,№2(1962)261-280.

[45] Н. П. Корнейчук, С. М. Никольский и развитие исследований по теории приближения функций в СССР, Успехи МН 40 вып. 5(1985)71-121.

[46] Z. Ditzian, V. Totik, K-functionals and moduli of smoothness with applications, Approximation Theory V International Symposium on Approximation Theory(5th:1986:Texas A&M university) Acad. Press (1986)327-330.

[47] R. S. Varga, Scientific computation on some mathematical conjectures,Approximation Theory V. International Symposium on Approximation Theory(5th;1986;Texas A&M university) Acad.

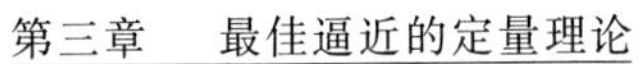

Press(1986). 191-209.

[48] И. П. Натансон,见第一章,[26].

卷积类上的逼近

第四章

本章讨论周期卷积类上的最佳三角多项式逼近、线性逼近和线性卷积算子的饱和问题.

§1　周期函数的卷积

以 $L_{2\pi}$ 表示 2π 周期的 L 可和函数类.

设 $f,g\in L_{2\pi}$，考虑 $f(x-t)g(t)$，有:

引理 4.1.1　$\forall f,g\in L_{2\pi}$，则

$$h(x)=\int_0^{2\pi}f(x-t)g(t)\mathrm{d}t \tag{4.1}$$

亦属于 $L_{2\pi}$，从而几乎对一切 x，有

$$f(x-t)g(t)\in L_{2\pi}$$

且

$$\int_0^{2\pi}h(x)\mathrm{d}x=\int_0^{2\pi}f(x)\mathrm{d}x\cdot\int_0^{2\pi}g(x)\mathrm{d}x \tag{4.2}$$

证　由 Fubini 定理

$$\int_0^{2\pi}\int_0^{2\pi} |f(x-t)|\cdot|g(t)|\,\mathrm{d}t\mathrm{d}x$$
$$=\int_0^{2\pi} |g(t)|\int_0^{2\pi} |f(x-t)|\,\mathrm{d}x\mathrm{d}t$$
$$=\int_0^{2\pi} |g(t)|\,\mathrm{d}t\cdot\int_0^{2\pi} |f(t)|\,\mathrm{d}t<+\infty$$

即得全部结论.

定义 4.1.1　$\forall f,g\in L_{2\pi}$,称

$$h(x)=\frac{1}{\pi}\int_0^{2\pi} f(x-t)g(t)\mathrm{d}t$$

为 f,g 的卷积,记为 $h=f*g$(其中 $\frac{1}{\pi}$ 为应用方便而乘上去的).

下面是一组关于卷积的简单命题.

命题 4.1.1　$\forall f,g\in L_{2\pi}$ 有

$$\|f*g\|_1\leqslant\frac{1}{\pi}\|f\|_1\cdot\|g\|_1 \tag{4.3}$$

此处

$$\|f\|_1\overset{\mathrm{df}}{=}\int_0^{2\pi} |f(x)|\,\mathrm{d}x$$

命题 4.1.2　$\forall f_1,f_2,f_3\in L_{2\pi}$,则:

(1) $f_1*f_2=f_2*f_1$.

(2) $(f_1*f_2)*f_3=f_1*(f_2*f_3)$.

命题 4.1.3　设 $f\in L_{2\pi}^p,g\in L_{2\pi}^q,p,q\geqslant 1,\frac{1}{p}+\frac{1}{q}\geqslant 1$ 有:

(1) 若 $\frac{1}{p}+\frac{1}{q}>1,\frac{1}{r}=\frac{1}{p}+\frac{1}{q}-1$,则 $f*g\in L_{2\pi}^r$,而且有

$$\left(\frac{1}{\pi}\int_0^{2\pi} |h(x)|^r \mathrm{d}x\right)^{\frac{1}{r}}$$

$$\leqslant \left(\frac{1}{\pi}\int_0^{2\pi} |f(x)|^p \mathrm{d}x\right)^{\frac{1}{p}} \left(\frac{1}{\pi}\int_0^{2\pi} |g(x)|^q \mathrm{d}x\right)^{\frac{1}{q}} \quad (4.4)$$

(2) 若$\frac{1}{p}+\frac{1}{q}=1$,则 $f * g \in C_{2\pi}$,且

$$\| h(\cdot) \|_\infty \leqslant \frac{1}{\pi} \| f \|_p \cdot \| g \|_q \quad (4.5)$$

注意此处和前面一样

$$h(x)=\frac{1}{\pi}\int_0^{2\pi} f(x-t)g(t)\mathrm{d}t$$

证 (1) 设$\frac{1}{p}+\frac{1}{q}>1$,我们不妨只讨论 $f,g \geqslant 0$ 的情形,设有三个数 $\lambda,\mu,\nu>0,\lambda^{-1}+\mu^{-1}+\nu^{-1}=1$ $(p,q \leqslant \lambda)$,记着

$$f(x-t)g(t)=(f^{\frac{p}{\lambda}}g^{\frac{q}{\lambda}})\cdot f^{p\left(\frac{1}{p}-\frac{1}{\lambda}\right)}\cdot g^{q\left(\frac{1}{q}-\frac{1}{\lambda}\right)}$$

而由扩充的 Hölder 不等式有

$$\begin{aligned} h(x) &= \frac{1}{\pi}\int_0^{2\pi} f(x-t)g(t)\mathrm{d}t \\ &\leqslant \left(\frac{1}{\pi}\int_0^{2\pi} f^p(x-t)g^q(t)\mathrm{d}t\right)^{\frac{1}{\lambda}} \cdot \\ &\quad \left(\frac{1}{\pi}\int_0^{2\pi} f^{p\mu\left(\frac{1}{p}-\frac{1}{\lambda}\right)}(x-t)\mathrm{d}t\right)^{\frac{1}{\mu}} \cdot \\ &\quad \left(\frac{1}{\pi}\int_0^{2\pi} g^{q\nu\left(\frac{1}{q}-\frac{1}{\lambda}\right)}(t)\mathrm{d}t\right)^{\frac{1}{\nu}} \\ &= A\cdot B\cdot C \end{aligned}$$

置$\lambda=r,\frac{1}{p}-\frac{1}{r}=\frac{1}{\mu},\frac{1}{q}-\frac{1}{r}=\frac{1}{\nu},\lambda,\mu,\nu$ 满足条件. 注意到这时

$$B=\left(\frac{1}{\pi}\int_0^{2\pi}f^p(x)\mathrm{d}x\right)^{\frac{1}{\mu}},C=\left(\frac{1}{\pi}\int_0^{2\pi}g^q(x)\mathrm{d}x\right)^{\frac{1}{\nu}}$$

为常数，则由

$$h^r(x)\leqslant\left(\frac{1}{\pi}\int_0^{2\pi}f^p(x-t)g^q(t)\mathrm{d}t\right)\cdot B^r\cdot C^r$$

得

$$\left(\frac{1}{\pi}\int_0^{2\pi}h^r(x)\mathrm{d}x\right)^{\frac{1}{r}}$$

$$\leqslant\left(\frac{1}{\pi}\int_0^{2\pi}f^p(x)\mathrm{d}x\right)^{\frac{1}{r}}\cdot\left(\frac{1}{\pi}\int_0^{2\pi}g^q(x)\mathrm{d}x\right)^{\frac{1}{r}}\cdot B\cdot C$$

计算指数，由

$$\frac{1}{r}+\frac{1}{\mu}=\frac{1}{p},\frac{1}{r}+\frac{1}{\nu}=\frac{1}{q}$$

便得

$$\left(\frac{1}{\pi}\int_0^{2\pi}h^r(x)\mathrm{d}x\right)^{\frac{1}{r}}\leqslant\left(\frac{1}{\pi}\int_0^{2\pi}f^p\mathrm{d}x\right)^{\frac{1}{p}}\cdot\left(\frac{1}{\pi}\int_0^{2\pi}g^q\mathrm{d}x\right)^{\frac{1}{q}}$$

(2) $\frac{1}{p}+\frac{1}{q}=1$ 时，由

$$h(x+t)-h(x)$$
$$=\frac{1}{\pi}\int_0^{2\pi}[f(x+t-u)-f(x-u)]g(u)\mathrm{d}u$$

由 Hölder 不等式

$$|h(x+t)-h(x)|$$
$$\leqslant\pi^{-1}\|f(\cdot+t)-f(\cdot)\|_p\cdot\|g\|_q\to 0$$

$(t\to 0+)$ 所以 $h(x)\in C_{2\pi}$. 对 $h=f*g$ 再一次应用 Hölder 不等式即得

$$\|h\|_\infty\leqslant\pi^{-1}\|f\|_p\cdot\|g\|_q$$

命题 4.1.4　已知 $f,g\in L_{2\pi}$，若

$$f\sim\sum c_n\mathrm{e}^{\mathrm{i}nx},g\sim\sum d_n\mathrm{e}^{\mathrm{i}nx}$$

则

$$h(x) \sim 2\sum c_n d_n \mathrm{e}^{\mathrm{i}nx}$$

且 $\sum c_n d_n \mathrm{e}^{\mathrm{i}nx}$ 几乎处处$(C,1)$ 可求和到$\frac{1}{2}h(x)$.

此命题的证明见[1].

分析中有些重要函数集,其中的函数可表示为卷积形式.先给出:

定义 4.1.2 给定 $K(t)\in L_{2\pi}$,置

$$B_p^r=\{\varphi\in L_{2\pi}^p \mid \|\varphi\|_p\leqslant 1,$$
$$\int_0^{2\pi}\varphi(t)\begin{matrix}\sin kt\\ \cos kt\end{matrix}\mathrm{d}t=0,k=0,\cdots,r-1\}$$

$r\geqslant 0$,$r=0$ 时正交条件失效,此时简记 B_p^0 为 B_p.给出函数集

$$\mathscr{K}_p^r=\{f \mid f=K*\varphi,\varphi\in B_p^r\} \tag{4.6}$$

($r=0$ 时 $\mathscr{K}_p^0$ 简记为 $\mathscr{K}_p$)K 称为卷积类的核.

有些具体的函数类可表示为 $C+\mathscr{K}_p^1$,其中 $C\in\mathbf{R}$ 是任意常数.这个函数集包含常数.

命题 4.1.5 设 $K(t)\in L_{2\pi}$,$\mathscr{K}_p^r$ 是 $L_{2\pi}^p(1\leqslant p\leqslant +\infty)$ 内的列紧凸集,这里 $p=+\infty$ 时取一致范数,又当 $1<p\leqslant+\infty$ 时,$\mathscr{K}_p^r$ 是 $L_{2\pi}^p$ 内的闭集($p=+\infty$ 时是 $C_{2\pi}$ 内的闭集).

证 $\mathscr{K}_P^r$ 的凸性是显然的.

(1) 列紧性.当 $1\leqslant p<+\infty$ 时,由

$$\begin{aligned}
&f(x+h)-f(x)\\
=&\frac{1}{\pi}\int_0^{2\pi}[K(x+h-t)-K(x-t)\varphi(t)\mathrm{d}t]\\
=&\frac{1}{\pi}\int_0^{2\pi}[K(t+h)-K(t)]\varphi(x-t)\mathrm{d}t\\
\Rightarrow&\|f(\cdot+h)-f(\cdot)\|_p
\end{aligned}$$

$$\leqslant \frac{1}{\pi}\int_0^{2\pi}\left(\int_0^{2\pi} |K(t+h)-K(t)|^p \cdot\right.$$

$$\left.|\varphi(x-t)|^p \mathrm{d}x\right)^{\frac{1}{p}} \mathrm{d}t$$

$$=\frac{1}{\pi}\int_0^{2\pi} |K(t+h)-K(t)| \cdot$$

$$\left(\int_0^{2\pi} |\varphi(x-t)|^p \mathrm{d}t\right)^{\frac{1}{p}} \mathrm{d}t$$

$$\leqslant \frac{1}{\pi}\int_0^{2\pi} |K(t+h)-K(t)| \mathrm{d}t \to 0, h\to 0+$$

又 $\mathscr{K}_p^r$ 在 $L_{2\pi}^p$ 内有界，故由 Riesz 判别定理，知 $\mathscr{K}_p^r$ 在 L^p 内是列紧的.

当 $p=+\infty$ 时，取一致范数，此时 $\|\varphi\|_\infty \leqslant 1$，所以

$$\|f(\cdot+h)-f(\cdot)\|_C$$

$$\leqslant \frac{1}{\pi}\int_0^{2\pi} |K(t+h)-K(t)| \mathrm{d}t \to 0, h\to 0+$$

此外，$\mathscr{K}_\infty^r$ 在 $C_{2\pi}$ 内一致有界，故由 Arzela 定理，即知 $\mathscr{K}_\infty^r$ 在 $C_{2\pi}$ 内列紧.

(2)$1<p<+\infty$ 时，$\mathscr{K}_p^r$ 在 L_p 内的闭集性质证明如下. 设 $f_n=K*\varphi_n, \varphi_n\in B_p^r$，有 $f^*\in L_{2\pi}^p$ 使 $\|f_n-f^*\|_p\to 0$，需证 $f^*=K*\varphi^*$ 对某 $\varphi^*\in B_p^r$ 成立. 由于 $\|\varphi_n\|_p\leqslant 1\Rightarrow\{\varphi_n\}$ 在 $L_{2\pi}^p$ 内 $^*w$ 列紧，故存在子列 $\{\varphi_{p_j}\}(j=1,\cdots,+\infty)\subset\{\varphi_n\}$ 使

$$\varphi_{n_j}\xrightarrow{*w}\varphi^*\in L_{2\pi}^p$$

我们有 $\|\varphi^*\|_p\leqslant 1$，且从

$$\int_0^{2\pi}\varphi_{n_j}(t)\begin{matrix}\sin kt\\ \cos kt\end{matrix}\mathrm{d}t=0$$

$$\Rightarrow\int_0^{2\pi}\varphi^*(t)\begin{matrix}\sin kt\\ \cot kt\end{matrix}\mathrm{d}t=0, k=0,\cdots,r-1$$

所以 $\varphi^* \in B_p^r$，我们说 $f^* = K * \varphi^*$. 为此，取一有界可测函数列 $K_n(t) \in L_{2\pi}$ 使 $\| K - K_n \|_L \to 0$，对任取的 $\varepsilon > 0$，有正整数 m，使

$$\| K - K_m \|_L < \frac{\varepsilon}{2}$$

置 $K(t) = K_m(t) + [K(t) - K_m(t)]$，则

$$K * \varphi_{n_j} = K_m * \varphi_{n_j} + (K - K_m) * \varphi_{n_j}$$

$$K * \varphi^* = K_m * \varphi^* + (K - K_m) * \varphi^*$$

由于

$$\| (K - K_m) * \varphi_{n_j} \|_p \leqslant \| K - K_m \|_1 < \frac{\varepsilon}{2}, j = 1, 2, 3, \cdots$$

$$\| (K - K_m) * \varphi^* \|_p \leqslant \| K - K_m \|_1 < \frac{\varepsilon}{2}$$

又因 $K_m(x - t)$ 有界 $\Rightarrow K_m(x - t) \in L_{2\pi}^{p'}$(其中 x 是参数)，故得

$$(K_m * \varphi_{n_j})(x) \to (K_m * \varphi^*)(x)$$

在 $(0, 2\pi)$ 上处处成立. 又

$$\| K_m * \varphi_{n_j} \|_C \leqslant \| K_m \|_{p'} \cdot \| \varphi_{n_j} \|_p \leqslant (2\pi)^{\frac{1}{p'}} \cdot M$$

$$M = \sup | K_m(x - t) |$$

那么

$$(K_m * \varphi_{n_j})(x) \to (K_m * \varphi^*)(x)$$

满足 Lebesgue 有界(控制)收敛条件，所以

$$\lim_{j \to +\infty} \| K_m * \varphi_{n_j} - K_m * \varphi^* \|_p \to 0$$

由此得

$$\| K * \varphi_{n_j} - K * \varphi^* \|_p \leqslant \| K_m * \varphi_{n_j} - K_m * \varphi^* \|_p + \varepsilon$$

所以

$$\overline{\lim_{j \to +\infty}} \| K * \varphi_{n_j} - K * \varphi^* \|_p \leqslant \varepsilon$$

此式含有 $f^{*}=K*\varphi^{*}$. $p=+\infty$ 时,可用同种方法处理.

例 4.1.1　函数类 W_p^r, $r\geqslant 1$ 整数, $1\leqslant p\leqslant+\infty$, $f\in W_p^r$,若:

(1) $f\in C_{2\pi}$.

(2) $f^{(r-1)}$ 绝对连续.

(3) $\|f^{(r)}\|_p\leqslant 1$.

由定理 3.3.2, f 可以表示为 $f=C+D_r*f^{(r)}$, $D_r(x)$ 是 Bernouli 核, $f^{(r)}\in B_p^1$. 所以可简记

$$W_p^r=C+D_r*B_p^1 \tag{4.7}$$

例 4.1.2　W_p^r 的共轭类 $\overline{W}_p^r$,其中每一函数是 W_p^r 中某个函数的三角共轭, $\overline{W}_p^r$ 也是卷积类. 每一 $f\in\overline{W}_p^r$ 可表示为

$$f(x)=\frac{1}{\pi}\int_0^{2\pi}\overline{D}_r(x-t)f^{(r)}(t)\mathrm{d}t \tag{4.8}$$

此处 $\overline{D}_r(x)$ 是 $D_r(x)$ 的三角共轭函数,其 Fourier 展开是

$$\overline{D}_r(x)=\sum_{k=1}^{+\infty}k^{-r}\sin\left(kx-\frac{\pi r}{2}\right) \tag{4.9}$$

那么可以简记 $\overline{W}_p^r=\overline{D}_r*B_p^1$.

例 4.1.3　单位圆内的调和函数.

用 $\Gamma_p^\rho(1\leqslant p\leqslant+\infty, 0\leqslant\rho<1)$ 表示 2π 周期的连续函数集,其中每一 $f(x)=u(\rho,x)$ 在 $0\leqslant\rho<1$, $0\leqslant x\leqslant 2\pi$ 区域内是调和函数,且有

$$\|u(\rho,\cdot)\|_p\leqslant 1, \forall\rho\in(0,1)$$

给出 Poisson 核

$$P(\rho,x)=\frac{1}{2}\cdot\frac{1-\rho^2}{1-2\rho\cos x+\rho^2}, 0\leqslant\rho<1$$

当 $1 < p \leqslant +\infty$ 时,$f(x)$ 可表示成 Poisson 积分

$$f(x)=u(\rho,x)=\frac{1}{\pi}\int_0^{2\pi}P(\rho,x-t)\varphi(t)\mathrm{d}t \tag{4.10}$$

这里的 $\varphi \in B_p$,但是当 $p=1$ 时有

$$f(x)=u(\rho,x)=\frac{1}{\pi}\int_0^{2\pi}P(\rho,x-t)\mathrm{d}\lambda(t) \tag{4.11}$$

此处 $\lambda(t)$ 是 $[0,2\pi]$ 上的有界变差函数,而满足 $\bigvee_0^{2\pi}\lambda \leqslant 1$ 的限制条件.

例 4.1.4 一个带形区域内的解析函数类.

$f(x)$ 是 2π 周期的实值解析函数,它在带形区域 $-\infty < x < +\infty, -\delta < y < +\delta(\delta > 0$ 固定$)$ 内有解析延拓 $f(x+\mathrm{i}y)=u(x,y)+\mathrm{i}v(x,y)$,其实部满足条件 $\|u(\cdot,y)\|_p \leqslant 1(1 \leqslant p \leqslant +\infty), \forall y \in (-\delta,\delta)$,其中

$$\|u(\cdot,y)\|_p=\begin{cases}\left\{\int_0^{2\pi}|u(x,y)|^p\mathrm{d}x\right\}^{\frac{1}{p}}, 1 \leqslant p < +\infty\\ \operatorname*{ess\,sup}_x |u(x,y)|, p=+\infty\end{cases}$$

这些函数的集合记作 $A_p^h(1)=A_p^h$. $f(x)$ 可以表示成卷积形式,引入

$$H_\delta(t)=1+4\sum_{k=1}^{+\infty}\frac{h^k}{1+h^{2k}}\cos kt, h=\mathrm{e}^{-\delta}>0 \tag{4.12}$$

当 $1 < p \leqslant +\infty$ 时

$$f(x)=\frac{1}{2\pi}\int_0^{2\pi}H_\delta(x-t)g(t)\mathrm{d}t \tag{4.13}$$

$\|g\|_p \leqslant 1$,但是当 $p=1$ 时

$$f(x)=\frac{1}{2\pi}\int_0^{2\pi}H_\delta(x-t)\mathrm{d}\lambda(t) \tag{4.14}$$

$\lambda(t)$ 是$[0,2\pi]$上的有界变差函数，且满足条件 $\bigvee_0^{2\pi}\lambda\leqslant 1$.

最初引入并讨论函数类 A_p^h 是 N. I. Achiezer[2]. 特别地，他指出了 $H_\delta(t)$ 是一椭圆函数

$$1+4\sum_{k=1}^{+\infty}\frac{h^k}{1+h^{2k}}\cos kt=\frac{2K}{\pi}dn\left(\frac{Kt}{\pi}\right) \tag{4.15}$$

而由椭圆函数理论给出 $dn\left(\frac{Kt}{\pi}\right)$ 的一个无穷乘积表达式

$$dn\left(\frac{Kt}{\pi}\right)=\sqrt{k'}\prod_{k=1}^{\infty}\frac{1+2h^{2k-1}\cos t+h^{4k-2}}{1-2h^{2k-1}\cos t+h^{4k-2}} \tag{4.16}$$

其中的 K,k' 是一些常数. 关于这个核的性质，近年来有较深入的研究. 例如，W. Forst[3] 在 1978 年指出了 $H_\delta(t)$ 的周期严格全正性；M. A. Чахкиев[4] 在 1983 年揭示了它和广义 Bernoulli 核之间的关系，这些工作对于进一步研究函数类 A_p^h 的逼近问题都有重要意义.

§2　周期卷积类借助 T_{2n-1} 的最佳逼近

我们用 $X_{2\pi}$ 泛指 $L_{2\pi}^p(1\leqslant p\leqslant+\infty)$ 或 $C_{2\pi}$. T_{2n-1} 表示

$$\mathrm{span}\left\{1,\begin{matrix}\cos t\\ \sin t\end{matrix},\cdots,\begin{matrix}\cos(n-1)\\ \sin(n-1)\end{matrix}\right\},n\geqslant 1$$

并采用记号

$$E_n(f)_X = \min_{g \in T_{2n-1}} \| f - g \|_X$$

定义 4.2.1 给定 $\mathscr{M} \subset X_{2\pi}$,量

$$\mathscr{E}_n(\mathscr{M})X \overset{\text{df}}{=} \sup_{f \in \mathscr{M}} E_n(f)_X \tag{4.17}$$

称为函数集 $\mathscr{M}$ 在空间 $X_{2\pi}$ 内借助于 T_{2n-1} 的最佳逼近.若存在 $f^* \in \mathscr{M}$ 能使

$$E_n(f^*)_X = \mathscr{E}_n(\mathscr{M})_X$$

则称 $f^* \in \mathscr{M}$ 为 $\mathscr{E}_n(\mathscr{M})_X$ 的一个极函数.

函数集 $\mathscr{M}$ 借助 T_{2n-1} 的最佳逼近的基本问题是估计量(4.17),并求出其极函数(若存在的话).对于估计量(4.17),下面的对偶公式具有重要作用.

定理 4.2.1 设 $K(t) \in L_{2\pi}, 1 \leqslant q \leqslant p$,则成立着

$$\mathscr{E}_n(K * B_p)_q = \sup_{f \in k * B_{q'}^n} \| f \|_{p'} \tag{4.18}$$

证 根据最佳逼近的对偶定理,对于 $q, 1 \leqslant q \leqslant +\infty$ 时

$$E_n(f)_q = \sup_{h \in B_{q'}^n} \int_0^{2\pi} f(x) h(x) \mathrm{d}x$$

所以有

$$\begin{aligned}
&\mathscr{E}_n(K * B_p)_q \\
&= \sup_{f \in k * B_p} E_n(f)_q \\
&= \sup_{f \in K * B_p} \sup_{h \in k * B_{q'}^n} \frac{1}{\pi} \int_0^{2\pi} \left\{ \int_0^{2\pi} K(x-t) \varphi(t) \mathrm{d}t \right\} h(x) \mathrm{d}x \\
&= \sup_{f \in B_{q'}^n} \sup_{\varphi \in B_p} \frac{1}{\pi} \int_0^{2\pi} \varphi(t) \left\{ \int_0^{2\pi} K(x-t) h(x) \mathrm{d}x \right\} \mathrm{d}t
\end{aligned}$$

记 $\Psi(t) = \dfrac{1}{\pi} \displaystyle\int_0^{2\pi} K(x-t) h(x) \mathrm{d}x$. 由于 $\| h \|_{q'} \leqslant 1$,得

$$\| \Psi \|_{q'} \leqslant \frac{1}{\pi} \| K \|_1 \cdot \| h \|_{q'} \leqslant \frac{1}{\pi} \| K \|_1$$

$$\Rightarrow \Psi \in L_{2\pi}^{q'} \subseteq L_{2\pi}^{p'}$$

所以有

$$\sup_{\varphi\in B_p}\int_0^{2\pi}\varphi(t)\Psi(t)\mathrm{d}t=\|\Psi\|_{p'}$$

从而

$$\begin{aligned}&\sup_{f\in K*B_p}E_n(f)_q\\&=\sup_{h\in B_{q'}^n}\frac{1}{\pi}\left\{\int_0^{2\pi}\left|\int_0^{2\pi}K(x-t)h(x)\mathrm{d}x\right|^{p'}\mathrm{d}t\right\}^{\frac{1}{p'}}\\&\qquad 1\leqslant p'<+\infty\end{aligned}$$

而对 $p=1,p'=+\infty$ 有

$$\sup_{f\in K*B_1}E_n(f)_q=\sup_{h\in B_{q'}^n}\frac{1}{\pi}\cdot\max\left|\int_0^{2\pi}K(x-t)h(x)\mathrm{d}x\right|$$

如果能证明积分$\frac{1}{\pi}\int_0^{2\pi}K(x-t)h(x)\mathrm{d}x$ 给出整个集合 $K*B_{q'}^n$，则定理得证. 事实上，由

$$\begin{aligned}&\int_0^{2\pi}K(x-t)h(x)\mathrm{d}x\\&\xlongequal{(x=-u)}-\int_0^{2\pi}K(-t-u)h(-u)\mathrm{d}u\end{aligned}$$

并注意到 $h(u)\in B_{q'}^n\Leftrightarrow h(-u)\in B_{q'}^n$，所以当 $h(u)$ 取遍 $B_{q'}^n$ 的函数时，上面的积分给出 $f(-t)$，而 f 取遍 $K*B_{q'}^n$ 中的函数. 再从显而易见的事实

$$\|f(\cdot)\|_{p'}=\|f(-\cdot)\|_{p'},1\leqslant p'\leqslant+\infty$$

即得所求.

证明过程中二重积分换序的合理性可利用 Fubini 定理来验证.

$$\begin{aligned}&\int_0^{2\pi}\int_0^{2\pi}|K(x-t)|\cdot|h(x)|\cdot|\varphi(t)|\mathrm{d}x\mathrm{d}t\\&=\int_0^{2\pi}\left(\int_0^{2\pi}|K(x-t)|\cdot|\varphi(t)|\mathrm{d}t\right)|h(x)|\mathrm{d}x\end{aligned}$$

$$=\int_0^{2\pi}\left(\int_0^{2\pi} | K(t) | \cdot | \varphi(x-t) | \mathrm{d}x\right) | h(x) | \mathrm{d}x$$

$$=\int_0^{2\pi} | K(t) | \left(\int_0^{2\pi} | \varphi(x-t) | \cdot | h(x) | \mathrm{d}x\right)\mathrm{d}t$$

但因$\int_0^{2\pi} | \varphi(x-t) | \cdot | h(x) | \mathrm{d}x \leqslant \| \varphi \|_q \cdot \| h \|_{q'}$，故二重积分有限，所以换序是合理的.

从证明过程可以看出，如果 $K(t) \in L_{2\pi}^{\infty}$，则对任取的 $p,q,1 \leqslant p,q \leqslant +\infty$ 定理都成立，无须限制 $1 \leqslant q \leqslant p$ 了.

推论 1 设 $K(t) \in L_{2\pi}, 1 \leqslant p \leqslant +\infty$，则

$$\sup_{f\in K * B_p} E_n(f)_p = \sup_{f\in K * B_{p'}^n} \| f \|_{p'} \leqslant \frac{1}{\pi} E_n(K)_1 \tag{4.19}$$

证 设 $t_n^* \in T_{2n-1}$ 是 $K(t)$ 的一个最佳 L 逼近的三角多项式，则任给 $\varphi \in B_{p'}^n$ 有

$$f=(K-t_n^*) * \varphi$$

所以

$$\| f \|_{p'} \leqslant \frac{1}{\pi} \| K-t_n^* \|_1 \cdot \| \varphi \|_{p'} \leqslant \frac{1}{\pi} E_n(K)_1$$

推论 2 $p=q=1$ 时有

$$\mathscr{E}_n(K * B_1)_1 = \sup_{f\in K * B_{\infty}^n} \| f \|_C = \frac{1}{\pi} E_n(K)_1 \tag{4.20}$$

证

$$\sup_{f\in K * B_{\infty}^n} \| f \|_C = \sup_{f\in K * B_{\infty}^n} \max_x \frac{1}{\pi}\left|\int_0^{2\pi} K(x-t)\varphi(t)\mathrm{d}t\right|$$

$$=\max_x \sup_{\varphi\in B_{\infty}^n} \frac{1}{\pi}\left|\int_0^{2\pi} K(x-t)\varphi(t)\mathrm{d}t\right|$$

$$=\frac{1}{\pi}E_n(K)_1$$

下面的情形不能为定理 4.2.1 所包含，但其证明方法相似.

定理 4.2.2　设 $K(t)\in L_{2\pi}^{p'}$，则

$$\mathscr{E}_n(K*B_p)_C=\sup_{f\in K*B_1^n}\|f\|_{p'}\leqslant\frac{1}{\pi}E_n(K)_{p'} \tag{4.21}$$

注意这时 $f\in K*B_p$ 是连续函数，所以可以考虑它在空间 $C_{2\pi}$，内借助 T_{2n-1} 的最佳逼近.

下面介绍第二章内曾经给出的 Markov 判据的一种扩充，它是由 S. M. Nikolsky 引入的.

定义 4.2.2　给定 $K(t)\in L_{2\pi}$，n 是一正整数，$N\geqslant n$. 若存在三角多项式 $t_n^*(x)\in T_{2n-1}$ 使得符号

$$\varphi_*(t)=\operatorname{sgn}\{K(t)-t_n^*(t)\}$$

满足

$$\varphi_*\left(t+\frac{\pi}{N}\right)\xlongequal{\text{a. e.}}-\varphi_*(t) \tag{4.22}$$

则称 $K(t)$ 满足 A_n^* 条件.

显然，当且仅为 $K(t)\in T_{2n-1}$ 时，$\varphi_*(t)\xlongequal{\text{a. e.}}0$，否则就有 $\|\varphi_*\|_\infty=1$. 又

$$\varphi_*\left(t+\frac{2\pi}{N}\right)\xlongequal{\text{a. e.}}\varphi_*(t)$$

而且

$$\varphi_*(t)\in B_\infty^n \tag{4.23}$$

式(4.23) 可证明如下.

假定 $\|\varphi_*\|_\infty=1$，由

$$\int_0^{2\pi}\varphi_*(t)\mathrm{e}^{ikt}\,\mathrm{d}t=\int_0^{2\pi}\varphi_*\left(t+\frac{2\pi}{N}\right)\mathrm{e}^{ik(t+\frac{2\pi}{N})}\,\mathrm{d}t$$

$$=e^{i\frac{2k\pi}{N}}\int_0^{2\pi}\varphi_*(t)e^{ikt}dt$$

得

$$(1-e^{i\frac{2k\pi}{N}})\int_0^{2\pi}\varphi_*(t)e^{ikt}dt=0$$

由于 $1-e^{i\frac{2k\pi}{N}}=0\Leftrightarrow k\equiv 0(\mathrm{mod}\ N)$，故当 $|k|\leqslant n-1$ 时

$$1-e^{i\frac{2k\pi}{N}}\neq 0\Rightarrow\int_0^{2\pi}\varphi_*(t)e^{ikt}dt=0$$

由此可得

$$\|K-t_n^*\|_1=E_n(K)_1 \tag{4.24}$$

这是因为

$$\begin{aligned}\|K-t_n^*\|_1&=\int_0^{2\pi}\{K(t)-t_n^*(t)\}\varphi_*(t)dt\\&=\int_0^{2\pi}K(t)\varphi_*(t)dt\\&=\int_0^{2\pi}\{K(t)-t_n(t)\}\varphi_*(t)dt\\&\leqslant\|K-t_n\|,\forall t_n\in T_{2n-1}\end{aligned}$$

定理 4.2.3 设 $K(t)\in L_{2\pi}$ 满足 A_n^*，$0\leqslant s\leqslant n$，则

$$\sup_{f\in K*B_X^s}E_n(f)_X=\sup_{f\in K*B_X^n}\|f\|_X=\frac{1}{\pi}E_n(K)_1 \tag{4.25}$$

此处 $X=L_{2\pi}$ 或 $L_{2\pi}^\infty$.

证 (1)$X=L_{2\pi}^\infty(C_{2\pi})$ 时，定理 4.2.1 的推论 2 对任意的 $K(t)\in L_{2\pi}$ 给出了 $\sup\limits_{f\in K*B_\infty^n}\|f\|_C=\frac{1}{\pi}E_n(K)_1$.

那么由明显的不等式

$$\sup_{\varphi\in B_\infty^n}E_n(f)_C\leqslant\cdots\leqslant\sup_{\varphi\in B_\infty}E_n(f)_C\leqslant\frac{1}{\pi}E_n(K)_1$$

只要能证 $\sup\limits_{\varphi\in B_{\infty}^{n}} E_n(f)_C=\dfrac{1}{\pi}E_n(K)_1$ 就够了.我们往下只考虑非平凡情形:$K(t)\,\overline{\in}\,T_{2n-1}$,这时 $\|\varphi_*\|_{\infty}=1$.置 $\overline{\varphi}_*(t)=\varphi_*(-t)$,$\overline{\varphi}_*\in B_{\infty}^{n}$,记 $f_*=K*\overline{\varphi}_*$,则见

$$f_*(x)=\frac{1}{\pi}\int_0^{2\pi}\{K(t)-t_n^*(t)\}\varphi_*(t-x)\mathrm{d}t$$

且

$$\begin{aligned}f_*\left(\frac{\nu\pi}{N}\right)&=\frac{1}{\pi}\int_0^{2\pi}\{K(t)-t_n^*(t)\}\varphi_*\left(t-\frac{\nu\pi}{N}\right)\mathrm{d}t\\&=(-1)^{\nu}\frac{1}{\pi}\int_0^{2\pi}\{K(t)-t_n^*(t)\}\varphi_*(t)\mathrm{d}t\\&=(-1)^{v}\frac{1}{\pi}E_n(K)_1\end{aligned}$$

$\nu=0,\cdots,2N-1$,所以

$$E_n(f_*)_C=\frac{1}{\pi}E_n(K)_1$$

$X=L_{2\pi}^{\infty}$ 的情形得证.

(2)$X=L_{2\pi}$ 时,由式(4.19)有

$$\sup_{\varphi\in B_1^n}E_n(f)_1\leqslant\cdots\leqslant\sup_{\varphi\in B_1}E_n(f)_1\leqslant\frac{1}{\pi}E_n(K)_1$$

若能证

$$\sup_{\varphi\in B_1^n}\|f\|_1=\frac{1}{\pi}E_n(K)_1\tag{4.26}$$

及

$$\sup_{f\in B_1^n}E_n(f)_1\geqslant\frac{1}{\pi}E_n(K)_1\tag{4.27}$$

则 $X=L_{2\pi}$ 情形得证.式(4.21)可由式(4.19)推出,因为 $p'=1$ 给出

$$\sup_{\varphi\in B_1^n}\|f\|_1=\sup_{\varphi\in B_{\infty}}E_n(f)_C=\frac{1}{\pi}E_n(K)_1$$

上面最后一步中的等式刚刚在(1)中证过，至于式(4.27)可证明如下.

置 $t_i=\frac{i\pi}{N}$,取正整数 $m>\left[\frac{2N}{\pi}\right]$,构造一函数

$$\varphi_m(t)=\begin{cases}(-1)^i\dfrac{m}{4N},\forall t\in(t_i-m^{-1},t_i+m^{-1})\\0,\forall t\overline{\in}U(t_i-m^{-1},t_i+m^{-1})\end{cases}$$

$(i=0,\pm1,\pm2,\cdots)$,见 $\varphi_m(t+\frac{2\pi}{N})=\varphi_m(t)$,且 $\varphi_m\in B_1^n$・置 $f_m=K*\overline{\varphi}_m$,其中 $\overline{\varphi}_m(t)=\varphi_m(-t)$. 注意这里和(1)不同的是,$K*B_1^n$ 在 $L_{2\pi}$ 内不是闭集,所以不能指望构造出极函数来,然而利用函数序列$\{f_m\}$可以达到目的,现在利用对偶定理来估计 $E_n(f_m)_1$. 我们有

$$\begin{aligned}E_n(f_m)_1&=\sup_{h\in B_\infty^n}\int_0^{2\pi}f_m(x)h(x)\mathrm{d}x\geqslant\int_0^{2\pi}f_m(x)\varphi_*(x)\mathrm{d}x\\&=\frac{1}{\pi}\int_0^{2\pi}\varphi_*(x)\int_0^{2\pi}K(x-t)\varphi_m(-t)\mathrm{d}t\mathrm{d}x\\&=\frac{1}{\pi}\int_0^{2\pi}\varphi_*(x)\int_{2\pi}^{0}K(x+t)\varphi_m(t)\mathrm{d}t\mathrm{d}x\\&=\frac{-1}{\pi}\int_0^{2\pi}\varphi_m(t)\int_0^{2\pi}K(x+t)\varphi_*(x)\mathrm{d}x\mathrm{d}t\end{aligned}$$

但因

$$\begin{aligned}&-\frac{1}{\pi}\int_0^{2\pi}K(x+t)\varphi_*(x)\mathrm{d}x\\&=\frac{1}{\pi}\int_0^{-2\pi}K(t-x)\varphi_*(-x)\mathrm{d}x\\&=-\frac{1}{\pi}\int_0^{2\pi}K(t-x)\varphi_*(-x)\mathrm{d}x\\&=-f_*(t)\end{aligned}$$

所以

$$E_n(f_m)_1 \geqslant \left|\int_0^{2\pi} \varphi_m(t) f_*(t) \mathrm{d}t\right|$$

可以取充分大的正整数 m，使在 $(t_i - m^{-1}, t_i + m^{-1})$ 上有

$$|f_*(t)| \geqslant |f_*(t_i)| - \varepsilon = \frac{1}{\pi} E_n(K)_1 - \varepsilon$$

则

$$E_n(f_m)_1 \geqslant (\pi^{-1} E_n(K)_1 - \varepsilon) \cdot 2N \cdot \frac{m}{4N} \cdot \frac{2}{m}$$
$$= \pi^{-1} E_n(K)_1 - \varepsilon$$

令 $\varepsilon \to 0+$ 即得 $E_n(f_m)_1 \to \pi^{-1} E_n(K)_1$.

例 4.2.1　函数类 $W_X^r, r=1,2,3,\cdots, X = L_{2\pi}$ 或 $L_{2\pi}^\infty$，此卷积类的核 $D_r \in A_n^* (r, n=1,2,3,\cdots)$. 所以有：

定理 4.2.4　对一切 $r, n = 1,2,3,\cdots$，有

$$\mathscr{E}_n(W_X^r)_X = \sup_{\substack{f \in W_X^r \\ f \perp T_{2n-1}}} \|f\|_X = \frac{1}{\pi} E_n(D_r)_1 = \mathscr{K}_r n^{-r} \tag{4.28}$$

$X = L_{2\pi}^\infty, L_{2\pi}$.

当 $X = L_{2\pi}^p$ 时，根据式(4.19) 有：

定理 4.2.5　若 $1 < p < +\infty$，则

$$E_n(W_p^r)_p \leqslant \frac{1}{\pi} E_n(D_r)_1 = \mathscr{K}_r \cdot n^{-r} \tag{4.29}$$

式(4.29) 不精确.

例 4.2.2　$\{a_0, a_1, \cdots, a_n, \cdots\}$ 满足 $a_n \to 0, \Delta a_n = a_n - a_{n+1} \geqslant 0, \Delta^2 a_n = \Delta a_n - \Delta a_{n+1} \geqslant 0, \Delta^3 a_n \geqslant 0$，则对每一 $n = 0,1,2,\cdots$，存在一个 n 阶三角多项式 $T_n(x)$，对函数 $F(x) = \sum\limits_{k=0}^{+\infty} a_k \cos kx$ 在 $\cos(n+1)x$ 的零点上

实现插值,且有

$$F(x)-T_n(x)=2f(x)\cos(n+1)x$$

此处 $f(x)\in L_{2\pi}$ 且 $f(x)\geqslant 0$,所以

$$\operatorname{sgn}\{F(x)-T_n(x)\}\cdot \operatorname{sgn}\cos(n+1)x\geqslant 0$$

$$\begin{aligned}E_{n+1}(F)_1&=\int_0^{2\pi}F(x)\operatorname{sgn}\cos(n+1)x\,\mathrm{d}x\\&=4\sum_{k=0}^{+\infty}\frac{(-1)^k a_{2k+1(n+1)}}{2k+1}\end{aligned}$$

以上结果属于 B. Nagy.

证 首先,三角级数 $\sum\limits_{K=0}^{+\infty}a_k\cos kx$ 在 $x\neq 2\nu\pi$ 的点上收敛,在 $[\delta,2\pi-\delta]$ $(0<\delta<\pi)$ 上一致收敛,是其和函数的 Fourier 级数. 以 $\cos(n+1)x$ 的零点为插值节点,可以构造一个 n 阶的偶三角多项式 $T_n^*(x)$ 使得

$$F\left(\frac{2j-1}{2n+2}\pi\right)=T_n^*\left(\frac{2j-1}{2n+2}\pi\right),j=1,\cdots,n+1$$

令 $F(x)-T_n^*(x)=2f(x)\cos(n+1)x$,求出 $f(x)$ 的表示式. 假定

$$f(x)=\frac{c_0}{2}+\sum_{k=1}^{+\infty}c_k\cos kx$$

先对正整数 m 求出 $2f(x)\cos mx$ 的展开式,易见有

$$\begin{aligned}&2f(x)\cos mx\\&=c_0\cos mx+\sum_{t=1}^{+\infty}c_k[\cos(m+k)x+\cos(m-k)x]\\&=c_m+\sum_{k=1}^{m-1}(c_{m-k}+c_{m+k})\cos kx+(c_0+c_{2m})\cos mx+\\&\quad\sum_{k=m+1}^{+\infty}(c_{k-m}+c_{k+m})\cos kx\end{aligned}$$

此式与

$$F(x)-T_{m-1}^{*}(x)=\sum_{k=0}^{m-1}a_k\cos kx-T_{m-1}^{*}(x)+\sum_{k=m}^{+\infty}a_k\cos kx$$

比较系数得

$$c_0+c_{2m}=a_m,c_1+c_{2m+1}=a_{m+1},\cdots,c_{2m-1}+c_{4m-1}=a_{3m-1}$$

$$c_{2m}+c_{4m}=a_{3m},c_{2m+1}+c_{4m+1}=a_{3m+1},\cdots$$

$$c_{4m}+c_{6m}=a_{5m},\cdots,m=n+1$$

解得

$$c_0=\sum_{\nu=0}^{+\infty}(-1)^{\nu}a_{(2\nu+1)m},c_1=\sum_{\nu=0}^{+\infty}(-1)^{\nu}a_{(2\nu+1)m+1}\cdots,$$

$$c_k=\sum_{\nu=0}^{+\infty}(-1)^{\nu}a_{(2\nu+1)m+k},\cdots$$

注意数列 $\{c_0,c_1,\cdots,c_k,\cdots\}$ 满足 $c_k\to 0,\Delta_{c_k}\geqslant 0$，$\Delta^2 c_k\geqslant 0$，这可直接验证，由此可见 $f(x)\geqslant 0$，而且是可和的，所以结论成立.

例 4.2.3　若数列 $\{b_1,\cdots,b_n,\cdots\}$ 满足 $b_n\to 0$，$\Delta b_n\geqslant 0,\Delta^2 b_n\geqslant 0,\Delta^3 b_n\geqslant 0$ 且 $\sum\limits_{k=1}^{+\infty}\frac{b_k}{k}<+\infty$. 函数 $G(x)=\sum\limits_{k=1}^{+\infty}b_k\sin kx$ 对每一 $n=1,2,3,\cdots$ 存在一个 n 阶三角多项式 $\widetilde{T}_n(x)$ 使

$$G\left(\frac{j\pi}{n+1}\right)=\widetilde{T}_n\left(\frac{j\pi}{n+1}\right),j=1,\cdots,n$$

而且

$$G(x)-\widetilde{T}_n(x)=2g(x)\sin(n+1)x$$

$g(x)$ 是在 $(0,2\pi)$ 内保持常号的可和函数，从而

$$\sigma\operatorname{sgn}[G(x)-\widetilde{T}_n(x)]\cdot\operatorname{sgn}\sin(n+1)x\geqslant 0,\ |\sigma|=1$$

$$E_{n+1}(G)_1 = \left| \int_0^{2\pi} G(x) \operatorname{sgn} \sin(n+1)x \, dx \right| = 4 \sum_{\nu=0}^{+\infty} \frac{b_{(2\nu+1)(n+1)}}{2\nu+1}$$

此例亦是 B. Nagy 做出的,其方法与前例一样,其中条件 $\sum \frac{b_k}{k} < +\infty$ 不能去掉.

例 4.2.4 考虑 Γ_X^ρ, $0 < \rho < 1$, $X = L_{2\pi}$ 或 $L_{2\pi}^\infty$,对

$$P_\rho(x) = \frac{1}{2} \frac{1-\rho^2}{1-2\rho\cos x + \rho^2} = \frac{1}{2} + \sum_{k=1}^{+\infty} \rho^k \cos kx$$

直接应用 B. Nagy 的结果,得知 $P_\rho(x) \in A_n^*$ $(n=1,2,3,\cdots)$.

所以

$$\mathscr{E}_n(\Gamma_X^\rho)_X = \frac{1}{\pi} E_n(P_\rho)_1 = \frac{4}{\pi} \sum_{\nu=0}^{+\infty} \frac{(-1)^\nu \rho^{(2\nu+1)n}}{2\nu+1} = \frac{4}{\pi} \arctan \rho^n \tag{4.30}$$

Γ_X^ρ 的共轭函数类 $\overline{\Gamma}_X^\rho$ 的核是 Poisson 核的共轭函数

$$\overline{P}_\rho(x) = \frac{1}{2} \frac{\rho \sin x}{1-2\rho\cos x + \rho^2} = \sum_{\nu=1}^{+\infty} \rho^\nu \sin \nu x \tag{4.31}$$

对 $\overline{P}_\rho(x)$ 亦可应用 Nagy 的结果,得知 $\overline{P}_\rho(x) \in A_n^*$ $(n=1,2,\cdots)$,所以

$$\mathscr{E}_n(\overline{\Gamma}_X^\rho)_X = \frac{1}{\pi} E_n(\overline{P}_\rho)_1 = \frac{4}{\pi} \sum_{\nu=0}^{+\infty} \frac{\rho^{(2\nu+1)n}}{2\nu+1} = \frac{2}{\pi} \ln \frac{1+\rho^n}{1-\rho^n} \tag{4.32}$$

例 4.2.5 Weyl 意义下的周期(非整数阶的)可微函数类.

设

$$K_r(t)=\sum_{k=1}^{+\infty}k^{-r}\cos\left(kt-\frac{\pi r}{2}\right),r>0 \quad (4.33)$$

当 r 是正整数时，$K(t)$ 是 Bernoulli 函数，r 是非整数时，$K(t)$ 不是样条. 根据 Weyl，如果 $f(x)\in C_{2\pi}$ 能表示成

$$f(x)=\frac{a_0}{2}+\frac{1}{\pi}\int_0^{2\pi}K_r(x-t)\varphi(t)\mathrm{d}t \quad (4.34)$$

其中$\int_0^{2\pi}\varphi(t)\mathrm{d}t=0$，则称 φ 是 f 的 r 阶 Weyl 意义下的导数. r 是整数时，φ 即是 f 的 r 阶常义导数. 今限制 $\|\varphi\|_X\leqslant 1$，$X=L_{2\pi}$ 或 $L_{2\pi}^{\infty}$，由式(4.34)给出的函数类仍记作 W_X^r，对最佳逼近 $\mathscr{E}_n(W_X^r)_X$ 的研究，仍然归到验证 $K_r\in A_n^*$，但是 r 取非整数的情形比 r 取整数的情形要困难得多. r 是整数时，$K_r(t)$ 是奇或偶函数，在周期 $(0,2\pi)$ 内是多项式，验证符号可以用 Rolle 定理，或直接用 B. Nagy 的方法. r 是非整数时，两种方法都不能用了. 首先是 V. K. Dzjadyk，在 1953 年研究了 $0<r<1$ 的情形. 孙永生在 1959 ～ 1961 研究了 $r>1$ 的情形，这里叙述一下 $r>1$ 的结果(见[6]).

根据定理 2.4.10，先来确定 $K_r(t)$ 在一个周期内的 $2n$ 个等距插值节点. 我们由

$$\sum_{\nu=1}^{2n}(-1)^{\nu}\left(K_r\left(t+\frac{\nu-1}{n}\pi\right)=\frac{2\sigma}{n^{r-1}}H_n(t),\sigma=\pm 1\right.$$

$$H_n(t)=\sum_{\nu=0}^{+\infty}\frac{\cos\left[(2\nu+1)nt-\dfrac{\pi r}{2}\right]}{(2\nu+1)^r} \quad (4.35)$$

下面引理给出 $H_n(t)$ 的零点和变号.

引理 4.2.1　设 $r>1$，$0\leqslant\alpha<2$，且

$$H(t)=\sum_{\nu=0}^{+\infty}\frac{\cos\left[(2\nu+1)t-\frac{\pi\alpha}{2}\right]}{(2\nu+1)^{r}}\tag{4.36}$$

则:

(1) 若 $0\leqslant\alpha<1$,则存在唯一的数 $\beta=\beta(r,\alpha)$ 使

$$\frac{1}{2}\leqslant\beta<1, H(\beta\pi)=H(\pi+\beta\pi)=0$$

(2) 若 $1\leqslant\alpha<2$,则存在唯一的数 $\beta=\beta(r,\alpha)$ 使

$$0\leqslant\beta<\frac{1}{2}, H(\beta\pi)=H(\pi+\beta\pi)=0$$

$H(t)$ 在$[0,2\pi)$ 内只有 $\beta\pi,\pi+\beta\pi$ 为其变号点.

证 $\alpha=0,1$ 的情形不足以解释. 假定 $0<\alpha<1$,由于 $H(t+\pi)=-H(t)$,故只需在$[0,\pi]$上讨论 $H(t)$ 便可. 置

$$\Phi_r(t)=\sum_{\nu=0}^{+\infty}\frac{\cos(2\nu+1)t}{(2\nu+1)^{r}},\Psi_r(t)=\sum_{\nu=0}^{+\infty}\frac{\sin(2\nu+1)t}{(2\nu+1)^{r}}$$

我们有

$$H(t)=\cos\frac{\pi\alpha}{2}\Phi_r(t)+\sin\frac{\pi\alpha}{2}\Psi_r(t)$$

当 $t\in\left(0,\frac{\pi}{2}\right)$ 时 $\Phi_r(t)>0,\Psi_r(t)>0$, 再注意 $\Phi_r(0)>0,\Phi_r\left(\frac{\pi}{2}\right)=0,\Psi_r(0)=0,\Psi_r\left(\frac{\pi}{2}\right)>0$ 便推出 $H(t)>0$ 在 $\left[0,\frac{\pi}{2}\right]$ 上成立. 当 $\frac{\pi}{2}\leqslant t\leqslant\pi$ 时,容易验证 $\Phi_r(t)\downarrow$,同时也有 $\Psi_r(t)\downarrow$,因当 $\frac{\pi}{2}<t<\pi$ 时 $\Psi'_r(t)=\Phi_{r-1}(t)<0$,由此,$H(t)$ 在 $\left[\frac{\pi}{2},\pi\right]$ 内单调下降. 再由 $H(\pi)=-H(0)<0$,便知恰有一个 $\beta,\frac{1}{2}<$

$\beta<1$ 使得 $H(\beta\pi)=0$，$H(t)$ 在 $\beta\pi$ 变号. 情形(1)得证，情形(2)仿照此得证.

注意限制 $0\leqslant\alpha<2$ 不是本质的. 当 α 不在此区间内时，利用周期性，可得同样的结论，所以引理的结论对 $\alpha=r>1$ 完全可用，从而有：

推论　设 $r>1$，而

$$H_{n,r(t)}=\sum_{\nu=0}^{+\infty}\frac{\cos\left[(2\nu+1)nt-\frac{\pi r}{2}\right]}{(2\nu+1)^r}$$

则 $\operatorname{sgn} H_{n,r}(t)=\sigma\cdot\operatorname{sgn}\sin(nt-\beta\pi)$，此处 $|\sigma|=1$，$0\leqslant\beta<1$，而 $H_{1,r}(\beta\pi)=0$.

取 $H_{nr}(t)$ 在$[0,2\pi)$内的全部零点

$$\frac{\beta\pi}{n},\left(\frac{\beta}{n}+\frac{1}{n}\right)\pi,\cdots,\left(\frac{\beta}{n}+\frac{2n-1}{n}\right)\pi$$

根据定理 2.4.10，存在 $n-1$ 阶三角多项式 $U_{n-1}^*(t)$ 使有

$$K_r\left(\left(\frac{\beta}{n}+\frac{j}{n}\right)\pi\right)=U_{n-1}^*\left(\left(\frac{\beta}{n}+\frac{j}{n}\right)\pi\right)$$

$$j=0,\cdots,2n-1$$

引理 4.2.2　设 $r>1$，则对每一 n 存在 $n-1$ 阶三角多项式 T_{n-1}^*，使得

$$K_r(t)-T_{n-1}^*(t)=-2W_n(t)\sin(nt-\beta\pi)\tag{4.37}$$

此处

$$W_n(t)=\frac{1}{2}\sum_{\nu=0}^{+\infty}\frac{\sin\left[(2\nu+1)\beta\pi-\frac{\pi r}{2}\right]}{(2\nu+1)^r n^r}+$$

$$\sum_{j=1}^{+\infty}\sum_{\nu=1}^{+\infty}\frac{\sin\left[(2\nu+1)\beta\pi-\frac{\pi r}{2}+jt\right]}{[(2\nu+1)n+j]^r} \tag{4.38}$$

证 置 $nu=nt-\beta\pi$,写着

$$K_r(t)=\sum_{k=1}^{+\infty}a_k\cos kn+\sum_{k=1}^{+\infty}b_k\sin kn$$

此处

$$a_k=k^{-r}\cos\left(\frac{k\beta\pi}{n}-\frac{\pi r}{2}\right),b_k=k^{-r}\sin\left(\frac{k\beta\pi}{n}-\frac{\pi r}{2}\right)$$

应用例 4.2.2,例 4.2.3 中 Nagy 的方法,可以构造 $n-1$ 阶的三角多项式 $T'_{n-1}(u)$,$T''_{n-1}(u)$ 使

$$\sum_{j=n}^{+\infty}b_j\sin ju-T'_{n-1}(u)=2\sum_{j=0}^{+\infty}{}'c_j\cos ju\cdot\sin nu$$

以及

$$\sum_{j=n}^{+\infty}a_j\cos_j u-T''_{n-1}(u)=2\sum_{j=1}^{+\infty}c'_j\sin ju\cdot\sin nu$$

其中

$$c_j=\sum_{i=1}^{+\infty}b_{j+(2i-1)n},c'_j=-\sum_{i=1}^{+\infty}a_{j+(2i-1)n}$$

Σ' 表示首项应除以 2,这样一来得

$$\sum_{k=n}^{+\infty}(a_k\cos ku+b_k\sin ku)-(T'_{n-1}(u)+T''_{n-1}(u))$$

$$=2\sin nu\left\{\frac{c_0}{2}+\sum_{j=1}^{+\infty}c_j\cos ju+c'_j\sin ju\right\}$$

$$=-2W_n(t)\sin nu$$

在[6]中证明了:

引理 4.2.3 设 $r>1$,则对 $n=1,2,3,\cdots$ 成立

$$\sigma W_n(t)>0,0\leqslant t\leqslant 2\pi$$

其中 $|\sigma|=1$.

由此得 $K_r(t)\in A_n^*\ (n=1,2,3,\cdots)$.

定理 4.2.6　$r>1$,则

$$\mathscr{E}_n(W_X^r)_X=\sup_{\substack{f\in W_X^r\\ f\perp T_{2n-1}}}\|f\|_X=\frac{1}{\pi}E_n(K_r)_1=\frac{4}{\pi}K_{r,r}\cdot n^{-r} \tag{4.39}$$

此处

$$K_{r,r}=\left|\sum_{\nu=0}^{+\infty}\frac{\sin\left[(2\nu+1)\beta\pi-\frac{\pi r}{2}\right]}{(2\nu+1)^{r+1}}\right|$$

$H_{1,r}(\beta\pi)=0$.

S. B. Stêchkin 提出研究核

$$K_{r,\alpha}(t)=\sum_{k=1}^{+\infty}k^{-r}\cos(kt-\frac{\pi\alpha}{2}),r>0,\alpha\in\mathbf{R}$$

它综合了 $\alpha=r$(Weyl 类) 和 $\alpha=r+1$(Weyl 类的共轭类) 两个基本情形. [6] 证明: $\forall r>1,\alpha\in\mathbf{R},n\in\mathbf{Z}_+$, $K_{r,\alpha}(t)\in A_n^*$, 至于 $0<r<1,\alpha\in\mathbf{R}$ 的情形,S. B. Stêchkin 在 1956 年证明当 $r\leqslant\alpha\leqslant 2-r$ 时,$K_{r,\alpha}(t)\in A_n^*$. 其余的情形 $0<\alpha<r\leqslant 1$ 由孙永生解决(见周期可微函数借助三角多项式的最佳逼近一文,载于中国科学(外文版)11(1962)1455-1474).

V. K. Dzjadyk 在 1959 ~ 1961 年期间发现了更广泛的一类满足 A_n^* 条件的函数,通过对 $0<r<1$ 时的 $D_r(t)=\sum\limits_{k=1}^{+\infty}k^{-r}\cos\left(kt-\frac{\pi r}{2}\right)$ 的分析,发现:

(1) $D_r(-t)$ 作为 $(0,2\pi)$ 内的解析函数,它和它的任意阶导函数在 $(0,2\pi)$ 内都单调上升,具有这种性质的函数通常称为绝对单调的.

(2)$D_r(-t)$可以解析延拓到负半轴$(-\infty,2\pi)$,且经延拓后得到一个在$(-\infty,2\pi)$上绝对单调函数$D_r(-t)$.

V. K. Dzjadyk 证明了以下事实:

(1) 任给$(-\infty,2\pi)$上的绝对单调函数$K(t)$,作为这种函数的例子可取

$$e^t,(2\pi-t)^{-s},\overleftarrow{D}_r(-t),0<r<1,s>0$$

则任取$T(t)\in T_{2n-1}$函数方程$K(t)-T(t)=0$在$[0,2\pi)$内至多有$2n-1$个零点.

(2) 每一个在$(0,2\pi)$上的可和函数,若满足条件(1)(2)(例如$D_r(-t),r\in(0,1)$);以及这种满足条件(1)(2)的函数的$s\geqslant 1$阶周期积分必满足$A_n^*$$(n=1,2,3,\cdots)$.

对于有限区间上的绝对单调函数,V. K. Dzjadyk证明了以下结果.

定理4.2.7 设$K(t)$在$[0,2\pi]$上是可和函数,且

$$K(t)=\sum_{j=0}^{+\infty}a_jt^j$$

此处$a_j\geqslant 0$,上面幂级数的收敛半径大于或等于2π,则$K(t)$在T_{2n-1}内的最佳平均逼近多项式$T^*(t)$满足条件

$$\operatorname{sgn}(K(t)-T^*(t))=-\operatorname{sgn}\sin nt$$

到1974年Dzjadyk在论文关于由绝对单调核的线性组合的积分所确定的周期函数类上的最佳逼近(载于 Матем. заметки,16,№5(1974)681-690)中研究了能表示成两个绝对单调函数的线性组合的积分的卷积核,对这种更广泛的核建立了A_n^*型内插条件,这一结果包含了$K_{r,\alpha}(t)\in A_n^*$$(r>0,\alpha\in\mathbf{R})$.

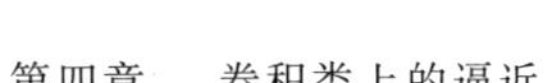

例 4.2.6　周期全正函数的 A_n^* 性质，A. Pinkus 在关于周期函数的 n 宽度（载于 *Journal D′ analyse Mathematique* 35(1979)）一文中研究了周期全正函数为核的卷积类上的逼近问题. 给定 $\Phi(x) \in C_{2\pi}$，任取

$$x_1 < \cdots < x_n < x_1 + 2\pi, y_1 < \cdots < y_n < y_1 + 2\pi$$

记

$$\Phi\begin{pmatrix} x_1 \cdots x_n \\ y_1 \cdots y_n \end{pmatrix} \overset{\text{df}}{=\!=} \det(\Phi(x_i - y_j)), i, j = 1, \cdots, n$$

对 $n \geqslant 0$，称 $\Phi(x-y)$ 是 $2n+1$ 阶周期全正（CTP_{2n+1}），若对每一 $l \in \{0, \cdots, n\}$，任取 $x_1 < \cdots < x_k < x_1 + 2\pi$，$y_1 < \cdots < y_k < y_1 + 2\pi$，$k = 2l+1$，都有

$$\Phi\begin{pmatrix} x_1 \cdots x_k \\ y_1 \cdots y_n \end{pmatrix} \geqslant 0$$

当上面仅有不等号成立时，称 $\Phi(x-y)$ 为 $2n+1$ 阶严格周期全正（$SCTP_{2n+1}$）.

对于 $\Phi(x) \in C_{2\pi}$，若存在 n 个点 x（或点 y）$x_1 < \cdots < x_n < x_1 + 2\pi$ 有 $\dim \operatorname{span}\{\Phi(x_1 - \cdot), \cdots, \Phi(x_n - \cdot)\} = n$，但对任一 $N \geqslant n+1$ 及任取的 N 个点 x（或点 y）$x_1 < \cdots < x_N < x_1 + 2\pi$，有

$$\dim \operatorname{span}\{\Phi(x_1 - \cdot), \cdots, \Phi(x_N - \cdot)\} \leqslant n$$

则称 Φ 的秩数为 n. 当这样的 n 不存在时，Φ 的秩规定为 $+\infty$.

定理 4.2.8　$\Phi \in C_{2\pi}$. 设对某个 n 有：

(1)$\Phi(x-y) \in CTP_{2n-1}$.

(2)$\operatorname{rank}(\Phi) \geqslant 2n-1$.

(3)$\forall\, T \in T_{2n-1}$，$(\Phi - T)^{-1}(0)$ 是疏朗集.

则 $\Phi \in A_n^*$. 详细地说：存在一个 $T^* \in T_{2n-1}$ 及 $\alpha \in \mathbf{R}$，

使

$$\operatorname{sgn}(\Phi(x)-T^{*}(x))=\sigma\operatorname{sgn}\sin(nx-\alpha)$$

$\sigma=1$ 或 -1 是定数.

特例 式(4.12)给出的函数类 A_X^h,$X=L_{2\pi}$ 或 $L_{2\pi}^{\infty}$,它的核

$$H_\delta(t)\in SCTP_{2n+1},n=0,1,2,\cdots$$
$$\operatorname{rank}(H_\delta)=+\infty$$

我们有

$$\operatorname{sgn}(H_\delta(x)-T_{2n-1}^{*}(x))=\operatorname{sgn}\cos nx$$

从而得

$$\mathscr{E}_n(A_X^h)_X=E_n(H_\delta)_1=\frac{4}{\pi}\sum_{k=0}^{+\infty}\frac{(-1)^k}{(2k+1)\operatorname{ch}(2k+1)n\delta} \tag{4.40}$$

对式(4.40)的直接证明见[2].

例 4.2.5,例 4.2.6 的结果是深刻的,然而是互相孤立的.迄今尚不清楚:一个在$(0,2\pi)$上绝对单调,且在$(-\infty,2\pi)$上有绝对单调延拓的正函数 $K(t)$ 是否具有 CTP 性质?

§3 周期卷积类借助 T_{2n-1} 的最佳线性逼近

记着 $X_{2\pi}=L_{2\pi}^p(1\leqslant p\leqslant+\infty)$ 或 $C_{2\pi}$ 有

$$T_{2n-1}=\operatorname{span}\left\{1,\begin{matrix}\cos t\\ \sin t\end{matrix},\cdots,\begin{matrix}\cos(n-1)t\\ \sin(n-1)t\end{matrix}\right\},n\geqslant 1$$

$\mathscr{M}\subset X_{2\pi}$ 为一均衡集,$\mathscr{L}(\mathscr{M})$ 表示 $\mathscr{M}$ 的线性包.以 $\mathscr{L}_n$ 表示一切 $\mathscr{L}(\mathscr{M})\to T_{2\pi-1}$ 的线性映射集.

定义 4.3.1 任取 $A\in\mathscr{L}_n$,置

$$E_n(\mathscr{M};A)_X=\sup_{f\in\mathscr{M}}\|f-A(f)\|_X$$

称量

$$\mathscr{E}'_n(\mathscr{M})_X=\inf_{A\in\mathscr{L}_n}E_n(\mathscr{M};A)_X \tag{4.41}$$

为 $\mathscr{M}$ 借助 T_{2n-1} 子空间在空间 $X_{2\pi}$ 尺度下对线性算子集 $\mathscr{L}_n$ 的最佳线性逼近. 如果存在 $A^0\in\mathscr{L}_n$ 使式(4.41)内下确界实现,则 A^0 称作 $\mathscr{E}'_n(\mathscr{M})_X$ 的一最佳线性逼近方法.

由于在 $\mathscr{L}_n$ 类内确定最佳线性逼近方法很困难,所以有些人就考虑 $\mathscr{L}_n$ 中的一些特殊类型的算子子集. 这里较常见的是对 $\mathscr{M}$ 中函数的 Fourier 级数的部分和经过一定的线性变换而构成的线性映射.

定义 4.3.2　设 $\mathscr{M}\subset X_{2\pi}$ 是一均衡集,而存在一整数 $s\geqslant 0$,对任一 $f\in\mathscr{M}$ 有

$$\int_0^{2\pi}f(t)\begin{matrix}\cos kt\\ \sin kt\end{matrix}\,\mathrm{d}t=0,k=0,\cdots,s-1$$

$s=0$ 时上面条件失效.

任给实数组 $(\mu,\nu)=\{\mu_S,\cdots,\mu_{n-1},\nu_S,\cdots,\nu_{n-1}\}$ ($s\leqslant n,s=n$ 时,(μ,ν) 是空集). 当 $s=0$ 时,置 $\nu_0=0$. 记任一 $f\in\mathscr{M}$的 $n-1$ 阶 Fourier 部分和及其三角共轭式各为 $S_{n-1}(f),\overline{S}_{n-1}(f)$. 那么对应于 $f\in\mathscr{M}$ 有

$$A_{n,s}^{(\mu,\nu)}(f;x)=\sum_{k=s}^{n-1}\{\mu_k(a_k\cos kx+b_k\sin kx)+\nu_k(a_k\sin kx-b_k\cos kx)\}$$

$A_{n,s}^{(\mu,\nu)}$ 是 $\mathscr{M}\to T_{2n-1}$ 的线性映射,其全体记作 $\mathscr{L}_n(\mu,\nu)$.

首先注意 $A_{n,s}^{(\mu,\nu)}(f)$ 是卷积型的. 事实上有:

引理 4.3.1　记

$$Q_{n,s}^{(\mu,\nu)}(x)=\sum_{k=s}^{n-1}(\mu_k\cos kx+\nu_k\sin kx)$$

则对任何 $f\in\mathscr{M}$ 有

$$A_{n,s}^{(\mu,\nu)}(f;x)=Q_{n,s}^{(\mu,n)}*f \tag{4.42}$$

证 把 f 的 Fourier 系数 a_k,b_k 积分表示式写出，经计算即得：

定义 4.3.3 量

$$\mathscr{E}'_n(\mathscr{M};\mu,\nu)_X=\inf_{(\mu,\nu)}\sup_{f\in\mu}\|f-A_{n,s}^{(\mu,\nu)}(f)\|_X \tag{4.43}$$

称为 $\mathscr{M}$ 在 $X_{2\pi}$ 内借助 T^*_{2n-1} 对线性算子集 $\mathscr{L}_n(\mu,\nu)$ 的最佳线性逼近.同样可以对 $\mathscr{L}_n(\mu,\nu)$ 给出最佳线性逼近方法的概念.

同前节，若引入

$$\mathscr{E}_n(\mathscr{M})_X=\sup_{f\in\mu}E_n(f)_{-X}$$

那么显然有

$$\mathscr{E}_n(\mathscr{M})_X\leqslant\mathscr{E}'_n(\mathscr{M})_X\leqslant\mathscr{E}'_n(\mathscr{M};\mu,\nu)_X$$

下面讨论当 $\mathscr{M}$ 是卷积类时能够进一步得到的结果.

先取 $\mathscr{M}=K*B_p^s(0\leqslant s\leqslant n,1\leqslant p\leqslant+\infty)$，$K(t)\in L_{2\pi}$. 记

$$\Phi_{n,s}^{(\mu,\nu)}=Q_{n,s}^{(\mu,\nu)}*K$$

引理 4.3.2 任意给定数组(μ,ν). 若 $f=K*\varphi$，$\varphi\in B_p^s$，则

$$A_{n,s}^{(\mu,\nu)}(f)=\Phi_{n,s}^{(\mu,\nu)}*\varphi \tag{4.44}$$

证 由

$$\begin{aligned}&A_{n,s}^{(\mu,\nu)}(f,x)\\&=\frac{1}{\pi}\int_0^{2\pi}Q_{n,s}^{(\mu,\nu)}(x-t)f(t)\mathrm{d}t\\&=\frac{1}{\pi}\int_0^{2\pi}Q_{n,s}^{(\mu,\nu)}(x-t)\left\{\frac{1}{\pi}\int_0^{2\pi}K(t-u)\varphi(u)\mathrm{d}u\right\}\mathrm{d}t\end{aligned}$$

$$=\frac{1}{\pi}\int_0^{2\pi}\varphi(u)\left\{\frac{1}{\pi}\int_0^{2\pi}Q_{n,s}^{(\mu,\nu)}(x-t)K(t-u)\mathrm{d}t\right\}\mathrm{d}u$$

注意到

$$\begin{aligned}&\int_0^{2\pi}Q_{n,s}^{(\mu,\nu)}(x-t)K(t-u)\mathrm{d}t\\=&\int_0^{2\pi}Q_{n,s}^{(\mu,\nu)}(t)K(x-u-t)\mathrm{d}t\\=&\int_0^{2\pi}Q_{n,s}^{(\mu,\nu)}(x-u-t)K(t)\mathrm{d}t\end{aligned}$$

便得所求.

要记住 $\Phi_{n,s}^{(\mu,\nu)}(t)$ 是 T_{2n-1} 内的一多项式，对 $f\in K*B_p^s$ 有

$$f-A_{n,s}^{(\mu,\nu)}(f)=(K-\Phi_{n,s}^{(\mu,\nu)})*\varphi$$

那么，若 $Y_{2\pi}$ 是一线性赋范的可测函数空间，$X_{2\pi}$ 能连续嵌入 $Y_{2\pi}$，就有

$$\begin{aligned}E_n(\mathscr{M},\mu,\nu)_Y&=\sup_{f\in\mathscr{M}}\|f-A_{n,s}^{(\mu,\nu)}(f)\|_Y\\&=\sup_{\varphi\in B_p^s}\|(K-\Phi_{n,s}^{(\mu,\nu)})*\varphi\|_Y\end{aligned}$$

从而有

$$\begin{aligned}\mathscr{E}_n'(\mathscr{M},\mu,\nu)_Y&=\inf_{(\mu,\nu)}E_n(\mathscr{M},\mu,\nu)_Y\\&=\inf_{(\mu,\nu)}\sup_{\varphi\in B_p^s}\|(K-\Phi_{n,s}^{(\mu,\nu)})*\varphi\|_Y\end{aligned}\tag{4.45}$$

利用核式，对一些特殊情形可以得到左边量的精确表示式，仅仅与核 K 有关. 我们暂时先放下这一点，转到讨论 $\mathscr{L}_n$ 类内算子的表达式. 由于当 $\mathscr{M}$ 是卷积类时，每一 $A_{n,s}^{(\mu,\nu)}(f)$ 是连续线性算子，即我们不妨只讨论 $\mathscr{L}_n$ 内的任意连续算子.

引理 4.3.3　假定 $1\leqslant p<+\infty$，$X_{2\pi}=L_{2\pi}^p$，$Y_{2\pi}=L_{2\pi}^q$，$1\leqslant q\leqslant p$. 任一连续线性算子 $A(\mathscr{M}=K*B_p^s\rightarrow$

$T_{2n-1}) \in \mathscr{L}_n$ 可表示为

$$A(f;x)=\frac{1}{\pi}\int_0^{2\pi}\Phi_n(x,t)\varphi(t)\mathrm{d}t \qquad (4.46)$$

此处

$$\Phi_n(x,t)=\frac{\psi_0(t)}{2}+\sum_{\nu=1}^{n-1}\{\psi_\nu(t)\cos\nu x+\chi_\nu(t)\sin\nu x\}$$

$$\psi_0(t),\cdots,\psi_{n-1}(t),\chi_1(t),\cdots,\chi_{n-1}(t)\in L_{2\pi}^p$$

而且满足 $\psi_j,\chi_j\in B_s^{\perp}$,这里的

$$B_S=\{\varphi\in L_{2\pi}^p \mid K*\varphi=0 \text{ 且 } \varphi\in T_{2s-1}^{\perp}\}$$

证 任一 $A(f)(\mathscr{L}(\mathscr{M})\to T_{2n-1})$ 可以写作下面形式

$$A(f;x)=\frac{\alpha_0(f)}{2}+\sum_{\nu=1}^{n-1}\alpha_\nu(f)\cos\nu x+\beta_\nu(f)\sin\nu x$$

其中 $\alpha_0(f),\cdots,\alpha_{n-1}(f),\beta_1(f),\cdots,\beta_{n-1}(f)$ 是 $\mathscr{L}(\mathscr{M})$ 上的线性连续泛函,既然假定 A 是连续的,注意当 $\varphi\in B_s$ 时,相对应的 f 满足 $\alpha_\nu(f),\beta_\nu(f)=0(\nu=0,\cdots,n-1)$,所以利用线性连续泛函的一般形式(可以认为它们都已从 $\mathscr{L}(\mathscr{M})$ 往 $L_{2\pi}^p$ 上保范延拓了,这不妨碍讨论)即得所求.

推论 1 设 $1\leqslant p<+\infty,K(t)\in L_{2\pi},\mathscr{M}=K*B_p^s(0\leqslant s\leqslant n),A\in\mathscr{L}_n$ 是连续的,那么,对 $1\leqslant q\leqslant p$ 有

$$\mathscr{E}_n'(\mathscr{M})_q=\frac{1}{\pi}\inf_{\psi_\nu,X_\nu\in B_s^{\perp}}\sup_{\varphi\in B_p^s}\left\|\int_0^{2\pi}(K(\cdot-t)-\Phi_n(\cdot,t))\cdot\varphi(t)\mathrm{d}t\right\|_q \qquad (4.47)$$

推论 2 设 $1\leqslant p<+\infty,K(t)\in L_{2\pi}^p,\mathscr{M}$ 如上. $A\in\mathscr{L}_n$ 是连续的,则

$$\mathscr{E}_n'(\mathscr{M})_C=\frac{1}{\pi}\inf_{\psi_\nu,X_\nu\in B_s^{\perp}}\max_X E_s(K(x-\cdot)-\Phi_n(x,\cdot))_{p'}$$

证　由

$$f(x)-A(f,x)=\frac{1}{\pi}\int_0^{2\pi}\{K(x-t)-\Phi_n(x,t)\}\varphi(t)\mathrm{d}t$$

得

$$\begin{aligned}&\sup_{\varphi\in B_p^s}\max_X|f(x)-A(f,x)|\\&=\frac{1}{\pi}\max_X\sup_{\phi\in B_p^s}\left|\int_0^{2\pi}\{K(x-t)-\Phi_n(x,t)\}\varphi(t)\mathrm{d}t\right|\\&=\frac{1}{\pi}\max_X E_s(K(x-\cdot)-\Phi_n(x,\cdot))_{p'}\end{aligned}$$

对一切可能的$\{\psi_\nu,X_\nu\}\subset B_s^{\perp}$取下确界，得所欲求.

引理 4.3.4　任给 $K(x,t)\in L^q[0,2\pi]^2,1\leqslant q\leqslant+\infty$，则存在

$$\psi_0^*(t),\cdots,\psi_{n-1}^*(t),\chi_1^*(t),\cdots,\chi_{n-1}^*(t)\in\widetilde{L}_{2\pi}^q$$

对 $0\leqslant t\leqslant 2\pi$ 几乎处处成立

$$E_n(K(\cdot,t))_q=\|K(\cdot,t)-T_{n-1}^*(\cdot,t)\|_q\tag{4.48}$$

此处

$$T_{n-1}^*(x,t)=\frac{\psi_0^*(t)}{2}+\sum_{k=1}^{n-1}\psi_k^*(t)\cos kx+\chi_k^*(t)\sin kx$$

此引理首见于 А. Ф. Тимам 的实变函数逼近论，在资料[7]中有证明，细节省略.

定理 4.3.1　设 $1<p<+\infty,K(t)\in L_{2\pi}^p$ 有

$$\mathscr{M}=K*B_p^s,0\leqslant s\leqslant n$$

则

$$\mathscr{E}_n(\mathscr{M})_C\leqslant\frac{1}{\pi}E_n(K)_{p'}\leqslant\mathscr{E}_n'(\mathscr{M})_C\leqslant\mathscr{E}_n'(\mathscr{M},\mu,\nu)_C$$

对 $s,0\leqslant s\leqslant n$ 成立.

假定 $K(t)$ 满足条件 $\alpha_k^2+\beta_k^2>0,k=1,2,3,\cdots$，其中

$$\alpha_k=\frac{1}{\pi}\int_0^{2\pi}K(t)\cos kt\,\mathrm{d}t,\beta_k=\frac{1}{\pi}\int_0^{2\pi}K(t)\sin kt\,\mathrm{d}t \tag{4.49}$$

则对 $s\geqslant 1$,及 $n\geqslant s$ 都有

$$\mathscr{E}'_n(\mathscr{M})_C=\mathscr{E}'_n(\mathscr{M},\mu,\nu)_C=\frac{1}{\pi}E_n(K)_{p'} \tag{4.50}$$

证 $\mathscr{E}_n(\mathscr{M})_C\leqslant\frac{1}{\pi}E_n(K)_{p'}$ 在 §2 的定理 4.2.1 推论 3 中已经给出. 我们先证

$$\mathscr{E}'_n(\mathscr{M})_C\geqslant\frac{1}{\pi}E_n(K)_{p'},s=0,\cdots,n$$

任取 $\psi_\nu,\chi_\nu\in B_s^\perp$,根据引理 4.3.4,记 $K(x-\cdot)-\Phi_n(x,\cdot)$(其中 x 是参数)在 $L_{2\pi}^{p'}$ 内借助 T_{2s-1} 的最佳逼近多项式为 $T_{s-1}^*(x,\cdot)$,此处

$$T_{s-1}^*(x,t)=\frac{g_0(x)}{2}+\sum_{\nu=1}^{s-1}g_\nu(x)\cos\nu t+h_\nu(x)\sin\nu t$$

$g_\nu(x),h_\nu(x)\in L_{2\pi}^{p'}$,又记 $K(t)$ 在 $L_{2\pi}^{p'}$ 内借助 T_{2n-1} 的最佳逼近多项式为 $T_{n-1}^{**}(t)$. 写着

$$K^*(t)=K(t)-T_{n-1}^{**}(t)$$

$$R_{n-1}(x,t)=T_{n-1}^{**}(x-t)-\Phi_n(x,t)-T_{s-1}^*(x,t)$$

我们有

$$\begin{aligned}&E_s(K(x-\cdot)-\Phi_n(x,\cdot))_{p'}^{p'}\\&=\|K^*(x-\cdot)+R_{n-1}(x,\cdot)\|_{p'}^{p'}\end{aligned}$$

我们分两种情形,利用 F. Riesz 在《泛函分析讲义》中用过的一个不等式来进行讨论.

(1) 当 $p'\geqslant 2$ 时,存在一绝对常数 $C>0$ 使

$$\int_0^{2\pi}|K^*(x-t)\cdot R_{n-1}(x,t)|^{p'}\mathrm{d}t$$

$$\geqslant\int_0^{2\pi}|K^*(x-t)|^{p'}\mathrm{d}t+p'\int_0^{2\pi}|K^*(x-t)|^{p'-2}\cdot$$

$$K^*(x-t)R_{n-1}(x,t)\mathrm{d}t+C\int_0^{2\pi}|R_{n-1}(x,t)|^{p'}\mathrm{d}t$$

$$\geqslant\int_0^{2\pi}|K^*(t)|^{p'}\mathrm{d}t+$$

$$p'\int_0^{2\pi}|K^*(x-t)|^{p'-2}K^*(x-t)R_{n-1}(x,t)\mathrm{d}t$$

由此得

$$\max_x E_s(K(x-\cdot)-\Phi_n(x,\cdot))_{p'}^{p'}$$

$$\geqslant\frac{1}{2\pi}\int_0^{2\pi}\int_0^{2\pi}|K^*(x-t)+R_{n-1}(x,t)|^{p'}\mathrm{d}x\mathrm{d}t$$

$$\geqslant E_n(K)_{p'}^{p'}+\frac{p'}{2\pi}\int_0^{2\pi}\int_0^{2\pi}|K^*(x-t)|^{p'-2}\cdot$$

$$K^*(x-t)R_{n-1}(x,t)\mathrm{d}x\mathrm{d}t$$

注意对任取的 x，$T_{n-1}^{**}(x-t)$ 是 $K(x-t)$ 在 $L_{2\pi}^{p'}$ 内的最佳逼近三角多项式，而对几乎一切 x，$0\leqslant x\leqslant 2\pi$，$T_{s-1}^*(x,t)\in T_{2s-1}\subset T_{2n-1}$，故由 $L_{2\pi}^{p'}$ 空间内最佳逼近特征，知对几乎一切 x，$0\leqslant x\leqslant 2\pi$ 有

$$\int_0^{2\pi}|K^*(x-t)|^{p'-2}K^*(x-t)T_{s-1}^*(x,t)\mathrm{d}t=0$$

又若把 t 视为参数，几乎对一切 t，$0\leqslant t\leqslant 2\pi$ 有 $T_{n-1}^{**}(x-t)-\Phi_n(x,t)\in T_{2n-1}$，则根据同样理由有

$$\int_0^{2\pi}|K^*(x-t)|^{p'-2}K^*(x-t)\cdot$$

$$[T_{n-1}^{**}(x-t)-\Phi_n(x,t)]\mathrm{d}x=0$$

在$[0,2\pi]$上对 t 几乎处处成立，所以得

$$\int_\pi^{2\pi}\int_0^{2\pi}|K^*(x-t)|^{p'-2}K^*(x-t)R_{n-1}(x,t)\mathrm{d}x\mathrm{d}t=0$$

因此就推出

$$\max_x E_s(K(x-\cdot)-\Phi_n(x,\cdot))_{p'}^{p'}\geqslant E_n(K)_{p'}^{p'}$$

再用上引理 4.3.3 推论 2 即得

$$\mathscr{E}'_n(\mathscr{M})_C \geqslant \frac{1}{\pi}E_n(K)_{p'}, s=0,1,\cdots,n$$

(2) 当 $1<p'<2$ 时,固定 x,置

$$e_n^x=\{t \mid t\in[0,2\pi], \mid R_{n-1}(x,t)\mid \geqslant \mid K^*(x-t)\mid\}$$

根据 F. Riesz 有不等式

$$\begin{aligned}
&\int_{e_n^x} \mid K^*(x-t)+R_{n-1}(x,t)\mid^{p'}\mathrm{d}t\\
\geqslant &\int_{e_n^x} \mid K^*(x-t)\mid^{p'}\mathrm{d}t+\\
&p'\int_{e_n^x} \mid K^*(x-t)\mid^{p'-2}\cdot K^*(x-t)\cdot\\
&R_{n-1}(x,t)\mathrm{d}t+c\int_{e_n^x} \mid R_{n-1}(x,t)\mid^{p'}\mathrm{d}t
\end{aligned}$$

但在$[0,2\pi]\backslash e_n^x$ 上有不等式

$$\begin{aligned}
&\int_{[0,2\pi]\backslash e_n^x} \mid K^*(x-t)+R_{n-1}(x,t)\mid^{p'}\mathrm{d}t\\
\geqslant &\int_{[0,2\pi]\backslash e_n^x} \mid K^*(x-t)\mid^{p'}\mathrm{d}t+\\
&p'\int_{[0,2\pi]\backslash e_n^x} \mid K^*(x-t)\mid^{p'-2}\cdot\\
&K^*(x-t)R_{n-1}(x,t)\mathrm{d}t+\\
&c'\int_{[0,2\pi]\backslash e_n^x} R_{n-1}^2(x,t)\mid K^*(x-t)\mid^{p'-2}\mathrm{d}t
\end{aligned}$$

式中 $c,c'>0$ 是一些绝对常数,把以上两式合并,舍弃其最后一项得

$$\begin{aligned}
&\int_0^{2\pi} \mid K^*(x-t)+R_{n-1}(x,t)\mid^{q'}\mathrm{d}t\\
\geqslant &\parallel K^*(\cdot)\parallel_{p'}^{p'}+p'\int_0^{2\pi} \mid K^*(x-t)\mid^{p'-2}\cdot\\
&K^*(x-t)R_{n-1}(x,t)\mathrm{d}t
\end{aligned}$$

往下重复情形(1) 的论证,亦得与(1) 相同的结果.

往下设 $K(t)$ 满足条件 $\alpha_k^2+\beta_k^2>0, k=1,2,3,\cdots$.

由

$$\begin{aligned}&\sup_{f\in k*B_p^s}\|f-A_{n,s}^{(\mu,\nu)}(f)\|_C\\&=\frac{1}{\pi}\sup_{\varphi\in B_p^s}\max_x\left|\int_0^{2\pi}(K(t)-\Phi_{n,s}^{(\mu,\nu)}(t))\varphi(x-t)\mathrm{d}t\right|\\&=\frac{1}{\pi}\max_x\sup_{\varphi\in B_p^s}\left|\int_0^{2\pi}(K(t)-\Phi_{n,s}^{(\mu,\nu)}(t))\varphi(x-t)\mathrm{d}t\right|\\&=\frac{1}{\pi}\min_{t_{s-1}\in T_{2s-1}}\left\{\int_0^{2\pi}|K(t)-\Phi_{n,s}^{(\mu,\nu)}(t)-t_{s-1}(t)|^{p'}\mathrm{d}t\right\}^{\frac{1}{p'}}\end{aligned}$$

从而

$$\mathscr{E}_n'(\mathscr{M};\mu,\nu)_C=\frac{1}{\pi}\inf_{\substack{(\mu,\nu)\\t_{s-1}\in T_{2s-1}}}\|K-\Phi_{n,s}^{(\mu,\nu)}-t_{s-1}\|_{p'}$$

注意到

$$\begin{aligned}\Phi_{n,s}^{(\mu,\nu)}(t)&=\frac{1}{\pi}\int_0^{2\pi}Q_{n,s}^{(\mu,\nu)}(t-\tau)K(\tau)\mathrm{d}\tau\\&=\frac{1}{2}\{\sum_{k=s}^{n-1}(\mu_k\alpha_k+\nu_k\beta_k)\cos kt+\\&\qquad\sum_{k=s}^{n-1}(\mu_k\beta_k-\nu_k\alpha_k)\sin kt\}\end{aligned}$$

则当 $\alpha_k^2+\beta_k^2>0(k\geqslant1)$ 时，如果 $(\mu,\nu)=\{\mu_s,\cdots,\mu_{s-1},\nu_s,\cdots,\nu_{n-1}\}$ 是任取的实数组，那么 $\Phi_{n,s}^{(\mu,\nu)}(t)$ 取遍

$$\mathrm{span}\begin{Bmatrix}\sin st\\\cos st\end{Bmatrix},\cdots,\begin{Bmatrix}\sin(n-1)t\\\cos(n-1)t\end{Bmatrix}$$

所以 $\Phi_{n,s}^{(\mu,\nu)}(t)+t_{s-1}(t)$ 取遍 T_{2n-1} 的一切多项式，因而有

$$\inf_{\substack{(\mu,\nu)\\t_{s-1}}}\|K-\Phi_{n,s}^{(\mu,\nu)}-t_{s-1}\|_{p'}=E_n(K)_{p'}$$

这样一来就得到

$$\mathscr{E}_n'(\mathscr{M};\mu,\nu)_C=\mathscr{E}_n'(\mathscr{M})_C=\frac{1}{\pi}E_n(K)_{p'}$$

顺便指出,此时最佳线性逼近方法是唯一的.事实上,设 $K(t)$ 在 $L_{2\pi}^{p'}$ 内借助 T_{2n-1} 的最佳逼近三角多项式是

$$U_{n-1}^*(t)=\frac{\mu_0^*}{2}+\sum_{k=1}^{n-1}(\mu_k^*\cos kt+\nu_k^*\sin kt)$$

选择 $(\mu^0,\nu^0)=\{\mu_s^0,\cdots,\mu_{n-1}^0,\nu_s^0,\cdots,\nu_{n-1}^0\}$ 使得

$$\Phi_{n,s}^{(\mu,\nu^0)}(t)=\sum_{k=s}^{n-1}(\mu_k^*\cos kt+\nu_k^*\sin kt)$$

那么 $\Phi_{n,s}^{(\mu^0,\nu^0)}*\varphi(\varphi\in B_p^s)$ 是唯一的最佳线性方法.

下面讨论 $K(t)\in L_{2\pi},\varphi(t)\in B_\infty^s(0\leqslant s\leqslant n)$ 的情形.伴随 B_∞^s 同时考虑 $B_C^s=\{\varphi(t)\in C_{2\pi}\mid \|\varphi\|_C\leqslant 1,\int_0^{2\pi}\varphi(t)\begin{matrix}\cos kt\\ \sin kt\end{matrix}\mathrm{d}t=0,k=0,\cdots,s-1\}$,与 $\mathscr{M}=K*B_\infty^s$ 同时考虑 $\mathscr{M}_C=K*B_C^s$.我们有

$$\mathscr{E}_n'(\mathscr{M}_C)_C\leqslant\mathscr{E}_n'(\mathscr{M})_C\leqslant\mathscr{E}_n'(\mathscr{M},\mu,\nu)_C$$

假定 $K(t)$ 在 $L_{2\pi}$ 内借助 T_{2n-1} 的一个最佳逼近多项式 $T_{n-1}^{(0)}(t)$ 满足条件 $K(t)-T_{n-1}^{(0)}(t)\neq 0$ 几乎处处成立.

任取 $f\in\mathscr{M}_C$,若 $\overline{K}(t)$ 是 $K(t)$ 的一个不定积分,满足延拓条件

$$\overline{K}(t+2\pi)-\overline{K}(t)=\overline{K}(2\pi)-\overline{K}(0)$$

我们把 f 表示成 Stieltjes 积分

$$f(x)=\int_0^{2\pi}\varphi(t)\mathrm{d}\overline{K}(x-t)\tag{4.51}$$

任一 $\mathscr{M}_C\to T_{2n-1}$ 的线性连续算子可写成

$$A(f;x)=\frac{\alpha_0(f)}{2}+\sum_{\nu=1}^{n-1}\alpha_\nu(f)\cos\nu x+\beta_\nu(f)\sin\nu x$$

这里的系数 $\alpha_\nu(f),\beta_\nu(f)$ 是 $\mathscr{L}(\mathscr{M}_C)$ 上的线性连续泛函.它们显然满足 $\alpha_\nu(f)=\beta_\nu(f)=0$,只要 $f=K*\varphi$,而

$$\int_0^{2\pi} K(x-t)\varphi(t)\mathrm{d}t=0$$

且

$$\int_0^{2\pi}\varphi(t)\begin{matrix}\sin kt\\ \cos kt\end{matrix}\mathrm{d}t=0,k=0,\cdots,s-1$$

记 $\widetilde{B}_C^s=\{\varphi\in C_{2\pi}\mid K*\varphi=0,\text{且 }\varphi\perp T_{2s-1}\}$，那么 $\alpha_\nu(f),\beta_\nu(f)$ 可以理解为 $C_{2\pi}/\widetilde{B}_C^s$ 上的线性连续泛函，它们具有形式

$$\alpha_\nu(f)=\alpha_\nu^*(\varphi)=\frac{1}{\pi}\left(\int_{0+}^{2\pi-}\varphi(t)\mathrm{d}\omega_\nu(t)+\varphi(0)\omega_\nu\right)$$

$$\beta_\nu(f)=\beta_\nu^*(\varphi)=\frac{1}{\pi}\left(\int_{0+}^{2\pi-}\varphi(t)\mathrm{d}\widetilde{\omega}_\nu(t)+\varphi(0)\widetilde{\omega}_\nu\right)$$

其中

$$\omega=\omega_\nu(2\pi)-\omega_\nu(2\pi-)+\omega_\nu(0+)-\omega_\nu(0)$$

$$\widetilde{\omega}_\nu=\widetilde{\omega}_\nu(2\pi)-\widetilde{\omega}_\nu(2\pi-)+\widetilde{\omega}_\nu(0+)-\widetilde{\omega}_\nu(0)$$

$\omega_\nu(t),\widetilde{\omega}_\nu(t)$ 是 $[0,2\pi]$ 上的有界变差函数，而且对 $\varphi\in\widetilde{B}_C^s$ 都有 $\alpha_\nu^*(\varphi)=\beta_\nu^*(\varphi)=0$，由此得

$$\begin{aligned}&f(x)-A(f;x)\\&=\frac{1}{\pi}\left\{\int_{0+}^{2\pi-}\varphi(t)\mathrm{d}[\overline{K}(x-t)-\Omega_{n-1}(x,t)]-\right.\\&\quad\left.\varphi(0)\left[\frac{1}{2}\omega_0+\sum_{k=1}^{n-1}(\omega_k\cos kx+\widetilde{\omega}_k\sin kx)\right]\right\}\end{aligned}$$

其中

$$\Omega_{n-1}(x,t)=\frac{\omega_0(t)}{2}+\sum_{k=1}^{n-1}(\omega_k(t)\cos kx+\widetilde{\omega}_k(t)\sin kx)$$

而且

$$\begin{aligned}&\frac{1}{2}\omega_0+\sum_{k=1}^{n-1}(\omega_k\cos kx+\widetilde{\omega}_k\sin kx)\\&=\Omega_{n-1}(x,2\pi)-\Omega_{n-1}(x,2\pi-)+\end{aligned}$$

$$\Omega_{n-1}(x,0+)-\Omega_{n-1}(x,0)\overset{\mathrm{df}}{=}\Omega_{n-1}(x)$$

那么

$$\begin{aligned}&\sup_{\varphi\in B_C^s}\max_x|f(x)-A(f;x)|\\&=\max_x\sup_{\varphi\in B_C^s}|f(x)-A(f;x)|\\&=\max_x E_s(\overline{K}(x-\bullet)-\Omega_{n-1}(x,\bullet))_{\widetilde{V}}\end{aligned}\tag{4.52}$$

$\widetilde{V}$ 表示 $C_{2\pi}$ 的共轭线性赋范空间,它包括了 $C_{2\pi}$ 上的所有线性有界泛函.每一这样的泛函 g 对应着$[0,2\pi]$上的一有界变差函数 $v_g(t)$:该函数在$(0,2\pi)$内处处右连续,而且

$$\begin{aligned}\|g\|=V_{0+}^{2\pi-}(v_g)+|\,&v_g(2\pi)-\\&v_g(2\pi-)+v_g(0+)-v_g(0)\,|\end{aligned}$$

下面仅就 $s=0$ 情形讨论,记

$$B_C=\{\varphi\in C_{2\pi}\mid\|\varphi\|_C\leqslant 1\}$$

我们有

$$\begin{aligned}&\max_x\sup_{\varphi\in B_c}|f(x)-A(f;x)|\\&\geqslant\frac{1}{\pi}\max_x V_{0+}^{2\pi-}(\overline{K}(x-\bullet)-\Omega_{n-1}(x,\bullet))\\&\geqslant\frac{1}{\pi}\max_x\int_0^{2\pi}\left|K(x-t)-\frac{\partial}{\partial t}\Omega_{n-1}(x,t)\right|\mathrm{d}t\end{aligned}$$

记 $K^*(t)=K(t)-T_{n-1}^{(0)}(t)$ 有

$$R_{n-1}(x,t)=T_{n-1}^{(0)}(x-t)-\frac{\partial}{\partial t}\Omega_{n-1}(x,t)$$

则有

$$\begin{aligned}&\max_x\int_0^{2\pi}\left|K(x-t)-\frac{\partial}{\partial t}\Omega_{n-1}(x,t)\right|\mathrm{d}t\\&\geqslant\frac{1}{2\pi}\int_0^{2\pi}\int_0^{2\pi}|K^*(x-t)+R_{n-1}(x,t)|\,\mathrm{d}t\mathrm{d}x\end{aligned}$$

$$\geqslant \frac{1}{2\pi}\int_0^{2\pi}\int_0^{2\pi} |K^*(x-t)| \mathrm{d}x\mathrm{d}t + \frac{1}{2\pi}\int_0^{2\pi}\int_0^{2\pi} R_{n-1}(x,t)\operatorname{sgn} K^*(x-t)\mathrm{d}x\mathrm{d}t$$

注意

$$\int_0^{2\pi}\int_0^{2\pi} |K^*(x-t)| \mathrm{d}x\mathrm{d}t = 2\pi E_n(K)_1$$

由条件 $K(t)-T_{n-1}^{(0)}(t)\neq 0$ 几乎处处成立知，几乎对一切 t 有

$$\int_0^{2\pi} T_{n-1}^{(0)}(x-t)\operatorname{sgn} K^*(x-t)\mathrm{d}x = 0$$

所以有

$$\int_0^{2\pi}\int_0^{2\pi} R_{n-1}(x,t)\operatorname{sgn} K^*(x-t)\mathrm{d}x\mathrm{d}t = 0$$

从而得

$$\sup_{\varphi\in B_C^s} \| f - A(f) \|_C \geqslant \frac{1}{\pi}E_n(K)_1$$

上式左边对 $A\in \mathscr{L}_n$(限于连续算子) 取下确界即得

$$\mathscr{E}_n'(\mathscr{M})_C \geqslant \mathscr{E}_n'(\mathscr{M}_C)_C \geqslant \frac{1}{\pi}E_n(K)_1, s=0$$

另一方面，若限制 $A\in \mathscr{L}_n(\mu,\nu)$，则当 $K(t)$ 满足条件 $\alpha_k^2+\beta_k^2>0, k=1,2,3,\cdots$ 时，仿照前一定理的方法可得

$$\mathscr{E}_n'(\mathscr{M},\mu,\nu)_C = \frac{1}{\pi}E_n(K)_1$$

所以，总结起来得：

定理 4.3.2　设 $K(t)\in L_{2\pi}$ 满足条件 $\alpha_k^2+\beta_k^2>0, k=1,2,3,\cdots, K(t)-T_{n-1}^{(0)}(t)\neq 0$ 几乎处处成立，又 $\mathscr{M}=K*B_\infty(s=0)$，则

$$\mathscr{E}_n'(\mathscr{M})_C = \mathscr{E}_n'(\mathscr{M},\mu,\nu)_C = \frac{1}{\pi}E_n(K)_1 \quad (4.53)$$

注记 根据 S. M. Nikolsky 的一条定理，如果再有 $K(t) \in A_n^*$，那么便得

$$\mathscr{E}'_n(\mathscr{M})_C = \mathscr{E}'_n(\mathscr{M},\mu,\nu) = \mathscr{E}_n(\mathscr{M})_C = \frac{1}{\pi}E_n(K)_1 \tag{4.54}$$

定理 4.3.1，定理 4.3.2 揭示了一个现象，即在一般情况下，对 $\mathscr{M} = K * B_p^s (1 < p \leqslant +\infty)$，$K(t) \in L_{2\pi}^{p'} (0 \leqslant s \leqslant n)$ 总有

$$\mathscr{E}_n(\mathscr{M})_C \leqslant \frac{1}{\pi}E_n(K)_{p'} \leqslant \mathscr{E}'_n(\mathscr{M})_C \leqslant \mathscr{E}'_n(\mathscr{M},\mu,\nu)_C$$

对给定的 $n > 1$，可以构造出核 $K(t)$，使得

$$\mathscr{E}_n(\mathscr{E})_C < \frac{1}{\pi}E_n(K)_{p'} = \mathscr{E}'_n(\mathscr{M})_C = \mathscr{E}'_n(\mathscr{M},\mu,\nu)_C$$

比如，对 $p = +\infty$，$p' = 1$，只要取满足 $\alpha_k^2 + \beta_k^2 > 0$，$k = 1, 2, 3, \cdots$，$K(t) - T_{n-1}^{(0)}(t) \neq 0$ 几乎处处成立条件，但不满足 A_n^* 条件的 $K(t)$ 便可. 当 $1 < p < +\infty$ 时，可以证明 $W_p^r (r \geqslant 1)$ 类就有

$$\mathscr{E}_n(W_p^r)_C < \frac{1}{\pi}E_n(K)_{p'}$$

此处 $K(t) = D_r(t)$ 是 Bernoulli 核($n=1,2,3,\cdots$)，所以 W_p^r 类在 $C_{2\pi}$ 内借助 T_{2n-1} 的最佳一致逼近不能用任何线性逼近方法来实现.

§4 周期卷积类借助线性卷积算子的逼近

在本节内取 $K(t) \in L_{2\pi}$，$X = L_{2\pi}^{\infty}$ 或 $L_{2\pi}$，被逼近集是可表示为下面形式的函数集

$$\mathscr{M}_X \xlongequal{\text{df}} \{ f = c + K * \varphi \mid \forall c \in \mathbf{R}, \varphi \in B_X^1 \} \tag{4.55}$$

作为 $\mathscr{M}_X$ 的逼近工具,先给出可测函数序列 $K_n(t) \in L_{2\pi}^{\infty}$,满足:

(1) $K_n(-t) = K_n(t)$.

(2) $\frac{1}{\pi}\int_0^{2\pi} K_n(t)\,\mathrm{d}t = 1$.

写出 $K_n(t)$ 的 Fourier 级数

$$K_n(t) = \frac{1}{2} + \sum_{k=1}^{+\infty} \lambda_k^{(n)} \cos kt$$

利用 $K_n(t)$ 构造卷积算子 L_n

$$L_n(f) = K_n * f = \frac{1}{\pi}\int_0^{2\pi} K_n(x-t) f(t)\,\mathrm{d}t$$

线性算子 $L_n(f)$ 在类 $\mathscr{M}_X$ 上依 X 尺度的逼近度定义为下面的量

$$\mathscr{E}(\mathscr{M}_X, L_n)_X \xlongequal{\text{df}} \sup_{f \in \mathscr{M}_\infty} \| f - L_n(f) \|_X \tag{4.56}$$

当 $K(t)$ 和 $K_n(t)$ 具体给出时,可以得到一些重要函数类上的线性算子逼近问题. 比如,若取 $K(t) = D_r(t)$(Bernoulli 函数),$K_n(t) = \frac{1}{2} + \sum_{k=1}^{n} \cos kt$ (Dirichlet 核),则 $\mathscr{M}_X = W_X^r$,$L_n(f)$ 是 f 的 n 阶 Fourier 部分和. 若取 $K_n(t) = \frac{1}{2} + \sum_{k=1}^{n} \left(1 - \frac{k}{n+1}\right) \cos kt$ (Fejèt 核),则 $L_n(f)$ 是 f 的 Fourier 部分和 n 阶 Fejèr 平均,等等.

对式(4.56)中定义的量的研究包括两个方面的问题:

(1) 研究 $\mathscr{E}(\mathscr{M}_L, L_n)_L$ 和 $\mathscr{E}(\mathscr{M}_\infty, L_n)_C$($X = L_{2\pi}^{\infty}$ 时,

取一致范数)之间的关系. 特别是要找出

$$\mathscr{E}(\mathscr{M}_L, L_n)_L = \mathscr{E}(\mathscr{M}_\infty, L_n)_C, n = 1, 2, 3, \cdots \tag{4.57}$$

或成立着

$$\lim_{n \to +\infty} \frac{\mathscr{E}(\mathscr{M}_\infty, L_n)_C}{\mathscr{E}(\mathscr{M}_L, L_n)_L} = 1 \tag{4.58}$$

的条件.

(2) 对具体的 K 和 K_n,求出量式(4.56)的渐近展开,或至少分离出其渐近展开的主项.

对这一问题的研究肇端于 S. M. Nikolsky[9]. 从 20 世纪 50 年代到 70 年代初出现了大量的工作,值得特别指出的是 1967 年 S. B. Stêchkin 和 Teliakovsky 的[10],以及 V. P. Motornai 的[11]. 本节介绍的结果取自[12].

首先由

$$\begin{aligned} L_n(f) &= \frac{1}{\pi}\int_0^{2\pi} K_n(x-t)\left\{c + \frac{1}{\pi}\int_0^{2\pi} K(t-u)\varphi(u)\mathrm{d}u\right\}\mathrm{d}t \\ &= c + \frac{1}{\pi}\int_0^{2\pi}\left\{\frac{1}{\pi}\int_0^{2\pi} K_n(x-t)K(t-u)\mathrm{d}t\right\}\varphi(u)\mathrm{d}u \end{aligned}$$

由于

$$\int_0^{2\pi} K_n(x-t)K(t-u)\mathrm{d}t = \int_0^{2\pi} K_n(x-u-t)K(t)\mathrm{d}t$$

置

$$\Phi_n(s) = \frac{1}{\pi}\int_0^{2\pi} K_n(s-t)K(t)\mathrm{d}t \tag{4.59}$$

则有

$$\begin{aligned} L_n(f,x) - f(x) &= \frac{1}{\pi}\int_0^{2\pi}\{\Phi_n(u) - K(u)\}\varphi(x-u)\mathrm{d}u \\ &= \frac{1}{\pi}\int_0^{2\pi} K_n^*(u)\varphi(x-u)\mathrm{d}u \end{aligned}$$

$$K_n^* = \Phi_n - K$$

引理 4.4.1

$$\mathscr{E}(\mathscr{M}_\infty; L_n)_C = \frac{1}{\pi} E_1(K_n^*)_1 \overset{\text{df}}{=\!=} \frac{1}{\pi} \min_{c\in\mathbf{R}} \| K_n^* - c \|_1$$

证　$\mathscr{E}(\mathscr{M}_\infty; L_n)_C = \sup\limits_{f\in\mathscr{M}_\infty} | f(0) - L_n(f, 0) |$

$$= \frac{1}{\pi} \sup_{\varphi\in B_\infty^1} \left| \int_0^{2\pi} K_n^*(u)\varphi(u)\mathrm{d}u \right|$$

$$= \frac{1}{\pi} E_1(K_n^*)_1$$

引理 4.4.2

$$\mathscr{E}(\mathscr{M}_\infty, L_n)_C \geqslant \mathscr{E}(\mathscr{M}_1; L_n)_1 \tag{4.60}$$

证　$\| f - L_n(f) \|_1$

$$= \frac{1}{\pi} \sup_{\|h\|_\infty\leqslant 1} \int_0^{2\pi} h(x) \int_0^{2\pi} K_n^*(u)\varphi(x-u)$$

$$\mathrm{d}u\mathrm{d}x = \sup_{\|h\|_\infty\leqslant 1} \frac{1}{\pi} \int_0^{2\pi} K_n^*(u) \left(\int_0^{2\pi} h(x)\varphi(x-u)\mathrm{d}x \right) \mathrm{d}u$$

由于

$$\left| \int_0^{2\pi} h(x)\varphi(x-u)\mathrm{d}x \right|$$

$$\leqslant \| h \|_\infty \int_0^{2\pi} | \varphi(x-u) | \mathrm{d}x \leqslant 1$$

而且

$$\int_0^{2\pi}\int_0^{2\pi} h(x)\varphi(x-u)\mathrm{d}x\mathrm{d}u$$

$$= \int_0^{2\pi} h(x) \int_0^{2\pi} \phi(x-u)\mathrm{d}u\mathrm{d}x = 0$$

$$\Rightarrow \int_0^{2\pi} h(x)\varphi(x-u)\mathrm{d}x \in B_\infty^1$$

所以

$$\| f - L_n(f) \|_1 \leqslant \frac{1}{\pi} \sup_{\phi\in B_\infty^1} \int_0^{2\pi} K_n^*(u)\varphi(u)\mathrm{d}u$$

$$=\frac{1}{\pi}E_1(K_n^*)_1$$

下面讨论 $\mathscr{E}(\mathscr{M}_\infty,L_n)c=\mathscr{E}(\mathscr{M}_1,L_n)_1$ 的条件.

引入符号函数

$$S(u,c)=\operatorname{sgn}(K_n^*(u)-c) \tag{4.61}$$

引理 4.4.3 若存在 $c^*\in\mathbf{R}$ 满足条件:$\forall\varepsilon,\delta>0$,$\exists\varphi_\varepsilon(t)\in B_1^1$ 和 $\psi_\varepsilon(t)\in B_\infty$,使得

$$S_\varepsilon(x)=\int_0^{2\pi}\varphi_\varepsilon(u-x)\psi_\varepsilon(u)\mathrm{d}u$$

与 $S(u,c^*)$ 适合

$$\operatorname{mes}\mathscr{E}\{x\mid |S(x)-S_\varepsilon(x,c^*)|\geqslant\delta$$
$$x\in[0,2\pi]\}<\varepsilon$$

则

$$\mathscr{E}(\mathscr{M}_1,L_n)_1=\mathscr{E}(\mathscr{M}_\infty,L_n)_C=\frac{1}{\pi}E_1(K_n^*)_1$$
$$=\frac{1}{\pi}\int_0^{2\pi}|K_n^*(t)-c^*|\,\mathrm{d}t \tag{4.62}$$

证

$$\begin{aligned}&\mathscr{E}(\mathscr{M}_1,L_n)_1\\&=\frac{1}{\pi}\sup_{\varphi\in B_1^1}\int_0^{2\pi}\left|\int_0^{2\pi}K_n^*(u)\varphi(x-u)\mathrm{d}u\right|\mathrm{d}x\\&=\frac{1}{\pi}\sup_{\varphi\in B_1^1}\sup_{\psi\in B_\infty}\int_0^{2\pi}\int_0^{2\pi}K_n^*(u)\varphi(x-u)\psi(x)\mathrm{d}u\mathrm{d}x\\&=\frac{1}{\pi}\sup_{\varphi\in B_1^1}\sup_{\psi\in B_\infty}\int_0^{2\pi}\{K_n^*(u)-c\}\cdot\\&\quad\left\{\int_0^{2\pi}\varphi(x-u)\psi(x)\mathrm{d}x\right\}\mathrm{d}u\end{aligned}$$

其中 c 是任意的. 因为当 $\varphi\in B_1^1,\psi\in B_\infty$ 时恒有

$$\int_0^{2\pi}\int_0^{2\pi}\varphi(x-u)\psi(x)\mathrm{d}x\mathrm{d}u=0$$

由此,便得

$$\mathscr{E}(\mathscr{M}_1,L_1)_1 \geqslant \frac{1}{\pi}\int_0^{2\pi}(K_n^*(u)-c^*)\cdot S(u)\mathrm{d}u$$
$$=\pi^{-1}\int_0^{2\pi}|K_n^*(u)-c^*|\mathrm{d}u+$$
$$\pi^{-1}\int_0^{2\pi}(K_n^*(u)-c^*)\cdot$$
$$(S_\varepsilon(u)-S(u,c^*))\mathrm{d}u$$

令

$$e_1=\{x\,|\,|S_\varepsilon(x)-S(x,c^*)|<\delta,x\in(0,2\pi)\}$$
$$e_2=[0,2\pi)\backslash e_1$$

则由

$$\int_0^{2\pi}(K_n^*(u)-c^*)(S_\varepsilon(u)-S(u,c^*))\mathrm{d}u$$
$$=\int_{e_1}+\int_{e_2}\left|\int_{e_1}\right|<\delta\int_0^{2\pi}|K_n^*(u)|\mathrm{d}u$$
$$\left|\int_{e_2}\right|\leqslant 2\int_{e_2}|K_n^*(u)-c^*|\mathrm{d}u$$

对任意小的 $\eta>0$,可选择 $\varepsilon,\delta>0$ 充分小,使

$$\pi^{-1}\left\{\delta\int_0^{2\pi}|K_n^*(u)\mathrm{d}u+2\int_{e_1}|K_n^*(u)-c^*|\mathrm{d}u\right\}<\eta$$

便得

$$\mathscr{E}(\mathscr{M};L_n)_1\geqslant\pi^{-1}\|K_n^*-c^*\|_1-\eta$$

下面引理要说明,引理 4.3.3 的条件是保证 $\mathscr{E}(\mathscr{M}_\infty;L_n)_C=\mathscr{E}(\mathscr{M}_1;L_n)_1$ 成立的必要条件.

引理 4.4.4　设

(1)$\mathscr{E}_n(\mathscr{M}_1;L_n)_1=E(\mathscr{M}_\infty;L_n)_C$.

(2) 存在 c^* 使

$$E_1(K_n^*)_1=\int_0^{2\pi}|K_n^*(u)-c^*|\mathrm{d}u$$

而且

$$K_n^*(u)-c\overset{\text{a. e.}}{\neq}0$$

则 $\forall\delta,\eta>0$ 有 $\xi>0$,对任一 $\varepsilon\in(0,\xi)$,只要 $\varphi_\varepsilon(t)\in B_1^1,\psi_s(t)\in B_\infty$ 的卷积

$$S_\varepsilon(t)=\int_0^{2\pi}\varphi_\varepsilon(x-t)\psi_\varepsilon(x)\mathrm{d}x$$

能使

$$\int_0^{2\pi}(K_n^*(u)-c^*)S_\varepsilon(u)\mathrm{d}u>\mathscr{E}(\mathscr{M}_1;L_n)_1-\varepsilon$$

就有

$$\operatorname{mes}\mathscr{E}\{x\mid|S_\varepsilon(x)-S(x,c^*)|\geqslant\delta,x\in(0,\pi)\}<\eta$$

证 若引理不真,则存在 $\delta_0,\eta_0>0$ 及数列 $\varepsilon_k\downarrow 0$,以及对应的 $\varphi_j(x)\in B_1^1,\psi_j(x)\in B_\infty$,使

$$S_j(x)=\int_0^{2\pi}\varphi_j(u-x)\psi_j(u)\mathrm{d}u$$

有

$$\begin{aligned}&\lim_{j\to+\infty}\int_0^{2\pi}\{K_n^*(u)-c^*\}S_j(u)\mathrm{d}u\\&=\int_0^{2\pi}|K_n^*(u)-c^*|\mathrm{d}u\end{aligned}$$

但同时却成立

$$\begin{aligned}\operatorname{mes}\mathscr{E}\{u\mid&|S_j(u)-S(u,c^*)|\geqslant\delta_0\\&0\leqslant u\leqslant 2\pi\}\geqslant\eta_0\end{aligned}$$

其中,$j=1,2,3,\cdots$. 由于

$$\{K_n^*(u)-c^*\}S_j(u)\leqslant|K_n^*(u)-c^*|$$

我们有

$$\begin{aligned}&|K_n^*(u)-c^*|-\{K_n^*(u)-c^*\}S_j(u)\\&=(K_n^*(u)-c^*)(S(u,c^*)-S_j(u))\geqslant 0\\&\Rightarrow\int_0^{2\pi}|K_n^*(u)-c^*||S(u,c^*)-S_j(u)|\mathrm{d}u\to 0\end{aligned}$$

对每一正整数 m,置

$$E_m = \{u \mid |K_n^*(u) - c^*| \geqslant m^{-1}, u \in (0,2\pi)\}$$

$$\lim_{m\to+\infty} \operatorname{mes}(E_m) = 2\pi$$

那么

$$m^{-1}\int_{E_m} |S_j(u) - S(u,c^*)| \mathrm{d}u \to 0$$

$j \to +\infty, m$ 固定

再由

$$\int_0^{2\pi} |S_j(u) - S(u,c^*)| \mathrm{d}u = \int_{E_m} + \int_{[0,2\pi]\setminus E_m}$$

对 $\varepsilon > 0$ 有充分大的 m，使

$$\left|\int_{[0,2\pi]\setminus E_m}\right| \leqslant 2(2\pi - \operatorname{mes}(E_m)) < \frac{\varepsilon}{2}$$

对此 $m, \varepsilon > 0$，有充分大的 j_0，对 $j > j_0$ 有

$$\int_{E_m} |S_j(u) - S(u,c^*)| \mathrm{d}u < \frac{\varepsilon}{2}$$

$$\Rightarrow \lim_{j\to+\infty} \| S_j(u) - S(u,c^*) \|_1 \to 0$$

平均收敛含有测度收敛.得到矛盾.

综合引理 4.3.3，引理 4.3.4 得：

定理 4.4.1

$$\mathscr{E}_n(\mathscr{M}_1; L_n)_1 \leqslant \mathscr{E}(\mathscr{M}_\infty; L_n)_C$$

上式中有等号成立，如果存在 c^*，使对任取的 $\varepsilon, \delta > 0$ 有 $\varphi_\varepsilon(t) \in B_1^1, \psi_\varepsilon(t) \in B_\infty$ 使

$$\operatorname{mes}\{u \mid |S_\varepsilon(x) - S(x,c^*)| \geqslant \delta, 0 \leqslant x \leqslant 2\pi\} < \varepsilon$$

此时有

$$\mathscr{E}(\mathscr{M}_1; L_n)_1 = \mathscr{E}(\mathscr{M}_\infty; L_n)_C = \frac{1}{\pi} E_n(K_n^*)_1$$

$$= \frac{1}{\pi} \| K_n^* - c^* \|_1$$

反之，若 $K_n^* - c^* \overset{\text{a. e.}}{\neq} 0$，则条件也是必要的.

推论 为使等式成立,只需存在 c^*,对任取的 $\varepsilon>0$ 有 $\varphi_\varepsilon\in B_1^1,\psi_\varepsilon\in B_\infty$ 使

$$\mathrm{mes}\{u\mid S_\varepsilon(u)\neq S(u,c^*),0\leqslant u\leqslant 2\pi\}<\varepsilon$$

为便于验证,有类似于 §1 的 Nikolsky 的 A_n^* 条件,给出:

定义 4.4.1 若存在 c^* 及正整数 p 及实数 β,使得

$$\sigma S(u,c^*)\cdot\mathrm{sgn}(pu-\beta\pi)\overset{\text{a.e.}}{\geqslant}0\qquad(4.63)$$

其中 $\sigma=1$ 或 -1,固定,则称 $K_n^*(t)$ 满足 A_n^{**} 条件,记作 $K_n^*\in A_n^{**}$.

定理 4.4.2 若 $K_n^*\in A_n^{**}$,则

$$\mathscr{E}(\mathscr{M}_1;L_n)_1=\mathscr{E}(\mathscr{M}_\infty;L_n)_C=\frac{1}{\pi}E_1(K_n^*)_1\qquad(4.64)$$

证 不失一般性,可设 $\beta=0$. 记 $x_k=\dfrac{k\pi}{p},k=0,\cdots,2p-1,\Delta_k=(x_k-\dfrac{\varepsilon}{4p},x_k+\dfrac{\varepsilon}{4p}),\varepsilon>0$ 充分小,以便使 Δ_k 互不相交. 构造函数

$$\varphi_\varepsilon(t)=\begin{cases}(-1)^{k_\varepsilon-1},t\in\Delta_k\\0,t\in[0,2\pi)\setminus\bigcup\limits_{k=0}^{2p-1}\Delta_k\end{cases}$$

$$\varphi_\varepsilon(t+2\pi)=\varphi_\varepsilon(t)$$

见到 $\varphi_\varepsilon(t)\in B_1^1$. 取 $\psi_\varepsilon(t)=\mathrm{sgn}\sin pt$,考虑

$$\begin{aligned}S_\varepsilon(t)&=\int_0^{2\pi}\varphi_\varepsilon(u-t)\mathrm{sgn}\sin pu\,\mathrm{d}u\\&=\int_0^{2\pi}\varphi_\varepsilon(t-u)\mathrm{sgn}\sin pu\,\mathrm{d}u\\&=\sum_{j=0}^{p-1}\int_{j\frac{2\pi}{p}}^{(j+1)\frac{2\pi}{p}}\varphi_\varepsilon(u-t)\mathrm{sgn}\sin pu\,\mathrm{d}u\end{aligned}$$

$$=\sum_{j=0}^{p-1}\int_0^{\frac{2\pi}{p}}\varphi_\varepsilon\left(u+\frac{2j\pi}{p}-t\right)\operatorname{sgn}\sin pu\,\mathrm{d}u$$

$$=p\int_0^{\frac{2\pi}{p}}\varphi_\varepsilon(u-t)\operatorname{sgn}\sin pu\,\mathrm{d}u$$

$$\int_0^{\frac{2\pi}{p}}\varphi_\varepsilon(u-t)\operatorname{sgn}\sin pu\,\mathrm{d}u$$

$$=\int_{t-\frac{\varepsilon}{4p}}^{t+\frac{\varepsilon}{4p}}\varepsilon^{-1}\sin pu\,\mathrm{d}u-\int_{t+\frac{\pi}{p}-\frac{\varepsilon}{4p}}^{t+\frac{\pi}{p}+\frac{\varepsilon}{4p}}\varepsilon^{-1}\operatorname{sgn}\sin pu\,\mathrm{d}u$$

$$=\begin{cases}\dfrac{1}{p},\dfrac{\varepsilon}{4p}\leqslant t\leqslant\dfrac{\pi}{p}-\dfrac{\varepsilon}{4p}\\[2mm] -\dfrac{1}{p},\dfrac{\pi}{p}+\dfrac{\varepsilon}{4p}\leqslant t\leqslant\dfrac{2\pi}{p}-\dfrac{\varepsilon}{4p}\end{cases}$$

由此

$$S_\varepsilon(t)=\begin{cases}1,\dfrac{\varepsilon}{4p}\leqslant t\leqslant\dfrac{\pi}{p}-\dfrac{\varepsilon}{4p}\\[2mm] -1,\dfrac{\pi}{p}+\dfrac{\varepsilon}{4p}\leqslant t\leqslant\dfrac{2\pi}{p}-\dfrac{\varepsilon}{4p}\end{cases}$$

$$S_\varepsilon(0)=S_\varepsilon\left(\frac{\pi}{p}\right)=S_\varepsilon\left(\frac{2\pi}{p}\right)=0$$

在

$$\left[0,\frac{2\pi}{p}\right]\setminus\cup\left(\frac{\varepsilon}{4p},\frac{\pi}{p}-\frac{\varepsilon}{4p}\right)\cup\left(\frac{\pi}{p}+\frac{\pi}{4p},\frac{2\pi}{p}-\frac{\varepsilon}{4p}\right)$$

上是线性函数，并且连续，见图 4.1. 再由 $S_\varepsilon\left(x+\dfrac{2\pi}{p}\right)=S_\varepsilon(x)$ 就知道 $S_\varepsilon(t)$ 在 $\left[\dfrac{2\pi}{p},\dfrac{4\pi}{p}\right],\cdots$ 上的性态了.综合以上得

$$\mathscr{E}\{t\mid S_\varepsilon(t)\neq\operatorname{sgn}\sin pt,0\leqslant t\leqslant 2\pi\}\subset\bigcup_{k=1}^{2p-1}\Delta_k$$

$$\Rightarrow\operatorname{mes}\mathscr{E}\{t\mid S_\varepsilon(t)\neq\operatorname{sgn}\sin pt,0\leqslant t\leqslant 2\pi\}<2\varepsilon$$

故由定理 4.3.1 得所欲证.

注意此时有

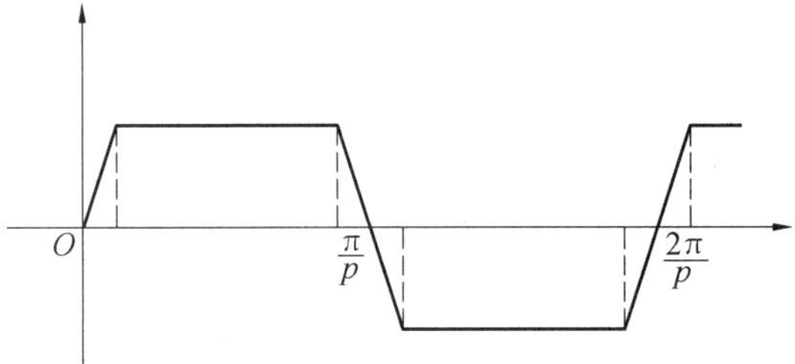

图 4.1

$$\mathscr{E}(\mathscr{M}_{\infty};L_n)_C=\mathscr{E}(\mathscr{M}_1;L_n)_1=\frac{1}{\pi}\left|\int_0^{2\pi}K_n^*(t)\operatorname{sgn}\sin pt\,\mathrm{d}t\right|$$

§5 $W_x^r,\overline{W}_x^r(x=L_{2\pi}^{\infty},L_{2\pi})$ 借助卷积算子的一致逼近与平均逼近

在本节内取 $K(t)$ 为

$$D_r(t)=\sum_{k=1}^{+\infty}k^{-r}\cos\left(kt-\frac{\pi r}{2}\right)$$

$$\overline{D}_r(t)=\sum_{k=1}^{+\infty}k^{-r}\sin\left(kt-\frac{\pi r}{2}\right),r=1,2,3,\cdots$$

如前,取

$$K_n(t)=\frac{\lambda_0^{(n)}}{2}+\sum_{k=1}^{+\infty}\lambda_k^{(n)}\cos kt$$

经过简单计算,$\Phi_n=K*K_n$ 是以下的函数

$$\Phi_n(t)=\sum_{k=1}^{+\infty}\frac{\lambda_k^{(n)}}{k^r}\cos\left(kt-\frac{\pi r}{2}\right)\tag{4.65}$$

$$\overline{\Phi}_n(t)=\sum_{k=1}^{+\infty}\frac{\lambda_k^{(n)}}{k^r}\sin\left(kt-\frac{\pi r}{2}\right)\tag{4.66}$$

那么,在两种情形下,$K_n^*(t)$ 分别是

$$F_{n,r}(t)=D_r(t)-\Phi_{n,r}(t)=\sum_{k=1}^{+\infty}\frac{1-\lambda_k^{(n)}}{k^r}\cos\left(kt-\frac{\pi r}{2}\right)$$

$$\overline{f}_{n,r}(t)=\overline{D}_r(t)-\overline{\Phi}_{n,r}(t)=\sum_{k=1}^{+\infty}\frac{1-\lambda_k^{(n)}}{k^r}\sin\left(kt-\frac{\pi r}{2}\right)$$

给 $K_n(t)$ 加上一定的合理的限制，以便保证 $F_{nr}(t)$，$\overline{f}_{nr}(t)\in A_n^{**}$.

定义 4.5.1　置 $G_n(t)=\int_0^\pi K_n(u)\mathrm{d}u$. 如果有 $G_n(t)\geqslant 0,\forall t\in[0,\pi]$，则称核 K_n 是弱正的，由弱正核定义的算子 $L_n(f)=K_n*f$ 称为弱正算子.

一类特殊的弱正核是 $K_n(u)\geqslant 0$ 的核，在 Fourier 级数的线性求和法以及逼近论中有大量的正核构成的正卷积算子. 比如 Fejèr 算子，Jackson 算子，Poisson 算子皆属于此，阶数 $\alpha\geqslant 1$ 的 Cesaro 算子是正算子.

引理 4.5.1　若 K_n 弱正，则 $F_{nr}\in A_n^{**}$：

(1) 当 r 为奇数时有

$$\sigma_r\operatorname{sgn}F_{nr}(t)\operatorname{sgn}\sin t\geqslant 0,\sigma_r=1 \text{ 或 } -1$$

(2) 当 r 为偶数时有

$$\sigma_r\operatorname{sgn}\left\{F_{nr}(t)-F_{nr}\left(\frac{\pi}{2}\right)\right\}\operatorname{sgn}\cos t\geqslant 0$$

$\sigma_r=1$ 或 -1，从而 $\beta=0(r=1,3,5,\cdots)$，$\beta=\frac{\pi}{2}(r=2,4,6,\cdots)$.

证　由于 $K_n(t)=\frac{1}{2}+\sum_{k=1}^{+\infty}\lambda_k^{(n)}\cos kt$，得到

$$\begin{aligned}G_n(t)=\int_0^\pi K_n(u)\mathrm{d}u&=\frac{\pi-t}{2}-\sum_{k=1}^{+\infty}\frac{\lambda_k^{(n)}}{k}\sin kt\\&=\sum_{k=1}^{+\infty}\frac{1-\lambda_k^{(n)}}{k}\sin kt=-F_{n1}(t)\end{aligned}$$

由假设,$r=1$ 时引理成立:$-F_{n1}(t)\operatorname{sgn}\sin t\geqslant 0$. 由于

$$F'_{n,r+1}(t)=-F_{n,r}(t),r\geqslant 1,n=1,2,3,\cdots$$

所以 $r=1$ 时有($\operatorname{sgn} F'_{n2}(t)\cdot\operatorname{sgn}\sin t)\leqslant 0$.

那么,$F_{n2}(t)$ 在$[0,\pi]$内单调降,在$[\pi,2\pi]$内单调增,而 $F_{n2}(t)$ 是偶函数,所以有

$$\left[F_{n2}(t)-F_{n2}\left(\frac{\pi}{2}\right)\right]\operatorname{sgn}\cos t\geqslant 0$$

即 $r=2$ 时成立. 往下的论证可以借助于数学归纳法完成.

定理 4.5.1 若 $L_n(f)$ 是弱正的,则

$$\begin{aligned}\mathscr{E}(W_1^r;L_n)_1&=\mathscr{E}(W_\infty^r;L_n)_C=\frac{1}{\pi}E_1(F_{nr})_1\\&=\frac{1}{\pi}\left|\int_0^{2\pi}F_{nr}(t)\operatorname{sgn}\sin(t-\beta)\mathrm{d}t\right|\\&=\frac{4}{\pi}\left|\sum_{k=0}^{+\infty}\frac{(-1)^{k(r+1)}(1-\lambda_{2k+1}^{(n)})}{(2k+1)^{r+1}}\right|\end{aligned}\tag{4.67}$$

$\beta=0$ 或$\frac{\pi}{2}$,视 r 为奇或偶而定.

例 4.5.1 $L_n(f)$ 是 Fejèr 算子,此时

$$K_n(t)=\frac{1}{2}+\sum_{k=1}^{n}\left(1-\frac{k}{n+1}\right)\cos kt$$

$\lambda_k^{(n)}=1-\frac{k}{n+1},k=1,\cdots,n$ 时,$\lambda_k^{(n)}=0,k\geqslant n$ 时,我们有

$$\mathscr{E}(W_1^r;\sigma_n)_1=\mathscr{E}(W_\infty^r,\sigma_n)_C=\frac{1}{\pi}E_1(F_{nr})_1$$

$$=\frac{4}{\pi}\left|\frac{1}{n+1}\sum_{k=0}^{[\frac{n-1}{2}]}\frac{(-1)^{k(r+1)}}{(2k+1)^r}+\sum_{k=[\frac{n-1}{2}]+1}^{+\infty}\frac{(-1)^{k(r+1)}}{(2k+1)^{r+1}}\right|$$

例 4.5.2　$L_\rho(f)$ 是 Poisson 算子

$$F_{\rho r}(t)=\sum_{k=1}^{+\infty}\frac{1-\rho^k}{k^r}\cos\left(kt-\frac{\pi r}{2}\right)$$

$$\mathscr{E}(W_1^r,P_\rho)_1=\mathscr{E}(W_\infty^r,P_\rho)_C$$

$$=\frac{1}{\pi}E_1(F_{\rho r})_1\ \frac{4}{\pi}\left|\sum_{k=0}^{+\infty}\frac{(-1)^{k(r+1)}(1-\rho^{2k+1})}{(2k+1)^{r+1}}\right|$$

利用这些表示式可以算出逼近度的渐近展开的主项. 在这方面，有 Baskakov，Telikovsky，以及 Stark 的工作. V. P. Motornai 在 1974 年对正的多项式核

$$K_n(t)=\frac{1}{2}+\sum_{k=1}^{n}\lambda_k^{(n)}\cos kt\geqslant 0$$

构成的卷积算子 $L_n(f)$ 得到了定理 4.5.1 的结果. 下面转到讨论共轭情形，先给出

引理 4.5.2　若 $G_n(t)\geqslant 0,0\leqslant t\leqslant\pi$，则$\overline{f}_{nr}\in A_n^{**}$：

(1)r 为偶数时有

$$\sigma_r\overline{f}_{nr}(t)\cdot\operatorname{sgn}\sin t\geqslant 0$$

(2)$r\geqslant 3$ 为奇数时有

$$\sigma_r\left(\overline{f}_{nr}(t)-\overline{f}_{nr}\left(\frac{\pi}{2}\right)\right)\operatorname{sgn}\cos t\geqslant 0$$

$\sigma_r=1$ 或 -1.（固定）

证　由于$\overline{f}'_{n,r+1}(t)=-\overline{f}_{n,r}(t)$，仿照引理 4.5.1，只需对 $r=2$ 证(1) 就够了. 我们说

$$-\operatorname{sgn}\overline{f}_{n2}(t)\operatorname{sgn}\sin t\geqslant 0$$

由于 $G_n(t)\geqslant 0,0\leqslant t\leqslant 2\pi$，这里要证的是

$$\sum_{k=1}^{+\infty}\frac{1-\lambda_k^{(n)}}{k}\sin kt\geqslant 0$$

$$\Rightarrow\sum_{k=1}^{+\infty}\frac{1-\lambda_k^{(n)}}{k^2}\sin kt\geqslant 0,0\leqslant t\leqslant\pi$$

下面采用间接方法,从证明等式

$$\int_0^{2\pi}|\overline{f}_{n2}(t)|\,\mathrm{d}t=\int_0^{2\pi}\overline{f}_{n2}(t)\{-\operatorname{sgn}\sin t\}\mathrm{d}t$$

入手,为此,先需证明一条引理.

引理 4.5.3 $\overline{W}_\infty^1$ 是 W_∞^1 的共轭类,即

$$f\in\overline{W}'_\infty\Leftrightarrow f(x)=\frac{1}{\pi}\int_0^{2\pi}\overline{D}_1(x-t)\varphi(t)\mathrm{d}t$$

$$\|\varphi\|_\infty\leqslant 1,\int_0^{2\pi}\varphi(t)\mathrm{d}t=0$$

记

$$\tilde{\varphi}_1(x)=\frac{1}{\pi}\int_0^{2\pi}\overline{D}_1(x-t)\operatorname{sgn}\sin t\mathrm{d}t$$

则对任一 $t\in[0,\pi]$ 成立着

$$\sup_{f\in\overline{W}'_\infty}\omega(f;t)=\omega(\tilde{\varphi}_1;t)=\frac{8}{\pi}\sum_{k=0}^{+\infty}\frac{\sin(2k+1)\frac{t}{2}}{(2k+1)^2}$$

此处

$$\tilde{\varphi}_1(x)=\frac{4}{\pi}\sum_{k=0}^{+\infty}\frac{\sin(2k+1)x}{(2k+1)^2}$$

V. P. Motornai 曾对高阶连续模在 $\overline{W}_\infty^r(r\geqslant 1)$ 类上得到一般性结果. 我们只需要 $\overline{W}'_\infty$ 类上的一阶连续模的结果,下面是它的初等证明. 见图 4.2.

证 设 $0\leqslant h\leqslant\frac{\pi}{2}$,则

$$f(x+h)-f(x-h)=\frac{1}{\pi}\int_0^{2\pi}\{\overline{D}_1(x+h-t)-\overline{D}_1(x-h-t)\}\varphi(t)\mathrm{d}t$$

$$\overline{D}_1(x-t+h)-\overline{D}_1(x-t-h)$$
$$=-2\sum_{k=1}^{+\infty}k^{-1}\sin kh\sin k(x-t)$$

记着 $u=x-t$,给出

$$f(x+h)-f(x-h)$$
$$=\frac{1}{\pi}\int_0^{2\pi}\{\overline{D}_1(u+h)-\overline{D}_1(u-h)\}\varphi(x-u)\mathrm{d}u$$
$$\Rightarrow \sup_{\substack{\|\varphi\|_\infty\leqslant 1\\ \varphi\perp 1}}\max_x|f(x+h)-f(x-h)|$$
$$\leqslant\frac{1}{\pi}\int_0^{2\pi}|\overline{D}_1(u+h)-\overline{D}_1(u-h)|\mathrm{d}u$$
$$=\frac{2}{\pi}\int_0^{2\pi}\left|\sum_{k=1}^{+\infty}k^{-1}\sin kh\sin ku\right|\mathrm{d}u$$

注意由于 $\overline{D}_1(u)=\ln\dfrac{1}{2\sin\dfrac{u}{2}}(0<u\leqslant 2\pi)$ 时,有

$$\overline{D}_1(u+h)-\overline{D}_1(u-h)\begin{cases}<0,0<u<\pi\\ >0,\pi<u<2\pi\end{cases}$$

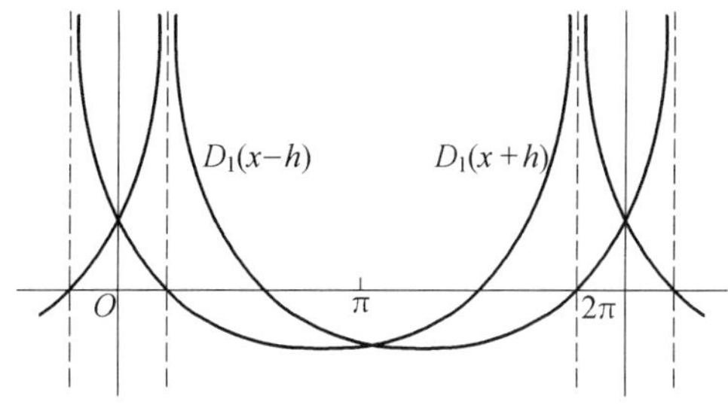

图 4.2

由此可见

$$\mathrm{sgn}(\overline{D}_1(x+h)-\overline{D}_1(x-h))=-\mathrm{sgn}\sin x$$
$$\Rightarrow\int_0^{2\pi}|\overline{D}_1(u+h)-\overline{D}_1(u-h)|\mathrm{d}u$$

$$=\frac{4}{\pi}\int_0^{2\pi}\sum_{k=1}^{+\infty}k^{-1}\sin kh\sin ku\cdot\sum_{\nu=0}^{+\infty}\frac{\sin(2\nu+1)u}{(2\nu+1)}\mathrm{d}u$$

$$=4\sum_{k=0}^{+\infty}\frac{\sin(2k+1)h}{(2k+1)^2}$$

$$\Rightarrow\sup_{\substack{\|\varphi\|_\infty\leqslant1\\ \varphi\perp1}}\max|f(x+h)-f(x-h)|$$

$$\leqslant\frac{8}{\pi}\sum_{\nu=0}^{+\infty}\frac{\sin(2\nu+1)h}{(2\nu+1)^2}$$

引理 4.5.2 的证明

考虑共轭类 $\overline{W}_\infty^2$ 借助 $L_n(f)$ 的一致逼近.

$$L_n(f)-f(x)$$

$$=\frac{1}{\pi}\int_0^\pi\{f(x+u)+f(x-u)-2f(x)\}K_n(u)\mathrm{d}u$$

$$=-\frac{1}{\pi}\{f(x+u)+f(x-u)-2f(x)\}G_n(u)\Big|_{u=0}^{u=\pi}+$$

$$\frac{1}{\pi}\int_0^\pi\{f'(x+u)-f'(x-u)\}G_n(u)\mathrm{d}u$$

$$=\frac{1}{\pi}\left\{\int_0^{\frac{\pi}{2}}+\int_{\frac{\pi}{2}}^\pi\right\}\{f'(x+u)-f'(x-u)\}G_n(u)\mathrm{d}u$$

由于

$$\int_{\frac{\pi}{2}}^\pi\{f'(x+u)-f'(x-u)\}G_n(u)\mathrm{d}u$$

$$=\int_0^{\frac{\pi}{2}}\{f'(x+\pi-u)-f'(x-\pi+u)\}G_n(\pi-u)\mathrm{d}u$$

$$=\int_0^{\frac{\pi}{2}}\{f'(x+\pi-u)-f'(x+\pi+u)\}G_n(\pi-u)\mathrm{d}u$$

$$\Rightarrow L_n(f,x)-f(x)$$

$$=\frac{1}{\pi}\left\{\int_0^{\frac{\pi}{2}}(f'(x+u)-f'(x-u))G_n(u)\mathrm{d}u+\right.$$

$$\left.\int_0^{\frac{\pi}{2}}\{f'(x+\pi-u)-f'(x+\pi+u)\}G_n(\pi-u)\mathrm{d}u\right.$$

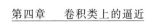

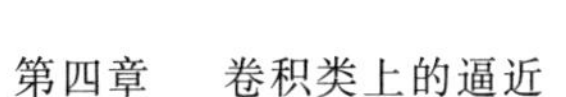

而且由 $f\in\overline{W}^2_\infty\Rightarrow f'\in\overline{W}^1_\infty$，由引理 4.5.3，知

$$\sup_{f\in\overline{W}^2_\infty}\max_x|f'(x+u)-f'(x-u)|$$

$$\leqslant\frac{8}{\pi}\sum_{\nu=0}^{+\infty}\frac{\sin(2\nu+1)u}{(2\nu+1)^2},0\leqslant u\leqslant\frac{\pi}{2}$$

同样

$$\sup_{f\in W^2_\infty}\max_x|f'(x+\pi-u)-f'(x+\pi+u)|$$

$$\leqslant\frac{8}{\pi}\sum_{\nu=0}^{+\infty}\frac{\sin(2\nu+1)u}{(2\nu+1)^2}$$

故有

$$\mathscr{E}(\overline{W}^2_\infty,L_n)_C$$

$$\leqslant\frac{1}{\pi}\int_0^\pi\frac{8}{\pi}\sum_{\nu=0}^{+\infty}\frac{\sin(2\nu+1)u}{(2\nu+1)^2}\cdot\sum_{k=1}^{+\infty}\frac{1-\lambda_k^{(n)}}{k}\sin ku\,\mathrm{d}u$$

$$=\frac{4}{\pi}\sum_{k=0}^{+\infty}\frac{1-\lambda_{2k+1}^{(n)}}{(2k+1)^3}$$

这里实际上有等号成立，因若重复定理 4.5.1 的方法可得

$$\mathscr{E}(\overline{W}^2_1;L_n)_1\geqslant\frac{1}{\pi}\int_0^{2\pi}\overline{f}_{n2}(t)(-\operatorname{sgn}\sin t)\mathrm{d}t$$

$$=\frac{4}{\pi}\sum_{k=0}^{+\infty}\frac{1-\lambda_{2k+1}^{(n)}}{(2k+1)^3}$$

由 $\mathscr{E}(\overline{W}^2_1,L_n)_1\leqslant\mathscr{E}(\overline{W}^2_\infty,L_n)_C=\frac{1}{\pi}E_1(\overline{f}_{n2})_C$ 推出

$$E_1(\overline{f}_{n2})_1=4\sum_{k=0}^{+\infty}\frac{1-\lambda_{2k+1}^{(n)}}{(2k+1)^3}=\int_0^{2\pi}\overline{f}_{n2}(t)(-\operatorname{sgn}\sin t)\mathrm{d}t$$

$$=\min_c\int_0^{2\pi}|\overline{f}_{n2}(t)-c|\,\mathrm{d}t$$

$$=\int_0^{2\pi}\{\overline{f}_{n2}(t)-c^*\}\cdot\operatorname{sgn}\{\overline{f}_{n2}(t)-c^*\}\mathrm{d}t$$

$$\Rightarrow -\operatorname{sgn}\{\overline{f}_{n2}(t)-c^*\}\cdot \operatorname{sgn}\sin t\geqslant 0,\text{a. e.}$$

由于$\overline{f}_{n2}(t)$是奇函数,故$c^*=0$,所以得

$$-\operatorname{sgn}\overline{f}_{n2}(t)\cdot\operatorname{sgn}\sin t\geqslant 0,\text{a. e.}$$

$r=2$的情形得证.

由此得:

定理 4.5.2 若$G_n(t)\geqslant 0$,则

$$\begin{aligned}\mathscr{E}(\overline{W}_1^r;L_n)_1=\mathscr{E}(\overline{W}_\infty^r;L_n)_C&=\frac{1}{\pi}E_1(\overline{f}_{nr})_1\\&=\frac{1}{\pi}\left|\int_0^{2\pi}\overline{f}_{nr}(t)\operatorname{sgn}\sin(t-\beta\pi)\mathrm{d}t\right|\\&=\frac{4}{\pi}\left|\sum_{k=0}^{+\infty}\frac{(-1)^{kr}(1-\lambda_{2k+1}^{(k)})}{(2k+1)^{r+1}}\right|\end{aligned}\tag{4.67}$$

$\beta=0$或$\frac{\pi}{2}$,视$r\geqslant 3$为奇数或偶数而定.

这条定理包含了 V. D. Motornai[11] 的结果.

例 4.5.3 若$K_n(t)=\frac{1}{2}+\sum\limits_{k=1}^{n}\left(1-\frac{k}{n+1}\right)\cos kt$,则

$$\mathscr{E}(\overline{W}_1^r;\sigma_n)_1=\mathscr{E}(\overline{W}_\infty^r;\sigma_n)_C=\frac{1}{\pi}E_1(\overline{f}_{nr})_1$$

$$=\frac{4}{\pi}\left|\frac{1}{n+1}\sum_{k=0}^{[\frac{n-1}{2}]}\frac{(-1)^{kr}}{(2k+1)^r}+\sum_{k=[\frac{n-1}{2}]+1}^{+\infty}\frac{(-1)^{kr}}{(2k+1)^{r+1}}\right|$$

例 4.5.4 对于 Poisson 核$K_\rho(t)$,有

$$\begin{aligned}\mathscr{E}(\overline{W}_1^r;P_\rho)_1=\mathscr{E}(\overline{W}_\infty^r;P_\rho)_C&=\frac{1}{\pi}E_1(\overline{f}_{\rho r})_1\\&=\frac{4}{\pi}\left|\sum_{k=0}^{+\infty}\frac{(-1)^{kr}(1-\rho^{2k+1})}{(2k+1)^{r+1}}\right|,r=1,2,3,\cdots\end{aligned}$$

$r\geqslant 2$的情形包含于定理4.5.2中,$r=1$单独讨论

一下就行了.

$$\begin{aligned}\overline{f}_{\rho 1}(t) &= \sum_{k=1}^{+\infty} \frac{\cos kt}{k} - \sum_{k=1}^{+\infty} \frac{\rho^k}{k}\cos kt \\ &= \ln \frac{1}{2\sin \frac{t}{2}} - \sum_{k=1}^{+\infty} \frac{\rho^k}{k}\cos kt \\ &\Rightarrow \overline{f}'_{\rho 1}(t) = -\frac{1}{2}\cot \frac{t}{2} + \sum_{k=1}^{+\infty} \rho^k \sin kt \\ &= \rho \sin t \left\{ \frac{1}{(1-\rho)^2 + 4\rho \sin^2 \frac{t}{2}} - \frac{1}{4\rho \sin^2 \frac{t}{2}} \right\} \\ &< 0, 0 < t \leqslant \pi \\ &\Rightarrow \overline{f}_{\rho 1}(t) \downarrow, 0 < t \leqslant \pi\end{aligned}$$

又$\overline{f}_{\rho 1}(t)$为偶函数,所以

$$\left\{ \overline{f}_{\rho 1}(t) - \overline{f}_{\rho 1}\left(\frac{\pi}{2}\right) \right\} \operatorname{sgn} \cos t \geqslant 0 \Rightarrow \overline{f}_{\rho 1} \in A_n^{**}$$

为了便于验证 $G_n(t) \geqslant 0$,下面给出一些系数条件.

定理 4.5.3　记 $b_k = \frac{1-\lambda_k^{(n)}}{k}$,若$\{b_k\}$满足条件 $\Delta b_k = b_k - b_{k+1} \geqslant 0$, $\Delta^2 b_k \geqslant 0 (k = 1,2,3,\cdots)$,则 $G_n(t) \geqslant 0, t \in [0,\pi]$.

证　记 $S_N(t) = \sum_{k=1}^{N} b_k \sin kt$,实施 Abel 变形得

$$S_N(t) = \sum_{k=1}^{N-1} \Delta b_k \overline{D}_k(t) + b_N \overline{D}_N(t)$$

$$\overline{D}_k(t) = \frac{1}{2}\cot \frac{t}{2} - \frac{\cos\left(k+\frac{1}{2}\right)t}{2\sin \frac{t}{2}}, b_N \to 0$$

故

$$G_n(t)=\sum_{k=1}^{+\infty}\Delta b_k\overline{D}_k(t)$$

再实施一次 Abel 变形,得到

$$\sum_{k=1}^{N}\Delta b_k\overline{D}_k(t)=\sum_{k=1}^{N-1}(k+1)\Delta^2 b_k\overline{K}_k(t)+(N+1)\Delta b_N\overline{K}_N(t)$$

$$\overline{K}_k(t)=\frac{1}{2}\cot\frac{t}{2}-\frac{1}{k+1}\frac{\sin(k+1)t}{\left(2\sin\frac{t}{2}\right)^2}$$

$$\frac{(k+1)\sin t-\sin(k+1)t}{(k+1)\left(2\sin\frac{t}{2}\right)^2}>0,0<t<\pi$$

由于

$$\Delta b_N\to 0,\ |\overline{K}_k(t)|\leqslant c(t),(N+1)\Delta b_N\to 0$$

得到

$$G_n(t)=\sum_{k=1}^{+\infty}(k+1)\Delta^2 b_k\overline{K}_k(t)>0,0<t<\pi$$

关于共轭情形有:

定理 4.5.4 设 $g(t)\in C[0,1],g(1)=0$, $\frac{1-g(t)}{t}\downarrow,0<t\leqslant 1$. 置

$$\lambda_k^{(n)}=g\left(\frac{k}{n+1}\right),1\leqslant k\leqslant n+1,\lambda_k^{(n)}=0,k\geqslant n+1$$

则

$$\sum_{k=1}^{+\infty}\frac{1-\lambda_k^{(n)}}{k^2}\sin kt>0,0<t<\pi$$

证

$$\sum_{k=1}^{+\infty}\frac{1-\lambda_k^{(n)}}{k^2}\sin kt$$

$$=\sum_{k=1}^{n}\frac{1-g\left(\frac{k}{n+1}\right)}{k}\cdot\frac{\sin kt}{k}+\sum_{k=n+1}^{+\infty}\frac{1}{k}\cdot\frac{\sin kt}{k}$$

$$=\sum_{k=1}^{n-1}\left\{\frac{1-g\left(\frac{k}{n+1}\right)}{k}-\frac{1-g\left(\frac{k+1}{n+1}\right)}{k+1}\right\}\cdot$$

$$\sum_{\nu=1}^{k}\frac{\sin\nu t}{\nu}+\frac{1-g\left(\frac{n}{n+1}\right)}{n}\sum_{\nu=1}^{k}\frac{\sin\nu t}{\nu}+$$

$$\sum_{k=n+1}^{+\infty}\left(\frac{1}{k}-\frac{1}{k+1}\right)\cdot\sum_{\nu=1}^{k}\frac{\sin\nu t}{\nu}-\frac{1}{n+1}\sum_{\nu=1}^{n}\frac{\sin\nu t}{\nu}$$

$$=\sum_{k=n+1}^{+\infty}\left(\frac{1}{k}-\frac{1}{k+1}\right)\sum_{\nu=1}^{k}\frac{\sin\nu t}{\nu}+$$

$$\frac{1}{n+1}\sum_{k=1}^{n}\left\{\frac{1-g\left(\frac{k}{n+1}\right)}{\frac{k}{n+1}}-\frac{1-g\left(\frac{k+1}{n+1}\right)}{\frac{k+1}{n+1}}\right\}\sum_{\nu=1}^{k}\frac{\sin\nu t}{\nu}$$

当 $0<t<\pi$ 时，$\sum_{\nu=1}^{k}\frac{\sin\nu t}{\nu}>0,k=1,2,3,\cdots$，所以

$$G_n(t)>0,0<t<\pi$$

上面证明中有一点有待澄清，即当 $k=1,2,3,\cdots$，$0<t<\pi$ 时 $\sum_{\nu=1}^{k}\frac{\sin\nu t}{\nu}>0$，此式可借助数学归纳法来证，$k=1$ 时成立，设 $k=n-1$ 时成立，但 $k=n$ 时不成立．则 $S_n(t)=\sum_{\nu=1}^{n}\frac{\sin\nu t}{\nu}$ 在 $(0,\pi)$ 内有最小值 $S_n(t_0)\leqslant 0,0<t_0<\pi$，此式包含着

$$S_n'(t_0)=D_n(t_0)-\frac{1}{2}=\frac{\sin\left(n+\frac{1}{2}\right)t_0}{2\sin\frac{t_0}{2}}-\frac{\sin\frac{1}{2}t_0}{2\sin\frac{t_0}{2}}=0$$

$$\Rightarrow \sin\left(n+\frac{1}{2}\right)t_0=\sin\frac{1}{2}t_0$$

$$\Rightarrow \left(n+\frac{1}{2}\right)t_0 \text{ 与 } \frac{1}{2}t_0 \text{ 之差是 } \pi \text{ 的整倍数}$$

所以

$$\cos\frac{1}{2}t_0=\left|\cos\left(n+\frac{1}{2}\right)t_0\right|$$

$$\Rightarrow \sin nt_0=\sin\left[\left(n+\frac{1}{2}\right)t_0-\frac{1}{2}t_0\right]$$

$$=\sin\left(n+\frac{1}{2}\right)t_0\cos\frac{t_0}{2}-\cos\left(n+\frac{1}{2}\right)t_0\sin\frac{t_0}{2}\geqslant 0$$

这表明

$$S_n(t_0)-S_{n-1}(t_0)=n^{-1}\sin nt_0\geqslant 0$$

$$\Rightarrow S_n(t_0)\geqslant S_{n-1}(t_0)\Rightarrow S_{n-1}(t_0)\leqslant 0$$

这与归纳假定矛盾.

例 4.5.5 设 $g(t)=1-t^\alpha, 0<\alpha\leqslant 1, 0\leqslant t\leqslant 1$ 有

$$\lambda_k^{(n)}=\begin{cases}1-\left(\dfrac{k}{n+1}\right)^\alpha, 1\leqslant k\leqslant n\\ 0, k>n\end{cases}$$

则

$$\mathscr{E}(\overline{W}_1^r, L_n)_1=\mathscr{E}(\overline{W}_\infty^r, L_n)_C=\frac{1}{\pi}E_1(\overline{f}_{nr})_1$$

$$=\frac{4}{\pi}\left|\frac{1}{(n+1)^\alpha}\sum_{\nu=0}^{[\frac{n-1}{2}]}\frac{(-1)^{\nu r}}{(2\nu+1)^{\nu+1-\alpha}}+\sum_{\nu=[\frac{n-1}{2}]+1}^{+\infty}\frac{(-1)^{\nu r}}{(2\nu+1)^{\nu+1}}\right|$$

例 4.5.6 可微函数类上的 Fourier 部分和的逼近.

设 $f(x) \in L_{2\pi}$，其 Fourier 部分和

$$S_{n-1}(f)=S_{n-1}(f,x)$$
$$=\frac{a_0}{2}+\sum_{k=1}^{n-1}(a_k\cos kx+b_k\sin kx),n=1,2,3,\cdots$$

记

$$R_n(f)=R_n(f,x)=f(x)-S_{n-1}(f,x)$$

对余项 $|R_n(f,x)|$ 的研究由来已久. 我们首先注意 $S_{n-1}(f)$ 是 $X_{2\pi}(X=C$ 或$L) \to T_{2\pi-1}$ 的线性有界算子，且对任何 $T\in T_{2n-1}$ 有 $S_{n-1}(T)\equiv T$. 假定 $f\in X_{2\pi}$，它在 T_{2n-1} 内的依 $X_{2\pi}$ 尺度的最佳逼近多项式记作 $t_{n,X}^*(X=C$ 或 $L,t_{n,C}^*,t_{n,1}^*$ 各表示 f 在 T_{2n-1} 内的最佳一致逼近及平均逼近多项式). 我们首先给出

定理 4.5.5　$\forall f\in X_{2\pi}$ 有

$$\|R_n(f,\cdot)\|_X\leqslant(1+\|S_{n-1}\|_{(X\to X)})E_n(f)_X$$

其中 $\|S_{n-1}\|_{(X\to X)}$ 是 Fourier 部分和作为线性算子 $(X_{2\pi}\to X_{2\pi})$ 的算子范数.

证　由

$$\begin{aligned}R_n(f)&=f-S_{n-1}(f)\\&=f-t_{n,X}^*+S_{n-1}(t_{n,X}^*)-S_{n-1}(f)\\&=(f-t_{n,X}^*)-S_{n-1}(f-t_{n,X}^*)\end{aligned}$$

从而得

$$\begin{aligned}&\|R_n(f,\cdot)\|_X\\&\leqslant\|f-t_{n,X}^*\|_X+\|S_{n-1}(f-t_{n,X}^*)\|_X\\&\leqslant\|f-t_{n,X}^*\|_X+\|S_{n-1}\|_{(X\to X)}\cdot\|f-t_{n,X}^*\|_X\\&=(1+\|S_{n-1}\|_{(X\to X)})E_n(f)_X\end{aligned}$$

注意对于 Fourier 算子有

$$\|S_{n-1}\|_{C\to C}=\|S_{n-1}\|_{(L\to L)}=L_n$$

$L_n=\frac{4}{\pi^2}\ln n+O(1)$ 是 Lebesgue 常数.

那么有:

推论 $\forall f \in X_{2\pi}$ 有

$$\| R_n(f) \|_X \leqslant (1+L_n) E_n(f)_X$$

从这一结果得到,若 $f \in W_X^r (X=L^\infty$ 或 $L)(r \geqslant 1)$,根据例 4.2.1 得

$$\sup_{f \in W_X^r} \| R_n(f) \|_X \leqslant (1+L_n) \mathscr{E}_n(W_X^r)_X = (1+L_n) \mathscr{K}_r \cdot n^{-r}$$

这个估计只给出了逼近度的精确阶的估计,其主项的阶是$\frac{\ln n}{n^r}$,但系数不精确. A. N. Kolmogorov 首先对 $X=C$,之后 S. M. Nikolsky 对 $X=L$ 得到了渐近展开的主项的精确表示式. 他们的结果是:

定理 4.5.6(Kolmogorov[17],Nikolsky[18])

对任何正整数 r 有

$$\lim_{n \to +\infty} \frac{n^r \mathscr{E}(W_\infty^r, S_{n-1})_C}{\ln n} = \lim_{n \to +\infty} \frac{n^r \mathscr{E}(W_1^r, S_{n-1})_1}{\ln n} = \frac{4}{\pi^2}$$

这一基本结果,之后在 B. T. Пинкевпч,A. V. Efimov[20],S. B. Stêchkin[21] 与 S. A. Teliakovsky[10],以及 S. B. Stêchkin[21] 一系列工作中得到了进一步扩充和精确化. 特别要提及的是 S. B. Stêchkin 的:

定理 4.5.7[21] 设 $n \geqslant 1, r \geqslant 1, \alpha \in \mathbf{R}$. $W_{\alpha,X}^r$ 表示以函数 $K_{r,\alpha}(t)$ 为核的周期卷积类,则

$$\mathscr{E}(W_{\alpha,X}^r; S_{n-1})_C = n^{-r} \left\{ \frac{8}{\pi^2} K(\mathrm{e}^{\frac{-r}{n}}) + O(r^{-1}) \right\}$$

$$\mathscr{E}(W_{\alpha,1}^r; S_{n-1})_1 = n^{-r} \left\{ \frac{8}{\pi^2} K(\mathrm{e}^{\frac{-r}{n}}) + O(r^{-1}) \right\}$$

对 n, r, α 一致成立,此处

$$K(q) = \int_n^{\frac{\pi}{2}} \frac{\mathrm{d}u}{\sqrt{1-q^2 \sin^2 u}}, 0 \leqslant q < 1$$

例 4.5.7　可微函数类上的 Fourier 部分和的 Fejèr 平均的逼近，例4.5.1 内已经给出了量 $\mathscr{E}(W_X^r,\sigma_n)_X$ 的精确表示式. 经过计算得出其渐近展开的主项为

$$\mathscr{E}(W_X^r;\sigma_n)_X=\frac{4}{\pi n}\mathscr{K}_r+o\left(\frac{1}{n}\right)$$

其中 $X=L_{2\pi}^{\infty}$ 或 $L_{2\pi}$，$\mathscr{K}_r$ 是 Favard 常数，$r\geqslant 2$(见[9]).

讨论　定理 4.5.1 和定理 4.5.2 能否拓广到 Weyl 类及 Weyl 类的共轭类上，或者更广泛些，拓广到 Stêchkin 引入的函数类 $W_\alpha^r(X)$ 上？此处

$$W_\alpha^r(X)=\{f\mid f=c+\pi^{-1}K_{r,\alpha}*\varphi,\varphi\in H_X^0\}$$

$$K_{r,\alpha}(t)=\sum_{k=1}^{+\infty}k^{-r}\cos\left(kt-\frac{\pi\alpha}{2}\right),r>0,\alpha\in\mathbf{R}$$

主要困难在于：需要在条件 $G_n(t)\geqslant 0$ 之下来验证 $F_{nr}^{\alpha}(t)\in A_n^{**}$，这里

$$F_{nr}^{\alpha}(t)=\sum_{k=1}^{+\infty}\frac{1-\lambda_k^{(n)}}{k^r}\cos\left(kt-\frac{\pi\alpha}{2}\right)$$

我们猜想：$\forall r>0,\alpha\in\mathbf{R},n\in\mathbf{Z}_+,F_{nr}^{\alpha},(t)\in A_n^{**}$，迄今此式未得证实，但是有一些经直接计算获得的较弱结果.

设 $\overline{\varphi}(t)$ 是[0,1]上的 Reimann 可积函数，满足条件

$$\int_0^1\overline{\varphi}^2(t)\mathrm{d}t>0,A_n=\sum_{s=0}^{n}\overline{\varphi}^2\left(\frac{s}{n}\right)>0$$

线性算子 $L_n(f)$ 的核取下面的特殊的正三角多项式

$$K_n^{\lambda}(t)=\frac{1}{2A_n}\left|\sum_{s=0}^{n}\overline{\varphi}\left(\frac{s}{n}\mathrm{e}^{\mathrm{i}st}\right)\right|^2$$

以 K_n^{λ} 为卷积核给出的卷积算子记作 $L_{n,\overline{\varphi}}$，可以证明有下列事实成立.

定理 4.5.8 设 $\overline{\varphi}(t)$ 在[0,1]上连续有界变差，$\overline{\varphi}^2(0)+\overline{\varphi}^2(1)>0,r\geqslant 2$,则成立

$$\begin{aligned}
&\mathscr{E}(W_\alpha^r(L);L_{n,\varphi})_L\\
\approx&\mathscr{E}(W_\alpha^r(M),L_{n,\overline{\varphi}})_C\\
\approx&\frac{1}{\pi}E_1(F_{nr}^\alpha)_1\\
\approx&\frac{1}{\pi}\int_0^{2\pi}|F_{nr}^\alpha(t)\operatorname{sgn}\sin(t-\beta\pi)\mathrm{d}t|\\
\approx&\frac{2(\overline{\varphi}_{(0)}^2+\overline{\varphi}_{(1)}^2)}{\pi\int_0^1\overline{\varphi}^2(t)\mathrm{d}t}\cdot\frac{1}{n}\left|\sum_{\nu=0}^{+\infty}\frac{\sin\left[(2\nu+1)\beta\pi-\frac{\pi\alpha}{2}\right]}{(2\nu+1)^r}\right|
\end{aligned}$$

此处 $\beta\pi$ 是下列方程的根

$$\sum_{\nu=0}^{+\infty}\frac{\cos\left[(2\nu+1)\beta\pi-\frac{\pi\alpha}{2}\right]}{(2\nu+1)^{r-1}}=0$$

$\overline{\varphi}(t)=1$ 给出的 $L_{n,\overline{\varphi}}$ 便是 Fejèr 算子. 又若 $\alpha_n,\beta_n>0$，$\alpha_n\approx\beta_n$ 意为 $\lim\frac{\alpha_n}{\beta_n}=1$.

定理 4.5.9 设 $\overline{\varphi}'(t)$ 在[0,1]上有界且分段连续，$\overline{\varphi}(0)=\overline{\varphi}(1)=0,\int_0^1\overline{\varphi}'^2(t)\mathrm{d}t>0$,则对 $r\geqslant 3$ 有

$$\begin{aligned}
&\mathscr{E}(W_\alpha^r(L);L_n,\overline{\varphi})_L\approx(W_\alpha^r(M);L_{n,\overline{\varphi}})_C\\
\approx&\frac{1}{\pi}E_1(F_{nr}^\alpha)_1\approx\frac{1}{\pi}\left|\int_0^{2\pi}F_{nr}^\alpha(t)\operatorname{sgn}\sin(t-\beta\pi)\mathrm{d}t\right|\\
\approx&\frac{2}{\pi}\frac{\int_0^1\overline{\varphi}'^2(t)\mathrm{d}t}{\int_0^1\overline{\varphi}^2(t)\mathrm{d}t}\cdot\frac{1}{n^2}\left|\sum_{\nu=0}^{+\infty}\frac{\sin\left[(2\nu+1)\beta\pi-\frac{\pi\alpha}{2}\right]}{(2\nu+1)^{r-1}}\right|
\end{aligned}$$

$\beta\pi$ 是下列方程的根

$$\sum_{\nu=0}^{+\infty}\frac{\cos\left[(2\nu+1)\beta\pi-\frac{\pi\alpha}{2}\right]}{(2\nu+1)^{r-2}}=0$$

注意 $\overline{\varphi}(t)=1-2\left|t-\frac{1}{2}\right|$ 给出的核是 Jackson 核就满足定理 4.5.9 的条件.

§6　$K*H_0^\omega(M)$,$K*H_0^\omega(L)$ 类上的线性逼近

$\omega(t)$ 为一上凸连续模,$K(t)$,$K_n(t)$ 仍如 §4 所给出. 记

$$H_0^\omega(M)=\{\varphi\in C_{2\pi}\mid\omega(\varphi,t)_C\leqslant\omega(t),\varphi\perp 1\}$$

$$H_0^\omega(L)=\{\varphi\in L_{2\pi}\mid\omega(\varphi,t)_1\leqslant\omega(t),\varphi\perp 1\}$$

当 $\varphi\in X_{2\pi}(X=C$ 或 $L)$ 没有条件 $\varphi\perp 1$(即 $\int_0^{2\pi}\varphi(t)\mathrm{d}t=0$) 限制时,把相应的函数类记为 $H^\omega(M)$,$H^\omega(L)$. 我们来考虑 $c+K*\varphi$, $\forall c\in\mathbf{R}$, $\varphi\in H_0^\omega(X)$, $X=M(L^\infty)$ 或 L,和 §1 ~ §5 一样,这里有三类问题可供讨论.

(1) 借助 T_{2n-1} 对该函数类依 $X_{2\pi}$ 尺度的最佳逼近,此即研究下列极值问题

$$\mathscr{E}_n(K*H_0^\omega(X))_x\overset{\mathrm{df}}{=}\sup_{f\in K*H_0^\omega(X)}E_n(f)_X$$

(2) 研究由 $K*H_0^\omega(X)\to T_{2n-1}$ 的一切线性连续算子类 $\mathscr{L}_n$ 对函数类依 $X_{2\pi}$ 范数逼近的最小误差,此即求

$$\mathscr{E}'_n(K*H_0^\omega(X))_X\overset{\mathrm{df}}{=}\inf_{A\in\mathscr{L}_n}\sup_f\|f-A(f)\|_X$$

的量的估计,以及能实现下确界的线性算子(即最佳线

性算子)的存在性和构造问题.当然,同类型问题也可以对 $\mathscr{L}_n$ 的某些特殊类型算子的子集提出,例如,由 f 的 n 阶 Fourier 部分和经过乘数变换所确定的线性算子等.

(3) 借助于给定的线性有界算子序列 $\{A_n\}$(A_n | $K * H_0^\omega(X) \to X_{2\pi}$),例如 §5 中用过的卷积算子 $L_n(f)$ 来逼近 $K * H_0^\omega(X)$,研究其逼近度

$$\mathscr{E}_n(K * H_0^\omega(X); L_n)_X, X = C, L$$

需要指出的是,本节引入的函数类比前几节中讨论过的函数类 $K * B_X^s$ 要复杂,问题(1)~(3)比 §2~§5 讨论的情形困难得多.迄今,研究的范围基本上限于 $K(t)=D_r(t)$ 及 $\overline{D}_r(t)(r=1,2,3,\cdots)$ 此时函数类记作 $W^r H_0^\omega(X)$,$\overline{W}^r H_0^\omega(X)$.此外,尚有函数类 $H_0^\omega(X)$ 不属于卷积型,也在研究之列.第一个问题由 N. P. Korneichuk 利用重排方法,对 $K(t)=D_r(t)$,$X=C_{2\pi}$ 情形得到了完整结果.近年来,I. H. Feschiev 与 M. A. Hemeamin,对 $K(t)=\overline{D}_r(t)$,$X=C_{2\pi}$ 的情形进行了研究,把 Korneichuk 的 Σ 重排方法应用于 $\overline{W}^r$,$H^\omega(M)$ 上,得到了一些精确结果(见 *On some extremal problems for conjugate classes of functions*,载于 *Constructive Theory of Functions*,*Sofia*,1984,346-351).至于第二个问题,仅仅有 N. P. Korneichuk 对 $K(t)=D_r(t)$ 的情形,($X=C_{2\pi}$)做过一些讨论(见资料[7])本节仅就第三个问题介绍一部分新结果.

引理 4.6.1 若 $\varphi \in H_0^\omega(L)$,$\psi \in B_\infty$,则

$$\int_0^{2\pi} \varphi(x+t)\psi(t)\mathrm{d}t \in H_0^\omega(M)$$

证 记 $g(x)=\int_0^{2\pi} \varphi(x+t)\psi(t)\mathrm{d}t$,则显然有

$$\int_0^{2\pi} g(x)\mathrm{d}x = 0$$

又由

$$\begin{aligned}
& g(x+h) - g(x) \\
= & \int_0^{2\pi} \{\varphi(x+h+t) - \varphi(x+t)\}\psi(t)\mathrm{d}t \\
\Rightarrow & \mid g(x+h) - g(x) \mid \\
\leqslant & \int_0^{2\pi} \mid \varphi(x+h+t) - \varphi(x+t) \mid \mathrm{d}x \\
\leqslant & \omega(\varphi, \mid h \mid)_1 \leqslant \omega(\mid h \mid)
\end{aligned}$$

引理 4.6.2

$$\mathscr{E}(K * H_0^\omega(L); L_n)_1 \leqslant \mathscr{E}(K * H_0^\omega(M), L_n)_C \tag{4.68}$$

证　我们有

$$\mathscr{E}(K * H_0^\omega(M), L_n)_C = \frac{1}{\pi} \sup_{\varphi \in H_0^\omega(M)} \left| \int_0^{2\pi} K_n^*(t)\varphi(t)\mathrm{d}t \right|$$

$$\begin{aligned}
& \mathscr{E}(K * H_0^\omega(L); L_n)_1 \\
= & \frac{1}{\pi} \sup_{\varphi \in H_0^\omega(L)} \sup_{\psi \in B_\infty} \int_0^{2\pi} K_n^*(u) \int \cdot \left(\int_0^{2\pi} \varphi(u+x)\psi(x)\mathrm{d}x \right) \mathrm{d}u
\end{aligned}$$

根据引理 4.6.1 知$\int_0^{2\pi} \varphi(u+x)\psi(x)\mathrm{d}x \in H_0^\omega(M)$，所以有

$$\mathscr{E}(K * H_0^\omega(L); L_n)_1 \leqslant \mathscr{E}(K * H_0^\omega(M), L_n)_C$$

下面给出式(4.68)内有等号成立的一个充分条件.

引理 4.6.3　若存在 $\varphi^*(u) \in H_0^\omega(L)$，$\psi^*(u) \in B_\infty$ 使得

$$\tilde{\varphi}(u) = \int_0^{2\pi} \varphi^*(u+x)\psi^*(x)\mathrm{d}x$$

给出

$$\mathscr{E}(K*H_0^\omega(M),L_n)_C=\frac{1}{\pi}\int_0^{2\pi}K_n^*(u)\widetilde{\varphi}(u)\mathrm{d}u$$

则式(4.68)内有等号成立.

证 这从前一条引理的证明过程即可看出.

在第三章内曾给出一个函数 $f_{n,0}(x)$(见定理 3.3.6 的证明中构造的函数 $f_{n,0}$),以 $n=1$ 给出的函数记作

$$\widetilde{\omega}(t)=\begin{cases}\dfrac{1}{2}\omega(2t),0\leqslant t\leqslant\dfrac{\pi}{2}\\\dfrac{1}{2}\omega(2(\pi-t)),\dfrac{\pi}{2}\leqslant t\leqslant\pi\end{cases}$$

又 $\widetilde{\omega}(-t)=-\widetilde{\omega}(t)$,$\widetilde{\omega}(t+2\pi)=\widetilde{\omega}(t)$,在定理 3.3.6 中已证得 $\widetilde{\omega}(t)\in H_0^\omega(M)$,注意这里的 $\omega(t)$ 是上凸连续模. В. Л. Моторный 曾经证明:函数 $\widetilde{\omega}(t)$ 恰好能表示成 $H_0^\omega(L)$ 内的某个函数和 B_∞ 内某个函数的卷积,这一事实对往下的讨论是关键的,下边给出它的证明.

引理 4.6.4 已知 $\omega(t)$ 是上凸连续模,函数 $\varphi^*(u)$ 的定义是

$$\begin{cases}\varphi^*(u)=-\dfrac{1}{8}\dfrac{\mathrm{d}}{\mathrm{d}u}\omega(\pi-2u),0\leqslant u\leqslant\dfrac{\pi}{2}\\\varphi^*(\dfrac{\pi}{2}+u)=\varphi^*(\dfrac{\pi}{2}-u),0\leqslant u\leqslant\dfrac{\pi}{2}\\\varphi^*(-u)=-\varphi^*(u),\varphi^*(u+2\pi)=\varphi^*(u)\end{cases}$$

则 $\varphi^*(u)\in H_0^\omega(L)$.

证 $\omega(t)$ 绝对连续,所以 $\omega'(t)$ 几乎处处存在,而且 $\omega(t)$ 是 $\omega'(t)$ 的不定积分. 另外,由于 $\omega(t)$ 向上凸,所以 $\omega'(t)\geqslant 0$,$\omega'(t)\downarrow$ 几乎处处成立,由此,从

$$\varphi^*(u)=-\frac{1}{8}\frac{\mathrm{d}}{\mathrm{d}u}\omega(\pi-2u)=\frac{1}{4}\omega'(\pi-2u)$$

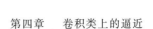

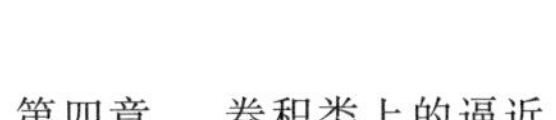

$0\leqslant u\leqslant\frac{\pi}{2}$,可知 $\varphi^*(u)$ 在 $\left[0,\frac{\pi}{2}\right]$ 上是几乎处处非负的,单调上升函数,所以在区间 $[-\pi,\pi]$ 上 $\varphi^*(u)$ 和 $\sin u$ 有相同的对称性质,和符号性质. 设 $0<t\leqslant\pi$,置

$$\Delta_t\varphi^*(x)=\varphi^*(x+t)-\varphi^*(x)$$

固定下 t 来, 为计算 $\|\Delta_t\varphi^*(\cdot)\|_1$, 先来分析一下 $\varphi^*(x+t)-\varphi^*(x)$ 在 $[-\pi,\pi]$ 上的符号,由图 4.3 可以看出

$$\Delta_t\varphi^*(x)\geqslant 0,\frac{-\pi-t}{2}\leqslant x\leqslant\frac{\pi-t}{2}$$

$$\Delta_t\varphi^*(x)\leqslant 0,-\pi\leqslant x\leqslant\frac{-\pi-t}{2}\text{或}\frac{\pi-t}{2}\leqslant x\leqslant\pi$$

那么

$$\int_{-\pi}^{\pi}|\Delta_t\varphi^*(x)|\,\mathrm{d}x=\int_{-\frac{\pi}{2}-\frac{t}{2}}^{\frac{3\pi}{2}-\frac{t}{2}}|\Delta_t\varphi^*(x)|\,\mathrm{d}x$$

$$=\int_{-\frac{\pi}{2}-\frac{t}{2}}^{\frac{\pi}{2}-\frac{t}{2}}[\varphi^*(x+t)-\varphi^*(x)]\mathrm{d}x-$$

$$\int_{-\frac{\pi}{2}-\frac{t}{2}}^{\frac{3\pi}{2}-\frac{t}{2}}[\varphi^*(x+t)-\varphi^*(x)]\mathrm{d}x$$

$$=\int_{-\frac{\pi}{2}+\frac{t}{2}}^{\frac{\pi}{2}+\frac{t}{2}}\varphi^*(x)\mathrm{d}x-\int_{-\frac{\pi}{2}-\frac{t}{2}}^{\frac{\pi}{2}-\frac{t}{2}}\varphi^*(x)\mathrm{d}x-$$

$$\int_{\frac{\pi}{2}+\frac{t}{2}}^{\frac{3\pi}{2}+\frac{t}{2}}\varphi^*(x)\mathrm{d}x+\int_{-\frac{\pi}{2}-\frac{t}{2}}^{\frac{3\pi}{2}-\frac{t}{2}}\varphi^*(x)$$

$$=2\left(\int_{\frac{\pi}{2}-\frac{t}{2}}^{\frac{\pi}{2}+\frac{t}{2}}\varphi^*(x)\mathrm{d}x-\int_{-\frac{\pi}{2}-\frac{t}{2}}^{-\frac{\pi}{2}+\frac{t}{2}}\varphi^*(x)\mathrm{d}x\right)$$

$$=4\int_{\frac{\pi}{2}-\frac{t}{2}}^{\frac{\pi}{2}+\frac{t}{2}}\varphi^*(x)\mathrm{d}x=8\int_{\frac{\pi}{2}-\frac{t}{2}}^{\frac{\pi}{2}}\varphi^*(x)\mathrm{d}x$$

$$=8\int_{\frac{\pi}{2}-\frac{t}{2}}^{\frac{\pi}{2}}\left(-\frac{1}{8}\right)\frac{d}{\mathrm{d}u}\omega(\pi-2u)\mathrm{d}u$$

$$=\omega(\pi-2u)\Big|_{\frac{\pi}{2}}^{\frac{\pi}{2}-\frac{t}{2}}=\omega(t)$$

由此即得 $\varphi^*(x)\in H_0^{\omega}(L)$.

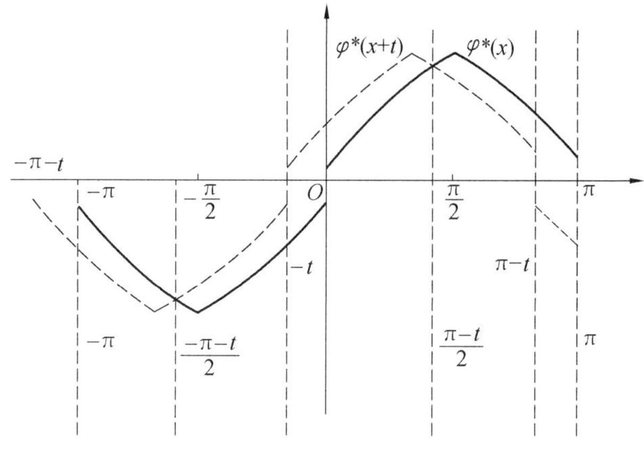

图 4.3

引理 4.6.5 置 $\psi^*(u)=\operatorname{sgn}\cos u$,则有

$$\widetilde{\omega}(t)=\int_0^{2\pi}\varphi^*(t+u)\psi^*(u)\mathrm{d}u \qquad (4.69)$$

证 首先,$\widetilde{\omega}(t)$ 是 2π 周期的奇函数,且关于直线 $t=\frac{\pi}{2}$ 对称,而对 $t,0\leqslant t\leqslant\frac{\pi}{2}$ 有

$$\begin{aligned}&\int_0^{2\pi}\varphi^*(t+u)\psi^*(u)\mathrm{d}u\\=&\int_{\frac{\pi}{2}-t}^{\frac{\pi}{2}+t}\varphi^*(u)\mathrm{d}u-\int_{\frac{3\pi}{2}-t}^{\frac{3\pi}{2}+t}\varphi^*(u)\mathrm{d}u\\=&\frac{1}{2}\omega(2t)\end{aligned}$$

由此即知 $\widetilde{\omega}(t)=\int_0^{2\pi}\varphi^*(t+u)\psi^*(u)\mathrm{d}u$. 由于 $\psi^*\in B_\infty$,故引理得证.

下面给出:

定理 4.6.1 设 $K_n^*(t)$ 是奇函数,且当 $0\leqslant t\leqslant\pi$

时，$K_n^*(t)\geqslant 0(\leqslant 0)$，则

$$\begin{aligned}\mathscr{E}(K*H_0^\omega(L);L_n)_1&=\mathscr{E}(K*H_0^\omega(M);L_n)_C\\&=\frac{2}{\pi}\int_0^\pi K_n^*(u)\widetilde{\omega}_n(u)\mathrm{d}u\end{aligned}\tag{4.70}$$

证　根据引理 4.6.3，只要能证

$$\mathscr{E}(K*H_0^\omega(M),L_n)_C=\frac{2}{\pi}\int_0^\pi K_n^*(t)\widetilde{\omega}(t)\mathrm{d}t$$

就够了. 由

$$f(0)-L_n(f,0)=\frac{1}{\pi}\int_0^\pi K_n^*(t)[\varphi(t)-\varphi(-t)]\mathrm{d}t$$

则当 $0\leqslant t\leqslant\frac{\pi}{2}$ 时，有

$$|\varphi(t)-\varphi(-t)|\leqslant\omega(2t)$$

而当 $\frac{\pi}{2}\leqslant t\leqslant\pi$ 时，令 $t=\pi-t'$，则

$$\begin{aligned}|\varphi(t)-\varphi(-t)|&=|\varphi(\pi-t')-\varphi(-\pi+t')|\\&=|\varphi(\pi-t')-\varphi(\pi+t')|\\&\leqslant\omega(2t')=\omega(2\pi-2t)\end{aligned}$$

则由

$$\mathscr{E}(K*H_0^\omega(M);L_n)_C=\sup_{\varphi\in H_0^\omega(M)}|f(0)-L_n(f;0)|$$

$$\leqslant\frac{1}{\pi}\sup_{\varphi\in H_0^\omega M}\int_0^\pi K_n^*(t)\cdot|\varphi(t)-\varphi(-t)|\,\mathrm{d}t$$

$$\leqslant\frac{2}{\pi}\int_0^\pi K_n^*(t)\widetilde{\omega}(t)\mathrm{d}t$$

并注意到 $\widetilde{\omega}(t)\in H_0^\omega(M)$，即得所求.

根据 §5 的结果，若 $G_n(t)\geqslant 0,0\leqslant t\leqslant\pi$，则当 r 是奇数时，$F_{n,r}(t)\geqslant 0$（或 $\leqslant 0$）在 $0\leqslant t\leqslant\pi$ 上成立；当 r 是偶数时，$\overline{f}_{n,r}(t)\geqslant 0$（或 $\leqslant 0$）在 $0\leqslant t\leqslant\pi$ 上成

立,故得:

定理 4.6.2 若 $G_n(t)\geqslant 0, 0\leqslant t\leqslant \pi$,则当 $r=1$, 3,5,… 时

$$\mathscr{E}(W^r H_0^{\omega}(M), L_n)_C = \mathscr{E}(W^r H_0^{\omega}(L), L_n)_1 = \frac{2}{\pi}\left|\int_0^{\pi} F_{nr}(t)\widetilde{\omega}(t)\,\mathrm{d}t\right| \tag{4.71}$$

定理 4.6.3 若 $G_n(t)\geqslant 0, 0\leqslant t\leqslant \pi$,则当 $r=2$, 4,6,… 时

$$\mathscr{E}(\overline{W}^r H_0^{\omega}(M), L_n)_C = \mathscr{E}(\overline{W}^r H_0^{\omega}(L); L_n)_1 = \frac{2}{\pi}\left|\int_0^{\pi} \overline{F}_{nr}(t)\widetilde{\omega}(t)\,\mathrm{d}t\right| \tag{4.72}$$

作为定理 4.6.2,定理 4.6.3 的特例,对正多项式算子核 $K_n(t)=\frac{1}{2}+\sum_{k=1}^{n}\lambda_k^{(n)}\cos kt\geqslant 0$,见 V. P. Motornai 的[11].

若 $g(t)$ 满足定理 4.5.4 的条件,置

$$\lambda_k^{(n)}=g\left(\frac{k}{n+1}\right), k=1,\cdots,n, \lambda_k^{(n)}=0, k>n$$

则当 $r=2,4,6$ 时,有

$$\mathscr{E}(\overline{W}^r H_0^{\omega}(M), L_n)_C = \mathscr{E}(\overline{W}^r H_0^{\omega}(L), L_n)_1 = \frac{2}{\pi}\left|\int_0^{\pi} \overline{F}_{nr}(t)\widetilde{\omega}(t)\,\mathrm{d}t\right|$$

当 r 为偶数(奇数, $\geqslant 3$)时,定理 4.6.2(定理 4.6.3)的结论应该怎样尚不清楚,注意此时 $F_{nr}(t)$, $\overline{F}_{nr}(t)$ 是偶函数. 我们从

$\mathscr{E}(W^r H_0^{\omega}(L); L_n)\leqslant \mathscr{E}(W^r H_0^{\omega}(M); L_n)_C$

$$=\frac{1}{\pi}\sup_{\varphi\in H_0^{\omega}(M)}\int_0^{2\pi}F_{nr}(t)\varphi(t)\mathrm{d}t, r \text{ 偶数}$$

以及相应的

$$\mathscr{E}(\overline{W}^rH_0^{\omega}(L);L_n)_1\leqslant\mathscr{E}(\overline{W}^rH_0^{\omega}(M);L_n)_C$$

$$=\frac{1}{\pi}\sup_{\varphi\in H_0^{\omega}(M)}\int_0^{2\pi}\overline{F}_{nr}(t)\varphi(t)\mathrm{d}t, r \text{ 奇数}$$

利用 N. P. Korneichuk 的 Σ 重排方法可以求出上列两式右边的上确界的上方估计式. 比如,对 $W^rH_0^{\omega}(X)$ 类 $(r=2,4,6,\cdots)$ 有

$$\sup_{\varphi\in H_0^{\omega}(M)}\int_0^{2\pi}F_{nr}(t)\varphi(t)\mathrm{d}t\leqslant\min_c\int_0^{2\pi}\Pi(G_c,t)\omega'(t)\mathrm{d}t \tag{4.73}$$

其中 $G_c(x)=\int_c^xF_{nr}(t)\mathrm{d}t$.

对 $\overline{W}^rH_0^{\omega}(X)$ 亦有相同的上方估计,$\Pi(G_c,t)$ 是 $G_c(x)$ 的 Σ 重排. 是否有

$$\mathscr{E}(W^rH_0^{\omega}(L);L_n)_1=\mathscr{E}(W^rH_0^{\omega}(M);L_n)_C$$

$$=\frac{1}{\pi}\min_c\int_0^{2\pi}\Pi(G_c;t)\omega'(t)\mathrm{d}t, r \text{ 偶数}$$

以及

$$\mathscr{E}(\overline{W}^rH_0^{\omega}(L);L_n)_1=\mathscr{E}(\overline{W}^rH_0^{\omega}(M);L_n)_C$$

$$=\frac{1}{\pi}\min_c\int_0^{2\pi}\Pi(\overline{G}_c;t)\omega'(t)\mathrm{d}t, r \text{ 奇数}$$

有待于进一步研究. 这里

$$\overline{G}_c(x)=\int_c^x\overline{F}_{nr}(t)\mathrm{d}t$$

§7 周期卷积算子的饱和问题

周期卷积算子的逼近性能,会因卷积核的不同而有本质差异,以 $f\in C_{2\pi}$ 的 Fourier 算子(部分和)$S_n(f)$ 及 Fejèr 算子 $\sigma_n(f)$ 为例.由

$$\| f-S_{n-1}(f)\|_C\leqslant(1+L_n)E_n(f)_C \quad (4.74)$$

若 $f\in C_{2\pi}^r(r\geqslant 1)$,则 $\| f-S_{n-1}(f)\|_C=O\left(\frac{\ln n}{n^r}\right)$.逼近阶随 f 的可微阶数 r 的增大而提高,没有限制,而 Fejèr 算子对 f 的逼近阶则不然.对 $f\in C_{2\pi}^r$,$r\geqslant 2$,总有

$$\| f-\sigma_n(f)\|_C=O\left(\frac{1}{n}\right)$$

(见例 4.5.1)只有 $f=\text{const}$,才能有 $\| f-\sigma_n(f)\|_C=o\left(\frac{1}{n}\right)$.事实上,设 $k\geqslant 1$,则当 $n>k$ 时有

$$\frac{ka_k}{n+1}=\frac{1}{\pi}\int_0^{2\pi}\{f(t)-\sigma_n(f;t)\}\cos kt\,\mathrm{d}t \quad (4.75)$$

对 b_k 有同样表示式($\cos kt$ 换作 $\sin kt$).固定 k,令 $n\to+\infty$ 得

$$k\mid a_k\mid\leqslant\lim_{n\to+\infty}\frac{n}{\pi}\int_0^{2\pi}\| f-\sigma_n(f)\|_C\mathrm{d}t=0$$

$$\Rightarrow a_k=0,k\neq 0$$

故 $f=\text{cost}$,把二者加以对比,我们说 Fourier 算子不可饱和,Fejèr 算子可饱和.

定义 4.7.1 给定 $X_{2\pi}=L_{2\pi}^p(1\leqslant p\leqslant+\infty)$ 或 $C_{2\pi}$,$\{L_n\}$ 是 $X_{2\pi}\to X_{2\pi}$ 的有界线性算子序列.若对每

一 $f \in X_{2\pi}$ 有

$$\lim_{n \to +\infty} \| L_n(f) - f \|_X = 0 \qquad (4.76)$$

则称$\{L_n\}(n=1,\cdots,+\infty)$ 是 $X_{2\pi}$ 上的强逼近序列.

定义 4.7.2　设$\{L_n\}(n=1,\cdots,+\infty)$ 是 $X_{2\pi} \to X_{2\pi}$ 的线性算子序列. 记

$$I(L) = \{f \in X \mid L_n(f) = f, \forall n \in \mathbf{Z}_+\}$$

$I(L)$ 称为$\{L_n\}$ 的不动元集.

定义 4.7.3　设$\{L_n\}$ 是 $X_{2\pi}$ 上的强逼近序列, $\varphi(n) > 0, \varphi(n) \to 0$ 是一给定的数列. 若:

(1) $\forall f \in X_{2\pi}, \lim\limits_{n \to +\infty} \dfrac{\| L_n(f) - f \|_X}{\varphi(n)} = 0 \Leftrightarrow f \in I(L)$.

(2) $\exists f_0 \in X_{2\pi} \backslash I(L)$ 使 $\| L_n(f_0) - f_0 \|_X = O(\varphi(n))$.

则称$\{L_n\}(n=1,\cdots,+\infty)$ 在 $X_{2\pi}$ 上是可饱和的, 以$\{\varphi(n)\}$ 为其饱和阶.

(3) 集合

$$F_X(L) = \{f \in X_{2\pi} \mid f \overline{\in} I(L)$$

且

$$\| f - L_n(f) \|_X = O(\varphi(n))\}$$

叫作$\{L_n\}$ 的饱和类或称之为 Favard 类.

关于算子族$\{L_n\}$ 的饱和性的基本问题是:$\{L_n\}$ 是不是可饱和的? 若是,则进一步要求确定其饱和价、饱和类.

饱和算子族的不动元集也叫作它的平凡类.

饱和概念是刻画算子的逼近性能的基本概念之一. 卷积算子的饱和性的研究肇端于 G. Alexits,他在 1941 年曾经讨论了 Fejèr 算子的饱和类的特征. 到

1949 年法国学者 J. Favard 提出了卷积算子的饱和概念,Zamansky 在同年发表的一篇论文中仔细研究了以三角多项式为核的周期卷积算子的饱和问题. 到 20 世纪 60 年代初,P. L. Butzer,Sunouchi 等人又把 Fourier 变换的工具系统地用到研究卷积型算子的饱和问题上,于是形成了一套相当完整的方法. 在具体讨论周期卷积算子的饱和问题之前,先要澄清定义 4.7.3 中的一点:即饱和阶是不是唯一确定的.

引理 4.7.1 给定两个趋于零的正数列 $\{\varphi(n)\}$, $\{\psi(n)\}$, 则 $X_{2\pi}$ 上的强逼近序列 $\{L_n\}$ 以 $\{\varphi(n)\}$, $\{\psi(n)\}$ 为其饱和阶,当且仅当 $\varphi(n) \asymp \psi(n)$.

证 设 $\{L_n\}$ 以 $\{\varphi(n)\}$ 为其饱和阶,且 $\varphi(n) \asymp \psi(n)$,则:

(1)
$$\lim_{n\to+\infty}\frac{\| L_n(f)-f\|_X}{\psi(n)}=0$$
$$\Leftrightarrow \lim_{n\to+\infty}\frac{\| L_n(f)-f\|_X}{\varphi(n)}=0$$
$$\Leftrightarrow f\in I(L)$$

(2) $\exists f_0\in X\backslash I(L)$ 使
$$\| L_n(f_0)-f_0\|_X=O(\varphi(n))$$
从而亦有
$$\| L_n(f_0)-f_0\|_X=O(\psi(n))$$
所以 $\{\psi(n)\}$ 也是 $\{L_n\}$ 的饱和阶.

反之,设 $\{\phi(n)\}$, $\{\psi(n)\}$ 都是 $\{L_n\}$ 的饱和阶,但 $\lim\limits_{n\to+\infty}\dfrac{\psi(n)}{\varphi(n)}=0$,那么,存在一子序列 $\{n_j\}\subset\{n\}$,使得 $\lim\limits_{j\to+\infty}\dfrac{\psi(n_j)}{\varphi(n_j)}=0$. 由于 $\{L_n\}$ 关于 $\{\psi(n)\}$ 饱和,故存在 $f\in X_{2\pi}\backslash I(L)$ 使得

$$\| L_{n_j}(f) - f \|_X = O(\psi(n_j)) = O(\varphi(n_j)), j \to +\infty$$

$$\Rightarrow \lim_{j \to +\infty} \frac{\| L_n(f) - f \|_X}{\varphi(n)} = 0$$

这表明 $f \in I(L)$，因 $\{\varphi(n)\}$ 也是 $\{L_n\}$ 的饱和阶，得到矛盾，那么，存在 $c_1 > 0$ 使 $\dfrac{\psi(n)}{\varphi(n)} \geqslant c_1$. 同理，交换 $\varphi(n)$ 与 $\psi(n)$ 的地位，又得 $\dfrac{\varphi(n)}{\psi(n)} \geqslant c_2 > 0$ 对某 $c_2 > 0$ 成立于是得 $\varphi(n) \asymp \psi(n)$.

这一引理说明：饱和阶在弱等价意义下，是唯一确定的.

下面转到讨论周期卷积算子的饱和阶.

当 $X_{2\pi} = L_{2\pi}^p (1 \leqslant p < +\infty)$ 时，作为卷积算子序列的核 $K_n(t) \in L_{2\pi} (n = 1, 2, \cdots)$ 假定满足：

(1) $\dfrac{1}{\pi} \displaystyle\int_{-\pi}^{\pi} K_n(t) \mathrm{d}t = 1$.

(2) $\| K_n \|_1 \leqslant M, M > 0$ 是一与 n 无关的数.

(3) 记

$$\check{\mu}_n(k) = \frac{1}{2\pi} \int_{-\pi}^{\pi} K_n(t) \mathrm{e}^{\mathrm{i}kt} \mathrm{d}t, k = 0, \pm 1, \pm 2, \cdots \tag{4.77}$$

则

$$\lim_{n \to +\infty} 2\check{\mu}_n(k) = 1, \forall k \in \{0, \pm 1, \pm 2, \cdots\}$$

由共鸣定理易知，条件(1)(2)(3) 保证了算子序列

$$L_n(f) = K_n * f, \forall f \in L_{2\pi}^p$$

是 $L_{2\pi}^p (1 \leqslant p < +\infty)$ 上的一个强收敛序列，也就是说

$$\lim_{n \to +\infty} \| L_n(f) - f \|_X = 0, \forall f \in L_{2\pi}^p$$

当 $X_{2\pi} = C_{2\pi}$ 时，作为 $C_{2\pi} \to C_{2\pi}$ 的卷积算子序列的

核,我们取函数序列$\{\mu_n(t)\}$如下:

(1)$\mu_n(t)$在任何有限区间内有界变差,对任一点x有

$$\mu_n(x+2\pi)-\mu_n(x)=\mu_n(\pi)-\mu_n(-\pi)$$

且满足标准化条件

$$\mu_n(x)=\frac{1}{2}[\mu_n(x+0)+\mu_n(x-0)]$$

(2) $\frac{1}{\pi}\int_{-\pi}^{\pi}\mathrm{d}\mu_n(t)=1.$ (4.78)

(3)$\int_{-\pi}^{\pi}|\mathrm{d}\mu_n(t)|\overset{\mathrm{df}}{=}\bigvee_{-\pi}^{\pi}(\mu_n)M,M>0$与$n$无关.

(4) $\lim\limits_{n\to+\infty}2\check{\mu}_n(k)=1,k=0,\pm1,\pm2,\cdots.$

这里

$$\check{\mu}_n(k)=\frac{1}{2\pi}\int_{-\pi}^{\pi}\mathrm{e}^{ikt}\,\mathrm{d}\check{\mu}_n(t)$$

利用$\{\mu_n(t)\}$定义算子序列

$$L_n(f;x)=\frac{1}{\pi}\int_{-\pi}^{\pi}f(x-t)\mathrm{d}\mu_n(t)$$

是$C_{2\pi}\to C_{2\pi}$的线性有界算子序列,且对每一$f\in C_{2\pi}$有

$$\|L_n(f)-f\|_C\to 0$$

故$\{L_n\}$是$C_{2\pi}$上的强收敛序列.

下面给出本节的主要结果:

定理 4.7.1 设$\{L_n\}$是$X_{2\pi}$上的强收敛算子序列,当$X=L_{2\pi}^p(1\leqslant p<+\infty)$,$C_{2\pi}$是$L_n$的核分别如上给出.又设$\{L_n\}$在$X_{2\pi}$上的不动元集仅由常数组成.则$\{L_n\}$在$X_{2\pi}$上可饱和充要条件是:存在整数$m\neq0$,使

$$\lim_{n\to+\infty}\left|\frac{2\check{\mu}_n(k)-1}{2\check{\mu}_n(m)-1}\right|=\psi_k>0 \tag{4.79}$$

对 $k\neq 0$ 都成立，ψ_k 是一些正数. 此时饱和阶是

$$\{|2\check{\mu}_n(m)-1|\},n=1,\cdots,+\infty$$

定理的证明分成以下几个小的步骤.

引理 4.7.2　若 $\{L_n\}$ 在 $X_{2\pi}$ 上的不动元集仅有常数，且以 $\{\varphi(n)\}$ 为饱和阶，则存在整数 $m\neq 0$，使

$$\lim_{n\to+\infty}\left|\frac{2\check{\mu}_n(k)-1}{2\check{\mu}_n(m)-1}\right|=\psi(k)>0,k\neq 0$$

而且有

$$\varphi(n)\asymp|2\check{\mu}_n(m)-1|$$

证　由于 $\{\varphi(n)\}$ 是 $\{L_n\}$ 在 $X_{2\pi}$ 上的饱和阶. 那么，对每一整数 $k\neq 0$，任一正整数子列 $\{n_j\}$，都有

$$\lim_{j\to+\infty}\left|\frac{2\check{\mu}_{n_j}(k)-1}{\varphi(n_j)}\right|\neq 0$$

假若不然，就是说，存在一整数 $k_0\neq 0$ 和一个子列 $\{n_j\}$ 使得

$$\lim_{j\to+\infty}\left|\frac{2\check{\mu}_{n_j}(k_0)-1}{\varphi(n_j)}\right|=0$$

取 $f_{k_0}(x)=e^{ik_0x}$，则有

$$\begin{aligned}&\|L_{n_j}(f_{k_0};\cdot)-f_{k_0}(\cdot)\|_X\\=&\|f_{k_0}(\cdot)(2\check{\mu}_{n_j}(k_0)-1)\|_X\\=&|2\check{\mu}_{n_j}(k_0)-1|\end{aligned}$$

所以

$$\lim_{n\to+\infty}\frac{\|L_n(f_{k_0})-f_{k_0}\|_X}{\varphi(n)}=0$$

根据饱和阶定义，$f_{k_0}\in I(L)\Rightarrow f_{k_0}$ 是常数，得到矛盾，所以，对每一整数 $k\neq 0$，有

$$\eta_k=\lim_{n\to+\infty}\frac{|2\check{\mu}_n(k)-1|}{\varphi(n)}>0$$

即对每一整数 $k\neq 0$ 有 $\varphi(n)=O(|2\check{\mu}_n(k)-1|)$.

现在证明:存在一整数$m \neq 0$,使

$$|2\check{\mu}_n(m)-1|=O(\varphi(n))$$

事实上,由定义,存在 $f_0 \in X_{2\pi} \backslash I(L)$,使得

$$\|L_n(f_0)-f_0\|_X=O(\varphi(n))$$

容易看出 $L_n(f_0)-f_0$ 的 Fourier 系数是 $\hat{f}_0(k)(2\check{\mu}_n(k)-1)$,它满足

$$|\hat{f}_0(k)(2\check{\mu}_n(k)-1)|=O(\varphi(n))$$

由于 $f_0 \neq \text{const}$,那么存在非零整数 m,$\hat{f}_0(m) \neq 0$,从而得到

$$|2(\check{\mu}_n(m))-1|=O(\varphi(n))$$

这样一来我们得到

$$|2\check{\mu}_n(m)-1| \asymp \varphi(n)$$

引理得证.

引理 4.7.3 设对$\{\varphi(n)\}$,$\varphi(n) \to 0^+$ 有

$$\lim_{n\to+\infty} \frac{|2\check{\mu}_n(k)-1|}{\varphi(n)}=\psi_k>0, k \neq 0$$

若对 $f \in X_{2\pi}$ 有

$$\lim_{n\to+\infty} \frac{\|L_n(f)-f\|_X}{\varphi(n)}=0$$

则 $f=\text{const}$.

证 由条件$\lim\limits_{n\to+\infty} \dfrac{\|L_n(f)-f\|_X}{\varphi(n)}=0 \Rightarrow$ 存在正整数的子列$\{n_j\}$使

$$\|L_{n_j}(f)-f\|_X=o(\varphi(n_j)), j \to +\infty$$

由此得,对每一 $k \neq 0$ 有

$$|2\check{\mu}_n(k)-1| \cdot |\hat{f}(k)|=\varphi(n_j) \cdot \varepsilon_j, \varepsilon_j \to 0$$

但因

$$\frac{|2\check{\mu}_{n_j}(k)-1|}{\varphi(n_j)} \geqslant \psi_k-\varepsilon>0$$

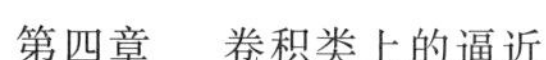

对 $j \geqslant j_0$ 成立，所以 $\hat{f}(k)=0(k\neq 0)$，因此 $f=\text{const}$.

引理 4.7.4　在引理 4.7.3 条件下，$\{L_n\}$ 的不动元是常数.

证　设 $f\in I(L)$，则由 $L_n(f)-f=0\Rightarrow(2\check{\mu}_n(k)-1)\hat{f}(k)=0$，引理4.7.3 的条件 $\Rightarrow\hat{f}(k)=0(k\neq 0)$.

所以 $f=\text{const}$.

引理 4.7.5　若存在整数 $m\neq 0$，使

$$\lim_{n\to+\infty}\frac{|2\check{\mu}_n(k)-1|}{|2\check{\mu}_n(m)-1|}=\psi_k>0,k\neq 0$$

则 $\{L_n\}$ 以 $|2\check{\mu}_n(m)-1|$ 为其饱和阶.

证　由引理 4.7.3，引理 4.7.4 知，若取 $\varphi(n)=|2\check{\mu}_n(m)-1|$，则

$$\lim_{n\to+\infty}\frac{\|L_n(f)-f\|_X}{\varphi(n)}=0\Leftrightarrow f\in I(L)$$

下边只需证明：存在 $f_0\in X_{2\pi}\backslash I(L)$，使得

$$\|L_n(f_0)-f_0\|_X=O(\varphi(n))$$

事实上，取 $f_0(x)=\mathrm{e}^{imx}(m\neq 0,\text{整数})$，则有

$$L_n(f_0,x)=2\check{\mu}_n(m)\cdot f_0(x)$$

所以

$$\|L_n(f_0)-f_0\|_X=|2\check{\mu}_n(m)-1|=O(\varphi(n))$$

综合以上的引理，即得定理 4.7.1 的全部结论. 从证明过程可以看出：定理中的条件

$$\lim_{n\to+\infty}\left|\frac{2\check{\mu}_n(k)-1}{2\check{\mu}_n(m)-1}\right|=\psi_k>0,k\neq 0$$

包含了 $\{L_n\}$ 的不动元集是仅由常数构成的集合的结论.

下面给出定理 4.7.1 的一个推论和应用到具体算子的例题.

推论　设当 $1\leqslant p<+\infty$ 时，$K_n(-t)=K_n(t)$，

而且 $K_n(t)\geqslant 0$;当 $X_{2\pi}=C_{2\pi}$ 时,$\mathrm{d}\mu_n(t)$ 是$[-\pi,\pi]$上的正的偶测度(Borel 测度),则此时

$$1-2\check{\mu}_n(k)=\frac{2}{\pi}\int_{-\pi}^{\pi}K_n(t)\sin^2\frac{kt}{2}\mathrm{d}t>0,X_{2\pi}=L_{2\pi}^p$$

$$=\frac{2}{\pi}\int_{-\pi}^{\pi}\sin^2\frac{kt}{2}\mathrm{d}\mu_n(t)>0,X_{2\pi}=C_{2\pi}$$

且$\{L_n\}$在 $X_{2\pi}$ 上饱和的充要条件是存在正整数 m,使对每一正整数 k 有

$$\lim_{n\to+\infty}\frac{1-\alpha_{k,n}}{1-\alpha_{m,n}}=\psi_k>0,\alpha_{k,n}=2\check{\mu}_n(k)$$

证 $1-2\check{\mu}_n(k)$ 的积分表示可直接计算. 这时$\{L_n\}$的不动元集仅含常数. 故因此得证.

例 4.7.1 Fejèr 算子. 对 $f\in X_{2\pi}$ 有

$$\sigma_n(f,x)=(F_n*f)(x)$$

F_n 是 Fejèr 核,由于

$$2\hat{F}_n(k)=\begin{cases}1-\dfrac{k}{n+1},1\leqslant k\leqslant n\\0,k\geqslant n+1\end{cases}$$

由于$(1-2\hat{F}_n(k))/(1-2\hat{F}_n(1))=k>0(k=1,2,\cdots)$,故$\{\sigma_n\}$在 $X_{2\pi}$ 上可饱和,饱和阶为$\dfrac{1}{n}$.

例 4.7.2 考虑 $C_{2\pi}\to C_{2\pi}$ 的正算子序列 $L_n(f)=f*\mathrm{d}\alpha_n$,此处 $\mathrm{d}\alpha_n=\frac{\pi}{2}(\mathrm{d}\rho_{-\frac{1}{n}}+\mathrm{d}\rho_{\frac{1}{n}})$,$\mathrm{d}\rho_{x_0}$ 表示点 x_0 的 Dirac 测度,即对每一 $f\in C_{2\pi}$ 有

$$\int_{-\pi}^{\pi}f(x)\mathrm{d}\rho_{x_0}=f(x_0)$$

注意每一 Dirac 测度 $\mathrm{d}\rho_{x_0}$ 对应着一个$[-\pi,\pi]$上的有界变差函数. $\mathrm{d}\alpha_n$ 是偶的正 Borel 测度,计算其 Fourier-Stieljes 系数

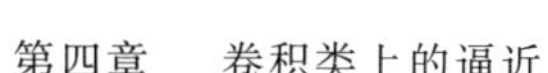

$$1-\alpha_{k,n}=1-\cos\frac{k}{n}=2\sin^2\frac{k}{2n}$$

故由

$$\lim_{n\to+\infty}n^2(1-\alpha_{k,n})=\frac{k^2}{2}>0,k=1,2,\cdots$$

知道 L_n 在 $C_{2\pi}$ 上可饱和，以 $\{n^{-2}\}$ 为其饱和阶，但是并不是每一个周期卷积算子列都是可饱和的. 下面是一反例.

例 4.7.3　给定 $[-\pi,\pi]$ 上的偶的正 Borel 测度序列

$$\mathrm{d}\mu_n=a_n\{\mathrm{d}\rho_0+\sum_{k=0}^{+\infty}(k+1)^{-2}\cdot n^{-2+\frac{1}{k+1}}\cdot [\mathrm{d}\rho_{x_k}+\mathrm{d}\rho_{-x_k}]\},k=0,1,2,\cdots$$

其中 $x_k=\frac{\pi}{2^k}$，a_n 是一满足

$$\frac{1}{\pi}\int_{-\pi}^{\pi}\mathrm{d}\mu_n=1$$

的常数. $L_n(f)=f*\mathrm{d}\mu_n$ 是 $C_{2\pi}\to C_{2\pi}$ 的周期卷积算子. 此算子序列不饱和，事实上，取 $m=2^\alpha m_0$，$\alpha\geqslant 0$ 是整数，m_0 是一奇数，则

$$\begin{aligned}1-\alpha_{m,n}&=a_n\cdot\frac{4}{\pi}\sum_{k=0}^{+\infty}(k+1)^{-2}\cdot n^{-2+\frac{1}{k+1}}\cdot\sin^2\left(\frac{m_0\pi}{2^{\alpha-k-1}}\right)\\&=\frac{4a_n}{\pi}\sum_{k=0}^{+\infty}(k+1)^{-2}\cdot n^{-2+\frac{1}{k+1}}\cdot\sin^2\left(\frac{m_0\pi}{2^{\alpha-k-1}}\right)\\&=\frac{4a_n}{\pi}\frac{n^{\frac{1}{\alpha+1}}}{n^2(\alpha+1)^2}\sin^2\left(\frac{m_0\pi}{2}\right)+o(a_n\cdot n^{-2+\frac{1}{\alpha+1}})\end{aligned}$$

$$1-\alpha_{2m,n}=\frac{4a_n}{\pi}\frac{n^{\frac{1}{\alpha+2}}}{n^2(\alpha+2)^2}\sin^2\left(\frac{m_0\pi}{2}\right)+o(a_n\cdot n^{-2+\frac{1}{\alpha+2}})$$

由此可见

$$\frac{1-\alpha_{2m,n}}{1-\alpha_{m,n}} \to 0, n \to +\infty, \text{对每一 } m=2^{\alpha}m_0$$

这就破坏了定理 4.7.1 中的主要条件.

§8　饱和类的刻画

本节讨论可饱和的周期卷积算子的饱和类的刻画问题,这个问题比较复杂,需要区分 $X_{2\pi}=C_{2\pi}$ 及 $X_{2\pi}=L_{2\pi}^{p}(1\leqslant p<+\infty)$ 两种情形分别讨论. 本节只介绍 $X_{2\pi}=C_{2\pi}$ 情形,主要工具是 Fourier 变换和乘子理论.

首先讨论一个典型情形:$L_n(f)=f*\mathrm{d}\mu_n$,其中 $\mathrm{d}\mu_n$ 是 $[-\pi,\pi]$ 上的偶 Borel 测度,而且对 $m=1$ 有

$$\lim_{n\to+\infty}\frac{1-\alpha_{k,n}}{1-\alpha_{1,n}}=\psi_k\neq 0, k\neq 0 \tag{4.80}$$

此时 $\{1-\alpha_{1,n}\}$ 是 $\{L_n\}$ 的饱和阶,记 $\{L_n\}$ 的饱和类为 $S(L)$.

引理 4.8.1　若 $f\in S(L)$,且

$$f(x)\sim\frac{a_0}{2}+\sum_{k=1}^{+\infty}(a_k\cos kx+b_k\sin kx)$$

则 $\sum\limits_{k=1}^{+\infty}\psi_k(a_k\cos kx+b_k\sin kx)\in L_{2\pi}^{\infty}$:意即左侧三角级数是 $L_{2\pi}^{\infty}$ 内某个函数的 Fourier 级数.

证　由

$$f\in S(L)\Rightarrow\|f-L_n(f)\|_C=O(1-\alpha_{1,n})$$

记

$$g_n(x)=(1-\alpha_{1,n})^{-1}(f(x)-L_n(f;x))$$

则 $\|g_n\|_\infty\leqslant K.(n=1,2,3,\cdots)$. 线性赋范空间 $L_{2\pi}$ 可分,$L_{2\pi}^{\infty}$ 是它的共轭空间,所以根据泛函分析,知 $\{g_n\}$

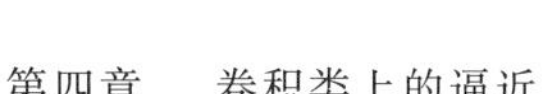

是一 $^*w$ 列紧集. 故存在正整数的子列 $\{n_j\}$ 及某个 $g\in L_{2\pi}^{\infty}$ 使

$$g_{n_j}\xrightarrow{*W}g$$

取 e^{ikx}, 由于 $\cos kx, \sin kx\in L_{2\pi}$, 故得

$$\hat{g}_{n_j}(k)=\frac{1}{2\pi}\int_{-\pi}^{\pi}g_{n_j}(x)\mathrm{e}^{ikx}\,\mathrm{d}x$$

$$=\hat{f}(k)\frac{1-\alpha_{|k|,n_j}}{1-\alpha_{1,n_j}}\xrightarrow{(j\to+\infty)}\hat{f}(k)\cdot\psi_k=\hat{g}(k)$$

引理得证.

为了给出 $S(L)$ 的充分条件,需要下面一些事实.

定义 4.8.1　数列 $\{\lambda_k\}(n=0,\cdots,+\infty)$ 称为一个 (C,C) 乘子,若 $\forall f\in C_{2\pi}$, 对

$$\sigma(f)=\frac{a_0}{2}+\sum_{k=1}^{+\infty}(a_k\cos kx+b_k\sin kx)$$

有

$$\frac{a_0\lambda_0}{2}+\sum_{k=1}^{+\infty}\lambda_k(a_k\cos kx+b_k\sin kx)\in C_{2\pi}$$

$\Lambda=\{\lambda_n\}(n=0,\cdots,+\infty)$ 是 (C,C) 乘子的事实记作 $\Lambda\in(C,C)$, 易见此时 Λ 确定一个 $C_{2\pi}\to C_{2\pi}$ 的加性与齐性算子,此算子记为 T_λ, T_λ 是有界的,它的解析表达式和算子范数(这说明 T_λ 是 $C\to C$ 的连续算子),由下列引理给出.

引理 4.8.2　$\Lambda=\{\lambda_n\}(n=0,\cdots,+\infty)$ 是 (C,C) 乘子,当且仅当存在一个偶的 Borel 测度 $\mathrm{d}\mu(t)(t\in[-\pi,\pi])$, 使得 $\lambda_n=\pi^{-1}\int_{-\pi}^{\pi}\cos nt\,\mathrm{d}\mu(t)$.

乘子范数

$$\|T_\lambda\|_{(C,C)}=\frac{1}{\pi}\int_{-\pi}^{\pi}|\mathrm{d}\mu|$$

即 $T_\lambda(C\to C)$ 的算子范数.

引理 4.8.2 见 Zygmund 的 *Trigonometric Series*,第四章.

引理 4.8.3 $\{L_n\}$ 如本节开始所给出的,假定满足条件

$$\lim_{n\to+\infty}\frac{1-\alpha_{k,n}}{1-\alpha_{1,n}}=\psi_k\neq 0,k\neq 0$$

若有:

(1) 数列 $\left\{\dfrac{1-\alpha_{k,n}}{\psi_k(1-\alpha_{1,n})}\right\}\in(C,C)(k=1,\cdots,+\infty)$ 对每一 $n\in\mathbf{Z}_+$ 都成立,且相应乘子范数对 n 一致有界.

(2) 对 $f\in C_{2\pi}$ 有

$$\sum_{k=1}^{+\infty}\psi_k(a_k\cos kx+b_k\sin kx)\in L_{2\pi}^{\infty}$$

此处

$$f(x)\sim\frac{a_0}{2}+\sum(a_k\cos kx+b_k\sin kx)$$

则 $f\in S(L)$.

引理 4.8.3 的条件相当于说:对每一 $n\in\mathbf{Z}_+$ 存在一个$[-\pi,\pi]$上的偶的 Borel 测度 $\mathrm{d}\gamma_n(t)$ 使:

(1) $\dfrac{1-\alpha_{k,n}}{\psi_k(1-\alpha_{1,n})}=\dfrac{1}{\pi}\displaystyle\int_{-\pi}^{\pi}\cos kt\,\mathrm{d}\gamma_n(t),k=1,2,3,\cdots$.

(2) $\displaystyle\int_{-\pi}^{\pi}|\mathrm{d}\gamma_n|\leqslant K$.

不妨认为$\displaystyle\int_{-\pi}^{\pi}\mathrm{d}\gamma_n(t)=0$.

证 先设对 $f\in C_{2\pi}$,有$\displaystyle\int_{-\pi}^{\pi}f(x)\mathrm{d}x=0$,对 f 的 Fourier 级数

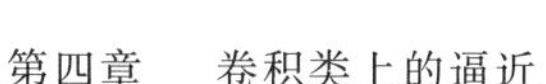

$$f(x) \sim \sum_{k=1}^{+\infty}(a_k \cos kx + b_k \sin kx)$$

有 $g(x) \in L_{2\pi}^{\infty}$ 使

$$g(x) \sim \sum_{k=1}^{+\infty}\psi_k(a_k \cos kx + b_k \sin kx)$$

我们来证 $\| f - L_n(f) \|_C = O(| 1 - \alpha_{1,n} |)$，即 $f \in S(L)$，为此只需能证

$$\frac{f - L_n(f)}{1 - \alpha_{1,n}} = g * \mathrm{d}\gamma_n$$

即可. 因若此表示式成立，那么就有

$$\frac{\| f - L_n(f) \|_C}{| 1 - \alpha_{1,n} |} = \| g * \mathrm{d}\gamma_n \|_C \leqslant \| g \|_\infty \int_{-\pi}^{\pi} | \mathrm{d}\gamma_n |$$
$$\leqslant K \| g \|_\infty$$

但是

$$(\widehat{g * \mathrm{d}\gamma_n})_k = \psi_k \hat{f}(k) \frac{1 - \alpha_{k,n}}{\psi_k(1 - \alpha_{1,n})} = \frac{\hat{f}(k)(1 - \alpha_{k,n})}{1 - \alpha_{1,n}}$$

此即 $(1 - \alpha_{1,n})^{-1}(f - L_n(f))$ 的 Fourier 系数. 由于 g 与 $f - L_n(f)$ 的周期平均值都是 0，那么

$$g * \mathrm{d}\gamma_n = \frac{f - L_n(f)}{1 - \alpha_{1,n}}$$

成立. 故对 $\hat{f}(0) = 0$ 的情形定理得证.

当 $\hat{f}(0) \neq 0$ 时，以 $f(x) - \hat{f}(0)$ 代替 $f(x)$，重复上面论证可得 $f - \hat{f}(0) \in S(L)$. 故 $f \in S(L)$.

综合引理 4.8.1，引理 4.8.3 便得：

定理 4.8.1　$\{L_n\}$ 如本节开始所给出的，且设

$$\lim_{n \to +\infty} \frac{1 - \alpha_{k,n}}{1 - \alpha_{1,n}} = \psi_k \neq 0, k \neq 0$$

若数列

$$\left\{\frac{1 - \alpha_{k,n}}{\psi_k(1 - \alpha_{1,n})}\right\} (k = 1, \cdots, +\infty), n \in \mathbf{Z}_+$$

满足引理 4.8.3 的条件(1),则 $\{L_n\}$ 的饱和类 $S(L)=S(\psi_k)$,此处

$$S(\psi_k)=\{f\in C_{2\pi}\mid T_\psi(f)\in L_{2\pi}^{\infty}\} \tag{4.82}$$

这条定理给出了判定 $S(L)$ 特征的有效办法. 但为了便于应用,尚需给出一个判定 $\Lambda\in(C,C)$ 的可行的方法. 下面的引理是从 Fourier 级数理论引进的.

引理 4.8.4 $\Lambda=\{\lambda_n\}(n=0,\cdots,+\infty)\in(C,C)$,当且仅当

$$\int_{-\pi}^{\pi}\left|\frac{\lambda_0}{2}+\sum_{k=1}^{n}\left(1-\frac{k}{n+1}\right)\lambda_k\cos kx\right|\mathrm{d}x \leqslant M,n=1,2,\cdots \tag{4.83}$$

$M>0$ 是一常数.

引理的证明也见[1]的第 4 章.

下面给出便于应用的一种系数凸性条件.

推论 $\Lambda=\{\lambda_n\}$ 如果是凸的或拟凸的,换句话说,即若有

$$\sum_{k=0}^{+\infty}(k+1)\mid\Delta^2\lambda_k\mid<+\infty,\text{拟凸性}$$

或 $\Delta^2\lambda_k\geqslant 0(k=0,1,2,\cdots,)$,$\Delta^2\lambda_k=\lambda_k-2\lambda_{k+1}+\lambda_{k+2}$,则 $\Lambda\in(C,C)$.

作为应用,我们继续上节的例题讨论 Fejèr 算子的饱和类的特征.

例 4.8.1 Fejèr 算子 $\sigma_n(f)=f*F_n$ 有

$$F_n(x)=\frac{1}{2}+\sum_{k=1}^{n}\left(1-\frac{k}{n+1}\right)\cos kx$$

$$1-\alpha_{k,n}=\begin{cases}\dfrac{k}{n+1},1\leqslant k\leqslant n\\ 1,k\geqslant n+1\end{cases}$$

故由 $\lim\limits_{n\to+\infty}n(1-\alpha_{k,n})=k>0(k\neq 0)$. 置 $\psi_k=k$.

我们来验证

$$\gamma_k(n)=\frac{1-\alpha_{k,n}}{k(1-\alpha_{1,n})}=\begin{cases}\dfrac{\dfrac{k}{n+1}}{\dfrac{k}{n+1}}=1,k\leqslant n+1\\ \dfrac{1}{\dfrac{k}{n+1}}=\dfrac{n+1}{k},k>n+1\end{cases}$$

满足$\{\gamma_k(n)\}\in(C,C)$，且乘子范数一致有界. 为此，计算

$$\Delta^2\gamma_k(n)=\begin{cases}0,1\leqslant k\leqslant n-1\\ -1+\dfrac{n+1}{n+2}=-\dfrac{1}{n+2},k=n\\ \dfrac{2(n+1)}{k(k+1)(k+2)},k\geqslant n+1\end{cases}$$

$$\Rightarrow\sum_{k=0}^{+\infty}(k+1)\mid\Delta^2\gamma_k(n)\mid=1+\sum_{k=1}^{n-1}+\sum_{k\geqslant n}$$

$$\leqslant 1+\frac{n+1}{n+2}+2(n+1)\sum_{k>n}\frac{1}{k(k+1)}\leqslant 4$$

(其中置 $\gamma_0(n)=0$) 由此即得乘子范数一致有界，所以，由定理 4.8.1，知

$$S(L)=\left\{f\in C_{2\pi}\mid\sum_{k=1}^{+\infty}k(a_k\cos kx+b_k\sin kx)\in L_{2\pi}^{\infty}\right\}$$

该函数类的内部构造特征有待揭示. 下面给出：

定理 4.8.2(Zamansky)

$$S(\sigma_n)=\{f\in C_{2\pi}\mid\overline{f}\in\mathrm{Lip}\,1\}$$

证，$\forall f\in C_{2\pi}$，置

$$\sigma(f)=\frac{a_0}{2}+\sum_{k=1}^{+\infty}(a_k\cos kx+b_k\sin kx)$$

假若有 $g\in L_{2\pi}^{\infty}$ 使

$$\sigma(g)=\sum_{k=1}^{+\infty}k(a_k\cos kx+b_k\sin kx)$$

取 $\sigma(f)$ 的共轭三角级数

$$\bar{\sigma}(f)=\sum_{k=1}^{+\infty}(-b_k\cos kx+a_k\sin kx)$$

$\bar{\sigma}(f)$ 是 $\sigma(g)$ 经逐项积分而得. 所以根据 Fourier 级数的理论,知

$$\begin{aligned}G(x)&\overset{\mathrm{df}}{=}\int_0^x g(t)\mathrm{d}t\\&=\sum_{k=1}^{+\infty}b_k+\sum_{k=1}^{+\infty}(-b_k\cos kx+a_k\sin kx)\\&=\sum_{k=1}^{+\infty}b_k+\bar{f}(x)\Rightarrow\bar{f}\in\mathrm{Lip}\ 1\end{aligned}\tag{4.84}$$

反之,任取 $f\in\mathrm{Lip}\ 1$,若能证 $\|f-\sigma_n(f)\|_C=O\left(\frac{1}{n}\right)$,则定理得证. 为此,记 Fejer 核的共轭函数为

$$\widetilde{K}_n(t)=\frac{1}{2}\cot\frac{t}{2}-\frac{1}{n+1}\frac{\sin(n+1)t}{(2\sin\frac{t}{2})^2}$$

$$\begin{aligned}&\bar{\sigma}_n(f)=\sigma_n(\bar{f})\\&=-\frac{2}{\pi}\int_0^{\pi}\frac{f(x+t)-f(x-t)}{2}\widetilde{K}_n(t)\mathrm{d}t\\&\Rightarrow\sigma_n(\bar{f})-\bar{f}\\&=\frac{1}{(n+1)\pi}\int_0^{\pi}\{f(x+t)-f(x-t)\}\frac{\sin(n+1)t}{\left(2\sin\frac{t}{2}\right)^2}\mathrm{d}t\end{aligned}$$

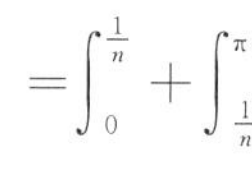

$$=\int_0^{\frac{1}{n}}+\int_{\frac{1}{n}}^{\pi}$$

$$\left|\int_0^{\frac{1}{n}}\right|$$

$$\leqslant \frac{1}{(n+1)\pi}\int_0^{\frac{1}{n}} |f(x+t)-f(x-t)| \frac{(n+1)t}{\left(\frac{2t}{\pi}\right)^2}\mathrm{d}t$$

$$\leqslant \frac{2M}{(n+1)\pi}\int_0^{\frac{1}{n}} 2(n+1)t^2 \cdot \frac{\mathrm{d}t}{\left(\frac{2t}{\pi}\right)^2}=O\left(\frac{1}{n}\right)$$

由第二中值公式

$$\left|\int_t^{\pi} \frac{\sin(n+1)u}{\left(2\sin\frac{u}{2}\right)^2}\mathrm{d}u\right|=\left|\frac{1}{\left(2\sin\frac{t}{2}\right)^2}\int_1^{\xi}\sin(n+1)u\mathrm{d}u\right|$$

$$\leqslant \frac{2}{(n+1)\left(2\sin\frac{t}{2}\right)^2}$$

$$\leqslant \frac{A}{nt^2}, 0<t\leqslant\xi\leqslant\pi$$

则由

$$\int_{\frac{1}{n}}^{\pi} \frac{\{f(x+t)-f(x-t)\}}{(n+1)\pi}\frac{\sin(n+1)t}{\left(2\sin\frac{t}{2}\right)^2}\mathrm{d}t$$

$$=\frac{1}{(n+1)\pi}\cdot$$

$$\left\{-\int_t^{\pi}\frac{\sin(n+1)u\mathrm{d}u}{\left(2\sin\frac{u}{2}\right)^2}[f(x+t)-f(x-t)]\right|_{\frac{1}{n}}^{\pi}+$$

$$\left.\int_{\frac{1}{n}}^{\pi}[f'(x+t)-f'(x-t)]\int_t^{\pi}\frac{\sin(n+1)u}{\left(2\sin\frac{u}{2}\right)^2}\mathrm{d}u\right\}$$

$$\left|\int_{\frac{1}{n}}^{\pi}\right|\leqslant\frac{1}{(n+1)\pi}\left\{\frac{2M}{n}\left|\int_{\frac{1}{n}}^{\pi}\frac{\sin(n+1)u}{\left(2\sin\frac{u}{2}\right)^2}\mathrm{d}u\right|+\right.$$

$$\left.\int_{\frac{1}{n}}^{\pi}2MA\frac{\mathrm{d}t}{nt^2}\right\}=O(\frac{1}{n})$$

故得所求.

比 Fejèr 算子更一般的算子如 Zygmund 典型平均

$$R_n^\alpha(f,x)=\frac{a_0}{2}+\sum_{k=1}^{n}\left[1-\left(\frac{k}{n+1}\right)^\alpha\right]\cdot (a_k\cos kx+b_k\sin kx),\alpha>0$$

核

$$X_n^\alpha(t)=\frac{1}{2}+\sum_{k=1}^{n}\left[1-\left(\frac{k}{n+1}\right)^\alpha\right]\cos kt$$

用同样的方法可得:

定理 4.8.3(Aljancic)

算子序列 $\{R_n^\alpha\}$ 以 $\{n^{-\alpha}\}$ 为饱和阶. 饱和类为

$$S(R^\alpha)=\{f\in C_{2\pi}\mid \sum_{k=1}^{+\infty}k^\alpha(a_k\cos kx+b_k\sin kx)\in L^\infty\}$$

特例 α 是偶数时

$$S(R^\alpha)=\{f\in C_{2\pi}\mid f^{(r-1)}\in \text{Lip }1\}$$

α 是奇数时

$$S(R^\alpha)=\{f\in C_{2\pi}\mid f^{(r-1)}\in \text{Lip }1\}$$

Sunouchi, DeVore 等人讨论了定理 4.8.1 内乘子 $\left\{\frac{1-\alpha_{k,n}}{\psi_k(1-\alpha_{1,n})}\right\}(k=1,\cdots,+\infty,n\in\mathbf{Z}_+)$ 范数一致有界性条件的作用,他们的研究结果表明,在一般条件下,当测度 $d\mu_n$ 不是正测度时,这个条件不能去掉. 然而,当 $d\mu_n$ 是正测度时,情况有所不同. 当 $d\mu_n$ 是正的偶 Borel 测度时,由于

$$\begin{aligned}0\leqslant 1-\alpha_{k,n}&=\frac{1}{\pi}\int_{-\pi}^{\pi}(1-\cos kt)d\mu_n(t)\\&=\frac{2}{\pi}\int_{-\pi}^{\pi}\sin^2\frac{kt}{2}d\mu_n(t)\leqslant\frac{2k^2}{\pi}\int_{-\pi}^{\pi}\sin^2\frac{t}{2}d\mu_n(t)\\&=k^2(1-\alpha_{1,n})\end{aligned}$$

所以

$$0 \leqslant \frac{1-\alpha_{k,n}}{1-\alpha_{1,n}} \leqslant k^2 \Rightarrow \psi_k = O(k^2), k \geqslant 1 \quad (4.85)$$

DeVore 证明:这时,若 $\psi_k = o(k^2)$,乘子范数一致有界性条件仍然需要. 但对$\psi_k = k^2$ 的情形,无须附加乘子范数一致有界性条件,即可保证 $S(L) = S(\psi_k)$ 成立了.

定理 4.8.4(Турецкий)　设 $L_n(f) = f * \mathrm{d}\mu_n$,$\mathrm{d}\mu_n$ 是$[-\pi,\pi]$上的偶正 Borel 测度. 若对每一 $k \geqslant 1$,有

$$\lim_{n\to+\infty} \frac{1-\alpha_{k,n}}{1-\alpha_{1,n}} = k^2$$

则

$$S(L) = S(\psi_k) \overset{\mathrm{df}}{=} \{f \in C_{2\pi} \mid \sum_{k=1}^{+\infty} k^2 (a_k \cos kx + b_k \sin kx) \in L_{2\pi}^{\infty}\}$$

证　(1) 从定理 4.7.2,知$\{L_n\}$的饱和阶为$\{1-\alpha_{1,n}\}$,且由引理 4.8.1,知 $\forall f \in S(L)$ 有

$$\sum_{k=1}^{+\infty} k^2 (a_k \cos kx + b_k \sin kx) \in L_{2\pi}^{\infty}$$

我们要注意

$$\begin{aligned} S(\psi_k) &= \{f \in C_{2\pi} \mid f'' \mid (x) \mid \leqslant M, \text{a. e.}\} \\ &= \{f \in C_{2\pi} \mid f' \in \operatorname{Lip} 1\} \end{aligned}$$

那么,若能证,$\forall f \in C_{2\pi}$ 有 $f' \in \operatorname{Lip} 1$ 必有

(2)　$$\| f - L_n(f) \|_C = O(1-\alpha_{1,n}) \quad (4.86)$$

即得 $S(L) = S(\psi_k)$ 的证. 由

$$\begin{aligned} f(x) - L_n(f;x) &= \frac{1}{\pi}\int_{-\pi}^{\pi} [f(x) - f(x-t)]\mathrm{d}\mu_n(t) \\ &= \frac{1}{\pi}\int_{-\pi}^{1} [f(x) - f(x+t)]\mathrm{d}\mu_n(t) \end{aligned}$$

$$
\begin{aligned}
&= \frac{-1}{2\pi}\int_{-\pi}^{\pi}\Delta_t^2 f(x)\,\mathrm{d}\mu_n(t) \\
&\Rightarrow \| f - L_n(f) \|_C \\
&\leqslant \frac{1}{\pi}\int_0^{\pi} \| \Delta_t^2 f(x) \|_C\,\mathrm{d}\mu_n(t)
\end{aligned}
$$

由 $f' \in \operatorname{Lip} 1 \Rightarrow \| \Delta_t^2 f(x) \|_C \leqslant Mt^2$. 故得

$$
\begin{aligned}
\| f - L_n(f) \|_C &\leqslant \frac{M}{\pi}\int_0^{\pi} t^2\,\mathrm{d}\mu_n(t) \\
&\leqslant \frac{MK}{\pi}\int_0^{\pi}\sin^2\frac{t}{2}\,\mathrm{d}\mu_n(t) \\
&\leqslant M_1(1-\alpha_{1,n})
\end{aligned}
$$

Турецкий 定理是有意思的. 再强调一遍. 它说明: 在 $\mathrm{d}\mu_n(t)$ 是正测度的条件下, 若 $\psi_k = k^2$, 那么定理 4.8.1 无须有条件(4.81) 也成立, 但是 DeVore 证明, 当 $\psi_k = o(k^2)$ 时, 为使定理 4.8.1 成立, 条件(4.81) 不能去掉. 这一结果可参看 DeVore *The Approximation of Continuous Functions by Positive Linear Operators* 一书的定理 3.7. Турецкий 定理的条件有若干与其等价的条件; 而且, 这一条件还可以减弱.

定理 4.8.5 设 $L_n(f) = f * \mathrm{d}\mu_n$ 是 $C_{2\pi} \to C_{2\pi}$ 的卷积算子, 其中 $\mathrm{d}\mu_n$ 是偶的正 Borel 测度, 满足正则条件 $\int_{-\pi}^{\pi}\mathrm{d}\mu_n = \pi$. 下列条件是等价的:

(1) $\forall k \in \mathbf{Z}_+,\ \lim\limits_{n\to+\infty}\dfrac{1-\alpha_{k,n}}{1-\alpha_{1,n}} = k^2$.

(2) $\lim\limits_{n\to+\infty}\dfrac{1-\alpha_{2,n}}{1-\alpha_{1,n}} = 4$.

(3) $\int_{-\pi}^{\pi}\sin^4\dfrac{t}{2}\,\mathrm{d}\mu_n(t) = o(1-\alpha_1, n)\ (n \to +\infty)$.

(4) $\forall \delta > 0, \int_{\delta}^{\pi} \mathrm{d}\mu_n(t) = o(1-\alpha_{1,n})(n \to +\infty)$.

证　我们按(1)⇒(2)⇒(3)⇒(4)⇒(1) 的次序来证. (1)⇒(2) 不待言. (2) 可以写作

$$1-\alpha_{2,n} = 4(1-\alpha_{1,n}) + o(1-\alpha_{1,n}), n \to +\infty$$

此即

$$\int_{-\pi}^{\pi} \sin^2 t \mathrm{d}\mu_n(t) - 4\int_{-\pi}^{\pi} \sin^2 \frac{t}{2} \mathrm{d}\mu_n(t) = o(1-\alpha_{1,n})$$

再由恒等式

$$4\sin^2 \frac{t}{2} - \sin^2 t = 4\sin^2 \frac{t}{2} - 4\sin^2 \frac{t}{2}\cos^2 \frac{t}{2} = 4\sin^4 \frac{t}{2}$$

即得(3). 再由

$$\int_{\delta}^{\pi} \mathrm{d}\mu_n(t) \leqslant \frac{1}{\sin^4 \frac{\delta}{2}} \int_{\delta}^{\pi} \sin^4 \frac{t}{2} \mathrm{d}\mu_n(t) \leqslant \frac{1}{\sin^4 \frac{\delta}{2}} \int_{0}^{\pi} \sin^4 \frac{t}{2} \mathrm{d}\mu_n(t) = o(1-\alpha_{1,n})$$

若已知(3) 成立, 遂得(4).

最后证(4)⇒(1).

对每一固定的 $k \in \mathbf{Z}_+$ 若任意指定 $\varepsilon > 0$, 则存在 $\delta > 0$ 使

$$\left| \sin^2 \frac{kt}{2} - k^2 \sin^2 \frac{t}{2} \right| \leqslant \frac{\varepsilon}{2} \sin^2 \frac{t}{2}, -\delta \leqslant t \leqslant \delta$$

则由

$$(1-\alpha_{k,n}) - k^2(1-\alpha_{1,n}) = \frac{1}{\pi}\int_{-\pi}^{\pi} (1-\cos kt)\mathrm{d}\mu_n(t) - \frac{k^2}{\pi}\int_{-\pi}^{\pi} (1-\cos t)\mathrm{d}\mu_n(t)$$

$$=\frac{2}{\pi}\int_{-\pi}^{\pi}\sin^2\frac{kt}{2}\mathrm{d}\mu_n(t)-\frac{2k^2}{\pi}\int_{-\pi}^{\pi}\sin^2\frac{t}{2}\mathrm{d}\mu_n$$

$$=\frac{2}{\pi}\left\{\int_{-\delta}^{\delta}+\int_{[-\pi,\pi]\setminus(-\delta,\delta)}\right\}\left(\sin^2\frac{kt}{2}-k^2\sin^2\frac{t}{2}\right)\mathrm{d}\mu_n(t)$$

$$\Rightarrow\frac{\pi}{2}\left|(1-\alpha_{k,n})-k^2(1-\alpha_{1,n})\right|$$

$$\leqslant\int_{-\delta}^{\delta}\left|\sin^2\frac{kt}{2}-k^2\sin^2\frac{t}{2}\right|\mathrm{d}\mu_n(t)+$$

$$2\int_{\delta}^{\pi}\left|\sin^2\frac{k\pi}{2}-k^2\sin^2\frac{t}{2}\right|\mathrm{d}\mu_n(t)$$

$$\leqslant\frac{\varepsilon}{2}\int_{-\delta}^{\delta}\sin^2\frac{t}{2}\mathrm{d}\mu_n(t)+2(1+k^2)\int_{\delta}^{\pi}\mathrm{d}\mu_n(t)$$

由条件(4),对 $\varepsilon>0$ 有 $n_0\in\mathbf{Z}_+$,当 $n>n_0$ 时可以保证

$$2(1+k^2)\int_{\delta}^{\pi}\mathrm{d}\mu_n(t)<\frac{\varepsilon\pi}{4}(1-\alpha_{1,n})$$

则对 $n>n_0$ 有

$$\frac{\pi}{2}\left|(1-\alpha_{k,n})-k^2(1-\alpha_{1,n})\right|$$

$$<\frac{\pi\varepsilon}{2}\cdot\frac{1}{\pi}\int_{-\delta}^{\delta}\sin^2\frac{t}{2}\mathrm{d}\mu_n(t)+\frac{\varepsilon\pi}{4}(1-\alpha_{1,n})$$

$$\leqslant\frac{\pi}{2}\varepsilon(1-\alpha_{1,n})$$

此即(1).

例 4.8.2 Jackson-Matsuoka 算子.

设 $n,p,q\in\mathbf{Z}_+$ 置

$$K_{n,p,q}(t)=C_{n,p,q}\frac{\left(\sin\frac{n+1}{2}t\right)^{2p}}{\left(\sin\frac{t}{2}\right)^{2q}}$$

$C_{n,p,q}$ 是一常数,能使$\int_{-\pi}^{\pi}K_{n,p,q}(t)\mathrm{d}t=\pi$. 和第三章内引

入的 Jackson 核一样，当 $p\geqslant q\geqslant 1$ 时有

$$\int_{-\pi}^{\pi}\frac{\left(\sin\frac{n+1}{2}t\right)^{2p}}{\left(\sin\frac{t}{2}\right)^{2q}}\mathrm{d}t\asymp n^{2q-1}$$

设 $p\geqslant q\geqslant 2$，则

$$1-\alpha_{1,n}=\frac{C_{n,p,q}}{\pi}\int_{-\pi}^{\pi}\frac{\left(\sin\frac{n+1}{2}t\right)^{2p}}{\left(\sin\frac{t}{2}\right)^{2q-2}}\mathrm{d}t$$

$$\asymp n^{-2q+1}\cdot n^{2q-3}=n^{-2}$$

当 $q=2$ 时

$$\int_{-\pi}^{\pi}\sin^4\frac{t}{2}K_{n,p,q}(t)\mathrm{d}t=C_{n,pn,q}\int_{-\pi}^{\pi}\left(\sin\frac{n+1}{2}t\right)^{2p}\mathrm{d}t$$

$$=O(n^{-3})$$

当 $q\geqslant 3$ 时

$$\int_{-\pi}^{\pi}\sin^4\frac{t}{2}K_{n,p,q}(t)\mathrm{d}t=C_{n,p,q}\int_{-\pi}^{\pi}\left[\frac{\left(\sin\frac{n+1}{2}t\right)^{2p}}{\left(\sin\frac{t}{2}\right)^{2q-4}}\right]\mathrm{d}t$$

$$\asymp n^{-2q+1}\cdot n^{2q-5}=n^{-4}=o(n^{-2})$$

故由定理 4.8.4，定理 4.8.5 知 Jackson-Matsuoka 算子的饱和阶为 $\frac{1}{n^2}$，其饱和类是

$$S(L)=\{f\in C_{2\pi}\mid f'\in \mathrm{Lip}\ 1\}$$

标记

1. Турецкий 条件还可以减弱些. 比如，条件

$$\lim_{n\to+\infty}\frac{1-\alpha_{k,n}}{1-\alpha_{1,n}}=k^2,k\geqslant 1$$

可用下面的较弱条件代替：$\forall k\in\mathbf{Z}_+$，$\exists n(k)\in\mathbf{Z}_+$ 使

$$\frac{1-\alpha_{k,n}}{1-\alpha_{1,n}}\leqslant Ck^2$$

对每一 $n\geqslant n(k)$成立,其中 $C>0$ 是一不依赖于 k,n 的数.

对这一条件的详细讨论,参见 DeVore 的专著[23].

2. 我们以上仅仅讨论了$\{L_n\}$的饱和阶由 $1-\alpha_{1,n}$ 确定的情形. 一般地讲,其饱和阶并不总由 $1-\alpha_{1,n}$ 确定,而由 $1-\alpha_{m,n}$ 确定,这时,f 借助 $L_n(f)$的逼近度不光受 f 的光滑程度的影响,也受其周期性的影响,对这一情形的讨论,其基本思想和基本技巧和前面一样. 详细的介绍也可参阅 DeVore 的专著[23].

§9 注和参考资料

(一)卷积

可参考专著:

[1] A. Zygmund, Trigonometric Series, Combridge, 1959.

[2] Н. И. Ахиезер, Лекции по теории аппроксимации, НАУКА, Москва, 1965.

在[2]中对 $H_\delta(t)$有详细讨论. 对 $H_\delta(t)$的性质进一步研究的见:

[3] W. Forst, Jour. A. T. 19(1977)325-331.

[4] М. А. Чахкиев, Докл. АН СССР273(1983)60-65.

(二)周期卷积类借助 T_{2n-1} 的最佳逼近

本节主要内容取自第二章的[4]. 本节几个例子见资料:

[5] B. Nagy, Berichte der math-phys. Kl. Acad. des Wiss zu Leipzig, 90(1938)103-134.

[6] 孙永生, Изв. АН СССР сер. матем. 25 (1961)143-152.

(三)周期卷积类上的最佳线性逼近

线性逼近方法有不同的定义方式. 本节介绍的较少的一种定义是利用周期函数的 Fourier 部分和的乘数变换给出的,这在逼近论中来源较早. 从 30 年代 J. Favard, B. Nagy 的工作开始,到 40 年代 С. М. Никольский,都对此有所研究. Н. П. Корнейчук 在下面的论文中介绍了最佳线性逼近的几个不同的定义.

[7] Н. К. Корнейчук, О некоторых соотношениях между аппроксимативными характеристиками классов периодических функций, Трулы матем. ин-та АН СССР 134(1975)115-123.

关于定理 4.3.1,定理 4.3.2 见:

[8] 孙永生,周旋函数的最佳一致逼近和最佳线性逼近,数学学报,12,№3(1962)301-319.

(四)(五)(六)周期卷积类利用卷积算子的逼近

主要讨论 $C_{2\pi}$ 和 $L_{2\pi}$ 的单位球借助同一卷积核构成的卷积变换的象集利用同一个卷积算子在 $C_{2\pi}$ 空间和 $L_{2\pi}$ 空间内整体逼近度间的关系. 这一课题的研究肇端自:

[9] С. М. Никольский, Изв. АН СССР сер. матем. 10(1946)207-256.

20 世纪 60 年代关于这一课题的重要工作有:

[10] С. Б. Стечкин, С. А. Теляковский, Трудыматем ин-та АН СССР 88(1967)20-29.

1974 年出现了：

[11] В. П. Моторный, матем, заметки, 16, №6 (1974)15-26.

该文讨论由多项式核

$$K_n^{\delta}(t)=\frac{1}{2}+\sum_{k=1}^{n}\lambda_k^{(n)}\cos kt\geqslant 0$$

作的卷积算子序列对 $W_X^r,\overline{W}_X^r,W_rH_X^{\omega},\overline{W}^rH_X^{\omega}(X=C_{2\pi}$ 或 $L_{2\pi})$的 X 尺度下的逼近. 得到了一系列有趣的结果. 本节内容取自资料：

[12] 孙永生,周期函数用线性算子范围的平均逼近,数学学报,25,№5(1982).

其中引入了弱正算子,比正多项式算子要广,和这一课题有关的工作还有：

[13] Г. И. Рыжанкова, Об одном свойстве линейных средних ряда фурье, Изв. Выс. Учеб. зав. матем. №9(1975)108-110.

[14] 孙永生,关于 Jackson 不等式,北京师范大学学报(自然科学版),№1(1981)1-6.

[15] 孙永生,关于 Cesàro 算子的逼近常数,数学学报,24,№4(1981)516-537.

这两篇文章主要研究线性算子$\{L_n\}(X_{2\pi}\to X_{2\pi})$在 $C_{2\pi}$ 和 $L_{2\pi}$ 类上的Jackson逼近常数的关系,特别讨论在什么条件下有

$$\sup_{\substack{f\in C_{2\pi}\\ f\neq\text{const}}}\frac{\|f-L_n(f)\|_C}{\omega\left(f;\frac{\pi}{n+1}\right)_C}=\sup_{\substack{f\in L_{2\pi}\\ f\neq\text{const}}}\frac{\|f-L_n(f)\|_1}{\omega\left(f;\frac{\pi}{n+1}\right)_L}$$

或有渐近等式$(n\to+\infty)$的问题.

[16] В. Т. Гаврилюк, Исследование по теории приближения функций и нх приложения, АН СССР ин-та матем. 1978. 38-48.

周期可微函数类用 Fourier 算子的一致逼近度和 L 平均逼近度的渐近展开问题有十分广泛的资料和丰富的结果.

[17] A. Kolmogoroff, Zur Grössenordnung des Restgliedes Fourierschen Reihen differenzierbarer Functionen, Ann. Math. (2)36, №2(1935), 521-526.

[18] С. М. Никольский, Асимптотическая оценкаостатка при приближении суммами Фурье, Докл. АН СССР 32, №6(1941)386-389.

[19] С. М. Никольский, 见本节的[9].

[20] А. В. Ефимов, Приближение непрерывных периодических функдий суммами Фурье, Изв. АН СССР сер. Матем. 24, №2(1960)243-296.

[21] С. Б. Стечкин, Оценка остатка ряда фурье для лифференцируемых функций, Труды матем. ин-та АН СССР 145(1980)126-151.

引理 4.6.4 见:

[22] В. И. Бердышев, Изв. АН СССР сер. матем. 29, №3(1965)505-526.

引理 4.6.5 取自[11].

(七)周期卷积算子的饱和问题

本节内容取自:

[23] R. DeVore, The approximation of continuous functions by positive linear operators, Lecture

Notes in Math. ,293.

[24] P. L. Butzer, R. J. Nessel, Fourier 分析与逼近论,(英文版)Vol. 1,Birkhäuser,1971.(第一卷上册有中译本)

第五章 线性赋范空间内点集的宽度

在逼近论中通常区分三个类型的逼近问题，这三类问题构成了逼近论的基本内容.

第一类问题是线性赋范空间 $(X, \|\cdot\|)$ 内的一个确定的元素 x 借助于 X 的某个给定的子集 F 来逼近的问题，F 通常是线性子集或凸集. 我们在本书的开始两章内对这类问题做了比较详细的讨论.

第二类问题是线性赋范空间内具有某些已知性质的元素借助于 X 的预先给定的子集 F 的逼近，这里被逼近的对象已经不是一个单个的确定的元素，而是 X 中具有某些共同性质的元素的全体，即 X 的子集 $\mathscr{M}$. 任取 $x \in \mathscr{M}$，F 对 x 的最佳逼近记作 $e(x, F)$，我们把量

$$E(\mathscr{M}; F)_X \overset{\text{df}}{=\!=} \sup_{x \in \mathscr{M}} e(x, F) \quad (5.1)$$

称为集 $\mathscr{M}$ 在 X 内借助 F 的最佳逼近. 我们在第四章内讨论过这类问题的一些具体情形.

第三类问题通常涉及寻求(在一定意义下的)最佳逼近集和最佳逼近方法. 详细地说,对 X 内给定的集合 $\mathscr{M}$ 及集族 $\mathscr{A}$,要求

$$E_{\varnothing}(\mathscr{M})_X \stackrel{\mathrm{df}}{=\!=} \inf_{F\in\varnothing} E(\mathscr{M},F)_X \tag{5.2}$$

本章要介绍的点集宽度理论就属于上述的第三类问题. 1936 年苏联学者 А. Н. Колмогоров 首先提出并且研究了 L^2 空间内的宽度问题. 到 20 世纪 50 年代末,苏联学者 В. М. Тихомиров 等人开始了系统的研究工作. 近 20 年来,逼近论的宽度理论有了很大的发展,迄今已经形成了一套比较完整的,带有相当广泛性的抽象空间内点集的宽度理论;完成了一些在分析中具有基本意义的函数类在一定尺度下的宽度的定量估计,包括一些很细致的精确估计,而在解决这类问题当中,逼近论的方法和技巧得到了新的发展;同时,找到了宽度理论和本征值理论、算子插值、数值分析等方向的广泛联系.

本章的主要内容是在线性赋范空间理论的框架下介绍宽度的基本概念和一般性质.

§1 几种类型的宽度定义及其基本性质

(一)Kolmogorov 宽度

本节内,X 表示标量域 $K=\mathbf{R}$ 或 $\mathbf{C}$ 的线性赋范空间,$\mathscr{M}\subset X$ 为其非空子集. $L_n\subset X$ 为其 n 维线性子空

间.

定义 5.1.1　L_n 在 X 内对 $\mathscr{M}$ 的最佳逼近(或称整体逼近)是指如下定义的量

$$E(\mathscr{M};L_n)_X \overset{\text{df}}{=} \sup_{x\in\mathscr{M}} \min_{u\in L_n} \| x-u \| \tag{5.3}$$

如果把 X 的单位球记作

$$B_X = \{x \in X \mid \|x\| \leqslant 1\}$$

那么,易见式(5.3)可以写作

$$E(\mathscr{M};L_n)_X = \inf\{\varepsilon > 0 \mid \mathscr{M} \subset L_n + \varepsilon B_X\} \tag{5.4}$$

若 L_n 在 X 内任意取,使得 $E(\mathscr{M};L_n)_X$ 尽可能的小,这就自然引导到:

定义 5.1.2　称量

$$d_n[\mathscr{M};X] \overset{\text{df}}{=} \inf_{L_n} E(\mathscr{M};L_n)_X \tag{5.5}$$

为 $\mathscr{M}$ 在 X 内的 n 维 Kolmogorov 宽度,简称 $n-K$ 宽度.

能使式(5.5)内下确界实现的任一 n 维线性子空间 L_n^0(若它存在)称为 $\mathscr{M}$ 在 X 内的 $n-K$ 宽度的一极子空间.

注记 5.1.1

1. $n=0$ 时,按定义式(5.5)有

$$d_0[\mathscr{M};X] = \sup_{x\in\mathscr{M}} \|x\|$$

2. 在定义式(5.5)内逼近子空间的维数可以取得小于或等于 n,即

$$d_n[\mathscr{M};X] = \inf_{\substack{L_m \\ (m\leqslant n)}} E(\mathscr{M};L_m)_X \tag{5.6}$$

3. 若 $L_m^0(m<n)$ 是 $\mathscr{M}$ 在 X 内的 $n-K$ 宽度的极子空间,则 X 内包含 L_m^0 的每一 n 维线性子空间 $L_n^0 \supset L_m^0$ 都是极子空间.这是因为,由于 $L_n^0 \supset L_m^0$,故对每一

$x \in \mathscr{M}$ 有 $e(x, L_n^0) \leqslant e(x, L_m^0)$，从而有

$$E(\mathscr{M}; L_n^0)_X \leqslant E(\mathscr{M}; L_m^0)_X = d_n[\mathscr{M}; X]$$

再由相反的不等式 $d_n[\mathscr{M}; X] \leqslant E(\mathscr{M}; L_n^0)_X$ 即得所求.

4. 在定义 5.1.1 内，$\mathscr{M}$ 的逼近集 L_n 是中心对称的，意即 $\forall x \in L_n \Rightarrow -x \in L_n$. 可以想象，当被逼近集 $\mathscr{M}$ 是中心对称集时，取这样的逼近集族是合理的. 如果 $\mathscr{M}$ 没有中心对称性，作为逼近集族，应该不仅仅限于 X 的 n 维线性子空间集，还要考虑到它们的平移(仿射空间)，这样更广泛的定义方式，可参看 В. М. Тихомиров 的论文函数空间内集合的宽度和最佳逼近论(载于 Успехи Матем. Наук.，15，№3，1960，81-120).

下面定理包括了 $n-K$ 宽度的一系列基本性质.

定理 5.1.1 已知$(X, \|\cdot\|)$，以及 $\mathscr{M} \subset X$.

(1) 若 $\mathscr{M}$ 为 X 的某一 n 维线性子空间所包含，则当 $j \geqslant n$ 时有 $d_j[\mathscr{M}; X] = 0$.

(2) 对任给的 $\mathscr{M} \subset X$ 及整数 $n \geqslant 0$ 有

$$d_0[\mathscr{M}, X] \geqslant \cdots \geqslant d_n[\mathscr{M}; X]$$

(3) 若 $\mathscr{M} \subset X \subset Y$，$X, Y$ 是线性赋范空间，而 X 是 Y 的赋范子空间，则对每一 $n \geqslant 0$ 有

$$d_n[\mathscr{M}; X] \geqslant d_n[\mathscr{M}; Y]$$

(4) 若 $\mathscr{M}_1 \subseteq \mathscr{M}_2 \subseteq X$，则

$$d_n[\mathscr{M}_2; X] - E(\mathscr{M}_2; \mathscr{M}_1) \leqslant d_n[\mathscr{M}_1; X] \leqslant d_n[\mathscr{M}_2; X]$$

此处

$$E(\mathscr{M}_2; \mathscr{M}_1) \stackrel{\text{df}}{=\!=} \sup_{a \in \mathscr{M}_2} \inf_{b \in \mathscr{M}_1} \|a - b\|$$

(5) 若 $\mathscr{M} = \mathscr{L}_r + K$，$K \subset X$，$\mathscr{L}_r \subset X$ 是一 r 维$(r \geqslant 0)$ 线性子空间，则当 $r \geqslant 1$ 时

$$d_0[\mathscr{M};X]=\cdots=d_{r-1}[\mathscr{M};X]=+\infty$$

(6) 若 $\mathscr{M}=\mathscr{L}_r+K$，$\mathscr{L}_r$ 如上，而 K 是 X 内的列紧集，则

$$\lim_{n\to+\infty} d_n[\mathscr{M};X]=0$$

(7) 对任给的 $\alpha\in K$，及 $\mathscr{M}\subset X$ 有

$$d_n[\alpha\mathscr{M};X]=|\alpha|\cdot d_n[\mathscr{M};X]$$

(8) 任取整数 $m,n\geqslant 0$ 以及 $\mathscr{M}_1,\mathscr{M}_2\subset X$，$\mathscr{M}=\mathscr{M}_1+\mathscr{M}_2\overset{\text{df}}{=}\{a+b\mid a\in\mathscr{M}_1,b\in\mathscr{M}_2\}$，则

$$d_{m+n}[\mathscr{M};X]\leqslant d_m[\mathscr{M}_1;X]+d_n[\mathscr{M}_2;X]$$

(9) 记 $\mathscr{M}$ 为 $\overline{\mathscr{M}}$ 的闭包，有

$$d_n[\overline{\mathscr{M}};X]=d_n[\mathscr{M};X]$$

(10) 记 $co(\mathscr{M})$ 为 $\mathscr{M}$ 的凸包，有

$$d_n[co(\mathscr{M});X]=d_n[\mathscr{M};X]$$

(11) 记 $b(\mathscr{M})$ 为 $\mathscr{M}$ 的均衡包，即

$$b(\mathscr{M})\overset{\text{df}}{=}\{\alpha x\mid x\in\mathscr{M},|\alpha|\leqslant 1\}$$

则

$$d_n[b(\mathscr{M});X]=d_n[\mathscr{M};X]$$

证　这十一个性质的证明都不难.我们只选证其中的几个.

(4) 的证明　只需证

$$d_n[\mathscr{M}_2;X]\leqslant d_n[\mathscr{M}_1;X]+E(\mathscr{M}_2;\mathscr{M}_1)\quad(5.7)$$

任取 X 的一 n 维线性子空间 L_n 及 $a\in\mathscr{M}_2$.如第一章，记 $e(a,\mathscr{M}_1)=\inf\limits_{k\in\mathscr{M}_1}\|a-b\|$，则对任给的 $\varepsilon>0$ 存在 $b'\in\mathscr{M}_1$ 使

$$e(a,\mathscr{M}_1)\leqslant\|a-b'\|<e(a,\mathscr{M}_1)+\varepsilon$$

对 b' 在 L_n 内有 x_n 使 $\|b'-x_n\|=e(b',L_n)$，则由

$$e(a,L_n)\leqslant \|a-x_n\| \leqslant \|a-b'\| + \|b'-x_n\|$$
$$< e(a,\mathscr{M}_1) + \|b'-x_n\| + \varepsilon$$

得

$$E(\mathscr{M}_2;L_n)\leqslant E(\mathscr{M}_2;\mathscr{M}_1)+E(\mathscr{M}_1;L_n)+\varepsilon$$

从而导出式(1.5).

(5) 的证明　设 $\mathscr{L}_r=\mathrm{span}\{g_1,\cdots,g_r\}$,$0\leqslant m<r$. 任取 X 的一 m 维线性子空间 L_m,不妨认为 $g_1\overline{\in} L_m$. 取一定点 $x^0\in K$,令 $x=x^0+\alpha g_1$,$\alpha\in K$,则

$$\begin{aligned}E(\mathscr{M};L_m)_X &\geqslant \sup_{\alpha}\inf_{u\in L_m}\|\alpha g_1+x^0-u\|\\ &\geqslant \sup_{\alpha}\{\inf_{u\in L_m}\|\alpha g_1-u\|-\|x^0\|\}\\ &=\sup\{|\alpha|\cdot\inf_{u\in L_m}\|g_1-u\|-\|x^0\|\}\\ &=+\infty\end{aligned}$$

这是由于 $\inf\limits_{u\in L_m}\|g_1-u\|>0$.

(6) 的证明　由 K 的列紧性知,对任意小的 $\varepsilon>0$ 存在 K 的有限 ε 网 $x_1,\cdots,x_q$. 设 $\mathscr{L}_r=\mathrm{span}\{g_1,\cdots,g_r\}$,置 $L_N=\mathrm{span}\{g_1,\cdots,g_r,x_1,\cdots,x_q\}$,显然有

$$\dim L_N\overset{\mathrm{df}}{=\!=}N\geqslant r$$

任一 $x\in\mathscr{M}$ 可表示成

$$x=x^0+\sum_{j=1}^{q}\lambda_j^0 g_j$$

其中 $x^0\in K$,我们有

$$e(x,L_N)=\inf_{u_i,\lambda_j}\|x-\sum_{i=1}^{g}\mu_i x_i-\sum_{j=1}^{r}\lambda_j g_j\|$$

对于 $x^0\in K$ 有某个 x_k 使 $\|x^0-x_k\|<\varepsilon$. 故若取 $\mu_k=1$,$\mu_i=0$,$i\neq k$,$\lambda_j=\lambda_j^0(j=1,\cdots,r)$,则得

$$e(x,L_N)\leqslant\|x^0-x_k\|<\varepsilon$$

既然上式对每一 $x\in\mathscr{M}$ 成立,便得

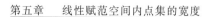

$$E(\mathscr{M};L_N)_X \leqslant \varepsilon$$

从而当 $n \geqslant N$ 时有 $d_n[\mathscr{M};X] \leqslant \varepsilon$.

(10) 的证明　只需证,对任一 n 维线性子空间 $L_n \subset X$ 有 $E(co(\mathscr{M});L_n)_X \leqslant E(\mathscr{M};L_n)_X$. 任取 $x \in co(\mathscr{M})$,存在 $x_1,\cdots,x_r \in \mathscr{M}$ 及 $\alpha_1,\cdots,\alpha_r > 0,\alpha_1+\cdots+\alpha_r=1$,使 $x=\sum\limits_{j=1}^{r}\alpha_j x_j$. 每一 x_j 在 L_n 内有 u_j 使得 $e(x_j,L_n)=\|x_j-u_j\|$. 置 $u^0=\sum\limits_{j=1}^{r}\alpha_j u_j$,则 $u^0 \in L_n$. 故有

$$\begin{aligned} e(x,L_n) &\leqslant \|x-u^0\| \leqslant \sum_{j=1}^{r}\alpha_j\|x_j-u_j\| \\ &= \sum_{j=1}^{r}\alpha_j e(x_j,L_n) \leqslant E(\mathscr{M};L_n)_X \end{aligned}$$

从而得

$$\sup_{x\in co(\mathscr{M})} e(x,L_n)=E(co(\mathscr{M});L_n)_X \leqslant E(\mathscr{M};L_n)_X$$

(11) 的证明　只需证,对任取的 $L_n \subset X$ 有

$$E(b(\mathscr{M});L_n)_X \leqslant E(\mathscr{M};L_n)_X \tag{5.8}$$

设 $E(b(\mathscr{M});L_n)_X < +\infty$,对任取的 $\varepsilon > 0$ 有 $x^0 \in b(\mathscr{M})$,使

$$E(b(\mathscr{M});L_n)_X < e(x^0,L_n)+\varepsilon$$

但因 $x^0=\alpha_0 u_0,\alpha_0 \in K,|\alpha_0|\leqslant 1,u_0 \in \mathscr{M}$,那么由

$$e(x^0,L_n)=|\alpha_0|e(u_0,L_n) \leqslant e(u_0,L_n) \leqslant E(\mathscr{M};L_n)_X$$

即得

$$E(b(\mathscr{M});L_n)_X < E(\mathscr{M};L_n)_X+\varepsilon$$

从而式(5.8)成立. 当 $E(b(\mathscr{M});L_n)_X=+\infty$ 时,显然有

$$E(\mathscr{M};L_n)_X=+\infty$$

由定理 5.1.1 的(9)(10)(11)看出:在讨论点集 $\mathscr{M} \subset X$ 的 $n-K$ 宽度时,我们总可以认为 $\mathscr{M}$ 是一绝对

凸闭集.这样并不妨碍一般性.

(二)Gelfand 宽度

设 X 是一线性向量空间,$L \subset X$ 是其线性子空间.如果 $\dim\left(\dfrac{X}{L}\right)=n$,则称 L 在 X 内的余维数是 n. 从线性空间的理论(例如,参考 Д. А. Райков 的向量空间,物理数学国家出版社,莫斯科,1962)知,L 是 X 内的 n 余维线性子空间,当且仅当 L 在 X 内存在 n 维线性补 G: $X=L\oplus G$. 往下,X 的 n 余维线性子空间一般表示为 L^n.

若 X 是一线性赋范空间,X^* 为其共轭空间. 从泛函分析知道,$L\subset X$ 是 X 内的 n 余维闭线性子空间,当且仅当存在 n 个线性无关的线性连续泛函 $f_1,\cdots,f_n\in X^*$,使

$$L=\{x\in X \mid f_j(x)=0, j=1,\cdots,n\}$$

定义 5.1.3 设 X 是一线性赋范空间,$\mathscr{M}\supset\{0\}$ 为其子集,$L^n\subset X$ 表示 X 内任一 n 余维闭线性子空间. 量

$$d^n[\mathscr{M};X]\overset{\text{df}}{=\!=}\inf_{L^n}\sup_{x\in\mathscr{M}\cap L^n}\|x\| \tag{5.9}$$

称为 $\mathscr{M}$ 在 X 内的 n 维 Gelfand 宽度,简称 $n-G$ 宽度. 使式(5.9)内下确界实现的任一 n 余维线性子空间(若存在),都称为 $\mathscr{M}$ 在 X 内 $n-G$ 宽度的极子空间.

对于给定的 n 个线性连续泛函 $f_1,\cdots,f_n\in X^*$,$\mathscr{M}$ 内满足 $f_j(x)=0(j=1,\cdots,n)$ 的 x 可以理解为满足 n 个插值条件(对 0 元的插值),所以,量 $\sup\limits_{x\in\mathscr{M}\cap L^n}\|x\|$ 表示这样的 x 对 0 元的最大偏差. 不难明白,此量可以表

示成

$$\sup_{x\in \mathscr{M}\cap^{n}} \| x \| = \inf\{\varepsilon > 0 \mid \mathscr{M} \cap L^{n} \subset \varepsilon B_{X}\}$$
(5.10)

注记 5.1.2

1. $n=0$ 时式(5.9)的含义规定为

$$d^{0}[\mathscr{M},X]=\sup_{x\in \mathscr{M}}\|x\|$$

由此可见,总有 $d^{0}[\mathscr{M};X]=d_{0}[\mathscr{M};X]$.

2. 定义5.1.3内n余维的闭线性子空间L^{n}的类可以扩大为余维数小于或等于n的闭子空间类,这样扩大,对由(5.9)定义的量没有影响.

3. 如果$\mathscr{M}$在X内的$n-G$宽度有一个余维数为$m<n$的极子空间L_{0}^{n},则由L_{0}^{m}所包含的每一n余维的闭线性子空间L_{0}^{n}都是极子空间. 这是因为,由于$L_{0}^{n}\subset L_{0}^{m}$,则

$$\sup_{x\in \mathscr{M}\cap L_{0}^{n}} \|x\| \leqslant \sup_{x\in \mathscr{M}\cap L_{0}^{m}} \|x\| = d^{n}[\mathscr{M},X]$$

再由相反的不等式 $d^{n}[\mathscr{M};X]\leqslant \sup\limits_{x\in \mathscr{M}\cap L_{0}^{n}}\|x\|$ 即得所求.

4. 给定线性赋范空间$X,Y,X\subset Y$,且X是Y的赋范子空间,若$\mathscr{M}\subset X$,则

$$d^{n}[\mathscr{M};X]=d^{n}[\mathscr{M};Y] \tag{5.11}$$

(见 H. P. Helfrich, Journal of Appr. Theory, №4, 1971,165-182.)

这是由于,X^{*}的每一元均可保范地延拓到Y上,即成为Y^{*}的一元;反之,Y^{*}的每一元则可以限制在X上,成为X^{*}的一元. 所以有式(5.11). 这条性质虽然简单,但是对计算$d^{n}[\mathscr{M};X]$是重要的. 它说明,为了

计算 $d^n[\mathscr{M};X]$,代替空间 X,只要取包含 $\mathscr{M}$ 的最小赋范子空间span$(\mathscr{M})\subseteq X$ 就够了.

下面定理包含 $n-G$ 宽度的一系列基本性质.

定理 5.1.2 已知 $\mathscr{M}$ 是线性赋范空间 X 的子集.

(1) 若 $\mathscr{M}$ 包含在 X 的某个 n 维线性子空间内,则当 $j\geqslant n$ 时有 $d^j[\mathscr{M};X]=0$.

(2) 对任一整数 $n\geqslant 0$ 有

$$d^0[\mathscr{M};X]\geqslant\cdots\geqslant d^n[\mathscr{M};X]$$

(3) 若 $\mathscr{M}\subset X\subset Y$,$X$ 是 Y 的赋范子空间,则

$$d^n[\mathscr{M};X]=d^n[\mathscr{M};Y]$$

(4) 若 $\mathscr{M}_1\subseteq\mathscr{M}_2\subseteq X$,则

$$d^n[\mathscr{M}_1;X]=d^n[\mathscr{M}_2;X]$$

(5) 若 $\mathscr{M}=\mathscr{L}_r+K$,$\mathscr{L}_r(r\geqslant 1)$ 是 X 的 r 维线性子集,而 K 是一中心对称的凸集,则

$$d^0[\mathscr{M};X]=\cdots=d^{r-1}[\mathscr{M};X]=+\infty$$

(6) 若 $K\subset X$ 是列紧集,则

$$\lim_{n\to+\infty}d^n[K;X]=0$$

(7) 对任给的 $\alpha\in K$ 有

$$d^n[\alpha\mathscr{M};X]=|\alpha|d^n[\mathscr{M};X]$$

(8) $d^n[b(\mathscr{M});X]=d^n[\mathscr{M};X]$.

证 证明并不难. 我们只给出(5)(6) 两个的证明.

(5) 的证明 $r=1$ 的情形显然有 $d^0[\mathscr{M},X]=\sup\limits_{x\in\mathscr{M}}\|x\|=+\infty$. 设 $r>1$. 任取正整数 k,$1\leqslant k<r$,设 $f_1,\cdots,f_k\in X^*$ 为任一组线性无关的泛函,置

$$L^k=\{x\in X\mid f_1(x)=\cdots=f_k(x)=0\}$$

假定 $\mathscr{L}_r=\text{span}\{e_1,\cdots,e_r\}$,由于 $r>k$,故必有某个 $e_i\in L^k$,因否则 L^k 在 X 内的 k 维补要包含 $\mathscr{L}_r$,这不可能. 不

妨认为 $e_1 \in L^k$. 同时注意到 $K \cap L^k \neq \varnothing$,那么可以取一点 $x_0 \in K \cap L^k$,则由 $\alpha e_1 + x_0 \in \mathscr{M} \cap L^k$ 得

$$\begin{aligned}\sup_{x \in \mathscr{M} \cap L^k} \| x \| &\geqslant \sup_{\alpha} \| \alpha e_1 + x_0 \| \\ &\geqslant \sup_{\alpha} | \alpha | \cdot \| e_1 \| - \| x_0 \| \\ &= +\infty\end{aligned}$$

由于 L^k 是任意的,得所欲求.

注意 $\mathscr{M}$ 的凸性条件可以去掉,但必须假定 K 中含有点 0,以保证 $K \cap L^k \neq \varnothing$ 总成立.

(6) 的证明　设命题不成立,则存在 $c > 0$,对每一整数 $n \geqslant 0$ 有

$$\sup_{x \in \mathscr{M} \cap L^n} \| x \| > c > 0, \forall L^n \subset X$$

取定 $f_1 \in X^*$, $\| f_1 \| = 1$,置

$$L^1 = \{x \in X \mid f_1(x) = 0\}$$

则存在 $x_1 \in \mathscr{M}$,使 $f_1(x_1) = 0$ 且 $\| x_1 \| \geqslant \frac{1}{2}c$. 在 X^* 内有 f_2, $\| f_2 \| = 1$, $f_2(x_1) \geqslant \frac{1}{2}c$,置

$$L^2 = \{x \in X \mid f_1(x) = f_2(x) = 0\}$$

由假定,有 $x_2 \in \mathscr{M}$, $x_2 \in L^2$,且 $\| x_2 \| > \frac{1}{2}c$. 照此,得序列

$$\{x_1, x_2, \cdots, x_n, \cdots\} \subset \mathscr{M}$$

以及

$$\{f_1, f_2, \cdots, f_n, \cdots\} \subset X^*$$

有 $\| f_n \| = 1$, 并且:

(ⅰ) 对每一 n 及 $j = 1, \cdots, n$ 成立 $f_j(x_n) = 0$.

(ⅱ) $f_{n+1}(x_n) \geqslant \frac{1}{2}c$.

由此,任取一对正整数 $m<n$,则有

$$\| x_m - x_n \| \geqslant f_{m+1}(x_m - x_n) = f_{m+1}(x_m) \geqslant \frac{1}{2}c$$

这和 $\mathscr{M}$ 的列紧性相矛盾.

注记 5.1.3 设 $\mathscr{M} \subset X$. 对 $\mathscr{M}$ 的闭包 $\overline{\mathscr{M}}$ 可能有

$$d^n[\mathscr{M}, X] < d^n[\overline{\mathscr{M}}; X]$$

例如,取 $X=\mathbf{R}^2$,$\mathscr{M}=\{(x_1,x_2) \mid x_1^2+x_2^2 \leqslant 1, x_2 \neq 0\}$,则 $\overline{\mathscr{M}}=\{(x_1,x_2) \mid x_1^2+x_2^2 \leqslant 1\}$,$d^1[\overline{\mathscr{M}};\mathbf{R}^2]=1$,但 $d^1[\mathscr{M};\mathbf{R}^2]=0$. 因若取 $L^1=\{(x_1,x_2) \mid x_2=0\}$,则有 $L^1 \cap \mathscr{M}=\varnothing$.

注记 5.1.4 对 $\mathscr{M} \subset X$ 的凸包 $co(\mathscr{M})$ 也可能有

$$d^n[\mathscr{M}; X] < d^n[co(\mathscr{M}); X]$$

例如,取 $X=\mathbf{R}^2$,$\mathscr{M}$ 是直线图形 $A_1A_2A_3A_4A_5A_6$,点 0 是其对称中心,$\mathscr{M}$ 的凸包是矩形 $A_1A_2A_4A_5$(图 5.1). $d^1[\mathscr{M};\mathbf{R}^2]=|OA_3|=|OA_6|$,但 $d^1[co(\mathscr{M});\mathbf{R}^2]=|OP|=|OQ|=|OA_3|$.

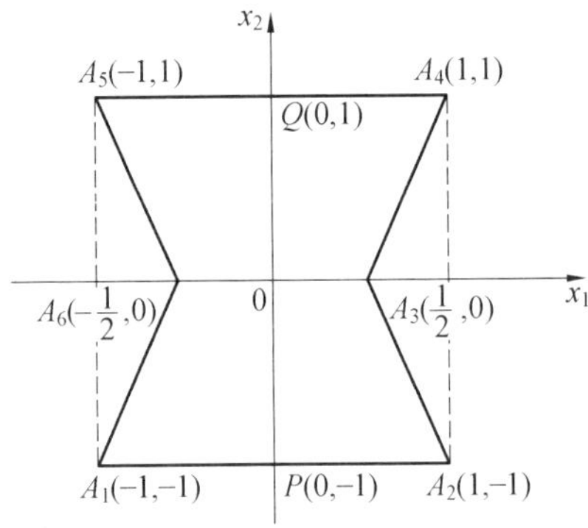

图 5.1

注记 5.1.5　$n-G$ 宽度可以按下列方式给以扩充.先给出：

定义 5.1.4　已知 X,Y 是同一数域 K 上的线性向量空间,如果存在 $X\times Y\to K$ 的双线性泛函 $\langle x,y\rangle$ 满足条件：

(1) $\forall x\in X, x\neq 0, \exists y\in Y$ 使 $\langle x,y\rangle\neq 0$.

(2) $\forall y\in Y, y\neq 0, \exists x\in X$ 使 $\langle x,y\rangle\neq 0$.

则称 X,Y 构成对偶组,这样的双线性泛函称为非蜕化的.

定义 5.1.5　设数域 K 上的线性赋范空间 X, Y(关于双线性泛函 $\langle x,y\rangle$)成对偶组. $\mathscr{M}\subset X$ 是一中心对称的非空凸集. 称量

$$d^n[\mathscr{M};\langle X,Y\rangle]\overset{\text{df}}{=\!=}\inf_{Y_n}\sup_{x\in\mathscr{M}\cap Y_n^{\perp}}\|x\|$$

为 $\mathscr{M}$ 在 X 内相对于 Y 的 $n-G$ 宽度. 此处 Y_n 为 Y 的任一 n 维线性子空间,而

$$Y_n^{\perp}=\{x\in X\mid\langle x,y\rangle=0,\forall y\in Y_n\}$$

这个定义过于广泛,其中甚至没有涉及双线性泛函 $\langle x,y\rangle$ 对变元 x,及对变元 y 的在一定意义下的连续性. 所以,量 $d^n[\mathscr{M};\langle X,Y\rangle]$ 一般并不等于 $d^n[\mathscr{M};X]$.

(三) 线性宽度

定义 5.1.6　设 $\mathscr{M}\subset X$,记 $\mathrm{span}\{\mathscr{M}\}$ 为 $\mathscr{M}$ 的线性包. 任取 $L_n\subset X$. A 是 $\mathrm{span}\{\mathscr{M}\}\to L_n$ 的任一线性有界算子. 量

$$E'(\mathscr{M};L_n)_X\overset{\text{df}}{=\!=}\inf_{A}\sup_{x\in\mathscr{M}}\|x-Ax\| \tag{5.12}$$

称为 $\mathscr{M}$ 在 X 内借助于 L_n 的最佳线性逼近.

我们在第四章内曾经讨论过卷积类的,借助三角

多项式子空间的最佳线性逼近.

定义 5.1.7 量

$$d'_n[\mathscr{M};X] \stackrel{\mathrm{df}}{=} \inf_{L_n} E'(\mathscr{M};L_n)_X \tag{5.13}$$

称为 $\mathscr{M}$ 在 X 内的 n 维线性宽度,简记 $n-L$ 宽度.使式(5.13)实现的每一个 n 维线性子空间 L_n^0 都叫作 $d'_n[\mathscr{M};X]$ 的极子空间,而对一个确定的极子空间 L_n^0,凡能实现 $E'(\mathscr{M};L_n^0)_X$ 的线性有界算子统称为 $\mathscr{M}$ 的 $n-L$ 宽度的最优线性算子.

当 $n=0$ 时,由定义有

$$d'_0[\mathscr{M};X]=d_0[\mathscr{M};X]$$

线性宽度有一系列的基本性质完全类似于 K 宽度.

定理 5.1.3 设 $\mathscr{M}\subset X$.

(1) 若 $\mathscr{M}$ 包含在 X 的某个 n 维线性子空间内,则当 $j\geqslant n$ 时,有

$$d'_j[\mathscr{M};X]=0$$

(2) 对每一 $n\geqslant 0$,有

$$d'_0[\mathscr{M};X]\geqslant\cdots\geqslant d'_n[\mathscr{M};X]$$

(3) 若 $\mathscr{M}\subset X\subset Y$,而 X 是 Y 的线性赋范子空间,则

$$d'_n[\mathscr{M};Y]\leqslant d'_n[\mathscr{M};X]$$

(4) 若 $\mathscr{M}_1\subseteq\mathscr{M}_2\subset X$,则

$$d'_n[\mathscr{M}_1;X]\leqslant d'_n[\mathscr{M}_2;X]$$

(5) $d'_n[\overline{\mathscr{M}};X]=d'_n[\mathscr{M};X]$.

(6) $d'_n[co(\mathscr{M});X]=d'_n[\mathscr{M};X]$.

(7) $d'_n[b(\mathscr{M});X]=d'_n[\mathscr{M};X]$.

(8) 任给 $\alpha\in K$,有

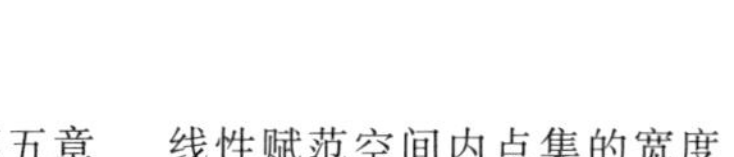

$$d'_n[\alpha \mathscr{M}; X] = |\alpha| d'_n[\mathscr{M}; X]$$

(9) 若 $\mathscr{M} = \mathscr{M}_1 + \mathscr{M}_2, m, n \geqslant 0$,则

$$d'_{m+n}[\mathscr{M}; X] \leqslant d'_m[\mathscr{M}_1; X] + d'_n[\mathscr{M}_2; X]$$

(10) $$d_n[\mathscr{M}; X] \leqslant d'_n[\mathscr{M}; X] \tag{5.14}$$

以上十条性质,皆可从定义直接推出.证明从略.

下面定理很重要,因为它揭示出点集的 $n-K$ 宽度与 $n-L$ 宽度的实质区别.

定理 5.1.4　存在一 B 空间 X,其中列紧集 $\mathscr{M}$,对它有某个 $c > 0$ 使 $d'_n[\mathscr{M}; X] \geqslant c$ 对一切 n 成立.

根据 Enflo[6] 存在一个可分的 B 空间而无 Schauder 基.在这样的空间中定理 5.1.4 的结论成立.

定理 5.1.5　对任意的 $\mathscr{M} \subset X$ 有

$$d^n[\mathscr{M}; X] \leqslant d'_n[\mathscr{M}; X] \tag{5.15}$$

证　先设 $\mathscr{M}$ 中心对称,$d'_n[\mathscr{M}; X]$ 有限.对任意小的 $\varepsilon > 0$ 存在 $L_n^0 \subset X$ 及线性有界算子 $A: \mathrm{span}(\mathscr{M}) \to L_n^0$ 使

$$E'(\mathscr{M}; L_n^0)_X \leqslant \sup_{x \in \mathscr{M}} \| x - Ax \| < d'_n[\mathscr{M}; X] + \varepsilon$$

设 $L_n^0 = \mathrm{span}\{x_1, \cdots, x_n\}$, $Ax = \sum_{j=1}^n \alpha_j(x) x_j$, $\alpha_j(x)$ 是 $\mathrm{span}(\mathscr{M})$ 上的加性及齐性泛函.它们是连续的,这是由于从

$$\sup_{x \in \mathscr{M}} \| x - \sum_{j=1}^n \alpha_j(x) x_j \| \leqslant d'_n[\mathscr{M}; X] + \varepsilon$$

知存在常数 $c > 0$,使

$$\sup_{\substack{x \in \mathrm{span}(\mathscr{M}) \\ \| x \| \leqslant 1}} \| \sum_{j=1}^n \alpha_j(x) x_j \| \leqslant c$$

由此即得 $\alpha_j(x)$ 的有界性.置

$$L_0^n = \{ x \in X \mid \alpha_j(x) = 0, j = 1, \cdots, n \}$$

则由

$$\sup_{x\in\mathscr{M}\cap L_0^n}\|x\|\leqslant\sup_{x\in\mathscr{M}}\|x-\sum_{j=1}^{n}\alpha_j(x)x_j\|$$
$$\leqslant d'_n[\mathscr{M};X]+\varepsilon$$

得 $d^n[\mathscr{M};X]<d'_n[\mathscr{M};X]+\varepsilon$. 令 $\varepsilon\to 0$ 得所欲求. 若 $\mathscr{M}$ 不是中心对称集,以 $b(\mathscr{M})$ 代替 $\mathscr{M}$ 即可.

(四)Bernstein 宽度

定义 5.1.8 设 $\mathscr{M}\subset X$ 是一中心对称的闭凸集. $n\geqslant 1$, $L_n\subset X$ 是一 n 维线性子空间. 量

$$\beta(\mathscr{M},L_n)_X\overset{\text{df}}{=}\sup\{\varepsilon>0\mid\varepsilon B_X\cap L_n\subset\mathscr{M}\}$$

是 L_n 与 $\mathscr{M}$ 的截集的内切球半径. 当不存在正的 ε,使 $\varepsilon B_X\cap L_n\subset\mathscr{M}$ 成立时,规定 $\beta=0$. 变动 L_n,使 β 尽可能地大,这就导致定义量

$$b_n[\mathscr{M};X]\overset{\text{df}}{=}\sup_{L_n}\beta(\mathscr{M};L_n)_X\tag{5.16}$$

为 $\mathscr{M}$ 在 X 内的 n 维 Bernstein 宽度,简称为 $n-B$ 宽度.

当 $n=0$ 时规定

$$b_0[\mathscr{M};X]=\sup_{x\in\mathscr{M}}\|x\|$$

X 的一个 n 维线性子空间 L_n^0 如果对它成立

$$b_n[\mathscr{M};X]=\beta(\mathscr{M};L_n^0)_X$$

则称之为 $\mathscr{M}$ 的 $n-B$ 宽度的一极子空间.

$n-B$ 宽度具有以下的简单性质.

定理 5.1.6 $\mathscr{M}\subset X$ 是一中心对称的凸闭集, $n\geqslant 0$,则:

(1) 若 $\mathscr{M}$ 是 n 维点集,则当 $j\geqslant n$ 时 $b_j[\mathscr{M},X]=0$.

(2) $b_0[\mathscr{M};X]\geqslant\cdots\geqslant b_n[\mathscr{M};X]$.

(3) 若 $\mathscr{M}_1\subset\mathscr{M}_2\subset X$,则 $b_n[\mathscr{M}_1;X]\leqslant b_n[\mathscr{M}_2;X]$.

(4) 若 $\mathscr{M}\subset X\subset Y$，$X$ 是 Y 的赋范线性子空间，则 $b_n[\mathscr{M};X]\leqslant b_n[\mathscr{M};Y]$.

(5) 若 $\mathscr{M}$ 列紧，则

$$\lim_{n\to+\infty} b_n[\mathscr{M};X]=0$$

证　(1) 若 $\mathscr{M}$ 是 n 维点集，$j>n$. 则对任取的 j 维线性子空间 L_j 都不存在 $\varepsilon>0$，使 $\varepsilon B_X\cap L_j\subset\mathscr{M}$ 成立. 从而 $b_j[\mathscr{M};X]=0$.

(2) 设 $n\geqslant 1$. 置

$S_n=\{\varepsilon\geqslant 0\mid \exists L_n\subset X$ 使 $\varepsilon B_X\cap L_n\subset\mathscr{M}\}$

可以看出 $S_n\supseteq S_{n+1}$. 再由

$$b_n[\mathscr{M};X]=\sup\{\varepsilon\mid\varepsilon\in S_n\}\qquad(5.17)$$

即得 $b_n[\mathscr{M};X]\geqslant b_{n+1}[\mathscr{M};X]$，$n\geqslant 1$. $n=0$ 时不等式是明显的.

(3) 和(4) 不待证.

(5) 不妨只考虑 X 是无限维的空间，$\mathscr{M}\subset X$ 是无限维点集的情形. 假定 $b_n[\mathscr{M};X]>c>0(n=1,2,\cdots)$，则对每一 n，有一 n 维线性子空间 $L_n\subset X$ 及 $\varepsilon_n>c$，使 $\varepsilon_nB_X\cap L_n\subset\mathscr{M}$，从而有 $b_n[\mathscr{M};X]\geqslant\varepsilon_n>c$，$n=1,2,3,\cdots$，那么有

$$cB_X\cap(\bigcup_n L_n)\subset\mathscr{M}$$

$cB_X\cap(\bigcup_n L_n)$ 是一无限维点集，在 $(X,\|\cdot\|)$ 内不列紧，此与 $\mathscr{M}$ 的列紧性矛盾.

注记 5.1.6　从定理 5.1.6 的(2) 的证明看出，在 $n-B$ 宽度的定义中，可以把 n 维线性子空间 L_n 的类扩大为一切维数大于或等于 n 的线性子空间的类. 若 $\mathscr{M}$ 在 X 内的 $n-B$ 宽度有一极子空间 L_m^0，$m<n$，则包含 L_m^0 的每一个 n 维线性子空间也是极子空间，因为任取 $L_n\supset L_m^0$ 有

$$b_n[\mathscr{M};X]=\beta(\mathscr{M};L_m^0)_X\leqslant\beta(\mathscr{M};L_n)_X\leqslant b_n[\mathscr{M};X]$$

在本书内,$n-B$ 宽度将只是为了给 $n-K$ 宽度提供好的下方估计而起辅助作用,我们对该量本身不进行深入的讨论. 在 §3 内,将根据球的宽度定理证明:

定理 5.1.7 若 $\mathscr{M}$ 是 X 内中心对称的凸闭集,则对 $n\geqslant 0$ 有

$$b_{n+1}[\mathscr{M};X]\leqslant d_n[\mathscr{M};X] \tag{5.18}$$

注记 5.1.7 借助 $n-B$ 宽度可以给出 $n-K$ 宽度的上方估计,较早的结果有:

定理 5.1.8(Mityagin, Henkin[7])

$$d_n[\mathscr{M},X]\leqslant(n+1)^2 b_{n+1}[\mathscr{M},X] \tag{5.19}$$

式(5.19) 当 $X=H$ 是 Hilbert 空间时,可以改进. 例如,Пухов 证明:

定理 5.1.9 设 X 是 Hilbert 空间,则

$$d_n[\mathscr{M};X]\leqslant\sqrt{\mathrm{e}(n+1)}\,b_{n+1}[\mathscr{M};X] \tag{5.20}$$

(Пухов 的论文载于 Матем. Заметки,25(1979),320-326.)

§2 宽度的对偶定理

本节根据对偶空间的理论和方法建立几个宽度的对偶定理. 对偶关系的建立,对宽度问题的定性和定量研究都是非常有益的.

(一)Иоффе-Тихомиров 对偶定理

苏联学者 Иоффе 与 Тихомиров 借助于成对偶的拓扑向量空间内的配极集(polar sets) 概念,建立了对偶

空间内具有配极关系的点集的宽度关系式,他们的结果是在局部凸线性拓扑空间内建立的,具有很一般的形式.为了便于用到具体的函数空间上去,我们在线性赋范空间的框架内介绍他们的一个基本结果.

定义 5.2.1　设同一数域 K 上的线性向量空间 X,Y 关于非蜕化的双线性泛函 $\langle x,y\rangle$ 构成对偶组,$A\subset X$. 下面的点集

$$A^0=\{y\in Y \mid |\langle x,y\rangle|\leqslant 1,\forall x\in A\} \tag{5.21}$$

称为 A 的配极集. Y 内点集的配极集可仿此定义.

由定义看出,任一集合 $A\subset X$ 的配极集 A^0 是 Y 内的中心对称凸集.

下面定理中包括了配极集的一些简单性质.

定理 5.2.1

(1) $A_1\subseteq A_2\subseteq X\Rightarrow A_1^0\supseteq A_2^0$.

(2) 若 $L\subset X$ 是线性子空间,则

$$L^0=L^{\perp}\overset{\text{df}}{=}\{y\in Y\mid \langle x,y\rangle=0,\forall x\in L\}$$

(3) $A\subset X,t>0\Rightarrow(tA)^0=t^{-1}A^0$.

(4) $A,L\subset X,L$ 是一线性子空间 $\Rightarrow(L+A)^0=L^{\perp}\cap A^0$.

证　(1) 省略.

(2) 由定义 $L^0=\{y\in Y \mid |\langle x,y\rangle|\leqslant 1,\forall x\in L\}$,显然有 $L^0\supset L^{\perp}$. 若 $L^0=\{0\}$,则 $L^0=L^{\perp}=\{0\}$,此时 $L=X$. 如果 $L^0\neq\{0\}$,任取 $y\in L^0,y\neq 0$. 则对任一非零元 $x\in L$($L=\{0\}$ 时,$L^0=L^{\perp}=Y$). 由 $\lambda x\in L\Rightarrow|\lambda\langle x,y\rangle|\leqslant 1$ 对任意 λ 成立,那么只要 $\lambda\neq 0$ 就有 $|\langle x,y\rangle|\leqslant|\lambda|^{-1}$. 由于 $|\lambda|$ 可以任意大,从而得 $\langle x,y\rangle=0\Rightarrow y\in L^{\perp}$,故 $L^0\subset L^{\perp}$. (2) 得证.

(3) 由定义

$$(tA)^0=\{y\in Y\mid |\langle x,y\rangle|\leqslant 1,\forall x\in tA\}$$

$$A^0=\{y'\in Y\mid |\langle x,y'\rangle|\leqslant 1,\forall x\in A\}$$

$$\Rightarrow t^{-1}A^0$$

$$=\{t^{-1}y'\mid y'\in Y,|\langle tx,t^{-1}y'\rangle|\leqslant 1,\forall x'=tx\in tA\}$$

令 $tx=x'$,$t^{-1}y'=y$ 代入上式得 $t^{-1}A^0=(tA)^0$. (3) 证完.

(4) 记 $S=L+A$. 由定义

$$(L+A)^0=\{y\in Y\mid |\langle x,y\rangle|\leqslant 1,\forall x\in S\}$$

但 $x\in S\Rightarrow\exists x_1\in L,x_2\in A$ 使 $x=x_1+x_2$. 于是条件

$$|\langle x,y\rangle|\leqslant 1,\forall x\in S$$

$$\Leftrightarrow|\langle x_1,y\rangle+\langle x_2,y\rangle|\leqslant 1,\forall x_1\in L$$

及 $x_2\in A\Rightarrow\langle x_1,y\rangle=0,\forall x_1\in L$ 且 $|\langle x_2,y\rangle|\leqslant 1$, $\forall x_2\in A$,即 $y\in L^{\perp}\cap A^0$. 故得 $(L+A)^0\subset L^{\perp}\cap A^0$. 反之,若 $y\in L^{\perp}\cap A^0$,则任取 $x_1\in L,x_2\in A$ 有

$$\langle x_1,y\rangle=0 \text{ 且 } |\langle x_2,y\rangle|\leqslant 1$$

$$\Rightarrow|\langle x_1+x_2,y\rangle|\leqslant 1$$

从而得 $(L+A)^0\supset L^{\perp}\cap A^0$.

以上四条只是配极集的代数性质,没有涉及 X,Y 的拓扑结构.

定义 5.2.2 设 X,Y 是一组对偶空间,$A\subset X$,点集 $A^{00}\xlongequal{\text{df}}(A^0)^0$ 称为 A 的重配极.

定理 5.2.2 设 X,Y 是组成对偶的线性赋范空间,$A\subset X$,则 $A\subset A^{00}$,A^{00} 是 X 内的绝对凸集. 若 $Y\subseteq X^*$,Y 在 X^* 内稠,而且每一 $y(x)=\langle x,y\rangle\in X^*$,则当 A 是 X 内的绝对凸闭集时,有 $A^{00}=A$.

这条定理的第一个断语可以由定义直接推出.第二个断语涉及了 X,Y 空间的拓扑结构,其证明参看[9].

定理 5.2.3(Иоффе,Тихомиров[5])　设线性赋范空间 X,Y 成一对偶组,$Y\supset X^*$,$X\subset Y^*$,且 $\overline{Y}=X^*$,$\overline{X}Y^*$,$\langle x,y\rangle$ 对每一变元连续,B_X,B_Y 各表示 X,Y 的单位球,则

$$d^n[B_Y^0;\langle X,Y\rangle]=d_n[B_X^0;Y] \tag{5.22}$$

证　记 $\alpha=d^n[B_Y^0;\langle X,Y\rangle]$,$\beta=d_n[B_X^0;Y]$.

(1) 设 $\beta<+\infty$,由定义,对任取的 $\delta>0$ 有 n 维线性子空间 $L_n\subset Y$ 使

$$B_X^0\subset L_n+(\beta+\delta)B_Y$$

根据定理 5.2.1,定理 5.2.2 有

$$\begin{aligned}B_X^{00}=B_X&\supset(L_n+(\beta+\delta)B_Y)^0\\&=L_n^{\perp}\cap((\beta+\delta)B_Y)^0\\&=(\beta+\delta)^{-1}\cdot B_Y^0\cap L_n^{\perp}\end{aligned}$$

即 $(\beta+\delta)B_X\supset B_Y^0\cap L_n^{\perp}$,$L_n^{\perp}$ 是 X 内的 n 余维线性子空间.由此得

$$d^n[B_Y^0;\langle X,Y\rangle]=\alpha\leqslant\beta+\delta$$

因为 $\delta>0$ 可任意小,所以有 $\alpha\leqslant\beta$.

(2) 由 G 宽度定义有

$$d^n[B_Y^0;\langle X,Y\rangle]=\inf_{L^n}\inf\{\varepsilon>0\mid B_Y^0\cap L^n\subset\varepsilon B_X\}$$

则对任取的 $\delta>0$ 有 $L_n\subset Y$ 使有

$$B_Y^0\cap L_n^{\perp}\subseteq(\alpha+\delta)B_X$$

即有 $((\alpha+\beta)^{-1}B_Y^0)\cap L_n^{\perp}\subseteq B_X$,从而

$$((\alpha+\delta)^{-1}B_Y^0\cap L_n^{\perp})^0\supseteq B_X^0$$

由于 $(\alpha+\delta)^{-1}B_Y^0=((\alpha+\delta)B_Y)^0$,我们有

$$(\alpha+\delta)^{-1}B_Y^0\cap L_n^{\perp}=((\alpha+\delta)B_Y+L_n)^0$$

所以

$$B_X^0 \subseteq ((\alpha+\delta)B_Y+L_n)^{00}=(\alpha+\delta)B_Y+L_n$$

由此得

$$d_n[B_X^0;Y]\leqslant \alpha+\delta \Rightarrow \beta\leqslant\alpha$$

$\alpha=\beta$ 证完.

借助定理 5.2.3 可以对一些具体的函数集建立其 $n-K$ 宽度和 $n-G$ 宽度的对偶关系式. 下面是一典型例子.

例 5.2.1 考虑 2π 周期的 r 阶可微函数集

$$W^rL_{p,0}\overset{\mathrm{df}}{=}\{f \mid f=c+\pi^{-1}D_r*\varphi,\varphi\in L_{2\pi}^p \text{ 且 } \varphi\perp 1\}$$

其中 $D_r(t)$ 是 Bernoulli 核, $1\leqslant p\leqslant+\infty$, $W^rL_{p,0}$ 是实向量空间. 置商空间

$$\mathscr{M}_p=\frac{W^rL_{p,0}}{\mathrm{span}\{1\}}$$

对 $\mathscr{M}_p$ 赋以 $\mathscr{L}_s$ 范数: $\forall\{f\}\in\mathscr{M}_p$ 有

$$\|\{f\}\|_{\mathscr{L}_s}=\min_\lambda\|f-\lambda\|_{Ls},1\leqslant s<+\infty$$

$$\|\{f\}\|_{\mathscr{L}_\infty}=\min_\lambda\|f-\lambda\|_C,s=+\infty$$

此赋范空间记作 $\mathscr{L}_s(\mathscr{M}_p)$. 设 $\frac{1}{p}+\frac{1}{p'}=\frac{1}{s}+\frac{1}{s'}=1,B_s$, B_p 分别是 $\mathscr{L}_s(\mu_p)$, $\mathscr{L}_{p'}(\mathscr{M}_{s'})$ 的单位球. 我们有

(1) $\mathscr{L}_s(\mathscr{M}_p)$, $\mathscr{L}_{p'}(\mathscr{M}_{s'})$ 构成对偶组, 作为双线性泛函可以取

$$\langle\{f\},\{g\}\rangle=\int_0^{2\pi}f(t)\psi(t)\mathrm{d}t$$

此处的 $\psi(t)\overset{\mathrm{a.e.}}{=\!=\!=}g^{(r)}(t)$.

(2) $(B_s)^0=W^rH_{s'}^0$, $(B_{p'})^0=W^rH_p^0$, 这里

$$W^rH_p^0\overset{\mathrm{df}}{=}\{f\in W^rL_{p,0}\mid \|f^{(r)}\|_p\leqslant 1\}$$

(3) 对任取的 $n\geqslant 0$, 以及 $1\leqslant p,s\leqslant+\infty$, 有

$$d_n[W^r H_{s'}^0;\mathscr{L}_{p'}]=d^n[W^r H_p^0;\langle\mathscr{L}_s,\mathscr{L}_{p'}\rangle] \quad (5.23)$$

详细证明见[10].

(二)Triebel-Pietsch 定理

在分析中经常遇到的一类点集是某个线性赋范空间的单位球在一个线性全连续算子作用下的象. 对这类点集及其"对偶集"的宽度直接建立一些关系式是有意义的.

定理 5.2.4(H. Triebel[11])

设 X,Y 是数域 $\mathbf{R}$ 上的 B 空间,S 是 $X\to Y$ 的线性连续算子,则

$$d^n[S(B_X);Y]\geqslant d_n[S^*(B_{Y^*});X^*] \quad (5.24)$$

此处 $S(B_X)=\{S_X \mid x\in X,\|x\|\leqslant 1\}$,$S^*(Y^*\to X^*)$ 是 S 的共轭算子,若 S 的值域 $R(S)$ 是 Y 内的闭集,则在式(2.4)内有等号成立.

证　分成以下几个步骤.

(1)$$d_n[S^*(B_{Y^*}),X^*]=\inf_{L_n\subset X^*}\|S^*\|_{(Y^*\to\frac{X^*}{L_n})} \quad (5.25)$$

事实上,任取 X^* 的一个 n 维线性子空间 L_n,则由

$$E(S^*(B_{Y^*}),L_n)_{X^*}=\sup_{y^*\in B_{Y^*}}\min_{u^*\in L_n}\|S^*y^*-u^*\|_{X^*}$$

若引入商空间 X^*/L_n,那么有

$$\min_{u^*\in L_n}\|S^*y^*-u^*\|_{X^*}=\|S^*y^*\|_{(\frac{X^*}{L_n})}$$

所以

$$E(S^*(B_{Y^*});L_n)_{X^*}=\|S^*\|_{(Y^*\to\frac{X^*}{L_n})}$$

由此即得式(5.25).

(2) 置

$$\alpha = \inf_{L^n} \sup_{x \in B_X \cap L^n} \| S_X \| = \inf_{L^n} \| S \|_{(L^n \to Y)} \quad (5.26)$$

此处 L^n 取遍 X 内一切 n 余维闭线性子空间. 注意,这个量一般并不等于 $d^n[S(B_X);Y]$,因两者定义是明显的不同. 我们有

$$\alpha = d_n[S^*(B_{Y^*});X^*] \quad (5.27)$$

为了证明式(5.27),只需证明对 X^* 内任取的 n 维线性子空间 L_n 都有

$$\| S \|_{(L_n^\perp \to Y)} = \| S^* \|_{(Y^* \to \frac{X^*}{L_n})} \quad (5.28)$$

即可,这里 $L_n^\perp \stackrel{\text{df}}{=} \{x \in X \mid f(x)=0, \forall f \in L_n\}$. 是由 L_n 确定的 n 余维线性子空间,但式(5.28) 的确成立,因为线性赋范空间 $L_n^\perp$(作为 X 的赋范子空间) 的共轭空间等于 $X^*/(L_n^\perp)^\perp$,而由于 $L_n \subset Y$ 是有限维的,故有$(L_n^\perp)^\perp = L_n$(见第二章,定理 2.1.2).

下面主要是证

$$d^n[S(B_X);Y] = \alpha \quad (5.29)$$

(3) 先证

$$d^n[S(B_X);Y] \geqslant \alpha \quad (5.30)$$

事实上,对行取的 $\varepsilon > 0$,有 Y^* 的 n 维线性子空间 $M_n = \text{span}\{y_1^*, \cdots, y_n^*\}$ 使

$$d^n[S(B_X);Y] + \varepsilon \geqslant \sup_{\substack{\|x\| \leqslant 1 \\ S_x \perp M_n}} \| Sx \|$$

此处 $Sx \perp M_n \Leftrightarrow y_j^*(Sx) = 0, j = 1, \cdots, n$. 注意到

$$y_j^*(Sx) = S^*(y_j^*)x$$

记

$$S^*(y_j^*) = x_j^*, x_j^* \in X^*, j = 1, \cdots, n$$

则

$$\{x \in X \mid \|x\| \leqslant 1, Sx \perp M_n\}$$
$$= \{x \in X \mid \|x\| \leqslant 1, x_j^*(x) = 0, j = 1, \cdots, n\}$$

记

$$L_n = \mathrm{span}\{x_1^*, \cdots, x_n^*\} \subset X^*$$

则 $\dim L_n \leqslant n$. 于是有

$$\sup_{\substack{\|X\| \leqslant 1 \\ Sx \perp M_n}} \|Sx\| = \sup_{x \in Bx \cap L_n^{\perp}} \|Sx\| \geqslant \alpha$$

所以有

$$d^n[S(B_X);Y] + \varepsilon \geqslant \alpha$$

令 $\varepsilon \to 0+$ 即得 $d^n[S(B_X);Y] \geqslant \alpha$

(4) 为证式(5.30)内有等号成立,我们以 $R(S)$ 表示 S 的值域,它是 Y 的闭线性赋范子空间,且先假定 S 是 $X \to R(S)$ 的单射. 由本章的式(5.11)有

$$d^n[S(B_X);Y] = d^n[S(B_X);R(S)]$$

而

$$d^n[S(B_X);R(S)] = \inf_{F^n} \sup_{\substack{x \in B_X \\ Sx \in F^n}} \|Sx\|$$

这里的 $F^n = (F_n)^{\perp}$,而 $F_n = \mathrm{span}\{y_1, \cdots, y_n\} \subset R(S)^*$ 是 $R(S)^*$ 的任一 n 维线性子空间. S 是 $X \to R(S)$ 的单射时,S^* 也是 $R(S)^* \to X^*$ 的单射[①],于是由

$$x \in B_X, Sx \perp F_n \Leftrightarrow x \in B_X$$

$$y_j(Sx) = 0 \Leftrightarrow x \in B_X, S^*(y_j)x = 0, j = 1, \cdots, n$$

记 $x_j^* = S^*(y_j) \in X^*$,当 $\{y_1, \cdots, y_n\}$ 取遍 $R(S)^*$ 的线性无关的 n 元组时,$\{x_1^*, \cdots, x_n^*\}$ 取遍 X^* 的线性无关 n 元组,从而

$$d^n[S(B_X);R(S)] = \inf_{L^n} \sup_{x \in B_X \cap L^n} \|Sx\| = \alpha$$

此即式(5.29).

(5) 当 $S(X \to R(S))$ 不是单射时,$\ker(S) \supsetneqq \{0\}$.

---

① 见关肇直《泛函分析讲义》,第 170 页的系.

考虑 X 的商空间 $X/\ker(S)$，定义一个 $X/\ker(S)\to R(S)$ 的一一线性连续算子 $\tilde{S}$，即

$$\tilde{S}\tilde{x}=Sx,\tilde{x}=x+\ker(S)$$

把线性赋范空间 $X/\ker(S)$ 的单位球记作 $B_X/\ker(S)$. 可证

$$d^n\left[\tilde{S}\left(\frac{B_X}{\ker(S)}\right);Y\right]=d^n[S(B_X);Y]$$

$$d^n\left[\tilde{S}\left(\frac{B_X}{\ker(S)}\right);Y\right]=\alpha$$

由此可以完成定理的证明.

注记 5.2.1 关于线性宽度也可以建立和 Иоффе-Тихомнров 定理以及 Triebel 定理类似的定理. 我们叙述下面的定理.

1. 设 X,Y 是成对偶的线性赋范空间，$\langle\cdot,\cdot\rangle$ 是 $X\times Y\to\mathbf{R}$ 的非蜕化双线性泛函，记 $K_1=B_Y^0,K_2=B_X^0$. P. C. Исмагнлов[12] 对 K_1,K_2 附加了以下条件：

(a) K_1,K_2 有界.

(b) K_1,K_2 各含有内点 0.

(c) 对任取的 $f\in X^*,\varphi\in Y^*$ 有

$$\inf_{\xi\in K_2}\{\sup_{x\in K_1}|f(x)-\langle x,\xi\rangle|\}=0$$

$$\inf_{x\in K_1}\{\sup_{\xi\in K_2}|\varphi(\xi)-\langle x,\xi\rangle|\}=0$$

定理 5.2.5 若 K_1,K_2 满足(a)(b)(c)，则

$$d'_n[B_Y^0;X]=d'_n[B_X^0;Y]=\lambda_n(X,Y)\quad(5.31)$$

此处

$$\lambda_n(X,Y)=\inf\left\{\sup_{\substack{x\in K_1\\ \xi\in K_2}}\left|\langle x,\xi\rangle-\sum_{k=1}^n f_k(x)\varphi_k(\xi)\right|\right\}\quad(5.32)$$

里面的下确界对一切 $\{f_1,\cdots,f_n\}\subset X^*$ 及 $\{\varphi_1,\cdots,\varphi_n\}\subset Y^*$ 取.

2. 设 S 是 $X\to Y$ 的线性全连续算子,作为 $S(B_X)$ 的线性宽度在资料中亦有如下定义,记 $B(X,Y)$ 为 $X\to Y$ 的线性有界算子集,引入量

$$S_n[S(B_X),Y]\overset{\text{df}}{=}\inf_{\substack{T\in B(X,Y)\\ \dim R(T)\leqslant n}}\|S-T\| \tag{5.33}$$

$R(T)$ 表示 T 的值域,资料中称此量为算子 S 的逼近数,它和点集 $S(B_X)$ 在 Y 内的 $n-L$ 宽度略有区别. 若记 S 的值域为 $R(S)$,A 是 $R(S)\to Y$ 的任一线性有界算子,$\dim R(A)\leqslant n$,则由于 $AS\in B(X,Y)$,且 $\dim R(AS)\leqslant n$,所以一般有

$$S_n[S(B_X);Y]\leqslant d'_n[S(B_X);Y] \tag{5.34}$$

定理 5.2.6(H. Triebel[1])

$$S_n[S^*(B_{Y^*}),X^*]\leqslant S_n[S(B_X),Y] \tag{5.35}$$

若 X,Y 是自反的 B 空间,则式(5.35)内有等号成立.

§3 球的宽度定理

球的宽度定理是宽度理论中的一个基本定理. 为了讲清楚它的来历,我们有必要回顾一下泛函分析中的 Riesz 引理,Riesz 引理是讨论线性赋范空间的局部列紧性的重要引理.

Riesz 引理 设 X 为线性赋范空间,$x_1,\cdots,x_n\in X$ 是线性无关的,并且 $n<\dim(X)$. 若记 $L_n=\mathrm{span}\{x_1,\cdots,x_n\}$,则存在 $x\in X\backslash L_n$ 使

$$\|x\|=\min_{u\in L_n}\|x-u\|$$

不妨认为 $\| x \| = 1$. 那么这条引理的要旨是:在 X 的单位球面上存在一点 x,它到 L_n 的距离在点 O 达到(等于 1).

根据 Riesz 引理容易证明下列形式的球宽度定理.

定理 5.3.1 给定线性赋范空间 X,设 $n < \dim(X)$,则

$$d_n[B_X; X] = 1$$

证 任取 X 的一个 n 维线性子空间 L_n,则由 Riesz 引理,都有

$$E(B_X; L_n)_X = 1$$

所以有

$$\inf_{L_n} E(B_X; L_n)_X = 1$$

如所欲证.

这条定理对解决点集的宽度问题用处不大,原因是 B_X 是全空间 X 的单位球. 而我们要考虑它的宽度的点集 $\mathscr{M} \subset X$ 不一定包含 B_X 的伸缩 αB_X.(α 是一个正数) 在 1948 年 Krein, Milman, Krasnoselsky 如下地加强了 Riesz 引理.

***K-M-K* 引理** 已知 X 是一线性赋范宽空间,G_1,G_2 为 X 的线性子空间,$\dim(G_1) < \dim(G_2)$,且 $\dim(G_1)$ 有限. 则存在 $x \in G_2 \backslash \{0\}$ 使

$$\| x \| = \min_{u \in G_1} \| x - u \|$$

K-M-K 引理包含了 Riesz 引理,因为当 $G_2 \supset G_1$ 时就归结为 Riesz 引理,但是二者却有深刻的差别. Riesz 引理的证明是初等的,而 *K-M-K* 引理的证明则需要用到一条深刻的拓扑定理:Borsuk 定理.

K-M-K 引理实质上已包含了后来作为球宽度定理的基本内容. B. M. Тихомиров 在 1960 年[2] 首先明确提出了球的宽度定理的陈述,给出了该定理的一个证明(虽然是相当烦冗的),并且第一次用球宽度定理求出了几个重要函数类的 $n-K$ 宽度的精确下方估计,G. Lorentz 在他的函数逼近论一书内给予球宽度定理以很简练的证明.下面介绍 Lorentz 的证明,以及球宽度定理的一些拓广的形式.

(一) 球宽度定理的证明

定理 5.3.1(球宽度定理)　设 M_{n+1} 是线性赋范空间 X 的 $n+1$ 维线性子空间,$U_{n+1}=M_{n+1}\cap B_X$,则

$$d_n[U_{n+1};X]=1 \tag{5.36}$$

证　由于 $d_n[U_{n+1};X]\leqslant d_0[U_{n+1};X]=1$,那么,若对任取的 n 维线性子空间 $L_n\subset X$ 能证明 $E(U_{n+1},L_n)_X=1$,则式(5.36)得证.为此,分以下两个步骤.

(1) 设 X 是一严格赋范空间,此时,任一 $x\in X$ 在 L_n 内的最佳逼近元唯一存在,现在把最佳逼近算子记作 P,即对任一 $x\in X$ 有

$$\| x-Px \| =\min_{u\in L_n}\| x-u \|$$

$P(x)$ 是 $X\to L_n$ 的连续奇映射,其奇性是明显的,连续性可如下地证明.设 $x_m\to x_0$,$y_m=P(x_m)$,$y_0=P(x_0)$,$\{x_m\}$ 有界,即存在常数 $K>0$,有 $\| x_m\| \leqslant K$.由 $\| x_m-y_m\| =e(x_m,L_n)_X\leqslant \| x_m\| \leqslant K\Rightarrow \| y_m\| \leqslant 2K$.如果 $y_m\not\to y_0$,在 $\{y_m\}\subset L_n$ 内存在强收敛的子列 $\{y_{m_k}\}$,而 $y_{m_k}\to y'\neq y_0$,$y'\in L_n$.由于 $y_{m_k}=P(x_{m_k})$,故得

$$\| x_{m_k}-y_{m_k}\| \leqslant \| x_{m_k}-y_0\|$$

令 $k\to+\infty$ 取极限得 $\|x_0-y'\|\leqslant\|x_0-y_0\|\Rightarrow y'$ 是 x_0 在 L_n 内的最佳逼近元. 但 $y'\neq y_0$，这就与唯一矛盾了，所以 $P(x)$ 连续.

回到要证的事实上来. 置

$$S^n=\{x\in M_{n+1}\mid\|x\|=1\}$$

在 S^n 上对 $P(x)$ 可以应用 Borsuk 定理，知有 $z\in S^n$ 使 $P(z)=0$，这表明

$$\|z\|=\min_{u\in L_n}\|z-u\|=1$$

从而

$$E(U_{n+1};L_n)_X\geqslant\|z\|=1\Rightarrow E(U_{n+1};L_n)_X=1$$

(2) 假定 X 不是严格赋范的，记 $X_N=\operatorname{span}\{M_{n+1}\cup L_n\}$ 为 X 的赋范子空间. 由于

$$E(U_{n+1};L_n)_X=E(U_{n+1};L_n)_{X_N}$$

我们可以把问题限制在有限维的 X_N 内讨论. 给 X_N 改赋一个严凸范数(比如欧氏范数)，使其与范数 $\|\cdot\|_X$ 非常接近，其做法如下，先在 X_N 上赋以严凸范数 $\|\cdot\|'$. 根据有限维空间的范数等价性，有 $\beta>0$ 对每一 $x\in X_N$ 成立着

$$\|x\|'\leqslant\beta\|x\|$$

任取一小数 $\varepsilon>0$，则 $\|x\|_\varepsilon\overset{\text{df}}{=\!=}\varepsilon\beta^{-1}\|x\|'$ 仍是严凸范数，而且对任一 $x\in X_N$ 有 $\|x\|_\varepsilon\leqslant\varepsilon\|x\|$ 成立. 置 $\|x\|^0=\|x\|+\|x\|_\varepsilon$，$\|x\|^0$ 是 X_N 上的范数，对任一 $x\in X_N$ 有 $\|x\|\leqslant\|x\|^0\leqslant(1+\varepsilon)\|x\|$，$\|x\|^0$ 是严凸的，这是由于任取 $x,y\in X_N$，只要 $x\neq0$，$y\neq0$ 且 $y\neq\lambda x$ 就有

$$\|x+y\|_\varepsilon<\|x\|_\varepsilon+\|y\|_\varepsilon$$

所以

$$\begin{aligned}\| x+y \|^{0} &= \| x+y \| + \| x+y \|_{\varepsilon} \\ &< \| x \| + \| y \| + \| x \|_{\varepsilon} + \| y \|_{\varepsilon} \\ &= \| x \|^{0} + \| y \|^{0}\end{aligned}$$

记 $X_N^0=(X_N,\|\cdot\|^0)$. 对 X_N^0(1) 中已证得的结论成立,这就是说,存在 $Z_\varepsilon \in M_{n+1}$ 使

$$\| z_\varepsilon \|^0 - \min_{u\in L_n} \| z_\varepsilon - u \|^0 = 1$$

由于 $\forall u \in L_n$, $\| z_\varepsilon - u \| \geqslant (1+\varepsilon)^{-1} \| z_\varepsilon - u \|^0$,那么

$$\begin{aligned} e(z_\varepsilon; L_n)_{(X_N,\|\cdot\|)} &= \min_{u\in L_n} \| z_\varepsilon - u \| \\ &\geqslant (1+\varepsilon)^{-1} \cdot \min_{u\in L_n} \| z_\varepsilon - u \|^0 \\ &= (1+\varepsilon)^{-1} > 1-\varepsilon \end{aligned}$$

$0<\varepsilon<1$. 再由 $\| z_\varepsilon \| \leqslant \| z_\varepsilon \|^0 = 1 \Rightarrow z_\varepsilon \in U_{n+1}$,即得 $E(U_{n+1};L_n)_{X_N} > 1-\varepsilon$. 由于 ε 可任意小,所以得 $E(U_{n+1};L_n)_X = E(U_{n+1};L_n)_X = E(U_{n+1};L_n)_{X_N} \geqslant 1$. 定理证完.

推论 1　设有 $\mathscr{M} \subset X$. 若有一 $n+1$ 维线性子空间 $M_{n+1} \subset X$ 及 $\alpha > 0$,使 $\alpha B_X \cap M_{n+1} \subset \mathscr{M}$,则

$$d_n[\mathscr{M};X] \geqslant \alpha$$

推论 2　若 $\mathscr{M} \subset X$ 为一中心对称的闭凸集,则对 $n \geqslant 0$ 有

$$b_{n+1}[\mathscr{M};X] \leqslant d_n[\mathscr{M};X]$$

推论 2 给出了利用球宽度定理寻 $n-K$ 宽度的下方估计的方法:构造能包含在 $\mathscr{M}$ 内的以 0 点为中心的 $n+1$ 维球体,为了得到好的估计,必须适当地选择 $n+1$ 维球体能容纳于 $\mathscr{M}$ 内,使其半径尽可能地大.

球宽度定理对 $n-G$ 宽度也成立,而且它的证明是初等的,勿须用到 Borsuk 定理.

定理 5.3.2(B. M. Тихомиров[15])

设 $M_{n+1}\subset X$ 是 $n+1$ 维线性子空间,$U_{n+1}=B_X\cap M_{n+1}$,则

$$d^n[U_{n+1};X]=1 \tag{5.37}$$

证 设 L^n 是 X 内的 n 余维线性子空间,则它在 X 内有 n 维线性补,所以 $M_{n+1}\cap L^n\neq\varnothing$,而且其中有非零元,即存在 $x_0\in M_{n+1}\cap L^n$,$x_0\neq 0$,不妨设 $\|x_0\|=1$,那么

$$\sup_{x\in U_{n+1}\cap L^n}\|x\|\geqslant\|x_0\|=1$$

得所欲证.

(二)Brown 定理

球宽度定理说明:当 $U_{n+1}=\{x\in M_{n+1}\mid\|x\|\leqslant 1\}$ 浸没于任何一个比 M_{n+1} 的维数更高的线性赋范空间 X 内时,U_{n+1} 在 X 内的 $n-K$ 宽度总等于 1(即不随 X 的变动而变动). A. L. Brown 发现,这一事实不仅仅对球体成立,对 M_{n+1} 内的任意有界集都成立. 下面介绍这一结果.

定理 5.3.3(A. L. Brown[16])

设 M_{n+1} 是 X 的 $n+1$ 维线性子空间,$\mathscr{M}\subset M_{n+1}$ 是任意有界集,则

$$d_n[\mathscr{M};X]=d_n[\mathscr{M};M_{n+1}] \tag{5.38}$$

下面分若干步骤给出该定理的证.

引理 5.3.1 设 $\mathscr{M}\subset X$ 是一绝对凸的闭集,且 $0\in\operatorname{Int}\mathscr{M}$,记 $\partial(\mathscr{M})$ 为 $\mathscr{M}$ 的界集,则

$$\sup_{\substack{\lambda>0\\ \lambda B_X\subset\mathscr{M}}}\{\lambda\}=\inf_{x\in\partial(\mathscr{M})}\|x\| \tag{5.39}$$

证 (1) 以 $P_{\mathscr{M}}(y)$ 表示 $\mathscr{M}$ 的 Minkowski 泛函,即

$P_{\mathscr{M}}(y)=\inf\{a>0 \mid y\in\alpha\mathscr{M}\}$. 对任一 $\lambda>0$,只要有 $\lambda B_X\subset\mathscr{M}$,则由 $y\in B_X\subset\lambda^{-1}\mathscr{M}\Rightarrow p_{\mathscr{M}}(y)\leqslant\lambda^{-1}$. 由此,对任给的 $y\in X$ 就有 $P_{\mathscr{M}}(y)\leqslant\lambda^{-1}\|y\|$. 由于当 $x\in\partial(\mathscr{M})$ 时 $P_{\mathscr{M}}(x)=1$,我们有

$$\forall x\in\partial(\mathscr{M}),\lambda P_{\mathscr{M}}(x)=\lambda\leqslant\|x\|$$

所以有 $\sup\limits_{\substack{\lambda>0\\ \lambda B_X\subset\mathscr{M}}}\lambda\leqslant\inf\limits_{x\in\partial(\mathscr{M})}\|x\|$.

(2) 记 $r(\mathscr{M})=\inf\limits_{x\in\partial\mathscr{M}}\|x\|$. 对任一 $y\in B_X$ 有 $\|r(\mathscr{M})y\|\leqslant r(\mathscr{M})$,由于对任一 $z\in X,z\neq 0,0<\varepsilon<P_{\mathscr{M}}(z),z\overline{\in}(P_{\mathscr{M}}(z)-\varepsilon)\cdot\mathscr{M}$,则对充分小的 $\varepsilon>0$ 有

$$r(\mathscr{M})<\left\|\frac{z}{P_{\mathscr{M}}(z)-\varepsilon}\right\|\Rightarrow r(\mathscr{M})\leqslant\frac{\|z\|}{P_{\mathscr{M}}(z)}$$

置 $z=r(\mathscr{M})y,y\neq 0$,则得

$$r(\mathscr{M})\leqslant\frac{r(\mathscr{M})\|y\|}{P_{\mathscr{M}}(r(\mathscr{M})y)}$$

从而有

$$P_{\mathscr{M}}(r(\mathscr{M})y)\leqslant 1,\forall y\in B_X$$

所以

$$r(\mathscr{M})y\in\mathscr{M},\forall y\in B_X\Rightarrow r(\mathscr{M})B_X\subset\mathscr{M}$$
$$\Rightarrow\sup_{\substack{\lambda>0\\ \lambda B_X\subset\mathscr{M}}}\lambda\geqslant r(\mathscr{M})$$

引理证完.

引理 5.3.2　设 X_{n+1} 是 $n+1$ 维线性赋范空间,$\mathscr{M}\subset X_{n+1}$ 是其有界的绝对凸闭集,且 $0\in\mathrm{Int}(\mathscr{M})$,则

$$d_n[\mathscr{M};X_{n+1}]=r(\mathscr{M})$$

证　(1) 由于 X_{n+1} 有限维,$\partial(\mathscr{M})$ 是 X_{n+1} 内的有界闭集,故为紧致集,所以量 $r(\mathscr{M})$ 在集 $\partial(\mathscr{M})$ 上达到. 先由 $r(\mathscr{M})B_X\subseteq\mathscr{M}$,利用球宽度定理得

$$r(\mathscr{M}) \leqslant d_n[\mathscr{M};X_{n+1}]$$

(2) 任取 $x_0 \in \partial(r(\mathscr{M})B_X) \cap \partial(\mathscr{M})$,$\mathscr{M}$ 在点 x_0 存在承托超平面,即有 $f \in X_{n+1}^*$,$f \neq 0$ 使

$$f(x_0) = \sup_{y \in \mathscr{M}} f(y)$$

不妨设 $\| f \| = 1$. 置 $L_n = \{x \in X \mid f(x) = 0\}$,我们说

$$E(\mathscr{M};L_n)_X = r(\mathscr{M})$$

若此式得证,便得

$$d_n[\mathscr{M};X_{n+1}] \leqslant E(\mathscr{M};L_n)_X = r(\mathscr{M})$$

那么引理就证得了. 为此,我们要利用第二章的定理 2.3.2,根据它有

$$e(x_0,L_n) = | f(x_0) | = \sup_{y \in \mathscr{M}} | f(y) |$$

然而由于 $| f(y) | = e(y,L_n)$,那么有

$$e(x_0,L_n) = \sup_{y \in \mathscr{M}} e(y,L_n) = E(\mathscr{M};L_n)_{X_{n+1}}$$

故由

$$\begin{aligned} \| x_0 \| &\geqslant | f(x_0) | = \sup_{y \in \mathscr{M}} | f(y) | \\ &\geqslant \sup_{y \in r(\mathscr{M})B_X} | f(y) | = r(\mathscr{M}) = \| x_0 \| \end{aligned}$$

便得

$$E(\mathscr{M};L_n)_{X_{n+1}} = \| x_0 \| = r(\mathscr{M})$$

定理 5.3.3 的证明

不失一般性,不妨认为 $\mathscr{M}$ 是 X_{n+1} 内的绝对凸有界闭集,记 $\mathscr{M}$ 的线性包为 $\text{span}(\mathscr{M})$. 如果 $\text{span}(\mathscr{M}) \subsetneqq X_{n+1}$,则 $\dim(\text{span}(\mathscr{M})) \leqslant n$,这时

$$d_n[\mathscr{M};X_{n+1}] = 0$$

如果 $\text{span}(\mathscr{M}) = X_{n+1}$,此时 $0 \in \text{Int}(\mathscr{M})_{X_{n+1}}$. 由 $r(\mathscr{M})B_{X_{n+1}} \subseteq \mathscr{M}$ 得

$$d_n[r(\mathscr{M})B_{X_{n+1}};X] \leqslant d_n[\mathscr{M};X]$$

但

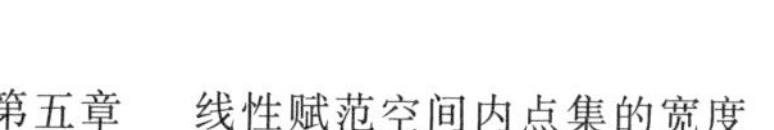

$$d_n[r(\mathscr{M})B_{X_{n+1}};X]=r(\mathscr{M})=d_n[\mathscr{M};X_{n+1}]$$

所以

$$d_n[\mathscr{M},X_{n+1}]\leqslant d_n[\mathscr{M};X]$$

但是 $X_{n+1}\subset X$,故又有相反的不等式

$$d_n[\mathscr{M};X]\leqslant d_n[\mathscr{M};X_{n+1}]$$

从而得

$$d_n[\mathscr{M};X]=d_n[\mathscr{M};X_{n+1}]=r(\mathscr{M})$$

注记 5.3.1　由球宽度定理易知,若 U_{n+1} 是 $M_{n+1}\subset X$ 的单位球,则

$$d_j[U_{n+1};X]=d_j[U_{n+1};M_{n+1}]=1$$

对 $j=0,1,\cdots,n$ 成立. Brown 定理说明,当 $j=n$ 时,U_{n+1} 换成 M_{n+1} 内的任意有界集,上面左边的等式仍成立,又 $j=0$ 时也是如此. 当 $1\leqslant j<n$ 时上述现象一般并不成立,反例可参看 В. М. Тихомиров 的论文[2].

注记 5.3.2　在引理 5.3.2 内,以 $\partial(\mathscr{M})$ 代替 $\mathscr{M}$ 仍有

$$d_n[\partial(\mathscr{M}),X_{n+1}]=r(\mathscr{M})\tag{5.40}$$

Ю. И. Маковоз 对此结果有一个有趣的拓广.

定理 5.3.4(Ю. И. Маковоз[17])

给定线性赋范空间 X_{n+1} 和 X,$\dim X_{n+1}=n+1$. $\mathscr{M}\subset X_{n+1}$ 是一绝对凸的闭集,并 $0\in\mathrm{Int}(\mathscr{M})$. 若 F 是 $\partial(\mathscr{M})\to X$ 的连续奇映射,则

$$d_n[F(\partial(\mathscr{M}));X]\geqslant\inf_{x\in F(\sigma)\mathscr{M}}\|x\|\tag{5.41}$$

$$d^n[F(\partial(\mathscr{M}));X]\geqslant\inf_{x\in F(\partial(\mathscr{M}))}\|x\|\tag{5.42}$$

§4　$n-K$ 宽度的极子空间

极子空间的存在性、唯一性、特征及构造方法是宽

度理论中的基本问题之一. 迄今对这一方面的问题的研究还不充分. 只有为数不多的一般性的结果. 本节介绍 A. L. Garkavi 的存在定理和 A. L. Brown 的特征定理.

(一) 极子空间存在定理

A. L. Garkavi[18][19] 给出了某些类型的 B 空间内的点集的 $n-K$ 宽度的极子空间的存在性定理. 为叙述他的结果,先给出:

引理 5.4.1 给定 B 空间 $(X,\|\cdot\|)$,$\dim(X)\geqslant n$. S_X 表示 X 的单位球面. 存在一常数 $c>0$,对任取的 n 个线性无关元 $(x_1,\cdots,x_n)\subset S_X$ 及任取的 n 个数,即 $\alpha_1,\cdots,\alpha_n$ 有 $\sum_{j=1}^{n}|\alpha_j|=1$,总有

$$\left\|\sum_{j=1}^{n}\alpha_j x_j\right\|\geqslant c$$

证 若引理不成立,则存在一数列 $c_k\downarrow 0$,对每一 k 有 n 个线性无关元 $\{x_1^{(k)},\cdots,x_n^{(k)}\}\subset S_X$ 及数组 $\{\alpha_1^{(k)},\cdots,\alpha_n^{(k)}\}$,$\sum_{j=1}^{n}|\alpha_j^{(k)}|=1$,使

$$\left\|\sum_{j=1}^{n}\alpha_j^{(k)}x_j^{(k)}\right\|<c_k,k=1,2,3,\cdots$$

对应着每一组 $\{x_1^{(k)},\cdots,x_n^{(k)}\}$ 存在 X^* 内的 n 元组 $\{f_1^{(1)},\cdots,f_n^{(k)}\}$,$\|f_j^{(k)}\|=1$,而且 $f_j^{(k)}(x_j^{(k)})=\delta_{i,j}(i,j=1,\cdots,n)$. 由此得

$$|\alpha_j^{(k)}|=\left|f_j^{(k)}\left(\sum_{i=1}^{n}\alpha_j^{(k)}x_i^{(k)}\right)\right|\leqslant c_k$$

所以

$$\lim_{k\to+\infty}\alpha_j^{(k)}=0,j=1,\cdots,n$$

这和$\sum_{j=1}^{n}|\alpha_j^{(k)}|=1(k=1,\cdots)$矛盾.

定理 5.4.1(Garkavi[19])　给定$(X,\|\cdot\|)$,X^*为其共轭空间,$\mathscr{M}\subset X^*$是中心对称有界集.对每一n,$\mathscr{M}$在X^*内的$n-K$宽度有极子空间.

证　设$\{\Gamma_k\}$是X^*内的n维线性子空间序列,满足

$$E(\mathscr{M};\Gamma_k)_{X^*}\leqslant d_n[\mathscr{M};X^*]+k^{-1},k=1,2,\cdots$$

设

$$\Gamma_k=\operatorname{span}(\gamma^{(k)},\cdots,\gamma_n^{(k)})$$
$$\|\gamma_j^{(k)}\|=1,k=1,2,\cdots,j=1,\cdots,n$$

由引理 5.4.1,任取

$$\gamma^{(k)}=\sum_{j=1}^{n}\alpha_j^{(k)}\gamma_j^{(k)}\in\Gamma_k$$

有

$$|\alpha_j^{(k)}|\leqslant\sum_{i=1}^{n}|\alpha_i^{(k)}|\leqslant c^{-1}\|\gamma^{(k)}\|$$
$$j=1,\cdots,n,k=1,2,\cdots$$

任取$f\in\mathscr{M}$,设f在Γ_k内的最佳逼近元为$\gamma^{(k)}=\sum_{i=1}^{n}\alpha_i^{(k)}(f)\gamma_i^{(k)}$,则由$\|f-\gamma^{(k)}\|\leqslant\|f\|$及

$$\|\gamma^{(k)}\|\leqslant\|\gamma^{(k)}-f\|+\|f\|\leqslant2\|f\|$$

有

$$|\alpha_j^{(k)}(f)|\leqslant c^{-1}\|\gamma^{(k)}\|\leqslant2c^{-1}\|f\|$$
$$j=1,\cdots,n,k=1,2,\cdots$$

今取X^*的单位球B_{X^*},赋以$\sigma(X^*,X)$(即$^*\omega$)拓扑成一 Hausdorff 紧空间.对应于每一$\varphi\in\mathscr{M}$,取数集$I_\varphi=\{\alpha\mid|\alpha|\leqslant2c^{-1}\|\varphi\|$赋以自然拓扑,也成为 Hausdorff 紧空间.若置

$$B_{X^*,1}=\cdots=B_{X^*,n}=(B_{X^*},\sigma(X^*,X))$$
$$I_{\varphi,1}=\cdots=I_{\varphi,n}=I_{\varphi},\varphi\in\mathscr{M}$$

乘积空间

$$Q=B_{X^*,1}\times\cdots\times B_{X^*,n}\times\prod_{\varphi\in\mathscr{M}}(I_{\varphi,1}\times\cdots\times I_{\varphi,n})$$

也是 Hausdorff 紧空间. 考虑 Q 的元素序列 $\{q_k\}\subset Q$, 此处

$$q_k=\{\gamma_1^{(k)},\cdots,\gamma_n^{(k)},\alpha_{\varphi,1}^{(k)},\cdots,\alpha_{\varphi,n}^{(k)}\},\varphi\in\mathscr{M}$$

$\{q_k\}$ 在 Q 内有极限点 q,记为

$$q=\{\gamma_1,\cdots,\gamma_n,\alpha_{\varphi,1},\cdots,\alpha_{\varphi,n}\},\varphi\in\mathscr{M}$$

我们说:$\forall f\in\mathscr{M}$ 有

$$\left\|f-\sum_{j=1}^{n}\alpha_j(f)\gamma_j\right\|\leqslant d_n[\mathscr{M};X^*]$$

事实上,任取 $f\in\mathscr{M}$,对 $x\in X$, $\|x\|=1$,若指定任意小的 $\varepsilon>0$,则当 $k>\varepsilon^{-1}$ 时有

$$\begin{aligned}&\left|f(x)-\sum_{j=1}^{n}\alpha_j^{(k)}(f)\gamma_j^{(k)}(x)\right|\\&\leqslant\left\|f-\sum_{j=1}^{n}\alpha_j^{(k)}(f)\gamma_j^{(k)}\right\|\\&\leqslant E(\mathscr{M};\Gamma_k)_{X^*}\leqslant d_n[\mathscr{M};X^*]+\varepsilon\end{aligned}$$

取 $q\in Q$ 的邻域 $V=V(q)$,其定义为

$$\begin{aligned}V=\{&(\gamma_{(1)},\cdots,\gamma_{(n)},\alpha_{(\varphi,1)},\cdots,\alpha_{(\varphi,n)})_{\varphi\in\mathscr{M}}\}\\&|\gamma_{(j)}^{(x)}-\gamma_j(x)|<\varepsilon,j=1,\cdots,n\\&|\alpha_{(\varphi,j)}-\alpha_{\varphi,j}|<\varepsilon,j=1,\cdots,n,\varphi\in\mathscr{M}\end{aligned}$$

由于 q 是 $\{q_k\}$ 的极限点,故存在 $k_0>\varepsilon^{-1}$ 使 $q_{k_0}\in V(q)$,即有

$$|\gamma_j^{(k_0)}(x)-\gamma_j(x)|<\varepsilon,j=1,\cdots,n$$
$$|\alpha_{\varphi,j}^{(k_0)}-\alpha_{\varphi,j}|<\varepsilon,j=1,\cdots,n,\varphi\in\mathscr{M}$$

由此得

$$
\begin{aligned}
&\left|\sum_{j=1}^{n}\alpha_j^{(k_0)}(f)\gamma^{(k_0)}(x)-\sum_{j=1}^{n}\alpha_j(f)\gamma_j(x)\right| \\
\leqslant&\sum_{j=1}^{n}\left|\alpha_j^{(k_0)}(f)\gamma_j^{(k_0)}(x)-\alpha_j(f)\gamma_j(x)\right| \\
\leqslant&\sum_{j=1}^{n}\left|\alpha_j^{(k_0)}(f)\gamma_j^{(k_0)}(x)-\alpha_j^{(k_0)}(f)\gamma_j(x)\right|+ \\
&\sum_{j=1}^{n}\left|\alpha_j^{(k_0)}(f)\gamma_j(x)-\alpha_j(f)\gamma_j(x)\right| \\
\leqslant&\, n\varepsilon\left(\max_{1\leqslant j\leqslant n}\left|\alpha_j^{(k_0)}(f)\right|+\max_{0\leqslant j\leqslant n}\left|\gamma_j(x)\right|\right) \\
\leqslant&\, n\varepsilon(2c^{-1}\|f\|+1)
\end{aligned}
$$

所以

$$
\begin{aligned}
&\left|f(x)-\sum_{j=1}^{n}\alpha_j(f)\gamma_j(x)\right| \\
\leqslant&\, d_n[\mathscr{M};X^*]+\varepsilon+n\varepsilon(2c^{-1}\|f\|+1)
\end{aligned}
$$

故由此得：$\forall x\in X,\|x\|=1$ 有

$$
\begin{aligned}
&\left\|f-\sum_{j=1}^{n}\alpha_j(f)\gamma_j\right\| \\
=&\sup_{\substack{x\in X\\ \|x\|=1}}\left|f(x)-\sum_{j=1}^{n}\alpha_j(f)\gamma_j(x)\right| \\
\leqslant&\, d_n[\mathscr{M};X^*]
\end{aligned}
$$

若置 $L_n=\mathrm{span}\{\gamma_1,\cdots,\gamma_n\}$，则见

$$
E(\mathscr{M};L_n)_{X^*}\leqslant d_n[\mathscr{M}:X^*]
$$

即 L_n 是一极子空间.

定理5.4.2(Garkavi[19])　设 X 为一 B 空间，具有性质：存在由 $X^{**}\to X$ 的投影算子 P，$\|P\|=1$. 则 X 内的任一有界的中心对称集 $\mathscr{M}$ 在 X 内的 $n-K$ 宽度存在极子空间.

证　令 π 表示 $X\to X^{**}$ 的自然嵌入. 由刚才证得

的定理,知$\pi(\mathscr{M})\subset X^{**}$,在$X^{**}$内的$n-K$宽度有极子空间. 记作$\Gamma_n=\mathrm{span}\{\psi_1,\cdots,\psi_n\}\subset X^{**}$. 我们说,$L_n=P(\Gamma_n)\subset X$是$\mathscr{M}$在$X$内的$n-K$宽度的极子空间. 事实上,任取$x\in\mathscr{M}$,若$\pi(x)$在$\Gamma_n$内的最佳逼近元为$\psi=\sum_{j=1}^{n}\alpha_j\psi_j$,则

$$\|x-\sum_{j=1}^{n}\alpha_jP(\psi_j)\|=\|P(\pi(x)-\sum_{j=1}^{n}\alpha_j\psi_j)\|$$

$$\leqslant\|\pi(x)-\sum_{j=1}^{n}\alpha_j\psi_j\|_{X^{**}}=e(\pi(x);\Gamma_n)_{X^{**}}$$

(对$x\in X,P(\pi(x))=x$.)所以由

$$e(\pi(x),\Gamma_n)_{X^{**}}\leqslant d_n[\pi(\mathscr{M});X^{**}]\leqslant d_n[\mathscr{M};X]$$

(因$\pi(X)\subset X^{**}$)即得

$$E(\mathscr{M};L_n)_X\leqslant d_n[\mathscr{M};X]$$

故L_n是一极子空间.

定理5.4.2包含定理5.4.1.因为对任意线性赋范空间X,总存在$X^{***}\to X^{*}$的范数1的投影算子.另一方面,存在满足定理5.4.2条件的B空间,它不是线性赋范空间的共轭空间.参看Bourbaki的拓扑向量空间. A. L. Garkavi曾在[19]指出,若B空间不满足定理5.4.2的条件,那么定理的结论未必成立.

(二)Brown关于极子空间的一个特征

定理5.4.3(A. L. Brown[16]) 设X_{n+1}是一$n+1$维线性赋范空间,$\mathscr{M}\subset X_{n+1}$是一绝对凸的有界闭集,且$0\in\mathrm{Int}(\mathscr{M})$. L_n是X_{n+1}的n维线性子空间. 则L_n是$\mathscr{M}$在X_{n+1}内的$n-K$宽度的极子空间,当且仅当,存在点$x_0\in\partial(r(\mathscr{M})\cdot B_X)\cap\partial(\mathscr{M})$使超平面$H_n=x_0+L_n$

同为 $\mathscr{M}$ 及球 $r(\mathscr{M})B_{X_{n+1}}$ 的支撑面.

证　这里要用到第二章 §3 内关于球的支撑集及支撑平面的有关概念和结果.特别要用到下面事实.在 B 空间内任给球体 $B(0,r)=\{x\in X \mid \|x\|\leqslant r\}$.在 $B(0,r)$ 表面上任一点 x_0 处存在着支撑平面:即存在 $f\in X^*$,$\|f\|=1$,$f(x_0)=\|x_0\|=r$,超平面

$$H=\{x\in X \mid f(x)=r\}$$

在点 x_0 支撑 $B(0,r)$,就是说,有

$$\sup_{\|x\|\leqslant r} f(x)=f(x_0)$$

下面分两个步骤给出定理的证明.

(1) 设 $L_n=\{x\in X_{n+1} \mid f(x)=0\}$ 是 $\mathscr{M}$ 在 X_{n+1} 内的 $n-K$ 宽度的一个极子空间.不妨设 $\|f\|=1$.那么

$$\sup_{y\in\mathscr{M}} e(y,L_n)=E(\mathscr{M};L_n)_{X_{n+1}}=d_n[\mathscr{M};X_{n+1}]=r(\mathscr{M})$$

对任取的 $y_1,y_2\in\mathscr{M}$ 有

$$|e(y_1,L_n)-e(y_2,L_n)|\leqslant\|y_1-y_2\|$$

所以 $e(y,L_n)$ 是连续的.由 $\mathscr{M}$ 的紧致性,存在 $x_0\in\mathscr{M}$ 使

$$e(x_0,L_n)=E(\mathscr{M};L_n)X_{n+1}=r(\mathscr{M})$$

根据第二章的定理 2.3.2,有

$$e(x_0,L_n)=e(0,x_0+L_n)=|f(x_0)|=r(\mathscr{M})$$

故由定理 2.3.4,得知 x_0+L_n 是球 $r(\mathscr{M})B_{X_{n+1}}$ 的一支撑面.

下面证明 x_0+L_n 是 $\mathscr{M}$ 的支撑面.根据定理2.3.2,任取 $y\in\mathscr{M}$ 有

$$e(y,L_n)=|f(y)|$$

所以

$$|f(x_0)|=\sup_{y\in\mathscr{M}}|f(y)|$$

记 $P_{\mathscr{M}}(y)$ 为 $\mathscr{M}$ 的 Minkowski 泛函,$P_{\mathscr{M}}(y)$ 是范数,记

以 $P_{\mathscr{M}}(y)=\|y\|_1$. 此时 $\mathscr{M}$ 是线性赋范空间 $(X_{n+1},\|\cdot\|_1)$ 的单位球. 对空间 $(X_{n+1},\|\cdot\|_1)$ 使用定理 2.3.2,记 $\rho_1(y_1,y_2)=\|y_1-y_2\|_1$,那么

$$\rho_1(0,x_0+L_n)=\frac{|f(x_0)|}{\|f\|_1}$$

此处

$$\|f\|_1\overset{\text{df}}{=}\sup_{\|y\|_1\leqslant 1}f(y)=\sup_{y\in\mathscr{M}}|f(y)|=|f(x_0)|$$

所以 $\rho_1(0,x_0+L_n)=1$. 由此知,x_0+L_n(在空间 $(X_{n+1},\|\cdot\|_1$ 内是 $\|\cdot\|_1$ 单位球的)是 $\mathscr{M}$ 的支撑面. 很明显,$x_0\in\partial(\mathscr{M})$ 而不是 $\mathscr{M}$ 的内点. 必要性证完.

(2) 反之,设 $x_0\in\partial(r(\mathscr{M})\cdot B_{X_{n+1}})\cap\partial(\mathscr{M})$,$L_n=\{x\in X_{n+1}\mid f(x)=0\}$,$\|f\|=1$,$x_0+L_n$ 同时是 $\mathscr{M}$ 与 $r(\mathscr{M})\cdot B_{X_{n+1}}$ 的支撑面. 由第二章定理 2.3.4 有

$$e(0,x_0+L_n)=r(\mathscr{M})$$

又由定理 2.3.2 有

$$e(0,x_0+L_n)=|f(x_0)|$$

所以

$$|f(x_0)|=r(\mathscr{M})=e(0,x_0+L_n)$$

又由于 x_0+L_n 支撑 $\mathscr{M}$,我们有

$$\rho_1(0,x_0+L_n)=\frac{|f(x_0)|}{\sup_{y\in\mathscr{M}}|f(y)|}=1$$

由此又得 $|f(x_0)|=\sup_{y\in\mathscr{M}}|f(y)|$,但再一次应用定理 2.3.2 有

$$|f(y)|=e(y,L_n)$$

所以

$$|f(x_0)|=\sup_{y\in\mathscr{M}}|f(y)|=\sup_{y\in\mathscr{M}}e(y,L_n)=E(\mathscr{M};L_n)_{X_{n+1}}$$

根据在上一节内证明了的 Brown 定理

$$r(\mathscr{M})=d_n[\mathscr{M};X_{n+1}]$$

那么

$$|f(x_0)|=r(\mathscr{M})=E(\mathscr{M};L_n)_{X_{n+1}}=d_n[\mathscr{M};X_{n+1}]$$

即 L_n 是极子空间.

推论　设 X_{n+1} 是线性赋范空间 X 的 $n+1$ 维的线性子空间，$\mathscr{M}\subset X_{n+1}$ 是其中心对称有界集. 则存在一个 n 维线性子空间 $L_n\subset X_{n+1}$ 是 $\mathscr{M}$ 在空间 X 内的 $n-K$ 宽度的一极子空间.

证　记 $\mathscr{M}$ 的线性包为 $\mathrm{span}(\mathscr{M})$. 当 $\dim(\mathrm{span}(\mathscr{M}))\leqslant n$ 时，X_{n+1} 的任一包含 $\mathrm{span}(\mathscr{M})$ 的 n 维线性子空间都是 $\mathscr{M}$ 的(在 X 内的)$n-K$ 宽度的极子空间(此时 $d_n[\mathscr{M};X_{n+1}]=0$). 如果 $X_{n+1}=\mathrm{span}(\mathscr{M})$，不妨设 $\mathscr{M}$ 是 X_{n+1} 内的有界闭绝对凸集. $0\in \mathrm{Int}(\mathscr{M})_{X_{n+1}}$，而在这些条件下，我们在上一节的 Brown 定理中已经证得存在一 n 维线性子空间 $L_n\subset X_{n+1}$，使 $d_n[\mathscr{M};X_{n+1}]=E(\mathscr{M};L_n)_{X_{n+1}}$. 又因为同一条定理还肯定了

$$d_n[\mathscr{M};X_{n+1}]=d_n[\mathscr{M};X]$$

所以 L_n 也是 $\mathscr{M}$ 在 X 内的 $n-K$ 宽度的极子空间.

§5　Hilbert 空间内点集的宽度

(一) 一般注记

在 Hilbert 空间内，由于范数的特殊性，一些一般性结果可以较简地处理.

(1) 对偶定理.

若 $A(H\to H)$ 是线性有界算子，H 是一 Hilbert

空间,A^* 为其共轭算子. 置 $\Omega=\{Ax \mid \|x\|\leqslant 1\}$, $\Omega^*=\{A^*x \mid \|x\|\leqslant 1\}$,则

$$d_n[\Omega;H]=d_n[\Omega^*,H]=d^n[\Omega^*;H]=d^n[\Omega;H] \tag{5.43}$$

证 任取 H 的 n 维线性子空间,有

$$\begin{aligned}E(\Omega;L_n)_H&=\sup_{\|x\|\leqslant 1}\min_{n=L_n}\|Ax-u\|\\&=\sup_{\|x\|\leqslant 1}\sup_{\substack{\|y\|\leqslant 1\\ y\perp L_n}}(Ax,y)\\&=\sup_{\substack{\|y\|\leqslant 1\\ y\perp L_n}}\sup_{\|x\|\leqslant 1}(x,A^*y)\\&=\sup_{\substack{\|y\|\leqslant 1\\ y\perp L_n}}\|A^*y\|\end{aligned}$$

所以

$$d_n[\Omega;H]=\inf_{L_n}E(\Omega;L_n)_H=\inf_{L_n}\sup_{\substack{\|y\|\leqslant 1\\ y\perp L_n}}\|A^*y\|\overset{\text{df}}{=\!=}\alpha$$

由定义

$$d^n[\Omega^*;H]=\inf_{L_n}\sup_{\substack{\|y\|\leqslant 1\\ A^*y\perp L_n}}\|A^*y\|$$

而

$$A^*y\perp L_n\Leftrightarrow(A^*y,x_j)=0\Leftrightarrow(y,Ax_j)=0,j=1,\cdots,n$$

此处 $L_n=\operatorname{span}\{x_1,\cdots,x_n\}$. 记 $Ax_j=\widetilde{x}_j$, $\widetilde{L}_n=\operatorname{span}\{\widetilde{x}_1,\cdots,\widetilde{x}_n\}$,则见对每一 $L_n\subset H$ 有

$$\sup_{\substack{\|y\|\leqslant 1\\ A^*y\perp L_n}}\|A^*y\|=\sup_{\substack{\|y\|\leqslant 1\\ y\perp \widetilde{L}_n}}\|A^*y\|$$

所以得 $\alpha\leqslant d^n[\Omega^*,H]$.

往下为了完成式(5.43)的证明,我们需要一条:

命题 5.5.1 设 $\mathscr{M}\subset H$ 是一中心对称的凸集,则

$$d^n[\mathscr{M};H]\leqslant d_n[\mathscr{M};H] \tag{5.44}$$

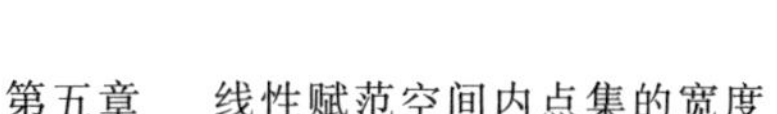

证　设 $d^n[\mathscr{M};H]<+\infty$. 则 $\forall L^n\subset H$ 有

$$\sup_{x\in\mathscr{M}\cap L^n}\|x\|\geqslant d^n[\mathscr{M};H]$$

任给 $\varepsilon>0$, $\exists x_0\in\mathscr{M}\cap L^n$ 使

$$\sup_{x\in\mathscr{M}\cap L^n}\|x\|<\|x_0\|+\varepsilon$$

记 L^n 的直交补为 L_n, 即 $L_{n^\perp}=L^n$, 则 $x_0\perp L_n$, 故有 $e(x_0,L_n)_H=\|x_0\|$, 从而

$$\sup_{x\in\mathscr{M}\cap L^n}\|x\|<\|x_0\|+\varepsilon\leqslant E(\mathscr{M};L_n)_H+\varepsilon$$

所以得

$$d^n[\mathscr{M};H]<E(\mathscr{M};L_n)_H+\varepsilon,\ \forall L_n\subset H$$

从而有

$$d^n[\mathscr{M};H]\leqslant d_n[\mathscr{M};H]$$

当 $d^n[\mathscr{M};H]=+\infty$ 时, 同法可得 $d_n[\mathscr{M};H]=+\infty$.

继续证对偶定理:

由刚刚证得的式(5.44)有

$$d^n[\Omega^*,H]\leqslant d_n[\Omega^*;H]$$

所以有

$$\alpha=d_n[\Omega;H]\leqslant d^n[\Omega^*;H]\leqslant d_n[\Omega^*;H]$$

A,A^* 交换($A^{**}=A$)得

$$d_n[\Omega^*;H]\leqslant d_n[\Omega;H]$$

由此即得式(5.43).

(2) 球宽度定理.

有初等证法.

设 $X_{n+1}\subset H$ 是一 $n+1$ 维线性子空间, $B_{X_{n+1}}$ 为其单位球, 任取 $L_n\subset H$ 总成立 $E(B_{X_{n+1}};L_n)_H=1$. 因设 X_{n+1},L_n 的标准正交基分别是 $\{e_1,\cdots,e_{n+1}\}$, $\{\varphi_1,\cdots,\varphi_n\}$. 我们说存在 $x\in X_{n+1}$, 满足条件 $\|x\|=1$, $(x,\varphi_1)=\cdots=(x,\varphi_n)=0$. 因为可以设 $x=\sum\limits_{j=1}^{n+1}\alpha_je_j$, 由

条件$(x,\varphi_k)=\sum_{j=1}^{n+1}\alpha_j(e_j,\varphi_k)=0(k=1,\cdots,n)$可得到一组非零解$(\alpha_1,\cdots,\alpha_{n+1})$. 若令

$$\alpha_j^0=\frac{\alpha_j}{\sqrt{\alpha_1^2+\cdots+\alpha_{n+1}^2}},j=1,\cdots,n+1$$

则 $x^0=\sum_{j=1}^{n+1}\alpha_j^0 e_j$ 即合乎要求. 注意到

$$e(x^0;L_n)_H=\min_{y\in L_n}\|x^0-u\|=\|x^0\|=1$$

即得所求.

(3) 在Hilbert空间内,Helfrich引理(见本章,§1的式(5.11)对 $n-K$ 宽度也成立).

命题 5.5.2 设 $\mathscr{M}\subset H_1\subset H$,$H_1$ 是 H 的线性子空间,$\mathscr{M}$ 是一中心对称的凸集. 则

$$d_n[\mathscr{M};H_1]=d_n[\mathscr{M};H] \tag{5.45}$$

证 记 $H_2=H_1^{\perp}$,那么有 $H=H_1\oplus H_2$. 任取 $L_n\subset H$,设 $L_n=\operatorname{span}\{x_1,\cdots,x_n\}$. 对每一 x_j,存在 $y_j\in H_1,z_j\in H_2$,使 $x_j=y_j+z_j$,此处 $y_j\perp z_j$. 置 $\operatorname{span}\{y_j\}=X_n\subset H_1,\operatorname{span}\{z_j\}=Y_n\subset H_2$,则 $L_n\subset X_n\oplus Y_n$,而$\dim X_n\leqslant n$, $\dim Y_n\leqslant n$. $\forall x\in\mathscr{M}$有

$$\begin{aligned}
e^2(x,L_n)&=\min_{\alpha_j}\|x-\sum_{j=1}^n\alpha_jx_j\|^2\\
&=\min_{\alpha_j}\|x-\sum_{j=1}^n\alpha_jy_j-\sum_{j=1}^n\alpha_jz_j\|^2\\
&=\min_{\alpha_j}\left\{\|x-\sum_{j=1}^n\alpha_jy_j\|^2+\|\sum_{j=1}^n\alpha_jz_j\|^2\right\}\\
&\geqslant\min_{\alpha_j}\|x-\sum_{j=1}^n\alpha_jy_j\|^2=e^2(x;X_n)
\end{aligned}$$

所以

$$E(\mathscr{M};L_n)_H\geqslant E(\mathscr{M};X_n)_H\geqslant d_n[\mathscr{M};H_1]$$

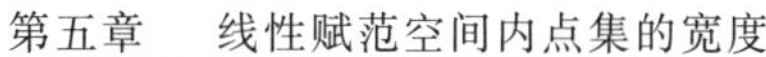

从而有

$$d_n[\mathscr{M};H] \geqslant d_n[\mathscr{M};H_1]$$

另一方向的不等式是明显的. 所以有式(5.45).

这条命题说明，要求点集 $\mathscr{M} \subset H$ 在空间 H 内的 $n-K$ 宽度，只需求 $\mathscr{M}$ 在包含它的最小线性子空间 $H_1=\overline{\operatorname{span}(\mathscr{M})} \subseteq H$ 内的 $n-K$ 宽度就可以了.

(二) 椭球的宽度

Hilbert 空间内一类重要的点集是椭球，或以椭球为底的柱. 这一类型点集的宽度问题通常和全连续自伴算子的本征值问题以及二次泛函的极值问题有紧密联系.

设 H 是可分的实 Hilbert 空间，记其标准正交基 $\{e_1,e_2,\cdots,e_n,\cdots\}$. $\forall x \in H$，有

$$x=\sum_j (x,e_j)e_j$$

$$\|x\|^2=\sum_j (x,e_j)^2$$

定义 5.5.1　给定数列 $\lambda_1 \geqslant \lambda_2 \geqslant \cdots \geqslant \lambda_n \geqslant \cdots$，此处每一 λ_n 满足 $0 \leqslant \lambda_n \leqslant +\infty$. 点集

$$\Omega=\{x \in H \mid \sum_j \frac{(x,e_j)^2}{\lambda_j^2} \leqslant 1\}$$

称为 H 内的椭球.

如果 $\lambda_j=+\infty$，则规定 $\frac{1}{+\infty}=0$. 此时 (x,e_j) 可以是任意数. 一般地，若 $\lambda_1=\cdots=\lambda_N=+\infty$，$\lambda_{N+1}<+\infty$，则 Ω 的每一点 x 可表示为

$$x=\sum_{j=1}^{N} \alpha_j e_j+\sum_{j>N}(x,e_j)e_j$$

系数 $\alpha_1,\cdots,\alpha_N$ 可以取到一切可能的实数.

记

$$\mathscr{L}_N = \text{span}\{e_1, e_2, \cdots, e_N\}$$

$$\Omega_N = \{x \in H \mid \sum_{j>N} \frac{(x, e_j)^2}{\lambda_j^2} \leqslant 1\}$$

那么

$$\Omega = \mathscr{L}_N + \Omega_N$$

这时 Ω 实际上是以椭球 Ω_N 为底的柱.

还可以出现 $\lambda_N > 0, \lambda_{N+1} = \lambda_{N+2} = \cdots = 0$ 的情况. 这时,规定$\frac{1}{0} = +\infty, +\infty \cdot 0 = 0$. 那么当 $j > N$ 时,只能有 $(x, e_j) = 0$. 所以这时的 Ω 是有限维点集.

定理 5.5.1 设 $\Omega \subset H$ 是一椭球,则

(1) $d_n[\Omega; H] = d^n[\Omega; H] = \lambda_{n+1}, n = 0, 1, 2, \cdots$. (5.46)

(2) $L_n^0 = \text{span}\{e_1, \cdots, e_n\}, (L_n^0)^{\perp}$ 分别是 $n-K$ 宽度和 $n-G$ 宽度的极子空间.

证 设 $\Omega = \mathscr{L}_r + \Omega_r, r \geqslant 0$.

(1) 当 $r = 0$ 时,由命题 5.5.1 有

$$\begin{aligned} d^n[\Omega; H] \leqslant d_n[\Omega; H] &= E(\Omega; L_n^0)_H \\ &= \sup_{x \in \Omega} \| x - \sum_{j=1}^{n} (x, e_j) e_j \| \\ &= \sup_{x \in \Omega} \Big(\sum_{j>n} (x, e_j)^2 \Big)^{\frac{1}{2}} \\ &\leqslant \lambda_{n+1} \Big(\sum_{j>n} \frac{(x, e_j)^2}{\lambda_j^2} \Big)^{\frac{1}{2}} \leqslant \lambda_{n+1} \end{aligned}$$

上方估计做出.

另一方面在 L_{n+1}^0 内取球 $\lambda_{n+1} B_H \cap L_{n+1}^0$,我们说有

$$\lambda_{n+1} B_H \cap L_{n+1}^0 \subset \Omega$$

事实上

$$\forall x \in \lambda_{n+1} B_H \cap L_{n+1}^0$$

$$\Rightarrow \| x \|^2 = \sum_{j=1}^{n} \leqslant (x, e_j)^2 \leqslant \lambda_{n+1}^2$$

$$\Rightarrow \sum_{j=1}^{n+1} \frac{(x, e_j)^2}{\lambda_j^2} \leqslant \frac{1}{\lambda_{n+1}^2} \sum_{j=1}^{n+1} (x, e_j)^2 \leqslant 1$$

所以 $x \in \Omega$.

故由球宽度定理得

$$d^n[\Omega; H] \geqslant \lambda_{n+1}$$

(2) 若 $r \geqslant 1$，那么 $\lambda_1 = \cdots = \lambda_r = +\infty, \lambda_{r+1} < +\infty$.

当 $0 \leqslant n \leqslant r-1$ 时

$$d^n[\Omega; H] = d_n[\Omega; H] = +\infty$$

(见定理 5.1.1 的(5)，定理 5.1.2 的(5).) 当 $n \geqslant r$ 时，一方面有

$$d^n\{\Omega; H\} \leqslant d_n[\Omega; H] \leqslant d_r[\mathscr{L}_r; H] + d_{n-r}[\Omega_r; H]$$
$$= d_{n-r}[\Omega_r; H] = d_{n-r}[\Omega_r; \mathscr{L}_r^{\perp}] = \lambda_{n+1}$$

另一方面，若取 $\Delta_1 > \Delta_2 > \cdots > \Delta_r > \lambda_{r+1} \geqslant \cdots$，此处 $\Delta_1, \cdots, \Delta_r$ 是有限的，并置

$$\Omega_\Delta \overset{\text{df}}{=} \{x \in H \mid \sum_{j=1}^{r} \frac{(x, e_j)^2}{\Delta_j^2} + \sum_{j>1} \frac{(x, e_j)^2}{\lambda_j^2} \leqslant 1\}$$

则不论 $\Delta_1, \cdots, \Delta_r$ 多么大总有 $\Omega_\Delta \subset \Omega$. 从而

$$d^n[\Omega; H] \geqslant d^n[\Omega_\Delta; H] = \lambda_{n+1}, n \geqslant r$$

从以上论证看出，$L_n^0 (r \leqslant n)$ 是极子空间，($n-K$ 宽度) 而 $(L_n^0)^{\perp}$ 是 $n-G$ 宽度的极子空间.

椭球的一个具体例子是 Hilbert 空间的单位球在线性全连续算子作用下的象. 我们在下面来讨论这一点集. 设 T 是 $H \to H$ 的线性全连续算子，置 $\Omega = \{Tx \mid x \in H, \| x \| \leqslant 1\}$.

命题 5.5.3 Ω 是一椭球.

证 设 T^* 为 T 的共轭算子. 置 $A=T^*T$，则 A 是线性全连续的自伴算子，而且是非负的，即是说，对任取的 $x\in H$，$(Ax,x)=(T^*Tx,x)=\|Tx\|^2\geqslant 0$. 根据 Hilbert 空间内全连续自伴算子的谱理论，A 的本征值是非负实数，它的每一个正本征值的重度有限. 把它的全部正本征值排成下降序列，且使每一数按照其重度在序列中出现与重度相同的次数，把这一序列记作

$$\lambda_1,\lambda_2,\cdots,\lambda_n,\cdots,\lambda_n\geqslant\lambda_{n+1}>0,\lambda_n\downarrow 0$$

与其对应的本征向量经过标准化处理排成序列

$$x_1,x_2,\cdots,x_n,\cdots$$

则 $\{x_n\}$ 是 H 内的一个标准正交系. 令 $H_1=\overline{\mathrm{span}\{x_n\}}$，$H_2=H_1^{\perp}$，则 $H=H_1\oplus H_2$，今考虑序列 $x'_n=Tx_n$，则 $x'_n\neq 0$. 且由

$$TT^*x'_n=TT^*(Tx_n)=T(T^*Tx_n)=TAx_n=\lambda_n x'_n$$

知 x'_n 是 TT^* 的本征向量，对应着本征值 λ_n.

注意到

$$(x'_m,x'_n)=(Tx_m,Tx_n)=(x_m,T^*Tx_n)$$
$$=\lambda_n(x_m,x_n)=\lambda_n\delta_{mn}$$

便知 $\{x'_n\}$ 是 H 内的直交系，且若取 $y_n=\dfrac{x'_n}{\sqrt{\lambda_n}}$ 以代替 x'_n，那么 $\{y_n\}$ 是 H 内的又一标准直交系，记 $\widetilde{H}_i=\overline{\mathrm{span}\{y_n\}}$，则 $\widetilde{H}_1\subset H$ 是 H 的可分的线性子空间，而 T 是 $H_1\to\widetilde{H}_1$ 的，另外，$H_2=\ker(T)$. 任取 $x\in H$，存在唯一的 $x'\in H_2$ 使

$$x=x'+\sum_n(x,x_n)x_n$$

从而

$$Tx=\sum_n(x,x_n)Tx_n=\sum_n\sqrt{\lambda_n}(x,x_n)y_n$$

记

$$\Omega_1 = \{Tx \mid x \in H_1, \| x \| \leqslant 1\}$$

则见 $\Omega = \Omega_1 \subset \widetilde{H}$，$\Omega_1$ 内任一点 $y = Tx$ 满足关系式

$$\sum_n \frac{(y, y_n)^2}{\lambda_n} \leqslant 1$$

这是因为 $(y, y_n) = (Tx, y_n) = \sqrt{\lambda_n}(x, x_n)$，而 $\| x \|^2 = \sum_n (x, x_n)^2 \leqslant 1$. 反之，$\widetilde{H}_1$ 内任一点 y，若满足上面的关系式，必是 H_1 空间内单位球的点 $x = \sum_n \frac{(y, y_n)}{\sqrt{\lambda_n}} x_n$ 在 T 作用下的象. 这样一来，$\Omega = \Omega_1$ 原来是可分的 Hillert 空间 $\widetilde{H}_1$ 内的椭球.

如果 T 本身是非负定的，线性全连续的自伴算子，那么点集 $\Omega = \{Tx \mid x \in H, \| x \| \leqslant 1\}$ 是可分空间 $H_1 = \overline{\mathrm{span}\{x_n\}}$ 内的椭球

$$\Omega = \{y \in H_1 \mid \sum_k \frac{(y, x_k)^2}{\lambda_k^2} \leqslant 1\}$$

此处

$$\lambda_1 \geqslant \lambda_2 \geqslant \cdots \geqslant \lambda_n \geqslant \cdots, \lambda_n > 0, \lambda_n \downarrow 0$$

是 T 的本征值序列，而 $x_1, \cdots, x_n, \cdots$ 是与其对应的，标准化了的本征向量序列.

现在可以给出：

定理 5.5.2　设 T 是 $H \to H$ 的线性全连续算子，则 $\Omega = \{Tx \mid x \in H, \| x \| \leqslant 1\}$ 是可分的 Hilbert 空间 $\overline{R(T)} \subset H$ 内的椭球.

(1) $d^n[\Omega; H] = d_n[\Omega; H] = d'_n[\Omega; H] = \sqrt{\lambda_{n+1}}$.

(2) $L_n^0 = \mathrm{span}\{Tx_1, \cdots, Tx_n\}$ 是 Ω 在 H 内 $n-K$ 宽度的一个极子空间.

(3)$(L_n^0)^{\perp}$ 是 Ω 的 $n-G$ 宽度的一极子空间.

此处

$$\lambda_1 \geqslant \lambda_2 \geqslant \cdots \geqslant \lambda_n \geqslant \cdots$$

是 $T^* T$ 的全体(非 0) 本征值序列(其中每一个本征值的重度是多少，就在序列内连续出现多少次)，而 $x_1, \cdots, x_n, \cdots$ 是相对应的标准化了的本征向量序列.

推论 若有 r 维的线性子空间 $\mathscr{L}_r \perp R(T)$，且 $\mathscr{M}=\mathscr{L}_r+\Omega$，则：

(1)$0 \leqslant n < r$ 时，$d^n[\mathscr{M};H]=d_n[\mathscr{M};H]=+\infty$.

(2)$n \geqslant r$ 时

$$d^n[\mathscr{M};H]=d_n[\mathscr{M};H]=d'_n[\mathscr{M};H]=\sqrt{\lambda_{n+1-r}}$$

(3)$n \geqslant r$ 时

$$L_n^0=\{u_1, \cdots, u_r, Tx_1, \cdots, Tx_{n-r}\}$$

L_n^0，$(L_n^0)^{\perp}$ 分别是 $\mathscr{M}$ 的 $n-K$ 宽度，$n-G$ 宽度的极子空间.

注记 5.5.1 若推论中的 $\mathscr{L}_r$ 不与 $R(T)$ 正交，可如下处置一下，取 $H \to \mathscr{L}_r$ 的正交投影 Q_r，置 $T_r=(I-Q_r)T$，$\Omega_r=\{T_r x \mid x \in H, \| x \| \leqslant 1\}$ 代替 Ω. 我们有 $Tx=(Q_r T)x+(I-Q_r)Tx$，$(Q_r T)x \in \mathscr{L}_r$，而 $T_r x=(I-Q_r)Tx \perp \mathscr{L}_r$. 所以

$$\mathscr{M}=\mathscr{L}_r+\Omega=\mathscr{L}_r+\Omega_r$$

T^r 仍为全连续线性算子，这样一来就有

$$d_n[\mathscr{M};H]=d^n[\mathscr{M};H]=+\infty, 0 \leqslant n < r$$

$$d_n[\mathscr{M};H]=d^n[\mathscr{M};H]=d_{n-r}[\Omega_r;H], n \geqslant r \tag{5.47}$$

注记 5.5.2 设 $v_1, \cdots, v_r$ 是 H 内的线性独立元. T 定义如上. 置

$$\Omega^r=\{Tx \mid x \in H, \| x \| \leqslant 1, x \perp v_j, j=1, \cdots, r\}$$

记 $V_r = \mathrm{span}\{v_1, \cdots, v_r\}$. P_r 为 $H \to V_r$ 的正交投影. 以 $T^r = T(I - P_r)$ 代替 T,则有

$$\Omega^r = \{T^r x \mid x \in H, \| x \| \leqslant 1\}$$

事实上,$\forall x \in H, \| x \| \leqslant 1, (x, v_j) = 0 \Rightarrow P_r x = 0 \Rightarrow Tx = (TP_r)x + T^r x = T^r x$. 反之,任取 $x \in H$, $\| x \| \leqslant 1$,则由

$$T^r x = T(I - P_r)x, \| (I - P_r)x \| \leqslant 1$$

且 $((I - P_r)x, v_j) = (x, v_j) - (P_r x, v_j) = (x, v_j) - (x, P_r v_j) = (x, v_j) - (x, v_j) = 0$, 因为 $P_r v_j = v_j, j = 1, \cdots, r$. 所以 $T^r x \in \Omega^r$.

这一结论说明,以 T^r 取代 T,可以把问题化归到定理中已经讨论过的情形.

注记 5.5.3　T 可以是 $H \to \mathscr{H}$ 的线性全连续算子,此处 $\mathscr{H}$ 是另一 Hillert 空间. 结论照样都成立.

注记 5.5.4　根据泛函分析的知识,我们知道 $A = T^* T$ 确定一个非负定的二次泛函 $(Ax, x), x \in H$. 而

$$\lambda_{n+1} = \min_{L_n} \max_{\substack{\| x \| \leqslant 1 \\ x \perp L_n}} (Ax, x) \tag{5.48}$$

这里的 L_n 取遍 H 内的一切 n 维线性子空间. 式(5.6)中的极小值可以达到,比如 $L_n^0 = \mathrm{span}\{x_1, \cdots, x_n\}$ 即是它的一极子空间. 定理 5.5.2 揭示了 Ω 的 n 宽度和二次泛函 (Ax, x) 的极值问题式(5.48) 的联系. 二者的极子空间也有密切的关系. 我们将在后面介绍有关该问题的进一步结果.

命题 5.5.3 的椭球由有界算子所确定,在具体的函数空间内,这适用于线性积分算子. 有些问题中直接给出的不是积分算子,而是微分算子,这时就涉及由无界算子确定的点集,直接给出判定这样给的点集是

Hilbert 空间的椭球的条件是有用的. 下面介绍一个这样的结果.

给定 Hilbert(实) 空间,A 是线性(无界) 算子. 记 A 的定义域,值域各为 D_A,R_A,并设 R_A 是 H 内的稠集. 另外,假定 A:

(1) 具有对称性:即 $\forall x, y \in D_A$ 有

$$(Ax, y) = (x, Ay)$$

(2) 存在一正数 $\gamma > 0$,对任一 $x \in D_A$ 有

$$(Ax, x) = \gamma \| x \|^2$$

(3) 任一点列 $\{x_n\} \subset D_A$,若有 $c > 0$ 使

$$(Ax_n, x_n) \leqslant c$$

则 $\{x_n\}$ 在 H 内是列紧的.

命题 5.5.4 假定算子 A 满足条件(1) ~ (3). 则

$$\Omega = \{x \mid (Ax, x) \leqslant 1\}$$

是 H 内的列紧的椭球.

证 它的直接证明参看 С. Г. Михлин 的数学物理中的变分方法一书,第五章,§ 31,定理 3.(该书是俄文版,苏联技术理论资料国家出版社,1957) 但可以化归到命题 5.5.3 的情形.

由条件(2),知 A 有逆 $A^{-1}: R_A \to D_A$,A^{-1} 亦为对称的. 任取 $y \in R_A$,定义

$$\| y \|^2 = (y, A^{-1} y), A^{-1} y = x \in D_A$$

由 $\| y \|^2 = (Ax, x) \geqslant 0$ 断定泛函 $\| y \|$ 是一 Hilbert 范数,那么$(R_A; \| \cdot \|)$ 是一内积空间,其完备化记作 H_0.

条件(3) 表明,A^{-1} 把$(R_A; \| \cdot \|)$ 内任一有界序列映成 H 内的列紧序列. 因若

$$\{y_n\} \subset R_A, \| y_m \| \leqslant c, x_m = A^{-1} y_m$$

则由

$$\|y_m\|^2 \leqslant c^2 \Rightarrow (y_m, A^{-1}y_m) \leqslant c \Rightarrow (Ax_m, x_m) \leqslant c$$

由(3)$\Rightarrow \{x_m\}$ 在 H 内列紧. 所以实际上,A^{-1} 是$(R_A;\|\cdot\|) \to H$ 的线性全连续(而且对称)算子. A^{-1} 可以连续延拓到$(H_0;\|\cdot\|)$,成为由$(H_0;\|\cdot\|) \to H$ 的线性全连续算子. 这样一来,由 Ω 的闭包

$$\begin{aligned}\overline{\Omega} &= \{x \mid x \in H, (Ax, x) \leqslant 1\} \\ &= \{A^{-1}y \mid \|y\| \leqslant 1, y \in H_0\}\end{aligned}$$

$\overline{\Omega}$ 的具体表现可借助于 $A^{-1}y = \lambda y$ 的本征值和本征向量序列. 若 $\lambda_n > 0$ 是 A^{-1} 的第 n 个本征值,即有 $y_n \in H_0$ 使

$$A^{-1}y_n = \lambda_n y_n, \|y_n\| = 1$$

置 $A^{-1}y_n = x_n$,则见 x_n 是满足算子方程

$$Ax_n = \lambda_n^{-1}x_n$$

的,所以 λ_n^{-1} 是 A 的第 n 个本征值,若记 $\mu_n = \lambda_n^{-1}$,A 的本征值序列是

$$0 \leqslant \mu_1 \leqslant \mu_2 \leqslant \cdots \leqslant \mu_n \leqslant \cdots$$

这里 $\mu_n \uparrow +\infty$(因对应的有 $\lambda_n \downarrow 0$). 可以证明$\{x_n\}$ 在 H 的线性子空间$\overline{D_A}$ 内是完全系.

至此命题 5.5.4 得证.

例 5.5.1　$L^2_{2\pi}$ 为 2π 周期的平方可和函数空间,其范数规定为 $\|f\|_2 = \left(\int_0^{2\pi} f^2(x)\mathrm{d}x\right)^{\frac{1}{2}}$. 给定 $F(x)$, $G(x) \in L^2_{2\pi}$,其 Fourier 级数分别是

$$F(x) = \frac{\lambda_0}{2} + \sum_{n=1}^{+\infty}\lambda_n \cos nx, \lambda_n \downarrow 0$$

$$G(x) = \sum_{n=1}^{+\infty}\lambda_n \sin nx, \lambda_n \downarrow 0$$

以 $F(x),G(x)$ 为核定义 $L_{2\pi}^2 \to L_{2\pi}^2$ 的线性卷积算子

$$F:(F*\varphi)(x)=\frac{1}{\pi}\int_0^{2\pi}F(x-t)\varphi(t)\mathrm{d}t$$

$$G:(G*\varphi)(x)=\frac{1}{\pi}\int_0^{2\pi}G(x-t)\varphi(t)\mathrm{d}t,\ \|\varphi\|_2\leqslant 1$$

考虑函数集

$$K_2=\{F*\varphi \mid \|\varphi\|_2\leqslant 1\}$$

$$\widetilde{K}_2=\{G*\varphi \mid \|\varphi\|_2\leqslant 1\}$$

F 是一全连续自伴算子,其本征值以及相对应的本征函数序列是

$$\lambda_0,\lambda_1,\lambda_1,\lambda_2,\lambda_2,\cdots,\lambda_n,\lambda_n,\cdots$$

$$\frac{1}{\sqrt{2\pi}},\frac{\cos x}{\sqrt{\pi}},\frac{\sin x}{\sqrt{\pi}},\cdots,\frac{\cos nx}{\sqrt{\pi}},\frac{\sin nx}{\sqrt{\pi}},\cdots$$

此处本征值 λ_0 重度是 1,其他每一 λ_n 的重度为 2. G 不是自伴算子,取其共轭算子 G^*,则对应于 G^*G 的卷积核是

$$(G^*\cdot G)(x)=-\sum_{n=1}^{+\infty}\lambda_n^2\cos nx$$

算子 G^*G 的本征值序列是

$$\lambda_1^2,\lambda_1^2,\cdots,\lambda_n^2,\lambda_n^2,\cdots,0$$

对应的本征函数序列是

$$\frac{\cos x}{\sqrt{\pi}},\frac{\sin x}{\sqrt{\pi}},\cdots,\frac{\cos nx}{\sqrt{\pi}},\frac{\sin nx}{\sqrt{\pi}},\cdots,\frac{1}{\sqrt{2\pi}}$$

注意 G^*G 有本征值 0,重度为 1. 这一点和 F 不同. 所以得

$$d_0[K_2;L^2]=\lambda_0$$

$$d_{2n-1}[K_2;L^2]=d_{2n}[K_2;L^2]=\lambda_n,n=1,2,\cdots$$

$$d_{2n}[\widetilde{K}_2;L^2]=d_{2n+1}[\widetilde{K}_2;L^2]=\lambda_{n+1},n=0,1,2,\cdots$$

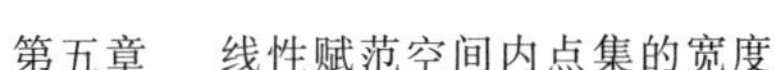

$\mathrm{span}\left\{1,\begin{matrix}\sin x\\ \cos x\end{matrix},\cdots,\begin{matrix}\sin(n-1)x\\ \cos(n-1)x\end{matrix}\right\}$ 是 $d_{2n-1}[K_2;L^2]$ 及 $d_{2n}[\widetilde{K}_2;L^2]$ 的极子空间. $\mathrm{span}\left\{\begin{matrix}\sin x\\ \cos x\end{matrix},\cdots,\begin{matrix}\sin nx\\ \cos nx\end{matrix}\right\}$ 是 $d_{2n}[\widetilde{K}_2;L^2]$ 及 $d_{2n+1}[\widetilde{K}_2;L^2]$ 的极子空间.

用同种方法还可给出 $n-G$ 宽度的表示及极子空间.

例 5.5.2(Kolmogorov,1936)

考虑 2π 周期函数类 $W_2^r(r=1,2,3,\cdots)$. $f(x)\in W_2^r$,若 $f^{(r-1)}$ 绝对连续且 $\|f^{(r)}\|_2\leqslant 1$. 这一函数类可记作

$$W_2^r=\{f=c+D_r*\varphi\mid c\in\mathbf{R},\|\varphi\|_2\leqslant 1,\varphi\perp 1\}$$

$D_r(x)$ 是 Bernoulli 核

$$D_r(x)=\begin{cases}(-1)^{\frac{r}{2}}\sum\limits_{k=1}^{+\infty}k^{-r}\cos kx, & r\text{ 为偶数}\\ (-1)^{\frac{r-1}{2}}\sum\limits_{k=1}^{+\infty}k^{-r}\sin kx, & r\text{ 为奇数}\end{cases}$$

c 是任意常数,φ 取自 $L_{2\pi}^2$ 的单位球,但带一约束条件 $\int_0^{2\pi}\varphi(x)\mathrm{d}x=0$. 对 $n=0$,有

$$d_0[W_2^r;L^2]=d^0[W_2^r;L^2]=+\infty$$

当 $N\geqslant 1$ 时,利用例 5.5.1 的结果,同时注意到注记 5.5.2 得

$$\begin{aligned}d_{2n-1}[W_2^r;L^2]&=d_{2n}[W_2^r;L^2]=d^{2n-1}[W_2^r;L^2]\\&=d^{2n}[W_2^r;L^2]=n^{-1},n=1,2,3,\cdots\end{aligned}$$

$(2n-1)$ 及 $2n-K$ 宽度有极子空间 T_{2n-1};$(2n-1)$ 及 $2n-G$ 宽度有极子空间 $T_{2n-1}^{\perp}$.

例 5.5.3　$W_2^r[0,1]$ 表示满足下列条件的函数 $f(x)$ 的全体:$f^{(r-1)}$ 绝对连续,$\|f^{(r)}\|_2\leqslant 1$. $f(x)$ 可

以表示为

$$f(x)=\sum_{k=0}^{r-1}f^{(k)}(0)\frac{x^k}{k!}+\frac{1}{(r-1)!}\int_0^1(x-y)_+^{r-1}f^{(r)}(y)\mathrm{d}y$$

此处

$$(x-y)_+^{r-1}=\begin{cases}(x-y)^{r-1},x\geqslant y\\0,x<y\end{cases}$$

记 $\mathscr{L}_r=\mathrm{span}\{1,\cdots,x^{r-1}\}$，$K(x,y)=\dfrac{(x-y)_+^{r-1}}{(r-1)!}$，$0\leqslant x,y\leqslant 1$. 以 $K(x,y)$ 为核的积分算子记作 K. 置

$$\mathscr{M}_2=\{K\varphi\mid\varphi\in L_{[0,1]}^2,\|\varphi\|_2\leqslant 1\}$$

$$(K\varphi)(x)=\int_0^1K(x,y)\varphi(y)\mathrm{d}y$$

那么 $W_2^r[0,1]=\mathscr{L}_r+\mathscr{M}_2$. 我们有

$$d_n[W_2^r;L^2]=d^n[W_2^r;L_2]=+\infty,0\leqslant n<r$$

欲求 $n\geqslant r$ 时的宽度，根据注记 5.5.1，记 Q_r 为 $L_{[0,1]}^2\to\mathscr{L}_r$ 的直交投影，熟知对每一 $\varphi\in L_{[0,1]}^2$ 有

$$(I-Q_r)\varphi(x)=\begin{vmatrix}(k_1,k_1)&\cdots&(k_1,k_r)&(k_1,\varphi)\\\vdots&&\vdots&\vdots\\(k_r,k_1)&\cdots&(k_r,k_r)&(k_r,\varphi)\\k_1(x)&\cdots&k_r(x)&\varphi(x)\end{vmatrix}\cdot G^{-1}\tag{5.49}$$

此处 $G(k_1,\cdots,k_r)=\det((k_i,k_j)),i,j=1,\cdots,r$，$k_j(x)=x^{j-1}$. 记 $K_r=(I-Q_r)K$. 代替 $\mathscr{M}_2$ 取 $\mathscr{M}_2^*=\{K_r\varphi\mid\|\varphi\|_2\leqslant 1\}$，则 $W_2^r[0,1]=\mathscr{L}_r+\mathscr{M}_2^*$，此时已经有 $\mathscr{L}_r\perp\mathscr{M}_2^*$ 了. 对 $W_2^r=\mathscr{L}_r+\mathscr{M}_2^*$ 使用定理 5.5.2 的推论. 置 $T=K_r$，则 $T^*T=K^*(I-Q_r)K$ 是非负的全连

续自伴算子.若其全部正本征值是

$$\lambda_{1,r} \geqslant \lambda_{2,r} \geqslant \cdots \geqslant \lambda_{n,r} \geqslant \cdots, \lambda_{n,r} > 0$$

而与其对应的单位本征向量是

$$\varphi_{1,r}, \varphi_{2,r}, \cdots, \varphi_{n,r}, \cdots$$

并记 $K_r\varphi_{n,r} = \psi_{n,r}$,则当 $n \geqslant r$ 时有

$$d_n[W_2^r; L^2] = d^n[W_2^r; L^2] = d_n^1[W_2^r; L^2] = \sqrt{\lambda_{n+1-r,r}}$$

而 $L_n^0 = \operatorname{span}\{1, x, \cdots, x^{r-1}, \psi_{1,r}(x), \cdots, \psi_{n-r,r}(x)\}$ 是 $n-K$ 宽度的一个极子空间.

积分算子 $K_r^* K_r$ 的本征问题等价于一个线性微分算子的本征值的问题.为了得到算子 $K_r^* K_r$ 的核,在式(5.49)内以 $K\varphi$ 代换 φ,先得到 $(I-Q_r)K\varphi$ 的表示式,然后再用 K^* 作用于它,K^* 的积分核是 $K(x,y)$ 的转置核 $K^{\mathrm{T}}(x,y) = K(y,x)$.这样就得到

$$(K_r^* K_r\varphi)(x) = \begin{vmatrix} (k_1,k_1) & \cdots & (k_1,k_r) & (K^* k_1,\varphi) \\ \vdots & & \vdots & \vdots \\ (k_r,k_1) & \cdots & (k_r,k_r) & (K^* k_r,\varphi) \\ (K^* k_1)(x) & \cdots & (K^* k_r)(x) & (K^* k_\varphi)(x) \end{vmatrix} \cdot G^{-1}$$

如果把 $k_j(x) = x^{j-1}$ 代入计算,注意到

$$K(y,x) = \frac{1}{(r-1)!}(y-x)_+^{r-1}$$

可以得到:对任取的 $\varphi \in L_{[0,1]}^2$ 有

$$(K_r^* K_r\varphi)^{(i)}(0) = (K_r^* K_r\varphi)^{(i)}(1) = 0, i = 0, \cdots, r-1$$

$$(K_r^* K_r\varphi)^{(2r)}(x) = (-1)^r\varphi(x) \tag{5.50}$$

由此可见,对于 $\varphi_{n,r}$ 和 $\lambda_{n,r}$ 由

$$(K_r^* K_r\varphi_{n,r}) = \lambda_{n,r}\varphi_{n,r} \tag{5.51}$$

若置 $y_{n,r} = K_r^* K_{r\,n,r}$,则得

$$y_{n,r}^{(2r)} = (K_r^* K_r\varphi_{n,r})^{(2r)} = (-1)^r\varphi_{n,r} = (-1)^r\lambda_{n,r}^{-1}y_{n,r}$$

由此看 $y_{n,r}$ 满足微分方程

$$(-1)^r y_{n,r}^{(2r)} = \lambda_{n,r}^{-1} y_{n,r}$$

$$y_{n,r}^{(i)}(0) = y_{n,r}^{(i)}(1) = 0, i = 0, \cdots, r-1 \quad (5.52)$$

反之,微分方程

$$(-1)^r y^{(2r)} = \mu y, y^{(i)}(0) = y^{(i)}(1) = 0, i = 0, \cdots, r-1 \quad (5.53)$$

任一本征值 $\mu \neq 0$ 及对应于 μ 的本征函数 $y \neq 0$,只需令 $\varphi(x) = (-1)^r y^{(2r)}(x)$,可得

$$K_r^* K_r \varphi = \mu^{-1} \varphi$$

即 μ^{-1} 是积分算子 $K^* K_r$ 的一个本征值. 由此可见:积分算子 $K_r^* K_r$ 和微分算子式(5.53)有互为倒数的正本征值集合,且每一对相对应的本征值有一样的(有限)重度. 附带要指出,由于 $(K_r^* K_r \varphi)(x) = (K^* K\varphi)(x) + p(x)$,$p(x)$ 是一次数小于或等于 $2r-1$ 的代数多项式,所以式(5.51)实际上可以写成

$$(K^* K\varphi)^{(2r)}(x) = (-1)^r \varphi(x) \quad (5.54)$$

微分算子式(5.53)是对称的(无界)线性算子,且为正定的. 事实上,我们不难验证它满足命题 5.5.4 的全部条件(1)~(3). 因记

$$Ay = (-1)^r y^{(2r)}, y^{(i)}(0) = y^{(i)}(1) = 0, i = 0, \cdots, r-1$$

任取 $z \mid z^{(i)}(0) = z^{(i)}(1) = 0 (i = 0, \cdots, r-1)$,且 $z^{(r)} \in L^2[0,1]$ 则

$$(Ay, z) = (-1)^r \int_0^1 y^{(2r)}(t) z(t) \mathrm{d}t = \int_0^1 y^{(r)}(t) z^{(r)}(t) \mathrm{d}t$$

从而,当 $y = z$ 时

$$(Ay, y) = \| y^{(r)} \|_2^2 \geqslant 0$$

再由 $y(t) = \int_0^t y'(u) \mathrm{d}u$ 由 Schwarz 不等式得

$$|y(t)| \leqslant \int_0^t |y'(u)| \mathrm{d}u \leqslant \sqrt{t} \cdot \|y'\|_2$$

从而

$$\|y\|_2 \leqslant \frac{1}{\sqrt{2}} \|y'\|_2$$

连续应用这一不等式，得

$$\|y\|_2 \leqslant \left(\frac{1}{\sqrt{2}}\right)^m \|y^{(m)}\|_2$$

令 $m = r$ 得

$$\|y^{(r)}\|_2 \geqslant (\sqrt{2})^r \|y\|_2$$

即

$$(Ay, y) \geqslant (\sqrt{2})^r \|y\|_2$$

这表明 A 是正定的. 其他性质容易验证. A 的逆算子便是 $K_r^* K_r$.

综合以上所讨论，我们有：

定理 5.5.3（Колмогоров[1]，1936）

当 $n \geqslant r$ 时

$$d_n[W_2^r; L^2] = \sqrt{\lambda_{n+1-r,r}}$$

此处 $\lambda_{k,r} > 0$ 是微分算子

$$(-1)^r y^{(2r)}(x) = \lambda^{-1} y(x)$$

$$y^{(i)}(0) = y^{(i)}(1) = 0, i = 0, \cdots, r-1$$

的第 k 个本征值.

Колмогоров 这个结果可以拓广到更一般形式的常微分线性算子

$$P(D) = D^r + p_1(x) D^{r-1} + \cdots + p_r(x)$$

其中 $p_1(x), \cdots, p_r(x)$ 在$[0,1]$区间上有足够的光滑性质.（见 G. Lorentz 的“函数逼近论”，第 9 章）. 还可以往椭圆形偏微分算子方向拓广. 例如 J. W. Jerome

在 1967 ~ 1972 年间的一些工作. 最简单的情形是拉普拉斯算子. 对这一种情形的处理可参看 С. Г. Михлин 的数学物理中的变分方法一书的第四章, § 22.(见该书俄文版,第 131 页)

(三) 椭球的 $n-K$ 宽度的极子空间的唯一性问题

椭球的 $n-K$ 宽度的极子空间是不是唯一的? 对于有限维空间内的椭球,当维数 $N=2,3$ 时,这一问题容易回答. 比如考虑 $\mathbf{R}^3$ 内的椭球

$$\Omega=\left\{(x_1,x_2,x_3)\mid \frac{x_1^2}{a^2}+\frac{x_2^2}{b^2}+\frac{x_3^3}{c^2}\leqslant 1\right\}$$

其中 $a>b>c>0$. 我们有 $d_0[\Omega;\mathbf{R}^3]=a$, $d_1[\Omega;\mathbf{R}^3]=b$, $d_2[\Omega;\mathbf{R}^3]=c$, $d_3[\Omega;\mathbf{R}^3]=0$. $d_1[\Omega;\mathbf{R}^3]$ 的极子空间不唯一,因为在平面 x_1x_3 上过原点的每一条直线都是其极子空间. 但 $d_2[\Omega;\mathbf{R}^3]$ 只有一个极子空间,即平在 x_1x_2. 对于维数更高的欧氏空间,以至 Hilbert 空间内的椭球,Karlovitz 在 1976[24] 年的文章中做过比较详细的讨论. 这里介绍他的一个结果.

设 H 是 Hilbert 空间,$(\cdot,\cdot)$, $\|\cdot\|$ 各表示它的内积和范数. Q 是 $H\to H$ 的非负的,自伴的线性全连续算子. 根据我们在前一段的结果知道

$$\Omega=\{Qx\mid x\in H,\|x\|\leqslant 1\}$$

是 H 内的椭球体. 若记 $H_1=\overline{R(Q)}$, $R(Q)$ 是 Q 的值域,则 $\overline{R(Q)}$ 是 H 的可分的线性子空间,而

$$\Omega=\left\{y\in H_1\mid \sum_k \frac{(y,x_k)^2}{\lambda_k^2}\leqslant 1\right\}$$

此处 $Qx_k=\lambda_k x_k$, $(x_i,x_j)=\delta_{i,j}$, $\lambda_k>0$.

$\lambda_1\geqslant\lambda_2\geqslant\cdots\geqslant\lambda_n\geqslant\cdots$, $\lambda_n\downarrow 0$. 根据上一段我们

有

$$d_n[\Omega;H]=\lambda_{n+1}$$

记 $L_n^0=\mathrm{span}\{x_1,\cdots,x_n\}$. 由泛函分析中全连续算子的本征值理论,我们知道有

引理 5.5.1

$$\min_{L_n\subset H}\ \max_{x\in B_H\cap L_n^{\perp}}(Qx,x)=\lambda_{n+1} \tag{5.55}$$

L_n^0 是一极子空间,则有

$$\lambda_{n+1}=\max_{x\in B_H\cap(L_n^0)^{\perp}}(Qx,x)=\max_{x\in B_H\cap(L_n^0)^{\perp}}\|Qx\|$$

引理 5.5.2(Karlovitz,[24])　式(5.55)的极小问题的每一极子空间都是 Ω 在 H 内的 $n-K$ 宽度的极子空间.

证　由引理 5.5.1,对任取的 $L_n\subset H$ 有

$$\max_{\substack{\|x\|\leqslant 1\\ x\perp L_n}}(Qx,x)\geqslant\lambda_{n+1}$$

那么,$L_n\subset H$ 是式(5.55)中极小问题的极子空间,当且仅当

$$(Qx,x)\leqslant\lambda_{n+1},\ \forall\,x,x\in B_H\cap L_n^{\perp} \tag{5.56}$$

如果能够证明,对满足式(5.56)的 L_n 有

$$\sup_{\|x\|\leqslant 1}\ \min_{u\in L_n}\|Qx-u\|\leqslant\lambda_{n+1} \tag{5.57}$$

则由

$$\begin{aligned}d_n(\Omega;H)=\lambda_{n+1}&\leqslant E(\Omega;L_n)_H\\&=\sup_{\|x\|\leqslant 1}\ \min_{u\in L_n}\|Qx-u\|\\&\leqslant\lambda_{n+1}\end{aligned}$$

就知道 L_n 是 $d_n[\Omega;H]$ 的极子空间了. 所以下面就证(5.56)含有(5.57). 为此,根据最佳逼近对偶定理,$\forall\,x\in B_H$ 有

$$\min_{u\in L_n}\|Qx-u\|=\max_{\substack{\|f\|\leqslant 1\\ f\perp L_n}}(Qx)=\max_{\substack{\|f\|\leqslant 1\\ f\in L_n^{\perp}}}(Qx,f)$$

$$\Rightarrow E(\Omega;L_n)_H=\sup_{\|x\|\leqslant 1}\min_{u\in L_n}\|Qx-u\|$$

$$=\sup_{\|x\|\leqslant 1}\sup_{\substack{\|f\|\leqslant 1\\ f\in L_n^{\perp}}}(Qx,f)=\sup_{\substack{\|f\|\leqslant 1\\ f\in L_n^{\perp}}}\sup_{\|x\|\leqslant 1}(Qx,f)$$

$$=\sup_{\substack{\|f\|\leqslant 1\\ f\in L_n^{\perp}}}\sup_{\|x\|\leqslant 1}(x,Qf)=\sup_{\substack{\|f\|\leqslant 1\\ f\perp L_n^{\perp}}}\|Qf\|\leqslant\lambda_{n+1}$$

引理 5.5.3[①] 设 $\dim H>n+m$,其中的 m 是使 $\lambda_{n+1}=\cdots=\lambda_{n+m}>\lambda_{n+m+1}$ 成立的正整数. 又设 $L_n^0=\operatorname{span}\{u_1,\cdots,u_n\}$ 是式(5.55)的极小问题的一极子空间. 若 H 的 n 维线性子空间 S_n 满足以下条件:

(1) $u_{n+1},\cdots,u_{n+m}\perp S_n$.

(2) $\max\limits_{1\leqslant k\leqslant n}e(u_k,S_n)_H$ 充分小,此处

$$e(u_k,S_n)=\min_{u\in S_n}\|u_k-u\|$$

又 u_j 是满足 $Qu_j-\lambda_j u_j,(u_i,u_j)=\delta_{i,j}$ 的向量,则 S_n 仍是式(5.55)的极子空间.

证 如引理 5.5.2 的证明过程中所说的,欲证 S_n 是式(5.55)的极子空间,必须且只需对任一 $x\in B_H\cap S_n^{\perp}$ 证 $(Qx,x)\leqslant\lambda_{n+1}$. 为此,只需对满足 $x\perp S_n$ 而且 $x\perp u_{n+1},\cdots,u_{n+m}$ 的 x 来验证 $(Qx,x)\leqslant\lambda_{n+1}$. 这是由于,若令 $V=\operatorname{span}\{u_{n+1},\cdots,u_{n+m}\}$, $H=\overline{V}\oplus V^{\perp}$,则任一 $x\in H$ 可以表示成 $x=v+w,v\in\overline{V},w\perp V$. 若 $x\perp S_n$,由于 $S_n\perp\overline{V}$,就得 $w\perp S_n$. 此时

$$\begin{aligned}(Qx,x)&=(Qv+Qw,v+w)\\&=(Qv,v)+(Qw,w)+(Qv,w)+(Qw,v)\end{aligned}$$

① 引理 5.5.3 见 Karlovitz[24],那里对该问题有更为完整的讨论.

$$=(Qv,v)+(Qw,w)$$

因为由 $Qv\in V$ 及 $w\perp V$ 有 $(Qv,w)=(Qw,v)=0$. 那么

$$(Qx,x)=(Qv,v)+(Qw,w)=\lambda_{n+1}(v,v)+(Qw,w)$$

再由

$$(x,x)=(v,v)+(w,w)$$

便得

$$\frac{(Qx,x)}{(x,x)}=\frac{\lambda_{n+1}(v,v)+(Qw,w)}{(v,v)+(w,w)}\leqslant\lambda_{n+1}$$

$$\Leftrightarrow\frac{(Qw,w)}{(w,w)}\leqslant\lambda_{n+1}$$

今记 $\varepsilon_k=e(u_k,S_n)$. 有 $y_k\in S_n$ 使 $\|u_k-y_k\|=\varepsilon_k$. 考虑

$$x=\sum_{k=1}^{n}\alpha_k u_k+\sum_{k\geqslant n+m+1}\alpha_k u_k$$

$\|x\|=1, x\perp S_n$（这样的 $x\perp V$），则由 $(x,y_k)=0$，有

$$|\alpha_k|=|(x,u_k-y_k)|\leqslant\|x\|\cdot\|u_k-y_k\|$$
$$\leqslant\varepsilon_k, k=1,\cdots,n$$

$$(Qx,x)=\sum_{k=1}^{n}\lambda_k\alpha_k^2+\sum_{k>n+m}\lambda_k\alpha_k^2\leqslant\sum_{k=1}^{n}\lambda_k\varepsilon_k^2+\lambda_{n+m+1}$$

由此可见，若 $\max\{\varepsilon_k\}$ 充分小，就会有

$$\sum_{k=1}^{n}\lambda_k\varepsilon_k^2+\lambda_{n+m+1}\leqslant\lambda_{n+1}$$

x 只取这种形式的元不妨碍一般性. 所以引理得证.

综上所述，我们有：

定理 5.5.4(Karlovitz[24])　给定正整数 n. 若 $m\geqslant1$ 满足 $\lambda_{n+1}=\cdots=\lambda_{n+m}>\lambda_{n+m+1}$，而 $n+m<\dim H$. 则极小问题式(5.13)的极子空间 $L_n^0=\operatorname{span}\{u_1,\cdots,u_n\}$ 的每一微小的摄动 S_n，只要保持与 $u_{n+1},\cdots,u_{n+m}$ 的正

交性,就仍然是式(5.13)的极子空间.这表明 Ω 在 H 内的 $n-K$ 宽度的极子空间的集合是无限的.

(四)Hilbert 空间内紧致集的宽度

仍以 H 表示实 Hilbert 空间,取 $Q=[0,1]$,μ 是 Q 上的 Lebesgue 测度,φ 为 $Q\to H$ 的一连续映射,记 $\mathscr{M}=\varphi(Q)$. $\mathscr{M}\subset H$ 为一紧集.今讨论 $d_n[\mathscr{M};H]$ 的估计问题.

取 $K(x,y)=(\varphi(x),\varphi(y))$,$x,y\in Q$,此处 $(\cdot,\cdot)$ 是内积. $K(x,y)$ 是 $[0,1]\times[0,1]$ 上的连续的、对称的、非负定函数.下面来验证其非负定性.注意 $K(x,y)$ 非负定性系指,$\forall\varphi(x)\in C[0,1]$ 有

$$\int_0^1\int_0^1 K(x,y)\varphi(x)\varphi(y)\mathrm{d}x\mathrm{d}y\geqslant 0\qquad(5.58)$$

根据 J. Mercer 定理(见[27],第 271 页)即:

定理 5.5.5 $K(x,y)$ 非负定,当且仅当,对于在 $[0,1]$ 内任取的 $(n+1)$ $(n=0,1,2,\cdots)$ 个不同点 $\{x_i\}(i=0,\cdots,n)$,二次型

$$Q_n=\sum_{i=0}^{n}\sum_{j=0}^{n}K(x_i,x_j)\xi_i\xi_j$$

非负定.

为判定 $K(x,y)$ 非负定,必须且只需 $\forall n\geqslant 1$,任取 n 个点 $x_i,\cdots,x_n\in Q$ 有

$$K\begin{pmatrix}x_1 & x_2 & \cdots & x_n\\ x_1 & x_2 & \cdots & x_n\end{pmatrix}$$

$$\overset{\text{df}}{=\!=}\begin{vmatrix}K(x_1,x_1) & K(x_1,x_2) & \cdots & K(x_1,x_n)\\ \vdots & \vdots & & \vdots\\ K(x_n,x_1) & K(x_n,x_2) & \cdots & K(x_n,x_n)\end{vmatrix}\geqslant 0$$

$$(5.59)$$

式(5.59)的成立可以保证，因为其中的行列式是元 $\varphi(x_1),\cdots,\varphi(x_n)\in H$ 的 Gram 行列式.

由此，若考虑以 $K(x,y)$ 为核的积分算子，那么

$$\int_0^1 K(x,y)f(y)\mathrm{d}y=\lambda f(x) \tag{5.60}$$

的非零本征值都是正的. 把式(5.60)的全部非零本征值从大到小排号，每一本征值依照其代数重度(有限)在序列中连续出现若干次把所得序列记为

$$\lambda_1\geqslant\lambda_2\geqslant\cdots\geqslant\lambda_n\geqslant\cdots,\lambda_n>0,\lambda_n\downarrow 0$$

对应的标准化的本征函数序列写作

$$f_1,f_2,\cdots,f_n,\cdots$$

则

$$\int_0^1 K(x,y)f_n(y)\mathrm{d}y=\lambda_n f_n(x)$$

$$\int_0^1 f_i(x)f_j(x)\mathrm{d}x=\delta_{i,j}$$

由 Hilbert-Schmidt 定理和 Mercer 定理

$$K(x,y)=\sum_{k=1}^{+\infty}\lambda_k f_k(x)f_k(y)$$

(一致收敛) 由此得

$$\|\varphi(x)-\varphi(y)\|^2=\sum_{k=1}^{+\infty}\lambda_k\|f_k(x)-f_k(y)\|^2$$

(如果 K 的本征值个数有限，K 是退化核，这时 $\mathscr{M}$ 是 H 内的有限维点集. 我们不讨论这种情形) 从而

$$\|\varphi(x)\|^2=\sum_{k=1}^{+\infty}\lambda_k|f_k(x)|^2$$

给出一个映射 J 如下

$$\varphi(x)\xrightarrow{J}(\sqrt{\lambda_1}f_1(x),\cdots,\sqrt{\lambda_n}f_n(x),\cdots)\in l^2$$

J 是 $\mathrm{span}(\mathscr{M})\to l^2$ 的线性保距映射，故为连续的. 那么

可以连续延拓到$\overline{\mathrm{span}(\mathscr{M})}=H_1$上. $H_1\subset H$是可分的Hilbert空间.

引理 5.5.4 J是$H_1\to l^2$的满射.

证 设J的值域是$l_2^0\subseteq l^2$. 则l_0^2是l^2内的闭线性子集. 线性是不足道的, 证其闭性. 任取$\xi\in\overline{l_0^2}$, 则有$\{\xi_n\}\subset l_0^2$, $\xi_n\to\xi$. 在H_1内有$\{\eta_n\}$使$J(\eta_n)=\xi_n$. 由$\|\eta_n-\eta_m\|=\|\xi_n-\xi_m\|\to 0(m,n\to+\infty)\Rightarrow\{\eta_n\}$是$H_1$的基本列. 故有$\eta$使$\eta_n\to\eta$, $\eta\in H_1$. 故$J(\eta)=\xi\in\overline{l_0^2}$.

今取l^2的标准直交基$\{e_1,\cdots,e_n,\cdots\}$, $e_n=(\underbrace{0,\cdots,0,1}_{n个},0,\cdots)$. 而$\tilde{l}_0^2$的标准直交基$\{\tilde{e}_1,\cdots,\tilde{e}_n,\cdots\}$. 假定$\{\tilde{e}_n\}$不是$l^2$的完全系, 记$\tilde{e}_n$在$J$下的逆象为$\hat{e}_n$, 即$J(\hat{e}_n)=\tilde{e}_n$, 则$\{\hat{e}_n\}$是$H_1$的标准直交基. 将$\tilde{e}_1,\cdots,\tilde{e}_n,\cdots$依$\{e_n\}$展开得

$$\tilde{e}_n=(c_1^{(n)},\cdots,c_m^{(n)},\cdots),n=1,2,3,\cdots$$

则

$$(\varphi(x),\hat{e}_n)=(J(\varphi(x)),J(\hat{e}_n))=\sum_{j=1}^{+\infty}c_j^{(n)}\sqrt{\lambda_j}f_j(x)$$

所以

$$\|\varphi(x)\|^2=\sum_{n=1}^{+\infty}(\varphi(x),\hat{e}_n)^2=\sum_{n=1}^{+\infty}\Big(\sum_{j=1}^{+\infty}c_j^{(n)}\sqrt{\lambda_j}f_j(x)\Big)^2$$

$$\begin{aligned}\int_0^1\|\varphi(x)\|^2\mathrm{d}x&=\sum_{j=1}^{+\infty}\Big(\sum_{n=1}^{+\infty}(c_j^{(n)})^2\Big)\lambda_j\int_0^1 f_j^2(x)\mathrm{d}x\\&=\sum_{j=1}^{+\infty}\Big(\sum_{n=1}^{+\infty}(c_j^{(n)})^2\Big)\lambda_j\end{aligned}$$

另一方面, 已知有

$$\int_0^1 \| \varphi(x) \|^2 \mathrm{d}x = \int_0^1 K(x,x)\mathrm{d}x = \sum_{j=1}^{+\infty} \lambda_j$$

由于$\{\tilde{e}_n\}$不是完全系，那么$\sum_{n=1}^{+\infty}(c_j^{(n)})^2 \leqslant 1$，而且其中必有严格小于1的.得到矛盾.

定理 5.5.6（P. C. Иемагилов[62]）

$$\left(\sum_{j=n+1}^{+\infty}\lambda_j\right)^{\frac{1}{2}} \leqslant d_n[\mathscr{M};H] \leqslant \max_{x\in Q}\left(\sum_{j=n+1}^{+\infty}\lambda_j \mid f_j(x) \mid^2\right)^{\frac{1}{2}} \tag{5.61}$$

证　置$e_k = J(\hat{e}_k)$，$k=1,2,3,\cdots$. $\{\hat{e}_k\} \subset H_1$是$H_1$的标准直交基.有

$$(\varphi(x),\hat{e}_k) = (J(\varphi(x)),J(\hat{e}_k)) = \sqrt{\lambda_k} f_k(x) \tag{5.62}$$

设L_n是$\mathscr{M}$在H_1内的$n-K$宽度的极子空间. $\{\psi_1,\cdots,\psi_n\}$为L_n的标准直交基.把它补成H_1的标准直交基$\{\psi_1,\cdots,\psi_n,\psi_{n+1},\cdots\}$，则

$$\psi_k = \sum_{j=1}^{+\infty} a_{kj}\hat{e}_j,\ k=1,2,\cdots$$

(a_{kj})是一U矩阵.对任一$x \in Q$有

$$e^2(\varphi(x);L_n) = \sum_{k=n+1}^{+\infty}(\varphi(x),\psi_k)^2$$

由

$$(\varphi(x),\psi_k) = \sum_{j=1}^{+\infty} a_{kj}(\varphi(x),\hat{e}_j)$$

得

$$\begin{aligned} e^2(\varphi(x),L_n) &= \sum_{k=n+1}^{+\infty}\left(\sum_{j=1}^{+\infty} a_{kj}(\varphi(x),\hat{e}_j)\right)^2 \\ &= \sum_{k=n+1}^{+\infty}\left(\sum_{j=1}^{+\infty}\sqrt{\lambda_j}\, a_{kj} f_j(x)\right)^2 \end{aligned}$$

于是有

$$I_n \overset{\text{df}}{=\!=} \int_0^1 e^2(\varphi(x), L_n)\mathrm{d}x$$

$$= \int_0^1 \sum_{k=n+1}^{+\infty} \Big(\sum_{j=1}^{+\infty} \sqrt{\lambda_j} a_{kj} f_j(x)\Big)^2 \mathrm{d}x$$

$$= \sum_{k=n+1}^{+\infty} \int_0^1 \Big(\sum_{j=1}^{+\infty} \sqrt{\lambda_j} a_{kj} f_j(x)\Big)^2 \mathrm{d}x = \sum_{k=n+1}^{+\infty} \sum_{j=1}^{+\infty} \lambda_j a_{kj}^2$$

$$= \sum_{j=1}^{+\infty} \lambda_j - \sum_{j=1}^{+\infty} q_j \lambda_j, q_j = \sum_{k=1}^{n} a_{kj}^2, 0 \leqslant q_j \leqslant 1$$

我们说

$$\sum_{j=1}^{n} \lambda_j \geqslant \sum_{j=1}^{+\infty} q_j \lambda_j \tag{5.63}$$

事实上,由 $\sum_{j=1}^{n} \lambda_j = \sum_{j=1}^{n} q_j \lambda_j + \sum_{j=1}^{n} (1-q_j)\lambda_j$,以及

$$\sum_{j=1}^{+\infty} q_j \lambda_j = \sum_{j=1}^{n} q_j \lambda_j + \sum_{j=n+1}^{+\infty} q_j \lambda_j$$

但因 $\sum_{j=1}^{n} (1-q_j)\lambda_j \geqslant \lambda_n (n - \sum_{j=1}^{n} q_j)$,以及

$$\sum_{j=n+1}^{+\infty} q_j \lambda_j \leqslant \lambda_{n+1} \sum_{j=n+1}^{+\infty} q_j = \lambda_{n+1} \Big(n - \sum_{j=1}^{n} q_j\Big)$$

因为 $\sum_{j=1}^{+\infty} q_j = \sum_{k=1}^{n} \Big(\sum_{j=1}^{+\infty} a_{kj}^2\Big) = n$. 总之得

$$\sum_{j=1}^{n} (1-q_j)\lambda_j \geqslant \sum_{j=n+1}^{+\infty} q_j \lambda_j$$

故式(5.63)成立. 所以有

$$I_n \geqslant \sum_{j=n+1}^{+\infty} \lambda_j$$

再由 $d_n[\mathscr{M}; H_1] = E(\mathscr{M}; L_n)_{H_1} \geqslant I_n^{\frac{1}{2}}$,便得 $d_n[\mathscr{M}; H_1]$ 的下方估计. 至于上方估计,只需取 $\hat{L}_n = \mathrm{span}\{\hat{e}_1, \cdots, \hat{e}_n\}$,则有

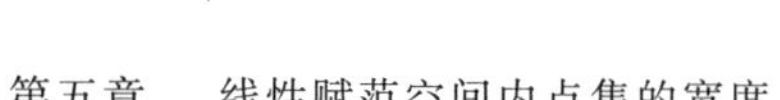

$$d_n[\mathscr{M};H_1]\leqslant E(\mathscr{M};\hat{L}_n)_{H_1}=\max_{x\in Q}\left\{\sum_{k=n+1}^{+\infty}(\varphi(x),\hat{e}_k)^2\right\}^{\frac{1}{2}}$$

$$=\max_{x\in Q}\left\{\sum_{k=n+1}^{+\infty}\lambda_k f_k^2(x)\right\}^{\frac{1}{2}}$$

最后注意到 $d_n[\mathscr{M};H]=d_n[\mathscr{M};H_1]$，即得式(5.61).

作为定理 5.5.6 的应用，我们考虑下面的函数集.

给定 $K(x,y)\in C[0,1]^2$. 任取 $h\in L[0,1]$，$\|h\|_1\leqslant 1$. 函数集

$$\Omega_1=\{Kh\mid \|h\|_1\leqslant 1\}$$

此处 $(Kh)(x)=\int_0^1 K(x,y)h(y)\mathrm{d}y$. $\Omega_1\subset L^2[0,1]$. Ω_1 是一中心对称凸集，L^2 列紧，但非 L_2 闭. 因为由

$$|(Kh)(x)|\leqslant \max_{(x,y)}|K(x,y)|\cdot\|h\|_1\leqslant\|K\|_C$$

及

$$|(Kh)(x_1)-(Kh)(x_2)|$$
$$\leqslant\max_y|K(x_1,y)-K(x_2,y)|$$

根据 Arzela 定理，知 Ω_1 依一致范数列紧，故亦有 L^2 列紧. 但是 Ω_1 不是 L^2 闭集. 比如，任取一点 $y_0\in(0,1)$ 置

$$h_n(y)=\begin{cases}\dfrac{n}{2},y_0-\dfrac{1}{n}\leqslant y\leqslant y_0+\dfrac{1}{n}\\[2mm] 0,y\in[0,1]\backslash\left(y_0-\dfrac{1}{n},y_0+\dfrac{1}{n}\right)\end{cases}$$

n 充分大，以便使 $\left(y_0-\dfrac{1}{n},y_0+\dfrac{1}{n}\right)\subset(0,1)$. 易见 $\|h_n\|_1=1$. 那么

$$f_n(x)=\int_0^1 K(x,y)h_n(y)\mathrm{d}y\rightarrow K(x,y_0)$$

在 $0\leqslant x\leqslant 1$ 上逐点成立，再由 $|f_n(x)|\leqslant\|K\|_C$，则得

$\| f_n(\cdot) - K(\cdot, y_0) \|_2 \to 0$. 然而 $l_{y_0}(x) \stackrel{\text{df}}{=} K(x, y_0) \overline{\in} \Omega_1$. 当 y_0 取到 0,1 时,上述事实仍对.

今置

$$\mathscr{K} = \{ l_y = K(\cdot, y) \mid 0 \leqslant y \leqslant 1 \}$$

记 $\overline{\Omega}_1$ 为 Ω_1 的 $L^2[0,1]$ 闭包. 则由 $(-\mathscr{K}) \cup \mathscr{K} \subset \overline{\Omega}_1 \Rightarrow \overline{co(\mathscr{K} \cup (-\mathscr{K}))} \subseteq \overline{\Omega}_1$. 下面证

引理 5.5.5

$$\overline{\Omega}_1 = \overline{co(\mathscr{K} \cup (-\mathscr{K}))}$$

证 取连续函数集 $C[0,1]$ 赋以一致范数 $\| x \|_C = \max | x(t) |$ 成为 B 空间. 其共轭空间是

$$V[0,1] = \{ \lambda(x) \mid \lambda(x) \in V, \lambda(0) = 0, \\ \lambda(x) = \lambda(x+) \text{ 对 } x \in (0,1) \text{ 成立} \}$$

$V[0,1]$ 的范数是 $\| \lambda \|_V = \overset{1}{\underset{0}{V}} \lambda$. $(V[0,1]; \| \cdot \|_V)$ 的单位球 $B_V = \{ \lambda \mid \lambda \in V[0,1], \| \lambda \|_V \leqslant 1 \}$ 在 V 的 $^*w$ 拓扑内为紧致集. 根据泛函分析中 Krein-Milman 定理, B_V 有端点,且 B_V 是其端点集的 $^*w$ 闭凸包. B_V 的端点集是

$$\sum = \{ \pm u_{x_0} \mid 0 \leqslant x_0 \leqslant 1 \}$$

此处 $u_{x_0}(x) = 1, x_0 \leqslant x \leqslant 1, u_{x_0}(x) = 0, 0 \leqslant x < x_0$. 当 $x_0 = 0$ 时, $u_0(0) = 0, u_0(x) = 1$ 对 $0 < x \leqslant 1$. 而且

$$\overline{co(\sum)}^{*w} = B_V$$

(以上的结论可参看 Dunford-Sehwarz 的线性算子一书,第一卷,第 441 页.) 现在利用上列事实来证

$$\overline{co(\mathscr{K} \cup (-\mathscr{K}))} \supseteq \Omega_1$$

为此,置 $H(y) = \int_0^y h(t) \mathrm{d}t$, $\| h \|_1 \leqslant 1$,并给出

$$f(x)=\int_0^1 K(x,y)h\mid y\mid \mathrm{d}y$$

$H(y)$ 绝对连续，而且 $\overset{1}{\underset{0}{V}}H\leqslant 1$. 我们有

$$f(x)=\int_0^1 K(x,y)dH(y)$$

存在 $\{h_n\}\subset co\left(\sum\right)$，使 $h_n\xrightarrow{*w}H$. 此处每一 $h_n(y)$ 是 $\sum$ 内一些函数的凸组合. 不妨记作

$$h_n(y)=\sum_{j=1}^{N_n}\alpha_j^{(n)}\varepsilon_j^{(n)}u_{x_j^{(n)}}(y),\ \mid\varepsilon_j^{(n)}\mid=1$$

$\alpha_j^{(n)}$ 是正数，且 $\sum_{j=1}^{N_n}\alpha_j^{(n)}=1$. 记

$$f_n(x)=\int_0^1 K(x,y)\mathrm{d}h_n(y)$$

则有

$$f_n(x)\to\int_0^1 K(x,y)\mathrm{d}H(y)=f(x)$$

在 $0\leqslant x\leqslant 1$ 内逐点成立. 容易验证 $\{f_n(x)\}$ 有界. 故根据 Lebesgue 控制收敛定理得

$$\|f_n-f\|_2\to 0$$

由于

$$\begin{aligned}f_n(x)&=\sum_{j=1}^{N_n}\alpha_j^{(n)}\varepsilon_j^{(n)}\int_0^1 K(x,y)\mathrm{d}u_{x_j^{(n)}}(y)\\&=\sum_{j=1}^{N_n}\alpha_j^{(n)}\varepsilon_j^{(n)}l_{x_j^{(n)}}(x)\in co(\mathscr{K}\cup(-\mathscr{K}))\end{aligned}$$

所以得

$$f\in\overline{co(\mathscr{K}\cup(-\mathscr{K}))}$$

即

$$\overline{\Omega}_1\subseteq\overline{co(\mathscr{K}\cup(-\mathscr{K}))}$$

引理得证.

推论

$$d_n[\Omega_1;L^2]=d_n[\mathscr{K};L^2]$$

$\mathscr{K}$恰是 $Q=[0,1]$ 在连续映射 $\varphi:y\to l_y(\cdot)=K(\cdot,y)$ 下的象.所以对 $\mathscr{K}$ 可以应用定理 5.5.6.注意这里的核是

$$(\varphi(x),\varphi(y))=\int_0^1 K(z,x)K(z,y)\mathrm{d}z \quad (5.64)$$

若用 K 表示由核 $K(x,y)$ 确定的线性积分算子,K^* 是 K 的共轭算子,则 K^*K 的积分核便是式(5.22)中的函数.

定理 5.5.7(P. C. Исмагилов[26])

设 $K(x,y)\in C[0,1]^2$,$\Omega_1=\{kh\mid \|h\|_1\leqslant 1\}$,则

$$\Big(\sum_{j=n+1}^{+\infty}\lambda_j\Big)^{\frac{1}{2}}\leqslant d_n[\Omega_1;L^2]\leqslant \max_x\Big(\sum_{j=n+1}^{+\infty}\lambda_j f_j^2(x)\Big)^{\frac{1}{2}} \quad (5.65)$$

此处 $\lambda_1\geqslant\lambda_2\geqslant\cdots\geqslant\lambda_n\geqslant\cdots,\lambda_n>0,\lambda_n\downarrow 0$ 是积分算子 K^*K 的本征值序列,而 $f_1,\cdots,f_n,\cdots$ 是相对应的标准化的本征函数序列:换句话说

$$K^*Kf_n=\lambda_n f_n,(f_m,f_n)=\delta_{m,n}$$

例 5.5.4(P. C. Исмагилов[26]) 函数类 $W_1^r[0,1]=\{f\mid f^{(r-1)}$ 在 $[0,1]$ 上绝对连续,$\|f^{(r)}\|_1\leqslant 1\}$ 嵌入 $L^2[0,1]$ 空间,求 $d_n[W_1^r,L^2]$.如例 5.5.3,记 $\mathscr{L}_r=\{1,\cdots,x^{r-1}\}$,$K(x,y)=\dfrac{1}{(r-1)!}\cdot(x-y)_+^{r-1}$,$0\leqslant x,y\leqslant 1$,并置

$$\mathscr{M}_1=\{K\varphi\mid\varphi\in L^1[0,1],\|\varphi\|_1\leqslant 1\}$$

则 $W_1^r[0,1]=\mathscr{L}_r+\mathscr{M}_1$.我们有,当 $0\leqslant n<r$ 时

$$d_n[W_1^r;L^2]=+\infty$$

取 $K_r=(I-Q_r)K$，置 $\mathscr{M}_1^*=\{K_r\varphi \mid \|\varphi\|_1\leqslant 1\}$.

我们有

$$W_1^r[0,1]=\mathscr{L}_r+\mathscr{M}_1^*$$

当 $n\geqslant r$ 时有

$$d_n[\mathscr{M}_1^*;L^2]\leqslant d_n[W_1^r;L^2]\leqslant d_{n-r}[\mathscr{M}_1^*;L^2]$$

利用此不等式可以求出 $d_n[W_1^r;L^2]$ 的渐近估计. 为此，需要求出 $d_n[\mathscr{M}_1^*;L^2]$ 的渐近估计，而后者的估计，根据定理 5.5.7. 可以借助积分算子 $K_r^*K_r$ 的本征值和本征函数利用不等式(5.65) 来完成. 而 $K_r^*K_r$ 的本征值问题又等价于微分算子

$$(-1)^r y^{(2r)}=\lambda^{-1}y$$

$$y^{(i)}(0)=y^{(i)}(1)=0,i=0,\cdots,r-1 \quad (5.66)$$

的本征值问题.

比如，当 $r=1$ 时，式(5.66) 的本征值及对应的本征函数序列是 $\lambda_n=(n\pi)^{-2},\varphi_n(x)=\sqrt{2}\sin n\pi x(n=1,2,3,\cdots)$. 根据式(5.65) 得

$$\frac{1}{\pi}\Big(\sum_{j=n+1}^{+\infty}j^{-2}\Big)^{\frac{1}{2}}\leqslant d_n[\mathscr{M}_1^*;L^2]$$

$$\leqslant \max_{0\leqslant x\leqslant 1}\frac{1}{\pi}\left(\sum_{j=n+1}^{+\infty}\frac{2\sin^2 j\pi x}{j^2}\right)^{\frac{1}{2}}$$

此式给出

$$\frac{1}{\pi\sqrt{n+1}}\leqslant d_n[\mathscr{M}_1^*;L^2]\leqslant\frac{1}{\pi}\sqrt{\frac{2}{n}} \quad (5.67)$$

这个结果不精确. P. C. Исмагилов[26] 使用更细致的方法证明了

$$\lim_{n\to+\infty}\sqrt{n}d_n[\mathscr{M}_1^*;L^2]=\lim_{n\to+\infty}\sqrt{n}d_n[W_1^1;L^2]=\frac{1}{\pi}$$

这个结果加强了 W. Rudin 在 1953 年得到的弱渐近的

估计式

$$d_n[W_1^1;L^2] \asymp \frac{1}{\sqrt{n}}$$

他还指出,当 $r>1$ 时有

$$\lim_{n\to+\infty} n^{r-\frac{1}{2}} d_n[W_1^r;L^2]=\frac{1}{\pi^r\sqrt{2r-1}} \tag{5.68}$$

X. Насырова 把式(5.26)推广到更广泛的情形.

定理 5.5.8 设

$$P(D)=D^r+p_1(x)D^{r-1}+\cdots+p_r(x)$$

$$p_i(x)\in C^r[0,1]$$

函数类

$$\Omega_1^r \stackrel{\mathrm{df}}{=} \{f \mid f^{(r-1)} \text{ 绝对连续,且 } \|P(D)f\|_1 \leqslant 1\}$$

则

$$\lim_{n\to+\infty} n^{r-\frac{1}{2}} d_n[\Omega_1^r;L^2]=\frac{1}{\pi^r\sqrt{2r-1}} \tag{5.69}$$

这一结果说明

$$\lim_{n\to+\infty}\frac{d_n[\Omega_1^r;L^2]}{[W_1^r;L^2]}=1 \tag{5.70}$$

(五) Hilbert 空间内由两个二次约束条件确定的点集的宽度

前面提到的函数集 $W_2^r[0,1]$,是在 $L^2[0,1]$ 的一个线性子集 $\mathscr{W}_2^r=\bigcup_{n=1}^{+\infty}(nW_2^r[0,1])$ 上由一个二次约束条件 $\int_0^1 |f^{(r)}x|^2\mathrm{d}x\leqslant 1$ 确定的点集. 泛函 $\psi(f)=\|f^{(r)}\|_2$ 是 $\mathscr{W}_2^r$ 上的半范,满足平行四边形性质

$$\psi^2(f+g)+\psi^2(f-g)=2\{\psi^2(f)+\psi^2(g)\}$$

为一 Hilbert 半范. 任取一个 $H\to H$ 的线性算子 T,

$\psi(x)=\| Tx \|_H$是 Hilbert 半范.

今设 H 是一实 Hilbert 空间,$T(H\to H)$ 为一线性算子,又 $\|\cdot\|_1$,$\|\cdot\|_2$,是 H 上的两个 Hilbert 半范.点集

$$\mathscr{M}=\{Tx \mid \|x\|_1\leqslant 1, \|x\|_2\leqslant 1\}$$

是由两个 Hilbert 半范给出的约束条件 $\|x\|_1\leqslant 1$,$\|x\|_2\leqslant 1$ 而在 H 内确定的点集.在这一段内我们的目的是给出 $d_n[\mathscr{M};H]$,$d^n[\mathscr{M};H]$ 的估计方法,并给出一种确定其极子空间的方法.

首先给出一些预备知识.

设 $a\in\mathbf{R}^2$,$a=(a_1,a_2)$.记 $\|a\|_\infty=\max(|a_1|,|a_2|)$.$\|a\|_1=|a_1|+|a_2|$.

引理 5.5.6　设有凸集 $A\subset\mathbf{R}^2$,$0\in\mathrm{Int}(A)$,则

$$\inf_{a\in A}\|a\|_\infty=\max_{\lambda\in\Delta}\inf_{a\in A}\lambda\cdot a \tag{5.71}$$

此处 $\Delta=\{\lambda\in\mathbf{R}^2 \mid \|\lambda\|_1=1\}$,$\lambda\cdot a=\lambda_1a_1+\lambda_2a_2$.

证[①]　记 $\delta=\inf\limits_{a\in A}\|a\|_\infty$,则由

$$|\lambda\cdot a|\leqslant\sum_{i=1}^{2}|\lambda_i|\cdot|a_i|\leqslant\|a\|_\infty$$

得

$$\inf_{a\in A}\lambda\cdot a\leqslant\inf_{a\in A}\|a\|_\infty=\delta, \forall\lambda\in\Delta$$

所以$\sup\limits_{\lambda\in\Delta}\inf\limits_{a\in A}\lambda\cdot a\leqslant\delta$.

下面来证相反的不等式$\delta\leqslant\sup\limits_{\lambda\in\Delta}\inf\limits_{a\in A}\lambda\cdot a$.为此只需证,存在一个$\lambda_0\in\Delta$使$\delta\leqslant\lambda_0\cdot a$对一切$a\in A$都成立即可.

---

① 此引理可直接利用第二章的凸集逼近对偶定理推出.这里的初等证法取自 A. Melkman 和 C. Micchelli 的[29].

(1) 设 $\delta=0$,则 $0\in\partial(A)$. 就是说,0 是凸集 A 的边界点. 过点 0 有一条直线支撑 A:即存在 $\lambda_0\in\mathbf{R}^2$, $\lambda_0\neq 0$,使 $\lambda_0\cdot a\geqslant 0$, $\forall a\in A$. 不妨认为 $\lambda_0\in\Delta$,得所欲求.

(2) 设 $\delta>0$. 任取 ε:$0<\varepsilon<\delta$,则

$$\{a\mid \|a\|_\infty\leqslant\delta-\varepsilon\}\cap A=\varnothing$$

根据凸集的分离定理知有 $\lambda_\varepsilon\in\Delta$ 使

$$\lambda_\varepsilon\cdot a\leqslant b_\varepsilon,\ \|a\|_\infty\leqslant\delta-\varepsilon$$

$$\lambda_\varepsilon\cdot a\geqslant b_\varepsilon,\ \forall a\in A$$

b_ε 是某个定理. 但是因为

$$\sup_{\|a\|_\infty\leqslant\delta-\varepsilon}\lambda_\varepsilon\cdot a=\sup_{\|a\|_\infty\leqslant\delta-\varepsilon}|\lambda_\varepsilon\cdot a|=\delta-\varepsilon$$

所以 $b_\varepsilon\geqslant\delta-\varepsilon$. 从而 $\lambda_\varepsilon\cdot a\geqslant\delta-\varepsilon$, $\forall a\in A$. Δ 是紧集,故可找到数列 $\varepsilon_n\downarrow 0$ 使

$$\lambda_{\varepsilon_n}\to\lambda_0\in\Delta$$

那么由 $\lambda_{\varepsilon_n}\cdot a\geqslant\delta-\varepsilon_n$,令 $n\to+\infty$ 得 $\lambda_0\cdot a\geqslant\delta(\forall a\in A)$.

这个结果可以拓广到自反空间内的凸集上. 为了需要,我们把引理 5.5.6 扩充到一类非凸集上.

定义 5.5.2 称 $A\subset\mathbf{R}^n$ 具有凸断面,若任一支撑 A 的平面接触 A 于两个不同点 X,Y 时,联结 X,Y 的线段 $[X,Y]\subset A$.

这一定义的条件相当于,A 的任一支撑面 H 与 A 的交集 $A\cap H$ 是凸集. 具有凸断面的点集未必是凸集,比如圆环. 下面给出:

引理 5.5.7 A 具有凸断面,当且仅当 $\partial co(A)\subset A$. 下面把引理 5.5.6 拓广到具有凸断面的点集.

若 A 具有凸断面,且 $0\overline{\in}\operatorname{Int} co(A)$,则

$$\inf_{a\in A}\|a\|_\infty=\sup_{\lambda\in\Delta}\inf_{a\in A}\lambda\cdot a$$

证　取 A 的凸包 $co(A)$. 由引理 5.5.6 有

$$\inf_{a\in co(A)}\|a\|_\infty=\max_{\lambda\in\Delta}\inf_{a\in co(A)}\lambda\cdot a$$

注意到

$$\inf_{a\in co(A)}\lambda\cdot a=\inf_{a\in A}\lambda\cdot a,\forall\lambda\in\Delta$$

则上式化作

$$\inf_{a\in co(A)}\|a\|_\infty=\max_{\lambda\in\Delta}\inf_{a\in A}\lambda\cdot a$$

再由

$$\begin{aligned}\inf_{a\in A}\|a\|_\infty&\geqslant\inf_{a\in co(A)}\|a\|_\infty=\inf_{a\in\partial\overline{co}(A)}\|a\|_\infty\\&\geqslant\inf_{a\in A}\|a\|_\infty\end{aligned}$$

(因 $A\supset\partial co(A)$.) 由此即得所求证的结论.

现在把引理 5.5.7 用到一个具体的点集上去. 设 X 是一线性空间,在 X 上同时定义了三个 Hilbert 半范 $\|x\|_i^2(i=0,1,2)$(都不恒等于零). 置

$$B=\{(\|x\|_1^2,\|x\|_2^2)\mid x\in X,\|x\|_0^2=1\}\subset\mathbf{R}^2$$

引理 5.5.8　平面点集 B 具有以下性质:

(1)$0\overline{\in}\operatorname{Int}(co(B))$.

(2)B 中任何两点可以用包含在 B 内的一条连续曲线联结.

(3)B 具有凸断面.

证　(1) 不待证.

(2) 记 $C_0=\{x\in X\mid\|x\|_0^2=1\}$,$(x,y)_0$ 是对应于半范 $\|\cdot\|_0$ 的内积. 对应着 C_0 上的每一点 x,置 $a(x)=(\|x\|_1^2,\|x\|_2^2)$. 取 $x,y\in C_0$,$(x,y)_0\neq-1$. 对 $t\in\mathbf{R}$ 定义一个

$$z(t)=\frac{tx+(1-t)y}{\|tx+(1-t)y\|_0}$$

由于

$$\begin{aligned}&\| tx+(1-t)y\|_0^2\\=&(tx+(1-t)y,tx+(1-t)y)_0\\=&t^2\| x\|_0^2+(1-t)^2\| y\|_0^2+2t(1-t)(x,y)_0\\=&t^2+(1-t)^2+2t(1-t)(x,y)_0\end{aligned}$$

由

$$\| x\|_0^2=\| y\|_0^2=1\Rightarrow |(x,y)_0^2|\leqslant \| x\|_0^2\cdot \| y\|_0^2\leqslant 1$$

所以

$$\| tx+(1-t)y\|_0^2=0\Leftrightarrow (x,y)_0=-1$$

且 $t=\dfrac{1}{2}$. 因为假定了 $(x,y)_0\neq -1$,那么对每一 $t\in\mathbf{R}$,二次函数

$$\| tx+(1-t)y\|_0^2>0$$

从而有 $\| z(t)\|_0=1$. $z(t)$ 为连续函数. 令 $a(t)$ 表示 $a(z(t))$. 它是一条连续曲线,包含于 B 内. $a(1)=a(x)$,$a(0)=a(y)$. (2) 得证.

(3) 证明 B 有凸断面.

设有直线 $\lambda\cdot a=\beta$ 支撑 B(β 是某一实数). 而且 $a(x)$,$a(y)$ 是其两个接触点,$x,y\in C_0$. 这就是说有 $\lambda(a(x))-\beta=0$,$\lambda(a(y))-\beta=0$,并且

$$\lambda\cdot a-\beta\geqslant 0,\ \forall a\in B$$

由此得

$$Q(t)=\| tx+(1-t)y\|_0^2(\lambda\cdot a(t)-\beta)\geqslant 0,\ \forall t\in\mathbf{R}$$

$Q(0)=Q(1)=0$. $Q(t)$ 是一二次多项式. 因为

$$\| tx+(1-t)y\|_0^2=t^2\| x\|_0^2+(1-t)^2\| y\|_0^2+2t(1-t)(x,y)_0$$

且若记 $\lambda=(\lambda_1,\lambda_2)$,则由

$$z(t)=\frac{tx}{\| tx+(1-t)y\|_0}+\frac{(1-t)y}{\| tx+(1-t)y\|_0}$$

以及

$$a(t)=\left(\frac{\|tx+(1-t)y\|_1^2}{\|tx+(1-t)y\|_0^2},\frac{\|tx+(1-t)y\|_2^2}{\|tx+(1-t)y\|_0^2}\right)$$

$$\begin{aligned}&\Rightarrow Q(t)\\&=\lambda_1\|tx+(1-t)y\|_1^2+\lambda_2\|tx+(1-t)y\|_2^2-\\&\quad\beta\|tx+(1-t)y\|_0^2\\&=2\{\lambda_1(x,y)_1+\lambda_2(x,y)_2-\beta(x,y)_0\}t(1-t)\\&\geqslant 0,\forall t\in\mathbf{R}\end{aligned}$$

最后的不等式成立,当且仅当 $Q(t)\equiv 0$,即 $\lambda\cdot a(t)\equiv\beta(0\leqslant t\leqslant 1)$. 这表明 $a(t)$ 在$[0,1]$内是一线段.

如果有$(x,y)_0=-1$,由于 $\|-x\|_0=\|x\|_0$, $a(-x)=a(x)$,只要以 $-x$ 代替 x,就避开了$(x,y)_0=-1$ 的情况. 引理证完.

定理 5.5.9　设 $\|x\|_i^2(i=0,1,2)$ 是线性空间 X 上的三个非平凡的 Hilbert 半范,则

$$\sup_{\substack{\|x\|_1\leqslant 1\\ \|x\|_2\leqslant 1}}\|x\|_0=\min_{0\leqslant\tau\leqslant 1}\sup_{\|x\|_\tau\leqslant 1}\|x\|_0 \tag{5.71}$$

此处 $\|x\|_\tau^2\overset{\text{df}}{=\!=}\|x\|_1^2+(1-\tau)\|x\|_2^2$ 也是一 Hilbert 半范.

证　记 $a=(\|x\|_1^2,\|x\|_2^2)$,则式(5.71)的左边可记成 $\sup\limits_{\|a\|_\infty=1}\|x\|_0$. 注意到

$$\sup_{\|a\|_\infty=1}\|x\|_0^2=\frac{1}{\inf\limits_{\|x\|_0=1}\|a\|_\infty} \tag{5.72}$$

以及

$$\sup_{\|x\|_\infty<1}\|x\|_0^2=\frac{1}{\inf\limits_{\|x\|_0=1}\|x\|_\tau^2} \tag{5.73}$$

所以

$$\min_{0\leqslant\tau\leqslant 1}\sup_{\|x\|_\tau\leqslant 1}\|x\|_0^2=\frac{1}{\sup\limits_{0\leqslant\tau\leqslant 1}\inf\limits_{\|x\|_0=1}\|x\|_\tau^2} \tag{5.74}$$

由于

$$\inf_{\|x\|_0=1} \|a\|_\infty = \sup_{\lambda\in\Delta} \inf_{a\in B} \lambda\cdot a$$

且因 B 在第一象限,故 $\lambda=(\lambda_1,\lambda_2)\in\Delta$ 可限制 $\lambda_1,\lambda_2\geqslant 0,\lambda_1+\lambda_2=1$. 那么有

$$\lambda\cdot a=\lambda_1\|x\|_1^2+\lambda_2\|x\|_2^2$$

从而

$$\inf_{\|x\|_0=1}\|a\|_\infty=\sup_{0\leqslant\tau\leqslant 1}\inf_{\|x\|_0=1}\|x\|_\tau^2$$

所以得

$$\sup_{\|a\|_\infty\leqslant 1}\|x\|_0^2=\min_{0\leqslant\tau\leqslant 1}\sup_{\|x\|_\tau\leqslant 1}\|x\|_0^2$$

往下转到讨论 Hilbert 空间内点集的 n 宽度问题.

设 H 是一 Hilbert 空间,$T(H\to H)$ 是一线性全连续算子,$\|x\|_1$,$\|x\|_2$ 是 H 上的两个 Hilbert 半范. 置

$$\Omega=\{Tx\mid x\in H,\|x\|_1\leqslant 1,\|x\|_2\leqslant 1\}$$

$$\Omega_\lambda=\{Tx\mid x\in H,\|x\|_\lambda\leqslant 1\}$$

此处 $\|x\|_\lambda^2=\lambda\|x\|_1^2+(1-\lambda)\|x\|_2^2,0\leqslant\lambda\leqslant 1$.

定理 5.5.10(C. Micchelli[29])

(1)
$$d_n[\Omega;H]=\inf_{0\leqslant\lambda\leqslant 1}d_n[\Omega_\lambda;H]\qquad(5.75)$$

$$d^n[\Omega;H]=\inf_{0\leqslant\lambda\leqslant 1}d^n[\Omega_\lambda;H]\qquad(5.76)$$

(2) 若对某个 $\mu\in[0,1]$ 有 $d_n[\Omega_\mu;H]=d_n[\Omega;H]$,则 $d_n[\Omega_\mu;H]$ 的每一极子空间 $L_n^0(\mu)$ 都是 $d_n[\Omega;H]$ 的极子空间. 对 $n-G$ 宽度也有一样的结论.

证 设 $L_n\subset H$ 是一 n 维线性子空间,P_n 是 $H\to L_n$ 的直交投影,$Q_n=I-P_n$. $x\in H$,则见 $\|Q_nTx\|$ 是 H 上的 Hilbert 半范. 所以

$$\sup_{\substack{\|x\|_1\leqslant 1\\ \|x\|_2\leqslant 1}}\|Q_nTx\|=\min_{0\leqslant\lambda\leqslant 1}\sup_{\|x\|_\lambda^2\leqslant 1}\|Q_nTx\|$$

从而有

$$\begin{aligned}
d_n[\Omega;H] &= \inf_{L_n} \sup_{\substack{\|x\|_1\leqslant 1\\ \|x\|_2\leqslant 1}} \|Q_nTx\| \\
&= \inf_{L_n} \min_{0\leqslant\lambda\leqslant 1} \sup_{\|x\|_\lambda^2\leqslant 1} \|Q_nTx\| \\
&= \inf_{0\leqslant\lambda\leqslant 1} \inf_{L_n} \sup_{\|x\|_\lambda^2\leqslant 1} \|Q_nTx\| \\
&= \inf_{0\leqslant\lambda\leqslant 1} d_n[\Omega_1;H]
\end{aligned}$$

此即式(5.75). 同理可证式(5.76). 若对某个 $\mu\in[0,1]$ 有

$$d_n[\Omega_\mu;H] = \sup_{\|x\|_\mu^2\leqslant 1} \|Q_n^0Tx\| = d_n[\Omega;H]$$

此处 $Q_n^0 = I - P_n^0$, P_n^0 是 $H\to L_n^0$ 的直交投影. L_n^0 是 $d_n[\Omega_\mu;H]$ 的一极子空间. 则由

$$\sup_{\|x\|_\mu^2\leqslant 1} \|Q_n^0Tx\| \leqslant \sup_{\|x\|_\lambda^2\leqslant 1} \|Q_n^0Tx\|, \forall\lambda\in[0,1]$$

从而得

$$\begin{aligned}
\sup_{\|x\|_\mu^2\leqslant 1} \|Q_n^0Tx\| &\leqslant \inf_{0\leqslant\lambda\leqslant 1} \sup_{\|x\|_\lambda^2\leqslant 1} \|Q_n^0Tx\| \\
&= \sup_{\substack{\|x\|_1\leqslant 1\\ \|x\|_2\leqslant 1}} \|Q_n^0Tx\|
\end{aligned}$$

(根据定理 5.5.9) 对 $n-G$ 宽度可得类似的结果.

例 5.5.5　记 $\mathscr{W}_2^1(\mathbf{R}) = \{f\in C(\mathbf{R}) \mid f$ 局部绝对连续, $\|f'\|_{L_2(\mathbf{R})} < +\infty\}$,并且

$$\mathscr{H}_2^1(\mathbf{R}) \stackrel{\text{df}}{=\!=} L^2(\mathbf{R}) \cap \mathscr{W}_2^1(\mathbf{R})$$

$$S = \{f\in\mathscr{W}_2^1(\mathbf{R}) \mid \|f'\|_{L_2(\mathbf{R})} \leqslant 1$$

$$\int_{|t|>T} f^2(t)\mathrm{d}t \leqslant \varepsilon^2\}$$

$T,\varepsilon>0$ 是给定的数. 求 $d_n[S;L^2(T)]$. 此处 $L^2(T)$ 表示定义在$[-T,T]$上的一切平方可和的是函数空间.

引入

$$\psi_T(x)=\begin{cases}1, -T\leqslant x\leqslant T\\0, |x|>T\end{cases}$$

在 $\mathscr{H}_2^1(\mathbf{R})$ 内引入三个半范

$$\|f\|_0^2=\|\psi_T f\|_{L_2}^2$$

$$\|f\|_1^2=\varepsilon^{-2}\|(1-\psi_T)f\|_{L_2}^2$$

$$\|f\|_2^2=\|f'\|_{L_2}^2$$

点集 S 可写成

$$S=\{\psi_T f \mid f\in\mathscr{H}_2^1, \|f\|_1^2\leqslant 1, \|f\|_2^2\leqslant 1\}$$

根据定理 5.5.10 得

$$d_n[S,L^2(T)]=\min_{0\leqslant\lambda\leqslant 1} d_n[S_\lambda;L^2(T)]$$

其中

$$S_\lambda\overset{\text{df}}{=}\{\psi_T f \mid f\in\mathscr{H}_2^1,\lambda\|f\|_1^2+(1-\lambda)\|f\|_2^2\leqslant 1\}$$

在 $\mathscr{H}_2^1(\mathbf{R})$ 内引入半范

$$\|f\|_\lambda^2=\lambda\varepsilon^{-2}\|(1-\psi_T)f\|_{L_2}^2+(1-\lambda)\|f'\|_{L_2}^2$$

$\|\cdot\|_\lambda^2$ 是 Hilbert 半范. 这是因为,如果引入算符

$$P_\lambda(D)f=\sqrt{\lambda}\varepsilon^{-1}(1-\psi_T)f+\sqrt{1-\lambda}f'$$

其共轭算符为

$$P_\lambda^*(D)f=\sqrt{\lambda}\varepsilon^{-1}(1-\psi_T)f-\sqrt{1-\lambda}f'$$

二者的共轭关系可以在 $\mathscr{H}_2^1(\mathbf{R})$ 在子集 $\mathring{\mathscr{H}}_2^1(\mathbf{R})$ 上得到验证,这里 $\mathscr{H}_2^1(\mathbf{R})$ 由 $\mathscr{H}_2^1(\mathbf{R})$ 内一切有紧支集的属于 C^1 的函数构成,而且每一函数的二阶导数分段连续. 这时对任取的 $f,g\in\mathring{\mathscr{H}}_2^1(\mathbf{R})$ 有

$$(P_\lambda(D)f,g)=(f,P_\lambda^*(D)g)$$

事实上

$$(P_\lambda(D)f,g)=\frac{\sqrt{\lambda}}{\varepsilon}((1-\psi_T)f,g)+\sqrt{1-\lambda}(f',g)$$

$$=\frac{\sqrt{\lambda}}{\varepsilon}(f,(1-\psi_T)g)+\sqrt{1-\lambda}(f',g)$$

而

$$(f',g)=\int_{-\infty}^{+\infty}f'(x)g(x)\mathrm{d}x=-\int_{-\infty}^{+\infty}f(x)g'(x)\mathrm{d}x$$

往下进一步有

$$(P_\lambda^*(D)P_\lambda(D)f,f)=(P_\lambda(D)f,P_\lambda(D)f)$$

$$=\|P_\lambda(D)f\|_{L_2}^2\geqslant 0,\forall f\in\mathring{\mathscr{H}}_2^1(\mathbf{R})$$

再由

$$\|f\|_\lambda^2=\|P_\lambda(D)f\|_{L_2}^2$$

并注意到 $\mathring{\mathscr{H}}_2^1$ 是 $\mathscr{H}_2^1$ 内的依 L_2 范的稠集，可见约束条件

$$\|f\|_\lambda^2\leqslant 1\Leftrightarrow(P_\lambda^*(D)P_\lambda(D)f,f)\leqslant 1$$

从而

$$d_n[S_\lambda;L^2(T)]=d_n[S_\lambda\cap\mathring{\mathscr{H}}_2^1;L^2(T)]$$

而

$$S_\lambda\cap\mathring{\mathscr{H}}_2^1=\{f\mid f\in\mathring{\mathscr{H}}_2^1,(Af,f)\leqslant 1\}$$

$$A=P_\lambda^*(D)P_\lambda(D)=\lambda\varepsilon^{-2}(1-\psi_T)I-(1-\lambda)$$

B^2 是对称算子（I，D 分别是恒等及微分算符）. 在有限区间 $[-T,T]$ 上，这一宽度的估计问题等价于二阶微分算子的本征值问题

$$P_\lambda^*(D)P_\lambda(D)f=\frac{1}{\mu}\psi_T f$$

把微分方程分成两段

$$(1-\lambda)f''+\frac{1}{\mu}f=0,-T\leqslant x\leqslant T$$

$$(1-\lambda)f''-\frac{\lambda}{\varepsilon^2}f=0,x\in(-\infty,-T)\cup(T,+\infty)$$

注意本征函数应在 $\mathscr{H}'_2(\mathbf{R})$ 内找，限定它满足

$f(\pm\infty)=0, f''\in L^2(\mathbf{R})$,且在每一有限区间内分段连续是自然的.若对 $\mu>0$ 有非平凡解 f,则有两种可能:

(1) 在$[-T,T]$上

$$f(x)=c_1\cos\sqrt{\rho}x\ ,\rho=\frac{1}{\mu(1-\lambda)}$$

在$(-\infty,-T)\cup(T,+\infty)$上

$$f(x)=c_3\mathrm{e}^{-\sqrt{\delta}(|x|-T)}\ ,\delta=\frac{\lambda}{\varepsilon^2(1-\lambda)}$$

由 $f\in C'(\mathbf{R})$ 给出条件:

(ⅰ) $f(T-)=f(T+)$ 即 $c_1\cos\sqrt{\rho}T=c_3$.

(ⅱ) $f'(T-)=f'(T+)$ 即 $c_1\sqrt{\rho}\sin\sqrt{\rho}T=c_3\sqrt{\delta}$.

$\mu>0$ 是本征值,当且仅当

$$\begin{vmatrix}\cos\sqrt{\rho}T & -1\\ \sqrt{\rho}\sin\sqrt{\rho}T & -\sqrt{\delta}\end{vmatrix}=0\Leftrightarrow\tan\sqrt{\rho}T=\sqrt{\frac{\delta}{\rho}}$$

取 $c_1=(\cos\sqrt{\rho}T)^{-1},c_3=1$ 结出

$$f(x)=\begin{cases}\dfrac{\cos\sqrt{\rho}x}{\cos\sqrt{\rho}T}, & |x|\leqslant T\\ \mathrm{e}^{-\sqrt{\delta}(|x|-T)}, & |x|>T\end{cases}$$

μ 是函数方程 $\tan\dfrac{T}{\sqrt{\mu(1-\lambda)}}=\sqrt{\dfrac{\mu\lambda}{\varepsilon^2}}$ 的正数解.此函数方程的全部正解构成一无限下降数列

$$\mu_0(\lambda)>\mu_1(\lambda)>\cdots>\mu_n(\lambda)>\cdots,\mu_n(\lambda)>0$$

其具体求法稍后给出.

(2) 在$[-T,T]$上

$$g(x)=c_1\sin\sqrt{\rho}x\ ,\rho=\frac{1}{\mu(1-\lambda)}$$

在$(-\infty,-T)\cup(T,+\infty)$上

$$g(x)=c_3(\operatorname{sgn} x)\mathrm{e}^{-\sqrt{\delta}(|x|-T)},\delta=\frac{\lambda}{\varepsilon^2(1-\lambda)}$$

这时由 $g\in C^1$ 给出 $-\cot\sqrt{\rho}T=\sqrt{\frac{\delta}{\rho}}$. 取 $c_1=(\sin\sqrt{\rho}T)^{-1}$, $c_3=1$, μ 是函数方程

$$-\cot\frac{T}{\sqrt{\mu(1-\lambda)}}=\sqrt{\frac{\mu\lambda}{\varepsilon^2}}$$

的正数解. 它的全部正解也构成一无限下降数列

$$\mu'_0(\lambda)>\mu'_1(\lambda)>\cdots>\mu'_n(\lambda)>\cdots>0$$

$\mu_n(\lambda)$, $\mu'_n(\lambda)$ 的具体算法可如下进行. 由

$$\frac{T}{\sqrt{\mu(1-\lambda)}}\tan\frac{T}{\sqrt{\mu(1-\lambda)}}=\frac{T}{\varepsilon}\sqrt{\frac{\lambda}{1-\lambda}}$$

若置 $x=\frac{T}{\sqrt{\mu(1-\lambda)}}$, $t=\frac{T}{\varepsilon}\sqrt{\frac{\lambda}{1-\lambda}}$, (1) 中的函数方程化作

$$x\tan x=t,0\leqslant t<+\infty$$

同理, (2) 中的函数方程化作

$$-y\cot y=t$$

对 $t>0$, 二者各有正解序列

$$\{x_n(t)\},n\pi<x_n(t)<n\pi+\frac{\pi}{2},n=0,1,2,\cdots$$

$$\{y_n(t)\},n\pi+\frac{\pi}{2}<y_n(t)<(n+1)\pi,n=0,1,2,\cdots$$

由此得

$$\sqrt{\mu_n(\lambda)}=\frac{T}{x_n(t)\sqrt{1-\lambda}},\sqrt{\mu'_n(\lambda)}=\frac{T}{y_n(t)\sqrt{1-\lambda}}$$

$$\sqrt{1-\lambda}=\frac{T}{\sqrt{T^2+\varepsilon^2t^2}}$$

所以

$$\begin{cases}\dfrac{1}{\sqrt{\mu_n(\lambda)}}=\dfrac{x_n(t)}{\sqrt{T^2+\varepsilon^2t^2}}\\ \dfrac{1}{\sqrt{\mu'_n(\lambda)}}=\dfrac{y_n(t)}{\sqrt{T^2+\varepsilon^2t^2}}\end{cases}$$

从而给出

$$d_{2n}[S;L^2(T)]=\min_{t\geqslant 0}\frac{\sqrt{T^2+\varepsilon^2t^2}}{x_n(t)},n=0,1,2,\cdots$$

$$d_{2n+1}[S;L^2(T)]=\min_{t\geqslant 0}\frac{\sqrt{T^2+\varepsilon^2t^2}}{y_n(t)},n=0,1,2,\cdots$$

§6 $C(Q)$ 空间内点集的宽度

设 Q 是一紧的 Hausdorff 空间,$C(Q)$ 是 $Q\to\mathbf{R}$ 的连续映射集,$C(Q)$ 是 $\mathbf{R}$ 上的线性向量空间.赋以一致范数 $\|f\|_C=\max\limits_{x\in Q}|f(x)|$,$C(Q)$ 成一 B 空间.本节内给出 $C(Q)$ 空间内点集宽度的简便的下方估计方法和几个典型例子.更进一步的结果将在后面给出.

(一)Kolmogorov-Lorentz 定理及其应用

下面的定理是 Kolmogorov[2],Lorentz[20] 分别给出的.其用处在于给出 $C(Q)$ 空间内点集的 $n-K$ 宽度下方估计的简单易行的方法.

定理 5.6.1 设 Q 是一紧的 Hausdorff 空间,$C(Q)$ 是 $Q\to\mathbf{R}$ 的连续映射集.赋以一致范数 $\|f\|_C=\max\limits_{x\in Q}|f(x)|$,$\mathscr{M}\subset C(Q)$.若存在 $n+1$ 个点 $x_1,\cdots,x_{n+1}\in Q$ 及正数 α,使:

(1) 对任取的一组符号 $(\lambda_1,\cdots,\lambda_{n+1})$(即每一

$\lambda_j=\pm 1$) 有 $f\in\mathscr{M}$ 使

$$\operatorname{sgn} f(x_j)=\lambda_j, j=1,\cdots,n+1$$

(2) $|f(x_j)|\geqslant\alpha$. 则有

$$d_n[\mathscr{M};C(Q)]\geqslant\alpha \tag{5.77}$$

证　任取 $C(Q)$ 的一个 n 维线性子空间 $X_n=\operatorname{span}\{\varphi_1(x),\cdots,\varphi_n(x)\}\subset C(Q)$. 我们说,存在 $C(Q)$ 上的线性连续泛函 $L_n(f)$ 满足:

(1) $L_n(f)=\sum_{i=1}^{n+1}c_i f(x_i), \forall f\in C(Q)$. 而且对任一 $g\in X_n$ 有 $L_n(g)=0$.

(2) $|L_n(f)|\leqslant\|f\|$.

(3) 存在 $f_0\in\mathscr{M}$,使

$$|L_n(f_0)|\geqslant\alpha$$

欲构造 $L_n(f)$,可先由条件

$$L_n(\varphi_1)=\cdots=L_n(\varphi_n)=0$$

定出系数 $c_1,\cdots,c_{n+1}$,并依条件 $\sum_{j=1}^{n+1}|c_j|=1$ 使其标准化. 这样的一组 $c_1,\cdots,c_{n+1}$ 是存在的. 那么,(1)(2) 两条就得到了满足. 剩下的事是构造 f_0. 为此,取一组符号 $\{\lambda_1,\cdots,\lambda_{n+1}\}$ 使 $\lambda_j c_j\geqslant 0$. 对此,由假定,存在 $f_0\in\mathscr{M}$ 使得 $\operatorname{sgn} f_0(x_j)=\lambda_j$,而且 $|f_0(x_j)|\geqslant\alpha$.

现在回到要证的事实. 由

$$L_n(f_0)=\sum_{j=1}^{n+1}c_j f_0(x_j)=\sum_{j=1}^{n+1}|c_j||f_0(x_j)|$$

得

$$\begin{aligned}\alpha\leqslant|L_n(f_0)|&=|L_n(f_0-g)|\\&\leqslant\|f_0-g\|, \forall g\in X_n\end{aligned}$$

所以

$$\alpha \leqslant \min_{g \in X_n} \| f_0 - g \| = e(f_0, X_n) \leqslant E(\mathscr{M}; X_n)$$

再由 X_n 的任意性,便得

$$\alpha \leqslant \inf_{X_n} E(\mathscr{M}; X_n) = d_n[\mathscr{M}; C(Q)]$$

下面给出利用定理 5.6.1 得到的一个重要函数类的 $n-K$ 宽度的精确阶估计.

设 $\omega(t)$ 是一连续模,$I=[0,1]$,$W^r H_C^\omega (r \geqslant 0)$ 表示 $C^r[0,1]$ 的一个子集,其中每一 f 的 r 阶导数满足 $\omega(f^{(r)}; t) \leqslant \omega(t)$. $r=0$ 时,记 $H_C^\omega = W^0 H_C^\omega$.

定理 5.6.2 设 $r \geqslant 0, n \geqslant r$,则

$$d_n[W^r H_C^\omega; C] \asymp n^{-r} \omega\left(\frac{1}{n}\right) \tag{5.78}$$

证明的关键是利用定理 5.6.1 得出好的下方估计. 为了构造出符合要求的极函数,下面的引理是关键的.

引理 5.6.1 给定连续模 $\omega(t)$, $r \geqslant 0$ 及 δ, $0 < \delta \leqslant 1$. 在 $(-\infty, +\infty)$ 上存在 $g_r(x)$ 满足以下条件:

(1) $g_r(x) \in C^r$.

(2) $\sup(g_r) \subset [-\delta, \delta]$.

(3) $g_r(-x) = g_r(x)$, $g_r(x)$ 在 $[-\delta, 0]$ 上升,在 $[0, \delta]$ 下降.

(4) $g_r\left(-\dfrac{\delta}{2}\right) = g_r\left(\dfrac{\delta}{2}\right) \geqslant c_r \delta^r \omega(\delta)$, $c_r > 0$ 是一仅与 r 有关的数.

(5) $\omega(g_r^{(r)}; t) \leqslant \omega(t)$.

证 置

$$g_0(x) = \begin{cases} \omega(x+\delta), -\delta \leqslant x \leqslant 0 \\ \omega(\delta - x), 0 \leqslant x \leqslant \delta \\ 0, x \in (-\infty, +\infty) \setminus (-\delta, \delta) \end{cases}$$

$$h_0(x)=\begin{cases}g_0(2x+\delta), -\delta\leqslant x\leqslant 0\\ -g_0(2x-\delta), 0\leqslant x\leqslant\delta\\ 0, x\in(-\infty,+\infty)\setminus(-\delta,\delta)\end{cases}$$

令 $g_1(x)=\int_{-\delta}^{x}h_0(t)\mathrm{d}t$. 易见 $g_1(x)\in C^1$, $\sup(g_1)\subset[-\delta,\delta]$. $g_1(-x)=g_1(x)$, 在 $[-\delta,0]$ 内上升, 在 $[0,\delta]$ 内下降. 若 $g_{r-1}(x)$ 已有定义见图 5.2, 我们置

$$h_{r-1}(x)=\begin{cases}g_{r-1}(2x+\delta), -\delta\leqslant x\leqslant 0\\ -g_{r-1}(2x-\delta), 0\leqslant x\leqslant\delta\\ 0, x\in(-\infty,+\infty)\setminus(-\delta,\delta)\end{cases}$$

令 $g_r(x)=\int_{-\delta}^{x}h_{r-1}(t)\mathrm{d}t$. 易见 $g_r(x)$ 具备引理中的(1)(2)(3)条件. 下面证明, $g_r(x)$ 乘以一个适当的常数便可给出适合引理中全部条件的函数.

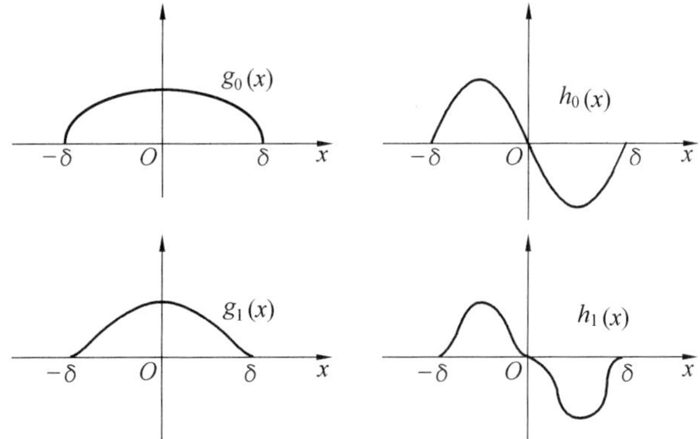

图 5.2

验证条件(4). $r=0$ 时有

$$g_0\left(-\frac{\delta}{2}\right)=g_0\left(\frac{\delta}{2}\right)=\omega\left(\frac{\delta}{2}\right)\geqslant\frac{1}{2}\omega(\delta)$$

只要置 $c_0=\frac{1}{2}$ 便知 $r=0$ 时条件(4) 成立. 设 $r-1$ 时条件(4) 成立

$$g_{r-1}\left(-\frac{\delta}{2}\right)=g_{r-1}\left(\frac{\delta}{2}\right)\geqslant c_{r-1}\delta^{r-1}\omega(\delta)$$

则

$$\begin{aligned}g_r\left(-\frac{\delta}{2}\right)&=\int_{-\delta}^{-\frac{\delta}{2}}h_{r-1}(t)\mathrm{d}t=\int_{-\delta}^{-\frac{\delta}{2}}g_{r-1}(2x+\delta)\mathrm{d}x\\&\geqslant\int_{-\frac{\delta}{4}}^{-\frac{\delta}{2}}g_{r-1}(2x+\delta)\mathrm{d}x\geqslant\frac{\delta}{4}g_{r-1}\left(-\frac{\delta}{2}\right)\\&\geqslant\frac{c_{r-1}}{4}\delta^r\omega(\delta)\end{aligned}$$

即 $c_r=\frac{c_{r-1}}{4}$ 即得(4).

验证条件(5). 为此,首先要指出,当 $x\overline{\in}[-\delta,\delta]$ 时,$g_r^{(r)}(x)\equiv 0$. 而当 $x\in[-\delta,\delta]$ 时,若把$[-\delta,\delta]$ 等分成 2^{r+1} 个长度是 $\delta\cdot 2^{-r}$ 的区间,它们从左向右编号为

$$\Delta_{-2^r}^{(r)},\Delta_{-2^r+1}^{(r)},\cdots,\Delta_0^{(r)},\cdots,\Delta_{2^r-1}^{(r)}$$

在小区间 $\Delta_i^{(r)}$ 内

$$g_r^{(r)}(x)=\pm c_r\omega(2^r(x+b_i))$$

其中 c_r 只与 r 有关,b_i 是一个只依赖于 r 与 i 的数,我们没有必要把它们具体写出. $g_r^{(r)}(x)$ 在 $\Delta_i^{(r)}$ 的端点是零,且其图像关于过 $\Delta_i^{(r)}$ 的中点的垂直线是对称的. 事实上,当 $r=1$ 时上述事实明显成立,因为此时

$$g_1(x)=\int_{-\delta}^{x}h_0(t)\mathrm{d}t$$

由此便知 $g'_1(x)\equiv 0$ 对 $x\in[-\delta,\delta]$ 成立. 当 $x\in[-\delta,\delta]$ 时有

$$g_1'(x)=h_0(x)=\begin{cases}g_0(2x+\delta), -\delta\leqslant x\leqslant 0\\ -g_0(2x-\delta), 0\leqslant x\leqslant\delta\end{cases}$$

由 $g_0(x)$ 的定义知论断成立. 设 $r=k$ 时论断成立. 当 $r=k+1$ 时，由

$$g_{k+1}(x)=\int_{-\delta}^{x}h_k(t)\mathrm{d}t$$

及 $h_k(t)$ 定义知

$$g_{k+1}'(x)=\begin{cases}0, x\overline{\in}[-\delta,\delta]\\ h_k(x), x\in[-\delta,\delta]\end{cases}$$

所以 $g_{k+1}^{(k+1)}(x)\equiv 0$ 对 $x\overline{\in}[-\delta,\delta]$ 成立. 而当 $x\in[-\delta,\delta]$ 时有 $g_{k+1}^{(k+1)}(x)=h_k^{(k)}(x)$. 由定义知

$$h_k^{(k)}(x)=\begin{cases}\left(\dfrac{\mathrm{d}}{\mathrm{d}x}\right)^k g_k(2x+\delta), -\delta\leqslant x\leqslant 0\\ -\left(\dfrac{\mathrm{d}}{\mathrm{d}x}\right)^k g_k(2x-\delta), 0\leqslant x\leqslant\delta\end{cases}$$

所以

$$g_{k+1}^{(k+1)}(x)=\begin{cases}2^k\cdot g_k^{(k)}(2x+\delta), -\delta\leqslant x\leqslant 0\\ -2^k\cdot g_k^{(k)}(2x-\delta), 0\leqslant x\leqslant\delta\end{cases}$$

取一子区间 $\Delta_i^{(k+1)}$，我们说 $g_{k+1}^{(k+1)}(x)$ 在 $\Delta_i^{(k+1)}$ 上适合论断. 不妨假定 $\Delta_i^{(k+1)}\subset[0,\delta]$. 变量代换 $2x-\delta=x'$ 把区间 $\Delta_i^{(k+1)}\to\Delta_j^{(k)}$，这是连续一一变换，在此变换之下 $\Delta_i^{(k+1)}$ 的端点、中点分别变到 $\Delta_i^{(k)}$ 的端点和中点，而且关于中心对称点的象仍中心对称. 故由归纳假定，若

$$g_k^{(k)}(x')=\pm c_k\omega(2^k(x'+b_j')), 2x-\delta=x'\in\Delta_j^{(k)}$$

时，则当 $x\in\Delta_j^{(k+1)}$ 时

$$\begin{aligned}g_{k+1}^{(k+1)}(x)&=\pm 2^k c_k\omega(2^k(2x-\delta+b_j'))\\&=\pm c_{k+1}\omega(2^{k+1}(x+b_i))\end{aligned}$$

而且 $g_{k+1}^{(k+1)}(x)$ 在 $\Delta_i^{(k+1)}$ 上保持着 $g_k^{(k)}(x)$ 在 $\Delta_j^{(k)}$ 上的性质，即在区间端点为零，关于中心垂线有对称图像，

对 $g_r^{(r)}(x)$ 的论断得证.

最后估计 $g_r^{(r)}(x)$ 的连续模. 任取 $x, x' \in (-\infty, +\infty)$.

(1) 当 $x, x' \in$ 某个 $\Delta_i^{(r)}$ 时. 由

$$g_r^{(r)}(x) = \pm c_r \omega(2^r(x + b_i))$$

得

$$\begin{aligned}|g_r^{(r)}(x) - g_r^{(r)}(x')| &\leqslant c_r \omega(2^r |x - x'|) \\ &\leqslant 2^r c_r \omega(|x - x'|)\end{aligned}$$

(2) 当 x, x' 各属于 $\Delta_i^{(r)}, \Delta_k^{(r)}, i < k$ 时. 利用 $g_r^{(r)}(x)$ 的表达式同样可证

$$|g_r^{(r)}(x) - g_r^{(r)}(x')| \leqslant 2^{r+1} c_r \omega(|x - x'|)$$

由此可知,如果取 $g_r^*(x) = 2^{-(r+1)} c_r g_r(x)$,那么 $g_r^*(x)$ 就满足引理的全部条件.

顺便指出,由于

$$\int_{-\delta}^{\delta} g_{k+1}^{(k+1)}(x)\mathrm{d}x = 2^k \int_{-\delta}^{0} g_k^{(k)}(2k + \delta)\mathrm{d}x - 2^k \int_0^{\delta} g_k^{(k)}(2x - \delta)\mathrm{d}x = 0$$

我们可以把$[-\pi, \pi]$作为基本区间,把 $g_r^*(x)$ 限制在$[-\pi, \pi]$上的函数以 2π 为周期延拓到整个实轴上,把得到的函数记作 $\tilde{g}_r^*(x)$. 那么 $\tilde{g}_r^* \in W^r H_{2\pi}^{\omega}$.

定理 5.6.2 的证明

把区间$[0,1]$分作 $n+1$ 等分,每一小区间的中点记为 $z_1, \cdots, z_{n+1}$. 取 $\delta = \frac{1}{4(n+1)}$. 以每一 z_j 为中心,长度为 2δ 构造区间 $\Delta_j = (z_j - \delta, z_j + \delta), j = 1, \cdots, n+1$. 任给一组符号 $\sigma_1, \cdots, \sigma_{n+1}$,令

$$g(x) = \lambda \sum_{j=1}^{n+1} \sigma_j g_r(x - z_j)$$

λ 待定. $g(x)\in C^r$. 又

$$|g(z_j)|=|\lambda||g_r(0)|\geqslant|\lambda|\cdot c_r\delta^r\omega(\delta)$$
$$j=1,\cdots,n+1$$

若取 $\lambda>0$,则 $\operatorname{sgn} g(z_j)=\sigma_j$.

我们来估计 $|g^{(r)}(x_1)-g^{(r)}(x_2)|$. 假定 $x_1\in\Delta_j$.

(1) 若也有 $x_2\in\Delta_j$,则

$$\begin{aligned}&|g^{(r)}(x_1)-g^{(r)}(x_2)|\\=&\lambda|g_r^{(r)}(x_1-z_j)-g_r^{(r)}(x_2-z_j)\\\leqslant&\lambda\omega(|x_1-x_2|)\end{aligned}$$

(2) 若 $x_2\overline{\in}\Delta_j$. 假定 $x_2\in\Delta_k(k\neq j)$,且 $x_1<x_2$. 则

$$\begin{aligned}&g^{(r)}(x_2)-g^{(r)}(x_1)\\=&\lambda g_r^{(r)}(x_2-z_k)-\lambda g_r^{(r)}(x_1-z_j)\\=&\lambda[g_r^{(r)}(x_2-z_k)-g_r^{(r)}(z_k-\delta-2_k)]-\\&\lambda[g_r^{(r)}(x_1-z_j)-g_r^{(r)}(z_j+\delta-z_j)]\end{aligned}$$

从而

$$\begin{aligned}&|g^{(r)}(x_1)-g^{(r)}(x_2)|\\\leqslant&\lambda\{\omega(x_2-z_k+\delta)+\omega(z_j+\delta-x_1)\}\\\leqslant&2\lambda\omega(x_2-x_1)\end{aligned}$$

故若取 $\lambda=1/2$,即得 $g(x)\in W^rH_C^\omega$.

根据定理 5.6.1 得

$$\begin{aligned}d_n[W^rH_C^\omega;C]&\geqslant\frac{c_r}{2}\delta^r\omega(\delta)\\&=\frac{c_r}{2^{2r+1}}\frac{1}{(n+1)^r}\omega\left(\frac{1}{4n+4}\right)\\&\geqslant c_r'\frac{1}{n^r}\omega\left(\frac{1}{n}\right)\end{aligned}$$

至于上方估计,利用 Jackson 定理,对 $n\geqslant r$ 有

$$d_n[W^r H_C^\omega; C] \leqslant \sup_{f \in W^r H_C^\omega} E_n(f)_C \leqslant \frac{c_r''}{n^r} \omega\left(\frac{1}{n-r+1}\right)$$

此处

$$E_n(f)_C = \min_{p_n} \max_{0 \leqslant x \leqslant 1} | f(x) - p_n(x) |$$

p_n 是次数小于 n 的代数多项式. 由于当 $n > 2r$ 时, $n - r > \frac{n}{2}$, 那么这时有

$$\omega\left(\frac{1}{n-r+1}\right) \leqslant \omega\left(\frac{2}{n}\right) \leqslant 2\omega\left(\frac{1}{n}\right)$$

定理得证.

从引理 5.6.1 后面的注 $\widetilde{g}^* \in W^r H_{2\pi}^\omega$, 可以对 2π 周期表 $W^r H_{2\pi}^\omega$ 给出类似结果.

定理 5.6.3 设 $n \geqslant 1$, 则

$$d_n[W^r H_{2\pi}^\omega; C] \asymp \frac{1}{n^r} \omega\left(\frac{1}{n}\right) \tag{5.79}$$

定理 5.6.3 最初见于 С. Б. Стечкин 的论文[31]. 这里的证法出自 G. G. Lorentz[30]. 定理 5.6.2, 定理 5.6.3 的结果在 Н. П. Корнейчук 与 В. И. Рубан[32], 房艮孙[23] 得到了精确、加强和拓广. 这主要在上凸连续模 $\omega(t)$ 的限制条件下做出来的. 下面介绍他们的一些结果.

定理 5.6.4(Н. П. Корнейчук[32]) 设 $\omega(t)$ 是上凸连续模, 则对一切 $n = 1, 2, 3, \cdots, r = 0, 1, 2, \cdots$ 有

$$d_{2n}[W^r H_{2\pi}^\omega; C] = d_{2n-1}[W^r H_{2\pi}^\omega; C] = \| f_{n,r} \|_C \tag{5.80}$$

此处 $f_{n,r}(t)$ 是 $f_{n,0}(t)$ 的 r 次周期积分在 $[0, 2\pi)$ 上具有零平均值. 关于 $f_{n,0}(t)$ 的定义见第三章定理 3.3.6 证明.

定理 5.6.4 的证明在 Korneichuck 的专著逼近论

的极值问题中有详细的叙述.我们这里不重复.与此问题相关联的是非周期函数类 $W^rH_C^\omega$ 的 K 宽度估计问题,这里 $r\geqslant 0$ 是一整数,$\omega(t)$ 是上凸连续模,$f(x)\in W^rH_C^\omega$ 是定义在 $[0,2\pi]$ 上的 r 阶可微函数,$f^{(r)}\in H^\omega_{C[0,2\pi]}$.房艮孙[33] 证明:

定理 5.6.5　对 $r=0,1,2,\cdots,n>r$ 有

$$d_{n+r}[W^rH_C^\omega;C]=E_{[\frac{n}{2}]}(W^rH_{2\pi}^\omega)_C\left(1+o\left(\frac{1}{n}\right)\right)$$

$$=\| f_{[\frac{n}{2}],r}\|_C\left(1+O\left(\frac{1}{n}\right)\right) \tag{5.81}$$

此处

$$E_n(W^rH_{2\pi}^\omega)_C=\sup_{f\in W^rH_{2\pi}^\omega}\min_{g\in T_{2n-1}}\| f-g\|_C \tag{5.82}$$

式(5.81)的证明要用到 Korneichuck 的 Σ 重排理论以及中间逼近给出的一些细致的估计.

§7　$L(Q)$ 空间内点集的宽度

给定测度空间 (Q,Σ,μ).记 Q 上的 μ 可和函数全体为 $L(Q)$,和平常一样,当 $f\xlongequal{\text{a. e.}}g$ 时,f,g 不加区别.在 $L(Q)$ 内赋以范数

$$\| f\|_1=\int_Q |f|\,\mathrm{d}\mu$$

G. G. Lorentz[30] 给出了:

定理 5.7.1　给定 $\mathscr{M}\subset L(Q)$,正整数 n,p,及实数 $\delta>0$.若 Q 可分解为 $n+p$ 个互不相交的可测子集 $Q=\bigcup\limits_{k=1}^{n+p}Q_k$,使对任取的一组符号 $(\varepsilon_1,\cdots,\varepsilon_{n+p})$ 及任取的

p 个子集 $Q_{n_1},\cdots,Q_{n_p}$ 存在 $f_0\in\mathscr{M}$ 满足：

(1) $\operatorname{sgn}\int_{Q_k} f_0\,\mathrm{d}\mu=\varepsilon_k,k=1,\cdots,n+p.$

(2) $\left|\int_{Q_{n_j}} f_0\,\mathrm{d}\mu\right|\geqslant\delta,j=1,\cdots,p$，则

$$d_n[\mathscr{M};L(Q)]\geqslant p\delta$$

证 设 $X_n=\operatorname{span}\{g_1,\cdots,g_n\}\subset L(Q)$ 是任一 n 维线性子空间. 若能构造 $L(Q)$ 上的一个线性泛函 $L_n(f)$ 使之满足：

(1) $L_n(g)=0,\forall g\in X_n.$

(2) $|L_n(f)|\leqslant\|f\|_1,\forall f\in L(Q).$

(3) 存在 $f_0\in\mathscr{M}$ 使得 $L(f_0)\geqslant p\delta.$

则定理获证. 这是因为，这时对任取的 $f\in L(Q)$ 有

$$|L_n(f)|=L_n(f-g)\leqslant\|f-g\|,\forall g\in X_n$$

从而

$$e(f;X_n)_1=\min_{g\in X_n}\|f-g\|_1\geqslant|L_n(f)|$$

由此得

$$E(\mathscr{M};X_n)_1\geqslant e(f_0;X_n)_1\geqslant|L_n(f_0)|\geqslant p\delta$$

由于 X_n 可以任意取，于是得

$$d_n[\mathscr{M};L(Q)]\geqslant\delta p$$

那么问题化归于构造 $L_n(f)$. 为此，我们试令 L_n 采取形式

$$L_n(f)=\sum_{j=1}^{n+p}c_j\int_{Q_j}f\,\mathrm{d}\mu$$

系数 $c_1,\cdots,c_{n+p}$ 由 n 个条件来确定

$$L_n(g_1)=\cdots=L_n(g_n)=0$$

这是具有 $n+p$ 个未知数的 n 个齐次方程. 它至少有 p 个线性无关解，记以 $c^1,\cdots,c^p$，并记 $c^0=\lambda_1c^1+\cdots+$

$\lambda_p c^p = (c_1^0, \cdots, c_{n+p}^0)$. 适当地选择 $\lambda_1, \cdots, \lambda_p$ 可以使向量 c^0 满足条件：

(1) $\| c^0 \|_\infty \overset{\text{df}}{=\!=} \max_j | c_j^0 | = 1$.

(2)c^0 的分量中至少有 p 个其绝对值等于 1. 假如这样的 c^0 存在，那么取

$$L_n(f) = \sum_{k=1}^{n+p} c_k^0 \int_{Q_k} f \, \mathrm{d}\mu$$

便适合所求的条件. 实际上，(1)(2) 两条件不待言，只要验证(3) 就够了. 为此，取 $\varepsilon_k = \operatorname{sgn} c_k^0$，指标 $n_j, j = 1, \cdots, p$，取使 $| c_{n_j}^0 | = 1$ 的 p 个. 由定理的条件，存在 $f_0 \in \mathscr{M}$ 使

$$\operatorname{sgn} \int_{Q_k} f_0 \, \mathrm{d}\mu = \varepsilon_k, \ \left| \int_{Q_{n_j}} f_0 \, \mathrm{d}\mu \right| \geqslant \delta$$

所以

$$\begin{aligned} L_n(f_0) &= \sum_{k=1}^{n+p} c_k^0 \int_{Q_k} f_0 \, \mathrm{d}\mu = \sum_{k=1}^{n+p} | c_k^0 | \left| \int_{Q_k} f_0 \, \mathrm{d}\mu \right| \\ &\geqslant \sum_{j=1}^{p} \left| \int_{Q_{n_j}} f_0 \, \mathrm{d}\mu \right| \geqslant p\delta \end{aligned}$$

由此可见：只要能证明 c^0 存在，全部证明就结束了. c^0 的存在包含在下面引理 5.7.1 内.

引理 5.7.1　设有 p 个线性无关的 $n + p$ 维向量

$$\begin{cases} c^1 = (c_{11}, c_{12}, \cdots, c_{1,n+p}) \\ \qquad \vdots \\ c^p = (c_{p1}, c_{p2}, \cdots, c_{p,n+p}) \end{cases}$$

则存在 $\lambda_1, \cdots, \lambda_p$ 使 $c = \sum_{j=1}^{p} \lambda_j c^j$ 具有以下性质：

(1) $\| c \|_\infty = \max_j | c_j | = 1$.

(2)c 的分量中至少有 p 个绝对值等于 1 的.

证 假定 $c^1,\cdots,c^p$ 的任一线性组合 $c=\sum_{j=1}^{p}\lambda_j c^j$ 满足规范条件 $\|c\|_\infty=1$，其分量达到 ± 1 的个数的最大值 $j<p$. 取其一记为

$$c=(\cdots,c_{k_1},\cdots,c_{k_2},\cdots,c_{k_j},\cdots)$$

此处 $\|c\|_\infty=1$，$|c_{k_1}|=\cdots=|c_{k_j}|=1$，而当 $i\neq k_1,\cdots,k_j$ 时，$|c_i|<1$. 由 $c=\sum_{j=1}^{p}\lambda_i c^i$ 得

$$\begin{cases}\lambda_1 c_{1k_1}+\cdots+\lambda_p c_{pk_1}=c_{k_1}\\ \lambda_1 c_{2k_2}+\cdots+\lambda_p c_{pk_2}=c_{k_2}\\ \qquad\vdots\\ \lambda_1 c_{1k_j}+\cdots+\lambda_p c_{pk_j}=c_{k_j}\end{cases}$$

矩阵 $(c_{1k_i})(l=1,\cdots,p;i=1,\cdots,j)$ 的秩 $j'\leqslant j<p$. 不失一般性，不妨设其前 j' 个列向量线性无关. 由于 j' 是它的秩，故凡不包含在 $1,\cdots,j'$ 内的列向量皆可表示成 $1,\cdots,j'$ 列的线性组合. 比如有

$$(c_{p,k_1},\cdots,c_{p,k_j})^{\mathrm{T}}=\sum_{i=1}^{j'}\mu_i(c_{i,k_1},\cdots,c_{i,k_j})^{\mathrm{T}}$$

等等. 这样一来

$$c^p-\sum_{i=1}^{p'}\mu_i c^i\overset{\mathrm{df}}{=\!=}c^*=(\cdots,\overset{k_1}{0},\cdots,\overset{k_2}{0},\cdots,\cdots,\overset{k_j}{0},\cdots)$$

且 c^* 不是零向量. 考虑 $c+\lambda c^*$，则见：

(1) $|(c+\lambda c^*)_{k_j}|=1(i=1,\cdots,j)$ 对任一 λ 成立，此处 $(c+\lambda c^*)_{k_i}$ 表示 $c+\lambda c^*$ 的第 k_i 个分量.

(2) 当 $\lambda=0$ 时，有

$$|(c+\lambda c^*)_i|=|c_i|<1,i\neq k_1,\cdots,k_j$$

令 $|\lambda|$ 由 0 连续增大，则对 $i=k_1,\cdots,k_j$，分量 $(c+\lambda c^*)_i$ 保持不变(为 ± 1)，而其他分量的绝对值作为 λ

的连续函数,必定有一个其绝对值首先达到 1,而其他分量的绝对值保持不超过 1. 这样就得到了矛盾,因为我们事先假定了 j 是最大数.

下面是定理 5.7.1 的一个应用.

仍记 $W^rH_C^\omega$ 为$[0,1]$ 区间上的连续函数类,每一 $f\in W^rH_C^\omega$ 有 $f^{(r)}\in H_C^\omega$,$\omega(t)$ 是连续模. 我们有:

定理 5.7.2　设 $r\geqslant 0$ 为整数,$n\geqslant r$,则

$$d_n[W^rH_C^\omega;L]\asymp n^{-r}\omega\left(\frac{1}{n}\right)$$

证　(1) 先利用定理 5.7.1 给出 $d_n[W^rH_C^\omega;L]$ 的下方估计. 为此,我们将区间$[0,1]2n$ 等分,从左到右的第 k 个小区间记作 A_k,其中点记为 z_k. 以 z_k 为中心,长度为 $2\delta=\dfrac{1}{4n}$ 的区间记作 Δ_k,$\Delta_k\subset A_k$. 任取一组符号 $\sigma_k(k=1,\cdots,2n)$. 仿照 §6,令

$$g(x)=\frac{1}{2}\sum_{k=1}^{2n}\sigma_k g_r(x-z_k)$$

$g\in W^rH_C^\omega$,且由

$$\int_{A_k}g(x)\mathrm{d}x=\frac{\sigma_k}{2}\int_{\Delta_k}g_r(x-z_k)\mathrm{d}x$$

知

$$\sigma_k=\mathrm{sgn}\int_{A_k}g(x)\mathrm{d}x,k=1,\cdots,2n$$

任取$\{k_1,\cdots,k_n\}\subset\{1,2,\cdots,2n\}$,由

$$\begin{aligned}\int_{A_{k_j}}g(x)\mathrm{d}x&=\int_{\Delta_{k_j}}g_r(x-z_k)\mathrm{d}x=\int_{-\delta}^{\delta}g_r(x)\mathrm{d}x\\&\geqslant\int_{-\frac{\delta}{2}}^{\frac{\delta}{2}}g_r(x)\mathrm{d}x\geqslant\delta g_r\left(-\frac{\delta}{2}\right)\\&\geqslant c_r\delta^{r+1}\omega(\delta)\end{aligned}$$

故由定理 5.7.1 得

$$d_n[W^rH_C^\omega;L] \geqslant \frac{c_r}{2} \cdot n\delta^{r+1}\omega(\delta) = \frac{c_r}{2}\frac{n}{4^{r+1}n^{r+1}}\omega\left(\frac{1}{4n}\right)$$

$$\geqslant c_r\frac{1}{n_r}\omega\left(\frac{1}{n}\right)$$

(2) 令 $n \geqslant r$,则由

$$\begin{aligned} d_n[W^rH_C^\omega;L] &\leqslant \sup_{f\in W^rH_C^\omega} \min_{p_n} \| f - p_n \|_1 \\ &\leqslant \sup_{f\in W^rH_C^\omega} \min_{p_n} \| f - p_n \|_C \\ &\leqslant \frac{c_r''}{n^r}\omega\left(\frac{1}{n}\right) \end{aligned}$$

此处 p_n 是次数小于或等于 n 的代数多项式,得所欲求.

对于2π周期的函数类$W^rH_{2\pi}^\omega$,当$n\geqslant 1$时,可以得到与定理 5.7.2 的结论相同的估计式.当连续 $\omega(t)$ 是上凸函数时,这个结果可以精确化.首先是 В. П. Моторный 与 В. И. Рубан 在 1975 年[34] 证明了:

定理 5.7.3 设 $r\geqslant 0, n\geqslant 1, \omega(t)$ 为上凸连续模,则

$$d_{2n-1}[W^rH_{2\pi}^\omega;L] = \| f_{n,r} \|_1$$

这一结果的进一步发展见 А. А. Лигун[35] 与 В. И. Рубан[36].当 $r\geqslant 0, \omega(t)=Kt$ 时,函数类 $W^rH_{2\pi}^\omega$ 化归为 $K\cdot W_\infty^{r+1}$.此时量 $d_n[W_\infty^{r+1};L]$ 的精确值最早由 Ю. И. Makovoz 给出.

下面介绍一个精确结果.

定理 5.7.4 设 $r\geqslant 1, n\geqslant 1$,则

$$d_{2n-1}[W_1^r;L] = d'_{2n-1}[W_1^r;L] = \| \Phi_{nr} \|_C$$

T_{2n-1} 是一极子空间.

证 (1) 上方估计根据第四章定理 4.2.3 和第二章定理 2.4.11 给出

$$d_{2n-1}[W_1^r;L] \leqslant d'_{2n-1}[W_1^r;L] \leqslant \frac{1}{\pi}E_n(Dr)_1$$
$$= \| \Phi_{nr} \|_C$$

(2) 下方估计.

任取 $L_{2\pi}$ 的一个 $2n-1$ 维线性子空间 $L_{2n-1} = \operatorname{span}\{e_1(t),\cdots,e_{2n-1}(t)\}$. L_{2n-1} 内要含有恒等于常数的函数,否则会导致

$$E(W_1^r;L_{2n-1})_1 = +\infty$$

不妨设 $e_1(t)\equiv 1$. 把$[0,2\pi)2n$ 等分,记其分点为 $\xi_0 = 0,\xi_k = \xi_{k-1} + \frac{\pi}{n}(k=1,\cdots,2n)$. 置 $\Delta_j = [\xi_j,\xi_{j+1}]$,以及 Δ_j 的特征函数

$$\varphi_j(t) = \begin{cases} 1, t\in \Delta_j \\ 0, t\in [0,2\pi)\backslash\Delta_j \end{cases}$$
$$\varphi_j(t+2\pi) = \varphi_j(t)$$

存在一组数$(\beta_1,\cdots,\beta_{2n}) \neq (0,\cdots,0)$ 使

$$\int_0^{2\pi}\Big(\sum_{j=1}^{2n}\beta_j\varphi_j(t)\Big)e_k(t)\mathrm{d}t = 0, k=1,\cdots,2n-1$$

把$(\beta_1,\cdots,\beta_{2n})$规范化,即设$\max|\beta_j|=1$. 不妨认为对某个正整数 v 有$\beta_v=(-1)^v$. 又由 $e_1(t)\equiv 1$ 知 $\sum_{j=1}^{2n}\beta_j = 0$. 记

$$h_\beta(t) = \sum_{j=1}^{2n}\beta_j\varphi_j(t)$$

任取 $f\in W_1^r$ 有

$$e(f,L_{2n-1})_1 = \sup_{\substack{\|\varphi\|_\infty\leqslant 1\\ \varphi\perp L_{2n-1}}}\int_0^{2\pi}f(t)\varphi(t)\mathrm{d}t \geqslant \int_0^{2\pi}f(t)h_\beta(t)\mathrm{d}t$$

那么

$$E(W_1^r,L_{2n-1})_1=\sup_{f\in W_1^r}\sup_{\substack{\|\varphi\|_\infty\leqslant 1\\ \varphi\perp L_{2n-1}}}\int_0^{2\pi}f(t)h_\beta(t)\mathrm{d}t$$
$$\geqslant\sup_{f\in W_1^r}\int_0^{2\pi}f(t)h_\beta(t)\mathrm{d}t$$

注意到

$$\int_0^{2\pi}f(t)h_\beta(t)\mathrm{d}t=\int_0^{2\pi}\left\{\frac{1}{\pi}\int_0^{2\pi}D_r(t-u)f^{(r)}(u)\mathrm{d}u\right\}$$
$$h_\beta(t)\mathrm{d}t=\int_0^{2\pi}f^{(r)}(u)\left\{\frac{1}{\pi}\int_0^{2\pi}D_r(t-u)h_\beta(t)\mathrm{d}t\right\}\mathrm{d}u$$

故得

$$\sup_{f\in W_1^r}\int_0^{2\pi}f(t)h_\beta(t)\mathrm{d}t$$
$$=\sup_{\substack{\|f^{(r)}\|_1\leqslant 1\\ f^{(r)}\perp 1}}\int_0^{2\pi}f^{(r)}(u)\left\{\frac{1}{\pi}\int_0^{2\pi}D_r(t-u)h_\beta(t)\mathrm{d}t\right\}\mathrm{d}u$$
$$=\min_c\left\|\frac{1}{\pi}\int_0^{2\pi}D_r(t-u)h_\beta(t)\mathrm{d}t-c\right\|_\infty$$
$$=\left\|\frac{1}{\pi}\int_0^{2\pi}D_r(t-u)h_\beta(t)\mathrm{d}t-c_0\right\|_\infty$$

c_0 是某个常数. 我们说

$$\left\|\frac{1}{\pi}\int_0^{2\pi}D_r(t-u)h_\beta(t)\mathrm{d}t-c_0\right\|_\infty$$
$$\geqslant\left\|\frac{1}{\pi}\int_0^{2\pi}D_r(t-u)\operatorname{sgn}\sin nt\,\mathrm{d}t\right\|_\infty$$

如果不是,那么假定有相反不等式

$$\left\|\frac{1}{\pi}\int_0^{2\pi}D_r(t-u)h_\beta(t)\mathrm{d}t-c_0\right\|_\infty<\|\Phi_{nr}(u)\|_\infty$$

$\Phi_{nr}(u)$ 在$[0,2\pi)$ 内的 $2n$ 个极值点 $t_k=t_{k,r}$,它们满足 $t_{k+1}-t_k=\frac{\pi}{n}\cdot\Phi_{nr}(u)$ 在$\{t_1,\cdots,t_{2n}\}$ 上交错变号. 记

$$H_r(u)=\frac{1}{\pi}\int_0^{2\pi}D_r(t-u)h_\beta(t)\mathrm{d}t-c_0$$

则有

$$\operatorname{sgn}\{\Phi_{nr}(t_k)-H_r(t_k)\}=\sigma(-1)^k,\ |\sigma|=1$$

所以 $\Phi_{nr}(u)-H_r(u)$ 在 $[0,2\pi)$ 内至少有 $2n$ 个变号. 利用 Rolle 定理, $\delta_r(u)=\Phi_{nr}(u)-H_r(u)$ 的导数 $\delta_r^1(u),\cdots,\delta_r^{(r-1)}(u)$ 也有 $2n$ 个变号. 但因

$$\delta_r^{(r)}(u)=\delta\{\operatorname{sgn}\sin nu-h_\beta(u)\}$$

而

$$\operatorname{sgn}\sin nu-h_B(u)=\begin{cases}0, u\in\Delta_v\\ \text{保持定号,若在 }\Delta_j\text{ 内}\\ \text{非零}, j\neq v\end{cases}$$

那么,由此推出 $\delta_r^{(r-1)}(u)$ 在 $[0,2\pi)$ 内变号数小于 $2n$. 得到矛盾. 从而证得

$$d_{2n-1}[W_1^r;L]\geqslant\|\Phi_{nr}\|_C$$

这个结果是 Ю. Н. Субботин 首先证得的.(见[37])他的方法很复杂. 这里的证明完全不同于[37].

§8　由线性积分算子确定的函数类在 L^p 空间内宽度的下方估计法

分析中常见的一些重要函数类往往是由线性积分算子确定的. 比如第四章的例 4.1.1 ~ 例 4.1.4 中给出的函数类 $W_p^r,\overline{W}_p^r,\Gamma_p^\rho,A_p^h$ 都属于周期卷积类. 确定这些卷积类的核分别是 $D_r(x),\overline{D}_r(x),P(\rho,x)$ 以及 $H_\delta(t)$. 又如本章例 5.5.3 中给出的函数类 $W_2^r[0,1]$,系由以 $\frac{1}{(r-1)!}(x-y)_+^{r-1}$ 为核 $(0\leqslant x,y\leqslant 1)$ 的积分算子(作用于 $L^2[0,1]$ 的单位球)和 span{1,

$x,\cdots,x^{r-1}\}$ 所确定.研究这种类型的函数类在 L^p 空间内的宽度估计是宽度论中的一个基本问题.本节内给出借助于拓扑方法(Borsuk 定理)得到的寻求这种类型的函数类在 L^p 空间内的 K 宽度和 G 宽度的下方估计的一般步骤.这一步骤的要旨在于把问题化归到在一个较狭的函数类上寻求某个特殊泛函的最小值.对于几种特定的核,包括 Bernoulli 核和 Peano 核,对特定的指标组,这个方法可以获致精确结果.

(一)由非周期的线性积分算子确定的函数类

设 $I=[0,1]$,$G(x,y)$ 是$[0,1]\times[0,1]$上的连续函数,$u_1(x),\cdots,u_r(x)$ 是$[0,1]$上的 r 个线性无关的连续函数.置

$$\mathscr{M}_{r,p}=\{f(x)=\sum_{j=1}^{r}\alpha_j u_j(x)+\int_0^1 G(x,y)\varphi(y)\mathrm{d}y \mid (\alpha_1,\cdots,\alpha_r)\in\mathbf{R}^r,\ \|\varphi\|_p\leqslant 1\}$$

$r=0$ 时,记 $\mathscr{M}_p\xlongequal{\text{df}}\mathscr{M}_{0,p}$,并以 λ_n 表示 d_n,d'_n和 d^n.我们考虑$\lambda_n[\mathscr{M}_{r,p};L^s]$的下方估计,这里的 s 和 p 互相独立,且 $1\leqslant s\leqslant+\infty$.注意到 $\mathscr{M}_{r,p}\supset\mathscr{M}_{r,\infty}$,以及 $\|f\|_{L_1}[0,1]\leqslant\|f\|_{Ls}[0,1]$,可知$\lambda_n[\mathscr{M}_{r,p};L^s]\geqslant\lambda_n[\mathscr{M}_{r,\infty};L^s]$,以及$\lambda_n[\mathscr{M}_{r,p};L^s]\geqslant\lambda_n[\mathscr{M}_{r,p};L]$,这两个不等式引导我们去讨论量 $\lambda_n[\mathscr{M}_{r,\infty};L^s]$;$\lambda_n[\mathscr{M}_{r,p};L]$ 的下方估计问题.

定义 $\mathscr{M}_{r,\infty}$ 的一个子集.先置

$$\Lambda_n=\{\xi=(\xi_1,\cdots,\xi_n)\mid 0=\xi_0<\xi_1<\cdots<\xi_n<\xi_{n+1}=1\}$$

$n=0,1,2,\cdots$,$\Lambda_0\xlongequal{\text{df}}\{\xi=(0,1)\}$.对应于每一$\xi\in\Lambda_n$ 有

一阶梯函数

$$h_\xi(x)=(-1)^i,x\in(\xi_i,\xi_{i+1}),i=0,\cdots,n$$

$$h_\xi(\xi_i)=0,i=0,\cdots,n+1$$

考虑函数类 Π_n，$f\in\Pi_n$，当且仅当

$$f(x)=\sum_{j=1}^{r}\alpha_j u_j(x)+\int_0^1 G(x,y)h_\xi(y)\mathrm{d}y$$

此处$(\alpha_1,\cdots,\alpha_r)\in\mathbf{R}^r$，$\xi\in\Lambda_m$，$m$ 是一满足条件 $0\leqslant m\leqslant n$ 的整数. 显然

$$\bigcup_{n\geqslant 0}\Pi_n\subset\mathscr{M}_{r,\infty}$$

先讨论量 $d_n[\mathscr{M}_{r,\infty};L^s]$. 若 $r\geqslant 1$，则当 $0\leqslant n<r$ 时有

$$d_n[\mathscr{M}_{r,\infty};L^s]=+\infty$$

(见定理 5.1.1 的(5)) 所以只需讨论 $n\geqslant r$ 的情形. 取函数集 Π_{n-r}. 考虑下面的最小范数问题

$$e(\Pi_{n-r},L^s)\overset{\text{df}}{=\!=}\min_{p_\xi e\Pi_{n-r}}\|p_\xi\|_s,1\leqslant s\leqslant+\infty$$

利用 Bolzano-Weierstrass 引理不难证明存在$(\alpha_1^0,\cdots,\alpha_r^0)\in\mathbf{R}^r$ 及 $\xi^0=(\xi_1^0,\cdots,\xi_m^0)\in\Lambda_m(m\leqslant n-r)$，使得

$$p_{\xi^0}(x)=\sum_{j=1}^{r}\alpha_j^0u_j(x)+\int_0^1 G(x,y)h_{\xi^0}(y)\mathrm{d}y$$

给出

$$\|p_{\xi^0}\|_{L^s}=e(\Pi_{n-r};L^s)$$

$p_\xi^0(x)$ 依赖于 n 和指标 s. 我们有：

定理 5.8.1　当 $n\geqslant r$ 时有

$$d_n[\mathscr{M}_{r,\infty};L^s]\geqslant e(\Pi_{n-r};L^s)$$

证　(1) 先讨论$n=r$的情形. 此时$\xi=(0,1)$，从而

$$\|p_{\xi^0}\|_{L^s}=\min_{\alpha_j}\left\|\int_0^1 G(x,y)\mathrm{d}y-\sum_{j=1}^{r}\alpha_j u_j(x)\right\|_{L^s}$$

任取 $L^s(0,1)$ 的一个 r 维线性子空间 L_r，若 $L_r\not\supset$

$\mathrm{span}\{u_1,\cdots,u_r\}$,则有

$$E(\mathscr{M}_{r,\infty};L_r)_s=+\infty$$

故必须取 $L_r=\mathrm{span}\{u_1,\cdots,u_r\}$ 方能保证量 $E(\mathscr{M}_{r,\infty};L_r)_s$ 有限.而当 $L_r=\mathrm{span}\{u_1,\cdots,u_r\}$ 时就得到

$$\begin{aligned}d_n[\mathscr{M}_{r,\infty};L^s]=E(\mathscr{M}_{r,\infty};L_r)_s&=\sup_{f\in\mathscr{M}_{r,\infty}}\min_{g\in L_r}\|f-g\|_s\\&\geqslant\|p_{\xi^0}\|_{L_s}\end{aligned}$$

因为$\int_0^1 G(x,y)\mathrm{d}y\in\mathscr{M}_{r,\infty}$. $n=r$ 情形得证.注意证明对 $1\leqslant s\leqslant+\infty$ 都通得过.

(2) 进而讨论 $n>r$ 的情形.先设 $1<s<+\infty$.考虑欧氏空间 $\mathbf{R}^{n-r-1}$ 的单位球面

$$S^{n-r+1}=\left\{z=(z_1,\cdots,z_{n-r+1})\mid\sum_{i=1}^{n-r+1}z_i^2=1\right\}$$

对应着每一 $z\in S^{n-r-1}$ 定义一组数

$$\xi_0(z)=0,\cdots,\xi_i(z)=\sum_{j=1}^{r}z_j^2,i=1,\cdots,n-r+1$$

此处 $\xi_{n-r+1}(z)=1$. $(\xi_0(z),\cdots,\xi_i(z),\cdots,\xi_{n-r+1}(z))$ 是 $[0,1]$ 的一组分点,分点个数小于或等于 $n-r$,而且每一 $\xi_i(z)$ 是 z 的连续函数.定义一个函数

$$\varphi_z(y)=\varphi(y,z)=\mathrm{sgn}\ z_j$$

当 $\xi_{j-1}(z)<y<\xi_j(z)$.否则取 0 值.易见对某个整数 m 有 $\xi\in\Lambda_m(m\leqslant n-r)$ 使 $\varphi_z(y)$ 或 $-\varphi_z(y)$ 等于 $h_\xi(y)$.而且有 $\varphi_{-z}(y)=\varphi(y,-z)=-\varphi(y,z)=-\varphi_z(y)$.函数$\int_0^1 G(x,y)\varphi_z(y)\mathrm{d}y$ 在 $L^s[0,1]$ 内的任一给定的 n 维线性子空间 L_n(限定 $L_n\supset\mathrm{span}\{u_1,\cdots,u_r\}$)内依 L^s 范数有唯一的最佳逼近元,因为当 $1<s<+\infty$ 时,L^s 范数是严凸的.记着最佳逼近元

$$\sum_{j=1}^{r}\alpha_j(z)u_j+\sum_{i=1}^{n-r}\beta_i(z)u_i^*$$

此处$L_n=\mathrm{span}\{u_1,\cdots,u_r,u_1^*,\cdots,u_{n-r}^*\}$. $\alpha_j(z),\beta_i(z)$都连续，而且当z代换$-z$时，有$\alpha_j(-z)=-\alpha_j(z)$，$\beta_i(-z)=-\beta_i(z)$. 所以映射

$$z=(z_1,\cdots,z_{n-r+1})\to(\beta_1(z),\cdots,\beta_{n-r}(z))$$

确定了S^{n-r+1}上奇性连续向量场. 故由Borsuk定理，存在$z_0\in S^{n-r+1}$使得

$$\beta_1(z_0)=\cdots=\beta_{n-r}(z_0)=0$$

那么

$$\min_{g\in L_n}\left\|\int_0^1 G(x,y)\varphi_{z_0}(y)\mathrm{d}y-g(x)\right\|_s$$

$$=\left\|\int_0^1 G(x,y)\varphi_{z_0}(y)\mathrm{d}y-\sum_{j=1}^{r}\alpha_j(z_0)u_j(x)\right\|_s$$

从而有

$$E(\mathscr{M}_{r,\infty};L_n)_s$$

$$\geqslant\left\|\int_0^1 G(x,y)\varphi_{z_0}(y)\mathrm{d}y-\sum_{j=1}^{r}\alpha_j(z_0)u_j(x)\right\|_s$$

$$\geqslant\|p_{\xi^0}\|_s=e(\Pi_{n-r};L^s)$$

由L_n的任意性便得

$$d_n[\mathscr{M}_{r,\infty};L^s]\geqslant e(\Pi_{n-r};L^s)$$

$1<s<+\infty$情形证完.

今设$s=1$. 取一数列$s_j\downarrow 1$. 任取一个n维线性子空间L_n，不妨限定$L_n\supset\mathrm{span}\{u_1,\cdots,u_r\}$，而且$L_n\subset C[0,1]$. 由上面所证得的结果知有$\xi^0(j)\in\Lambda_{m(j)}$，$m(j)\leqslant n-r$，使

$$\|p_{\xi^0(j),s_j}\|_{s_j}\leqslant E(\mathscr{M}_{r,\infty};L_n)_{s_j},j=1,2,3,\cdots$$

任给$\varepsilon>0$，对每一j存在$f_j\in\mathscr{M}_{r,\infty}$使

$$E(\mathscr{M}_{r,\infty};L_n)_{s_j}\leqslant e(f_j;L_n)_{s_j}+\varepsilon,j=1,2,3,\cdots$$

设 $g_j \in L_n$ 有 $e(f_j, L_n)_{s_j} = \| f_j - g_j \|_{s_j}$. 则对任一 $g \in L_n$ 有

$$\| p_{\xi^0(j), s_j} \|_{s_j} \leqslant \| (f_j - g_j) - g \|_{s_j} + \varepsilon, j = 1, 2, 3, \cdots$$

易见存在一常数 $c > 0$ 与 j 无关,使

$$\| p_{\xi^0(j), s_j} \|_L \leqslant c$$

根据 Bolzano-Weierstrass 定理,在$\{p_{\xi^0(j), s_j}\}$内存在一个一致收敛的子序列,为简化记号起见不妨写作

$$\lim_{j \to +\infty} p_{\xi^0(j), s_j}(x) = p_{\xi^0, 1}(x) \in \Pi_{n-r}$$

从而

$$\begin{aligned} \| p_{\xi^*, 1} \|_1 &\leqslant \varliminf_{j \to +\infty} \| p_{\xi^0(j), s_j} \|_1 \leqslant \varliminf_{j \to +\infty} \| p_{\xi^0(j), s_j} \|_{s_j} \\ &\leqslant \varliminf_{j \to +\infty} \| (f_j - g_j) - g \|_{s_j} + \varepsilon \end{aligned}$$

对任一 $g \in L_n$ 成立.

注意由于

$$f_j(x) - g_j(x) = \sum_{i=1}^{n} \alpha_i^{(j)} u_i(x) + \int_0^1 G(x, y) \varphi_j(y) \mathrm{d}y$$

此处$\{u_1, \cdots, u_n\}$是 L_n 的一组基,则由 $\| \varphi_j \|_\infty \leqslant 1$,知有

$$\left\| \int_0^1 G(x, y) \varphi_j(y) \mathrm{d}y_1 \right\|_1 \leqslant c_1$$

$c_1 > 0$ 是某个与 j 无关的常数. 又从

$$\begin{aligned} \| f_j - g_j \|_1 &\leqslant \| f_j - g_j \|_{s_j} \leqslant E(\mathscr{M}_{r, \infty}; L_n)_{s_j} \\ &\leqslant E(\mathscr{M}_{r, \infty}; L_n)_\infty < +\infty \end{aligned}$$

知有

$$\| f_j - g_j \|_1 \leqslant c_2$$

$c_2 > 0$ 是一与 j 无关的常数. 从而有

$$\left\| \sum_{i=1}^{n} \alpha_i^{(j)} u_i(x) \right\|_1 \leqslant c_3$$

$c_3 > 0$ 亦与 j 无关. 由此得,存在一常数 $c_4 > 0$ 使有

$$\| f_j - g_j \|_\infty \leqslant c_4$$

由于 $L^\infty[0,1]$ 是 $L^1[0,1]$ 的共轭空间，所以 $L^\infty[0,1]$ 内的有界集 $^*w$ 列紧. 那么存在正整数子序列 $\{j_k\}(k=1,\cdots,+\infty)$ 使

$$\varphi_{j_k} \xrightarrow{w^*} \varphi_0 \in L^\infty[0,1], \| \varphi_0 \|_\infty \leqslant 1$$

对 φ_0 有

$$\lim_{k\to+\infty}\int_0^1 G(x,y)\varphi_{j_k}(y)\mathrm{d}y = \int_0^1 G(x,y)\varphi_0(y)\mathrm{d}y$$

在 $0 \leqslant x \leqslant 1$ 上处处成立. 然后，对 $\left\{\sum_{i=1}^n \alpha_i^{(j_k)} u_i(x)\right\}$ $(k=1,\cdots,+\infty)$ 再一次应用 Bolzano-Weierstrass 引理，即可证得有正整数子序列 $\{l_m\}(m=1,\cdots,+\infty)$ 使

$$f_{l_m}(x) - g_{l_m}(x) \to f^{(0)}(x) - g^{(0)}(x)$$

在 $0 \leqslant x \leqslant 1$ 上处处成立. 这里

$$f^{(0)}(x) - g^{(0)}(x) = \sum_{i=1}^n \alpha_{i,0} u_i(x) + \int_0^1 G(x,y)\varphi_0(y)\mathrm{d}y$$

由此得

$$\begin{aligned} \| p_{\xi^*,1} \|_1 &\leqslant \varliminf_{m\to+\infty} \| (f_{l_m} - g_{l_m}) - g \|_{s_{lm}} + \varepsilon \\ &\leqslant \| (f^{(0)} - g^{(0)} - g) \|_1 + \varepsilon \end{aligned}$$

$f^{(0)} \in \mathscr{M}_{r,\infty}, g^{(0)} \in L_n, g \in L_n$ 是任取的. 所以有

$$\| p_{\xi^*,1} \|_1 \leqslant e(f^{(0)}, L_n)_1 + \varepsilon \leqslant E(\mathscr{M}_{r,\infty}; L_n)_1 + \varepsilon$$

由此得

$$\begin{aligned} e(\Pi_{n-r}, L) \leqslant \| p_{\xi^*,1} \|_{L_1} &\leqslant E(\mathscr{M}_{r,\infty}; L_n)_1 + \varepsilon \\ \Rightarrow e(\Pi_{n-r}, L) &\leqslant \inf_{L_n} E(\mathscr{M}_{r,\infty}; L_n) + \varepsilon \end{aligned}$$

这里 $\mathrm{span}\{u_1,\cdots,u_r\} \subset L_n \subset C[0,1]$. 但 $C[0,1]$ 在 $L[0,1]$ 内稠. 那么

$$\inf_{L_n \supset C} E(\mathscr{M}_{r,\infty}; L_n)_1 = \inf_{L_n \subset L} E(\mathscr{M}_{r,\infty}; L_n)_1$$

从而 $e(\Pi_{n-r};L)\leqslant d_n[\mathscr{M}_{r,\infty};L]+\varepsilon$. 令 $\varepsilon\to 0$ 即得所求. $s=+\infty$ 的情形仿此可证. 定理证毕.

与定理 5.8.1 平行的有:

定理 5.8.2 设 $1\leqslant s\leqslant+\infty$,则当 $n\geqslant r$ 时有

$$d^n[\mathscr{M}_{r,\infty};L^s]\geqslant e(\Pi_{n-r};L^s)$$

为证此定理,先给出一条:

引理 5.8.1 给定线性赋范空间 X,Y 及线性有界算子 $T(X\to Y)$. 设 $u_1,\cdots,u_r$ 是 Y 内的 r 个线性无关元. 记 $Q_r=\operatorname{span}\{u_1,\cdots,u_r\}$, $\mathscr{M}=Q_r+T(B_X)$. $B_X=\{x\in X \mid \|x\|\leqslant 1\}$,则

$$\begin{aligned}d^n[\mathscr{M};Y]=\inf\{\sup\|Nx\|_Y \mid\, & x\in B_X,\\ & \{Y_i\}, i=1,\cdots,n,\\ & \langle Nx,y_i\rangle=0, i=r+1,\cdots,n\}\end{aligned}$$

此处 $\{y_i\}(i=1,\cdots,n)\subset Y^*$ 是 Y^* 内满足 $M^n\cap Q_r=\{0\}$ 的任取的线性无关元,而

$$M^n=\{f\in Y \mid \langle f,y_k\rangle\overset{\text{df}}{=\!=}y_k(f)=0,k=1,\cdots,n\}$$

N 是由下式定义的 $X\to Y$ 的线性有界算子

$$N(\cdot)=\Delta^{-1}\begin{vmatrix}T(\cdot) & u & \cdots & u_r\\ \langle\cdot,T^*y_1\rangle & \langle u_1,y_1\rangle & \cdots & \langle u_r,y_1\rangle\\ \vdots & \vdots & & \vdots\\ \langle\cdot,T^*y_r\rangle & \langle u_1,y_r\rangle & \cdots & \langle u_r,y_r\rangle\end{vmatrix}$$

$$\Delta=\det(\langle u_i,y_j\rangle)\neq 0, i,j=1,\cdots,r$$

证 由定义

$$\begin{aligned}d^n[\mathscr{M};Y]=\inf_{\{y_i\}}\{\sup\|f\|_Y \mid f\in\mathscr{M}\langle f,y_i\rangle=0\}\\ \{y_i\}\subset Y^*, i=1,\cdots,n\end{aligned}$$

是任取的 n 个元. 条件 $f\in\mathscr{M}$ 且 $\langle f,y_i\rangle=0(i=1,\cdots,n)$ 等价于

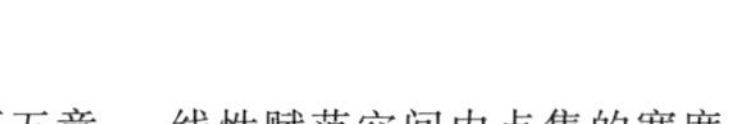

$$\langle \sum_{j=1}^{r} a_i u_j + Tx, y_k \rangle = \sum_{i=1}^{r} a_i \langle u_i, y_k \rangle + \langle Tx, y_k \rangle = 0$$

$(k=1,\cdots,n)\{y_1,\cdots,y_n\}$ 必须选择得使 $M^n \cap Q_r = \{0\}$. 不然的话，只要有一个非零元 $u \in M^n \cap Q_r$ 就会导致

$$\sup_{f \in M^n \cap \mathscr{M}} \| f \|_Y = +\infty$$

这种情况不妨先排除掉，即限定 $\{y_1,\cdots,y_n\} \subset Y^*$ 的选择满足 $M^n \cap Q_r = \{0\}$. 后面的这一条件等价于下面的条件：置

$$M = \begin{Vmatrix} \langle u_1, y_1 \rangle & \cdots & \langle u_r, y_1 \rangle \\ \langle u_1, y_2 \rangle & \cdots & \langle u_r, y_2 \rangle \\ \vdots & & \vdots \\ \langle u_1, y_n \rangle & \cdots & \langle u_r, y_n \rangle \end{Vmatrix}$$

$\operatorname{rank}(M)=r$. 故不妨总假定有 $\Delta \neq 0$. 解线性方程组得

$$a_1 = -\Delta^{-1} \begin{vmatrix} \langle Tx, y_1 \rangle & \cdots & \langle u_r, y_1 \rangle \\ \vdots & & \vdots \\ \langle Tx, y_r \rangle & \cdots & \langle u_r, y_r \rangle \end{vmatrix}, \cdots,$$

$$a_r = -\Delta^{-1} \begin{vmatrix} \langle u_1, y_1 \rangle & \cdots & \langle Tx, y_1 \rangle \\ \langle u_1, y_2 \rangle & \cdots & \langle Tx, y_2 \rangle \\ \vdots & & \vdots \\ \langle u_1, y_r \rangle & \cdots & \langle Tx, y_r \rangle \end{vmatrix}$$

从而 $f \in \mathscr{M} \cap M^n$ 当且仅当

$$f = Tx + \sum_{i=1}^{n} a_i u_i$$

$$= \Delta^{-1} \begin{vmatrix} Tx & u_1 & \cdots & u_r \\ \langle Tx, y_1 \rangle & \langle u_1, y_1 \rangle & \cdots & \langle u_r, y_1 \rangle \\ \vdots & \vdots & & \vdots \\ \langle Tx, y_r \rangle & \langle u_1, y_r \rangle & \cdots & \langle u_r, y_r \rangle \end{vmatrix}$$

如果引入算子 $N(\cdot)$,那么便知 $f\in\mathscr{M}\cap M^n$,当且仅当 $f=N(x)$,$x\in B_X$ 且 $\langle x,N^*y_i\rangle=0$,$i=r+1,\cdots,n$. 这时 $\langle x,N^*y_i\rangle=\langle Nx,y_i\rangle$,而 $\langle Nx,y_i\rangle=0$,对 $i=1,\cdots,r$ 由 N 的特殊定义方式自动满足了. 由此得

$$d^n[\mathscr{M};Y]=\inf_{\{y_i\}}\sup_{\substack{\|x\|\leqslant 1\\ \langle Nx,y_i\rangle=0\\ (i=r+1,\cdots,n)}}\|Nx\|_Y$$

$\{y_i\}\subset Y^*$ 满足引理中所要求的条件.

定理 5.8.2 的证明

如上记 $Q_r=\mathrm{span}\{u_1(x),\cdots,u_r(x)\}$,$M^n\subset L^s[0,1]$ 为任一 n 余维线性子空间有 $M^n\cap Q_r=\{0\}$. 算子 T 如下定义

$$(T\varphi)(x)=\int_0^1 G(x,y)\varphi(y)\mathrm{d}y$$

T 的共轭 T^* 是以 $G(x,y)$ 的转置 $G(y,x)$ 为核的积分算子,因此,$f\in\mathscr{M}_{r,\infty}\cap M^n$ 当且仅当对某个 φ,$\|\varphi\|_\infty\leqslant 1$ 有 $f=N\varphi$,$\langle\varphi,N^*u_j\rangle=0$,$j=r+1,\cdots,n$. 根据 Hobby-Rice 定理存在 $h_\xi(x)$,$\xi=(\xi_1,\cdots,\xi_k)$,$0\leqslant k\leqslant n-r$ 使 $\langle h_\xi,N^*u_j\rangle=0$,$j=r+1,\cdots,n$. 考虑函数 $f_0=N(h_\xi)\in\mathscr{M}_{r,\infty}\cap M^n$,$f_0$ 可表示成 $f_0=\pi_r+Gh_\xi$,这里

$$\pi_r(x)\in Q_r,(Gh_\xi)(x)=\int_0^1 G(x,y)h_\xi(y)\mathrm{d}y$$

我们得到

$$\sup_{f\in m_{r,\infty}\cap M^n}\|f\|_s\geqslant\|f_0\|_s\geqslant e(\Pi_{n-r};L^s)$$

由 M^n 的任意性便得所求.

转到考虑 $\lambda_n[\mathscr{M}_{r,p};L]$,$n\geqslant r$. 为此,引入下面极值问题

$$e(\Pi_n^*;L_s^{p'};Q_r^\perp)\overset{\mathrm{df}}{=\!=}\min_{h_\xi}\left\|\int_0^1 G^*(x,y)h_\xi(y)\mathrm{d}y\right\|_{p'}$$

此处 $G^*(x,y)=G(y,x)$，$\xi\in\Lambda_m(m\leqslant n)$，而且 $h_\xi\perp Q_r$. 仍根据 Bolzano-Weierstrass 引理可证，存在 $\xi^0\in\Lambda_m(m\leqslant n)$，$h_{\xi^0}\perp Q_r$，而且有

$$e(\Pi_n^*;L^{p'};Q_r^\perp)=\left\|\int_0^1 G^*(x,y)h_{\xi^0}(y)\mathrm{d}y\right\|_{p'}$$

定理 5.8.3　若 $n\geqslant r$，$1\leqslant p\leqslant+\infty$，则

$$d_n[\mathscr{M}_{r,p};L]\geqslant e(\Pi_n^*;L^{p'};Q_r^\perp)$$

证　任取 $L[0,1]$ 的一个 n 维线性子空间 L_n，不妨限定它满足 $L_n\supseteq Q_r$，以保证有 $E(\mathscr{M}_{r,p};L_n)_1<+\infty$. 由 Hobby-Rice 定理，存在一个 $\xi\in\Lambda_m$，$m\leqslant n$，使有

$$\int_0^1 f(x)h_\xi(x)\mathrm{d}x=0,\forall f\in L_n$$

记

$$F(f)=\int_0^1 f(x)h_\xi(x)\mathrm{d}x$$

任取 $g(x)\in\mathscr{M}_{r,p}$，则由最佳逼近的对偶定理

$$\begin{aligned}e(g,L_n)_1&=\min_{y\in L_0}\|g-u\|_1=\sup_{\|\Phi\|_\infty\leqslant 1}\int_0^1 g(x)\varphi(x)\mathrm{d}x\\&\geqslant\left|\int_0^1 g(x)h_\xi(x)\mathrm{d}x\right|\end{aligned}$$

所以

$$E(\mathscr{M}_{r,p};L_n)_1\geqslant\sup_{g\in\mathscr{M}_{r,p}}\left|\int_0^1 g(x)h_\xi(x)\mathrm{d}x\right|$$

由于 $h_\xi\perp L_n(L_n\supseteq Q_r)$. 那么有

$$\begin{aligned}&\int_0^1 g(x)h_\xi(x)\mathrm{d}x\\&=\int_0^1\left(\int_0^1 G(x,y)\varphi(y)\mathrm{d}y\right)h_\xi(x)\mathrm{d}x\\&=\int_0^1\left(\int_0^1 G(x,y)h_\xi(x)\mathrm{d}x\right)\varphi(y)\mathrm{d}y,\ \|\varphi\|_p\leqslant 1\end{aligned}$$

所以有

$$\sup_{g\in \mathscr{M}_{r,p}}\left|\int_0^1 g(x)h_\xi(x)\mathrm{d}x\right|=\left\|\int_0^1 G(x,y)h_\xi(x)\mathrm{d}x\right\|_p$$

$$\geqslant\left\|\int_0^1 G(x,y)h_{\xi^0}(x)\mathrm{d}x\right\|_{p'}=e(\Pi_n^*;L^{p'};Q_r^{\perp})$$

由 L_n 的任意性,得所欲求.

和定理 5.8.2 相仿,还可以证:

定理 5.8.4 设 $n\geqslant r,1\leqslant p+\infty$,则

$$d^n[\mathscr{M}_{r,p};L]\geqslant e(\Pi_n^*;L^{p'};Q_r^{\perp})$$

(二) 周期卷积类上的结果

考虑 2π 周期的卷积类. 我们仍沿用第四章定义 4.1.2 中给出的记号. 这里设 $K(t)\in L_{2\pi}^\infty$ 有

$$B_p^r=\{\varphi\in L_{2\pi}^p\mid \|\varphi\|_p\leqslant 1$$

$$\int_0^{2\pi}\varphi(t)\begin{matrix}\sin kt\\ \cos kt\end{matrix}\mathrm{d}t=0,k=0,\cdots,r-1\}$$

以及

$$\mathscr{K}_p^r=\{f\mid f=K*\varphi,\varphi\in B_p^r\}$$

我们往下只需要考虑 $r=0,1$ 时的函数类 $c+\mathscr{K}_p^r,c\in\mathbf{R}$ 是任意实数. 为方便起见,把它记作$\widetilde{\mathscr{M}}_{p,r}(r=0$ 或 $1)$. 当 K 用它的转置替换时(即在卷积中用 $K(y-x)$ 代换 $K(x-y)$),相对应的函数类记作$\widetilde{\mathscr{M}}_{p,r}^*$.

定理 5.8.5 设 $1\leqslant s\leqslant+\infty,n\geqslant 1$,则

$$d_{2n-1}[\widetilde{\mathscr{M}}_{\infty,r};L^s]\geqslant d_{2n}[\widetilde{\mathscr{M}}_{\infty,r};L^s]\geqslant\min_{\alpha_0,\xi}\left\|\frac{\alpha_0}{2}+K*h_\xi\right\|_s$$

此处 $\xi=(\xi_1,\cdots,\xi_{2m})(m\leqslant n),\xi_1<\xi_2<\cdots<\xi_{2m}<\xi_1+2\pi,h_\xi(y)=(-1)^{i+1},\xi_{i-1}<y<\xi_i(i=1,\cdots,2m)$, $h_\xi(y+2\pi)=h_\xi(y)$,且当 $r=1$ 时 $h_\xi\perp 1$.

证　先假定 $1<s<+\infty$. 记 $\widetilde{\Pi}_{2n}=\{f=\frac{a_0}{2}+K*h_\xi\mid\xi$ 如上所给出$\}$. 任取 $L_{2\pi}^s$ 的一 $2n$ 维线性子空间 L_{2n}. 如果 $1\overline{\in}L_{2n}$,则容易证明

$$E(\widetilde{\Pi}_{2n};L_{2n})_s=+\infty$$

那么,在讨论 $\widetilde{\Pi}_{2n}$ 借助于 L_{2n} 在空间 $L_{2\pi}^s$ 内的最佳逼近时,不妨只取包含常数的 L_{2n}. 这样,我们可以设 $L_{2n}=\mathrm{span}\{e_1,\cdots,e_{2n}\},e_1(x)\equiv1$. 令 S^{2n+1} 代表欧氏空间 $\mathbf{R}^{2n+1}$ 内的以零为中心的,以 $\sqrt{2\pi}$ 为半径的球面. 任取 $z=(z_1,\cdots,z_{2n+1})\in S^{2n+1}$, 置 $\xi_0=0,\xi_j=\sum_{i=1}^{2n+1}z_j^2,j=1,\cdots,2n+1$. 若 $\xi_j>\xi_{j-1}$,则规定 $h(\xi;x)=\mathrm{sgn}\,\xi_j,x\in[\xi_{j-1},\xi_j]$. 否则就简单地取零值. 由于 $\xi_1\leqslant\xi_2\leqslant\cdots\leqslant\xi_{2n}$ 是区间$[0,2\pi)$ 的一组分点,其个数小于或等于 $2n$. 把函数 $h(\xi;x)=h_\xi(x)$ 以 2π 为周期加以延拓,然后取函数 $\lambda+K*h(\xi;\cdot)$,并选择 $\lambda=\lambda_0$ 使其满足

$$\min_\lambda\|\lambda+K*h(\xi;\cdot)\|_s=\|\lambda_0+K*h_\xi\|_s$$

由于 $1<s<+\infty$,λ_0 唯一. 连续依赖于 z,而且有 $\lambda_0(-z)=-\lambda_0(z)$,根据 L^s 空间内最佳逼近元的特征(见第二章定理 2.5.1),有

$$\int_0^{2\pi}|\lambda_0(z)+K*h_\xi|^{s-1}\mathrm{sgn}\{\lambda_0(z)+K*h_\xi\}\mathrm{d}x=0$$

把 $K*h_\xi$ 记作 $g(z;x)$,$f(z,x)=g(z;x)+\lambda_0(z)$. 在 S^{2n+1} 上定义一个向量场 $v(z)=(v_1(z),\cdots,v_{2n}(z))$,此处

$$v_1(z)=\int_0^{2\pi}h(\xi;x)\mathrm{d}x$$

$$v_j(z)=\int_0^{2\pi}|f(z,x)|^{s-1}\mathrm{sgn}\,f(z,x)e_j(x)\mathrm{d}x$$

$j=2,\cdots,2n$. 注意 $v(-z)=-v(z)$，而且连续. 故由 Borsuk 定理，存在 $z_{**}\in S^{2n+1}$ 使有 $v(z_{**})=0$，即 $v_i(z_{**})=0,i=1,\cdots,2n,i=1$ 时给出

$$v_1(z_{**})=\int_0^{2\pi}h(\xi_{**};x)\mathrm{d}x=0$$

所以这一条件决定了 $f(z_{**};x)\in\widetilde{\Pi}_{2n}$.(这里 $r=1$ 的情形，$r=0$ 时这一条件不需要)$i=2,\cdots,2n$ 时给出

$$\int_0^{2\pi}|f(z_{**};x)|^{s-1}\operatorname{sgn}f(z_{**};x)\cdot e_i(x)\mathrm{d}x=0$$

再注意到条件

$$\int_0^{2\pi}|f(z_{**};x)|^{s-1}\operatorname{sgn}f(z_{**};x)e_1(x)\mathrm{d}x=0$$

$(e_1(x))\equiv1$，这一条件是由 $f(z;x)=g(z;x)+\lambda_0(z)$ 中 $\lambda_0(z)$ 的最佳选择所确定的就得到

$$\min_{g\in L_{2n}}\|f(z_{**};x)-g(x)\|_s=\|f(z_{**};x)\|_s$$

由此得

$$E(\widetilde{\Pi}_{2n};L_{2n})_s\geqslant\|f(z_{**};x)\|_s\geqslant\min\|g\|_s$$
$$\forall g\in\widetilde{\Pi}_{2n}$$

由于 L_n 是任意的，而 $\widetilde{\Pi}_{2n}\subset\widetilde{\mathscr{M}}_{\infty,r}$，故有

$$d_{2n}[\widetilde{\mathscr{M}}_{\infty,r};L^s]\geqslant\min_{g\in\widetilde{\Pi}_{2n}}\|g\|_s$$

$1<s<+\infty$ 情形得证. 令 $s\to1+,+\infty$，仿照定理 5.8.1 证明的最后部分的处置方法，可证 $s=1,s=+\infty$ 时也对.

定理 5.8.6 设 $1\leqslant s\leqslant+\infty$，则

$$d^{2n-1}[\widetilde{\mathscr{M}}_{\infty,r};L^s]\geqslant d^{2n}[\widetilde{\mathscr{M}}_{\infty,r};L^s]\geqslant\min_{g\in\widetilde{\Pi}_{2n}}\|g\|_s$$

证 先设 $1\leqslant s<+\infty$. 任取 $L_{2\pi}^{s'}\left(\frac{1}{s}+\frac{1}{s'}=1\right)$ 的一个 $2n$ 维线性子空间 $L_{2n}=\operatorname{span}\{\varphi_1,\cdots,\varphi_{2n}\}$. 记 $L^{2n}=$

$\{f \mid f \in L_{2\pi}^s, f \perp \varphi_i, i=1,\cdots,2n\}$. 若 $1 \in L^{2n}$，则因对任取的实数 λ，有 $\lambda \in \widetilde{\mathscr{M}}_{\infty,r}$，那么

$$\sup_{f \in \mathscr{M}_{\infty,r} \cap L^{2n}} \| f \|_s \geqslant \sup_{\lambda > 0} \| \lambda \circ 1 \|_s = +\infty$$

这种情况可以预先排除，只要在 L^{2n} 的基中有 $\varphi_1(t)$ 满足 $\int_0^{2\pi} \varphi_1(t)\mathrm{d}t \neq 0$ 就可以了. 袭用前一定理中的记号，置

$$F(z;x) = f(z;x) - \left(\int_0^{2\pi} \varphi_1(t)\mathrm{d}t\right)^{-1} \int_0^{2\pi} f(z;x)\varphi_1(t)\mathrm{d}t$$

在球面

$$S^{2n+1} = \{(z_1, \cdots, z_{2n+1}) \mid \sum_{i=1}^{2n+1} z_i^2 = 2\pi\}$$

上定义一向量如下：$\mu(z) = (\mu_1(z), \cdots, \mu_{2n}(z))$，其分量为

$$\mu_1(z) = \int_0^{2\pi} h(\xi;z)\mathrm{d}z$$

$$u_i(z) = \int_0^{2\pi} F(z;x)\varphi_i(x)\mathrm{d}x, i = 2, \cdots, 2n$$

$\mu(z)$ 是一连续奇向量场. 由 Borsuk 定理，存在一 $z_0 \in S^{2n+1}$ 使 $\mu(z_0) = 0$. 对此 z_0 有

$$\int_0^{2\pi} h(\xi_0;x)\mathrm{d}x = 0$$

而且 $F(z_0;x) \in L^{2n} \cap \widetilde{\Pi}_{2n}$，从而有

$$\sup_{f \in \widetilde{\mathscr{M}}_{\infty,r} \cap L^{2n}} \| f \|_s \geqslant \sup_{f \in \widetilde{\Pi}_{2n} \cap L^{2n}} \| f \|_s \geqslant \| F(z_0;x) \|_s \geqslant \min_{g \in \widetilde{\Pi}_{2n}} \| g \|_s$$

$1 \leqslant s < +\infty$ 的情形证完. $s = +\infty$ 的情形，可以仿照定理 5.8.1 的方法，令 $s \uparrow +\infty$ 来完成.

和定理 5.8.3，定理 5.8.4 相仿，还成立着：

定理 5.8.7 若 $1 \leqslant p \leqslant +\infty$,则

$$d_{2n-1}[\widetilde{\mathscr{M}}_{p,r};L] \geqslant d_{2n}[\widetilde{\mathscr{M}}_{p,r};L] \geqslant \min_{g \in \widetilde{\Pi}_{2n}^*} \| g \|_{p'}$$

此处$\frac{1}{p}+\frac{1}{p'}=1$,而且

$$\widetilde{\Pi}_{2n}^* = \{f \mid f = c + K^* h_\xi\}$$

K^* 是 K 的转置,且当 $r=1$ 时,$h_\xi \perp 1$.

定理 5.8.8 若 $1 \leqslant p \leqslant +\infty$,则

$$d^{2n-1}[\widetilde{\mathscr{M}}_{p,r};L] \geqslant d^{2n}[\widetilde{\mathscr{M}}_{p,r};L] \geqslant \min_{g \in \Pi_{2\pi}^*} \| g \|_{p'}$$

最后两条定理可以仿照定理5.8.3,定理5.8.4的证明来做.这里就不重复了.

附注 当函数类是 $K * \varphi(\varphi \in B_p^r, r=0,1)$ 时,以上四条定理的结论照样成立,只需在 $\widetilde{\Pi}_{2n}$ 的定义中,用较狭的类 $\widetilde{\Pi}_{2n}^{(0)} \overset{\text{df}}{=\!=} \{f=K * h_\xi, \xi$ 如同定理5.8.5中所给出$\}$ 来代替即可.证明的基本框架照旧不动.

上面的两组定理的作用在于把函数类的 $n-K$ 宽度,$n-G$ 宽度的下方估计问题化归到解决一个较狭的函数类上的最小范数问题.后面我们将会看到,对两种类型的核(1) 全正核,(2)Bernoulli 核;这些定理中的不等式变成等式.这时候的函数类 Π_n,$\widetilde{\Pi}_{2n}$ 是完全样条类.我们在以后将分别讨论这两种特殊类型的核.

§9 注和参考资料

(一)宽度理论

宽度理论有广泛的资料,并且出版了专著.宽度问

题的早期资料：

[1] A. N. Kolmogorov, über die beste Annäherung von Functionen einer gegebenen Functionenklasse, Ann. of Math. ,(2)37(1936)107-111.

[2] В. М. Тихомиров, Поперечники множеств в функциональном пространстве и теория наилучших приближений, Успехи МН 15,№3 (1960) 81-120.

关于宽度理论的专著：

[3] В. М. Тихомиров, Некоторые Вопросы теории приближений, ИЗДАТ МГУ,1977.

[4] A. Pinkus, N-Widths in Approximation Theory, Springer-Verlag,1985.

(二)几种类型宽度定义及其基本性质

在 Тихомиров 和 Pinkus 的上述专著中有详细的叙述. 本章 § 2 内 G 宽度定义的扩充方式取自资料：

[5] А. Д. Иоффе, В. М. Тихомиров,Двойственнсcть выпуклых функций и зкстремальные задачн, успехи МН,23,№6(1968)51-116.

定理 5.1.4 所根据的资料是：

[6] P. Enflo, A counterexample to the approximation problem, Acta Math. ,130(1973)307-317.

定理 5.1.8 见资料：

[7] B. S. Mityagin, G. M. Henkin, Inequalities between N-diameters, *Proc. of the Seminar on Functional Analysis*,7,Voronezh,(1963)97-103.(原刊物系俄文版)

定义 5.1.2 限定 $L^n \subset X$ 是 n 余维闭线性子空间，

这一限制是合理的.

设$(X,\|\cdot\|)$是一无限维空间,X^*为其共轭空间,$\hat{f}$是X上的不连续加性和齐性泛函.则$N(\hat{f})\overset{\text{df}}{=\!=}\{x\in X\mid \hat{f}(x)=0\}$是$X$的线性子空间,$N(\hat{f})\subsetneqq X$,但$N(\hat{f})=X$.$N(\hat{f})$是$X$内的1余维线性(非闭)子空间.令$Y=X\backslash N(\hat{f})$.考虑点集

$$\mathscr{M}=B_Y=\{x\in Y\mid \|x\|\leqslant 1\}$$

则

$$\overline{B_Y}=B_X=\{x\in X\mid \|x\|\leqslant 1\}$$

$\mathscr{M}$是X内的中心对称集,易见$d^1[\mathscr{M};X]=1$.事实上,任取$f\in X^*$有$\sup\limits_{x\in N(f)\cap M}\|x\|=1$.为证此式,首先指出$\forall f\in X^*$,$N(f)\cap\mathscr{M}\neq\varnothing$.假定不然,有$f\in X^*$使得$N(f)\cap\mathscr{M}=\varnothing$,则$N(f)\cap Y=\varnothing$.又由于$N(\hat{f})\cap Y=\varnothing$且$N(\hat{f})\cup Y=X$,故有$N(f)\subset N(\hat{f})$.$N(f)$是$N(\hat{f})$的真子空间,但$N(f)$也是1余维的,得到矛盾.那么$\forall f\in X^*$ $N(f)\cap\mathscr{M}\neq\varnothing$.注意$0\,\overline{\in}\,\mathscr{M}$.若$y\in N(f)\cap\mathscr{M}$,$\|y\|<1$,取$\alpha\in\mathbf{R}$使$\|\alpha y\|=1$,则

$$\hat{f}(\alpha y)=\alpha\hat{f}(y)\neq 0\Rightarrow \alpha y\in\mathscr{M}$$

且

$$f(\alpha y)=\alpha f(y)=0\Rightarrow \alpha y\in N(f)$$

故$\alpha y\in N(f)\cap\mathscr{M}$.从而得$\sup\limits_{x\in N(f)\cap M}=1$.由$f\in X^*$的任意性得$d^1[\mathscr{M};X]=1$.但$N(\hat{f})\cap\mathscr{M}=\varnothing$.所以,若不限制1余维线性子空间是闭集,就会得出$d^1[\mathscr{M};X]=0$的结论了.当然,当$X$是无限维时,这一限制才有意义.采用这种较广泛的$G$宽度定义进行讨论见资料:

[8] H. P. Helfrich, Optimale lineare Approximation beschränkter Mengen in normierten Räumen,

Jour. A,4(1971)165-182.

(三)宽度对偶定理

Иоффе-Тихомиров 的对偶定理见资料[5],定理 5.2.2 的证明可以参看[9]第一章的[1].

例 5.2.1 取自资料:

[10] 孙永生,某些函数类的宽度对偶定理,中国科学,A 辑,№3(1982)215-225.

H. Triebel 定理(定理 5.2.4)取自:

[11] H. Triebel, Interpolation Theory, Function spaces, Differential operators, North-Hollond Publishing Company,1978.

关于线性宽度的对偶公式是苏联学者 Р. С. Исмагилов 建立的,见:

[12] Р. С. Исмагилов,Поперечники множеств в Линейных Нормированных пространствах н приближение функций тригонометрическими полиьомами, Успехи МИ 20,№3(1974)161-178.

(四)球宽度定理

本章§3所引 K-M-K 引理见诸资料:

[13] М. А. Красносельский,М. Г. Грейи, Д. П. Мильман, О дифектных числах линейных операторов в Банаховых пространствах и некоторых геометрических вопросах, Сборник Трудов ин-Та Матем. АН СССР, №11 (1948) 97-112.

在下面的:

[14] I. Singer, Best Approximation in Normed

Linear Spaces by elements of linear spaces, Springer-Verlag, Berlin-Heidelberg-New York(1970)书中有关于该引理的很好的介绍.

关于单位球的 G 宽度定理是 B. M. Тихомиров 在 1965 年发表于资料者:

[15] B. M. Тихомиров, Одно замечание об n-мерных попернчниках множеств в Банаховых пространствах,Успехи МН №1(1965)227-230.

定理 5.3.3 是 A. L. Brown 的. 最早发表在资料:

[16] A. L. Brown, Best n-dimensional approximation to sets of functions, Proc. LMS, V. 14, №56 (1964)577-594. 这里的证明取自 I. Singer 的[14].

Ю. И. Маковоз 的扩充(定理 5.3.4)见资料:

[17] Ю. И. Маковоз, Об одном приеме опенки снизу поперечников множеств в Банаховых пространствах, Матем. сборник, 87, №1(1972)136-142.

(五)$n-K$ 宽度的极子空间的存在定理

§4 的定理 5.4.1,定理 5.4.2 是 A. L. Гаркави 证明的. 见资料:

[18] A. L. Гаркави, On the existence of a best net and a best diameter of a set in a Banach space, Успехu MH 15,№2(1960)210-211(俄文).

[19] A. L. Гаркави, On the best net and the best section of a set in a normed space, Изв. AH CCCP,сер. матем. 26,№1(1962)87-106.

(六)Hilbert 空间内点集的宽度

对 Hilbert 空间内点集宽度的研究肇端于[1]. 关于 $L^2[0,1]$内椭球宽度的经典结果例 5.5.3 就是首先在[1]中给出的. G. G. Lorentz 把[1]的结果扩充到由变系数的常微分算子 $l(D)=p_0(x)D^n+p_1(x)D^{n-1}+\cdots+p_n(x)$ ($p_0(x)\neq 0$)所确定的函数类(也表现为 $L^2[0,1]$内的椭球)上. 见资料:

[20] G. G. Lorentz, Metric entropy, widths, and superpositions of functions, Amer. MM 66 (1962) 469-485.

W. Jerome 在一系列工作中,发展[1][20]的结果,对 Sobolev 空间内由椭圆型偏微分算子所确定的椭球的宽度得到了它们的渐近精确估计. 这些工作的特点都是把宽度和微分算子本征值联系起见. 见资料:

[21] W. Jerome, On the L^2 n-width of certain classes of functions of several variables, J. Math. Anal. & Appl. ,20(1967)110-123.

[22] W. Jerome, Asymptotic estimation of the L^2-widths, J. Math. Anal. & Appl. ,22(1968)449-464.

[23] W. Jerome, On n-widths in Sobolev spaces and applications to elliptic boundary value problems, J. Math. Anal. & Appl. ,29(1970)201-215.

关于由全连续算子确定的椭球和它的宽度的讨论,可在 B. M. Тихомиров 的专著[3]中找到.

L^2 中椭球宽度的极子空间的唯一性问题的讨论见资料:

[24] L. A. Karlovitz, Remarks on variational characterization of eigenvalues and n-width problem, J. Math. Anal. &Appl. ,53(1976),99-110.

[25] A. Melkman, C. Micchelli, Spline spaces are optimal for L^2 n-widths, Illinois J. Math. , V. 22,№4(1978)541-564.

本节第四段定理 5. 5. 6,定理 5. 5. 7 出自 P. C. Исмагилов 的资料:

[26] P. C. Исмагилов, Об n-мерных поперечниках компактов В Гилвбертовом пространстве, Функциоальный ан. и сго прил. , e. 2,№2(1968)32-39.

定理 5. 5. 5 属于 J. Mercer. 其证明见:

[27] D. Widder, The Laplace Transform, Princeton X. Насырова 把[26]的一个结果式(5. 26)拓广到用线性微分算符 Univ. Press, 1946. 第 271 页.

$$P_r(D)=D^r+\sum_{i=1} p_i(x)D^{r-i},p_i(x)\in C^r[0,1]$$

代替 D^r 的情形. 其结果表明,$P_r(D)$ 中的低阶部分 $\sum\limits_{i=1} p_i(x)D^{r-i}$ 对宽度的渐近展开的主项没有影响. 这一事实在最广泛的条件下于 1983 年由 Ю. И. Маковоз 所建立:

[28] Y. I. Maкovoz, On N-widths of certain functional classes defined by linear differential operators, Proc. AMS 89, №1(1933)109-112.

本节第五段结果见:

[29] A. Melkman, C. A. Micchelli, Optimal Estimation of linear operators in Hilbert spaces from inaccurate data, SIAM J. Numer. Anal. , 16, №1

(1979)87-105.

(七) C 空间内点集的宽度

C 空间内点集宽度已经有大量精确结果.

定理 5.6.1 见于资料[2]和 G. G. Lorentz 的：

[30] G. G. Lorentz, Lower bounds for the degree of approximation, Trans. AMS 97(1960)25-34.

定理 5.6.2 首见于：

[31] С. Б. Стечкин, О приближении непрерывных функций любыми полиномами, Успехч МН9, 1 (1954)133-134.

这里的证法取自[30].

定理 5.6.4 可以从：

[32] Н. П. Корнейчук,逼近论的极值问题的第十章中找到.[32]中有关于该问题的资料目录.

非周期类 $W^rH_e^\omega[0,1]$在 $C[0,1]$中 K 宽度的精确解迄今没有完全解决. 房艮孙证明了定理 5.6.5,见：

[33] 房艮孙,可微函数类的宽度估计,北京师范大学数学系硕士学位论文,1985.

(八)L^1 空间内点集宽度

L^1 空间内点集宽度已经有许多精确结果,我们在这一段内只介绍了为数不多的,早期发表的基本结果.

定理 5.7.3 首先出自资料：

[34] В. П. Моторный, В. И. Рубан, Поперечники некоторых классов дифференцируемых периодических Функций в метрике L, матем. заметки, 17, №4(1975)531-543.

А. А. Лигун 把上述论文的基本结果拓广到 L^p 尺度.

[35] А. А. Лигун, О поперечниках некоторых классов дифференцируемых периодических функций матем. заметки, 27, №1(1980)61-75.

上面两个工作都仅仅解决了奇维数宽度的精确估计问题. 偶维数情形在不久之前由 В. И. Рубан 解决. [34][35]主要应用 Korneichuck 的 Σ 重排等深刻的分析工具和 Borsuk 定理. Рубан 的工作还需要应用拓扑度理论. 这在:

[36] Н. Н. Корнейчук, Сплайны в теории приближения, НАУКА, Москва, 1984.

一书的第六章中有很好的介绍.

定理 5.7.4 首先由 Ю. Н. Субботин 证明. 见:

[37] Ю. Н. Субботин, Приближение Сплайи-функциями и оценки поперечников, Труды матемин-та АН СССР 109(1971)35-60.

这里的证法和[37]完全不同. 比[37]要简练得多.

和定理 5.7.3 有关的是 Н. П. Корнейчук 的下述结果.

定理　设 $\omega(t)$ 是上凸连续模, 则

$$d_{2n}[W^r H^{\omega}_{2\pi}, L] = d'_{2n}[W^{\mathrm{T}} H^{\omega}_{2\pi}, L] = \sup_{f \in W^r H^{\omega}_{2\pi}} \| f - \sigma_{2n,r}(f) \|_1, r, n \in \mathbf{Z}_+$$

我们以 $S_{2n,r}$ 表示以 $\left\{\frac{j\pi}{n}\right\}(j=1,\cdots,2n)$ 为节点, 亏数 1 的周期 2π 的 r 次多项式样条子空间, $\sigma_{2n,r}(f)$ 是 f 以 $S_{2n,r}$ 内的在点 $\tau_k = \tau_k(r) = \frac{k\pi}{n} + [1 + (-1)^r] \frac{\pi}{4n}$

$(k=1,\cdots,2n)$上的插值样条. 这一结果说明插值样条 $\sigma_{2n,r}(f,\cdot)\in S_{2n,r}$ 同时实现 $W^rH_{2\pi}^{\omega}$ 在尺度 $L_{2\pi}$ 之下的偶维数的 K 宽度和线性宽度. 在 $C_{2\pi}$ 尺度下的情况与此则有所不同. 当 $r>1$, 且对 $0\leqslant\delta<\dfrac{\pi}{n}$, $\omega(\delta)\neq K\delta$ $(K>0$ 是某一正数$)$时有

$$\sup_{f\in W^rH_{2\pi}^{\omega}}\|f-\sigma_{2n,r}(f)\|_C>\sup_{f\in W^rH_{2\pi}^{\omega}}\inf_{g\in S_{2n,r}}\|f-g\|_C$$
$$=\|f_{2n,r}(\omega)\|_C=d_{2n}[W^rH_{2\pi}^{\omega};C]$$

这说明插值样条 $\sigma_{2n,r}(f,\cdot)$不能实现 $d_{2n}[W^rH_{2\pi}^{\omega};C]$. 对于非蜕化的上凸连续模 $\omega(t)$(即不是一次函数), $W^rH_{2\pi}^{\omega}$ 在 $C_{2\pi}$ 空间内的线性宽度 $d'_{2n}[W^rH_{2\pi}^{\omega};C]$的精确值究竟是什么? 迄今尚未完全解决. $r=1$ 时有

$$d'_{2n}[W^1H_{2\pi}^{\omega};L_p]=\|f-\sigma_{2n,1}(f)\|_p=\|f_{2n,1}(\omega)\|_p$$
$$1\leqslant p\leqslant+\infty$$

(九) §8 的结果对一些具体积分核

见于资料[34][35]. 以及:

[38] C. A. Micchelli, A. Pinkus, Jour. A. T., 24(1978)51-77.

利用不等式

$$\lambda_n[\mathscr{M}_{r,p};L^s]\geqslant\lambda_n[\mathscr{M}_{r,\infty};L^s]$$

以及

$$\lambda_n[\mathscr{M}_{r,p};L^s]\geqslant\lambda_n[\mathscr{M}_{r,p};L]$$

得到量 $\lambda_n[\mathscr{M}_{r,p};L^s]$的下方估计不精确. 但在 $p\geqslant s$, 核 $G(x,y)$是 Bernoulli 函数 $D_r(x-y)$(周期情形)或 Peano 核$(x-y)_+^{r-1}$时, 可给出精确阶的估计.

$\mathscr{L}$— 样条的极值性质

第六章

苏联学派对可微函数类上的最佳逼近的极值问题的精湛研究，系统地总结在 Korneichuck 等人已出版的三部专著《逼近论的极值问题》《带限制的逼近》《样条逼近》中. 这些工作的一个重要侧面是揭示了多项式样条在解决逼近论的极值问题中的重要作用. 另一方面，美国学派以 I. J. Shoenberg, C. A. Micchelli, S. Karlin 等人为代表在 20 世纪 70 年代建立了 $\mathscr{L}$— 样条理论. 近年来出现了一些工作，旨在探讨 $\mathscr{L}$— 样条的极值性质，及其在解决可微函数类上逼近的极值问题的作用. 这一方向的研究课题相当广泛，包括对一些更广泛的可微函数类的宽度计算、Landan- Kolmogorov 型不等式的建立、最优求积问题和插值问题的求解，等等. 本章目的限于讨论一些拓广形式的 Landau-Kolmogorov 型不等式及其与逼近论的极值问题的联系.

§1　广义 Bernoulli 函数及其最佳平均逼近

我们已经知道 Bernoulli 核 $D_r(t)$ 在解决周期可微函数类的许多逼近问题中的重要作用. $D_r(t)$ 的定义在第二章例2.5.3 中给出

$$D_r(t)=\frac{1}{2}\sum_{\nu=-\infty}^{+\infty}{}'\frac{\mathrm{e}^{\mathrm{i}\nu t}}{(\mathrm{i}\nu)^r}$$

$r\geqslant 1$ 为正整数,Σ' 表示和式内没有 $\nu=0$ 的项. $D_r(t)$ 在$(0,2\pi)$ 内的限制是一个 r 次的代数多项式. 本章内要讨论 $D_r(t)$ 的一种自然的拓广.

(一) 广义 Bernoulli 核

给定一个 n 次的实系数多项式

$$\begin{aligned}P_n(\lambda)&=\lambda^n+\sum_{i=1}^{n}a_j\lambda^{n-j}\\&=\prod_{s=1}^{k}(\lambda^2-2\alpha_s\lambda+\alpha_s^2+\beta_s^2)\cdot\prod_{j=1}^{n-2k}(\lambda-\lambda_j)\end{aligned}\tag{6.1}$$

其中 $a_j\in\mathbf{R},n\geqslant 1,k\geqslant 0$. $k\geqslant 1$ 时,$\alpha_s,\beta_s\in\mathbf{R},\beta_s>0$. 如果 $n>2k,P_n(\lambda)=0$ 有实零点 $\lambda_j(j=1,\cdots,n-2k)$ 记 $D=\frac{\mathrm{d}}{\mathrm{d}x},\beta=\max\beta_j$,当 $k=0$ 时 $P_n(\lambda)=0$ 无虚根,规定 $\beta=0$. 往后,我们规定 $P_n(\lambda)=0$ 除 $\lambda=0$ 可能是它的零点,$P_n(\mathrm{i}k)\neq 0,k=\pm 1,\pm 2,\cdots$,以简化讨论.

定义 6.1.1　由三角级数

$$G_n(x)=\frac{1}{2\pi}\sum_{\nu=-\infty}^{+\infty}\frac{\mathrm{e}^{\mathrm{i}\nu x}}{P_n(\mathrm{i}\nu)} \tag{6.2}$$

定义的函数 $G_n(x)$ 称为广义 Bernoulli 函数. 它在 $(0,2\pi)$ 上的限制称为广义 Bernoulli 多项式.

由于 $\overline{P_n(\mathrm{i}\nu)}=P_n(-\mathrm{i}\nu)(\mathrm{i}=\sqrt{-1})$, $G_n(x)$ 是实值的. 在一些简单情形可以给出它的初等表示. 例如,当 $n=1,\lambda_1=0$ 时有

$$\sum_{\nu=-\infty}^{+\infty}{}'\frac{\mathrm{e}^{\mathrm{i}\nu x}}{\mathrm{i}\nu}=\pi-x,0<x<2\pi \tag{6.3}$$

$n=1,\lambda_1\neq 0$ 时, $p_1(\lambda)=\lambda-\lambda_1$,此时

$$\sum_{\nu=-\infty}^{+\infty}\frac{\mathrm{e}^{\mathrm{i}\nu x}}{\mathrm{i}\nu-\lambda_1}=-\frac{\pi}{\operatorname{sh}\lambda_1\pi}\mathrm{e}^{\lambda_1(x-\pi)},0<x<2\pi \tag{6.4}$$

当 $n=1$ 时, $2k\pi(k=0,\pm1,\pm2,\cdots)$ 是 $G_1(x)$ 的第一类间断点,但在 $(0,2\pi)$ 内连续可微. 一般而言有以下简单事实成立.

引理 6.1.1 $G_n(x)$ 有以下性质:

(1) $G_n(x)\in C^{n-2}(\mathbf{R})$.

(2) $G_n(x)$ 在 $(0,2\pi)$ 内 n 阶连续可微,在 $2k\pi$ 处 $G_n^{(n)}(x)$ 有第一类间断.

(3) 记 $P_n(D)=D^n+\sum_{j=1}^{n}a_jD^{n-j}$, $D^0=I$ 为恒等算子. 若 $P_n(0)\neq 0$,则

$$P_n(D)G_n(x)\equiv 0,0<x<2\pi$$

若 $P_n(0)=0$,则

$$DP_n(D)G_n(x)\equiv 0,0<x<2\pi$$

证明是初等的. 省略.

我们需要 $G_n(x)$ 的零点和单调区间的信息.

Korneichuck 在他的专著《逼近论的极值问题》一书中对特殊情形 $P_n(\lambda)=\lambda^n$ 做了详细讨论. 他的结论可以拓广到比较广泛的情形 $P_n(\lambda)=\lambda^\sigma\prod_{j=1}^{l}(\lambda^2-t_j^2)$，$t_1,\cdots,t_l\geqslant 0$，$\sigma\geqslant 1$，$n=2l+\sigma$. 这时 $P_n(\lambda)=0$ 仅有实根 0，$\pm t_j(j=1,\cdots,l)$. 这种情形下对应的线性微分算子 $P_n(D)$ 称为自共轭的. 下面给出 $P_n(\lambda)=0$ 仅有实根，然而未必自共轭时，与其相对应的广义 Bernoulli 核的零点和单调区间的信息.

引理 6.1.2　设 $n\geqslant 2$，$P_n(\lambda)=\lambda P_{n-1}(\lambda)$，$P_n(\lambda)=0$ 仅有实根. 则：

(1) $G_n(x)$ 在 $[0,2\pi)$ 内恰好有两个零点，它们都是单零点.

(2) 设对 α_0 有 $G_n(\alpha_0)=\max\limits_x G_n(x)$，则 $G_n(x)$ 在 $[\alpha_0,\alpha_0+2\pi)$ 内恰好有两个单调区间.

证　(1) 当 $n\geqslant 2$ 时 $G_n(x)\in C^{n-2}(\mathbf{R})$. 由于 $\int_0^{2\pi}G_n(x)\mathrm{d}x=0$，知 $G_n(x)$ 在 $(0,2\pi)$ 内至少有两个不同的零点. 它的不同零点的个数不能大于 2. 若大于 2，假定 $P_{n-1}(\lambda)=0$ 的零点是 $\lambda_j(j=1,\cdots,n-1)$ 把一阶的微分算子 $D-\lambda_1,\cdots,D-\lambda_{n-1}$ 连续作用于 $G_n(x)$，根据 Rolle 定理(见后面的附注) 推出 $P_{n-1}(D)\,G_n(x)=\dfrac{\pi-x}{2\pi}(0<x<2\pi)$ 在区间 $(0,2\pi)$ 内变号数目大于 2，因此不可能. 故恰好有两个不同零点. 又每一零点是单的，假若不是，计算其重次，再一次应用 Rolle 定理，又导致矛盾.

(2) 转到讨论 $G_n(x)$ 的单调区间. 先讨论 $n=2$ 的情形. $P_n(D)=D^2$ 的情形不用讨论了. 今设 $P_2(D)=$

$D(D-\lambda_2)$,$\lambda_2\neq 0$. 假定有 $\xi_1,\xi_2\in(0,2\pi)$,$\xi_1\neq\xi_2$,使 $G'_2(\xi_1)=G'_2(\xi_2)=0$. 由

$$(D-\lambda_2)G_2(t)=G_1(t)=\frac{\pi-t}{2\pi},0<t<2\pi$$

$$\Rightarrow D(\mathrm{e}^{-\lambda_2 t}G_2(t))=\mathrm{e}^{-\lambda_2 t}\cdot\frac{\pi-t}{2\pi}$$

$$\Rightarrow\int_{\xi_1}^{\xi_2}D(\mathrm{e}^{-\lambda_2 t}G_2(t))\mathrm{d}t=\frac{1}{2\pi}\int_{\xi_1}^{\xi_2}\mathrm{e}^{-\lambda_2 t}(\pi-t)\mathrm{d}t$$

$$=\mathrm{e}^{-\lambda_2\xi_2}G_2(\xi_2)-\mathrm{e}^{-\lambda_2\xi_1}G_2(\xi_1)$$

又由

$$G'_2(\xi_1)=G'_2(\xi_2)=0$$

$$\Rightarrow-\lambda_2 G_2(\xi_1)=G_1(\xi_1)-\lambda_2 G_2(\xi_2)=G_1(\xi_2)$$

所以

$$\mathrm{e}^{-\lambda_2\xi_2}G_2(\xi_2)-\mathrm{e}^{-\lambda_2\xi_1}G_2(\xi_1)$$

$$=-\frac{1}{\lambda^2}[\mathrm{e}^{-\lambda_2\xi_2}G_1(\xi_2)-\mathrm{e}^{-\lambda_2\xi_1}G_1(\xi_1)]$$

再由

$$\frac{1}{2\pi}\int_{\xi_1}^{\xi_2}\mathrm{e}^{-\lambda_2 t}(\pi-t)\mathrm{d}t=\frac{1}{2\pi}\int_{\xi_1}^{\xi_2}(\pi-t)\mathrm{d}\left(\frac{\mathrm{e}^{-\lambda_2}}{-\lambda_2}\right)$$

$$=\left(\frac{\pi-t}{2\pi}\cdot\frac{\mathrm{e}^{-\lambda_2 t}}{-\lambda_2}\right)\Bigg|_{\xi_1}^{\xi_2}-\frac{1}{2\pi}\int_{\xi_1}^{\xi_2}\frac{\mathrm{e}^{-\lambda_2 t}}{\lambda_2}\mathrm{d}t$$

比较后得

$$\int_{\xi_1}^{\xi_2}\mathrm{e}^{-\lambda_2 t}\mathrm{d}t=0$$

因此不可能. 所以 $G_2(t)$ 在 $(0,2\pi)$ 内恰好有一个极值点,记作 α_0,α_0 把 $[0,2\pi)$ 分成的区间是 $G_2(t)$ 的单调区间. $n=2$ 的情形得证.

转到一般情形. 设断语对 $n-1$ 成立. 假定 $G_{n-1}(t)$:

(ⅰ)$G_{n-1}(\alpha)=G_{n-1}(\xi)=0$,$\alpha<\xi<\alpha+2\pi$. 在区

间$(\alpha,\alpha+2\pi)$内$G_{n-1}(t)$恰好有两个单零点α,ξ.

（ⅱ）在(α,ξ)，$(\xi,\alpha+2\pi)$内各自恰好有一极值点$a\in(\alpha,\xi)$，$b\in(\xi,\alpha+2\pi)$. $G'_{n-1}(a)=G'_{n-1}(b)=0$. 不妨在假定$G_{n-1}(t)$在$(\alpha,\xi)$内为正，在$(\xi,\alpha+2\pi)$内为负的情况下讨论. 由等式

$$(D-\lambda_n)G_n(t)=G_{n-1}(t)$$

得$D[\mathrm{e}^{-\lambda_n t}G_n(t)]=\mathrm{e}^{-\lambda_n t}G_{n-1}(t)$. 分以下几种情形来看（图 6.1）：

(a)$\lambda_n>0$.

此时在(α,ξ)内$D[\mathrm{e}^{-\lambda_n t}G_n(t)]>0$，所以函数$\mathrm{e}^{-\lambda_n t}G_n(t)$在$(\alpha,\xi)$内严格单调增. 但因$\mathrm{e}^{-\lambda_n t}\downarrow$，那么$G_n(t)$严格单调增.

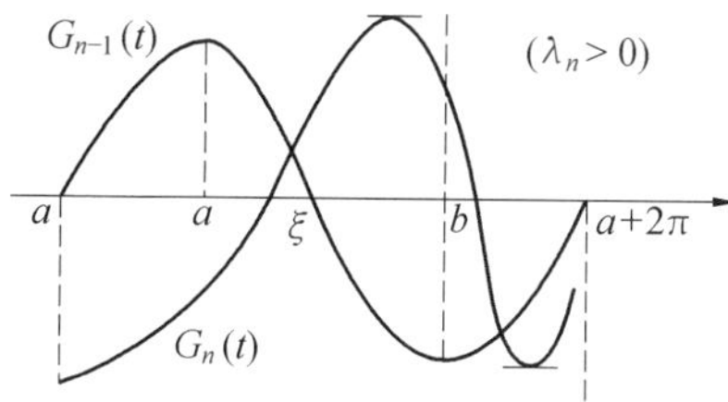

图 6.1

转到区间$[\xi,b]$. 此时由假设（ⅰ）（ⅱ），$G_{n-1}(t)\leqslant 0$，$G'_{n-1}(t)\leqslant 0$. 我们说$G_n(t)$在$[\xi,b]$内至多有一极值点. 若非如此，存在$\eta',\eta''\in[\xi,b]$，$\eta'<\eta''$，$G'_n(\eta')=G'_n(\eta'')=0$. 则由

$$-\lambda_nG_n(\eta')=G_{n-1}(\eta'),-\lambda_nG_n(\eta'')=G_{n-1}(\eta'')$$

以及

$$\int_{\eta'}^{\eta''}D[\mathrm{e}^{-\lambda_n t}G_n(t)]\mathrm{d}t=\int_{\eta'}^{\eta''}\mathrm{e}^{-\lambda_n t}G_{n-1}(t)\mathrm{d}t$$

并注意到

$$\int_{\eta'}^{\eta''} D[e^{-\lambda_n t}G_n(t)]dt = e^{-\lambda_n \eta''}G_n(\eta'') - e^{-\lambda_n \eta'}G_n(\eta')$$

$$= \frac{-1}{\lambda_n}[e^{-\lambda_n \eta''}G_{n-1}(\eta'') - e^{-\lambda_n \eta'}G_{n-1}(\eta')]$$

和

$$\int_{\eta'}^{\eta''} e^{-\lambda_n t}G_{n-1}(t)dt = \int_{\eta'}^{\eta''} G_{n-1}(t)d\left(\frac{e^{-\lambda_n t}}{-\lambda_n}\right)$$

$$= -\frac{1}{\lambda_n}\{e^{-\lambda_n \eta''}G_{n-1}(\eta'') - e^{-\lambda_n \eta'}G_{n-1}(\eta')\} +$$

$$\frac{1}{\lambda_n}\int_{\eta'}^{\eta''} e^{-\lambda_n t}G'_{n-1}(t)dt$$

就应该有$\int_{\eta'}^{\eta''} e^{-\lambda_n t}G'_{n-1}(t)dt = 0$. 但这是不可能的,因为在$(\xi,b)$内$G'_{n-1}(t) \leqslant 0$但不恒等于零. 同理可证,在$[b,\alpha+2\pi)$内$G_n(t)$至多有一个极值点. 但由于$G'_n(t)$以$2\pi$为周期,并且$\int_0^{2\pi} G'_n(t)dt=0$,那么$G'_n(t)$在一个周期区间内至少有两个不同零点. 由此即知$G'_n(t)$在一周期内恰好有两个不同零点. 从而知道断语(2)成立.

(b)$\lambda_n < 0$时.

由于在$[\xi,\alpha+2\pi)$内$D[e^{-\lambda_n t}G_n(t)] < 0$,故$e^{-\lambda_n t}G_n(t)\downarrow$,但此时$e^{-\lambda_n t}\uparrow$,所以$G_n(t)\downarrow$. 往下仿照(a)的论证即得同样的结论.

(c)$\lambda_n = 0$时.

此时$G'_n(t) = G_{n-1}(t)$,结论是平凡的.

附注 6.1.1 这里用到了一个对应于一阶微分算子的广义 Rolle 定理. 叙述如下.

广义 Rolle 定理 设$f(x)$在$[a,b]$上连续,在(a,b)内可导,则对任何实数λ,必有$\xi\in(a,b)$使

$$(D-\lambda)f(\xi) = 0 \tag{6.5}$$

证　考虑 $g(x)=e^{-\lambda x}f(x)$，对 $g(x)$ 在 $[a,b]$ 应用通常的Rolle定理，知存在 $\xi\in(a,b)$ 使 $g'(\xi)=0$. 再由 $g'(\xi)=e^{-\lambda\xi}(f'(\xi)-\lambda f(\xi))$，$e^{-\lambda\xi}\neq 0$ 得所欲求.

往后为了处理 $P_n(\lambda)=0$ 有复根的情形，我们需要把 Rolle 定理做进一步的拓广.

(二) 广义 Rolle 定理

Rolle 定理是研究函数的零点和变号的重要分析工具，它有很多拓广的形式. 和我们要讨论的问题有关的一种拓广形式是 Polya 对满足所谓 W 条件的线性常微分算子给出的.（关于 W 条件，可参看 F. Beckenbach，R. Bellman，*Inequalities*，第 4 章，§16）如果 $P_n(\lambda)=0$ 仅有实根，线性微分算子 $P_n(D)$ 满足 W 条件. 当 $P_n(\lambda)=0$ 有复根时，$P_n(D)$ 不满足 W 条件，需要针对这种情况建立广义的 Rolle 定理. 早在 1938 年 M. G. Krein[5] 已经给出了实质的结果. 但是始终没有找到他的证明. 我们在本段内给出它的一个完全初等的证明和由其推出的几条重要推论. 这对本章的讨论是很重要的. 下面先从二阶微分算子开始.

引理 6.1.3　设 $P(\lambda)=\lambda^2+p\lambda+q$ 是有复根的实系数多项式，记其根为 $\alpha\pm i\beta$，$\beta>0$. 若有 $f(x)\in C^2$ 及 $x_1<x_2<x_3$ 使

(1) $x_{j+1}-x_j<\dfrac{\pi}{2\beta}$，$j=1,2$.

(2) $f(x_j)=0$，$j=1,2,3$.

则存在 $\xi\in(x_1,x_3)$，使 $P(D)f(\xi)=0$.

证　对任取的 $\varphi(x)\in C^2$ 有以下恒等式成立

$$e^{\alpha(x-x_0)}\sin\beta(x-x_0)(P(D)\varphi(x))$$

$$=D[\sin^2\beta(x-x_0)D\frac{\mathrm{e}^{\alpha(x-x_0)}}{\sin\beta(x-x_0)}\cdot\varphi(x)] \tag{6.6}$$

此处 $x\neq x_0+\frac{k\pi}{\beta}(k=0,\pm1,\pm2,\cdots)$,$x_0$ 是任取的.

选择 $x_0=\tau_1$,使 $\tau_1<x_1<x_3<x_1+\frac{\pi}{\beta}$,置 $g(x)=\frac{\mathrm{e}^{\alpha(x-\tau_1)}}{\sin\beta(x-\tau_1)}f(x)$. 则有 $g(x_j)=0,j=1,2,3$. 由 Rolle 定理,存在 $\xi_1\in(x_1,x_2),\xi_2\in(x_2,x_3)$ 使 $g'(\xi_1)=g'(\xi_2)=0$. 再置 $h(x)=\sin^2\beta(x-\tau_1)g'(x)$. 对 $h(x)$ 在 (ξ_1,ξ_2) 内再一次应用 Rolle 定理即得所求.

注 1 若在任一区间 (a,b) 内 $P(D)f(x)\neq0$,则在使 $P(D)f(\xi)=0$ 的点 ξ 中必有能使 $P(D)f(x)$ 变号,这种现象和普通 Rolle 定理是一样的.

注 2 条件 $f(x)\in C^2$ 可以减弱为 $f(x)\in C^1(x_1,x_3)$,$f'(x)$ 在 (x_1,x_3) 内分段连续可微,且 $f''(x)$ 在 (x_1,x_3) 内仅有的间断点是有限个第一类间断点. 此时,若 $f(x)$ 在任一子区间 $(a,b)\subset(x_1,x_3)$ 内有 $P(D)f(x)\neq0$,则存在一点 $\xi\in(x_1,x_3)$ 使 $P(D)f$ 在 ξ 变号(未必是零点).

注 3 若 x_1,x_2,x_3 有重合(比如 $x_2=x_3$,这时 $f(x_1)=0,f(x_2)=f'(x_2)=0$),则有同样的结论成立.

引理 6.1.4 已知 $P(D)=D^2+pD+q$ 如前. 若有 $f(x)\in C^2$ 及 $x_1<x_2<x_3<x_4$ 满足:

(1) $x_{j+1}-x_j<\frac{\pi}{2\beta},j=1,2,3$.

(2) $f(x_j)=0,j=1,2,3,4$.

(3) 在任一子区间$(a,b)\subset(x_1,x_4)$内$P(D)f\neq 0$,则存在$\xi_1,\xi_2\in(x_1,x_4)$满足:

(i) $x_1<\xi_1<\xi_2<x_4$.

(ii) $\xi_2-\xi_1<\dfrac{3\pi}{2\beta}$.

(iii) $P(D)f(\xi_1)=P(D)f(\xi_2)=0$,且$P(D)f(x)$在$\xi_1,\xi_2$交错变号.

证　不失一般性,我们不妨认定$f(x)$在(x_1,x_2)内取到正值.

(1) 如引理 6.1.3,选择τ_1使$\tau_1<x_1<x_3<\tau_1+\dfrac{\pi}{\beta}$,置$g_1(x)=\dfrac{e^{\alpha(x-\tau_1)}}{\sin\beta(x-\tau_1)}f(x)$,$h_1(x)=\sin^2\beta(x-\tau_1)g_1'(x)$.则存在$\eta_1\in(x_1,x_2)$,$g_1'(\eta_1)=0$.在$\eta_1$在左邻域内$g_1'(x)\geqslant 0(\neq 0)$,在$\eta_1$的右邻域内$g_1'(x)\leqslant 0(\neq 0)$,$h_1(x)$也是如此.往下分两种情形讨论.

(i) $f(x)$在(x_2,x_3)内取到负值.

此时存在$\eta_2\in(x_2,x_3)$使$g_1'(\eta_2)=0$,在η_2的左邻域内$g_1'(x)\leqslant 0(\neq 0)$,在$\eta_2$的右邻域内$g_1'(x)\geqslant 0(\neq 0)$,$h_1(x)$也是这样.由此可见$h_1(\eta_1)=h_1(\eta_2)=0$.从$h_1(x)$在$\eta_1$的右邻域及$\eta_2$的左邻域的符号可断定存在$\xi_1\in(\eta_1,\eta_2)$使$h_1'(\xi_1)=0$,且$\xi_1$是$P(D)f(x)$的$(-,+)$变号点(图 6.2).

(ii) $f(x)$在(x_2,x_3)无负值.此时有$\eta_2\in(x_2,x_3)$,使$g_1'(\eta_2)=0$,在η_2左邻域有$g_1'(x)\geqslant 0$,在η_2右邻域则有$g_1'(x)\leqslant 0(\neq 0)$,$h_1(x)$也是这样.所以$h_1(\eta_1)=h_1(\eta_2)=0$,$h_1(x)$在$(\eta_1,\eta_2)$内能取到正值和负值.从而存在$\xi_1',\xi_1''\in(\eta_1,\eta_2)$,$h_1'(\xi_1')=h_1'(\xi_1'')=0$,$\xi_1',\xi_2''$各为$P(D)f(x)$的$(-,+)$,$(+,-)$变号点.

(2) 转到x_2,x_3,x_4.选择τ_2使$\tau_2<x_2<x_4<\tau_2+$

$\frac{\pi}{\beta}$. 置

$$g_2(x)=\frac{e^{\alpha(x-\tau_2)}}{\sin\beta(x-\tau_2)}f(x)$$

$$h_2(x)=\sin^2\beta(x-\tau_2)g'_2(x)$$

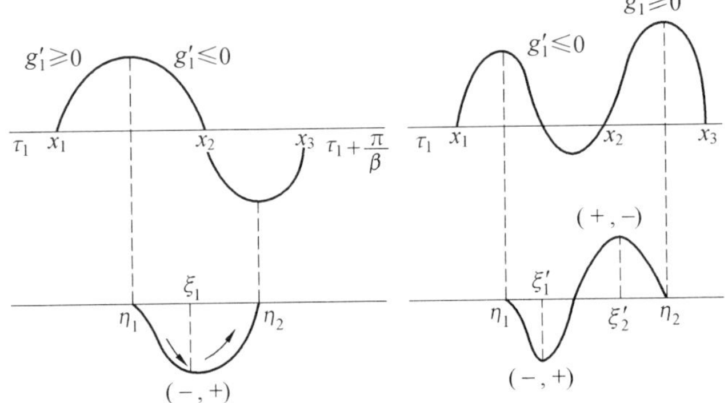

图 6.2

在(x_2,x_4)内重复在(x_1,x_3)内对 g_1,h_1 做过的论证，则出现的情形不外以下四种：

(ⅰ)$f(x)$在(x_2,x_3)内取到负值. 在(x_3,x_4)内取到正值. 这属于(1)的(ⅰ)情形，但差一符号. 故存在 $\xi_2\in(x_2,x_4)$，$P(D)f(\xi_2)=0$，ξ_2 是其$(+,-)$变号点. ξ_1,ξ_2 求得.

(ⅱ)$f(x)$在(x_2,x_3)内取到负值，在(x_3,x_4)内取不到正值. 这属于(1)的(ⅱ)情形. 此时 $P(D)f(x)$ 在(x_2,x_4)内有两个反向变号点(零点). 其中必有一个与 ξ_1 有相反的变号方向，把它取作 ξ_2 就行了.

(ⅲ)$f(x)$在(x_2,x_3)内取不到负值，在(x_3,x_4)内取到负值.

(ⅳ)$f(x)$在(x_2,x_3)内取不到负值，在(x_3,x_4)

内取不到负值.

最后两种情形可用一样方法来处理，得到一样的结论.

应用数学归纳法可得：

引理 6.1.5　设 $P(D)=D^2+pD+q$ 如前. 若有 $f(x)\in C^2$ 及点

$$x_1<\cdots<x_n<x_{n+1}<x_{n+2}$$

满足：

(1) $x_{j+1}-x_j<\dfrac{\pi}{2\beta}, j=1,\cdots,n+1.$

(2) $f(x_j)=0, j=1,\cdots,n+2.$

(3) 在任一子区间 $(a,b)\subset(x_1,x_{n+2})$ 内 $P(D)f(x)\neq 0$. 则存在点 $\xi_1,\cdots,\xi_n$ 满足：

(ⅰ) $x_1<\xi_1<\cdots<\xi_n<x_{n+2}$，且 $\xi_{j+1}-\xi_j<\dfrac{3\pi}{2\beta}$.

(ⅱ) $P(D)f(\xi_j)=0, j=1,\cdots,n.$

(ⅲ) $P(D)f(x)$ 在 $\xi_1,\cdots,\xi_n$ 上变号方向交错变更. 若 $f(x)\in C^1$，$f(x)$ 在 (x_1,x_{n+2}) 内分段连续可微，而且 $f''(x)$ 仅有的间断点是有限个第一类间断点. 则在条件(1)(2)(3)之下存在点 $\xi_1,\cdots,\xi_n$ 满足(ⅰ)(ⅲ).

现在给出关于 $P_n(D)=D^n+\sum\limits_{j=1}^{n}a_jD^{n-j}$ 的广义 Rolle 定理. 当 $P_n(\lambda)=0$ 只有实根时，$P_n(D)=\prod\limits_{j=1}^{n}(D-\lambda_j)$. 这种情形包含在 Polya 拓广的 Rolle 定理之中了. 我们考虑 $P_n(\lambda)=0$ 有复根的情形. 这时置 $\beta=\max\limits_{1\leqslant s\leqslant k}\beta_s>0$. 对 $n+1$ 个点 $x_1<x_2<\cdots<x_{n+1}$ 记

$$\Delta_j=x_{j+1}-x_j,\ \|\Delta\|=\max_{1\leqslant j\leqslant n}\Delta_j$$

定理 6.1.1　若有 $f(x)\in C^{n-1}(x_1,x_{n+1})$，$f^{(n-1)}$

分段连续可微,$f^{(n)}$ 的间断点集仅仅含有有限个第一类间断点. 设有 $x_1 < x_2 < \cdots < x_{n+1}$ 使:

(1) $\| \Delta \| < \frac{\pi}{2.3^{k-1}\beta}, k \geqslant 1, \beta > 0$.

(2) $f(x_j) = 0, j = 1, \cdots, n+1$.

且在任何子区间 $(a,b) \subset (x_1, x_{n+1})$ 内 $P_n(D)f(x) \not\equiv 0$. 则存在一点 $\xi \in (x_1, x_{n+1})$ 是 $P_n(D)f(x)$ 的变号点. 如果 $f^{(n)}$ 在点 ξ 连续,则还有 $P_n(D)f(\xi) = 0$.

为了用定理 6.1.1 处理周期函数,我们给出:

定理 6.1.2 设 $f(x) \in C_{2\pi}^{(n-1)}$,且在周期区间内存在 $2n$ 个点

$$x_1 < x_2 < \cdots < x_{2n} < x_{2n+1} = x_1 + 2\pi$$

满足条件:

(1) $\| \Delta \| < \frac{\pi}{2.3^{k-1}\beta}, k \geqslant 1, \beta > 0, k = 0$ 时,这一条件多余.

(2) $f(x_j) = 0, j = 1, \cdots, 2n$.

(3) 在任何区间 $(a,b) \subset [0, 2\pi)$ 内对 f 都有 $P_n(D)f \not\equiv 0$.

(4) $f^{(n-1)}$ 分段连续可微,且 $f^{(n)}$ 的间断点集(在一个周期内)是仅仅包含有限个第一类间断点的集合.

则存在 $2n$ 个点 $\xi_1 < \cdots < \xi_{2n} < \xi_{2n+1} = \xi_1 + 2\pi$,使得 $P_n(D)f(x)$ 在该点列上变号方向交错改变. 如果 $f \in C_{2\pi}^{(n)}$,那么这一组点同时是 f 的零点.

证 只需对 $P(D) = D^2 + pD + q, p^2 - 4q < 0$ 的情形来证便可. 此时 $\| \Delta \| < \frac{\pi}{2\beta}$. 取点

$$x_1 < \cdots < x_{2n} < x_{2n+1} < x_{2n+2}$$

其中 $x_{2n+1} = x_1 + 2\pi, x_{2n+2} = x_2 + 2\pi$. 这一组点满足引

理 6.1.5 的条件，所以存在 $2n$ 个点

$$x_1<\xi_1<\cdots<\xi_{2n}<x_{2n+2}$$

使 $P(D)f(x)$ 在 $\xi_1,\cdots,\xi_{2n}$ 上变号方向交错变更. 若 $\xi_1,\cdots,\xi_{2n}$ 包含在一个长度是 2π 的周期区间内，则定理已经得证. 若不然，注意到 $x_1<\xi_1<x_3$，$x_{2n-1}<\xi_{2n-1}<x_{2n+1}=x_1+2\pi$，知 $\xi_1,\cdots,\xi_{2n-1}$ 严格包含于一个 2π 周期区间之内. 由于 $P(D)f(x)$ 以 2π 为周期，它在一个周期区间内变号个数是偶数，故此时在 ξ_{2n-1},ξ_{2n} 之间存在一变号点，用它来替换原来的 ξ_{2n} 就得所求. 最后所得到的变号点组

$$\xi_1<\xi_2<\cdots<\xi_{2n}<\xi_{2n+1}=\xi_1+2\pi$$

满足
$$\xi_{j+1}-\xi_j<\frac{3\pi}{2\beta},j=1,\cdots,2n$$

（三）标准函数（广义 Euler 样条）

首先引入函数 $H_{n,\lambda}(x)$. 设 $m\geqslant 1$ 是一正整数. 经简单计算可得

$$\sum_{j=0}^{2m-1}(-1)^jG_n\left(x+\frac{j\pi}{m}\right)=\frac{m}{\pi}\sum_{\nu=-\infty}^{+\infty}\frac{\mathrm{e}^{\mathrm{i}(2\nu+1)mx}}{P_n((2\nu+1)m\mathrm{i})}$$

在右边以 $\lambda(\lambda>\beta)$ 代换整数 m 给出

$$H_{n,\lambda}(x)=\frac{\lambda}{\pi}\sum_{\nu=-\infty}^{+\infty}\frac{\mathrm{e}^{\mathrm{i}(2\nu+1)\lambda x}}{P_n((2\nu+1)\lambda\mathrm{i})}\tag{6.7}$$

由 $H_{n,\lambda}\left(x+\frac{\pi}{\lambda}\right)=-H_{n,\lambda}(x)$，知 $H_{n,\lambda}(x)$ 以 $\frac{2\pi}{\lambda}$ 为周期. 我们有

引理 6.1.6

(1) $H_{n,\lambda}(x)\in C^{n-2}(\mathbf{R})$.

(2) $H_{n,\lambda}(x)$ 在 $\left(0,\frac{\pi}{\lambda}\right)$ 内 n 阶连续可微，$H_{n,\lambda}^{(n)}(x)$

在 $0,\frac{\pi}{\lambda}$ 有第一类间断.

(3) 在 $\left(0,\frac{\pi}{\lambda}\right)$ 内有 $P_n(D)H_{n,\lambda}(x)\equiv 0$.

M. G. Krein[5] 引入函数

$$\int_0^{2\pi} G_n(x-t)\operatorname{sgn}\sin mt\,\mathrm{d}t$$

$$=\frac{2}{\pi \mathrm{i}}\sum_{\nu=-\infty}^{+\infty}\frac{\mathrm{e}^{\mathrm{i}(2\nu+1)mx}}{(2\nu+1)P_n((2\nu+1)m\mathrm{i})} \tag{6.8}$$

指出了此函数的一个极值性质. 即对充分大的 m,若以 T_{2m-1} 为逼近集在 $L_{2\pi}$ 空间中来逼近 G_n,则有

$$E_m(G_n)_1=\left\|\int_0^{2\pi} G_n(\cdot-t)\operatorname{sgn}\sin mt\,\mathrm{d}t\right\|_\infty$$

在式(6.8)内以参数 $\lambda(\lambda>\beta)$ 代换 m 给出:

定义 6.1.2 称函数

$$\Phi_{n,\lambda}(x)=\frac{2}{\pi \mathrm{i}}\sum_{\nu=-\infty}^{+\infty}\frac{\mathrm{e}^{\mathrm{i}(2\nu+1)\lambda x}}{(2\nu+1)P_n((2\gamma+1)\lambda\mathrm{i})} \tag{6.9}$$

为关于算子 $P_n(D)$ 的标准函数①.

该函数实际上是由 $P_n(D)$ 确定的步长 $\frac{\pi}{\lambda}$ 的广义 Euler 样条. 由定义直接得到

$$\Phi'_{n,\lambda}(x)=H_{n,\lambda}(x) \tag{6.10}$$

$$\Phi_{n,\lambda}\left(x+\frac{\pi}{\lambda}\right)=-\Phi_{n,\lambda}(x) \tag{6.11}$$

$$P_n(D)\Phi_{n,\lambda}(x)=\operatorname{sgn}\sin\lambda x$$

$$x\neq\frac{\nu\pi}{\lambda},\nu=0,\pm 1,\pm 2,\cdots$$

① 式(3.37)的 $\Phi_{nr}(x)$ 相当于这里的 $\Phi_{r,n}$,$P_r(D)=D^r$.

下面引理给出 $\Phi_{n,\lambda}(x)$ 的零点、极值点、单调区间的信息.

引理 6.1.7　设 $\lambda > 2\beta$,则:

(1) 若 $n=1$,则 $H_{n,\lambda}(x)$ 在 $\left[0,\frac{\pi}{\lambda}\right)$ 内恰好有一个变号点.

(2) 若 $n\geqslant 2$,则 $H_{n,\lambda}(x)$ 在 $\left[0,\frac{\pi}{\lambda}\right)$ 内恰好有一个单零点.

证　(1) 设 $n=1,P_1(\lambda)=\lambda-\lambda_1,\lambda_1\neq 0$. ($\lambda_1=0$ 的情形是平凡的) 式(6.4) 给出了 $G_1(x)$ 的解析表示式. 由等式

$$\sum_{\nu=-\infty}^{+\infty}\frac{\mathrm{e}^{\mathrm{i}(2\nu+1)y}}{(2\nu+1)\mathrm{i}-\lambda_1}=\frac{1}{2}\left\{\sum_{\nu=-\infty}^{+\infty}{}'\frac{\mathrm{e}^{\mathrm{i}\nu y}}{\nu\mathrm{i}-\lambda_1}-\sum_{\nu=-\infty}^{+\infty}\frac{\mathrm{e}^{\mathrm{i}y(\nu+\pi)}}{\nu\mathrm{i}-\lambda_1}\right\}$$

看出 $H_{1,1}(x)$ 在 $[0,\pi)$ 内恰好有一个变号点. 在 $H_{1,\lambda}(x)$ 内作变量代换 $y=\lambda x$ 即得 $n=1$ 时的结论.

(2) 设 $n=2,P_2(\lambda)=\lambda^2-2\alpha\lambda+\alpha^2+\beta^2,0<\beta<1/2$. 由 $P_2(D)G_2(x)\equiv 0$ 知存在 $a,b,c\in\mathbf{R}$ 使

$$\sum_{\nu=-\infty}^{+\infty}\frac{\mathrm{e}^{\mathrm{i}\nu y}}{P_2(\mathrm{i}\nu)}=a\mathrm{e}^{\alpha y}\cos(\beta y+b)+c,0\leqslant y\leqslant 2\pi$$

由于 $0<\beta\leqslant 1/2$,记 $\varphi(y)=a\mathrm{e}^{\nu y}\cos(\beta y+b)+c$, $a\neq 0,\varphi(0)=\varphi(2\pi)$,计算出

$$\varphi'(y)=a\mathrm{e}^{\alpha y}(\alpha\cos(\beta y+b)-\beta\sin(\beta y+b))$$

解 $\varphi'(y)=0\Leftrightarrow\tan(\beta y+b)=\alpha/\beta$. 由此可知 $\varphi'(y)=0$ 在$[0,2\pi]$ 内至多有一根. 另一方面由 $\varphi(0)=\varphi(2\pi)$, 知 $\varphi'(y)=0$ 在$(0,2\pi)$ 内至少有一根. 所以恰有一根. 即 $\varphi(y)$ 在$(0,2\pi)$ 内恰有一极值点,记作 x_0,那么 $(0,x_0)$,$(x_0,2\pi)$ 是 $\varphi(y)$ 的单调区间,在上面有相反的增减方向,再由等式

$$H_{2,1}(x)=G_2(x)-G_2(x+\pi)$$

便知 $H_{2,1}(x)$ 在$[0,\pi)$内恰有一个单零点. 当 $P_2(\lambda)=\lambda^2-2\alpha\lambda+\alpha^2+\beta^2,\lambda>2\beta>0$ 时,由

$$P_2((2\nu+1)\lambda\mathrm{i})=\lambda^2\left[(2\nu+1)^2\mathrm{i}^2-2\left(\frac{\alpha}{\lambda}\right)(2\nu+1)\mathrm{i}+\left(\frac{\alpha}{\lambda}\right)^2+\left(\frac{\beta}{\lambda}\right)^2\right]$$

$0<\beta/\lambda<1/2$,便知 $H_{2,\lambda}\left(\frac{y}{\lambda}\right)$ 在$[0,\pi)$内恰有一单零点. 作变量代换 $y=\lambda x$ 即得 $H_{2,\lambda}(x)$ 在$\left[0,\frac{\pi}{\lambda}\right)$内恰有一单零点的结论.

(3) 转到一般情形. 证明可在区间$\left[0,\frac{\pi}{\lambda}\right)$上借助广义 Rolle 定理用反证法来完成. 而且只需考虑 $P_n(\lambda)=0$ 有复根的情形. 假定 $n\geqslant 3,\lambda>2\beta,H_{n,\lambda}(x)$ 在$\left[0,\frac{\pi}{\lambda}\right)$内有多于 1 的零点个数(重零点应依其重次计算个数),则 $H_{n,\lambda}(x)$ 在$\left[0,\frac{2\pi}{\lambda}\right)$内至少有 4 个零点,且任两相邻零点的距离小于或等于$\frac{\pi}{r}$,即若 $0<z_1<z_2<z_3<z_4<z_1+\frac{2\pi}{\lambda}=z_5$ 是其零点,则$z_{j+1}-z_j\leqslant\frac{\pi}{\lambda},j=1,2,3,4$. 任取 $P_n(D)$ 的一个二阶子算子 $P_2(D)=D^2-2\alpha_sD+\alpha_s^2+\beta_s^2,\beta_s>0$,由于$\lambda>2\beta\geqslant 2\beta_s$,根据定理 6.1.2,$P_2(D)H_{n,\lambda}(x)$ 在$\left[0,\frac{2\pi}{\lambda}\right)$内有 4 个零点,任两相邻零点的距离小于或等于$\frac{2\pi}{\lambda}$. 如果

$\hat{P}_2(D)$（注：$\hat{P}_2(D)\cdot P_2(D)=P_n(D)$）的阶数仍大于或等于3，继续用其一阶或二阶子算子作用，并应用定理6.1.2.这样做有限次之后就会得到与(1)或(2)矛盾的结论.

现在根据式(6.10)给出：

引理 6.1.8　设 $n\geqslant 2,\lambda>2\beta$，则：

(1)$\Phi_{n,\lambda}(x)$ 在 $\left[0,\frac{\pi}{\lambda}\right)$ 内有唯一的极值点，它是 $H_{n,\lambda}(x)$ 的零点.

(2) 若 x_0 是 $\Phi_{n,\lambda}(x)$ 的极值点，则 $\left[x_0,x_0+\frac{\pi}{\lambda}\right]$，$\left[x_0+\frac{\pi}{\lambda},x_0+\frac{2\pi}{\lambda}\right]$ 是 $\Phi_{n,\lambda}(x)$ 的单调区间，具有相反的单调增减方向.

(3)$\Phi_{n,\lambda}(x)$ 在其单调区间内恰好有一个单零点.

(四) T_{2m-1} 对 $G_n(x)$ 的最佳平均逼近

在$[0,2\pi)$ 内任取 $2m(m\geqslant 1)$ 个等距点

$$0\leqslant\alpha<\alpha+\frac{\pi}{m}<\cdots<\alpha+\frac{2m-1}{2m}\pi<2\pi$$

根据定理2.5.10，为使 $\tau_{m-1}(x)\in T_{2m-1}$ 在$\{\alpha,\alpha+\frac{\pi}{m},\cdots,\alpha+\frac{2m-1}{m}\pi\}$ 实现对 $G_n(x)$ 的插值，必须且只需 $H_{n,m}(x)=0$. 当 $n\geqslant 2$ 时，$H_{n,m}(x)$ 是 $\left[0,\frac{\pi}{m}\right]$ 上的连续函数，由 $H_{n,m}\left(x+\frac{\pi}{m}\right)=-H_{n,m}(x)$ 及引理6.1.7，存在唯一的点 $\alpha_0\in\left[0,\frac{\pi}{m}\right)$（$\lambda>2\beta$ 时）使 $H_{n,m}(\alpha_0)=0$. 此时插值多项式 $\tau_{m-1}(x)$ 存在唯一. 当 $n=1$ 时，

$H_{1,m}(x)$ 在$\frac{\nu\pi}{m}(\nu=0,\pm1,\pm2,\cdots)$处有第一类间断.如果 $\alpha,\alpha+\frac{\pi}{m},\cdots,\alpha+\frac{2m-1}{m}\pi$ 中含有 $H_{1,m}(x)$ 的间断点,只要适当地规定 $H_{1,m}(x)$ 在其间断点上的值(这对最后要计算的平均逼近的值没有影响),仍能构造出 $\tau_{m-1}(x)$ 来.下面来讨论 $G_n(x)-\tau_{m-1}(x)$ 在周期区间内的变号.

引理 6.1.9 设 $n\geqslant 1$.对每一 $m>4.3^{k-1}\beta$ 有

$$\operatorname{sgn}(G_n(x)-\tau_{m-1}(x))=\sigma\operatorname{sgn}\sin m(x-\alpha_0),\sigma=\pm1$$

证 置 $\Lambda=4.3^{k-1}\beta$.我们证,对每一 $m>\Lambda$,$G_n(x)-\tau_{m-1}(x)$ 的每一插值节点都是单零点.先考虑 $n\geqslant 2$ 的情形,记

$$P_2(D)=D^2-2\alpha_1D+\alpha_1^2+\beta_1^2$$

$$P_4(D)=(D^2-2\alpha_2D+\alpha_2^2+\beta_2^2)P_2(D)$$

$$\vdots$$

$$P_{2k}(D)=(D^2-2\alpha_k+\alpha_k^2+\beta_k^2)P_{2k-2}(D)$$

此处 $\alpha_1\pm i\beta_1,\cdots,\alpha_k\pm i\beta_k$ 是 $P_n(\lambda)=0$ 的全体复根.当 $m>\Lambda$ 时,任两相邻的插值结点的距离$\frac{\pi}{m}<\frac{\pi}{4.3^{k-1}\beta}$,假定 $G_n(x)-\tau_{m-1}(x)$ 的插值节点中有的不是单零点,每一不是单零点的节点计算其重次,那么,$G_n(x)-\tau_{m-1}(x)$ 在$[0,2\pi)$内有多于$2m$的零点.根据定理6.1.2,并注意到引理 6.1.3 的注 3,知 $P_2(D)(G_n(x)-\tau_{m-1}(x))$ 在一个 2π 周期区间内有多于 $2m$ 的零点,且任两相邻零点的距离小于$\frac{\pi}{4.3^{k-2}\cdot\beta}$.如果 $k>2$,继续应用定理6.1.2,可知 $P_{2k}(D)(G_n(x)-\tau_{m-1}(x))$ 在2π周期区间内有多于 $2m$ 的零点.如果是 $n=2k$,则由于

$P_n(D)G_n(x)\equiv 0$ 有

$$P_n(D)[G_n(x)-\tau_{m-1}(x)]=-P_n(D)\tau_{m-1}(x)$$

$P_n(D)\tau_{m-1}(x)\in T_{2m-1}$. 它在一个 2π 周期区间内零点个数不能多于 $2m$,除非是 $P_n(D)\tau_{m-1}(x)\equiv 0$. 从我们一开始对 $P_n(\lambda)$ 所加的限制:$P_n(\mathrm{i}\nu)\neq 0,\nu=\pm 1,\pm 2,\cdots$, 那么当 $\tau_{m-1}(x)\neq 0$ 时,$P_n(D)\tau_{m-1}(x)\not\equiv 0$. 如果 $\tau_{m-1}(x)\neq 0$,已经导致矛盾. 若 $\tau_{m-1}(x)=0$,这表明 $G_n(x)$ 在一个 2π 周期区间内有零点

$$\alpha_0<\alpha_0+\frac{\pi}{m}<\cdots<\alpha_0+\frac{2m-1}{m}\pi$$

且其中至少有一点是重零点,这时我们可以找到一个非零的三角多项式 $\tau_{m-1}^0(x)\in T_{2m-1}$,对充分小的 $\varepsilon>0$,使 $G_n(x)-\varepsilon\tau_{m-1}^0(x)$ 在一个 2π 周期区间内有多于 $2m$ 个的零点. 对 $G_n(x)-\varepsilon\cdot\tau_{m-1}^0(x)$ 应用广义 Rolle定理,推知

$$P_n(D)[G_n(x)-\varepsilon\tau_{m-1}^0(x)]=-\varepsilon P_n(D)\tau_{m-1}^0(x)\not\equiv 0$$

在一个周期区间内有多于 $2m$ 个零点. 这不可能. $n=2k,P_n(D)=\prod_{j=1}^{k}(D^2-2\alpha_jD+\alpha_j^2+\beta_j^2)(k\geqslant 1)$ 的情形得证.

如果 $n>2k$,那么 $P_n(\lambda)$ 尚有 $n-2k$ 个实根 $\lambda_1,\cdots,\lambda_{n-2k}$. 继续用 $D-\lambda_1$,$(D-\lambda_1)(D-\lambda_2)\cdots$,$\prod_{j=1}^{n-2k}(D-\lambda_j)$ 作用于 $P_{2k}(D)[G_n(x)-\tau_{m-1}(x)]$,应用附注6.1.1,同样导致矛盾. 至此我们证明了 $n\geqslant 2$ 时,$G_n(x)-\tau_{m-1}(x)(m>\Lambda)$ 的每一插值节点都是单零点. 在$[0,2\pi)$ 内除了插值节点外再无别的零点. 否则重复上面的论证仍导致矛盾.

当 $n=1$ 时,若 $\lambda_1=0$,这属于古典情形,其证明已见诸第二章.若$\lambda_1 \neq 0$,可以利用附注6.1.1,仿照第二章提示的方法处置.

类似于定理2.5.1,定理2.5.2,这里有:

定理6.1.3 若$m > \Lambda$(当$P_n(\lambda)=0$只有实根时,$\Lambda=0$)则

$$E_m(G_n)_1 \overset{\text{df}}{=\!=} \min_{g \in T_{2m-1}} \| G_n - g \|_1$$
$$= \left| \int_0^{2\pi} \{G_n(x) - \tau_{m-1}(x)\} \operatorname{sgn} \sin m(x - \alpha_0) \mathrm{d}x \right|$$
$$= \| \Phi_{n,m} \|_\infty \tag{6.12}$$

下面引入以$G_n(x)$为核的2π周期卷积类.

定义6.1.3 称$f \in \widetilde{\mathscr{M}}_p(P_n(D))$,若

$$f(x) = C_\sigma + \int_0^{2\pi} G_n(x-t) h(t) \mathrm{d}t \tag{6.13}$$

此处$C_\sigma = 0$($P_n(0) \neq 0$时),或为任意常数.$\| h \|_p \leqslant 1$,且$\int_0^{2\pi} h(t) \mathrm{d}t = 0$.$f(x)$与$h(x)$的关系由下面引理给出.

引理6.1.10

$$P_n(D) f(x) \overset{\text{a. e.}}{=\!=\!=} h(x) \tag{6.14}$$

根据第四章的定理4.2.3有:

定理6.1.4 设$m > \Lambda$,X代表$L_{2\pi}^\infty$或$L_{2\pi}^1$,则

$$\widetilde{E}_m(\mathscr{M}_X)_X \overset{\text{df}}{=\!=} \sup_{f \in \widetilde{\mathscr{M}}_X} E_m(f)_X = \sup_{\substack{f \in \widetilde{\mathscr{M}}_X \\ f \perp T_{2m-1}}} \| f \|_X$$
$$= E_m(G_n)_1 = \| \Phi_{n,m} \|_\infty \tag{6.15}$$

(五)T_{2m-1}对G_n的最佳单边平均逼近

定义6.1.4 设$f \in C_{2\pi}$.定义

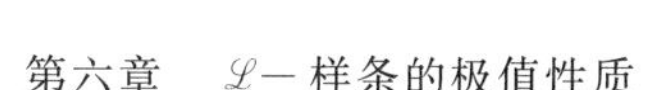

$$E_m^+(f)_1 \overset{\text{df}}{=\!=} \inf_{\substack{\tau_{m-1}\in T_{2m-1}\\ \tau_{m-1}\geqslant f}} \| f-\tau_{m-1} \|_1 \qquad (6.16)$$

$$E_m^-(f)_1 \overset{\text{df}}{=\!=} \inf_{\substack{\tau_{m-1}\in T_{2m-1}\\ \tau_{m-1}\leqslant f}} \| f-\tau_{m-1} \|_1 \qquad (6.17)$$

$E_m^+(f)_1$，$E_m^-(f)_1$ 分别称为 T_{2m-1} 对 f 的上方单边平均逼近与下方单边平均逼近.

对 $f\in C_{2\pi}$ 置

$$\varphi_m(f;t)=\frac{1}{m}\sum_{j=1}^{m} f\left(t+\frac{2j\pi}{m}\right)$$

定理 6.1.5　$\forall f\in C_{2\pi}$ 及 $m=1,2,3,\cdots$，有

$$E_m^+(f)_1 \geqslant 2\pi\cdot\sup_u \varphi_m(f;u)-\int_0^{2\pi} f(t)\,\mathrm{d}t \qquad (6.18)$$

$$E_m^-(f)_1 \geqslant \int_0^{2\pi} f(t)\,\mathrm{d}t-2\pi\cdot\inf_u \varphi_m(f;u) \qquad (6.19)$$

证　二者证法相同.我们仅证第一个不等式.任取 $\tau_{m-1}(t)\in T_{2m-1}$，$\tau_{m-1}(t)\geqslant f(t)$.

$$\begin{aligned}\| \tau_{m-1}-f \|_1 &= \int_0^{2\pi}\{\tau_{m-1}(t)-f(t)\}\,\mathrm{d}t\\ &= \int_0^{2\pi}\tau_{m-1}(t)\,\mathrm{d}t-\int_0^{2\pi} f(t)\,\mathrm{d}t\end{aligned}$$

对任取的 $\tau_{m-1}(t)\in T_{2m-1}$ 有

$$\int_0^{2\pi}\tau_{m-1}(t)\,\mathrm{d}t=\frac{2\pi}{m}\sum_{\nu=1}^{m}\tau_{m-1}\left(\gamma+\frac{2\nu\pi}{m}\right)$$

其中 γ 是任意的.上式可以先对 $1,\sin t,\cos t,\cdots,\sin(m-1)t,\cos(m-1)t$ 验证，然后利用线性关系拓展到整个 T_{2m-1} 类上.由此得

$$\| \tau_{m-1}-f \|_1=\frac{2\pi}{m}\sum_{\nu=1}^{m}\tau_{m-1}\left(\gamma+\frac{2\nu\pi}{m}\right)-\int_0^{2\pi} f(t)\,\mathrm{d}t$$

$$\geqslant \frac{2\pi}{m}\sum_{\nu=1}^{m} f\left(\gamma+\frac{2\nu\pi}{m}\right)-\int_0^{2\pi} f(t)\mathrm{d}t$$

$$=2\pi\varphi_m(f;\gamma)-\int_0^{2\pi} f(t)\mathrm{d}t$$

由此即得式(6.18).

式(6.18)可以写作

$$E_m^+(f)_1 \geqslant \int_0^{2\pi}\{\sup_u \varphi_m(f;u)-\varphi_m(f;t)\}\mathrm{d}t \tag{6.20}$$

式(6.19)亦有类似的写法

$$E_m^-(f)_1 \geqslant \int_0^{2\pi}\{\varphi_m(f;t)-\inf_u \varphi_m(f;u)\}\mathrm{d}t \tag{6.21}$$

下面给出式(6.20)和(6.21)内有等号成立的条件.

定理 6.1.6 设 $f(t)\in C_{2\pi}$. 若对某 γ 存在 $\tau_{m-1}(t)\in T_{2m-1}$,满足

$$\tau_{m-1}\left(\gamma+\frac{2\nu\pi}{m}\right)=f\left(\gamma+\frac{2\nu\pi}{m}\right),\nu=1,\cdots,m$$

且 $\delta(t)=f(t)-\tau_{m-1}(t)$ 保号,则:

(1) $f(t)\leqslant\tau_{m-1}(t)\Leftrightarrow\varphi_m(f;\gamma)=\sup_u \varphi_m(f;u)$.

(2) $f(t)\leqslant\tau_{m-1}(t)\Leftrightarrow\varphi_m(f;\gamma)=\inf_u \varphi_m(f;u)$.

当(1)(2)成立时各有

$$E_m^+(f)_1=\int_0^{2\pi}[\varphi_m(f;\gamma)-\varphi_m(f;t)]\mathrm{d}t \tag{6.22}$$

$$E_m^-(f)_1=\int_0^{2\pi}[\varphi_m(f;t)-\varphi_m(f;\gamma)]\mathrm{d}t \tag{6.23}$$

证(1)

$$\tau_{m-1}(t)\geqslant f(t)\Rightarrow E_m^+(f)_1\leqslant\int_0^{2\pi}[\tau_{m-1}(t)-f(t)]\mathrm{d}t$$

$$=\int_0^{2\pi}\tau_{m-1}(t)\mathrm{d}t-\int_0^{2\pi} f(t)\mathrm{d}t$$

$$=\frac{2\pi}{m}\sum_{\nu=1}^{m}\tau_{m-1}\left(\gamma+\frac{2\nu\pi}{m}\right)-\int_0^{2\pi}\varphi_m(f,t)\mathrm{d}t$$

$$=\int_0^{2\pi}[\varphi_m(f;\gamma)-\varphi_m(f;t)]\mathrm{d}t$$

但定理 6.1.5 给出

$$E_m^+(f)_1\geqslant\int_0^{2\pi}[\sup_u\varphi_m(f;u)-\varphi_m(t)]\mathrm{d}t$$

所以得

$$\varphi_m(f;\gamma)\geqslant\sup_u\varphi_m(f;u)$$

其中必有等号成立.(1) 的“⇒”得证.

反之,若 $\varphi_m(f,\gamma)=\sup\limits_u\varphi_m(f,u)$,则由

$$\int_0^{2\pi}[\tau_{m-1}(t)-f(t)]\mathrm{d}t$$

$$=\int_0^{2\pi}[\varphi_m(f;\gamma)-\varphi_m(f;t)]\mathrm{d}t\geqslant 0$$

以及 $\delta(t)$ 符号 $\Rightarrow\tau_{m-1}(t)-f(t)\geqslant 0$.(1) 的“⇐”得证.此时可见有式(6.22) 成立.同理可证(2) 及式(6.23).

推论 1　若 $f(t)\in C_{2\pi}$,$\int_0^{2\pi}f(t)\mathrm{d}t=0$,$f\neq 0$,且对某 γ 有 $\tau_{m-1}\in T_{2m-1}$ 满足定理的两个条件,则:

(1)$\delta(t)\leqslant 0\Leftrightarrow\varphi_m(f;\gamma)\geqslant 0$.

(2)$\delta(t)\geqslant 0\Leftrightarrow\varphi_m(f;\gamma)\leqslant 0$.

证(1)　“⇒”是明显的.下面证“⇐”由

$$\int_0^{2\pi}[\tau_{m-1}(t)-f(t)]\mathrm{d}t=\int_0^{2\pi}[\varphi_m(f;\gamma)-\varphi_m(f;t)]\mathrm{d}t$$

$$=\int_0^{2\pi}\varphi_m(f;\gamma)\mathrm{d}t\geqslant 0,\int_0^{2\pi}\varphi_m(f;t)\mathrm{d}t=0$$

所以 $\tau_{m-1}(t)-f(t)\geqslant 0$.同理证(2).

推论 2　若 $f\left(t+\frac{2\pi}{m}\right)=f(t)$,则

$$E_m^+(f)_1=\int_0^{2\pi}[\sup_u f(u)-f(t)]\mathrm{d}t \quad (6.24)$$

$$E_m^-(f)_1=\int_0^{2\pi}[f(t)-\inf_u f(u)]\mathrm{d}t \quad (6.25)$$

证 因为这时有 $\varphi_m(f;t)=f(t)$.

下面转到讨论如何构造最佳单边平均逼近的三角多项式的问题.

当 $f(t)$ 是 2π 周期的连续可微函数时,其最佳单边平均逼近三角多项式 $\tau_{m-1}\in T_{2m-1}$ 可以在$[0,2\pi)$内的 m 个等距节点上对 f 能实现二重插值的三角多项式中去找.下面先给出 $m-1$ 阶三角多项式二重插值的存在性条件.

引理 6.1.11 给定结点组 $t_k=\alpha+\dfrac{2k\pi}{m}(k=0,\cdots,m-1)$ 及数 $y_0,\cdots,y_{m-1},y'_0,\cdots,y'_{m-1}$. 为存在 $\tau_{m-1}\in T_{2m-1}$ 使有

$$\tau_{m-1}\left(\alpha+\frac{2k\pi}{m}\right)=y_k,k=0,\cdots,m-1$$

$$\tau'_{m-1}\left(\alpha+\frac{2k\pi}{m}\right)=y'_k,k=0,\cdots,m-1$$

只需 $\sum\limits_{k=0}^{m-1}y'_k=0$.

证 不失一般性,不妨认为 $\alpha=0$. 引入函数

$$l_k(t)=\left[\frac{\sin\dfrac{m(t-t_k)}{2}}{m\sin\dfrac{t-t_k}{2}}\right]^2$$

$$=\frac{1}{m^2}\{m+2\sum_{i=1}^{m-1}(m-j)\cos j(t-t_k)\}$$

$$h_k(t)=\frac{2}{m^2}\frac{\sin\frac{m(t-t_k)}{2}}{\sin\frac{t-t_k}{2}}\sin\frac{(m-1)(t-t_k)}{2}+\frac{\sin mt}{m^2}$$

$$=\frac{2}{m^2}\sum_{j=1}^{m-1}\sin j(t-t_k)+$$

$$\frac{\sin m(t-t_k)}{m^2},k=0,\cdots,m-1$$

容易验证

$$\begin{cases}l_k(t_j)=h'_k(t_j)=\delta_{k,j}\\ l'_k(t_j)=h_k(t_j)=0\end{cases}$$

由此得

$$\tau_m(t)=\sum_{k=0}^{m-1}y_k\left[\frac{\sin\frac{m(t-t_k)}{2}}{m\sin\frac{t-t_k}{2}}\right]^2+$$

$$\sum_{k=0}^{m-1}y'_k\frac{2\sin\frac{m(t-t_k)}{2}}{m^2\sin\frac{t-t_k}{2}}\cdot\sin\frac{(m-1)(t-t_k)}{2}+$$

$$\frac{\sin mt}{m^2}\sum_{k=0}^{m-1}y'_k$$

满足条件 $\tau_m(t_k)=y_k,\tau'_m(t_k)=y'_k(k=0,\cdots,m-1)$.

由此可见，当 $\sum_{k=0}^{m-1}y'_k=0$ 时，$\tau_m(t)\in T_{2m-1}$ 满足插值条件. 此时，它也是唯一的.

将此引理用于 2π 周期可微函数 $f(t)$，可以给出：

推论　若在点组 $\left\{\alpha+\frac{2k\pi}{m}\right\}(k=0,\cdots,m-1)$ 上满足

$$\sum_{k=0}^{m-1} f'(t_k) = 0 \tag{6.26}$$

则存在 $\tau_{m-1} \in T_{2m-1}$ 使

$$\tau_{m-1}\left(\alpha + \frac{2k\pi}{m}\right) = f\left(\alpha + \frac{2k\pi}{m}\right)$$

$$\tau'_{m-1}\left(\alpha + \frac{2k\pi}{m}\right) = f'\left(\alpha + \frac{2k\pi}{m}\right), k = 0, \cdots, m-1$$

这一推论说明：想要构造 $\tau_{m-1}(f,t)$ 在 $\left\{\alpha + \frac{2k\pi}{m}\right\}$ 上对 f 实现重插值，关键是求得 α 使其满足式(6.26). 但条件式(6.26)也就是

$$\varphi'_m(f;\alpha) = 0 \tag{6.27}$$

这说明，α 要从 $\varphi_m(f;t)$ 的极值点中去找.

定理 6.1.7 设 $f(t)$ 是一 2π 周期可微函数，α_m，β_m 分别是 $\varphi_m(f;t)$ 的最大值点和最小值点. $\tau^*_{m-1}(f,t)$，$\tau^{**}_{m-1}(f,t) \in T_{2m-1}$ 分别是 $f(t)$ 在结点组 $\left\{\alpha_m + \frac{2k\pi}{m}\right\}$ $(k=0,\cdots,m-1)$，$\left\{\beta_m + \frac{2k\pi}{m}\right\}$ $(k=0,\cdots,m-1)$ 的二重插值三角多项式. 则：

(1) 如果 $\delta^*(t) = \tau^*_{m-1}(t) - f(t)$ 保号，那么

$$\begin{aligned} E^+_m(f)_1 &= \|\delta^*\|_1 = E^+_1(\varphi_m(f;\cdot))_1 \\ &= \|\varphi_m(f;\alpha_m) - \varphi_m(f;\cdot)\|_1 \end{aligned}$$

(2) 如果 $\delta^{**}(t) = f(t) - \tau^{**}_{m-1}(t)$ 保号，那么

$$\begin{aligned} E^-_m(f)_1 &= \|\delta^{**}\|_1 = E^-_1(\varphi_m(f;\cdot))_1 \\ &= \|\varphi_m(f;\cdot) - \varphi_m(f;\beta_m)\|_1 \end{aligned}$$

这条定理说明：构造了二重插值三角多项式 τ^*_{m-1}，$\tau^{**}_{m-1} \in T_{2m-1}$，为了证明它们是 f 的最佳单边平均逼近多项式，只要能验证 $\delta^*(t)$，$\delta^{**}(t)$ 的保号性就够了.

附注 上面定理中对 f 所加的条件可以减弱. 定

理 6.1.5,定理 6.1.6 的 f 若只在 $(0,2\pi)$ 内连续,在 0,2π 处有第一类间断,置 $f(0)=\frac{1}{2}\{f(0+)+f(0-)\}$. 对这样的 f 定理 6.1.6 仍然成立,但原来的条件中的 γ 当 $\gamma=0$ 时,$f(0)$,$f(2\pi)$ 的值各取 $f(0+)$,$f(2\pi-)$.

现在我们转到计算 $G_n(t)$ 借助 T_{2m-1} 的最佳单边平均逼近.为方便起见采用记号

$$\widetilde{G}_n(x)\overset{\text{df}}{=\!=}2\pi G_n(x)$$

$$\widetilde{G}_n(x,\lambda)\overset{\text{df}}{=\!=}\sum_{\nu=-\infty}^{+\infty}{}'\frac{\mathrm{e}^{\mathrm{i}\nu\lambda x}}{P_n(\mathrm{i}\nu\lambda)}$$

直接计算给出

$$\varphi_m(G_n;x)=\frac{1}{2\pi}\sum_{\nu=-\infty}^{+\infty}\frac{\mathrm{e}^{\mathrm{i}\nu mx}}{P_n(\mathrm{i}\nu m)}=\frac{1}{2\pi}\widetilde{G}_n(x,m)$$

定理 6.1.8　设 $n\geqslant 2$,则对 $m>\Lambda$ 有

$$E_m^+(G_n)_1=\frac{1}{2\pi}\|\max_u\widetilde{G}_n(u,m)-\widetilde{G}_n(\cdot,m)\|_1 \tag{6.28}$$

$$E_m^-(G_n)_1=\frac{1}{2\pi}\|\widetilde{G}_n(\cdot,m)-\min_u\widetilde{G}_n(u,m)\|_1 \tag{6.29}$$

若采用记号

$$H_n^+(m)=\max_u\widetilde{G}_n(u,m),H_n^-(m)=\min_u\widetilde{G}_n(u,m)$$

根据定理 6.1.6,当 $P_n(0)=0$ 时有:

推论　设 $n\geqslant 2$,$P_n(0)=0$. 则当 $m>\Lambda$ 时有

$$E_m^+(G_n)_1=H_n^+(m),E_m^-(G_n)_1=H_n^-(m)$$

证　由定理 6.1.7,只需证 $\delta^*(t)$,$\delta^{**}(t)$ 的保号性.今对 $\delta^*(t)$ 进行论证.假定 $\delta^*(t)$ 变号.由于周期性,$\delta^*(t)$ 在 $[0,2\pi)$ 内至少有两个变号(零

点)$\left\{\alpha_m+\frac{2\nu\pi}{m}\right\}$($\nu=0,\cdots,m-1$)中的每一点是二重零点. 所以$\delta^*(t)$在一个周期区间内有$2m+2$个零点,任两相邻的零点距离小于或等于$\frac{2\pi}{m}<\frac{\pi}{2.3^{k-1}\beta}$.(假定$\beta>0$)往下用$P_n(D)$的子算子$P_2(D),\cdots,P_{2k}(D),\cdots$作用于$\delta^*(t)$,应用广义 Rolle 定理,仿照引理6.1.9的推理方法即可导致矛盾. 当$P_n(0)=0$时,由于

$$\int_0^{2\pi}G_n(t)\mathrm{d}t=0\Rightarrow\int_0^{2\pi}\widetilde{G}_n(t,m)\mathrm{d}t=0$$

由此即得推论.

下面讨论以G_n为核的2π周期卷积类的单边最佳平均逼近的估计问题. 先引入函数类.

定义 6.1.5 $n\geqslant 1,1\leqslant q\leqslant+\infty$,则

$$\begin{aligned}&\widetilde{\mathscr{M}}_q^-(P_n(D))\\&=\{f\mid f=C_\sigma+G_n*h,\|h_-\|_q\leqslant 1,h\perp 1\}\end{aligned}$$

此处$C_\sigma=0$(当$P_n(0)\neq 0$时),C_σ为任意常数($P_n(0)=0$时). 又

$$h_-(t)\stackrel{\mathrm{df}}{=\!=}\min\{0,h(t)\}$$

根据周期卷积类上的单边最佳逼近的对偶公式(见[2],第三章)可得:

定理 6.1.9 设$n\geqslant 2,P_n(0)=0$,则

$$E_m^+(\widetilde{\mathscr{M}}_q(P_n(D)))_p\stackrel{\mathrm{df}}{=\!=}\sup_{f\in\widetilde{\mathscr{M}}_q}E_m^+(f)_p=\sup_{\substack{g\in\widetilde{\mathscr{M}}_{p'}^{-*}\\ g\perp T_{2m-1}}}E_1(g)_{q'}\tag{6.30}$$

此处:$1\leqslant p,q\leqslant+\infty,\frac{1}{p}+\frac{1}{p'}=\frac{1}{q}+\frac{1}{q'}=1,p=q=1$时$p'=q'=+\infty$. $\widetilde{\mathscr{M}}_{p'}^{-*}=\widetilde{\mathscr{M}}_{p'}^{-}(P_n^*(D)),P_n^*(D)$是

$P_n(D)$ 的共轭算子；$E_1(g)_{q'} \stackrel{\mathrm{df}}{=} \min\limits_{c\in\mathbf{R}} \| g-c \|_{q'}$.

当 $p=q=1$ 时，可以计算式(6.30)的精确值. 根据[2]，(见该书第四章，定理 4.2.3) 有

$$E_m^+(\widetilde{\mathscr{M}}_1)_1 = \frac{1}{2}\{E_m^+(G_n)_1 + E_m^-(G_n)_1\} \quad (6.31)$$

$(m > \Lambda)$ 由此得：

定理 6.1.10　若 $n \geqslant 2, P_n(0)=0, m>\Lambda$，则

$$E_m^+(\widetilde{\mathscr{M}}_1(P_n(D)))_1 = \sup_{\substack{g\in \mathscr{M}_\infty^-, * \\ g\perp T_{2m-1}}} E_1(g)_\infty = H_n(m)$$

此处

$$E_n(m) = \frac{1}{2}(H_n^+(m) + H_n^-(m)) \quad (6.32)$$

注意 $\widetilde{\mathscr{M}}_{\infty,*} = \widetilde{\mathscr{M}}'^-_\infty(P_n^*(D))$，$P_n^*(D)$ 是 $P_n(D)$ 的共轭算子，它的核函数 $G_n^*(x-t)=G_n(t-x)$，乃是 $G_n(x-t)$ 的转置.

§2　Kolmogorov 型比较定理和 $\mathscr{L}-\mathscr{K}$ 型不等式

Kolmogorov 在 1939 年证明了下面的定理.

定理 6.2.1　以 $W_\infty^r(\mathbf{R})(r\geqslant 1)$ 表示定义在全实轴上的函数类，其中每个函数 $f(x)$ 的 $r-1$ 阶导数局部绝对连续，而且 $\| f^{(r)} \|_\infty \leqslant 1$. 若对 $f\in W_\infty^r(\mathbf{R})$ 有某个 $\lambda>0$，使得：

(1) $\| f \|_\infty \leqslant \| \varphi_{r,\lambda} \|_C$.

(2) 存在两点 $a, \alpha \in \mathbf{R}$ 使

$$f(a) = \varphi_{r,\lambda}(\alpha)$$

则

$$|f'(a)| \leqslant |\varphi'_{r,\lambda}(\alpha)| \tag{6.33}$$

(当 $r=1$ 时,上式在 $f'(a)$ 存在的点 a 处成立). 此处 $\varphi_{r,\lambda}(x)$ 是关于算子 $P_r(D)=D^r$ 的标准函数(见式(6.9)).

这条定理在资料中称为 Kolmogorov 的比较定理,或点态的 Landau-Kolmogorov 不等式. 它是在可微函数类上证明许多关于函数及其各阶导函数的范数之间的精确不等式的基础. 它的详细证明见 Korneichuck 的专著《逼近论的极值问题》,第五章. 定理 6.2.1 相当于是对微分算子 $P_r(D)=D^r$ 在全实轴上建立起来的. 本节目的在于对一般的常(实系数)微分线性算子 $P_n(D)=D^n+\sum_{j=1}^{n}a_jD^{n-j}$ 在全实轴上确定的可微函数类建立 Kolmogorov 比较定理. 并由其推出一系列重要推论,特别重要的是,由它推出关于线性微分算子 $P_n(D)$ 的(在 $\mathbf{R}$ 上的)Landan-Kolmogorov 不等式.

(一)Kolmogorov 型比较定理

定义 6.2.1 给定 $P_n(\lambda)=\lambda^n+\sum_{j=1}^{n}a_j\lambda^{n-j}, n\geqslant 1$, $a_j\in\mathbf{R}$. 若 $P_r(\lambda)(0\leqslant r\leqslant n)$ 是 $P_n(\lambda)$ 的 r 次因子,则称 $P_r(D)$ 为 $P_n(D)$ 的子算子,记作 $P_r(D)\subset P_n(D)$. 记 $P_0(D)=I$(恒等算子). 如果 $P_r(\lambda)$,$\hat{P}_r(\lambda)=P_n(\lambda)$, $\hat{P}_r(\lambda)$ 是 $P_n(\lambda)$ 的 $n-r$ 次因子,$\hat{P}_r(D)$ 称为 $P_r(D)$ 的余算子.

给 $P_n(\lambda)=0$ 的全体根任意排定一种次序,使一对

对共轭复根相邻. 比如$\alpha_1+\mathrm{i}\beta_1,\alpha_1-\mathrm{i}\beta_1,\cdots,\alpha_k+\mathrm{i}\beta_k,\alpha_k-\mathrm{i}\beta_k,\lambda_1,\cdots,\lambda_{n-2k}$. 如引理 6.1.9 那样,置

$$P_2(D)=D^2-2\alpha_1 D+\alpha_1^2+\beta_1^2$$
$$P_4(D)=(D^2-2\alpha_2 D+\alpha_2^2+\beta_2^2)P_2(D)$$
$$P_6(D)=\cdots$$
$$\vdots$$
$$P_{2k}(D)=(D^2-2\alpha_k D+\alpha_k^2+\beta_k^2)P_{2k-2}(D)$$
$$P_{2k+1}(D)=(D-\lambda_1)P_{2k}(D)$$
$$\vdots$$
$$P_n(D)$$
$$\{P_0(D),P_2(D),\cdots,P_{2k}(D),\cdots,P_n(D)\}$$

为 $P_n(D)$ 的一个子算子链.

定义 6.2.2 称 $f\in\mathscr{L}_p^{(n)}(P_n(D))$,若:

(1)$f(x)\in C^{n-1}(\mathbf{R})$.

(2)$f(x)\in L^p(\mathbf{R}),1\leqslant p\leqslant+\infty$.

(3)$f^{(n-1)}(x)$ 在 $\mathbf{R}$ 上分段连续可微,且在任何有限区间内 $f^{(n)}(x)$ 仅有的间断点是有限个第一类间断点.

(4)$\|P_n(D)f\|_p<+\infty$. 记

$$A_p^{(n)}(P_n(D))=\{f\in\mathscr{L}_p^{(n)}\mid\|P_n(D)f\|_p\leqslant 1\}$$

定义 6.2.3 称 $f(x)\in L_p^{(n)}(P_n(D))$,若:

(1)$f(x)\in C^{n-1}(\mathbf{R})\cap L^p(\mathbf{R}),1\leqslant p\leqslant\infty$.

(2)$f^{(n-1)}(x)$ 在 $\mathbf{R}$ 上局部绝对连续.

(3)$\|P_n(D)f\|_p<+\infty$. 记

$$W_p^{(n)}(P_n(D))=\{f\in L_p^{(n)}\mid\|P_n(D)f\|_p\leqslant 1\}$$

显然有 $L_p^{(n)}\supset\mathscr{L}_p^{(n)},W_p^{(n)}\supset A_p^{(n)}$. 两类间的关系只要利用 Stêklov 函数便可以建立起来:任取 $f\in W_p^{(n)}(P_n(D))$,f 的 Stêklov 函数

$$f_h(x)=\frac{1}{h}\int_{-\frac{h}{2}}^{\frac{h}{2}} f(x+\tau)\mathrm{d}\tau \xrightarrow{Lp} f(x), 1\leqslant p<+\infty$$

而 $f_h\in A_p^{(n)}$. 当 $p=+\infty$ 时, $f_h(x)\to f(x)$ 在 $\mathbf{R}$ 上逐点成立.

$A_p^{(n)}(P_n(D))$ 有较好的微分性质,对于这一类中的函数可以直接应用广义 Rolle 定理,这是它的方便之处. 一些涉及导数的范数不等式可以先在 $\mathscr{L}_p^{(n)}(P_n(D))$ 类上建立起来,然后借助 Stêklov 函数拓广到 $L_p^{(n)}(P_n(D))$ 类上.

下面给出定理 6.2.1 往 $W_\infty^{(n)}(P_n(D))$ 类上的一种扩充.

定理 6.2.2(广义 Kolmogorov 比较定理,见[6])

设 $n\geqslant 1, P_n(D)=D^n+\sum_{j=1}^{n} a_j D^{n-j}(a_j\in\mathbf{R})$. 若对某个 $\lambda>\Lambda$ 有 $f\in W_p^{(n)}$ 满足:

(1) $\|f\|_\infty\leqslant\|\Phi_{n,\lambda}\|_\infty$.

(2) 存在 $\alpha,a,b\in\mathbf{R}, f(\alpha)=\Phi_{n,\lambda}(a)=\Phi_{n,\lambda}(b)$,此处 a,b 各属于 $\Phi_{n,\lambda}(x)$ 的一对相邻的单调区间之一,则

$$|f'(\alpha)|\leqslant\max\{|\Phi'_{n,\lambda}(a)|,|\Phi'_{n,\lambda}(b)|\} \tag{6.34}$$

证 只要对 $f\in A_\infty^{(n)}$ 来证就够了. 注意到 $A_\infty^{(n)}(W_\infty^{(n)}$ 亦然) 类的函数不受自变量平移的影响,即 $f\in A_\infty^{(n)}\Rightarrow f(\cdot+t)\in A_\infty^{(n)}$,那么,不妨认为 $\alpha=a$ 或 $\alpha=b$. 先考虑 $n\geqslant 2$ 的情形. 用反证法. 假定结论不真. 则有 $f\in A_\infty^{(n)},\lambda>\Lambda$ 满足以下条件:

(1) $\|f\|_\infty\leqslant\|\Phi_{n,\lambda}\|_\infty$.

(2) $f(\alpha)=\Phi_{n,\lambda}(a)=\Phi_{n,\lambda}(b)$.

(3) $|f'(\alpha)|>\max\{|\Phi'_{n,\lambda}(a)|,|\Phi'_{n,\lambda}(b)|\}$ 由

f,f' 等函数的连续性，有 $\rho>1$ 及 a,b 近旁的数 γ,γ' 满足

$$\frac{1}{\rho}f(\gamma)=\Phi_{n,1}(\gamma)=\Phi_{n,\lambda}(\gamma'),\alpha=a$$

$$\frac{1}{\rho}\mid f'(\gamma)\mid>\max\{\mid\Phi'_{n,\lambda}(\gamma)\mid,\mid\Phi'_{n,\lambda}(\gamma')\mid\}$$

γ,γ' 各取自 $\Phi_{n,\lambda}(x)$ 的一对相邻单调区间之一. 记 $\overline{f}(x)=\frac{1}{\rho}\cdot f(x)$，则 $\overline{f}\in A_{\infty}^{(n)}$，且 $\|\overline{f}\|_{\infty}<\|\Phi_{n,\lambda}\|_{\infty}$，$\|P_n(D)\overline{f}\|_{\infty}<1$. 这里会出现若干种可能情况，我们只仔细讨论其中一种典型情况

$$\overline{f}(\gamma)=\Phi_{n,\lambda}(\gamma)\geqslant 0,\overline{f'}(\gamma)>\Phi'_{n,\lambda}(\gamma)>0$$

（如果 $\overline{f'}(\gamma)<0$，则经过自变量平移变换，挪到点 γ' 上去讨论即可，因为 γ,γ' 取自 $\Phi_{n,\lambda}(x)$ 的一对相邻单调区间，其单调增减是反方向的. 又如果有 $\overline{f}(\gamma)=\Phi_{n,\lambda}(\gamma)<0$，用 $-\overline{f}(x)$ 代替 $f(x)$ 来讨论便可.）

（i）先考虑 f 是以 $\frac{2M\pi}{\lambda}$（$M\geqslant 1$ 为任一正整数）为周期. $\Phi_{n,\lambda}(x)$ 也有周期 $\frac{2M\pi}{\lambda}$. 取一个包含点 γ 的、长度是 $\frac{2M\pi}{\lambda}$ 的区间 Δ. 当 $\lambda>2\beta$ 时，根据 §1 的引理 6.1.7，$\Phi_{n,\lambda}(x)$ 在 Δ 内有 $2M$ 个单调区间，每一个的长度为 $\frac{\pi}{\lambda}$.（在 Δ 两端的小区间，必要时可以按 $\frac{2M\pi}{\lambda}$ 周期平移拼在一起）记包含点 γ 的单调区间为 Δ_ν. 由 $\overline{f'}(\gamma)>\Phi'_{n,\lambda}(\gamma)>0$ 断定在 Δ_ν 上 $\overline{f}$ 的曲线穿过 $\Phi_{n,\lambda}(x)$ 的曲线

至少三次. 所以在 Δ 内 $\Phi_{n,\lambda}(x)-\overline{f}(x)$ 至少有 $2M+2$ 个不同零点(变号点),因为在其余的 $2M-1$ 个单调区间上 $\overline{f}$ 的曲线至少各穿过 $\Phi_{n,\lambda}(x)$ 的曲线一次. $\Phi_{n,\lambda}(x)-\overline{f}(x)$ 的任两相邻零点的距离小于 $\frac{2\pi}{\lambda}$. 如果 $\lambda>\Lambda$,则用 $P_n(D)$ 的子算子序列 $P_2(D),\cdots,P_{2k}(D)$ 作用于 $\Phi_{n,\lambda}(x)-\overline{f}(x)$,根据广义 Rolle 定理,如果恰好是 $n=2k$,则

$$\begin{aligned}&P_n(D)[\Phi_{n,\lambda}(x)-\overline{f}(x)]\\&=\operatorname{sgn}\sin\lambda x-\rho^{-1}P_n(D)f(x)\end{aligned}$$

在 Δ 内至少要有 $2M+2$ 个变号,因为 $|\operatorname{sgn}\sin\lambda x|=1$,而 $\rho^{-1}\|P_n(D)f\|_\infty<1$. 但此式显然不成立,因为从表示式 $\operatorname{sgn}\sin\lambda x-\rho^{-1}P_n(D)f(x)$ 看出它在 Δ 内变号数是 $2M$. 得到矛盾. 若 $n>2k$,则用 $D-\lambda_1,\cdots,D-\lambda_{n-2k}$ 继续作用于 $P_{2k}(D)[\Phi_{n,\lambda}(x)-\overline{f}(x)]$ 并且利用一阶算子 $D-\lambda_j$ 的广义 Rolle 定理来论证,也推出矛盾. 如果 $k=0$,那么只需应用一阶算子 $D-\lambda_j(j=1,\cdots,n)$ 的广义 Rolle 定理来证就够了. 结论不变. 最后,若 $n=1,\lambda_1=0$,这属于经典情形,见第二章的[4]. $\lambda_1\neq0$ 的情形,亦只需使用 $D-\lambda_1$ 的广义 Rolle 定理即可推出矛盾. 定理对周期类得证.

(ⅱ)往下转到一般情形之前,先须做些准备.

定义 6.2.4 设有常微分算子

$$P(D)=D^n+p_1(x)D^{n-1}+\cdots+p_n(x)\cdot I$$

此处 $n\geqslant1,p_1(x),\cdots,p_n(x)\in C[a;b]$. $\{u_1(x),\cdots,u_n(x)\}$ 是 $P(D)y=0$ 的线性无关解. 称

$$W_0(x)\equiv 1, W_1(x)=u_1(x)$$

$$W_2(x)=\begin{vmatrix} u_1(x) & u_2(x) \\ u_1'(x) & u_2'(x) \end{vmatrix},\cdots,$$

$$W_n(x)=\begin{vmatrix} u_1(x) & u_2(x) & \cdots & u_n(x) \\ u_1'(x) & u_2'(x) & \cdots & u_n'(x) \\ \vdots & \vdots & & \vdots \\ u_1^{(n-1)}(x) & u_2^{(n-1)}(x) & \cdots & u_n^{(n-1)}(x) \end{vmatrix}$$

为朗斯基行列式.

定义 6.2.5　给定$\{u_1(x),\cdots,u_k(x)\}\subset C^r[a;b](r\geqslant k)$.称$\{u_1(x),\cdots,u_k(x)\}$是$[a,b]$上的扩充的 Chebyshev 系，若对任取的一组点 $a\leqslant x_1\leqslant x_2\leqslant\cdots\leqslant x_k\leqslant b$,(不排除其中有若干点重合)有

$$D^*\begin{pmatrix} u_1 & \cdots & u_k \\ x_1 & \cdots & x_k \end{pmatrix}>0$$

这里,当 $a\leqslant x_1<x_2<\cdots<x_k\leqslant b$ 时

$$D^*\begin{pmatrix} u_1 & \cdots & u_k \\ x_1 & \cdots & x_k \end{pmatrix}=D\begin{pmatrix} u_1 & \cdots & u_k \\ x_1 & \cdots & x_k \end{pmatrix}$$

若有若干个 x_i 重合,比如有 $x_1=x_2=x_3<\cdots<x_k$,那么规定

$$D^*\begin{pmatrix} u_1 & \cdots & u_k \\ x_1 & \cdots & x_k \end{pmatrix}$$

$$\xlongequal{\text{df}}\begin{vmatrix} u_1(x_1) & u_1'(x_1) & u_1''(x_1) & \cdots & u_1(x_k) \\ u_2(x_1) & u_2'(x_1) & u_2''(x_1) & \cdots & u_2(x_k) \\ \vdots & \vdots & \vdots & & \vdots \\ u_k(x_1) & u_k'(x_1) & u_k''(x_1) & \cdots & u_k(x_k) \end{vmatrix}$$

等等.

称$\{u_1(x),\cdots,u_r(x)\}\subset C^r[a;b]$是$[a,b]$上的扩充的 Markov 系(记作 ECT 组),若对每一 $k\in\{1,\cdots,$

$r\}$,$\{u_1(x),\cdots,u_k(x)\}$ 是$[a,b]$上的扩充 Chebyshev 系.

在分析中有下列既知的事实:

引理 6.2.1 设$\{u_1(x),\cdots,u_r(x)\}\subset C^r[a;b]$. 则以下命题等价:

(1)$\{u_1(x),\cdots,u_r(x)\}$的 Wronskian 函数列 W_0, $W_1,\cdots,W_r$ 在$[a,b]$上恒正.

(2)$\{u_1(x),\cdots,u_r(x)\}$是 ECT 系.

这条引理的证明可参考第三章[41](定理 9.1).

我们需要用到上述引理的一个特殊情形:$P(D)$ 是常系数线性微分算子. 当 $P(\lambda)=0$ 仅有实根时, $P(D)y=0$ 的 r 个基本解在任一区间上都构成 ECT 组. 如果 $P(\lambda)=0$ 有复根,那么 $P(D)y=0$ 的 r 个基本解只能在一个长度相当小的区间上构成 ECT 组. 准确地讲有:

引理 6.2.2 设 $P_n(\lambda)=\lambda^n+\sum\limits_{j=1}^{n}a_j\lambda^{n-j}=0$ 有复根,β的定义如前,此时$\beta>0$. 则 $P_n(D)y=0$ 有一组线性无关解$\{u_1(x),\cdots,u_n(x)\}$在$\left(0,\dfrac{\pi}{\beta}\right)$内是 ECT 组.

引理的证见[34].

我们利用该引理先证:

引理 6.2.3 设 $n\geqslant 2$, $f\in\mathscr{L}_\infty^{(n)}(P_n(D))$. 则对任一 $P_r(D)\subset P_n(D)$ 有 $\|P_r(D)f\|_\infty<+\infty$.

证 Sharma 和 Tzimbalario[10] 曾证过一特殊情形:$P_n(\lambda)=0$ 仅有实根. 今设 $k\geqslant 1$. 由引理 6.2.2,微分方程 $DP_n(D)y=0$ 的解空间有一组基

$$\{\varphi_0(x),\cdots,\varphi_n(x)\}$$

在$\left(0,\frac{\pi}{\beta}\right)$内为$ECT$组，在$\left(0,\frac{\pi}{\beta}\right)$内取$n$个点$0<x_1<\cdots<x_n<\frac{\pi}{\beta}$，做一广义多项式

$$Q(x)=C\cdot D\begin{pmatrix}\varphi_0 & \varphi_1 & \cdots & \varphi_n\\ x & x_1 & \cdots & x_n\end{pmatrix}$$

其中$c>0$是一待定常数.$Q(x)$在$\left(0,\frac{\pi}{\beta}\right)$内只有$x_1,\cdots,x_n$为其零点，且在每一$x_j$变号.选择$C$足够大(图 6.3)，使得：

(1) $\|P_n(D)Q\|_\infty>\|P_n(D)f\|_\infty$.由于

$$DP_n(D)Q(x)\equiv 0$$

知$P_n(D)\,Q(x)$是一常数，故C可以选择得足够大使这一条成立.

(2) $\min\limits_{1\geqslant j\geqslant n-1}\left|Q\left(\frac{x_j+x_j+j}{2}\right)\right|>\|f\|_\infty$.

(3) 存在$c,d,0<c<x_1,x_n<d<\frac{\pi}{\beta}$，使

$$\|Q(c)\|=|Q(d)|=\|f\|_\infty$$

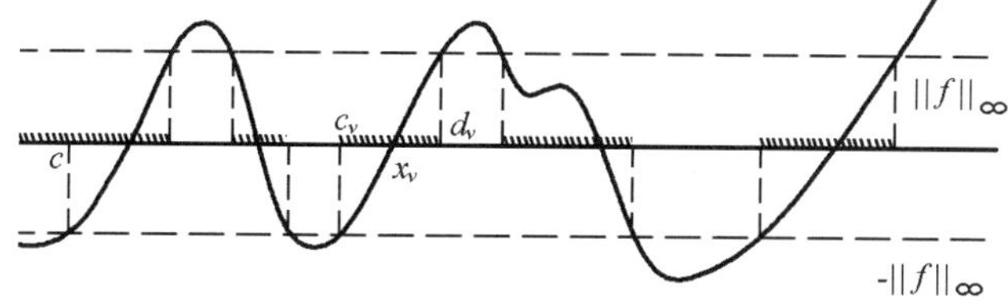

图 6.3

对应于每一x_ν有一区间$[c_\nu,d_\nu]\subset[c,d]$满足以下列条件：

(ⅰ) $x_\nu\in(c_\nu,d_\nu)$

(ⅱ) $|Q(c_\nu)|=|Q(d_\nu)|=\|f\|_\infty$.

(ⅲ) $Q(c_\nu)\cdot Q(d_\nu)<0$.

(ⅳ) 当 $x\in(c_\nu,d_\nu)$ 时，$|Q(x)|<\|f\|_\infty$.

记 $I_\nu=[c_\nu,d_\nu]$，那么 $I_1<I_2<\cdots<I_n$. 注意到

$$P_2(D)=[D-(\alpha_1-\mathrm{i}\beta_1)][D-(\alpha_1+\mathrm{i}\beta_1)]$$

对任取的 $z(x)\in C^2$ 有恒等式

$$\begin{aligned}&|[D-(\alpha_1+\mathrm{i}\beta_1)]z|\\&=\mathrm{e}^{\alpha_1x}\{(D\mathrm{e}^{-\alpha_1x}z)^2+\beta_1^2(\mathrm{e}^{-\alpha_1x}z)^2\}^{\frac{1}{2}}\end{aligned}$$

置

$$m_1=\max_{c\leqslant x\leqslant d}|D-(\alpha_1+\mathrm{i}\beta_1)Q(x)|$$

我们证

$$\|[D-(\alpha_1+\mathrm{i}\beta_1)]f\|_\infty\leqslant m_1\tag{6.35}$$

假定式(6.35)不成立，则存在 $x_0\in\mathbf{R}$ 使

$$|[D-(\alpha_1+\mathrm{i}\beta_1)]f(x_0)|>m_1.$$

在 $[c,d]$ 内部有点 x' 使 $Q(x')=f(x_0)$，而且这样的点 x' 在每一 I_ν 内都有. 令 $h(x)=f(x+x_0-x')-Q(x)$，那么 $h(x')=0$. 我们有

$$\begin{aligned}&|[D-(\alpha_1+\mathrm{i}\beta_1)f(x+x_0-x')|_{x=x'}\\&>[D-(\alpha_1+\mathrm{i}\beta_1)]Q(x)|_{x=x'}\end{aligned}$$

亦即

$$\begin{aligned}&\{[D\mathrm{e}^{-\alpha_1x}f(x+x_0-x')]^2+\\&\beta_1^2(\mathrm{e}^{-\alpha_1x}f(x+x_0-x'))^2\}^{\frac{1}{2}}_{x=x'}\\&>\{[D\mathrm{e}^{-\alpha_1x}Q(x)]^2+\beta_1^2(\mathrm{e}^{-\alpha_1x}Q(x))^2\}^{\frac{1}{2}}_{x=x'}\end{aligned}$$

由于 $Q(x')=f(x_0)$，所以有

$$|D\mathrm{e}^{-\alpha_1x}f(x+x_0-x')|_{x=x'}>|D\mathrm{e}^{-\alpha_1x}Q(x)|_{x=x'}$$

以下分几种情形讨论：

(ⅰ) $$\begin{aligned}&D\mathrm{e}^{-\alpha_1x}f(x+x_0-x')|_{x=x'}\\&>D\mathrm{e}^{-\alpha_1x}Q(x)|_{x=x'}\geqslant0\end{aligned}$$

此时，在 x' 的左邻域有

$$\mathrm{e}^{-\alpha_1 x}Q(x) > \mathrm{e}^{-\alpha_1 x}f(x+x_0-x')$$

而在 x' 的右邻域有

$$\mathrm{e}^{-\alpha_1 x}f(x+x_0-x') > \mathrm{e}^{-\alpha_1 x}Q(x)$$

从而，在 x' 的左邻域有

$$Q(x) > f(x+x_0-x')$$

而在 x' 的右邻域有

$$f(x+x_0-x') > Q(x)$$

假定 x' 取自某个 I_ν. 则可以看出 $f(x+x_0-x')$ 与 $Q(x)$ 的曲线在区间 I_ν 上至少相交三次，而且这三次中的每一次 $f(x_0+x-x')$ 的曲线都穿过 $Q(x)$ 的曲线. 此处，在每一 $I_j(j\neq\nu)$ 上 $f(x+x_0-x')$ 的曲线至少穿过 $Q(x)$ 的曲线一次. 这样一来，$h(x)$ 在 $[c,d]$ 上至少有 $n+2$ 个零点.

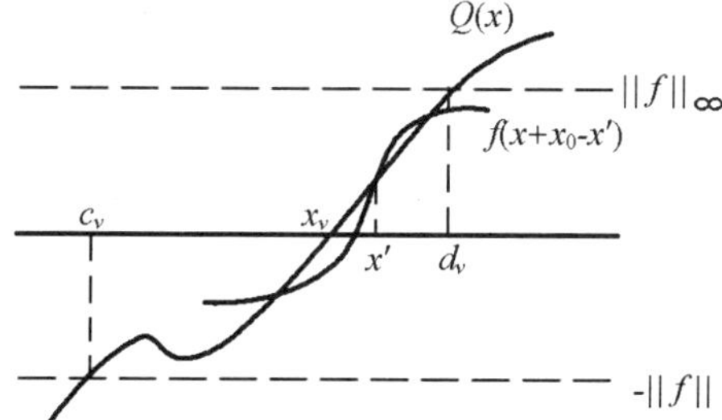

图 6.4

（ⅱ）$De^{-\alpha_1 x}f(x+x_0-x')_{x=x'} <$
$De^{-\alpha_1 x}Q(x)\mid_{x=x'} \leqslant 0$

此时在 x' 的左邻域有 $f(x+x_0-x') > Q(x)$，而在其右邻域则有 $Q(x) > f(x+x_0-x')$. 仿照前面的证法，可知 $h(x)$ 在 $[c,d]$ 上同样有 $n+2$ 个零点.

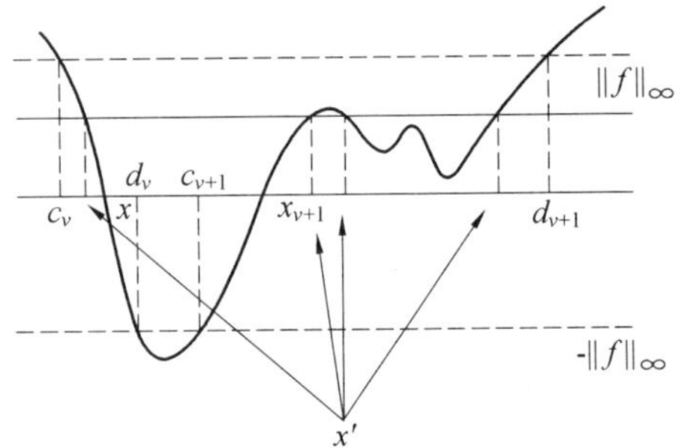

图 6.5

(iii) $De^{-\alpha_1 x}f(x+x_0-x')\,|_{x=x'}>0$

$$De^{-\alpha_1 x}Q(x)\,|_{x=x'}<0$$

由于 $n\geqslant 2$,在每一 $I_j(j=1,\cdots,n)$ 内都有点 x',所以 x' 不唯一.如果对某个区间 I_ν 内的 x' 有

$$De^{-\alpha_1 x}Q(x)\,|_{x=x'}<0$$

我们可以代替 I_ν,在与 I_ν 相邻的区间($I_{\nu-1}$,或 $I_{\nu+1}$)内选取点 x'.由于 $Q(x)$ 在一对相邻的区间 $I_\nu,I_{\nu+1}$(或 $I_{\nu-1},I_\nu$)上,在 $\pm\|f\|_\infty$ 之间各振荡一次,而且振荡的方向相反,所以在 $I_{\nu+1}$(或 $I_{\nu-1}$)内必可找到点 x',能使

$$De^{-\alpha_1 x}Q(x)\,|_{x=x'}\geqslant 0$$

成立.取这样的点 x' 来论证,就消除了出现(iii)的情况,而把问题归结到(i)了.

(iv) $De^{-\alpha_1 x}f(x+x_0-x')_{x=x'}\,|<0$

$$De^{-\alpha_1 x}Q(x)\,|_{x=x'}>0$$

可以仿照(iii)来处置.

现在对 $h(x)$ 应用广义 Rolle 定理,则可断定存在 $\xi\in(c,d)$ 是 $P_n(D)h(x)$ 的变号点.但此不可能,因为

$$P_n(D)h(x)=P_n(D)f(x+x_0-x')-P_n(D)Q(x)$$

$$\|P_n(D)f\|_\infty<\|P_n(D)Q\|_\infty$$

而 $P_n(D)Q(x)$ 是一常数，得到矛盾. 从而式(6.35)得证. 记

$$g(x)=[D-(\alpha_1+\mathrm{i}\beta_1)]f(x)$$

写着

$$P_n(D)=[D-(\alpha_1-\mathrm{i}\beta_1)]\cdot R(D)[D-(\alpha_1+\mathrm{i}\beta_1)]$$

$[D-(\alpha_1-\mathrm{i}\beta_1)]\cdot R(D)$ 是一个 $n-1$ 阶的复算子. 由 $P_n(D)f=[D-(\alpha_1-\mathrm{i}\beta_1)]R(D)g$，$g$ 满足 $\|g\|_\infty<+\infty$ 及 $\|[D-(\alpha_1-\mathrm{i}\beta_1)]R(D)g\|_\infty<+\infty$，这说明 $g\in\mathscr{L}_\infty^{n-1}((D-\alpha_1+\mathrm{i}\beta_1)R(D))$，但 g 是复值函数. 由于

$$\|(D-\alpha_1+\mathrm{i}\beta_1)R(D)g\|_\infty<+\infty$$
$$\Leftrightarrow\|(D-\alpha_1)R(D)g\|_\infty<+\infty$$

并且 $\|R(D)g\|_\infty<+\infty$. 而且 g 是复值的这一点没有关系，不妨把它看成实值的(不然的话，从 $g=g_1+\mathrm{i}g_2$，对 g_1,g_2 分别论证，然后再合并起来就是了). 那么，实函数 g 满足条件

$$\|g\|_\infty<+\infty,\ \|(D-\alpha_1)R(D)g\|_\infty<+\infty$$

重复上面的论证便得 $\|(D-\alpha_1)g\|_\infty<+\infty$. 由此得出

$$\|[D-(\alpha_1-\mathrm{i}\beta_1)]g\|_\infty<+\infty$$

此式含有 $\|P_2(D)f\|_\infty<+\infty$. $r=2$ 情形证完. 往下借助数学归纳法即可完成引理 6.2.3 的全部证明.

推论 若 $f\in\mathscr{L}_\infty^{(n)}(P_n(D))$，则对 $j=1,2,\cdots,n$ 有

$$\|f^{(j)}\|_\infty<+\infty$$

继续证定理 6.2.2.

转到一般情形，关键是设法去掉情形(ⅰ)论证对 f 所加周期性的限制. 一个方便的技巧是 Cavaretta 在论文 Kolmogorov 不等式的一个初等证明中使用过的(该文载于 American Mathematical Monthly，№5，

1974,480-486).构造一函数

$$g(x)=\begin{cases}1,-1\leqslant x\leqslant 1\\(-1)^{n}(x-2)^{n}\sum\limits_{j=0}^{n-1}(n+j-1)(x-1)^{j},1<x<2\\(x+2)^{n}\sum\limits_{j=0}^{n-1}(n+j-1)(x+1)^{j},-2<x<-1\\0,|x|\geqslant 2\end{cases}$$

易见 $g(x)\in C^{n-1}(\mathbf{R})$, $\|g^{(j)}\|_{\infty}<+\infty, j=0,1,\cdots,n$, 而且在 $(-2,-1)$, $(1,2)$ 内严格单调. 任取正整数 k, 置

$$F_{k}(x)=\overline{f}(x)g\left(\frac{\lambda x}{k\pi}\right),\frac{-2k\pi}{\lambda}\leqslant x\leqslant\frac{2k\pi}{\lambda}$$

并以 $\frac{4k\pi}{\lambda}$ 为周期把 $F_{k}(x)$ 延拓到全实轴 $\mathbf{R}$ 上

$$F_{k}\left(x+\frac{4k\pi}{\lambda}\right)=F_{k}(x)$$

根据引理 6.2.3 推论,有 $\|D^{j}\overline{f}\|_{\infty}<A(J=0,1,\cdots,\mathbf{N})$. 对每一固定的 x,当 k 充分大时总有 $g\left(\frac{\lambda x}{k\pi}\right)=1$. 又

$$\lim_{k\to+\infty}D_{x}g\left(\frac{\lambda x}{k\pi}\right)=0,j=0,1,\cdots,n$$

从而,对每一固定的 x,当 k 充分大时有 $F_{k}(x)=\overline{f}(x)$,以及

$$\lim_{k\to+\infty}P_{n}(D)F_{k}(x)=P_{n}(D)\overline{f}(x)$$

由于 $\|\overline{f}\|_{\infty}<\|\Phi_{n,\lambda}\|_{\infty}$, 那么对充分大的 k 有 $\|F_{k}\|_{\infty}<\|\Phi_{n,\lambda}\|_{\infty}$ 以及 $\|P_{n}(D)F_{k}\|_{\infty}<1$. 但由

$$F_{k}(\gamma)=\overline{f}(\gamma)=\Phi_{n,\lambda}(\gamma)=\Phi_{n,\lambda}(\gamma')$$

以及

$$|F'_k(\gamma)|\to|\overline{f}'(\gamma)|>\max\{|\Phi'_{n,\lambda}(\gamma)|,|\Phi'_{n,\lambda}(\gamma')|\}$$

得到

$$|F'_k(\gamma)|>\max\{|\Phi'_{n,\lambda}(\gamma)|,|\Phi'_{n,\lambda}(\gamma')|\}$$

对充分大的 k 成立,这与(ⅰ)的结论矛盾.

定理 6.2.2 可以拓广成下面的形式.

定理 6.2.3 设对 $f\in W_{\infty}^{(n)}(P_n(D))$ 有 $\lambda>\Lambda$ 满足:

(1) $\|f\|_{\infty}\leqslant\|\Phi_{n,\lambda}\|_{\infty}$.

(2) 对 $\alpha,a,b\in\mathbf{R}$,$f(\alpha)=\Phi_{n,\lambda}(a)=\Phi_{n,\lambda}(b)$,此处 a,b 各属于 $\Phi_{n,\lambda}(x)$ 的相邻的两个单调区间中的一个.则对任取的 $\gamma\in\mathbf{C}$ 有

$$|(D-\gamma)f(\alpha)|\leqslant\max\{|(D-\gamma)\Phi_{n,\lambda}(a)|,\ |(D-\gamma)\Phi_{n,\lambda}(b)|\}\tag{6.36}$$

证 仿前定理,仍设

$$f\in A_{\infty}^{(n)}(P_n(D)),\ \|f\|_{\infty}<\|\Phi_{n,\lambda}\|_{\infty}$$
$$\|P_n(D)f\|_{\infty}<1$$

若定理不成立,置 $f_1(x)=f(x+\alpha-a)$,$f_2(x)=(x+\alpha-b)$,则

$$\begin{aligned}|(D-\gamma)f(\alpha)|&=|(D-\gamma)f_1(a)|\\&>|(D-\gamma)\Phi_{n,\lambda}(a)|\\|(D-\gamma)f(\alpha)|&=|(D-\gamma)f_2(b)|\\&>|(D-\gamma)\Phi_{n,\lambda}(b)|\end{aligned}$$

记 $\alpha_1=\mathrm{Re}\,\gamma$,仿照引理 6.2.3 的论证可得

$$|De^{-\alpha_1 x}f(x)|_{x=a}>|De^{-\alpha_1}x\Phi_{n,\lambda}(x)|_{x=a,b}$$

往下基本上重复定理 6.2.2 的步骤(先对以 $\dfrac{2M\pi}{\lambda}$ 为周期的函数来证,然后用 Cavaretta 的技巧过渡到一般情

形)即得.

值得提一下 $P_n(D)$ 自共轭的情形. 所谓算子 $P_n(D)$ 自共轭,系指 $P_n(-D)=(-1)^n P_n(D)$. 此时类 $W_\infty^{(n)}(P_n(D))$ 内的函数具有对称性,即

$$f(x)\in W_\infty^{(n)}\Rightarrow f(-x)\in W_\infty^{(n)}$$

比如,当

$$P_n(D)=D^\sigma\prod_{j=1}^{l}(D^2-\lambda_j^2),\lambda_j>0,n=\sigma+2l$$

时,$P_n(D)$ 自共轭. 此时 $P_n(\lambda)=0$ 的零点关于原点对称.

对应于自共轭算子 $P_n(D)$ 的比较定理在形式上更简洁些.

推论 1 若 $P_n(D)$ 自共轭,且对某个 $\lambda>\Lambda$ 有 $f\in W_\infty^{(n)}(P_n(D))$ 满足定理 6.2.3 的条件,则对任意的 $\gamma\in\mathbf{C}$ 有

$$|(D-\gamma)f(\alpha)|\leqslant|(D-\gamma)\Phi_{n,\lambda}(a)| \tag{6.37}$$

特别当 $\gamma=0$ 时给出

$$|f'(\alpha)|\leqslant|\Phi'_{n,\lambda}(a)| \tag{6.38}$$

证 当 $P_n(D)$ 自共轭时,对 $\lambda>\Lambda$,标准函数 $\Phi_{n,\lambda}(x)$ 在两个相邻的单调区间内的两段曲线是轴对称的,对称轴是过两个相邻单调区间的公共端点的与 y 轴平行的直线. 由此可知,此时有

$$\Phi'_{n,\lambda}(a)=-\Phi'_{n,\lambda}(b)$$

故有推论 1 的结论.

推论 2 在定理 6.2.3 的条件下,对任取的 $\gamma\in\mathbf{C}$ 有

$$\|(D-\gamma)f\|_\infty\leqslant\|(D-\gamma)\Phi_{n,\lambda}\|_\infty \tag{6.39}$$

证 假定 $\|(D-\gamma)f\|_\infty>\|(D-\gamma)\Phi_{n,\lambda}\|_\infty$,

取 $x_0\in\mathbf{R}$ 使 $|(D-\gamma)f(x_0)|=\|(D-\gamma)f\|_\infty$. 并在 $\Phi_{n,\lambda}(x)$ 的一对相邻的单调区间内各取点 x',x'' 使

$$f(x_0)=\Phi_{n,\lambda}(x')=\Phi_{n,\lambda}(x'')$$

仿照引理 6.2.3 的论证方法可得

$$|De^{-\alpha x}f(x)|_{x=x_0}>|De^{-\alpha x}\Phi_{n,\lambda}(x)|_{x=x',x''}$$

$\alpha=\mathrm{Re}\,\gamma$. 从而导致矛盾.

由推论 2 可以得出下列形式的 Landau-Kolmogorov 不等式,它包含了 Sharma-Tzimbalario 的结果.

推论 3　在定理 6.2.3 的条件下,若对 $f\in W_\infty^{(n)}(P_n(D))$ 及 $\lambda>\Lambda$ 有 $\|f\|_\infty\leqslant\|\Phi_{n,\lambda}\|_\infty$,则对 $P_n(D)$ 的任一子算子 $P_r(D)$,其特征多项式 $P_r(\lambda)=0$ 仅有实根,成立着

$$\|P_r(D)f\|_\infty\leqslant\|P_r(D)\Phi_{n,\lambda}\|_\infty \qquad (6.40)$$

特别地:如果 $P_n(\lambda)=0$ 仅有实根,而且对某个 $\lambda>0$ 及 $f\in W_\infty^{(n)}(P_n(D))$ 有 $\|f\|_\infty\leqslant\|\Phi_{n,\lambda}\|_\infty$, 则对 $P_n(D)$ 的每一算子 $P_r(D)$ 皆有

$$\|P_r(D)f\|_\infty\leqslant\|P_r(D)\Phi_{n,\lambda}\|_\infty$$

推论 3 最后的这一断语就是 Sharma-Tzimbalario 的结果. (见[10]) 当 $P_n(D)=D^n$ 时,它给出了 Kolmogorov 的经典结果. 这里的结果还包含了 H. G. Ter Morsche 与 Scherer 最近发表在美国逼近论杂志上的一些结果(见 H. G. Ter Morsche, scherer *Eule $\mathscr{L}-$splines and an extremal problem for periodic functions*, JAT 43(1985)90-98).

实际上,推论 3 的结论对 $P_n(D)$ 的任意子算子都成立,不必限制它仅有实特征根. 但是我们未能根据推论 2 推出这一结论. 稍后,我们将给出它的一个直接证明.

作为定理 6.2.2 证明的一个副产品,我们给出下列有用的事实.

推论 4 设对 $f\in W_{\infty}^{(n)}(P_n(D))$ 及 $\lambda>\Lambda$ 有

$$\|f\|_{\infty}<\|\Phi_{n,\lambda}\|_{\infty}$$

则对任一 $\alpha\in\mathbf{R}$,$\Phi_{n,\lambda}(x)-f(x+\alpha)$ 在 $\Phi_{n,\lambda}(x)$ 的每一单调区间上恰有一个变号.

推论 5 设对 $f\in W_{\infty}^{(n)}(P_n(D))$ 及 $\lambda>\Lambda$ 满足条件:

(1) $\|f\|_{\infty}\leqslant\|\Phi_{n,\lambda}\|_{\infty}$.

(2) 存在 $\xi_0,\xi_1,\eta_0,\eta_1\in\mathbf{R}$,$f(\xi_0)=\Phi_{n,\lambda}(\eta_0)$,$f(\xi_1)=\Phi_{n,\lambda}(\eta_1)$,$\eta_0,\eta_1$ 属于 $\Phi_{n,\lambda}(x)$ 的同一个单调区间,而且有 $\xi_0<\xi_1,\eta_0<\eta_1$. 则

$$|\xi_0-\xi_1|\geqslant|\eta_0-\eta_1| \tag{6.41}$$

特别当 $P_n(D)$ 自共轭时,条件 $\xi_0<\xi_1,\eta_0<\eta_1$ 可以去掉(图 6.6).

证 我们不妨假定 η_0,η_1 属于 $\Phi_{n,\lambda}(x)$ 的一个单调上升区间,$f(\xi_1)>f(\xi_0)$. 用反证法. 设 $\xi_1-\xi_0<\eta_1-\eta_0$. 引入点

$$\xi_2=\xi_0+(\eta_1-\eta_0),\xi_{-1}=\xi_1-(\eta_1-\eta_0)$$

则有 $\xi_{-1}<\xi_0<\xi_1<\xi_2$,而且

$$\xi_2-\xi_0=\xi_1-\xi_{-1}=\eta_1-\eta_0$$

为方便起见,记 $g_{\alpha}(x)=\Phi_{n,\lambda}(x+\alpha)$,选择 α_1,α_2 使有

$$g_{\alpha_1}(\xi_0)=f(\xi_0),g_{\alpha_2}(\xi_1)=f(\xi_1)$$

而且 $g_{\alpha_1}(x),g_{\alpha_2}(x)$ 各在区间 $[\xi_{-1},\xi_1]$,$[\xi_0,\xi_2]$ 上单调上升. 从 α_1,α_2 的取法易见有

$$g_{\alpha_1}(\xi_2)=\Phi_{n,\lambda}(\eta_1)=f(\xi_1)$$
$$g_{\alpha_2}(\xi_{-1})=\Phi_{n,\lambda}(\eta_0)=f(\xi_0)$$

所以有

$$g_{\alpha_1}(\xi_1) < f(\xi_1) = g_{\alpha_2}(\xi_1)$$

以及

$$g_{\alpha_2}(\xi_0) > f(\xi_0) = g_{\alpha_1}(\xi_0)$$

令 $\alpha_* = \frac{1}{2}(\alpha_1 + \alpha_2)$，则见 $g_{\alpha^*}(x)$ 在 (ξ_0, ξ_1) 上是单调的，且有

$$g_{\alpha_1}(x) < g_{\alpha_*}(x) < g_{\alpha_2}(x), \forall x \in (\xi_0, \xi_1)$$

所以得

$$g_{\alpha^*}(\xi_0) > f(\xi_0), g_{\alpha^*}(\xi_1) < f(\xi_1)$$

如果把 f 换成 $f_1 = (1-\varepsilon)f, \varepsilon > 0$ 充分小，则上面的两个不等式仍保持成立，而对 f_1 有 $\| f_1 \|_\infty < \| \Phi_{n,\lambda} \|_\infty$. 那么在 $g_{\alpha^*}(x)$ 的包含 (ξ_0, ξ_1) 的单调区间内 $g_{\alpha^*}(x) - f_1(x)$ 至少有三个变号，这与推论 4 矛盾.

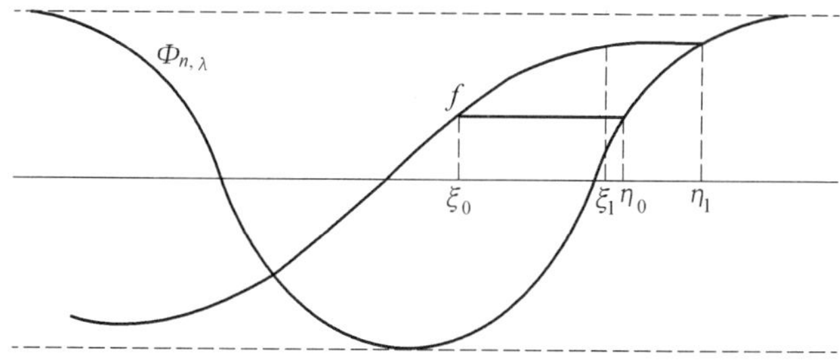

图 6.6

由推论 5 得：

推论 6　设对 $f \in W_\infty^{(n)}(P_n(D))$ 及 $\lambda > \Lambda$ 满足：

(1) $\| f \|_\infty \leqslant \| \Phi_{n,\lambda} \|_\infty$.

(2) 有 $\xi_0 \in \mathbf{R}$ 使 $f(\xi_0) = \Phi_{n,\lambda}(\xi_0)$，而 $[c,d]$ 是 $\Phi_{n,\lambda}(x)$ 的单调区间含有 ξ_0. 则：

(ⅰ) 若 $\Phi_{n,\lambda}(x)$ 在 $[c,d]$ 上升，则

$$f(x) \leqslant \Phi_{n\lambda},(x), x \in [\xi_0, d]$$

$$f(x) \geqslant \Phi_{n\lambda},(x), x \in [c, \xi_0]$$

(ⅱ) 若 $\Phi_{n,\lambda}(x)$ 在$[c,d]$下降,则

$$f(x) \geqslant \Phi_{n,\lambda}(x), x \in [\xi_0, d]$$

$$f(x) \leqslant \Phi_{n,\lambda}(x), x \in [c, \xi_0]$$

证 假定 $\Phi_{n,\lambda}(x)$ 在$[c,d]$上是增函数,为确定起见,设 $\Phi_{n,\lambda}(\xi_0) > 0$,且在某点 $\xi_1(\xi_0 < \xi_1 < d)$ 上有 $f(\xi_1) > \Phi_{n,\lambda}(\xi_1)$. 取一数 $\rho > 1$ 充分接近于 1,以便能找到充分接近 ξ_0, ξ_1 的两个数 ξ_0', ξ_1' 使

$$\xi_0' < \xi_1' < d, \frac{1}{\rho} f(\xi_0') = \Phi_{n,\lambda}(\xi_0'), \frac{1}{\rho} f(\xi_1') > \Phi_{n,\lambda}(\xi_1')$$

必要时,对 $\Phi_{n,\lambda}(x)$ 作一平移 $\Phi_{n,\lambda}(x+\alpha)$($\alpha$ 是适当选择的数),则可断定函数

$$\Phi_{n,\lambda}(x+\alpha) - \frac{1}{\rho} f(x)$$

在 $\Phi_{n,\lambda}(x+\alpha)$ 的一个单调上升区间内至少有三个零点,且均系变号点. 由于$\frac{1}{\rho}\|f\|_\infty < \|\Phi_{n,\lambda}\|_\infty$,这与定理 6.2.2 的推论 4 矛盾. 其他情形结论也成立.

附注 很明显,推论 6 的条件(2) 可以改成:有 $\eta_0, \xi_0 \in \mathbf{R}$ 使 $f(\eta_0) = \Phi_{n,\lambda}(\xi_0)$,$[c,d]$是含有 ξ_0 的,$\Phi_{n,\lambda}$ 的单调区间. 这时结论是:

(1) 若 $\Phi_{n,\lambda}(x)$ 在$[c,d]$上升,则

$$f(\eta_0 + u) \leqslant \Phi_{n,\lambda}(\xi_0 + u), 0 \leqslant u \leqslant d - \xi_0$$

$$f(\eta_0 - u) \geqslant \Phi_{n,\lambda}(\xi_0 - u), 0 \leqslant u \leqslant \xi_0 - c$$

(2) 若 $\Phi_{n,\lambda}(x)$ 在$[c,d]$下降,那么把(1) 中不等号反过方向来,仍成立.

(二) 关于线性微分算子 $P_n(D)$ 的 $\mathscr{L}-\mathscr{K}$ 型不等式

设 $P_r(D) \subset P_n(D)$. 记

$$\Gamma_{n,\lambda}(\lambda)=\|P_r(D)\Phi_{n,\lambda}\|_\infty$$

上面定理 6.2.3 的推论 3 已经给出了 Landan-Kolmogorov 不等式的部分结果,这便是:假定 $f\in W_\infty^{(n)}(P_n(D))$,$\lambda>\Lambda$ 时有 $\|f\|_\infty\leqslant\Gamma_{n,0}(\lambda)$,则当 $P_r(\lambda)=0$ 只有实根时,成立着

$$\|P_r(D)f\|_\infty\leqslant\Gamma_{n,r}(\lambda)$$

我们首先去掉 $P_r(\lambda)=0$ 只有实根的限制.

定理 6.2.4　设对 $\lambda>\Lambda$ 及 $f\in W_\infty^{(n)}(P_n(D))$ 有 $\|f\|_\infty\leqslant\Gamma_{n,0}(\lambda)$,则对任一(实系数)子算子 $P_r(D)\subset P_n(D)$ 有

$$\|P_r(D)f\|_\infty\leqslant\Gamma_{n,r}(\lambda)\tag{6.42}$$

证　设 $n\geqslant2,k\geqslant1$.($k=0$ 时,$P_n(\lambda)=0$ 只有实根,这种情形下结论已经有了)我们只对 $f\in A_\infty^{(n)}(P_n(D))$,$r\in\{2,\cdots,2k\}$ 的情形来证.证明的步骤基本上重复定理 6.2.2 的证法,所以我们只对 $A_\infty^{(n)}(P_n(D))$ 内的以 $\frac{2N\pi}{\lambda}$($N\geqslant1$ 是正整数)为周期的函数来讨论.非周期情形可以借助 Cavaretta 的方法来处理,这后一步就省略了.

假定对某个 $\nu\in\{2,\cdots,2k\}$ 定理不成立,则有 $\alpha>1$ 使 $\|P_\nu(D)f\|_\infty=\alpha\Gamma_{n,\nu}(\lambda)$.取 x_0 使

$$|P_\nu(D)f(x_0)|=\|P_\nu(D)f\|_\infty$$

以及 x_1 使

$$\alpha P_\nu(D)\Phi_{n,\lambda}(x_0-x_1)=P_\nu(D)f(x_0)$$

此时有

$$|\Phi_{n,\lambda}(x_0-x_1)|=\Gamma_{n,\nu}(\lambda)$$

置 $h(x)=\Phi_{n,\lambda}(x-x_1)-\alpha^{-1}f(x)$.则 $P_\nu(D)h(x_0)=0$,x_0 是 $P_\nu(D)f(x)$ 和 $P_\nu(D)\Phi_{n,\lambda}(x-x_1)$ 的局部极值

点. 取一个包含 x_0 的周期区间 $\left[c, c+\frac{2N\pi}{\lambda}\right)$. $\Phi_{n,\lambda}(x)$ 在 $\left[c, c+\frac{2N\pi}{\lambda}\right)$ 内有 $2N$ 个等距分布的极值点,在这些点上 $\Phi_{n,\lambda}(x)$ 交错变号. 由于 $\Gamma_{n,0}(\lambda) > \alpha^{-1}\|f\|_\infty$,所以 $h(x)$ 在该周期区间内有 $2N$ 个变号(零)点,任两个相邻零点距离小于$\frac{2\pi}{\lambda}$.

(1) 当 $n=2k, \nu<n$ 时.

这时有

$$DP_\nu(D)f(x_0)=0$$

$$DP_\nu(D)\Phi_{n,\lambda}(x_0-x_1)=0$$

从而 $DP_\nu(D)h(x_0)=0$. 应用广义 Rolle 定理,知道 $P_\nu(D)h(x)$ 在一个长度是$\frac{2N\pi}{\lambda}$的周期区间内有 $2N$ 个变号(零)点,若 x_0 不在该变号点集内,则由于 $DP_\nu(D)h(x_0)=0$,x_0 作为 $P_\nu(D)h(x)$ 的二重零点,便得知 $P_\nu(D)h(x)$ 在一个周期区间内有 $2N+2$ 个零点. 如果 x_0 属于上述变号点集,则 x_0 作为 $P_\nu(D)h(x)$ 的变号点,是一三重零点. 所以这种情况下也可断定 $P_\nu(D)h(x)$ 在一周期区间内至少有 $2N+2$ 个零点陆续把广义 Rolle 定理应用于 $(D^2-2\alpha_{\frac{\nu}{2}+1}D+\alpha^2_{\frac{\nu}{2}+1}+\beta^2_{\frac{\nu}{2}+1})P_\nu(D)h(x)=P_{\nu+2}(D)h(x),\cdots,P_{2k}(D)h(x)=P_n(D)h(x)$,(因我们设了 $n=2k$) 知 $P_n(D)h(x)$ 在一个周期区间内变号个数大于 $2N$. 但另一方面由

$$P_n(D)h(x)=\operatorname{sgn}\sin\lambda(x-x_1)-\alpha^{-1}P_n(D)f(x)$$

以及 $\alpha^{-1}\|P_n(D)f\|_\infty<1$,知 $P_n(D)h(x)$ 在一周期内恰好有 $2N$ 个变号. 得到矛盾. 这就证得了 $\alpha\leqslant 1$.

(2) 若 $n>2k,k\geqslant 2$.

此时 $P_n(\lambda)=0$ 有 $n-2k$ 个实根，记作 $\lambda_1,\cdots,\lambda_{n-2k}$. 重复(1) 的论证过程，对 $P_{2k}(D)h(x)$ 继续用一阶微分算子 $D-\lambda_1,\cdots,D-\lambda_{n-2k}$ 来作用，每一次都可以应用一阶微分算子的广义 Rolle 定理来证(见附注 6.1.1)，最后也导致矛盾.

下面给出 Landan-Kolmogorov 不等式的一些变形.

定理 6.2.5 设 $n\geqslant 1,P_n(D)=D^n+\sum\limits_{j=1}^{n}a_jD^{n-j}$, $a_j\in\mathbf{R}$. 假定 $F\in L_\infty^{(n)}(P_n(D))$, $\|P_n(D)F\|_\infty>0$. $f=\|P_n(D)F\|_\infty^{-1}\cdot F$. 若存在$\lambda(\|f\|_\infty)>\Lambda(P_n(\lambda)=0$ 仅有实根时，$\Lambda=0$) 使 $\|f\|_\infty\leqslant\Gamma_{n,0}(\lambda(\|f\|_\infty))$，则对任一子算子 $P_r(D)\subset P_n(D)$ 有

$$\frac{\|P_r(D)F\|_\infty}{\|P_n(D)F\|_\infty}\leqslant\Gamma_{n,r}(\lambda(\|f\|_\infty))\qquad(6.43)$$

证 由于 $f\in W_\infty^{(n)}(P_n(D))$，且对 $\lambda(\|f\|_\infty)>\Lambda$ 有 $\|f\|_\infty\leqslant\|\Phi_{n,\lambda}\|_\infty=\Gamma_{n,0}(\lambda(\|f\|_\infty))$，故由式(6.42) 即得式(6.43).

下面是一些有趣的特殊情形.

推论 1 设 $P_n(0)=0$，而且 $P_n(\lambda)=0$ 仅有实根，$F\in L_\infty^{(n)}(P_n(D))$, $\|P_n(D)F\|_\infty>0$. 则存在 $\lambda=\lambda(\|f\|_\infty)$ 使 $\|f\|_\infty=\Gamma_n,(\lambda\|f\|_\infty))$. 此处 $f=\|P_n(D)F\|_\infty^{-1}\cdot F$.

证 $\Gamma_{n,0}(\lambda)=\|\Phi_{n,\lambda}\|_\infty$ 在$(0,+\infty)$ 上连续. 由假定，$P_n(\lambda)=\lambda^\sigma P_{n-\sigma}(\lambda)$，$\sigma\geqslant 1$. 我们有

$$\Phi_{n,\lambda}(x)=\frac{2}{\pi\lambda^\sigma \mathrm{i}^{\sigma+1}}\sum_{\nu=-\infty}^{+\infty}\frac{\mathrm{e}^{\mathrm{i}(2\nu+1)\lambda x}}{(2\nu+1)^{\sigma+1}P_{n-\sigma}((2\nu+1)\lambda\mathrm{i})}$$

$$\lim_{\lambda \to +\infty} \| \Phi_{n,\lambda} \|_{\infty} = 0, \lim_{\lambda \to 0+} \| \Phi_{n,\lambda} \|_{\infty} = +\infty$$

事实上,第一个关系式是明显的.我们来证

$$\lim_{\lambda \to 0+} \| \Phi_{n,\lambda} \|_{\infty} = +\infty \tag{6.44}$$

当 $P_n(\lambda)=0$ 的根不都是零时,上面的 σ 可以选取得 $1 \leqslant \sigma < n, P_{n-\sigma}(0) \neq 0$.记

$$P_{n-\sigma}(\lambda) = \lambda^{n-\sigma} + b_1\lambda^{n-\sigma-1} + \cdots + b_{n-\sigma}, b_{n-\sigma} \neq 0$$

当 $\lambda \to 0+$ 时易见对 $x \in \mathbf{R}$ 一致成立

$$\sum_{\nu=-\infty}^{+\infty} \frac{\mathrm{e}^{\mathrm{i}(2\nu+1)\lambda x}}{(2\nu+1)^{\sigma+1} P_{n-\sigma}((2\nu+1)\lambda \mathrm{i})}$$

$$\to 2\sum_{\nu=0}^{+\infty} \frac{1}{b_{n-\sigma}(2\nu+1)^{\sigma+1}}$$

由此立即推出式(6.44).

一个特殊情形是 $P_n(\lambda)=\lambda^n$.此时 $\sigma=n$,标准函数是

$$\Phi_{n,\lambda}(x) = \frac{2}{\pi\lambda^n \mathrm{i}^{n+1}} \sum_{\nu=-\infty}^{+\infty} \frac{\mathrm{e}^{\mathrm{i}(2\nu+1)\lambda x}}{(2\nu+1)^{n+1}}$$

对它,容易看出式(6.44)成立.

由此,只要利用连续函数的介值性质便知,对 $\| f \|_{\infty} = \| P_n(D)F \|_{\infty}^{-1} \cdot \| F \|_{\infty} > 0$ 存在 $\lambda = \lambda(\| f \|_{\infty}) > 0$ 使有 $\| f \|_{\infty} = \Gamma_{n,0}(\lambda(\| f \|_{\infty}))$.

当推论 1 中的函数 $\Gamma_{n,0}(\lambda)$ 是严格单调下降函数时,对每一 f,与其相对应的 $\lambda(\| f \|_{\infty})$ 唯一确定.比如,当 $P_n(\lambda)=\lambda^n$ 时就是如此.

推论 2 设 $n \geqslant 2, k=1,2,\cdots,n-1, P_n(D)=D^n$.则对任何 $F \in L_{\infty}^{(n)}(D^n), F^{(n)} \neq 0$,有

$$\left(\frac{\| F^{(n-k)} \|_{\infty}}{\mathscr{K}_k \| F^{(n)} \|_{\infty}}\right)^{\frac{1}{k}} \leqslant \left(\frac{\| F \|_{\infty}}{\mathscr{K}_n \| F^{(n)} \|_{\infty}}\right)^{\frac{1}{n}} \tag{6.45}$$

不等式在 $L_{\infty}^{(n)}(D^n)$ 上是精确的.$\mathscr{K}_k$ 是 Favard 常数.

证 置 $f=\|F^{(n)}\|_{\infty}^{-1}\cdot F$,则 $f\in W_{\infty}^{(n)}(D^n)$. 注意对 $P_n(D)=D^n$ 我们有

$$\Gamma_{n,0}(\lambda)=\mathscr{K}_n\lambda^{-n},\Gamma_{n,k}(\lambda)=\mathscr{K}_{n-k}\lambda^{-n+k}$$

由 $\|f\|_{\infty}=\mathscr{K}_n\cdot\lambda^{-n}$ 解出

$$\lambda=\lambda(\|f\|_{\infty})=(\mathscr{K}_n/\|f\|_{\infty})^{\frac{1}{n}}$$

它是唯一确定的. 从而由 $\|f\|_{\infty}=\Gamma_{n,0}(\lambda(\|f\|_{\infty}))$,利用推论 1 得

$$\|f^{(k)}\|_{\infty}\leqslant\Gamma_{n,k}(\lambda(\|f\|_{\infty}))$$

由 $\Gamma_{n,k}(\lambda(\|f\|_{\infty}))=\mathscr{K}_{n-k}\cdot\left(\frac{\|f\|_{\infty}}{\mathscr{K}_n}\right)^{\frac{n-k}{n}}$,代入上式稍加整理即得式(6.45),式(6.45)在函数类 $L_{\infty}^{(n)}(D^n)$ 上的精确性可以从下面事实看出:若取

$$F(x)=\Phi_{n,\lambda}(x)=\frac{2}{\pi\lambda^n\mathrm{i}^{n+1}}\sum_{\nu=-\infty}^{+\infty}\frac{\mathrm{e}^{\mathrm{i}(2\nu+1)1x}}{(2\nu+1)^{n+1}}$$

则不等式转成等式.

例 6.2.1(Sharma-Tzimbalario[10])

设 $n=2,P_2(D)=D^2-\gamma^2,\gamma>0$. 标准函数可以用初等函数来表示

$$\Phi_{2,\lambda}(x)=\frac{-1}{\gamma^2}\left[1-\left(\cosh\gamma\left(x-\frac{\pi}{2\lambda}\right)\right)\cdot\left(\cosh\frac{\gamma\pi}{2\lambda}\right)^{-1}\right],0\leqslant x\leqslant\frac{\pi}{\lambda}$$

$$\Phi_{2,\lambda}\left(x+\frac{\pi}{\lambda}\right)=-\Phi_{2,\lambda}(x)$$

计算出

$$\Gamma_{2,0}(\lambda)=\max_{0\leqslant x\leqslant\frac{\pi}{\lambda}}|\Phi_{2,1}(x)|=\frac{1}{\gamma^2}\left[1-\left(\cosh\frac{\gamma\pi}{2\lambda}\right)^{-1}\right]$$

$$\Gamma_{2,1}(\lambda)=\max_{0\leqslant x\leqslant\frac{\pi}{\lambda}}|(D\pm\gamma)\Phi_{2,\lambda}(x)|$$

$$=\max_{0\leqslant x\leqslant \frac{\pi}{\lambda}}\left|-\frac{1}{\gamma}+\frac{2\mathrm{e}^{rx}}{\gamma(1+\mathrm{e}^{\frac{r\pi}{\lambda}})}\right|$$

$$=\frac{1}{\gamma}\tanh\frac{\gamma\pi}{2\lambda}$$

$$\Gamma_{2,2}(\lambda)=1$$

由于 $\Gamma_{2,0}(\lambda)\downarrow 0+$, $\lim\limits_{\lambda\to 0+}\Gamma_{2,0}(\lambda)=\gamma^{-2}$,那么任取 $f\in C^1$,记 $M_0=\|f\|_\infty$, $M_2=\|(D^2-\gamma^2)f\|_\infty$. 设 $M_2>0$. 置 $g=M_2^{-1}f$. 当 $\|g\|_\infty=\frac{M_0}{M_2}<\gamma^{-2}$ 时, $\Gamma_{2,0}(\lambda)=\frac{M_0}{M_2}=\frac{1}{\gamma^2}\left(1-\operatorname{sech}\frac{\gamma\pi}{2\lambda}\right)$ 有唯一解,记作 $\lambda\left(\frac{M_0}{M_2}\right)$. 对此 λ,根据式(6.42)有

$$\|(D\pm\gamma)g\|_\infty\leqslant\Gamma_{2,1}\left(\lambda\left(\frac{M_0}{M_2}\right)\right)$$

亦即 $\|(D\pm\gamma)f\|_\infty\leqslant M_2\cdot\Gamma_{2,1}\left(\lambda\left(\frac{M_0}{M_2}\right)\right)$. 计算 $\Gamma_{2,1}(\lambda)$,为此只需从 $\Gamma_{2,1}(\lambda)$ 的表达式与 $\frac{M_0}{M_2}\gamma^2=1-\operatorname{sech}\frac{\gamma\pi}{2\lambda}$ 消去 λ 即可

$$\frac{1}{\gamma}\tanh\frac{\gamma\pi}{2\lambda}=\frac{1}{\gamma}\sqrt{1-\operatorname{sech}^2\frac{\gamma\pi}{2\lambda}}$$

$$=\frac{1}{\gamma}\sqrt{1-\left(1-\gamma^2\frac{M_0}{M_2}\right)^2}$$

$$=\frac{1}{\gamma}\sqrt{2\gamma^2\frac{M_0}{M_2}-\gamma^4\frac{M_0^2}{M_2^2}}$$

所以

$$\|(D\pm\gamma)f\|_\infty\leqslant\frac{M_2}{\gamma}\sqrt{2\gamma^2\frac{M_0}{M_2}-\gamma^4\frac{M_0^2}{M_2^2}}$$

$$=\sqrt{M_0(2M_2-\gamma^2M_0)}$$

得所欲求.

(三)Stein 型不等式

E. M. Stein 曾将函数类 $L_{\infty}^{(n)}(D^n)$ 上的 Landau-Kolmogorov 不等式扩充到函数类 $L_p^{(n)}(D^n)(1\leqslant p<+\infty)$ 在尺度 $L^p(\mathbf{R})$ 的情形上去. 我们在本段内给出 Stein 结果的进一步的扩充. 所用的方法仍是 Stein 用过的卷积变换技巧.

定理 6.2.6　设对 $f\in A_p^{(n)}(P_n(D))(1\leqslant p<+\infty)$ 及 $\lambda>\Lambda$ 有 $\|f\|_p\leqslant\Gamma_{n,0}(\lambda)$，则对 $P_n(D)$ 的任一实子算子 $P_r(D)$ 有

$$\|P_r(D)f\|_p\leqslant\Gamma_{n,r}(\lambda)\tag{6.46}$$

当 $p=1$ 时不等式在类 $A_1^{(n)}(P_n(D))$ 上是精确的.

此定理的证明分两大步骤：先对在加强条件下的 f 证出所要的结果，然后去掉多余条件.

下面是第一步. 要证：

引理 6.2.4　若 $f\in A_p^{(n)}(P_n(D))(1\leqslant p<+\infty)$，且 $f',\cdots,f^{(n-1)}\in L^p(\mathbf{R})$，则定理 6.2.6 成立.

证　事实上 $f\in A_p^{(n)}(P_n(D))$ 含有 $f',\cdots,f^{(n-1)}\in L^p(\mathbf{R})$，就是说，引理中这一组条件是多余的. 我们将在下一步中去掉它们. 由这一组条件，知若 $f\in A_p^{(n)}(P_n(D))$，则对 $P_n(D)$ 的任一子算子 $P_r(D)$ 有 $\|P_r(D)f\|_p<+\infty$. 当$1<p<+\infty$ 时，置

$$h(x)=\operatorname{sgn}(P_r(D)f(x))\frac{|P_r(D)f(x)|^{p-1}}{\||P_r(D)f|^{p-1}\|_{p'}}$$

$$\frac{1}{p}+\frac{1}{p'}=1$$

当 $p=1$ 时，则置

$$h(x)=\operatorname{sgn}(P_r(D)f(x))$$

则有 $\|h\|_{p'}=1(p=1$ 时,$p'=+\infty)$,且

$$\int_{\mathbf{R}}P_r(D)f(x)\cdot h(x)\mathrm{d}x=\|P_r(D)f\|_p$$

令

$$F(x)=\int_{\mathbf{R}}f(x+y)h(y)\mathrm{d}y$$

我们说 $F\in A_\infty^{(n)}(P_n(D))$. 首先 $F(x)$ 在 $\mathbf{R}$ 上有界. 这可以借助于 Hölder 不等式来验证. 又若任取 $\delta\neq 0$,则由

$$\frac{F(x+\delta)-F(x)}{\delta}=\int_{\mathbf{R}}\frac{f(y+\delta)-f(y)}{\delta}h(y-x)\mathrm{d}y$$

以及

$$\left\|\frac{f(y+\delta)-f(y)}{\delta}-f'(y)\right\|_p\to 0,\delta\to 0$$

得到

$$\left|\frac{F(x+\delta)-F(x)}{\delta}-\int_{\mathbf{R}}f'(x+y)h(y)\mathrm{d}y\right|$$
$$\leqslant\left\|\frac{f(y+\delta)-f(y)}{\delta}-f'(y)\right\|_{p'}\cdot$$
$$\|h\|_{p'}\to 0,\delta\to 0$$

所以有

$$F'(x)=\int_{\mathbf{R}}f'(x+y)h(y)\mathrm{d}y$$

继续下去得

$$F^{(l)}(x)=\int_{\mathbf{R}}f^{(l)}(x+y)h(y)\mathrm{d}y,l=2,\cdots,n$$

由此得

$$P_r(D)F(x)=\int_{\mathbf{R}}P_r(D)f(x+y)h(y)\mathrm{d}y$$

令 $r=n$,由 Hölder 不等式得到

$$| P_n(D)F(x) | \leqslant \left(\int_{\mathbf{R}} | P_n(D)f(x+y) |^p \mathrm{d}y\right)^{\frac{1}{p}} \cdot \| h \|_{p'} \leqslant 1$$

所以得

$$F \in W_\infty^{(n)}(P_n(D)).$$

回到 $P_r(D)F(x)$，易见

$$P_r(D)F(0) = \int_{\mathbf{R}} P_r(D)f(x) \cdot h(x)\mathrm{d}x = \| P_r(D)f \|_p$$

由于

$$| F(x) | \leqslant \left(\int_{\mathbf{R}} | f(x+y) |^p \mathrm{d}y\right)^{\frac{1}{p}} \| h \|_{p'} = \| f \|_p \leqslant \Gamma_{n,0}(\lambda), \lambda > \Lambda$$

对 $F(x)$ 使用定理 6.2.4 即得 $\| P_r(D)F \|_\infty \leqslant \Gamma_{n,r}(\lambda)$. 从而给出

$$\| P_r(D)f \|_p = | P_r(D)F(0) | \leqslant \| P_r(D)F \|_\infty \leqslant \Gamma_{n,r}(\lambda)$$

转到一般情形，关键是证明 $f \in A_p^{(n)}(P_n(D))$ 含有 $f', \cdots, f^{(n-1)} \in L^p(\mathbf{R})$. 为此，我们要借助 E. M. Stein[13] 的一个引理.

引理 6.2.5　设 $M(y)$ 满足：

(1) $M(y) \geqslant 0, \sup M(y) \subset [-1,1]$.

(2) $M(y) \in C_\infty(\mathbf{R})$.

(3) $\int_{-1}^{1} M(y)\mathrm{d}y = 1$.

f 在 $\mathbf{R}$ 上局部 L 可积. 则

$$f_\varepsilon(x) = \int_{\mathbf{R}} M_\varepsilon(y) f(x+y)\mathrm{d}y \xrightarrow[\varepsilon \to 0^+]{\text{a. e.}} f(x)$$

此处 $\varepsilon > 0, M_\varepsilon(y) = \varepsilon^{-1} M(\varepsilon^{-1} y)$.

证　取 f 的任一 Lebesgue 点 x，则对 x 有

$$\int_0^t |f(x+y)-f(x)|\,\mathrm{d}y = o(|t|)$$

的点.这样的点的集合是全测度的.置

$$\Phi_x(t)=\int_0^t [f(x+y)-f(x)]\mathrm{d}y$$

则在 f 的 Lebesgue 点上有 $\Phi_x(t)=0(|t|)(t\to 0)$.此时

$$\begin{aligned}
&f_\varepsilon(x)-f(x)\\
=&\int_{-\varepsilon}^{\varepsilon} M_\varepsilon(y)[f(x+y)-f(x)]\mathrm{d}y\\
=&M_\varepsilon(y)\Phi_x(y)\Big|_{-\varepsilon}^{\varepsilon}-\int_{-\varepsilon}^{\varepsilon}\Phi_x(y)\cdot M'_\varepsilon(y)\mathrm{d}y\\
=&-\int_{-\varepsilon}^{\varepsilon}\Phi_x(y)\cdot M'_\varepsilon(y)\mathrm{d}y\\
=&-\int_{-\varepsilon}^{\varepsilon}\Phi_x(y)\cdot \frac{1}{\varepsilon^2}M'\left(\frac{y}{\varepsilon}\right)\mathrm{d}y
\end{aligned}$$

对任取的 $\delta>0$,有 $\varepsilon>0$,当 $|y|<\varepsilon$ 时成立

$$|\Phi_x(|y|)|<\delta|y|$$

那么对这样的 ε 有

$$\begin{aligned}
&\left|\int_{-\varepsilon}^{\varepsilon}\Phi_x(y)\cdot\frac{1}{\varepsilon^2}M'\left(\frac{y}{\varepsilon}\right)\mathrm{d}y\right|\\
\leqslant&\delta\int_{-\varepsilon}^{\varepsilon}\frac{|y|}{\varepsilon^2}\left|M'\left(\frac{y}{\varepsilon}\right)\right|\mathrm{d}y\\
=&\delta\int_{-1}^{1}|yM'(y)|\,\mathrm{d}y
\end{aligned}$$

这里 $\int_{-1}^{1}|yM'(y)|\,\mathrm{d}y$ 是一常数.引理得证.

注意上面引理的证明并未用到条件(2).

定理 6.2.6 的证明

设 $f\in W_p^{(n)}(P_n(D))(1\leqslant p<+\infty)$ 对某 $\lambda>\Lambda$ 有 $\|f\|_p\leqslant\Gamma_{n,0}(\lambda)$. $f_\varepsilon(x)$ 的 $l=1,\cdots,n$ 阶导数是

$$f_\varepsilon^{(l)}(x)=\int_{\mathbf{R}}M_\varepsilon(y)f^{(l)}(x+y)\mathrm{d}y$$

分部积分得

$$f_\varepsilon^{(l)}(x)=(-1)^l\int_{\mathbf{R}}M_\varepsilon^{(l)}(y)f(x+y)\mathrm{d}y$$

从此式看出 $f_\varepsilon^{(l)}\in L^p(\mathbf{R})$. 故对 f_ε 可以应用引理 6.2.4. 注意到

$$P_r(D)f_\varepsilon(x)=\int_{\mathbf{R}}P_r^*(D)M_\varepsilon(y)f(x+y)\mathrm{d}y$$

此处 $P_r^*(D)$ 是 $P_r(D)$ 的共轭微分形式，以及

$$\|P_n(D)f_\varepsilon\|_p\leqslant\int_{\mathbf{R}}M_\varepsilon(y)\cdot\|P_n(D)f(\cdot+y)\|_p\mathrm{d}y\leqslant 1$$

所以
$$\|P_r(D)f_\varepsilon\|_p\leqslant\Gamma_{n,r}(\lambda)$$

令 $\varepsilon\to 0+$，由于 $P_r(D)f_\varepsilon(x)\xrightarrow{\text{a. e.}}P_r(D)f(x)$，利用法都引理即得

$$\|P_r(D)f\|_p\leqslant\varliminf_{\varepsilon\to 0^+}\|P_r(D)f_\varepsilon\|_p\leqslant\Gamma_{n,r}A(\lambda)$$

和定理 6.2.5 相仿，这里有：

定理 6.2.7　设 $F\in L_p^{(n)}(P_n(D))(1\leqslant p<+\infty)$，$P_n(D)F\neq 0$. 若存在 $\lambda=\lambda(\|f\|_p)>\Lambda$ 使 $\|f\|_p\leqslant\Gamma_{n,0}(\lambda(\|f\|_p))$，此处 $f=\|P_n(D)F\|_p^{-1}\cdot F$，则

$$\|P_r(D)f\|_p\leqslant\Gamma_{n,r}(\lambda(\|f\|_p))\cdot\|P_n(D)F\|_p \tag{6.47}$$

推论 1　若 $P_n(\lambda)=0$ 仅有实根，且 $P_n(0)=0$，则对任何 $F\in L_p^{(n)}(P_n(D))$，$P_n(D)F\neq 0$，必存在

$$\lambda=\lambda(\|f\|_p)>0$$

使

$$\|f\|_p\leqslant\Gamma_{n,0}(\lambda(\|f\|_p))$$

推论 2(Stein 不等式)　设 $n\geqslant 2,k=1,2,\cdots,n-1$，则对任何 $f\in L_1^{(n)}(D^n)$，$f^{(n)}\neq 0$，成立着

$$\left(\frac{\| f^{(n-k)} \|_1}{\mathcal{K}_n \| f^{(n)} \|_1}\right)^{\frac{1}{k}} \leqslant \left(\frac{\| f \|_1}{\mathcal{K}_n \| f^{(n)} \|_1}\right)^{\frac{1}{n}} \quad (6.48)$$

(四) 周期卷积类上的 Taikov 型不等式

前两节内给出的 Landau-Kolmogorov 不等式都是关于定义在全实轴 **R** 上可微函数的，无须限定函数具有周期性. 积分指标型号是$(p,p)(1 \leqslant p \leqslant +\infty)$. 本节内要讨论$W_{\infty}^{(n)}(P_n(D))$的子集$\widetilde{\mathcal{M}}_{\infty}^{(n)}(P_n(D))$上的 landau-Kolmogorov 型不等式，其指标为$(\infty - p)$型. 和前面不同，对$f \in \widetilde{\mathcal{M}}_{\infty}^{(n)}(p_n(D))$，其 p 范数如下定义

$$\| f \|_p = \left(\int_0^{2\pi} | f(t) |^p \mathrm{d}t\right)^{\frac{1}{p}}, 1 \leqslant p < +\infty$$

本节主要用到周期可测函数的非增重排的工具. 在 Korneichuck 的两部专著《逼近论的极值问题》《带限制的逼近》中有详细的叙述. 这里为省略篇幅不重述，请读者参考以上两书中的有关章节.

首先在函数类$\widetilde{\mathcal{M}}_{\infty}^{(n)}(P_n(D))$上建立函数的微商的重排比较定理. 在整个这一节内，我们假定 $P_n(0)=0$, $n \geqslant 2$, 记 $P_n(\lambda) = \lambda \cdot P_{n-1}(\lambda)$, 易见，若$f \in \widetilde{\mathcal{M}}_{\infty}^{(n)}(P_n(D))$，则 $f' \in \mathcal{M}_{\infty}^{(n-1)}(P_{n-1}(D))$. 我们引入一些记号. 置

$$\hat{\Phi}_{n,1}(x) \stackrel{\mathrm{df}}{=\!=} \Phi_{n,\lambda}\left(\frac{x}{\lambda}\right) = \frac{2}{\mathrm{i}\pi}\sum_{\nu=-\infty}^{+\infty} \frac{\mathrm{e}^{\mathrm{i}(2\nu+1)x}}{(2\nu+1)P_n[(2\nu+1)\lambda \mathrm{i}]}$$

由

$$\Phi'_{n,\lambda}(x) = \frac{2\lambda}{\pi}\sum_{\nu=-\infty}^{+\infty} \frac{\mathrm{e}^{\mathrm{i}(2\nu+1)\lambda x}}{P_n[(2\nu+1)\lambda \mathrm{i}]}$$

容易看出有关系式

$$\lambda(\hat{\Phi}_{n,\lambda}(x))' = \Phi'_{n,\lambda}\left(\frac{x}{\lambda}\right) \tag{6.49}$$

又，对 2π 周期可测函数 f，用 $p(f,t)$ 表示 $|f|$ 的非增重排.

首先证明下列的：

定理6.2.8　设 $P_n(0)=0$，$n\geqslant 2$，对某个 $\lambda>\Lambda$ 及 $f\in\widetilde{\mathscr{M}}_\infty^{(n)}(P_n(D))$ 有 $\|f\|_\infty\leqslant\|\Phi_{n,\lambda}\|_\infty$，则对每一 $x\in[0,2\pi]$ 有

$$\int_0^x p(f',u)\mathrm{d}u \leqslant \int_0^x p(\lambda(\hat{\Phi}_{n,\lambda})',u)\mathrm{d}u \tag{6.50}$$

在证式(6.50)之前先给出几个记号，并证明一条引理. 记

$$\delta(t)=\lambda p((\hat{\Phi}_{n,\lambda})',t)-p(f',t)$$

由于 $\int_0^{2\pi} f'(t)\mathrm{d}t=0$，$f'$ 在 $[0,2\pi)$ 内有零点，不妨设 $f'(0)=0$，因否则可以用 $f(x+\alpha_0)$ 代替 $f(x)$，若 $f(\alpha_0)=0$ 的话.

如果对 $\xi\in(0,2\pi]$ 有 $\delta(\xi)=0$，我们置

$$z=p(f',\xi)=\lambda p((\hat{\Phi}_{n,\lambda})',\xi)$$

$$E_z=\{t\mid |g'(t)|>z,t\in(0,2\pi)\}$$

由非增重排的性质，有

$$\int_0^\xi p(f',u)\mathrm{d}u=\int_{E_x}|f'(u)|\mathrm{d}u$$

引理6.2.6　设在 ξ 上有 $\delta(\xi)=0$，且 $\delta(t)<0$ 在 ξ 的左 ε 邻域内成立，则 E_z 的构成区间集的 Cardinal $\leqslant 2\lambda$.

证　设有正整数 $m>2\lambda$，E_z 的构成区间集 $\{(t_k,\tau_k)\}$ 内至少含有 m 个开区间 (t_1,τ_1)，(t_2,τ_2)，…，(t_m,τ_m). 那么

$$p(f',\xi)=\lambda p((\hat{\Phi}_{n,\lambda})',\xi)=|f'(\tau_k)|$$
$$=|f'(t_k)|=z,k=1,\cdots,m$$

且

$$|f'(t)|>z,\forall t\in\bigcup_{k=1}^{m}(t_k,\tau_k)$$

选择一充分小的 $h>0$,以便使 E_{z+h} 有构成区间 $(t'_k,\tau'_k)\subset(t_k,\tau_k)k=1,\cdots,m$,这时有 $\gamma>0$ 使

$$p(f',\xi-\gamma)=z+h$$

$\gamma>0$ 足够小,使在 $t\in(\xi-\gamma,\xi)$ 时有 $\delta(t)<0$ 成立. 此时有

$$|f'(t'_k)|=|f'(\tau'_k)|=z+h,k=1,\cdots,m$$

取一点 $\gamma_0>0$ 使

$$\lambda p((\hat{\Phi}_{n,\lambda})',\xi-\gamma_0)=z+h$$

则必有 $\gamma>\gamma_0$,这是因为,当 $0<t\leqslant\gamma$ 时,都有 $\delta(\xi-t)<0$,所以 γ_0 不能在上面的区间内. 根据定理 6.2.2 的推论 2,由定理 6.2.7 的条件可以推出

$$\|f'\|_\infty\leqslant\|\Phi'_{n,\lambda}\|_\infty$$

这里 $f'\in\widetilde{\mathscr{M}}_\infty^{(n-1)}(P_{n-1}(D))$,而 $\Phi'_{n,\lambda}$ 是 $P_{n-1}(D)$ 的标准函数. 所以对 f' 和 $\Phi'_{n,\lambda}$ 可以应用定理 6.2.2 的推论 5. 为了方便起见,我们可以用 $\Phi'_{n,\lambda}\left(\frac{x}{\lambda}\right)$ 即 $\lambda(\hat{\Phi}_{n,\lambda}(x))'$ 代替 $\Phi'_{n,\lambda}(x)$,$\Phi'_{n,\lambda}\left(\frac{x}{\lambda}\right)$ 以 2π 为周期,在一个周期之内有两个单调区间. 设 α_0 是 $\lambda(\hat{\Phi}_{n,\lambda}(x))'$ 的一个零点,能使 $\lambda(\hat{\Phi}_{n,\lambda}(x))'>0$ 在 $(\alpha_0,\alpha_0+\pi)$ 内成立,在 $(\alpha_0,\alpha_0+\pi)$ 内取点 $\alpha_1,\beta_1,\alpha_0<\alpha_1<\beta_1<\alpha_0+\pi$,使

$$\lambda(\hat{\Phi}_{n,\lambda}(\alpha_1))'=\lambda(\hat{\Phi}_{n,\lambda}(\beta_1))'=z$$

又取 $\alpha_2,\beta_2,\alpha_1<\alpha_2<\beta_2<\beta_1$(图 6.7),使

$$\lambda(\hat{\Phi}_{n,\lambda}(\alpha_2))'=\lambda(\hat{\Phi}_{n,\lambda}(\beta_2))'=z+h$$

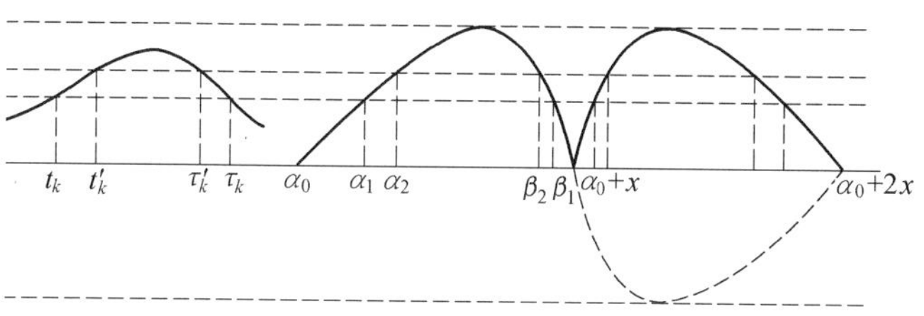

图 6.7

则由 $\lambda(\Phi_{n,\lambda}(x))'$ 的非增重排的性质，知

$$\gamma_0=2(|\alpha_1-\alpha_2|+|\beta_1-\beta_2|)$$

而由定理 6.2.2 的推论 5，有

$$|t'_k-t_k|\geqslant\frac{|\alpha_1-\alpha_2|}{\lambda},\ |\tau'_k-\tau_k|\geqslant\frac{|\beta_1-\beta_2|}{\lambda}$$

（应用推论 5，标准函数应取 $\Phi'_{n,\lambda}(x)$. 现在取的是 $\lambda(\Phi_{n,\lambda}(x))'=\Phi'_{n,\lambda}\left(\frac{x}{\lambda}\right)$，只需把区间长度除以 λ 即可.）那么，由

$$\begin{aligned}\gamma&\geqslant\sum_{k=1}^{m}(|t'_k-t_k|+|\tau'_k-\tau_k|)\\&\geqslant\frac{m}{\lambda}(|\alpha_1-\alpha_2|+|\beta_1-\beta_2|)\\&=\frac{m}{2\lambda}\cdot\gamma_0>\gamma\end{aligned}$$

（因为假定了 $m>2\lambda$）得到矛盾. 引理证完.

定理 6.2.8 的证明

假设定理不成立，则

$$\min_t\int_0^t\delta(u)\,\mathrm{d}u=\int_0^\xi\delta(u)\,\mathrm{d}u<0$$

ξ 是这样的一个点：$\delta(\xi)=0$，且在 ξ 的某一左邻域内 $\delta(t)<0$. 即点 ξ 满足引理 6.2.6 的条件. 置

$$E_0=\{t\mid|f'(t)|>0,t\in(0,2\pi)\}$$

取 E_0 的构成区间集的子集,其中每一区间至少含有一个(t_k,τ_k)(图 6.8),该子集含有区间个数 $n\leqslant m\leqslant 2\lambda$. 把它们记作$(a_i,b_i)$,$i=1,\cdots,n$. 另外取

$$l_z=\left\{t\mid |\Phi'_{n,\lambda}(t)|<z,t\in\left[0,\frac{2\pi}{\lambda}\right]\right\}$$

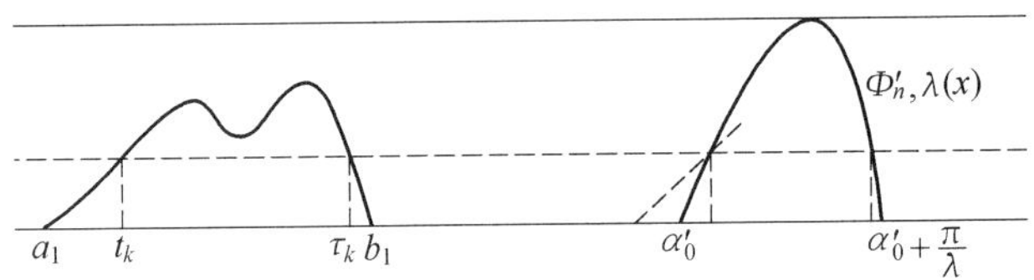

图 6.8

今对 f' 和 $\Phi'_{n,\lambda}$ 应用定理 6.2.2 的推论 6. 为此,特取 $\Phi'_{n,\lambda}(x)$ 的一个 $\frac{2\pi}{\lambda}$ 周期区间 $\left[\alpha'_0,\alpha'_1+\frac{2\pi}{\lambda}\right)$, 能使 $\Phi'_{n,\lambda}(\alpha'_0)=0,\Phi'_{n,\lambda}(x)>0$ 在$\left(\alpha'_0,\alpha'_0+\frac{\pi}{\lambda}\right)$内成立. 在$\left(\alpha'_0,\alpha'_0+\frac{\pi}{\lambda}\right)$内取两个点 μ_1,μ_2,使

$$\alpha'_0<\mu_1<\mu_2<\alpha'_0+\frac{\pi}{\lambda}$$

$$\Phi'_{n,\lambda}(\mu_1)=\Phi'_{n,\lambda}(\mu_2)=|f'(t_k)|=|f'(\tau_k)|=z$$

$(t_k,\tau_k)\subset(a_i,b_i)$,则由定理 6.2.2 的推论 6 知道

$$\int_{a_i}^{t_k}|f'(t)|\,\mathrm{d}t\geqslant\int_{\alpha'_0}^{\mu_1}|\Phi'_{n,\lambda}(t)|\,\mathrm{d}t$$

$$\int_{\tau_j}^{b_i}|f'(t)|\,\mathrm{d}t\geqslant\int_{\mu_2}^{\alpha'_0+\frac{\pi}{\lambda}}|\Phi'_{n,\lambda}(t)|\,\mathrm{d}t$$

此处 t_k,τ_j 分别是(t_k,τ_k),(t_j,τ_j)的左、右端点,它们是包含在(a_i,b_i)内最靠左端的和最靠右端的,属于 E_z 的构成区间. 这样一来有

$$2\int_{(a_i,b_i)\setminus E_z}|f'(t)|\,\mathrm{d}t$$

$$\geqslant 2\left\{\int_{a_i}^{t_k} |f'(t)|\,\mathrm{d}t+\int_{\tau_j}^{b_i} |f'(t)|\,\mathrm{d}t\right\}$$

$$\geqslant 2\left\{\int_{\alpha_0'}^{\mu_1} |\Phi_{n,\lambda}'(t)|\,\mathrm{d}t+\int_{\mu_2}^{\alpha_0'+\frac{\pi}{\lambda}} |\Phi_{n,\lambda}'(t)|\,\mathrm{d}t\right\}$$

$$=\int_{l_z} |\Phi_{n,\lambda}'(t)|\,\mathrm{d}t$$

经过变量代换得

$$\int_{l_z} |\Phi_{n,\lambda}'(t)|\,\mathrm{d}t=\int_{\xi}^{2\pi} p((\hat{\Phi}_{n,\lambda})',t)\mathrm{d}t$$

所以有

$$\int_{(a_i,b_i)\setminus E_z} |f'(t)|\,\mathrm{d}t\geqslant \frac{1}{2}\int_{\xi}^{2\pi} p((\hat{\Phi}_{n,\lambda})',t)\mathrm{d}t$$

又因

$$\begin{aligned}\int_{a_i}^{b_i} |f'(t)|\,\mathrm{d}t&=|f(b_i)-f(a_i)|\leqslant 2\|f\|_\infty\\&\leqslant 2\|\Phi_{n,\lambda}\|_\infty\\&=2\|\hat{\Phi}_{n,\lambda}'\|_\infty=\frac{1}{2}\cdot 4\|\hat{\Phi}_{n,\lambda}\|_\infty\\&=\frac{1}{2}\|(\hat{\Phi}_{n,\lambda})'\|_{L_1}\\&=\frac{1}{2}\int_0^{2\pi} p((\hat{\Phi}_{n,\lambda}')',t)\mathrm{d}t\end{aligned}$$

所以

$$\int_0^{\xi} p(f',t)\mathrm{d}t=\sum_{k=1}^{m}\int_{t_k}^{\tau_k} |f'(t)|\,\mathrm{d}t$$

$$=\sum_{i=1}^{n}\int_{a_i}^{b_i} |f'(t)|\,\mathrm{d}t-\sum_{i=1}^{n}\int_{a_i,b_i\setminus E_z} |f'(t)|\,\mathrm{d}t$$

$$\leqslant \frac{n}{2}\int_0^{2\pi} p((\hat{\Phi}_{n,\lambda})',t)\mathrm{d}t-\frac{n}{2}\int_{\xi}^{2\pi} p((\hat{\Phi}_{n,\lambda})',t)\mathrm{d}t$$

$$=\frac{n}{2}\int_0^{\xi} p((\hat{\Phi}_{n,\lambda})',t)\mathrm{d}t\leqslant \lambda\int_0^{\xi} p((\hat{\Phi}_{n,\lambda})',t)\mathrm{d}t$$

得到矛盾.定理证完.

一个特殊情形.设 $n=r+1(r\geqslant 1)$,$P_n(\lambda)=\lambda^n$.此时标准函数

$$\Phi_{n,\lambda}(x)=\frac{2}{\pi\lambda^n \mathrm{i}^{n+1}}\sum_{\nu=-\infty}^{+\infty}\frac{\mathrm{e}^{\mathrm{i}(2\nu+1)\lambda x}}{(2\nu+1)^{n+1}}$$

化成实级数形式是

$$\begin{aligned}\Phi_{n,\lambda}(x)&=\int_{\frac{\pi}{2\lambda}}^{x}\Phi_{n-1,\lambda}(t)\mathrm{d}t\\&=\frac{4}{\pi\lambda^n}(-1)^{\frac{n+1}{2}}\sum_{\nu=0}^{+\infty}\frac{\cos(2\nu+1)\lambda x}{(2\nu+1)^{n+1}},n\text{ 为奇数}\end{aligned}$$

$$\begin{aligned}\Phi_{n,\lambda}(x)&=\int_{0}^{x}\Phi_{n-1,\lambda}(t)\mathrm{d}t\\&=\frac{4}{\pi\lambda^n}(-1)^{\frac{n}{2}}\sum_{\nu=0}^{+\infty}\frac{\sin(2\nu+1)\lambda x}{(2\nu+1)^{n+1}},n\text{ 为偶数}\end{aligned}$$

此时,记

$$\varphi_n(x)=\begin{cases}\dfrac{4}{\pi}\displaystyle\sum_{\nu=0}^{+\infty}\frac{\cos(2\nu+1)x}{(2\nu+1)^{n+1}},n\text{ 为奇数}\\ \dfrac{4}{\pi}\displaystyle\sum_{\nu=0}^{+\infty}\frac{\sin(2\nu+1)x}{(2\nu+1)^{n+1}},n\text{ 为偶数}\end{cases}$$

则定理 6.2.7 此时具有以下形式.

推论 1 设 $r\geqslant 1$,则对任一 $f\in\widetilde{W}_{\infty}^{(r+1)}(D^{r+1})$ 及 $\lambda>0$,若满足 $\|f\|_{\infty}\leqslant\mathcal{K}_{r+1}\cdot\lambda^{-(r+1)}$,则对任一点 $x\in[0,2\pi]$ 有

$$\int_0^x p(f',t)\mathrm{d}t\leqslant\lambda^{-r}\int_0^x p(\varphi_r;t)\mathrm{d}t \tag{6.51}$$

这一结果参看[1][2].

仍回到定理 6.2.8 的式(6.50).

推论 2 若 $P_r(D)\subset P_n(D)$,$P_r(0)=0$,则对每一 $x\in[0,2\pi]$ 成立着

$$\int_0^x p(P_r(D)f,t)\mathrm{d}t \leqslant \int_0^x p((P_r(\widehat{D)\Phi}_{n,\lambda}),t)\mathrm{d}t \tag{6.52}$$

证　记 $P_r(D)=DP_{r-1}(D)$. 我们有

$$\| P_{r-1}(D)f \|_\infty \leqslant \| P_{r-1}(D)\Phi_{n,\lambda} \|_\infty$$

但 $P_{r-1}(D)f \in \mathscr{M}_\infty^{(n-r+1)}(D\hat{P}_{r-1}(D))$，而 $P_{r-1}(D)\Phi_{n,\lambda}$ 是 $D\hat{P}_{r-1}(D)$ 的标准函数. 对 $P_{r-1}(D)f$ 可以应用定理 6.2.7，从而得

$$\int_0^x p((P_{r-1}(D)f)',t)\mathrm{d}t \leqslant \lambda\int_0^x p((P_{r-1}(\widehat{D)\Phi}_{n,\lambda})',t)\mathrm{d}t$$

但是容易验证

$$\lambda((P_{r-1}(\widehat{D)\Phi}_{n,\lambda})')=(P_r(\widehat{D)\Phi}_{n,\lambda})$$

得所欲证.

为了由重排比较定理过渡到 p 范数的比较，需要一条：

引理 6.2.7　设 $f,g\in L^\infty[a,b]$，对每一 $t\in[0,b-a]$ 有

$$\int_0^t p(f,u)\mathrm{d}u \leqslant \int_0^t p(g,u)\mathrm{d}u$$

则对 $p\in[1,+\infty]$，成立

$$\| f \|_{p[a,b]} \leqslant \| g \|_{p[a,b]} \tag{6.53}$$

这条引理是尚光明[14] 首先给出的. 它的一个简明的证法见 Korneichuck 等所著《带限制的逼近》第五章，§4.

由定理 6.2.8 和引理 6.2.7 即得：

定理 6.2.9　任给 $P_n(D)$，$n\geqslant 1$. 设 $f\in \mathscr{M}_\infty^{(n)}(P_n(D))$ 的周期积分 F 对某个 $\lambda>\Lambda$ 满足 $\| F \|_\infty \leqslant \| \Phi_{n+1,\lambda} \|_\infty$，此处 $\Phi_{n+1,\lambda}$ 是 $DP_n(D) \overset{\mathrm{df}}{=\!=}$

$P_{n+1}(D)$ 的标准函数，则对 $P_n(D)$ 的任一子算子 $P_r(D)(r\geqslant 0)$ 有

$$\|P_r(D)f\|_p\leqslant\|(P_r(\widehat{D)\Phi}_{n,\lambda})\|_p,1\leqslant p\leqslant+\infty \tag{6.54}$$

特别当 $r=0$ 时给出

$$\|f\|_p\leqslant\|\hat{\Phi}_{n,\lambda}\|_p,1\leqslant p\leqslant+\infty \tag{6.55}$$

把式(6.54)略加变形就可以给出类似于式(6.43)和(6.47)形式的不等式.

设 $P_r(D)\subset P_n(D)$. 记

$$\Gamma_{n,r}(\lambda)_p\overset{\text{df}}{=\!=}\|P_r(\widehat{D)\Phi}_{n,\lambda}\|_p,1\leqslant p<+\infty$$

定理 6.2.10 设 $n\geqslant 2,P_n(0)=0,P_r(D)\subset P_n(D),P_r(0)=0.F\in L_\infty^{(n)}(P_n(D))$ 以 2π 为周期，$P_n(D)F\neq 0$，记 $f=\|P_n(D)F\|_\infty^{-1}\cdot F$. 若存在 $\lambda=\lambda(\|f\|_\infty)>\Lambda$ 使 $\|f\|_\infty=\Gamma_{n,0}(\lambda(\|f\|_\infty))$，则成立

$$\frac{\|P_r(D)F\|_p}{\|P_n(D)F\|_\infty}\leqslant\Gamma_{n,r}(\lambda(\|f\|))_p \tag{6.56}$$

$$1\leqslant p<+\infty,r=0,\cdots,n-1$$

当 $P_n(D)=D^n(n\geqslant 2)$ 时，式(6.56)可以给出显式.

推论 设 $n\geqslant 2,k=1,2,\cdots,n-1,1\leqslant p\leqslant+\infty$. 则对任一 $f\in\widetilde{L}_\infty^n(D^n),f\neq\text{const}$，在 $\widetilde{L}_\infty^{(n)}$ 类上成立着不等式

$$\left(\frac{\|f^{(n-k)}\|_p}{\|\varphi_k\|_p\|f^{(n)}\|_\infty}\right)^{\frac{1}{k}}\leqslant\left(\frac{\|f\|_\infty}{\mathscr{K}_n\|f^{(n)}\|_\infty}\right)^{\frac{1}{n}} \tag{6.57}$$

不等式精确：对 $a\Phi_{n,m}(x)(\lambda=m$ 是整数) 不等式化作等式.

不等式(6.55)有特殊意义：由它可以导出一个Taikov型的不等式.

设 $f\in\widetilde{\mathscr{M}}_{\infty}^{(n)}(P_n(D))$ 对某一正整数 $m\geqslant 1$ 有 $f\perp T_{2m-1}$. F 是 f 的周期积分，$\int_0^{2\pi}F(t)\mathrm{d}t=0$. 那么 $F\in\widetilde{\mathscr{M}}_{\infty}^{(n+1)}(DP_n(D))$，且有 $F\perp T_{2m-1}$. 根据定理6.1.4，当 $m>\Lambda$ 时，由于 $G_{n+1}(x)\in A_m$，从而有

$$\|F\|_{\infty}\leqslant\|\Phi_{n+1,m}\|_{\infty}$$

对 F 应用定理6.2.9，注意这里 $F'=f$，m 是正整数，所以式(6.65)给出

$$\|F'\|_p\leqslant\|\Phi'_{n+1,m}\|_p,1\leqslant p\leqslant+\infty$$

由此得：

定理 6.2.11　设 $m>\Lambda$，$1\leqslant p\leqslant+\infty$，则

$$\sup_{\substack{f\in\widetilde{\mathscr{M}}_{\infty}^{(n)}\\ f\in T_{2m-1}}}\|f\|_p=\|\Phi_{n,m}\|_p\tag{6.58}$$

证　由于 $F'=f$，我们已经得到

$$\sup_{\substack{f\in\widetilde{\mathscr{M}}_{\infty}^{(n)}\\ f\perp T_{2m-1}}}\|f\|_p\leqslant\|\Phi'_{n+1,m}\|_p=\|\Phi_{n,m}\|_p$$

但因 $\Phi_{n,m}(x)\in\widetilde{\mathscr{M}}_{\infty}^{(n)}(P_n(D))$，且与 T_{2m-1} 正交. 所以式(6.58)成立.

现在根据周期卷积类上三角多项式子空间 T_{2m-1} 的最佳逼近对偶定理(见第四章，定理4.2.1)，即得：

定理 6.2.12　设 $m>\Lambda$，$1\leqslant p\leqslant+\infty$，则

$$E_m(\widetilde{\mathscr{M}}_p^{(n)})\overset{\mathrm{df}}{=}\sup_{f\in\widetilde{\mathscr{M}}_p^{(n)}}E_n(f)_1=\sup_{\substack{f\in\widetilde{\mathscr{M}}_{\infty}^{(n)}(P_n^*(D))\\ f\in T_{2m-1}}}\|f\|_{p'}$$

$$=\|\Phi_{n,m}^*\|_{p'}\tag{6.59}$$

此处：$P_n^*(D)$ 是 $P_n(D)$ 的共轭微分形式，$\Phi_{n,\lambda}^*$ 是关于

$P_n^*(D)$ 的标准函数，$\dfrac{1}{p}+\dfrac{1}{p'}=1$.

注意到 $P_n^*(D)$ 的卷积核是 $G_n(x-t)$ 的转置 $G_n(t-x)$，$P_n^*(D)$ 的标准函数事实上是 $\Phi_{n,\lambda}(-x)$. 那么实际上有

$$\| \Phi_{n,m}^* \|_p = \| \Phi_{n,m} \|_p$$

等式(6.58)和(6.59)的一个特殊情形：

$P_n(D)=D^n$ 是 L. V. Taikov 首先给出的，见[2]，第五章.

§3　单边限制条件下的 Kolmogorov 型比较定理和 $\mathscr{L}-\mathscr{K}$ 型不等式

前节内得到的一系列结果，可以在对 f 的 n 阶导函数 $f^{(n)}$ 附加单边限制条件下建立起类似的结果. 近年来，苏联学者 Korneichuck、李贡、多洛宁等人对 $P_n(D)=D^n$ 的情形给出了完善的结果. 他们的工作表明，在对 f 的 n 阶导函数 $f^{(n)}$ 附加单边限制条件下要建立 Kolmogorov 比较定理和 Landau-Kolmogorov 型不等式，作为标准函数，不再是 Euler 样条，而是 Bernoulli 样条. 本节目的是对由线性微分算子 $P_n(D)$ 确定的可微函数类，在对 $P_n(D)f$ 附加单边限制条件下建立相应的结果. 下面先给出一些定义和符号.

给定 $n\geqslant 2$，$P_n(\lambda)=\lambda P_{n-1}(\lambda)$.

定义 6.3.1　称 $f\in A_\infty^{(n),-}(P_n(D))$，若 $f\in \mathscr{L}_\infty^{(n)}(P_n(D))$，且 $P_n(D)f(x)\geqslant -1$，$\forall x\in \mathbf{R}$.

称 $f\in W_\infty^{(n),-}(P_n(D))$，若 $f\in L_\infty^{(n)}(P_n(D))$，而

且 $P_n(D)f(x)\overset{\text{a.e.}}{\geqslant}-1,\forall x\in\mathbf{R}$.

作为标准函数取

$$\widetilde{G}_n(x,\lambda)=\sum_{\nu=-\infty}^{+\infty}{}'\frac{\mathrm{e}^{\mathrm{i}\nu\lambda x}}{P_n(\mathrm{i}\nu\lambda)} \tag{6.60}$$

$\widetilde{G}_n(x,\lambda)$ 是以 $\frac{2\pi}{\lambda}$ 为周期的函数,其周期平均值

$$\int_0^{\frac{2\pi}{\lambda}}\widetilde{G}_n(x,\lambda)\mathrm{d}x=0$$

为了应用方便,引入一辅助函数

$$\hat{G}_n(x,\lambda)\overset{\text{df}}{=\!=}\widetilde{G}_n\left(\frac{x}{\lambda},\lambda\right)$$

$\hat{G}_n(x,\lambda)$ 是 2π 周期的.

设 $P_r(D)$ 是 $P_n(D)$ 的真子算子,其余算子记为 $\hat{P}_r(D)$. 我们有

$$P_r(D)\widetilde{G}_n(x,\lambda)=\sum_{\nu=-\infty}^{+\infty}{}'\frac{\mathrm{e}^{\mathrm{i}\nu\lambda x}}{\hat{P}_r(\mathrm{i}\nu\lambda)}$$

这里 Σ' 的含义是:不论 $\hat{P}_r(0)$ 是否为 0,$\nu=0$ 的项都是 0. 又记

$$\widetilde{G}_{u-r}^{(P_r)}(x,\lambda)\overset{\text{df}}{=\!=}P_r(D)\widetilde{G}_n(x,\lambda) \tag{6.61}$$

特别当 $P_r(\lambda)=0$ 有 r 个实根 $\lambda_1,\cdots,\lambda_r$ 时,采用记号

$$\widetilde{G}_{n-r}^{(\lambda_1,\cdots,\lambda_r)}(x,\lambda)\overset{\text{df}}{=\!=}\widetilde{G}_{n-r}^{(P_r)} \tag{6.62}$$

当 $r=1,P_r(D)=D$ 时,简记 $\widetilde{G}_{n-1}^{(0)}\overset{\text{df}}{=\!=}\widetilde{G}_{n-1}^{(P_1)}=(\widetilde{G}_{n-1})'$.

此外,我们采用下列记号

$$H_n^+(\lambda)=\max_x\ \widetilde{G}_n(x,\lambda) \tag{6.63}$$

$$H_n^-(\lambda)=-\min_x\ \widetilde{G}_n(x,\lambda) \tag{6.64}$$

$$H_{n-r}^{(P_r),+}(\lambda)=\max_x\ \widetilde{G}_{n-r}^{(P_r)}(x,\lambda) \tag{6.65}$$

$$H_{n-r}^{(P_r),-}(\lambda)=-\min_x \widetilde{G}_{n-r}^{(P_r)}(x,\lambda) \qquad (6.66)$$

特别是当 $P_r(\lambda)=0$ 有实根 $\lambda_1,\cdots,\lambda_r$ 时,记

$$H_{n-r}^{(\lambda_1,\cdots,\lambda_r),+}(\lambda)=\max_x \widetilde{G}_{n-r}^{(\lambda_1,\cdots,\lambda_r)}(x,\lambda) \qquad (6.67)$$

$$H_{n-r}^{(\lambda_1,\cdots,\lambda_r),-}(\lambda)=-\min_x \widetilde{G}_{n-r}^{(\lambda_1,\cdots,\lambda_r)}(x,\lambda) \qquad (6.68)$$

$\lambda_1=0$ 时,记号

$$H_{n-1}^{0,+}(\lambda),H_{n-1}^{0,-}(\lambda)$$

可代替 $H_{n-1}^{(0),+}(\lambda),H_{n-1}^{(0),-}(\lambda)$ 使用.此外,尚有

$$H_n(\lambda)=\frac{1}{2}(H_n^+(\lambda)+H_n^-(\lambda))$$

等等,在后面通用,不再一一说明.

(一)Kolmogorov 型比较定理

定理 6.3.1 设 $n\geqslant 2,P_n(0)=0$,若对 $f\in A_\infty^{(n),-}(P_n(D))$ 及某个 $\lambda>\Lambda$ 有:

(1) $-H_n^-(\lambda)\leqslant f(x)\leqslant H_n^+(\lambda)$.

(2) 存在 $\xi,\eta\in\mathbf{R},f(\xi)=\widetilde{G}'(\eta,\lambda),\widetilde{G}_n'(\eta,\lambda)\neq 0$. 则:

(i) $\widetilde{G}_n'(\eta,\lambda)>0\Rightarrow f'(\xi)\leqslant\widetilde{G}_n'(\eta,\lambda)$.

(ii) $\widetilde{G}_n'(\eta,\lambda)<0\Rightarrow\widetilde{G}_n(\eta,\lambda)\leqslant f'(\xi)$.

证 证明步骤基本上和定理 6.2.2 的一样.

(a) 先对 $A_\infty^{(n),-}(P_n(D))$ 内以 $\dfrac{2N\pi}{\lambda}$($N\geqslant 1$,正整数)为周期的函数类来证,用反证法,假定断语不成立,则存在 $g(x)\in A_\infty^{(n),-}(P_n(D))$,它以 $\dfrac{2N\pi}{\lambda}$ 为周期,N 是某一正整数,条件(1)(2)成立但结论不真.为确定起见,我们就结论(1)来证.此时 $\widetilde{G}_n(\eta,\lambda)>0$,

$g'(\xi) > \widetilde{G}'_n(\eta,\lambda)$. 取一充分小的 $\varepsilon > 0$，置 $g_*(x) = \frac{1}{1+\varepsilon}g(x)$，使得 $-H_n^-(\lambda) < g_*(x) < H_n^+(\lambda)$，而且在 ξ,η 的邻近分别能找到 ξ',η'，使 $g_*(\xi') = \widetilde{G}_n(\eta',\lambda)$，$g'_*(\xi') > \widetilde{G}'_n(\eta',\lambda) > 0$. 取 $\widetilde{G}_n(\tau,\lambda)$ 的 Stêklov 函数

$$\widetilde{G}_{n,h}(t,\lambda) = \frac{1}{h}\int_{t-\frac{h}{2}}^{t+\frac{h}{2}} \widetilde{G}_n(\tau,\lambda)\mathrm{d}\tau$$

当 $h \to 0+$ 时

$$\widetilde{G}_{n,h}(t,\lambda) \rightrightarrows \widetilde{G}_n(t,\lambda),\ n \geqslant 2$$

$$\widetilde{G}'_{n,h}(t,\lambda) \rightrightarrows \widetilde{G}'_n(t,\lambda),\ n \geqslant 3$$

当 $n=2$ 时，$\widetilde{G}'_n(t,\lambda)$ 有第一类间断点，其个数在 $\left[0,\frac{2N\pi}{\lambda}\right]$ 内有限，用一测度任意小的开区间集把它们盖住以后，在余集上仍保持一致收敛，置

$$M = \text{ess sup}(P_n(D)g(t) + 1)$$

取 $h > 0$ 充分小，足够使：

①$\lambda h < M^{-1}$.

② $-\min\limits_t \widetilde{G}_{n,h}(t,\lambda) < g_*(t) < \max\limits_t \widetilde{G}_{n,h}(t,\lambda)$.

③ 存在 ξ_*,η_*，满足

$$g_*(\xi_*) = \widetilde{G}_{n,h}(\eta_*,\lambda),\ g'_*(\xi_*) > \widetilde{G}'_{n,h}(\eta_*,\lambda) > 0$$

考虑

$$\delta(t) = \widetilde{G}_{n,h}(t,\lambda) - g_*(t-\eta_*+\xi_*)$$

取一个包含 η_* 长度是 $\frac{2N\pi}{\lambda}$ 的区间 Δ. Δ 可以分成 N 个其长度是 $\frac{2\pi}{\lambda}$ 的区间. 由上面的条件可以看出，在含有 η_* 的 $\frac{2\pi}{\lambda}$ 区间内 $\delta(t)$ 有三个变号点，而在其他 $N-1$ 个

$\frac{2\pi}{\lambda}$ 区间内,$\delta(t)$ 各有两个变号点(零点). 所以在 Δ 内,$\delta(t)$ 的变号数不少于 $2N+2$. 由于任两相邻零点距离小于$\frac{4\pi}{\lambda}$,故对充分大的 λ 可以应用广义的 Rolle 定理.

由

$$
\begin{aligned}
&P_{n-1}(D)\delta(t)\\
&=P_{n-1}(D)\widetilde{G}_{n,h}(t,\lambda)-P_{n-1}(D)g_*(t-\eta_*+\xi_*)\\
&=\widetilde{G}_{1,h}(t,\lambda)-P_{n-1}(D)g_*(t-\eta_*+\xi_*)
\end{aligned}
$$

此处

$$
\widetilde{G}_1(t)=\sum_{\nu=-\infty}^{+\infty}{}'\frac{e^{i\nu t}}{i\nu}=\pi-t,0<t<2\pi
$$

$$
\widetilde{G}_1(t,\lambda)=\lambda^{-1}\widetilde{G}_1(\lambda t)
$$

那么

$$
\widetilde{G}_{1,h}(t,\lambda)=\frac{1}{\lambda h}\int_{t-\frac{h}{2}}^{t+\frac{h}{2}}\widetilde{G}_1(\lambda\tau)\mathrm{d}\tau=\lambda^{-1}\widetilde{G}_{1,\lambda h}(\lambda t)
$$

所以

$$
\begin{aligned}
&P_n(D)\delta(t)\\
&=(\lambda^{-1}\widetilde{G}_{1,\lambda h}(\lambda t))'-\frac{1}{1+\varepsilon}P_n(D)g(t-\eta_*+\xi_*)\\
&=\widetilde{G}'_{1,\lambda h}(\lambda t)-\frac{1}{1+\varepsilon}P_n(D)g(t-\eta_*+\xi_*)
\end{aligned}
$$

这里

$$
\begin{aligned}
\widetilde{G}'_{1,\lambda h}(\lambda t)&=(\lambda h)^{-1}-1,t\in\left(-\frac{\lambda h}{2}+\frac{2j\pi}{\lambda},\frac{\lambda h}{2}+\frac{2j\pi}{\lambda}\right),\\
&\qquad j=0,\pm1,\pm2,\cdots\\
&=-1,t\in\mathbf{R}\setminus\cup\left(-\frac{\lambda h}{2}+\frac{2j\pi}{\lambda},\frac{\lambda h}{2}+\frac{2j\pi}{\lambda}\right)
\end{aligned}
$$

$P_n(D)g(t-\eta_*+\xi_*)$ 也是在任何有限区间内只有有

限个第一类间断点的函数,此外无其他类型的间断.故可直接应用广义 Rolle 定理,由

$$(\lambda h)^{-1}>M>\frac{1}{1+\varepsilon}P_n(D)g(t)>-1$$

便知 $P_n(D)\delta(t)$ 在 Δ 内变号数小于或等于 $2N$. 得到矛盾.

(b) 一般情形可以仿照定理 6.2.2, 利用 Cavarreta 的方法处理. 细节从略.

附注 1　定理 6.3.1 当 $n=1$ 时也成立. 由于此时 $P_n(D)=D,\widetilde{G}_1(t,\lambda)=\frac{\pi}{\lambda}-t(0<t<2\pi)$, $\widetilde{G}_1'(t,\lambda)\equiv-1(t\neq 2j\pi,j=0,\pm1,\pm2,\cdots)$. 而 $f\in A_{\infty}^{(1),-}(D)$ 含有 $f'(t)\geqslant-1$.

附注 2　借助于 Stêklov 函数,可将定理 6.3.1 往 $W_{\infty}^{(n),-1}(P_n(D))$ 类上扩充.

推论 1　设 γ 是任意实数,则:

(1) $\widetilde{G}_n'(\eta,\lambda)>0\Rightarrow(D-\gamma)g(\xi)\leqslant(D-\gamma)\widetilde{G}_n(\eta,\lambda)$.

(2) $\widetilde{G}_n'(\eta,\lambda)<0\Rightarrow(D-\gamma)g(\xi)\geqslant(D-\gamma)\widetilde{G}_n(\eta,\lambda)$.

特别当 $\gamma=\lambda_j$ 是 $P_n(\lambda)=0$ 的实根时有:

(1) $\widetilde{G}_n'(\eta,\lambda)>0\Rightarrow(D-\lambda_j)g(\xi)\leqslant\widetilde{G}_{n-1}^{(\lambda_j)}(\eta,\lambda)$

(2) $\widetilde{G}_n'(\eta,\lambda)<0\Rightarrow(D-\lambda_j)g(\xi)\geqslant\widetilde{G}_{n-1}^{(\lambda_j)}(\eta,\lambda)$

这条推论是平凡的.

下面把点态不等式化归到区间上的一致不等式.

推论 2　设 $P_r(D)$ 是 $P_n(D)$ 的真子算子,而且 $P_r(\lambda)=0$ 有实根 $\lambda_1,\cdots,\lambda_r$,则

$$-H_{n-r}^{(\lambda_1,\cdots,\lambda_r),-}(\lambda)\leqslant P_r(D)g(t)\leqslant H_{n-r}^{(\lambda_1,\cdots,\lambda_n),+} \tag{6.69}$$

证 我们先对 $r=1$ 的情形证. 此时待证的不等式是

$$-H_{n-1}^{(\lambda_1),-}(\lambda)\leqslant(D-\lambda_1)g(t)\leqslant H_{n-1}^{(\lambda_1),+}(\lambda) \tag{6.70}$$

假定 $\lambda_1=0$,式(6.70)不成立. 则存在 $\xi\in\mathbf{R}$ 使 $g'(\xi)>H_{n-1}^{(0),+}(\lambda)$ 或 $g'(\xi)<-H_{n-1}^{(0),-}(\lambda)$. 我们只针对前者论证. 由于

$$H_{n-1}^{(0),+}(\lambda)=\sup_t\widetilde{G}'_n(t,\lambda)$$

($n\geqslant 3$ 时,右边的 sup 可以换成 max) 以及 $-H_n^-(\lambda)\leqslant g(t)\leqslant H_n^+(\lambda)$, 在 $\mathbf{R}$ 上可以找到一点 η 使得 $g(\xi)=\widetilde{G}_n(\eta,\lambda)$,而 η 属于 $\widetilde{G}_n(t,\lambda)$ 的某个单调上升区间. 由于 $\widetilde{G}_n(t,\lambda)$ 以 $\frac{2\pi}{\lambda}$ 为周期,无疑存在单调上升区间. 从而有

$$g'(\xi)>\widetilde{G}'_n(\eta,\lambda)$$

$\widetilde{G}'_n(\eta,\lambda)>0$ 而不为零. 由此导致矛盾.

当 $\lambda_1\neq 0$ 时,使用相仿的推理,亦可导致矛盾. $r=1$ 情形证完. 利用归纳推理即得式(6.69).

下面给出式(6.69)的变形. 注意前面引入的符号 $H_n(\lambda)$, $H_{n-r}^{(\lambda_1,\cdots,\lambda_r)}(\lambda)$. 并且注意条件

$$-H_n^-(\lambda)\leqslant f(t)\leqslant H_n^+(\lambda)$$

含有

$$E_1(f)_\infty\overset{\text{df}}{=}\inf_\alpha\|f-\alpha\|_\infty\leqslant\frac{1}{2}(H_n^+(\lambda)+H_n^-(\lambda))=H_n(\lambda) \tag{6.71}$$

反之.若 $E_1(f)_\infty \leqslant H_n(\lambda)$,则存在一实数 α 使

$$-H_n^-(\lambda) \leqslant f(t)-\alpha \leqslant H_n^+(\lambda) \quad (6.72)$$

由于

$$P_n(D)=DP_{n-1}(D)$$

那么,若 $f \in A_\infty^{(n),-}(P_n(D))$,则仍有

$$f_1=f-\alpha \in A_\infty^{(n),-}(P_n(D))$$

不论 α 是什么数.对 f_1 应用推论 2 得

$$-H_{n-1}^{(0),-}(\lambda) \leqslant f'(t) \leqslant H_{n-1}^{(0),+}(\lambda) \quad (6.73)$$

由式(6.73),应用上式(6.71)得:

推论 3 在定理 6.3.1 条件下成立

$$E_1(f')_\infty \leqslant H_{n-1}^{(0)}(\lambda)=E_1(\widetilde{G}_{n-1}^{(0)}(\cdot,\lambda))_\infty \quad (6.74)$$

证 应用式(6.71)就得出:

$E_1(f')_\infty \leqslant H_{n-1}^{(0)}(\lambda)$.至于式(6.74)的右边的等式,只需注意,一般对$[a,b]$上的任一有界可测函数 g 都有

$$E_1(g)_\infty=\frac{1}{2}(\max g(t)-\min g(t))$$

式(6.74)可以往高阶微分子算子 $P_r(D) \subset P_n(D)$ 上扩充.设 $P_r(D)$ 是 $P_n(D)$ 的 r 阶真子算子,$P_r(\lambda)=0$ 有 r 个实根 $\lambda_1,\cdots,\lambda_r$.首先,由 $E_1(f)_\infty \leqslant H_n(\lambda) \Rightarrow$ 存在 $\alpha \in \mathbf{R}$ 使

$$-H_n^-(\lambda) \leqslant f(t)-\alpha \leqslant H_n^+(\lambda)$$

对 f_1 应用推论 2 得

$$-H_{n-r}^{(\lambda_1,\cdots,\lambda_r),-}(\lambda) \leqslant P_r(D)f_1(t) \leqslant H_{n-r}^{(\lambda_1,\cdots,\lambda_r),+}(\lambda)$$

但 $P_r(D)f_1(t)=P_r(D)f(t)-\alpha'$,$\alpha'$ 是某个实数.故由此即得:

推论 4 在定理 6.3.1 条件下,或者以条件

$$E_1(f)_\infty \leqslant H_n(\lambda)$$

代替 $-H_n^-(\lambda) \leqslant f(t) \leqslant H_n^+(\lambda)$ 时,成立

$$E_1(P_r(D)f)_\infty \leqslant H_{n-r}^{(\lambda_1,\cdots,\lambda_r)}(\lambda) \qquad (6.75)$$

注意

$$H_{n-r}^{(\lambda_1,\cdots,\lambda_r)}(\lambda) = E_1(\widetilde{G}_{n-r}^{(\lambda_1,\cdots,\lambda_r)}(\cdot,\lambda))_\infty \quad (6.76)$$

推论 5 设 $n \geqslant 2, P_n(D) = DP_{n-1}(D), f \in A_\infty^{(n)}$. 若对某一 $\lambda > \Lambda$ 有

$$-H_n^-(\lambda) \leqslant f(t) \leqslant H_n^+(\lambda)$$

(1) 若存在 ξ,η 使 $f(\xi) = \widetilde{G}_n(\eta;\lambda)$, $[\alpha,\beta]$ 是 $G_n(t,\lambda)$ 包含 η 的单调区间. 则当 $\widetilde{G}_n(t,\lambda)$ 在 $[\alpha,\beta]$ 上单调上升时,有

$$\begin{aligned} &f[\xi+t) \leqslant \widetilde{G}_n(\eta+t;\lambda), 0 \leqslant t \leqslant \beta-\eta \\ &f(\xi-t) \geqslant \widetilde{G}_n(\eta-t;\lambda), 0 \leqslant t \leqslant \eta-\alpha \end{aligned} \qquad (6.77)$$

当 $\widetilde{G}_n(t;\lambda)$ 是单调下降时,式(6.77) 的两个不等式反号.

(2) 若有 $\xi_1,\xi_2,\eta_1,\eta_2$ 使

$$f(\xi_i) = \widetilde{G}_n(\eta_i;\lambda), i = 1,2$$

此处 η_1,η_2 属于 $\widetilde{G}_n(t;\lambda)$ 的同一单调区间,而且有 $\xi_1 < \xi_2, \eta_1 < \eta_2$. 则

$$|\xi_1 - \xi_2| \geqslant |\eta_1 - \eta_2|$$

推论 5 的证明可以仿照定理 6.2.3 的推论 5,推论 6 的方法证明.

(二)$\mathscr{L}-\mathscr{K}$ 型不等式

定理 6.3.1 的推论 4 的不等式(6.75) 和定理 6.2.2 推论 3 的不等式(6.40) 是平行的. 现在我们把

式(6.75)稍加变形.给出完全类似于定理6.2.5的结果.

设 $f\in\mathscr{L}_{\infty}^{(n)}(P_n(D))$，$\|(P_n(D)f)_-\|_{\infty}>0$.则见 $g=\|(P_n(D)f)_-\|_{\infty}^{-1}f\in A_{\infty}^{(n)}(P_n(D))$.若存在 $\lambda>\Lambda$，使 $E_1(g)_{\infty}\leqslant H_n(\lambda)$，则对 $P_n(D)$ 的任一真子算子 $P_r(D)=\prod\limits_{j=1}^{r}(D-\lambda_j)$，$\lambda_j$ 是实数($r\geqslant 1$)，有

$$E_1(P_r(D)g)_{\infty}\leqslant H_{n-r}^{(\lambda_1,\cdots,\lambda_r)}(\lambda)$$

此式可以改写成

$$E_1\left(\frac{P_r(D)f}{\|(P_n(D)f)_1\|_{\infty}}\right)\leqslant H_{n-r}^{(\lambda_1,\cdots,\lambda_r)}(\lambda(E_1(g)_{\infty}))\tag{6.78}$$

注意:使 $E_1(g)_{\infty}\leqslant H_n(\lambda)$ 成立的 λ，如果存在的话，未必唯一.一般可以取数集 $\{\lambda\mid\lambda>\Lambda,E_1(g)_{\infty}\leqslant H_n(\lambda)\}$ 内实现 $\inf H_n(\lambda)$ 的 λ 值来充当 $\lambda(E_1(g)_{\infty})$.当 $P_n(\lambda)=0$ 仅有实根时，容易证明

$$\lim_{\lambda\to 0+}H_n(\lambda)=+\infty,\ \lim_{\lambda\to+\infty}H_n(\lambda)=0$$

$H_n(\lambda)$ 在 $(0,+\infty)$ 内连续，此时 $\Lambda=0$.利用连续函数的中间值性质便知数集 $\{\lambda\mid\lambda>0,E_1(g)_{\infty}\leqslant H_n(\lambda)\}$ 非空，综合以上所述，即得:

定理6.3.2　设 $n\geqslant 2$，$P_n(D)=DP_{n-1}(D)$.$f\in\mathscr{L}_{\infty}^{(n)}(P_n(D))$.若 $(P_n(D)f)_-\neq 0$，且存在 $\lambda>\Lambda$ 使 $E_1(g)_{\infty}\leqslant H_n(\lambda)$，则对 $P_n(D)$ 的任一 r 阶真子算子 $P_r(D)=\prod\limits_{j=1}^{r}(D-\lambda_j)(\lambda_j\in\mathbf{R})$ 有式(6.78)成立.特别地，如果 $P_n(D)$ 的全部特征根是实数，则对任一 $f\in\mathscr{L}_{\infty}^{(n)}(P_n(D))$，$(P_n(D)f)_-\neq 0$，有 $\lambda>0$ 使

$$E_1(g)_{\infty}\leqslant H_n(\lambda)$$

成立.从而此时总成立式(6.78).

一个重要的特例是 $P_n(D)=D^n, n\geqslant 2$.此时

$$\widetilde{G}_n(t)=\sum_{\nu=-\infty}^{+\infty}{}'\frac{e^{i\nu t}}{(i\nu)^n}$$

$$\widetilde{G}_n(t,\lambda)=\lambda^{-n}\widetilde{G}_n(\lambda t)$$

$$H_n(\lambda)=\lambda^{-n}H_n(1), H_{n-r}^{(\overbrace{0,\cdots,0}^{r})}(\lambda)=\lambda^{-(n-r)}H_{n-r}^{(0,\cdots,0)}(1)$$

$r=1,\cdots,n-1$.给定 $g\in A_{\infty}^{(n),-}$, $\lambda(E_1(g)_{\infty})$ 是下面方程的解

$$E_1(g)_{\infty}=\lambda^{-n}H_n(1)\Rightarrow\lambda=\left(\frac{H_n(1)}{E_1(g)_{\infty}}\right)^{\frac{1}{n}}$$

此时,$P_r(D)=D^r$,式(6.78)采取样式

$$E_1\left(\frac{f^{(r)}}{\|(f^{(n)})_-\|_{\infty}}\right)_{\infty}\leqslant\lambda^{-(n-r)}H_{n-r}^{(\overbrace{0,\cdots,0}^{r})}(1)$$

把 λ 的值代入得

$$E_1\left(\frac{f^{(r)}}{\|(f^{(n)})_-\|_{\infty}}\right)_{\infty}\leqslant\left(\frac{E_1(g)_{\infty}}{H_n(1)}\right)^{\frac{n-r}{n}}H_{n-r}^{(\overbrace{0,\cdots,0}^{r})}(1)$$

稍加整理,变形,于是给出

推论 $P_n(D)=D^n, n\geqslant 2, P_r(D)=D^r$,则对任一 $f\in\mathscr{L}_{\infty}^{(n)}(D^{(n)}), (f^{(n)})_-\neq 0$ 有

$$\left(\frac{E_1(f^{(r)})_{\infty}}{H_{n-r}^{(0,\cdots,0)}(1)\|(f^{(n)})_-\|_{\infty}}\right)^{\frac{1}{n-r}}\leqslant\left(\frac{E_1(f)_{\infty}}{H_n(1)\cdot\|(f^{(n)})_-\|_{\infty}}\right)^{\frac{1}{n}}\qquad(6.79)$$

不等式(6.79)见于[2]的第六章.

把本节的不等式和上节同一类型的不等式加以对比,我们会发现后者有一特点,即是以 f 在 $L^{\infty}(\mathbf{R})$ 内以常数的最佳逼近值 $E_1(f)_{\infty}$ 代替了前面的 $\|f\|_{\infty}$.

本节的不等式中,还可以考虑以 f 在 $L^{\infty}(\mathbf{R})$ 内借

助常数的单边最佳逼近值 $E_1^{\pm}(f)_\infty$ 代替普通的 $E_1(f)_\infty$ 而得到一组类似的结果. 为此，首先指出以下事实.

设 $f \in L^\infty(\mathbf{R})$，$\alpha \in \mathbf{R}$，则

$$\begin{aligned} E_1^+(f-\alpha)_\infty &\overset{\text{df}}{=} \inf_{\substack{\lambda \\ \lambda > f-\alpha}} \| \lambda - (f-\alpha) \|_\infty \\ &= \inf_{\lambda+\alpha > f} \| \lambda + \alpha - f \|_\infty \\ &= E_1^+(f)_\infty \end{aligned} \tag{6.80}$$

对 $E^-(f-\alpha)$ 也有同样的结论. 而且

$$E_1^+(f)_\infty = E_1^-(f)_\infty = \sup_t f(t) - \inf_t f(t) \tag{6.81}$$

设 $n \geqslant 2$，$P_n(D) = DP_{n-1}(D)$，$f \in \mathscr{L}_\infty^{(n)}(P_n(D))$. 假定 $(P_n(D)f)_- \not\equiv 0$，且存在 $\lambda > \Lambda$ 使

$$E_1(g)_\infty \leqslant H_n(\lambda)$$

根据定理 6.3.2，对 $P_n(D)$ 的每一 r 阶真子算子 $P_r(D) = \prod_{j=1}^{r}(D-\lambda_j)(\lambda_j \in \mathbf{R})$ 有

$$-H_{n-r}^{(\lambda_1,\cdots,\lambda_r),-}(\lambda) \leqslant P_r(D)g(t) - \alpha \leqslant H_{n-r}^{(\lambda_1,\cdots,\lambda_r)}(\lambda)$$

其中 α 是某个定数. 由此即得

$$E_1^+(P_r(D)g)_\infty \leqslant E_1^+(P_r\widehat{(D)\widetilde{G}}_n(\cdot,\lambda))_\infty \tag{6.82}$$

$$E_1^-(P_r(D)g)_\infty \leqslant E_1^-(P_r\widehat{(D)\widetilde{G}}_n(\cdot,\lambda))_\infty \tag{6.83}$$

而

$$\begin{aligned} E_1^+(P_r\widehat{(D)\widetilde{G}}_n(\cdot,\lambda))_\infty &= E_1^-(P_r\widehat{(D)\widetilde{G}}_n(\cdot,\lambda))_\infty \\ &= 2H_{n-r}^{(\lambda_1,\cdots,\lambda_r)}(\lambda) \end{aligned}$$

在式(6.82)和(6.83)内置 $g=\|P_n(D)f_-\|_\infty^{-1}f,\lambda=\lambda(E_1(g)_\infty)$,便给出:

定理 6.3.3 设 $n\geqslant 2,P_n(D)=DP_{n-1}(D),f\in\mathscr{L}_\infty^{(n)}(P_n(D))$. 若 $(P_n(D)f)_-\not\equiv 0$,且存在 $\lambda>\Lambda$ 使 $E_1(g)_\infty\leqslant H_n(\lambda)$,则对 $P_n(D)$ 的任一真子算子 $P_r(D)=\prod_{j=1}^{r}(D-\lambda_j)(\lambda_j\in\mathbf{R})$ 有

$$E_1^{\pm}\left(\frac{P_r(D)f}{|P_n(D)f_-|_\infty}\right)\leqslant 2H_{n-r}^{(\lambda_1,\cdots,\lambda_r)}(\lambda(E_1(g)_\infty))$$

$$1\leqslant r\leqslant n-1 \tag{6.84}$$

特别地,若 $P_n(\lambda)=0$ 仅有实根,则对每一满足上述条件的 f,存在 $\lambda>0$ 使 $E_1(g)_\infty\leqslant H_n(\lambda)$. 从而对此 λ 有式(6.84)成立.

$P_n(D)=D^n(n\geqslant 2)$ 时我们得到:

推论 若 $f\in\mathscr{L}_\infty^{(n)}(D^n),n\geqslant 2,1\leqslant r\leqslant n-1,(f^{(n)})_-\not\equiv 0$. 则有

$$\left(\frac{E_1^{\pm}(f^{(r)})_\infty}{2H_{n-r}^{(0,\cdots,0)}(1)\|(f^{(n)})_-\|_\infty}\right)^{\frac{1}{n-r}}$$

$$\leqslant\left(\frac{E_1(f)_\infty}{H_n(1)\cdot\|(f^{(n)})_-\|_\infty}\right)^{\frac{1}{n}}$$

$$r=1,\cdots,n-1 \tag{6.85}$$

(三) 周期卷积类 $\widetilde{\mathscr{M}}_\infty^{(n),-}(P_n(D))$ 内函数的重排比较定理

本段设 $P_n(D)=DP_{n-1}(D),n\geqslant 2,P_n(\lambda)=0$ 仅有实根. $\widetilde{\mathscr{M}}_\infty^{(n),-}(P_n(D))$ 是 $A_\infty^{(n),-}(P_n(D))$ 的 2π 周期子集. 由前面的定义,知 $f\in\widetilde{\mathscr{M}}_\infty^{(n),-}(P_n(D))$,当且仅当

$$f(x)=C+\int_0^{2\pi}G_n(x-t)h(t)\mathrm{d}t$$

C是任意常数,$\int_0^{2\pi} h(t)\mathrm{d}t=0$,ess sup $|h(t)|<+\infty$,且$h(t)\geqslant -1$.

先引入一些记号备用. 对 $\hat{G}_n(x,\lambda)$ 记

$$\hat{G}_{n,+}(x,\lambda)\overset{\mathrm{df}}{=\!=}(\hat{G}_n)_+,\hat{G}_{n,-}(x,\lambda)\overset{\mathrm{df}}{=\!=}(\hat{G}_n)_- \tag{6.86}$$

易见

$$H_n^+(\lambda)=\max_x \hat{G}_{n,+}(x,\lambda) \tag{6.87}$$

$$H_n^-(\lambda)\overset{\mathrm{df}}{=\!=}-\min_x \hat{G}_n(x,\lambda)=\max_x \hat{G}_{n,-}(x,\lambda) \tag{6.88}$$

此外,有

$$(\widetilde{G}_n(x,\lambda))'=\lambda(\hat{G}_n(\lambda x,\lambda))' \tag{6.89}$$

在证明主要定理之前,先证几条引理.

引理 6.3.1 设 $\psi(t)$ 是$[0,\lambda]$上的单调上升函数,$\psi(0)=0$,数 $\delta_i\in[0,\lambda]$满足$\sum\delta_i\leqslant\frac{\lambda}{b}(b>0)$. 则

$$\sum\int_0^{\delta_i}\psi(t)\mathrm{d}t\leqslant\frac{1}{b}\int_0^{\delta_i}\psi(t)\mathrm{d}t \tag{6.90}$$

证 记 $\Phi(t)=\int_0^t\psi(u)\mathrm{d}u$. Φ 是凸的,故对任取的 $\delta\in[0,1]$ 有 $\Phi(\delta\lambda)\leqslant\delta\Phi(\lambda)$. 由此

$$\sum_i\Phi(\delta_i)=\sum_i\Phi\left(\frac{\delta_i}{\lambda}\cdot\lambda\right)\leqslant\Phi(\lambda)\sum_i\frac{\delta_i}{\lambda}\leqslant\frac{1}{b}\Phi(\lambda)$$

在下面引理中,假定 $n\geqslant 3$,$P_n(D)=D^2P_{n-2}(D)$.

引理 6.3.2 若存在$\lambda>0$及$g\in\mathscr{M}_\infty^{(n),-}(P_n(0))$,满足 $E_1(g)_\infty\leqslant H_n(\lambda)$,则

$$\|g'\|_1\leqslant\lambda\|(\hat{G}_n(\cdot,\lambda)')\|_1 \tag{6.91}$$

此处对 $g'\in L_{2\pi}$,$\|g'\|_1\overset{\mathrm{df}}{=\!=}\int_0^{2\pi}|g'|\mathrm{d}t$,等等.

证 由于

$$\int_0^{2\pi} g'(t)\mathrm{d}t=0,\int_0^{2\pi}(\hat{G}(t,\lambda))'\mathrm{d}t=0$$

故欲证式(6.91),只需能证以下两个不等式之一即可

$$\|(g')_+\|_1\leqslant\lambda\|(\hat{G}_n(\cdot,\lambda))'_+\|_1 \quad (6.92)$$

$$\|(g')_-\|_1\leqslant\lambda\|(\hat{G}_n(\cdot,\lambda))'_-\|_1 \quad (6.92')$$

置

$$E_+=\{t\mid g'(t)>0,t\in(0,2\pi)\}$$

$$E_-=\{t\mid g'(t)<0,t\in(0,2\pi)\}$$

$$e_+=\{t\mid(\hat{G}_n(t,\lambda))'>0,t\in(0,2\pi)\}$$

$$e_-=\{t\mid(\hat{G}_n(t,\lambda))'<0,t\in(0,2\pi)\}$$

根据引理 6.1.2,$(\hat{G}_n(t,\lambda))'$ 在 2π 周期区间内恰有两个单零点,所以有

$$\mathrm{mes}(E_+)+\mathrm{mes}(E_-)\leqslant\mathrm{mes}(e_+)+\mathrm{mes}(e_-)=2\pi$$

由此可见下列两个不等式之一成立

$$\mathrm{mes}(E_+)\leqslant\mathrm{mes}(e_+),\mathrm{mes}(E_-)\leqslant\mathrm{mes}(e_-)$$

不妨设前者成立,今往证此时有式(6.92)成立.记 E_+ 的构成区间集为$\{(\alpha_i,\beta_i)\},i\in I,\mathrm{mes}(e_+)=\omega$.置

$$I_1=\{i\mid i\in I,\beta_i-\alpha_i\leqslant\frac{\omega}{\lambda}\}$$

$I_2=I\backslash I_1$.对每一 $i\in I_2$ 有

$$\begin{aligned}\int_{\alpha_i}^{\beta_i} g'(t)\mathrm{d}t&=g(\beta_i)-g(\alpha_i)\leqslant\max g(t)-\min g(t)\\&=2E_1(g)_\infty\leqslant 2H_n(\lambda)\\&=\max\hat{G}_n(t,\lambda)-\min\hat{G}_n(t,\lambda)\\&=\frac{1}{2}\int_0^{2\pi}|(\hat{G}_n(t,\lambda))'|\mathrm{d}t\\&=\int_0^{2\pi}(\hat{G}_n(t,\lambda))'_+\mathrm{d}t\end{aligned}$$

$$=\int_0^{2\pi}p((\hat{G}(\cdot,\lambda))'_+,t)\mathrm{d}t$$
$$=\int_0^{\omega}p((\hat{G}_n(\cdot,\lambda))'_+,t)\mathrm{d}t$$

这里和上节一样，$p(f,t)$表示f在2π周期上的非增重排.

往下转到对$i\in I_1$估计$\int_{\alpha_i}^{\beta_i}g'(t)\mathrm{d}t$. 为此，需要用到定理6.3.1的推论5，把$g'(t)$在$(\alpha_i,\beta_i)$上的部分和标准函数$\widetilde{G}'_n(t,\lambda)$进行比较. 为了便于比较，可以把函数$\widetilde{G}'_n(t,\lambda)$作自变量的平移如下. 对每一选定的标号$i\in I_1$，适当选择两个数$\nu_i,\mu_i$，使得$(\widetilde{G}_n(t+\nu_i,\lambda))'$，$(\widetilde{G}_n(t+\mu_i,\lambda))'$各在$t=\alpha_i,\beta_i$时得零，且使前者在$t=\alpha_i$时有正导数，使后者在$t=\beta_i$处有负导数(图6.9).

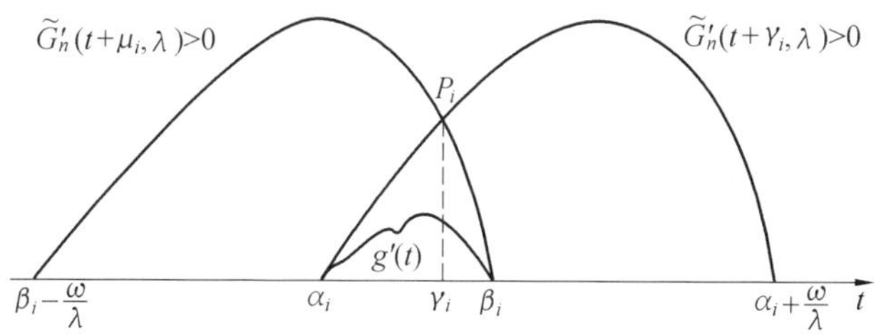

图 6.9

今对$g'(t)$和$(\widetilde{G}_n(t+\nu_i,\lambda))'$，$g'(t)$和$(\widetilde{G}_n(t+\mu_i,\lambda))'$应用定理6.3.1的推论5，注意到此时$g'\in\widetilde{\mathscr{M}}_\infty^{(n-1),-}(DP_{n-2}(D))$，$(\widetilde{G}_n(t,\lambda))'$是标准函数，我们有

$$g'(t)\leqslant\min\{(\widetilde{G}_n(t+\nu_i,\lambda))',(\widetilde{G}_n(t+\mu_i,\lambda))'\}$$
$$\overset{\mathrm{df}}{=\!=}g_{n,(i)}(t),t\in(\alpha_i,\beta_i)$$

从而有

$$\int_{\alpha_i}^{\beta_i} g'(t)\mathrm{d}t \leqslant \int_{\alpha_i}^{\beta_i} g_{n,i}(t)\mathrm{d}t$$

记 P_i 为曲线弧 $(t,(\widetilde{G}_n(t+\nu_i,\lambda))')$ 和曲线弧 $(t,(\widetilde{G}_n(t+\mu_i,\lambda))')$ 在 (α_i,β_i) 上的交点，它是唯一存在的. P_i 的横坐标记为 γ_i，$\alpha_i<\gamma_i<\beta_i$. 我们有

$$\begin{aligned}&\int_{\alpha_i}^{\beta_i} g_{n,i}(t)\mathrm{d}t\\ \leqslant&\int_{\alpha_i}^{\gamma_i}\widetilde{G}_n'(t+\nu_i,\lambda)\mathrm{d}t+\int_{\gamma_i}^{\beta_i}(\widetilde{G}_n(t+\mu_i,\lambda))'\mathrm{d}t\\ =&\int_{\alpha_i+\nu_i}^{\gamma_i+\nu_i}(\widetilde{G}_n(t,\lambda))'\mathrm{d}t+\int_{\gamma_i+\mu_i}^{\beta_i+\mu_i}(\widetilde{G}_n(t,\lambda))'\mathrm{d}t\\ =&\int_{\lambda(\alpha_i+\nu_i)}^{\lambda(\gamma_i+\nu_i)}(\hat{G}_n(t,\lambda))'\mathrm{d}t+\int_{\lambda(\gamma_i+\mu_i)}^{\lambda(\beta_i+\mu_i)}(\hat{G}_n(t,\lambda))'\mathrm{d}t\end{aligned}$$

$\lambda(\alpha_i+\nu_i)$，$\lambda(\beta_i+\mu_i)$ 是 $(\hat{G}_n(t,\lambda))'_+$ 的支集的端点(支集是 $[0,2\pi]$ 内的一闭区间)，其距离为 ω，而且

$$\begin{aligned}&[\lambda(\gamma_j+\nu_i)-\lambda(\alpha_i+\nu_i)]+\\&[\lambda(\beta_i+\mu_i)-\lambda(\gamma_i+\mu_i)]\\=&\lambda(\beta_i-\alpha_i)\leqslant\omega\end{aligned}$$

所以得

$$\begin{aligned}&\int_{\lambda(\alpha_i+\nu_i)}^{\lambda(\gamma_i+\nu_i)}(\hat{G}_n(t,\lambda))'\mathrm{d}t+\int_{\lambda(\gamma_i+\mu_i)}^{\lambda(\beta_i+\mu_i)}(\hat{G}_n(t,\lambda))'\mathrm{d}t\\=&\int_{\omega-\lambda(\beta_i-\alpha_i)}^{\omega}p((\hat{G}_n(\cdot,\lambda))'_+,t)\mathrm{d}t\end{aligned}$$

因此得

$$\begin{aligned}\|(g')_+\|_1&=\int_{E_+}g'(t)\mathrm{d}t\\&=\sum_{i\in I_1}\int_{\alpha_i}^{\beta_i}g'(t)\mathrm{d}t+\sum_{i\in I_2}\int_{\alpha_i}^{\beta_i}g'(t)\mathrm{d}t\end{aligned}$$

对 $i\in I_2$ 有 $\beta_i-\alpha_i>\dfrac{\omega}{\lambda}$. 但因

$$\sum_{i\in I_1}(\beta_i-\alpha_i)+\sum_{i\in I_2}(\beta_i-\alpha_i)\leqslant\omega$$

所以 I_2 内区间的个数 $j<\lambda$. 从而有

$$\sum_{i\in I_1}\lambda(\beta_i-\alpha_i)<\omega(\lambda-j)$$

由此得

$$\sum_{i\in I_2}\int_{\alpha_i}^{\beta_i}g'(t)\mathrm{d}t\leqslant\sum_{i\in I_2}\int_0^{\omega}p((\hat{G}_n(\cdot,\lambda))'_+,t)\mathrm{d}t$$

$$\leqslant j\int_0^{\omega}p((\hat{G}_n(\cdot,\lambda))'_+,t)\mathrm{d}t$$

$$\sum_{i\in I_1}\int_{\alpha_i}^{\beta_i}g'(t)\mathrm{d}t\leqslant\sum_{i\in I_1}\int_{\omega-\lambda(\beta_i-\alpha_i)}^{\omega}p((\hat{G}_n(\cdot,\lambda))'_+,t)\mathrm{d}t$$

$$=\sum_{i\in I_1}\int_0^{\delta_i}p((\hat{G}_n(\cdot,\lambda))'_+,t-\omega)\mathrm{d}t$$

此处 $\delta_i=\lambda(\beta_i-\alpha_i)\leqslant\omega$,同时规定

$$p((\hat{G}_n(\cdot,\lambda))'_+,-u)\overset{\mathrm{df}}{=}p((\hat{G}_n(\cdot,\lambda),u))$$

$$0\leqslant u\leqslant 2\pi$$

对 $\sum\limits_{i\in I_1}$ 应用引理 6.3.1,得

$$\sum_{i\in I_1}\int_0^{\delta_i}p((\hat{G}_n(\cdot,\lambda))'_+,t-\omega)\mathrm{d}t$$

$$\leqslant(\lambda-i)\int_0^{\omega}p((\hat{G}_n(\cdot,\lambda))'_+,t)\mathrm{d}t$$

因为有 $\sum\limits_{i\in I_1}\lambda(\beta_i-\alpha_i)<\omega(\lambda-j)$. 把两个估计式加以合并得所欲求.

置

$$\delta(t)=\lambda p((\hat{G}_n(\cdot,\lambda))'_+,t)-p((g')_+,t)$$

设有 $\xi\in(0,2\pi)$,$\delta(\xi)=0$. 对 ξ 记

$$z=p((g')_+,\xi)=\lambda p((\hat{G}_n(\cdot,\lambda))'_+,\xi)$$

$$E_z=\{t\mid g'(t)>z,t\in(0,2\pi)\}$$

注意 $\operatorname{mes}E_z=\xi<2\pi$. 由于周期函数的非增重排对自变量平移不变,即

$$p(f(\cdot),t)=p(f(\cdot+\alpha),t)$$

$g'(t)$ 有零点. 那么不失一般性,可以认为 $g'(0)=0$,这时 E_z 的构成区间 $(t_k,\tau_k)\subset(0,2\pi)$.

下面的引理是引理 6.2.6 在单边情形下的类比.

引理 6.3.3 条件同引理 6.3.2. 假定 $\delta(\xi)=0$ 对 $\xi\in(0,2\pi)$ 成立,且存在 ξ 的某一左邻域 $(\xi-\varepsilon,\xi)\subset(0,2\pi)$ 使 $\delta(t)<0$ 对 $t\in(\xi-\varepsilon,\xi)$ 成立,则 E_z 的构成区间的个数小于或等于 λ.

证 假定有 $N>\lambda$ 个构成区间 $(t_k,\tau_k)\subset E_z(k=1,\cdots,N)$,此时

$$z=(g')_+(t_k)=(g')_+(\tau_k),k=1,\cdots,N$$

选择充分小的 $h>0$,使点集 $E_{z+h}\subset E_z$ 在每一 (t_k,τ_k) 内含有其构成区间 $(t'_k,\tau'_k)\subset(t_k,\tau_k)$,并且对使 $p((g')_+,\xi-\gamma)=z+h$ 成立的 γ,在 $(\xi-\gamma,\xi)$ 内有 $\delta(t)<0$. 我们有

$$(g')_+(t'_k)=(g')_+(\tau'_k)=z+h,k=1,\cdots,N$$

由于对 $t\in(\xi-\gamma,\xi)$ 有

$$\lambda p((\hat{G}_n(\cdot,\lambda))'_+,t)<p((g')_+,t)$$

所以对于使

$$\lambda p((\hat{G}_n(\cdot,\lambda))'_+,\xi-\gamma_0)=z+h$$

的 γ_0 有 $\gamma<\gamma_0$. 注意 $\gamma=\sum\limits_{k=1}^{N}(|t_k-t'_k|+|\tau_k-\tau'_k|)$.

而且

$$g'(t_k)=g'(\tau_k)=z=\lambda p((\hat{G}_n(\cdot,\lambda))'_+,\xi)$$

$$g'(t'_k)=g'(\tau'_k)=z+h=\lambda p((\hat{G}_n(\cdot,\lambda))'_+,\xi-\gamma_0)$$

在$(\hat{G}_n(\cdot,\lambda))'_+$的支集(是一区间)内取两点$\alpha_1,\alpha_2$,使有

$$\lambda(\hat{G}_n(\alpha_1,\lambda))'=\lambda(\hat{G}_n(\alpha_2,\lambda))'=z$$

再取两点α'_1,α'_2使

$$\lambda(\hat{G}_n(\alpha'_1,\lambda))'=\lambda(\hat{G}_n(\alpha'_2,\lambda))'=z+h$$

此处$\alpha_1<\alpha'_1<\alpha'_2<\alpha_2$,则$|\alpha'_1-\alpha_1|+|\alpha'_2-\alpha_2|=\gamma_0$.今对$g'(t)$和$(\widetilde{G}_n(t,\lambda))'$应用定理6.3.1推论5的(2),则有

$$\lambda^{-1}|\alpha_2-\alpha'_2|\leqslant|\tau_k-\tau'_k|$$
$$\lambda^{-1}|\alpha_1-\alpha'_1|\leqslant|t_k-t'_k|,k=1,\cdots,N$$

所以

$$\begin{aligned}\gamma&=\sum_{k=1}^{N}(|t'_k-t_k|+|\tau'_k-\tau_k|)\\&\geqslant\frac{N}{\lambda}(|\alpha'_1-\alpha_1|+|\alpha'_2-\alpha_2|)\\&=\frac{N}{\lambda}\gamma_0>\gamma_0\end{aligned}$$

得到矛盾.

引理6.3.4　若有$\xi\in(0,2\pi)$满足引理6.3.3的条件,则

$$\int_0^{\xi}p((g')_+,t)\mathrm{d}t\leqslant\lambda\int_0^{\xi}p((\hat{G}_n(\cdot,\lambda))'_+,t)\mathrm{d}t$$

证　(t_k,τ_k)如前面定义过的.令(a_i,b_i)表示点集$E_0=\{t\mid g'(t)>0,0<t<2\pi\}$的这样的构成区间:其中至少含有一个$(t_k,\tau_k)$(图6.10).这样区间的个数$M\leqslant\lambda$.对$g'$和$(\widetilde{G}_n(t,\lambda))'$应用定理6.3.1的推论5.记

$$e_z=\left\{t\mid(\widetilde{G}_n(t,\lambda))'_+<z,t\in\left(0,\frac{2\pi}{\lambda}\right)\right\}$$

则有

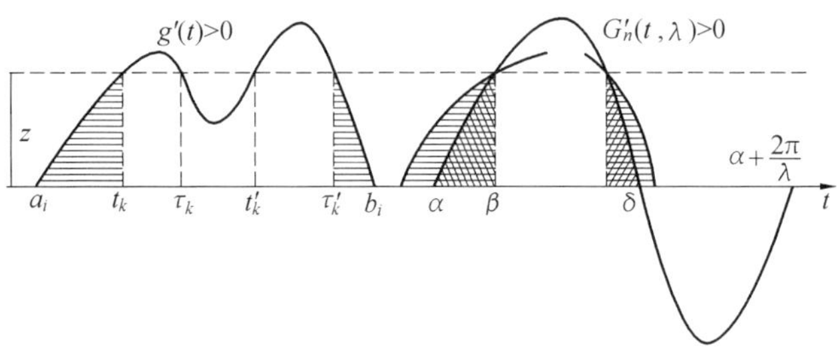

图 6.10

$$\int_{(a_i,b_i)\setminus E}(g')_+\,\mathrm{d}t\geqslant\int_{e_z}(\widetilde{G}_n(t,\lambda))'_+\mathrm{d}t$$

此处 e_z 含有两个区间 (α,β), (γ,δ): $e_z=(\alpha,\beta)\cup(\gamma,\delta)$. 那么

$$\begin{aligned}\int_{e_z}(\widetilde{G}_n(t,\lambda))'_+\mathrm{d}t&=\left(\int_\alpha^\beta+\int_\gamma^\delta\right)(\widetilde{G}_n(t,\lambda))'_+\mathrm{d}t\\&=\left(\int_{\lambda\alpha}^{\lambda\beta}+\int_{\lambda\gamma}^{\lambda\delta}\right)(\hat{G}_n(t,\lambda))'_+\mathrm{d}t\\&=\frac{1}{\lambda}\int_\xi^{2\pi}\lambda p((\hat{G}_n(\cdot,\lambda))'_+,t)\mathrm{d}t\end{aligned}$$

故若写着

$$\begin{aligned}&\int_0^\xi p((g')_+)\mathrm{d}t\\&=\sum_{k=1}^N\int_{t_k}^{\tau_k}(g')_+\,\mathrm{d}t\\&=\sum_{i=1}^M\int_{a_i}^{b_i}(g')_+\,\mathrm{d}t-\sum_{i=1}^M\int_{(a_i,b_i)\setminus E_z}(g')_+\,\mathrm{d}t\\&=I_1-I_2\end{aligned}$$

则由

$$\int_{a_i}^{b_i}(g')_+\,\mathrm{d}t=g(b_i)-g(a_i)\leqslant\max_t g(t)-\min_t g(t)$$

$$
\begin{aligned}
&= 2E_1(g)_\infty \leqslant 2H_n(\lambda) \\
&= \{\max_t \hat{G}_n(t,\lambda) - \min_t \hat{G}_n(t,\lambda)\} \\
&= \int_0^{2\pi} (\hat{G}_n(t,\lambda))'_+ \mathrm{d}t \\
&= \int_0^{2\pi} p((\hat{G}_n(\cdot,\lambda))'_+, t)\mathrm{d}t
\end{aligned}
$$

有 $I_1 \leqslant M\lambda^{-1}\int_0^{2\pi} \lambda p((\hat{G}_n(\cdot,\lambda))'_+, t)\mathrm{d}t$. 又

$$
I_2 = \sum_{i=1}^{M} \int_{(a_i,b_i)\setminus E_z} (g')_+ \,\mathrm{d}t \geqslant \frac{M}{\lambda}\int_{\xi}^{2\pi} \lambda p((\hat{G}_n(\cdot,\lambda))'_+, t)\mathrm{d}t
$$

所以

$$
\begin{aligned}
\int_0^{\xi} p((g')_+, t)\mathrm{d}t = I_1 - I_2 &\leqslant \frac{M}{\lambda}\int_0^{\xi} \lambda p((\hat{G}_n(\cdot,\lambda))'_+, t)\mathrm{d}t \\
&\leqslant \lambda \int_0^{\xi} p((\hat{G}_n(\cdot,\lambda))'_+, t)\mathrm{d}t
\end{aligned}
$$

得所欲证.

定理 6.3.4　设 $n \geqslant 3, P_n(D) = D^2 P_{n-2}(D)$, $P_n(\lambda) = 0$ 仅有实根. 若 $g \in \widetilde{\mathscr{M}}_\infty^{(n),1}(P_n(D))$ 对某 $\lambda > 0$ 有 $E_1(g)_\infty \leqslant H_n(\lambda)$, 则

$$
\int_0^t p((g')_+, u)\mathrm{d}u \leqslant \lambda \int_0^t p((\hat{G}_n(\cdot,t))'_+, u)\mathrm{d}u \tag{6.93}
$$

$$
\int_0^t p((g^-)_-, u)\mathrm{d}u \leqslant \lambda \int_0^t p((\hat{G}_n(\cdot,u))'_-, u)\mathrm{d}u \tag{6.93$'$}
$$

证　置 $\delta(t)$ 如引理 6.3.3.

(1) 若 $\delta(t)$ 在 $(0,2\pi)$ 内无零点, 则由引理 6.3.2 得

$$
\int_0^{2\pi} \delta(t)\mathrm{d}t = \lambda \| (\hat{G}_n(\cdot,\lambda))'_+ \|_1 - \| (g')_+ \|_1 \geqslant 0
$$

由此知 $\delta(t)$ 在 $(0,2\pi)$ 内取到正值，所以必有 $\delta(t)>0$ 在 $(0,2\pi)$ 内成立，即

$$p((g')_{+},u)<p((\hat{G}_n(\cdot,\lambda))'_{+},u),0<u<2\pi$$

由此得所欲证.

(2) 若 $\delta(t)$ 在 $(0,2\pi)$ 内取到负值，则它在 $(0,2\pi)$ 内有零点. 已经知道有 $\int_0^{2\pi}\delta(t)\mathrm{d}t\geqslant 0$，假定

$$\min_{t\in[0,2\pi]}\int_0^t\delta(u)\mathrm{d}u=\int_0^{\xi}\delta(u)\mathrm{d}u<0$$

则 $\xi\in(0,2\pi)$，而且 ξ 必满足引理 6.3.3 的条件. 那么由引理 6.3.4 得 $\int_0^{\xi}\delta(u)\mathrm{d}u\geqslant 0$，得到矛盾. 式(6.93) 得证. 同理可证式(6.93′).

推论 1 设 $n\geqslant 3$，$P_n(D)=D^2P_{n-2}(D)$，$P_n(\lambda)=0$ 仅有实根，$P_r(D)$ 是 $P_{n-2}(D)$ 的真子算子. 若对 $\lambda>0$ 及 $g\in\widetilde{\mathscr{M}}_{\infty}^{(n),-}(P_n(D))$ 有 $E_1(g)_{\infty}\leqslant H_n(\lambda)$，则对 $P_{r+1}(D)\overset{\mathrm{df}}{=\!=}DP_r(D)$ 有

$$\begin{aligned}&\int_0^t p((P_{r+1}(D)g)_{+},u)\mathrm{d}u\\ \leqslant\ &\lambda\int_0^t p((P_r(\hat{D})\widetilde{G}_n)'_{+}(\cdot,\lambda),u)\mathrm{d}u,0\leqslant t\leqslant 2\pi\end{aligned}\tag{6.94}$$

$$\begin{aligned}&\int_0^t p((P_{r+1}(D)g)_{-},u)\mathrm{d}u\\ \leqslant\ &\lambda\int_0^t p((P_r(\hat{D})\widetilde{G}_n)'_{-}(\cdot,u),u)\mathrm{d}u,0\leqslant t\leqslant 2\pi\end{aligned}\tag{6.94′}$$

证 由定理 6.3.1 的推论 4 有

$$E_1(P_r(D)g)_{\infty}\leqslant H_{n-r}^{(\lambda_1,\cdots,\lambda_r)}(\lambda)$$

$\lambda_1,\cdots,\lambda_r$ 为 $P_r(\lambda)=0$ 的根. 注意到 $(P_r(D)g)'=$

$P_{r+1}(D)g$，对 $P_r(D)g$ 可以应用定理 6.3.4，得所欲求.

现将推论 1 稍为改变形式，便可给出：

推论 2　设 $n\geqslant 2, P_n(D)=DP_{n-1}(D), P_{n-1}(\lambda)=0$ 仅有实根，$g\in\widetilde{\mathscr{M}}_\infty^{(n),-}(P_n(D))$. 若对 $\lambda>0$ 及 $f\in\mathscr{M}_\infty^{(n+1),-}(DP_n(D))$ 有 $f'=g$ 以及 $E_1(f)_\infty\leqslant H_{n+1}(\lambda)$，则对 $P_{n-1}(D)$ 的任一真子算子 $P_r(D)$ 有

$$\int_0^t p((P_r(D)g)_+,u)\mathrm{d}u$$

$$\leqslant\int_0^t p((\widehat{P_r(D)\widetilde{G}_n})_+(\cdot,\lambda),u)\mathrm{d}u, 0\leqslant t\leqslant 2\pi \quad (6.95)$$

$$\int_0^t p((P_r(D)g)_-,u)\mathrm{d}u$$

$$\leqslant\int_0^t p((\widehat{P_r(D)\widetilde{G}_n})_-(\cdot,\lambda),u)\mathrm{d}u, 0\leqslant t\leqslant 2\pi \quad (6.95')$$

特别地，当 $P_r(D)=I$ 时有

$$\int_0^t p(g_+,u)\mathrm{d}u\leqslant\int_0^t p((\hat{G}_n(\cdot,\lambda))_+,u)\mathrm{d}u \quad (6.96)$$

$$\int_0^t p(g_-,u)\mathrm{d}u\leqslant\int_0^t p((\hat{G}_n(\cdot,\lambda))_-,u)\mathrm{d}u, 0\leqslant t\leqslant 2\pi \quad (6.96')$$

推论 3　设 $n\geqslant 3, P_n(D)=D^2P_{n-2}(D), P_{n-2}(\lambda)=0$ 仅有实根，且对 $\lambda>0$ 及 $g\in\widetilde{\mathscr{M}}_\infty^{(n),-}(P_n(D))$ 有 $E_1(g)_\infty\leqslant H_n(\lambda)$. 则对每一 $p, 1\leqslant p\leqslant+\infty$ 有

$$\|g'\|_p\leqslant\lambda\|(\hat{G}_n(\cdot,\lambda))'\|_p \quad (6.97)$$

证　把定理 6.3.4 的结果和引理 6.2.7 对比，应用式(6.53) 立即得到

$$\|(g')_+\|_p\leqslant\lambda\|(\hat{G}_n(\cdot,\lambda))'_+\|_p)$$
$$\|(g')_-\|_p\leqslant\lambda\|(\hat{G}_n(\cdot,\lambda))'_-\|_p$$

从而当 $1\leqslant p<+\infty$ 时

$$
\begin{aligned}
\| g'\|_p^p &= \|(g')_+\|_p^p+\|(g')_-\|_p^p \\
&\leqslant \lambda^p(\|(\hat{G}_n(\cdot,\lambda))'\|_p^p+\|(\hat{G}_n(\cdot,\lambda))\|_p^p) \\
&=\lambda^p\|(\hat{G}_n(\cdot,\lambda))'\|_p^p
\end{aligned}
$$

$p=+\infty$ 时有

$$
\begin{aligned}
\| g'\|_\infty &= \max\{\|(g')_+\|_\infty,\|(g')_-\|_\infty\} \\
&\leqslant \lambda\{\max(\|(\hat{G}_n(\cdot,\lambda))'_+\|_\infty \\
&\|(\hat{G}_n(\cdot,\lambda))'_-\|_\infty)\}=\lambda\|(\hat{G}_n(\cdot,\lambda))'\|_\infty
\end{aligned}
$$

仿此,对于满足推论 2 的条件的函数 g 有:

推论 4 设 $n\geqslant 2,P_n(D)=DP_{n-1}(D),P_{n-1}(\lambda)=0$ 仅有实根,$g\in\widetilde{\mathscr{M}}_\infty^{(n),-}(P_n(D))$. 若有 $f\in\widetilde{\mathscr{M}}_\infty^{(n+1),-}(DP_n(D))$ 满足 $f'=g$,且对某个 $\lambda>0$ 有 $E_1(f)_\infty\leqslant H_{n+1}(\lambda)$,则对任一 $p,1\leqslant p\leqslant+\infty$ 有

$$
\| g\|_p\leqslant\|\hat{G}_n(\cdot,\lambda)\|_p \tag{6.98}
$$

推论 5 设 $n\geqslant 3,P_n(D)=D^2P_{n-2}(D),P_{n-2}(\lambda)=0$ 仅有实根,$P_r(D)$ 是 $P_{n-2}(D)$ 的真子算子. 若有 $g\in\widetilde{\mathscr{M}}_\infty^{(n),-}(P_n(D))$ 及某 $\lambda>0$ 使 $E_1(g)_\infty\leqslant H_n(\lambda)$,则对任一 $p,1\leqslant p\leqslant+\infty$,有

$$
\| P_{r+1}(D)g\|_p\leqslant\lambda\|(\widehat{P_r(D)\widetilde{G}_m}(\cdot,\lambda))'\|_p \tag{6.99}
$$

此处 $P_{r+1}(D)=DP_r(D)$.

同样有:

推论 6 设 $n\geqslant 2,P_n(D)=DP_{n-1}(D),P_{n-1}(\lambda)=0$ 只有实根,$g\in\widetilde{\mathscr{M}}_\infty^{(n),-}(P_n(D))$ 满足推论 2 的条件,则对 $P_{n-1}(D)$ 的任一真子算子 $P_r(D)$ 有

$$
\| P_r(D)g\|_p\leqslant\|(\widehat{P_r(D)\widetilde{G}_n}(\cdot;\lambda))\|_p,1\leqslant p\leqslant+\infty \tag{6.100}
$$

以上这些结果对特殊的算子 $P_n(D)=D^n$ 都可以具体化，写出比较具体的形式．特别值得指出的是，不等式(6.97)和(6.99)(后者包含前者)同样式(6.98)和(6.100)(后者包含前者)是定理6.2.8内的不等式(6.54)和(6.55)的类比．所以很清楚，只需对式(6.97)和(6.99)稍加变形，就可以给出在本节所讨论的函数类上的 p 范数的Landau-Kolmogorov型不等式和Taikov型不等式．

(四) $\mathscr{M}_\infty^{(n),-}(P_n(D))$ 内函数的 p 范数 $\mathscr{L}-\mathscr{K}$ 型不等式

在本段内设 $n\geqslant 3, P_n(D)=D^2P_{n-2}(D), P_{n-2}(\lambda)=0$ 仅有实根．$f\in\mathscr{L}_\infty^{(n)}(P_n(D))$，假定 $(P_n(D)f)_-\not\equiv 0$．置 $g=\|(P_n(D)f)_-\|_\infty^{-1}f$，则见 $g\in A_\infty^{(n),-}(P_n(D))$．存在 $\lambda>0$ 使 $E_1(g)_\infty\leqslant H_n(\lambda)$．那么，根据式(6.99)，对 $P_{r+1}(D)=DP_r(D)$($P_r(D)$ 是 $P_{n-2}(D)$ 的任一真子算子，$r=0,\cdots,n-3$)有

$$\|P_{r+1}(D)g\|_p\leqslant\lambda\|(\widehat{P_r(D)\widetilde{G}_n}(\cdot,\lambda))'\|_p$$

由于

$$\frac{\mathrm{d}}{\mathrm{d}t}\hat{G}_n(t,\lambda)=\frac{1}{\lambda}\widehat{\frac{\mathrm{d}}{\mathrm{d}t}\widetilde{G}_n}(t,\lambda)$$

等等关系式成立，上面不等式又可写成

$$\|P_{r+1}(D)g\|_p\leqslant\|(\widehat{P_{r+1}(D)\widetilde{G}_n}(\cdot,\lambda))\|_p$$

以 $\lambda_0=\lambda(E_1(g)_\infty)$ 代入上式得

$$\frac{\|P_{r+1}(D)f\|_p}{\|(P_n(D)f)_-\|_\infty}\leqslant\|\widehat{P_{r+1}(D)\widetilde{G}_n}(\cdot,\lambda(E_1(g)_\infty))\|_p \tag{6.101}$$

特别地,若 $P_n(D)=D^n(n\geqslant 3)$,式(6.101)可以写成

$$\left(\frac{\|f^{(r+1)}\|_p}{\|\widetilde{G}_{n-r-1}\|_p\cdot\|(f^{(n)})_-\|_\infty}\right)^{\frac{1}{n-r-1}}$$

$$\leqslant\left(\frac{\|f\|_\infty}{H_n(1)\cdot\|(f^{(n)})_-\|_\infty}\right)^{\frac{1}{n}}\tag{6.102}$$

这两个不等式可以和式(6.56)和(6.57)相比拟.

我们还可以从式(6.98)和(6.100)出发,给出 Taikov 型的不等式. 这时设 $n\geqslant 2,P_n(D)=DP_{n-1}(D),P_{n-1}(\lambda)=0$ 只有实根.考虑$\widetilde{\mathcal{M}}_\infty^{(n),-}(P_n(D))$ 的子集;$g\in\widetilde{\mathcal{M}}_\infty^{(n),-}(P_n(D))$,且 $g\perp T_{2m-1}$,m 是某个正整数.此时存在 $f\in\widetilde{\mathcal{M}}_\infty^{(n+1),-}(DP_n(D))$,$f'=g$,且 $f\perp T_{2m-1}$.根据定理 6.1.10 的式(6.32)有

$$E_1H(f)_\infty\leqslant H_{n+1}(m)$$

因此可以应用式(6.98)和(6.100)于 $f'=g$,给出

$$\|P_r(D)g\|_p\leqslant\|(P_r\widehat{(D)\widetilde{G}}_p(\cdot,m))\|_p\tag{6.103}$$

$P_r(D)$ 是 $P_{n-1}(D)$ 的任一真子算子.特别当 $r=0$ 时,$P_r(D)=I$,得到

$$\|g\|_p\leqslant\|\hat{G}_n(\cdot,m)\|_p,1\leqslant p\leqslant+\infty\tag{6.104}$$

式(6.103)和(6.104)对整个函数集$\{g\mid g\in\widetilde{\mathcal{M}}_\infty^{(n),-},g\perp T_{2m-1}\}$不可改进,即是说,我们有

$$\sup_{\substack{g\in\widetilde{\mathcal{M}}_\infty^{(n),-}\\ f\perp T_{2m-1}}}\|P_r(D)g\|_p=\|(P_r\widehat{(D)\widetilde{G}}_n(\cdot,m))\|_p\tag{6.105}$$

$r=0$ 时特别有

$$\sup_{\substack{g\in\widetilde{\mathscr{M}}_{\infty}^{(n),-}\\ g\perp T_{2m-1}}}\|g\|_p=\|\hat{G}_n(\cdot,m)\|_p \quad (6.106)$$

当 $P_n(D)=D^n(n\geqslant 2)$ 时，式(6.105)和(6.106)可以具体化

$$\sup_{\substack{g\in\widetilde{W}_{\infty}^{(n),-}\\ g\perp T_{2m-1}}}\|g^r\|_p=\frac{1}{m^{n-r}}\|\widetilde{G}_{n-r}(\cdot)\|_p,r=0,\cdots,n-2 \quad (6.107)$$

附注 和定理6.3.3相类似，本节的不等式中的 p 范数也可以换成函数在 $L_{2\pi}^p$ 尺度之下借助于常数的最佳逼近值. 定理6.3.3涉及的是 $p=+\infty$ 的情形，比较简单. $1\leqslant p<+\infty$ 时则较为复杂. 参阅Korneichuck等的专著[2].

§4 $\mathscr{L}$－$\mathscr{K}$不等式和逼近论极值问题的联系

(一) 关于 $\mathscr{L}$－$\mathscr{K}$ 不等式的注记

Hardy 和 Littlewood[18]，Hadamard[17]，Landau[16] 在20世纪初开始提出并研究函数和其导数间的不等式问题. 下面是Landau提出的问题和得到的结果.

用 I 表示 $[0,\delta]$，$[0,+\infty)$，$(-\infty,+\infty)$ 三者之一，$f\in C^2(I)$. 记

$$\mu_j=\mu_j(f,I)\overset{\text{df}}{=\!=}\sup_{x\in I}|f^{(j)}(x)|,j=0,1,2$$

研究 μ_0,μ_1,μ_2 三个数的关系.

Landau证明了：

(1) 当 $I=(-\infty,+\infty)$ 时有(也见于 Hadamard[17])

$$\mu_1\leqslant\sqrt{2\mu_0\mu_2}$$

(2) 当 $I=[0,\delta],\delta\geqslant 2\sqrt{\frac{\mu_0}{\mu_2}}$,或 $I=[0,+\infty)$ 时有

$$\mu_1\leqslant 2\sqrt{\mu_0\mu_2}$$

(3) 当 $I=[0,\delta],\delta<2\sqrt{\frac{\mu_0}{\mu_2}}$ 时有

$$\mu_1\leqslant\frac{2}{\delta}\mu_0+\frac{\delta}{2}\mu_2$$

以上三个不等式在 $C^2(I)$ 类上是精确的.

Hardy,Littlewood,Polya 在其名著《不等式》中对 Landau 不等式往 $L^2[0,+\infty)$ 类上做了推广.(该书俄文版的附录对 Landau 不等式问题的早期研究历史情况有所介绍)他们证明:

若 $f,f''\in L^2[0,+\infty)$,则

$$\|f'\|_2\leqslant 2\|f\|_2\cdot\|f''\|_2$$

此处 $\|f\|_2^2=\int_0^{+\infty}|f|^2\mathrm{d}x$.

A. N. Kolmogorov 进一步提出了问题:

设 $f\in W_I^{(n)}$,记 $\mu_k=\mu_k(f,I)=\sup\limits_{x\in I}|f^{(k)}(x)|$ $(k=0,\cdots,n)$. 对于给定的数组 $\{\mu_0,\mu_1,\cdots,\mu_n\}$,问存在 $f\in W_I^{(n)}$ 使 $\mu_k=\mu_k(f,I)$ 的充分必要条件是什么?

这个问题迄今还没有完全解决. Kolmogorov 本人对 $I=(-\infty,+\infty)$,μ_0,μ_k,μ_n 三个数 $(1\leqslant k\leqslant n-1)$ 情形得到了完美的结果.

Kolmogorov 定理(见[19])

给定 $n\geqslant 2,1\leqslant k\leqslant n-1$，以及 μ_0,μ_k,μ_n. 为了存在 $f\in W_I^{(n)}$ 使

$$\mu_0=\mu_0(f,I),\mu_k=\mu_k(f,I),\mu_n=\mu_n(f,I)$$

$I=\mathbf{R}$，当且仅当

$$\mu_k\leqslant C_{n,k}\mu_0^{1-\frac{k}{n}},\mu_n^{\frac{k}{n}} \tag{6.108}$$

此处 $C_{n,k}=\mathscr{K}_{n-k}/\mathscr{K}_n^{1-\frac{k}{n}}\mathscr{K}_r$ 是 Favard 常数.

与此同时，Gorny 曾把 Kolmogorov 的结果向 $I=[0,\delta]$ 及 $I=[0,+\infty)$ 的情形扩充，得到了一些不完善的结果. 式(6.108) 称为 Kolmogorov 不等式. 它包括了 Hadamard-Landau 的(1) 作为特例.

把 Landau，Kolmogorov 的问题加以概括，可以提出下面形式的问题，统称为 Landau-Kolmogorov 型的不等式问题(简称为 $\mathscr{L}-\mathscr{K}$ 问题)：

给定正整数 $k,n,0<k<n,p,q,r$ 是满足条件 $1\leqslant p,q,r\leqslant+\infty$ 的数，I 表示 $[0,\delta]$，$[0,+\infty)$，或 $\mathbf{R}$. $f\in L_{p,r}^{(n)}(I)$ 表示 $f\in L_I^p$，$f^{(n-1)}$ 在 I 上局部绝对连续($I=[0,\delta]$ 时要求在 I 上绝对连续)，$f^{(n)}\in L_I^p$. 假定 $\alpha,\beta>0,\alpha+\beta=1$. 考虑如下的不等式

$$\|f^{(k)}\|_q\leqslant D\|f\|_r^{\alpha}\cdot\|f^{(n)}\|_p^{\beta},f\in L_{p,r}^{(n)}(I)$$

其中 D 依赖于 n,k,p,q,r,α,β,f. 对整个函数类 $L_{p,r}^{(n)}(I)$，D 的最佳值应是

$$D=\sup_{\substack{f\in L_{p,r}^{(n)}\\ f(n)\neq 0}}\frac{\|f^{(k)}\|_q}{\|f\|_r^{\alpha}\cdot\|f^{(n)}\|_p^{\beta}} \tag{6.109}$$

为使 D 为有限，根据[20]，α,β 必须是满足

$$\alpha=\frac{n-k-p^{-1}+q^{-1}}{n-p^{-1}+r^{-1}},\beta=1-\alpha \tag{6.110}$$

Габушин[21] 给出了 D 有限的充要条件

$$\frac{n-k}{r}+\frac{k}{p}\geqslant\frac{n}{q}$$

$\mathscr{L}-\mathscr{K}$不等式问题的基本点首先是对给定的函数类 $L_{p,r}^{(n)}(I)$ 确定 D 的最佳值(精确常数).

在 20 世纪 70 年代,$\mathscr{L}-\mathscr{K}$不等式问题的研究曾趋于活跃.究其原因有两个方面.

第一,样条理论的发展使得人们对 $\mathscr{L}-\mathscr{K}$不等式问题有了新的认识.尤其是完全样条为 $\mathscr{L}-\mathscr{K}$不等式问题的研究提供了新工具.从样条理论的角度来看,Kolmogorov 不等式揭示了在函数类 $W_{\infty}^{(n)}(D^n)$ 内 Euler 样条的一个极值性质.最早用 Euler 样条的极值性质来表述 Kolmogorov 不等式的有 Shoenberg[23],Cavaretta[9],deBoor,Shoenberg[25].开始 Shoenberg 在资料[23]中只限于 $n=2$ 和 $n=3$ 两个初等情形,使用的工具主要是对函数 f 在一点的导数建立的一个近似公式,当 $n=2,3$ 时,公式中仅仅涉及 f 在有限个点上的值,所以这时视为初等的.第一个非初等情形 $n=4$ 在[23]内只有粗略的叙述.稍后,Cavaretta[9] 给了 Kolmogorov 不等式一个初等证法,它只用到 Rolle 定理.Shoenberg 在[23]内的方法在他和 deBoor 的合作的论文[25]中得到了充分的发展.(详见该文的 D 部分:Kolmogorov 定理的证明.)比较起来当然是 Cavaretta 的方法更为简练,而且便于往更广泛的函数类上扩充.然而 Shoenberg 的方法有其独到之处,而且它可以给出有关极函数的更多的信息.Sharma-Tzimbalario[10] 把 $W_{\infty}^{(n)}(D^n)$ 类上的 $\mathscr{L}-\mathscr{K}$不等式拓到更广泛的函数类 $W_{\infty}^{(n)}(P_n(D))$ 上,其中 $P_n(D)=\prod_{j=1}^{n}(D-\lambda_j)$,$\lambda_j$ 是实数,研究了由微分算子

$P_n(D)$ 确定的广义 Euler 样条的一个极值性质. 他们的方法是 Cavaretta 方法的进一步发展. 我们在本书内介绍了 Sharma-Tzimbalario 的结果往更广泛情形下的一个扩充,即不要求 $P_n(\lambda)=0$ 仅有实根. 所用的方法也是 Cavaretta 方法的发展. 此外,和这一系列工作有关系的还有黄达人、王建忠的[26],其中对完全可解的自共轭常系数微分形式确定的可微函数类讨论了另一种特殊形式的 $\mathscr{L}$-$\mathscr{K}$ 不等式.

另一方面,研究完全样条的极值性质的想法对 $I=[0,+\infty)$ 的情形也有所启发. 从这一想法出发,Shoenberg,Cavarretta[24] 证明了:

S－C 定理　设 $n\geqslant 4, 0<k<n$,并记

$$\mathscr{F}^{(n)}(\mathbf{R}_+)=\{f\mid f\in C^{(n-1)}(\mathbf{R}_+),\|f\|_\infty\leqslant 1,\\ \|f^{(n)}\|_\infty\leqslant 2^{n-1}\cdot n!\ \}$$

则有

$$\sup_{f\in\mathscr{F}^{(n)}(\mathbf{R}_+)}\|f^{(k)}\|_\infty=L_n^{(k)}\tag{6.111}$$

此处常数 $L_n^{(k)}$ 是以一列被称为 Chebyshev-Euler 样条的完全样条 $S_{n,\nu}(x)$ 的 k 阶导数在点 0 处的值的极限给出的

$$L_n^{(k)}=\lim_{\nu\to+\infty}|S_{n,\nu}^{(k)}(0)|$$

极函数也只能以 $S_{n,\nu}(x)$ 的极限形式给出. S. Karlin 在论文[3] 中把这一结果扩充到由线性微分算子 $P_n(D)=\prod_{j=1}^{n}(D-\lambda_j)(\lambda_j\in\mathbf{R})$ 确定的函数类上.

$I=[0,\delta]$ 的情形迄今讨论得最不充分. 这里涉及的是在可微函数集 $W_\infty^{(n)}(I)$ 内 Chebyshev-Euler 完全样条(亦称为振荡的完全样条) 序列的一个极值性质. 这种完全样条序列的存在、唯一性问题是首要的问题.

V. M. Tikhomirov[27], Shoenberg 和 Cavaretta[24] 在 1969 ~ 1970 年首先证明了存在性,刻画了它的特征,[27]还指出了它和逼近论的宽度问题的联系. S. Karlin[3] 对振荡完全样条序列的存在唯一性,及其特征做了更广泛的研究,指出了这类函数和有限区间上的 Landau-Kolmogorov 不等式问题的联系. S. Karlin[3], C. K. Chui 和 P. Smith[28] 对 $n=2$ 时,有限区间上的 Landau-Kolmogorov 不等式做了透彻的讨论. $n=3$ 的情形,不久以前有 M. Sato[29]. $n>3$ 时,只见到一些用振荡完全样条作为极值函数的点态的结论. 关于这方面的结果,可以参阅 S. Karlin 的论文《振荡完全样条和有关的极值问题》(载于 *Studies in Spline functions and Approximation theory*, Acad-Press, 1976) 我们不详细介绍这方面的结果,仅想指出一点:在 $I=\mathbf{R}$ 的情形下在函数类 $W_\infty^{(n)}(I)$ 内 Landau-Kolmogorov 不等式的点态形式就是前面讲的 Kolmogorov 比较定理. 本章 §2 的结果说明, $I=\mathbf{R}$ 时,点态的 Landau-Kolmogorov 不等式包含了(范数形式的)Landau-Kolmogorov 不等式,这是因为 $W_\infty^{(n)}(I)$ 当 $I=\mathbf{R}$ 时,其中的函数经过自变量的平移后仍属于该函数类. 当 I 是 $[0,+\infty)$ 或有限区间 $[0,\delta]$ 时, $W_\infty^{(n)}(I)$ 不具有对自变元的平移不变性. 点态形式的 Landau-Kolmogorov 不等式并不含有范数形式的不等式. 而必须单独证明. $n>4$ 的情形下 $W_\infty^{(n)}[0,1]$ 上 $\mathscr{L}-\mathscr{K}$ 不等式问题仍待研究. S. Karlin 对该问题的一个猜想见[3],第 432 页.

第二,近二十年来苏联逼近论学者在最佳逼近极值问题的研究中取得了很大进展. 其中突出的一点是:

他们发现了 $\mathscr{L}-\mathscr{K}$ 不等式问题和逼近论的极值问题的联系. 首先 S. B. Stêchkin[30] 研究了无界算子(微分算子 D^n)借助于范数不超过某一定数 N 的线性有界算子类的最佳逼近问题,指出了这一问题和 $\mathscr{L}-\mathscr{K}$ 不等式问题的联系,Arestov,Gabushin,Taikov 等人沿此方向做了大量工作. 这些工作的一个重要方面是,揭示了 $\mathscr{L}-\mathscr{K}$ 不等式问题和逼近论的各种极值问题的深刻联系,包括宽度问题,最佳求积问题,函数类对类的最佳逼近问题,等等. 而在此以前,这些问题都是互相不联系的,分别加以研究的. Korneichuk, Ligun, Doronin 在资料[2]内把这种联系进一步明确化、系统化,在周期可微函数类上建立了一系列的所谓等价定理,其要旨在于把 $\mathscr{L}-\mathscr{K}$ 不等式问题和最佳逼近的极值问题的联系公式化,使其便于用到解决具体函数类上的一些极值问题,从一个类型的极值问题的已知结果转向获致其他新结果. 他们用这种方法已经得到了很多重要结果(包括宽度问题的新结果). 下面是一条典型的等价定理.

等价定理(Korneichuk, Ligun, Doronin)

设 $r=1,2,\cdots,k=1,\cdots,r,\alpha\in(0,1),M>0,1\leqslant p,q,s\leqslant+\infty,\frac{1}{s}+\frac{1}{s'}=\frac{1}{p}+\frac{1}{p'}=\frac{1}{q}+\frac{1}{q'}=1$,则以下三条断语等价:

(1) $\forall f\in L_s^{(r)}$ 有

$$E_1(f^{(r-k)})_{p'}\leqslant M\cdot E_1(f)_{q'}^{\alpha}\cdot\|f^{(r)}\|_{s'}^{1-\alpha}$$

此处 $E_1(f)_q\overset{\mathrm{df}}{=}\inf\limits_{\lambda}\|f-\lambda\|_q$

(2) 对任一 $N>0$ 有

$$E(W_p^k;NW_q^r)_s \leqslant \frac{1-\alpha}{\alpha}\left(\frac{N^\alpha}{M\alpha}\right)^{\frac{1}{\alpha-1}}$$

此处

$$E(W_p^n;NW_q^r)_s \stackrel{\text{df}}{=} \sup_{f\in W_p^k} \inf_{g\in NW_g^r} \| f-g \|_s$$

(3) 对任一半范 $\Psi(f)$ 有

$$\Psi(W_p^k) \leqslant M\Psi(W_q^r)^\alpha \cdot \Psi(W_s^0)^{1-\alpha}$$

其中

$$W_s^0 \stackrel{\text{df}}{=} \{f \mid \| f \|_s \leqslant 1, f \perp 1\}$$

$$\Psi(W_p^r) \stackrel{\text{df}}{=} \Psi(f)$$

定理中出现的函数类都是 2π 周期的,三个不等式中如有一条是不能改进的,则另外两条也是不能改进的.

关于等价定理的其他形式,及和它有关的资料,见专著[2].

下面介绍等价定理的一种扩充形式,主要是和线性微分算子 $P_n(D)$ 有关.

(二) 等价定理

我们首先把 Korneichuck 等的等价定理扩充到更广泛的函数类上. 设 $n \geqslant 2, P_n(\lambda) = \lambda P_{n-1}(\lambda)$ 仅有实根, $P_r(D)$ 是 $P_n(D)$ 的真子算子, $\hat{P}_r(D)$ 是 $P_r(D)$ 关于 $P_n(D)$ 的余算子, $P_r^*(D)$ 是 $P_r(D)$ 的共轭微分形式. 记

$$\widetilde{L}_s^{(n)}(P_n(D)) = \{f = C + G_n * h \mid C \in \mathbf{R}, \\ h \in L_{2\pi}^s, h \perp 1\}$$

又记

$$\widetilde{\mathscr{M}}_s^{(0)}=\{g \mid g\in L_{2\pi}^s,\|g\|_s\leqslant 1\}$$

$$\begin{aligned}N\widetilde{\mathscr{M}}_q^{(n)}&=N\widetilde{\mathscr{M}}_q^{(n)}(P_n(D))\\&=\{f\mid f\in L_{2\pi}^{(n)},\|P_n(D)f\|_q\leqslant N,\\&\quad P_n(D)f\perp 1\}\end{aligned}$$

$$\begin{aligned}\widetilde{\mathscr{M}}_p^{(n-r),0}&=\widetilde{\mathscr{M}}_p^{(n-r),0}(\hat{P}_r(D))\\&=\{f\mid f\in L_{2\pi}^{(n-r)}\ \|\hat{P}_r(D)f\|_p\leqslant 1,\\&\quad \hat{P}_r(D)f\perp 1\}\end{aligned}$$

$$\widetilde{\mathscr{M}}_{s'*}^{(n)}=\widetilde{\mathscr{M}}_{s'}^{(n)}(P_n^*(D))$$

$P_n^*(D)$ 为 $P_n(D)$ 的共轭微分形式.

我们需要满足一定光滑条件，和在 $0,+\infty$ 处数量级受一定限制的连续模.往下称连续模 $\Omega(u)\in A$，若：

(1)$\Omega(u)$ 在$[0,+\infty)$ 连续可微，严格增加.

(2)$\Omega'(0^+)=+\infty$.

(3) $\dfrac{\Omega(u)}{u}\downarrow 0,u\to+\infty$.

例如 $\Omega(u)=u^\alpha\in A,0<\alpha<1$.

定理 6.4.1 设 $n\geqslant 2,P_n(D)=DP_{n-1}(D)$，$P_{n-1}(\lambda)=0$ 仅有实根，$\Omega(u)\in A,1\leqslant p,q,s\leqslant+\infty$，$\dfrac{1}{p}+\dfrac{1}{p'}=\dfrac{1}{q}+\dfrac{1}{q'}=\dfrac{1}{s}+\dfrac{1}{s'}=1,1\leqslant r\leqslant n-1$，$P_r(D)\subsetneqq P_n(D)$.

则下面三条断语等价：

(1) $\forall f\in\widetilde{\mathscr{M}}_{s'}^{(n)}(P_n^*(D)),P_n^*(D)f\neq 0$ 有

$$E_1(P_r^*(D)f)_{p'}\leqslant\Omega\left(\frac{E_1(f)_{q'}}{\|P_n^*(D)f\|_{s'}}\right)\cdot\|P_n^*(D)f\|_{s'}\tag{6.112}$$

(2) 对任一 $N>0$ 有

$$E(\widetilde{\mathscr{M}}_p^{(n-r),0},N\widetilde{\mathscr{M}}_q^{(n)})_s \leqslant \sup_{u>0}(\Omega(u)-Nu) \tag{6.113}$$

(3) 对任一定义在 $\widetilde{L}_{2\pi}$ 上的半范 $\Psi(f)$ 有

$$\Psi(\widetilde{\mathscr{M}}_p^{(n-r),0}) \leqslant \Omega\left(\frac{\Psi(\widetilde{\mathscr{M}}_q^{(n)})}{\Psi(\widetilde{\mathscr{M}}_s^{(0)})}\right)\cdot\Psi(\widetilde{\mathscr{M}}_s^{(0)}) \tag{6.114}$$

证 假定式(6.112)成立. 由最佳逼近的对偶定理(见第二章,定理2.2.2)对 $L_{2\pi}^s$ 内任一子集 $\mathscr{M}$ 有

$$\begin{aligned}
E(\mathscr{M},N\widetilde{\mathscr{M}}_q^{(n)})_s &= \sup_{f\in\infty} e(f,N\widetilde{\mathscr{M}}_q^{(n)})_s \\
&= \sup_{f\in\mathscr{M}}\sup_{\|\varphi\|_{s'}\leqslant 1}\left\{\int_0^{2\pi} f(t)\varphi(t)\mathrm{d}t-\sup_{u\in N\mathscr{M}_q^{(n)}}\int_0^{2\pi}u(t)\varphi(t)\mathrm{d}t\right\} \\
&= \sup_{\|\varphi\|_{s'}\leqslant 1}\left\{\sup_{f\in\mathscr{M}}\int_0^{2\pi} f(t)\varphi(t)\mathrm{d}t-\sup_{u\in N\mathscr{M}_q^{(n)}}\int_0^{2\pi}u(t)\varphi(t)\mathrm{d}t\right\}
\end{aligned}$$

由于 $P_n(0)=0$, $N\widetilde{\mathscr{M}}_g^{(n)}(P_n(D))$ 内含有常数,这样一来 $\varphi(t)$ 可限于取

$$\int_0^{2\pi}\varphi(t)\mathrm{d}t=0$$

所以

$$E(\mathscr{M},N\widetilde{\mathscr{M}}_q^{(n)})_s = \sup_{\substack{\|\varphi\|_s\leqslant 1\\ \varphi\perp 1}}\left\{\sup_{f\in\mathscr{M}}\int_0^{2\pi} f(t)\varphi(t)\mathrm{d}t-\sup_{y\in N\widetilde{\mathscr{M}}_q^{(n)}}\int_0^{2\pi}u(t)\varphi(t)\mathrm{d}t\right\} \tag{6.115}$$

任取 $g\in\widetilde{\mathscr{M}}_{s'}^{(n)}(P_n^*(D))$, 使 $\varphi(t)=P_n^*(D)g(t)$, 则

$$\begin{aligned}
\int_0^{2\pi}u(t)\varphi(t)\mathrm{d}t &= \int_0^{2\pi}u(t)\cdot P_n^*(D)g(t)\mathrm{d}t \\
&= \int_0^{2\pi}P_n(D)u(t)\cdot g(t)\mathrm{d}t
\end{aligned}$$

上式的最后一步借助于分部积分可以验证. 所以

$$\sup_{u\in N\widetilde{\mathscr{M}}_q^{(n)}}\int_0^{2\pi}[P_n(D)u(t)]g(t)\mathrm{d}t$$

$$=\sup_{\substack{\|y\|_q\leqslant N\\ y\perp 1}}\int_0^{2\pi}y(t)g(t)\mathrm{d}t=NE_1(g)_{g'}$$

由此可见式(6.115)可化为

$$E(\mathscr{M},N\widetilde{\mathscr{M}}_q^{(n)})_s$$

$$=\sup_{g\in\widetilde{\mathscr{M}}_{s',*}^{(n)}}\left\{\sup_{f\in\mathscr{M}}\int_0^{2\pi}f(t)[P_n^*(D)g(t)]\mathrm{d}t-NE_1(g)_{g'}\right\}$$

置 $\mathscr{M}=\widetilde{\mathscr{M}}_p^{(n-r),0}(\hat{P}_r(D))$，则由

$$\sup_{g\in\widetilde{\mathscr{M}}_p^{(n-r),0}}f(t)[P_n^*(D)g(t)]\mathrm{d}t$$

$$=\sup_{f\in\widetilde{\mathscr{M}}_p^{(n-r),0}}[\hat{P}_r(D)f(t)]\cdot[P_r^*(D)g(t)]\mathrm{d}t$$

$$=E_1(P_r^*(D)g)_{p'}$$

结合式(6.112)得

$$E(\widetilde{\mathscr{M}}_p^{(n-r),0},N\widetilde{\mathscr{M}}_q^{(n)})_s$$

$$=\sup_{g\in\widetilde{\mathscr{M}}_{s',*}^{(n)}}\{E_1(P_r^*(D)g)_{p'}-NE_1(g)_{q'}\}$$

$$\leqslant\sup_{g\in\widetilde{\mathscr{M}}_{s',*}^{(n)}}\left\{\Omega\left(\frac{E_1(g)_{q'}}{\|P_n^*(D)g\|_{s'}}\right)\|P_n^*(D)g\|_{s'}-NE_1(g)_{q'}\right\}$$

$$=\sup_{g\in\widetilde{\mathscr{M}}_{s',*}^{(n)}}\left\{\Omega\left(\frac{E_1(g)_{q'}}{\|P_n^*(D)g\|_{s'}}\|P_n^*(D)g\|_{s'}\right)-N\left(\frac{E_1(g)_{q'}}{\|P_n^*(D)g\|_{s'}}\right)\cdot\|P_n^*(D)g\|_{s'}\right\}$$

$$\leqslant\sup_{u>0}(\Omega(u)-Nu)$$

因为 $\|P_n^*(D)g\|_{s'}\leqslant 1$. 所以式(6.112)⇒式(6.113).

设式(6.113)成立,任取 $L_{2\pi}$ 上的半范 $\Psi(\cdot)$,对任给的 $f\in\widetilde{\mathscr{M}}_p^{(n-r),0}(\hat{P}_r(D))$,以 $u(f)$ 表示 f 在集合 $N\widetilde{\mathscr{M}}_q^{(n)}(P_n(D))$ 内的依 L^s 尺度的最佳逼近元,由半范性质得

$$\begin{aligned}\Psi(f)&=\Psi(f-u(f)+u(f))\\&\leqslant\Psi(f-u(f)+\sup_{u\in N\widetilde{\mathscr{M}}_q^{(n)}}\Psi(u))\\&\leqslant\Psi(\widetilde{\mathscr{M}}_s^{(0)})\|f-u(f)\|_s+N\Psi(\widetilde{\mathscr{M}}_q^{(n)})\\&\leqslant\Psi(\widetilde{\mathscr{M}}_s^{(0)})\cdot\sup_{f\in\widetilde{\mathscr{M}}_p^{(n-r),0}}\|f-u(f)\|_s+N\Psi(\widetilde{\mathscr{M}}_q^{(n)})\\&\leqslant\Psi(\widetilde{\mathscr{M}}_s^{(0)})\cdot\sup_{u>0}(\Omega(u)-Nu)+N\Psi(\widetilde{\mathscr{M}}_q^{(0)})\end{aligned}\tag{6.116}$$

今选择 $N>0$(图 6.11),使得

$$\sup_{u>0}(\Omega(u)-Nu)$$

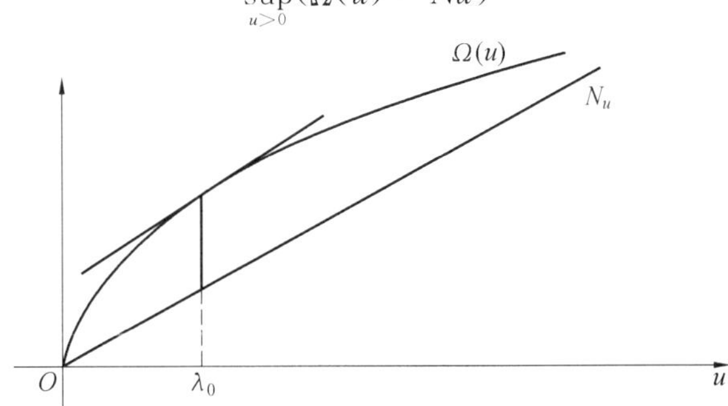

图 6.11

在 $\lambda_0=\Psi(\widetilde{\mathscr{M}}_q^{(n)})/\Psi(\widetilde{\mathscr{M}}_s^{(0)})$ 处达到,由 $\Omega(u)\in A$,这样的 N 存在.对此式(6.116)写作

$$\Psi(f)\leqslant\Psi(\widetilde{\mathscr{M}}_s^{(0)})\left\{\Omega\left(\frac{\Psi(\widetilde{\mathscr{M}}_q^{(n)})}{\Psi(\widetilde{\mathscr{M}}_s^{(0)})}\right)-N\frac{\Psi(\widetilde{\mathscr{M}}_q^{(n)})}{\Psi(\widetilde{\mathscr{M}}_s^{(0)})}\right\}+$$

$$
\begin{aligned}
&N\Psi(\widetilde{\mathscr{M}}_q^{(n)})\\
&=\Omega\left(\frac{\Psi(\widetilde{\mathscr{M}}_q^{(n)})}{\Psi(\widetilde{\mathscr{M}}_s^{(0)})}\right)\cdot\Psi(\widetilde{\mathscr{M}}_s^{(0)})
\end{aligned}
$$

由于 $f\in\widetilde{\mathscr{M}}_p^{(n-r),0}$ 是任取的，从而得式(6.114).

最后证式(6.114)⇒式(6.112).

任给 $g\in\widetilde{L}_s^{(n)}(P_n^*(D))$，把 $\Psi(\cdot)$ 取作

$$\Psi(f)=\int_0^{2\pi}[P_n^*(D)g(t)]f(t)\mathrm{d}t$$

则有

$$
\begin{aligned}
&\Psi(\widetilde{\mathscr{M}}_p^{(n-r),0})\\
&=\sup_{f\in\widetilde{\mathscr{M}}_p^{(n-r),0}}\int_0^{2\pi}[P_n^*(D)g(t)]f(t)\mathrm{d}t\\
&=\sup_{f\in\widetilde{\mathscr{M}}_p^{(n-r),0}}\int_0^{2\pi}[P_r^*(D)g(t)][P_{n-r}(D)f(t)]\mathrm{d}t\\
&=E_1(P_r^*(D)g)_{p'}
\end{aligned}
$$

那么

$$
\begin{aligned}
\Psi(\widetilde{\mathscr{M}}_s^{(0)})&=\sup_{\|y\|_{s'}\leqslant 1}\int_0^{2\pi}[P_n^*(D)g(t)]y(t)\mathrm{d}t\\
&=\|P_n^*(D)g\|_{s'}
\end{aligned}
$$

同样有

$$\Psi(\widetilde{\mathscr{M}}_q^{(n)})=E_1(g)_{q'}$$

由假定式(6.114)成立，把以上三个式子代入式(6.114)即得

$$E_1(P_r^*(D)g)_{p'}\leqslant\Omega\left(\frac{E_1(g)_{q'}}{\|P_n^*(D)g\|_{s'}}\right)\cdot\|P_n^*(D)g\|_{s'}$$

由此即得式(6.112).

这个结果是上一节内 $\mathscr{K}-\mathscr{L}-\mathscr{Z}$ 等价定理的一种扩充，证明的框架和前者基本一样. 前面定理中出现的

连续模 $\Omega(u)$ 是具体函数 $u^{\alpha}(0<\alpha<1)$,这里的 $\Omega(u)$ 不是具体函数. 对于给定的 $P_n(D)$, p,q,r,s 它是否存在? 这本身还是问题. 若存在,此函数依赖于 $P_n(D)$ 和 p,q,r,s,一般不唯一. 对于给定了的 $P_n(D)$ 和 p,q,r,s 是否总存在一个 $\Omega(u)\in A$ 使定理 6.4.1 成立而且其中的不等式精确? 这是一个没有解决的问题. 但是对于特殊形式的 $P_n(D)$ 和一些特取的数 p,q,r,s,上面的问题不难解决. 以下叙述几个最简单的结果.

先来介绍构造 $\Omega(u)$ 的一些想法. 定理 6.4.1 的断语(1) 内的不等式. 式(6.112) 相当于 $\mathscr{L}$-$\mathscr{K}$ 不等式. 不同的是,这里用量 $E_1(g)$ 取代了 g 的范数,这对此地讨论的问题是合理的. 函数 $\Omega(u)$ 在一些特殊情况下可以具体构造出来. 比如,若 $p=q=s=1(p'=q'=s'=+\infty)$, $P_n(D)=D\prod\limits_{j=1}^{n-1}(D-\lambda_j)$, $\lambda_j\in\mathbf{R}$,由定理 6.2.5 的推论 1, $\forall f\in\widetilde{\mathscr{M}}_{\infty}^{(n)}(P_n^*(D))$ 有

$$\|P_r^*(D)f\|_{\infty}\leqslant\Gamma_{n,r}^*\left(\lambda\left(\frac{\|f\|_{\infty}}{\|P_n^*(D)f\|_{\infty}}\right)\right)\cdot\|P_n^*(D)f\|_{\infty}$$

(见式(6.43),这里的 $\Gamma_{n,r}^*(\lambda)$ 是由 $P_n^*(D)$ 的标准函数 $\Phi_{n,r}^*(x)$ 确定的量.) 这个式子中的 $\|P_r^*(D)f\|_{\infty}$, $\|f\|_{\infty}$ 可以分别用 $E_1(P_r^*(D)f)_{\infty}$, $E_1(f)_{\infty}$ 代替,这是由于 $f\in\widetilde{\mathscr{M}}_{\infty}^{(n)}(P_n^*(D))\Rightarrow f+c\in\widetilde{\mathscr{M}}_{\infty}^{(n)}(P_n^*(D))$,不论 C 是什么数. 所以,若 C_0 是使

$$E_1(f)_{\infty}=\|f-C_0\|_{\infty}$$

成立的数,在上式中用 $f-C_0$ 替换 f 即给出

$$E_1(P_n^*(D)f)_{\infty}\leqslant\Gamma_{n,r}^*\left(\lambda\left(\frac{E_1(f)_{\infty}}{\|P_n^*(D)f\|_{\infty}}\right)\right)\cdot$$

$$\| P_n^*(D)f \|_\infty$$

这相当于式(6.112)，其中的 $\Omega(u)$ 采取了以下形式

$$\Omega(u) = \Gamma_{n,r}^*(\lambda(u)) \qquad (6.117)$$

$\lambda(u)$ 是由下列函数方程确定的

$$\Gamma_{n,0}^*(\lambda(u)) = u, u > 0 \qquad (6.118)$$

(见定理 6.2.5 的推论 1，所不同的是，这里用 $P_n^*(D)$ 取代了那里出现的算子 $P_n(D)$.）剩下的问题是要弄清楚：由式(6.117)和(6.118)确定的函数 $\Gamma_{n,r}^*(\lambda(u))$ 是否满足条件 A?

此外，当 $p=q=s=+\infty$，以及 p 任意，$q=s=1$ 时，对等价定理的深入讨论也归结到和上面问题类似的问题.这个问题我们只能就一种特殊类型的微分算子给出部分的解答.

设 $P_n(D) = D^\sigma \prod_{j=1}^{l}(D^2 - t_j^2)$，$\sigma \geq 1$，$t_j > 0$，$\sigma + 2l = n$. 此时广义 Bernoulli 核是

$$G_n(t) = \frac{(-1)^l}{n} \sum_{\nu=1}^{+\infty} \frac{\cos(\nu t - \frac{\sigma\pi}{2})}{\nu^\sigma \prod_{j=1}^{t}(\nu^2 + t_1^2)} \qquad (6.119)$$

标准函数是

$$\Phi_{n,\lambda}(x)$$

$$= \frac{4(-1)^l}{\pi\lambda^\sigma} \sum_{\nu=0}^{+\infty} \frac{\cos[(2\nu+1)\lambda x - \frac{\sigma+1}{2}\pi]}{(2\nu+1)^{\sigma+1} \prod_{j=1}^{t}[2\nu+1)^2\lambda^2 + t_j^2]}$$

$$\lambda > 0$$

$$\Gamma_{n,0}(\lambda)=\begin{cases}\dfrac{4}{\pi\lambda^{\sigma}}\displaystyle\sum_{k=0}^{+\infty}\frac{1}{(2k+1)^{\sigma-1}\prod_{j=1}^{l}[(2k+1)^2\lambda^2+t_j^2]}(\sigma\text{ 奇})\\ \dfrac{4}{\pi\lambda^{\sigma}}\displaystyle\sum_{k=0}^{+\infty}\frac{(-1)^k}{(2k+1)^{\sigma+1}\prod_{j=1}^{l}[(2k+1)^2\lambda^2+t_j^2]}(\sigma\text{ 偶})\end{cases}$$

容易看出,$\Gamma_{n,0}(\lambda)$ 是$(0,+\infty)$上 C^{∞} 类的函数.

而且$\lim\limits_{\lambda\to0+}\Gamma_{n,0}(\lambda)=+\infty$, $\lim\limits_{\lambda\to+\infty}\Gamma_{n,0}(\lambda)=0$. 下面给出:

引理 6.4.1 $\Gamma_{n,0}(\lambda)$ 在$(0,+\infty)$上严格单调下降.

证 σ 是奇数时,从 $\Gamma_{n,0}(\lambda)$ 的表达式看出结论成立,设 σ 是偶数,那么单从 $\Gamma_{n,0}(\lambda)$ 的表达式看不出结论的成立. 为了处理这种情况,我们需要一条:

引理 6.4.2 设 $q_r(x)=\prod\limits_{j=1}^{l}(x^2-t_j^2)$, $l\geqslant1$, $t_j\geqslant0$,置

$$F_{r,\lambda}(x)=\frac{4}{\pi}\sum_{\nu=0}^{+\infty}\frac{\sin(2\nu+1)\pi x}{(2\nu+1)q_r(\mathrm{i}(2\nu+1)\lambda\pi)},\lambda>0$$

则对每一点 $x\in(0,1)$, $|F_{r,\lambda}(x)|$ 作为 λ 的函数严格单调下降.

证 记

$$q_{r-2}(x)=\prod_{j=1}^{l-1}(x^2-t_j^2),\cdots,q_2(x)=(x^2-t_j^2)$$

直接计算得

$$(\lambda^2D^2-t_j^2)F_{r,\lambda}(x)=F_{r-2,\lambda}(x)$$

$$\vdots$$

$$(\lambda^2D^2-t_1^2)F_{2,\lambda}(x)=F_{0,\lambda}(x)$$

$$F_{0,\lambda}(x)=\frac{4}{\pi}\sum_{k=0}^{+\infty}\frac{\sin(2k+1)\pi x}{2k+1}=\operatorname{sgn}\pi x$$

此处

$$F_{r-2,\lambda}(x)=\frac{4}{\pi}\sum_{\nu=0}^{+\infty}\frac{\sin(2\nu+1)\pi x}{(2\nu+1)q_{r-2}(\mathrm{i}(2\nu+1)\lambda\pi)}$$

等等. 由此看出，在$[0,1]$上$F_{2,\lambda}(x)$是下列微分方程的解

$$\lambda^2y''-t_1^2y=1,y(0)=y(1)=0$$

若$t_1>0$，则

$$F_{2,\lambda}(x)=\frac{-1}{\lambda t_1}\left\{\sinh\frac{t_1(1-x)}{\lambda}\int_0^x\sinh\frac{t_1y}{\lambda}\mathrm{d}y+\right.$$
$$\left.\sinh\frac{t_1x}{\lambda}\int_x^1\sinh\frac{t_1(1-y)}{\lambda}\mathrm{d}y\right\}$$

此表达式说明，任意固定一$x\in(0,1)$，$|F_{2,\lambda}(x)|$对λ严格单调下降. 若$t_1=0$，则在$(0,1)$上简单地有

$$F_{2,\lambda}(x)=\frac{1}{2\lambda^2}(x^2-x)$$

所以结论也对. 往下考虑$F_{4,\lambda}(x)$，它满足

$$(\lambda^2D^2-t_2^2)F_{4,\lambda}(x)=F_{2,\lambda}(x)$$

二阶微分算子

$$y''-\alpha^2y=0,y(0)=y(1)=0$$

当$\alpha>0$时的 Green 函数是

$$K(x,y,\alpha)=\begin{cases}-\alpha^{-1}\sinh\alpha x\sinh\alpha(1-y),x\leqslant y\\-\alpha^{-1}\sinh\alpha(1-x)\sinh\alpha y,y\leqslant x\end{cases}$$

若$t_2>0$，置$\alpha=\frac{t^2}{\lambda}$，则有

$$F_{4,\lambda}(x)=\frac{-1}{\lambda t_2}\left\{\sinh\frac{t_2(1-x)}{\lambda}\int_0^x\sinh\frac{t_2y}{\lambda}F_{2,\lambda}(y)\mathrm{d}y+\right.$$
$$\left.\sinh\frac{t_2x}{\lambda}\int_x^1\sinh\frac{t_2(1-y)}{\lambda}F_{2,\lambda}(y)\mathrm{d}y\right\}$$

由此式看出，对每一 $x \in (0,1)$，$|F_{4,\lambda}(x)|$ 对 λ 严格单调下降. 当 $\alpha = \frac{t_2}{\lambda} = 0$ 时，利用二阶微分算子

$$y'' = 0, y(0) = y(1) = 0$$

的 Green 函数

$$K(x,y,0) = \begin{cases} -x(1-y), x \leqslant y \\ -y(1-x), y \leqslant x \end{cases}$$

可以把 $F_{4,\lambda}(x)$ 表示为

$$F_{4,\lambda}(x) = \frac{-1}{\lambda^2}\left\{(1-x)\int_0^x yF_{2,\lambda}(y)\mathrm{d}y + x\int_x^1 (1-y)F_{2,\lambda}(y)\mathrm{d}y\right\}$$

从它立即得知结论亦成立. 往下使用归纳推理，便知 $|F_{r,\lambda}(x)|$ 对每一固定的 $x \in (0,1)$，都是 λ 的严格下降函数.

把引理 6.4.2 用于证明引理 6.4.1 的 σ 为偶数的情形，只要把 $\Phi_{n,\lambda}(x)$ 做简单的变元代换，就可以把问题归结于证明 $\left|F_{r,\lambda}\left(\frac{1}{2}\right)\right|$ 是 λ 的严格单调下降函数，注意此处

$$\left|F_{r,\lambda}\left(\frac{1}{2}\right)\right| = \| F_{r,\lambda}(\cdot) \|_\infty$$

从而由引理 6.4.2 就推出引理 6.4.1 的后半部分的结论.

推论　方程 $\Gamma_{n,0}(\lambda) = u$ 确定了一个 $\lambda(u)$：$\forall u \in (0,+\infty)$，$u \to \lambda \in (0,+\infty)$，使得 $\Gamma_{n,0}(\lambda(u)) = u$. $\lambda(u)$ 在 $(0,+\infty)$ 上严格单调下降，而且属于 C^∞ 类.

$\lambda(u)$ 是 $u = \Gamma_{n,0}(\lambda)$ 的反函数，这一函数在特别简单的情形 $P_n(D) = D^n$ 之下可给出显式，但在一般情况

下给不出显式.以下可以看出,对后面的讨论,$\lambda(u)$ 是很重要的.今置

$$\Omega(u)=\Gamma_{n,r}(\lambda(u))$$

相对应的子算子 $P_r(D)\subset P_n(D)$ 是自共轭的,而且 $P_r(D)$ 的余算子 $\hat{P}_r(D)$ 是形如

$$\hat{P}_r(D)=D^{\mu}\prod_{j=1}^{l'}(D^2-t_j^2),1\leqslant\mu\leqslant\sigma,0\leqslant l'\leqslant l$$

的微分形式.注意有

$$\begin{cases}\Omega'(\mu)=\dfrac{\Gamma'_{n,r}(\lambda(u))}{\Gamma'_{n,0}(\lambda(u))} & (6.120)\\[2ex] \dfrac{\Omega(u)}{u}=\dfrac{\Gamma_{n,r}(\lambda(u))}{\Gamma_{n,0}(\lambda(u))} & (6.121)\end{cases}$$

下面来讨论 $\Omega(u)\in A$ 的问题.

引理 6.4.3　对 $P_n(D)$ 的任一自共轭子算子 $P_r(D)\subsetneqq P_n(D)$(包括 $r=0,P_0(D)\overset{\mathrm{df}}{=}I$),函数 $\Gamma_{n,r}(\lambda(u))$ 满足以下条件:

(1) 在$(0,+\infty)$上严格单调增加.

(2) 连续可微.

(3) $\lim\limits_{n\to0+}\Gamma_{n,r}(\lambda(u))=0$.

证　根据引理 6.4.1,引理 6.4.2 的推论,即知 $\Gamma_{n,r}(\lambda)$,$\lambda(u)$ 都是严格减小的函数,所以有(1).复合函数 $\Gamma_{n,r}(\lambda(u))$ 的连续可微性由 $\Gamma_{n,r}(\lambda)$ 及 $\lambda(u)$ 的连续可微性推出.最后,$\lim\limits_{u\to0+}\lambda(u)=+\infty$,即得(3).

引理 6.4.4　对 $P_n(D)$ 的任一自共轭子算子 $P_r(D)\subsetneqq P_n(D)$,用 $r\neq0$ 成立着

$$\lim_{u\to0+}\Omega'(u)=+\infty$$

此处 $\Omega(u)=\Gamma_{n,r}(\lambda(u))$.

证　由式(6.120),此处需计算

$$\lim_{\lambda\to+\infty}\frac{\Gamma'_{n,r}(\lambda)}{\Gamma'_{n,0}(\lambda)}$$

为此,注意不论 σ 是奇或偶,可以写着

$$\Gamma_{n,0}(\lambda)=\frac{4}{\pi\lambda^{\sigma}}\sum_{\nu=0}^{+\infty}\frac{(-1)^{\nu(\sigma+1)}}{(2\nu+1)^{\sigma+1}\prod_{j=1}^{l}[(2\nu+1)^2\lambda^2+t_j^2]}$$

$$\Gamma_{n,r}(\lambda)=\frac{4}{\pi\lambda^{\sigma'}}\sum_{\nu=0}^{+\infty}\frac{(-1)^{\nu(\sigma'+1)}}{(2\nu+1)^{\sigma'+1}\prod_{j=1}^{l'}[(2\nu+1)^2\lambda^2+t_j^2]}$$

$\sigma+2l=n,\sigma'+2l'=n'<n$. 经计算给出

$$\Gamma'_{n,0}(\lambda)=\frac{-4}{\pi\lambda^{\sigma+2l+1}}\cdot$$

$$\left\{\sum_{\nu=0}^{+\infty}\frac{\sigma(-1)^{\nu(\sigma+1)}}{(2\nu+1)^{\sigma+1}\prod_{j=1}^{l}\left[(2\nu+1)^2+\left(\frac{t_j}{\lambda}\right)^2\right]}+\right.$$

$$\left.\sum_{\nu=0}^{+\infty}\frac{(-1)^{\nu(\sigma+1)}[2l(2\nu+1)^2+\cdots]}{(2\nu+1)^{\sigma+1}\left[(2\nu+1)^{2l}+\cdots+\left(\frac{t_1\cdots t_{l'}}{\lambda^{l}}\right)^2\right]^2}\right\}$$

$$\Gamma'_{n,0}(\lambda)=\frac{-4}{\pi\lambda^{\sigma'+2l'+1}}\cdot$$

$$\left\{\sum_{\nu=0}^{+\infty}\frac{\sigma'(-1)^{\nu(\sigma'+1)}}{(2\nu+1)^{\sigma'+1}\prod_{j=1}^{l'}\left[(2\nu+1)^2+\left(\frac{t_j}{\lambda}\right)^2\right]}+\right.$$

$$\left.\sum_{\nu=0}^{+\infty}\frac{(-1)\nu^{(\sigma'+1)}[2l'(2\nu+1)^{2l'}+\cdots]}{(2\nu+1)^{\sigma'+1}\left[(2\nu+1)^{2l'}+\cdots+\left(\frac{t_1\cdots t_{l'}}{\lambda^{l'}}\right)^2\right]^2}\right\}$$

由此得

$$\frac{\Gamma'_{n,r}(\lambda)}{\Gamma'_{n,0}(\lambda)}=\lambda^{\sigma+2l-(\sigma'+2l')}\cdot C(\lambda)$$

$C(\lambda)$ 是某个函数,而这里

$$\lim_{\lambda\to+\infty} C(\lambda)=\beta>0$$

β 是某个定数. 所以得

$$\lim_{u\to 0+}\Omega'(u)=+\infty$$

附注 1　从上面两条引理的证明看出，对 $P_r(D)$ 并不要求 $\hat{P}_r(0)=0$ 即不要求 $\hat{P}_r(D)$ 内带有因子 D.

附注 2　在引理 6.4.3 内，包括 $r=0$，此时的 $\Omega(u)=\Gamma_{n,0}(\lambda(u))=u$. 但在引理 6.4.4 内排除 $r=0$ 的情形.

最后来讨论条件 A 的第三条. 这相当于要验证

$$\frac{\Gamma_{n,r}(\lambda)}{\Gamma_{n,0}(\lambda)}\uparrow,\text{且}\lim_{\lambda\to 0+}\frac{\Gamma_{n,r}(\lambda)}{\Gamma_{n,0}(\lambda)}=0,\lambda\to+\infty$$

我们只给出一个最简单的结果：当 $P_r(D)$ 的余算子 $\hat{P}_r(D)=D^{\mu}$，$1\leqslant\mu\leqslant\sigma$ 时，因为 $\Gamma_{n,r}(\lambda)=\alpha\cdot\lambda^{-\mu}$，$\alpha>0$ 是某个与 λ 无关的数，从而得

$$\frac{\Gamma_{n,r}(\lambda)}{\Gamma_{n,0}(\lambda)}=\beta\cdot\lambda^{\sigma-\mu}\cdot Q(\lambda)$$

此处 $\beta>0$ 是一与 λ 无关的常数，而

$$Q(\lambda)=\frac{1}{\displaystyle\sum_{k=0}^{+\infty}\frac{(-1)^{k(\sigma+1)}}{(2k+1)^{\sigma+1}\displaystyle\prod_{j=1}^{l}[(2k+1)^2\lambda^2+t_j^2]}}$$

根据引理 6.4.2，知 $Q(\lambda)$ 严格单调增加. 故得知 $\Gamma_{n,r}(\lambda)/\Gamma_{n,0}(\lambda)$ 严格单调增加. 下面区分两种情形：

(1) 当 $\mu<\sigma$ 时，显然有

$$\lim_{\lambda\to 0+}\frac{\Gamma_{n,r}(\lambda)}{\Gamma_{n,0}(\lambda)}=0,\ \lim_{\lambda\to+\infty}\frac{\Gamma_{n,r}(\lambda)}{\Gamma_{n,0}(\lambda)}=+\infty$$

(2) 当 $\mu=\sigma$ 时. $l\geqslant 1$($l=0$ 意味着 $P_r(D)=I$，这一种情形需与以排除) 此时由于

$$\lim_{\lambda\to+\infty} Q(\lambda)=+\infty$$

故也有

$$\lim_{\lambda\to+\infty}\frac{\Gamma_{n,r}(\lambda)}{\Gamma_{n,0}(\lambda)}=+\infty$$

但是$\lim\limits_{\lambda\to 0+}\frac{\Gamma_{n,r}(\lambda)}{\Gamma_{n,0}(\lambda)}\neq 0$. 综合以上讨论,得:

引理 6.4.5 设 $P_n(D)=D^{\sigma}\prod\limits_{j=1}^{l}(D^2-t_j^2)$,$\sigma\geqslant 2$,$l\geqslant 0$($l=0$ 时,$\{t_j\}$ 是空集),$P_r(D)\subsetneqq P_n(D)$ 是一自共轭子算子,$\hat{P}_r(D)=D^{\mu}$,$1\leqslant\mu<\sigma$,则

$$\lim_{\lambda\to 0+}\frac{\Gamma_{n,r}(\lambda)}{\Gamma_{n,0}(\lambda)}=0,\ \lim_{\lambda\to+\infty}\frac{\Gamma_{n,r}(\lambda)}{\Gamma_{n,0}(\lambda)}=+\infty$$

而且$\frac{\Gamma_{n,r}(\lambda)}{\Gamma_{n,0}(\lambda)}$是严格增函数.

由引理 6.4.3 ~ 引理 6.4.5 我们得到下面一条简单定理.

定理 6.4.2 设 $\sigma\geqslant 2$,$P_n(D)$ 和 $P_r(D)$ 如引理 6.4.5 所给出,则

$$\Omega(u)=\Gamma_{n,r}(\lambda(u))\in A$$

此时定理 6.4.1 对 $p=q=s=1$ 和 $\Omega(u)=\Gamma_{n,r}(\lambda(u))$ 成立. 特别地,对 $L_{2\pi}$ 上定义的任一半范 $\Psi(\cdot)$ 成立

$$\Psi(\widetilde{\mathscr{M}}_1^{(\mu)})\leqslant\Gamma_{n,r}\left(\lambda\left(\frac{\Psi(\widetilde{\mathscr{M}}_1^{(n)})}{\Psi(\widetilde{\mathscr{M}}_1^{(0)})}\right)\right)\cdot\Psi(\widetilde{\mathscr{M}}_1^{(0)})\tag{6.122}$$

此处按定义

$$\widetilde{\mathscr{M}}_1^{(\mu)}\overset{\text{df}}{=\!=}\widetilde{\mathscr{M}}_1^{(\mu)}(D^{\mu})$$

$$\widetilde{\mathscr{M}}_1^{(n)}\overset{\text{df}}{=\!=}\widetilde{\mathscr{M}}_1^{(n)}(P_n(D))$$

$\lambda\left(\frac{\Psi(\widetilde{\mathscr{M}}_1^{(n)})}{\Psi(\widetilde{\mathscr{M}}_1^{(0)})}\right)$是下列方程的解

$$\Gamma_{n,0}\left(\lambda\left(\frac{\Psi(\widetilde{\mathscr{M}}_1^{(n)})}{\Psi(\widetilde{\mathscr{M}}_1^{(0)})}\right)\right)=\frac{\Psi(\widetilde{\mathscr{M}}_1^{(n)})}{\Psi(\widetilde{\mathscr{M}}_1^{(0)})}$$

从本定理最后的结论式(6.122)，稍加变形便得如下的：

推论 设 $P_r(D)$ 和 $P_n(D)$ 的条件如引理 6.4.5 所给出，$\Psi(\cdot)$ 是 $L_{2\pi}$ 上任一半范. 若对某个 $\lambda>0$ 有

$$\frac{\Psi(\widetilde{\mathscr{M}}_1^{(n)})}{\Psi(\widetilde{\mathscr{M}}_1^{(0)})}\leqslant\Gamma_{n,0}(\lambda)$$

则

$$\frac{\Psi(\widetilde{\mathscr{M}}_1^{(\mu)})}{\Psi(\widetilde{\mathscr{M}}_1^{(0)})}\leqslant\Gamma_{n,r}(\lambda)\tag{6.123}$$

式(6.123)和(6.43)很相似，实际上是 Landau-Kolmogorov 不等式的一种拓广的形式.

证 首先由方程

$$\Gamma_{n,0}(\lambda)=\frac{\Psi(\widetilde{\mathscr{M}}_1^{(n)})}{\Psi(\widetilde{\mathscr{M}}_1^{(0)})}$$

确定一个解 $\lambda_0=\lambda(\Psi(\widetilde{\mathscr{M}}_1^{(n)})/\Psi(\widetilde{\mathscr{M}}_1^{(0)}))$，即使

$$\Gamma_{n,0}(\lambda_0)=\frac{\Psi(\widetilde{\mathscr{M}}_1^{(n)})}{\Psi(\widetilde{\mathscr{M}}_1^{(0)})}$$

则由式(6.122)得

$$\frac{\Psi(\widetilde{\mathscr{M}}_1^{(\mu)})}{\Psi(\widetilde{\mathscr{M}}_1^{(0)})}\leqslant\Gamma_{n,r}(\lambda_0)$$

由 $\Gamma_{n,0}(\lambda_0)\leqslant\Gamma_{n,0}(\lambda)\Rightarrow\lambda\leqslant\lambda_0$，所以从 $\Gamma_{n,r}(\lambda_0)\leqslant\Gamma_{n,r}(\lambda)$，得所欲求.

通过等价定理，把 Landau-Kolmogorov 不等式转化成式(6.123)的形式，其中的半范 $\Psi(\cdot)$ 有很大选择余地. 这可用于计算函数类的宽度. 遗憾的是，我们这

里对 $P_n(D)$,$P_r(D)$ 的限制过于苛刻,这一点限制了它的应用范围.

当 $p=q=s=+\infty$,$p'=q'=s'=+\infty$ 时,式(6.112)是 Stein 不等式.所以,如果 $P_n(D)$,$P_r(D)$ 仍如引理 6.4.5 给出的那样,那么作为 $\Omega(u)$ 仍可以取 $\Omega(u)=\Gamma_{n,r}(\lambda(u))$.和定理 6.4.2 一样成立着:

定理 6.4.3 设 $\sigma\geqslant 2$,$P_n(D)$ 和 $P_r(D)$ 如引理 6.4.5 所给出,则对 $p=q=s=+\infty$,$\Omega(u)=\Gamma_{n,r}(\lambda(u))$ 定理 6.4.1 成立,特别对 $L_{2\pi}$ 上定义的任一半范 $\Psi(\cdot)$ 成立

$$\Psi(\widetilde{\mathscr{M}}_{\infty}^{(\mu)})\leqslant\Gamma_{n,r}\left(\lambda\left(\frac{\Psi(\widetilde{\mathscr{M}}_{\infty}^{(n)})}{\Psi(\widetilde{\mathscr{M}}_{\infty}^{(0)})}\right)\right)\cdot\Psi(\widetilde{\mathscr{M}}_{\infty}^{(0)})$$

此处接定义

$$\widetilde{\mathscr{M}}_{\infty}^{(\mu)}\overset{\text{df}}{=\!=}\widetilde{\mathscr{M}}_{\infty}^{(\mu)}(D^{\mu})$$

$$\widetilde{\mathscr{M}}_{\infty}^{(n)}\overset{\text{df}}{=\!=}\widetilde{\mathscr{M}}_{\infty}^{(n)}(P_n(D))$$

$$\Gamma_{n,0}\left(\lambda\left(\frac{\Psi(\widetilde{\mathscr{M}}_{\infty}^{(n)})}{\Psi(\widetilde{\mathscr{M}}_{\infty}^{(0)})}\right)\right)=\frac{\Psi(\widetilde{\mathscr{M}}_{\infty}^{(n)})}{\Psi(\widetilde{\mathscr{M}}_{\infty}^{(0)})}$$

推论 设 $P_r(D)$ 和 $P_n(D)$ 如引理 6.4.5 给出,$\Psi(\cdot)$ 是 $L_{2\pi}$,上任一半范.若对某个 $\lambda>0$ 有

$$\Psi(\widetilde{\mathscr{M}}_{\infty}^{(n)})\leqslant\Gamma_{n,0}(\lambda)\cdot\Psi(\widetilde{\mathscr{M}}_{\infty}^{(0)})$$

则

$$\Psi(\widetilde{\mathscr{M}}_{\infty}^{(\mu)})\leqslant\Gamma_{n,r}(\lambda)\cdot\Psi(\widetilde{\mathscr{M}}_{\infty}^{(0)})\tag{6.124}$$

式(6.124)的意义和式(6.123)的一样.

最后转到讨论 p 任意,$1\leqslant p\leqslant+\infty$,$q=s=1$,即 $q'=s'=+\infty$ 的情形.和前面已经讨论过的两种情形一样,这里要从式(6.56)出发,但应该做如下的改变

$$E_1(P_r(D)f)_{p'} \leqslant \Gamma_{n,r}\left(\lambda\left(\frac{E_1(f)_\infty}{\| P_n(D)f \|_\infty}\right)\right)_{p'} \cdot \| P_n(D)f \|_\infty$$

此处

$$\Gamma_{n,0}\left(\lambda\left(\frac{E_1(f)_\infty}{\| P_n(D)f \|_\infty}\right)\right) = \frac{E_1(f)_\infty}{\| P_n(D)f \|_\infty}$$

和前面一样,仍设 $P_n(D)$ 是自共轭微分算子,$n \geqslant 2$,$\sigma \geqslant 2$,$P_r(D) \subsetneqq P_n(D)$ 是自共轭子算子,而且 $\hat{P}_r(D) = D^\mu$,$1 \leqslant \mu < \sigma$. 在这一最简单情形下,置

$$\Omega(u) = \Gamma_{n,r}(\lambda(u))_{p'}$$

其中 $\lambda(u)$ 满足 $\Gamma_{n,0}(\lambda(u)) = u$. 容易验证 $\Omega_{(u)} \in A$. 我们要记住,这里

$$\Gamma_{n,r}(\lambda)_p = \| P_r(\widehat{D)\Phi}_{n,r} \|_p$$

而

$$\hat{\Phi}_{n,r}(x) \overset{\text{df}}{=\!=} \Phi_{n,\lambda}\left(\frac{x}{\lambda}\right) = \frac{4(-1)^l}{\pi\lambda^\sigma} \cdot \sum_{\nu=0}^{+\infty} \frac{\cos\left[(2\nu+1)x - \frac{\sigma+1}{2}\pi\right]}{(2\nu+1)^{\sigma+1} \prod_{j=1}^{l} \| (2\nu+1)^2\lambda^2 + t_j^2 \|}$$

既然 $\hat{P}_r(D) = D^\mu$,$1 \leqslant \mu < \sigma$,那么

$$P_r(\widehat{D)\Phi}_{n,\lambda}(x) = \frac{4(-1)^l}{\pi\lambda^\mu} \sum_{\nu=0}^{+\infty} \frac{\cos\left[(2\nu+1)x - \frac{\mu+1}{2}\pi\right]}{(2\nu+1)^{\mu+1}}$$

从而

$\| P_r(\widehat{D)\Phi}_{n,\lambda} \|_{p'} = \frac{4}{\pi\lambda^\mu} \cdot C_{p'}$,$C_{p'} > 0$ 与 λ 无关. 有了这些,验证 $\Omega(u) \in A$ 就很容易了. 我们由此可以给出:

定理 6.4.4　设 $\sigma \geqslant 2$,$P_n(D)$ 和 $P_r(D)$ 如引理

6.4.5 所给出，则对任一 $p\in[1,+\infty)$，$q=s=1$，$\Omega(u)=\Gamma_{n,r}(\lambda(u))_{p'}$ 定理 6.4.1 成立. 特别对 $L_{2\pi}$ 上定义的任一半范 $\Psi(\cdot)$ 有

$$\Psi(\widetilde{\mathscr{M}}_p^{(\mu)})\leqslant\Gamma_{n,r}\left(\lambda\left(\frac{\Psi(\widetilde{\mathscr{M}}_1^{(n)})}{\Psi(\widetilde{\mathscr{M}}_1^{(0)})}\right)\right)_{p'}\cdot\Psi(\widetilde{\mathscr{M}}_1^{(0)})\tag{6.125}$$

推论 $P_r(D),P_n(D),\Psi(\cdot)$ 如定理 6.4.4，若对某个 $\lambda>0$ 有

$$\Psi(\widetilde{\mathscr{M}}_1^{(n)})\leqslant\Gamma_{n,0}(\lambda)\Psi(\widetilde{\mathscr{M}}_1^{(0)})$$

则

$$\Psi(\widetilde{\mathscr{M}}_p^{(\mu)})\leqslant\Gamma_{n,r}(\lambda)_{p'}\Psi(\widetilde{\mathscr{M}}_1^{(0)}),\frac{1}{p}+\frac{1}{p'}=1\tag{6.126}$$

定理 6.4.2，定理 6.4.3，定理 6.4.4 条件过于苛刻，适用范围较窄. 但是它们在给出一些函数类的 n 宽度下方估计及在极子空间的讨论中还是很有用的.

把等价定理用于可微函数的 n-K 宽度的下方估计.

在 n-K 宽度的数量级估计问题中，如何得到下方估计一般较难. 在宽度理论中对此曾有专门的讨论. 在第五章内曾给出两个方法. 一是球宽度定理. 这条定理应用范围广，但是运用到具体问题上往往需要独到的技巧. 二是第五章 §8 内给出的方法，其适用范围狭窄，把问题化归到解决一个完全样条类上的最小范数问题. 现在基本等价定理，从式(6.123)，(6.124) 和 (6.126) 可以推演出可微函数类的 n-K 宽度下方估计的方法. 为确定起见，仅就式(6.124) 的情况来说明.

给定 $m\in\mathbf{Z}_+$. 为了找出 $d_{2m}[\widetilde{\mathscr{M}}_\infty^{(n)};L^\infty]$ 的下方估

计，任取 $L_{2\pi}^{\infty}$ 的 $2m$ 维线性子空间 M_{2m}，并取 $\mu=1$，置

$$\Psi(f)=\inf_{g\in M_{2m}}\|f-g\|_{\infty}$$

那么

$$\Psi(\widetilde{\mathscr{M}}_{\infty}^{(n)})=E(\widetilde{\mathscr{M}}_{\infty}^{(n)};M_{2m})_{\infty}$$

$$\Psi(\widetilde{\mathscr{M}}_{\infty}^{(0)})=E(\widetilde{\mathscr{M}}_{\infty}^{(0)};M_{2m})\leqslant 1$$

此时 $r=n-1$，$\hat{P}_r(D)=D$，所以 $\widetilde{\mathscr{M}}_{\infty}^{(1)}=W_{\infty}^{1}$. 根据式(6.124)有

$$\begin{aligned}\Psi(\widetilde{\mathscr{M}}_{\infty}^{(1)})&=E(W_{\infty}^{1};M_{2m})_{\infty}\\&\leqslant\Gamma_{n,n-1}\left(\lambda\left(\frac{E(\widetilde{\mathscr{M}}_{\infty}^{(n)};\mathscr{M}_{2m})_{\infty}}{E(\widetilde{\mathscr{M}}_{\infty}^{(0)};M_{2m})_{\infty}}\right)\right)\cdot E(\widetilde{\mathscr{M}}_{\infty}^{(0)};M_{2m})_{\infty}\\&=\left\{\frac{\Gamma_{n,n-1}\left(\lambda\left(\frac{E(\widetilde{\mathscr{M}}_{\infty}^{(n)};M_{2m})_{\infty}}{E(\widetilde{\mathscr{M}}_{\infty}^{(0)};M_{2m})_{\infty}}\right)\right)}{\frac{E(\widetilde{\mathscr{M}}_{\infty}^{(n)};M_{2m})_{\infty}}{E(\widetilde{\mathscr{M}}_{\infty}^{(0)};M_{2m})_{\infty}}}\right\}E(\widetilde{\mathscr{M}}_{\infty}^{(n)};M_{2m})_{\infty}\\&\leqslant\Gamma_{n,n-1}(\lambda(E(\widetilde{\mathscr{M}}_{\infty}^{(n)};M_{2m})_{\infty}))\end{aligned}$$

因 $\Gamma_{n,n-1}(\lambda(u))/u$ 单调下降，故当用 1 代换 $E(W_{\infty}^{1};M_{2m})_{\infty}$ 时有上面的不等式.（可以写出 $\Gamma_{n,n-1}(\lambda)$ 的显式，由其即得出上面的最后的不等式.）由此

$$\begin{aligned}d_{2m}[W_{\infty}^{1};L^{\infty}]&=\inf_{M_{2m}}E(W_{\infty}^{1};M_{2m})_{\infty}\\&\leqslant\Gamma_{n,n-1}(\lambda(E(\widetilde{\mathscr{M}}_{\infty}^{(n)};M_{2m})))\end{aligned}$$

取 γ_m 使 $\Gamma_{n,n-1}(\gamma_m)=d_{2m}[W_{\infty}^{1};L^{\infty}]$，则由

$$\Gamma_{n,n-1}(\gamma_m)\leqslant\Gamma_{n,n-1}(\lambda(E(\widetilde{\mathscr{M}}_{\infty}^{(n)};M_{2m})))$$

得到

$$\gamma_n\geqslant\lambda(E(\widetilde{\mathscr{M}}_{\infty}^{(n)};M_{2m})_{\infty})$$

从而有

$$\Gamma_{n,0}(\gamma_m)\leqslant E(\widetilde{\mathscr{M}}_\infty^{(n)};M_{2m})_\infty$$

由于 M_{2m} 是任意的,所以最后得

$$\Gamma_{n,0}(\gamma_m)\leqslant d_{2m}[\widetilde{\mathscr{M}}_\infty^{(n)};\widetilde{L}^\infty] \tag{6.127}$$

式(6.127)把问题化归到精确地估计 γ_m.

其他情形亦可照此法推出.

(三)由单边条件确定的周期可微函数类上的等价定理

定理6.4.1可以对由单边条件确定的可微函数类建立起来.其证明的基本步骤和定理6.4.1相同,但需用到带单边限制条件下的最佳逼近对偶公式以代替常义逼近的对偶公式(见专著[2]的第二章).本节除保留使用上节中所用的符号外,还要用到

$$(f(x))_-\overset{\text{df}}{=\!=}\max(0,-f(x))$$

$$\widetilde{\mathscr{M}}_p^{(n-r),-}\overset{\text{df}}{=\!=}\widetilde{\mathscr{M}}_p^{(n-r),-}(\hat{P}_r(D))$$

$$=\{f\in\widetilde{L}_{2\pi}^{(n-r)}\mid \|(\hat{P}_r(D)f)_-\|_p\leqslant 1,\hat{P}_r(D)f\perp 1\}$$

$$\widetilde{\mathscr{M}}_{s,*}^{(n),-}\overset{\text{df}}{=\!=}\widetilde{\mathscr{M}}_s^{(n),-}(P_n^*(D))$$

$$\widetilde{\mathscr{M}}_p^{(0,-)}\overset{\text{df}}{=\!=}\{g\in L_{2\pi}^p\mid \|g\|_p\leqslant 1,g(t)\leqslant 0,\text{a. e.}\}$$

和定理6.4.1完全类似,我们有:

定理 6.4.5 设 $n\geqslant 2,P_n(\lambda)=\lambda P_{n-1}(\lambda)$,$P_{n-1}(\lambda)=0$ 仅有实根.$\Omega(u)\in A,1\leqslant p,q,s\leqslant+\infty$,$r\in\{1,\cdots,n-1\},P_r(D)\subsetneqq P_n(D)$,则以下三条断语等价:

(1)$\forall f\in\widetilde{L}_{s'}^{(n)}(P_n^*(D)),(P_n^*(D)f)_-\neq 0$,成立

$$E_1(P_r^*(D)f)_{p'}\leqslant\Omega\left(\frac{E_1(f)_{q'}}{\|(P_n^*(D)f)_-\|_{s'}}\right)\cdot$$

$$\|(P_n^*(D)f)_-\|_{s'} \quad (6.128)$$

(2) 对每一 $N>0$ 有

$$E^+(\widetilde{\mathscr{M}}_p^{(n-r),0}, N\widetilde{\mathscr{M}}_q^{(n)})_s \leqslant \sup_{u>0}\{\Omega(u)-Nu\} \quad (6.129)$$

(3) 对 $L_{2\pi}$ 上的任一半范 $\Psi(\cdot)$,有

$$\Psi(\widetilde{\mathscr{M}}_p^{(n-r),0}) \leqslant \Omega\left(\frac{\Psi(\widetilde{\mathscr{M}}_q^{(n)})}{\Psi(\widetilde{\mathscr{M}}_s^{0,-})}\right)\Psi(\widetilde{\mathscr{M}}_s^{0,-}) \quad (6.130)$$

定理 6.4.6　条件同上,以下三条断语等价:

(1) $\forall f\in \widetilde{L}_s^{(n)}(P_n^*(D)), P_n^*(D)f\not\equiv 0$,有

$$E_1^-(P_r^*(D)f)_{p'} \leqslant \Omega\left(\frac{E_1(f)_{q'}}{\|P_n^*(D)f\|_{s'}}\right)\|P_n^*(D)f\|_{s'} \quad (6.131)$$

(2) 对任何 $N>0$ 有

$$E(\widetilde{\mathscr{M}}_p^{(n-r),-}, N\widetilde{\mathscr{M}}_q^{(n)})_s \leqslant \sup_{u>0}\{\Omega(u)-Nu\} \quad (6.132)$$

(3) 对 $L_{2\pi}$ 上任一半范,有

$$\Psi(\widetilde{\mathscr{M}}_p^{(n-r),-}) \leqslant \Omega\left(\frac{\Psi(\widetilde{\mathscr{M}}_q^{(n)})}{\Psi(\widetilde{\mathscr{M}}_s^{(0)})}\right)\Psi(\widetilde{\mathscr{M}}_s^{(0)}) \quad (6.133)$$

定理 6.4.7　条件同上. 以下三条断语等价:

(1) $\forall f\in \widetilde{L}_s^{(n)}(P_n^*(D)), (P_n^*(D)f)_-\not\equiv 0$,有

$$E_1^-(P_r^*(D)f)_{p'} \leqslant \Omega\left(\frac{E_1(f)_{q'}}{\|(P_n^*(D)f)_-\|_{s'}}\right)\cdot \|(P_n^*(D)f)_-\|_{s'} \quad (6.134)$$

(2) $\forall N>0$ 有

$$E^+(\widetilde{\mathscr{M}}_p^{(n-r),-}, N\widetilde{\mathscr{M}}_q^{(n)})_s \leqslant \sup_{u>0}\{\Omega(u)-Nu\} \quad (6.135)$$

(3) 对 $L_{2\pi}$ 上任一半范 $\Psi(\cdot)$,成立

$$\Psi(\widetilde{\mathscr{M}}_p^{(n-r),-}) \leqslant \Omega\left(\frac{\Psi(\widetilde{\mathscr{M}}_q^{(n)})}{\Psi(\widetilde{\mathscr{M}}_s^{(0),-})}\right)\Psi(\widetilde{\mathscr{M}}_s^{(0),-}) \tag{6.136}$$

这些定理中,三条不等式有一条精确的话,另外两条也精确.另外,对于定理 6.4.1 所做的那些解释,对这些定理也基本上适合.下面仅就 $P_n(D)=D^\sigma\prod_{j=1}^{l}(D^2-t_j^2)$,$t_j>0$,$l\geqslant 0$,$\sigma\geqslant 2$ 的情形做些进一步的讨论.先从定理6.4.5 开始,设 $p=q=s-1$,$p'=q'=s'=+\infty$.此时,把式(6.128)和(6.78)加以对比,并若限定 $P_r(D)$ 是 $P_n(D)$ 的自共轭真子算子

$$P_r(D)=D^{\sigma-\mu}\prod_{j=l-j+1}(D^2-t_j^2)$$

$$\hat{P}_r(D)=D^{\mu}\prod_{j=1}^{l}(D^2-t_j^2),1\leqslant\mu<\sigma$$

那么我们自然取

$$\Omega(u)=H_{n-r}(\lambda(u)) \tag{6.137}$$

其中 $\lambda(u)$ 满足函数方程

$$H_n(\lambda(u))=u$$

下面对函数 $H_{n-r}(\lambda(u))$ 的性质做一些刻画.我们注意到对

$$P_n(D)=D^\sigma\prod_{j=1}(D^2-t_j^2)$$

有

$$\widetilde{G}_n(x,\lambda)=2(-1)^l\sum_{\nu=1}^{+\infty}\frac{\cos\left(\nu\lambda x-\frac{\sigma\pi}{2}\right)}{\nu^\sigma\lambda^\sigma\prod_{j=1}^{l}(\nu^2\lambda^2+t_j^2)}$$

由前面的定义

$$H_n^+(\lambda)=\max_x \widetilde{G}_n(x,\lambda)$$

$$H_n^-(\lambda)=-\min_x \widetilde{G}_n(x,\lambda)$$

$$H_n(\lambda)=\frac{1}{2}(H_n^+(\lambda)+H_n^-(\lambda))$$

可以先写出：

当 σ 是偶数时

$$H_n(\lambda)=\frac{2}{\lambda^\sigma}\sum_{k=0}^{+\infty}\frac{1}{(2k+1)^\sigma\prod_{j=1}^{l}[(2k+1)^2\lambda^2+t_j^2]} \tag{6.138}$$

当 σ 是奇数时

$$H_n(\lambda)=\frac{2}{\lambda^\sigma}\sum_{k=0}^{+\infty}\frac{(-1)^k}{(2k+1)^\sigma\prod_{j=1}^{l}[(2k+1)^2\lambda^2+t_j^2]} \tag{6.138'}$$

把表达式(6.138)和(6.138′)以及表达式 $\Gamma_{n,0}(\lambda)$ 对比，即可看出有：

引理 6.4.6 $H_n(\lambda)$ 在$(0,+\infty)$上严格单调下降，且 $\lim\limits_{\lambda\to 0+}H_n(\lambda)=+\infty$，$\lim\limits_{\lambda\to+\infty}H_n(\lambda)=0$. 又 $H_n(\lambda)\in C^\infty$.

推论 方程 $H_n(\lambda)=u$ 确定一个函数 $\lambda(u)$：$\forall u\in(0,+\infty)$，$u\to\lambda\in(0,+\infty)$，使得 $H_n(\lambda(u))=u$，$\lambda(u)$ 在$(0,+\infty)$上严格单调下降，属于 C^∞ 类，而且 $\lim\limits_{u\to 0+}\lambda(u)=+\infty$，$\lim\limits_{u\to+\infty}\lambda(u)=0$.

$\lambda(u)$ 是 $u=H_n(\lambda)$ 的反函数. 当 $P_n(D)=D^n$ 时，可写出 $\lambda(u)$ 的显式表示. 往下，完全和定理 6.4.2 相仿，可以证明：

定理6.4.8 设 $P_n(D)=D^\sigma\prod_{j=1}^{l}(D^2-t_j^2)$, $\sigma\geqslant 2$, $l\geqslant 0$, $t_j>0$. 子算子 $P_r(D)$ 的余算子形如 $\hat{P}_r(D)=D^\mu$, $1\leqslant\mu<\sigma$, 则 $\Omega(u)=H_{n-r}(\lambda(u))\in A$, 此处 $\lambda(u)$ 满足函数方程 $H_n(\lambda(u))=u$, 对 $p=q=s=1$ 定理6.4.5成立. 特别地, 对 $\widetilde{L}_{2\pi}$ 上任一半范 $\Psi(\cdot)$ 有

$$\Psi(\widetilde{\mathscr{M}}_1^{(n-r),0})\leqslant H_{n-r}\left(\lambda\left(\frac{\Psi(\widetilde{\mathscr{M}}_1^{(n)})}{\Psi(\widetilde{\mathscr{M}}_1^{0,-})}\right)\right)\Psi(\widetilde{\mathscr{M}}_1^{0,-}) \tag{6.139}$$

$\lambda\left(\frac{\Psi(\widetilde{\mathscr{M}}_1^{(n)})}{\Psi(\widetilde{\mathscr{M}}_1^{0,-})}\right)$ 是下列方程的解

$$H_n\left(\lambda\left(\frac{\Psi(\widetilde{\mathscr{M}}_1^{(n)})}{\Psi(\widetilde{\mathscr{M}}_1^{0,-})}\right)\right)=\frac{\Psi(\widetilde{\mathscr{M}}_1^{(n)})}{\Psi(\widetilde{\mathscr{M}}_1^{0,-})}$$

类似于式(6.123), 这里也有

推论 设 $P_r(D)$, $P_n(D)$ 如定理所给出, $\Psi(\cdot)$ 是 $L_{2\pi}$ 上的任一半范. 若对某个 $\lambda>0$ 有

$$\Psi(\widetilde{\mathscr{M}}_1^{(n)})\leqslant H_n(\lambda)\cdot\Psi(\widetilde{\mathscr{M}}_1^{0,-})$$

则

$$\Psi(\widetilde{\mathscr{M}}_1^{(\mu)})\leqslant H_{n-r}(\lambda)\cdot\Psi(\widetilde{\mathscr{M}}_1^{0,-}) \tag{6.140}$$

此处 $\mu=n-r$ 是 $\hat{P}_r(D)$ 的阶数.

这条推论可以看作是式(6.78)的一种扩充.

往下转到定理6.4.7. 其中的式(6.134)当 $p=q=s=1$, $p'=q'=s'=+\infty$ 时和式(6.84)相当. 若 $P_n(D)$, $P_r(D)$ 仍然照旧, 则取

$$\Omega(u)=2H_{n-r}(\lambda(u)) \tag{6.141}$$

便得:

定理6.4.9 若 $P_n(D)$, $P_r(D)$ 照旧, 则 $\Omega(u)=2H_{n-r}(\lambda(u))\in A(H_n(\lambda(u))=u)$. 对 $p=q=s=1$,

$\Omega(u)=2H_{n-r}(\lambda(u))$ 定理 6.4.7 成立. 特别地, 有

$$\Psi(\widetilde{\mathscr{M}}_1^{(\mu),-})\leqslant 2H_{n-r}\left(\lambda\left(\frac{\Psi(\widetilde{\mathscr{M}}_1^{(n)})}{\Psi(\widetilde{\mathscr{M}}_1^{0,-})}\right)\right)\Psi(\widetilde{\mathscr{M}}_1^{0,-})$$

此处

$$H_n\left(\lambda\left(\frac{\Psi(\widetilde{\mathscr{M}}_1^{(n)})}{\Psi(\widetilde{\mathscr{M}}_1^{0,-})}\right)\right)=\frac{\Psi(\widetilde{\mathscr{M}}_1^{(n)})}{\Psi(\widetilde{\mathscr{M}}_1^{0,-})} \tag{6.142}$$

推论　设 $\Psi(\cdot)$ 是 $\widetilde{L}_{2\pi}$ 上任一半范. 若对某个 $\lambda>0$ 有

$$\Psi(\widetilde{\mathscr{M}}_1^{(n)})\leqslant H_n(\lambda)\cdot\Psi(\widetilde{\mathscr{M}}_1^{0,-})$$

则

$$\Psi(\widetilde{\mathscr{M}}_1^{(\mu),-})\leqslant 2H_{n-r}(\lambda)\cdot\Psi(\widetilde{\mathscr{M}}_1^{0,-}) \tag{6.143}$$

最后我们来考虑定理 6.4.5 的又一种特殊情形: $p\in[1,+\infty]$ 任意, $q=s=1, q'=s'=+\infty$. 这时设 $n\geqslant 3, \sigma\geqslant 2, P_r(D)$ 和 $P_n(D)$ 如前所给出. 和式 (6.128) 相当的不等式是式(6.101), 只是把其中的 p 范数换上 $E_1(f)_p=\inf\limits_{\lambda\in\mathbf{R}}\|f-\lambda\|_p$. 记

$$P_r(D)=D^{\sigma-\mu}\prod_{j=l-j'+1}^{l}(D^2-t_j^2)$$

$$t_j>0, \sigma-\mu\geqslant 1, r=\sigma-\mu+2j'$$

则

$$E_1(P_r(D)f)_{p'}$$

$$\leqslant E_1(P_r(\widehat{D)\widetilde{G}}_n(\cdot,\lambda))_{p'}\|(P_n(D)f)_-\|_\infty$$

其中 λ 满足

$$H_n(\lambda)=\frac{E_1(f)_\infty}{\|(P_n(D)f)_-\|_\infty}$$

记

$$\Theta_n^{(r)}(\lambda)_{p'}=E_1(P_r(\widehat{D)\widetilde{G}}_n(\cdot,\lambda))_{p'} \quad (6.144)$$

置

$$\Omega(u)=\Theta_n^{(r)}(\lambda(n))_{p'}$$

其中 $\lambda(u)$ 满足方程

$$H_n(\lambda(u))=u \quad (6.145)$$

需要验证 $\Omega(u)\in A$. 下面给出一种很特殊的条件可以保证 $\Omega(u)\in A$ 者:取 $\hat{P}_r(D)=D^\mu,1\leqslant\mu<\sigma$,则由于

$$E_1(P_r(\widehat{D)\widetilde{G}}_n(\cdot,\lambda))_{p'}=\lambda^{-\mu}E_1(G_\mu^*)_{p'}$$

其中

$$G_u^*(t)=2\sum_{\nu=1}^{+\infty}\frac{\cos\left(\nu t-\frac{\pi\mu}{2}\right)}{\nu^\mu}$$

$E_1(G_\mu^*)_{p'}$ 与 λ 无关. 这样就容易验证 $\Theta_n^{(r)}(\lambda(u))_{p'}\in A$. 我们有:

定理 6.4.10 当 $n\geqslant 3$, $P_n(D)$ 和 $P_r(D)$ 如上所给出,则定理 6.4.5 对任意的 $p,1\leqslant p\leqslant+\infty,q=s=1$,以及 $\Omega(u)=(\lambda(u))^{-\mu}E_1(G_\mu^*)_{p'}$ 适用,这里 $\lambda(u)$ 是下列函数方程的解

$$H_n(\lambda(u))=u$$

这时对 $L_{2\pi}$ 上任一半范 $\Psi(\cdot)$ 成立

$$\Psi(\widetilde{\mathscr{M}}_p^{(\mu)})\leqslant E_1(G_\mu^*)_{p'}\left\{\lambda\left(\frac{(\Psi\,\widetilde{\mathscr{M}}_1^{(n)})}{(\Psi\,\widetilde{\mathscr{M}}_1^{0,-})}\right)\right\}^{-\mu}\cdot\Psi(\widetilde{\mathscr{M}}_1^{0,-}) \quad (6.146)$$

其中

$$H_n\left(\lambda\left(\frac{\Psi\,\widetilde{\mathscr{M}}_1^{(n)}}{\Psi(\widetilde{\mathscr{M}}_1^{0,-})}\right)\right)=\frac{\Psi(\widetilde{\mathscr{M}}_1^{(n)})}{\Psi(\widetilde{\mathscr{M}}_1^{(0,-)})}$$

推论 若对某 $\lambda>0$ 有

$$\Psi(\widetilde{\mathscr{M}}_1^{(n)}) \leqslant H_n(\lambda)\Psi(\widetilde{\mathscr{M}}_1^{0,-})$$

则有

$$\Psi(\widetilde{\mathscr{M}}_1^{(\mu)}) \leqslant E_1(G_\mu^*)_{p'} \cdot \lambda^{-\mu} \cdot \Psi(\widetilde{\mathscr{M}}_1^{0,-}) \tag{6.147}$$

式(6.140)，(6.143) 和(6.147) 的用处和式(6.124) 和(6.126) 类似.

§5　注和参考资料

$\mathscr{L}$— 样条的极值性质是一个很广泛的课题，迄今已有大量资料.下面是几种涉及这一问题的专著和论文.

[1] Н. П. Корнейчук，Сплайны В теории приближений，М. НАУКА，1984.

[2] Korneichuck 等，带限制的逼近（俄文），К. НАУКОВА，1982.

[3] S. Karlin，Oscilatory perfect splines and related extremal problems，Studies in Splines and Approximation Theory，Acad. Press，1976.

[4] Н. П. Корнейчук，Экстремаьные свойства сплайнов，Теория приближения функций，М.(НАУКА)，1977（卡鲁格 1975 年国际逼近论会议论文集）.

(一)广义 Bernoulli 核及其最佳平均逼近

广义 Bernoulli 核的研究最初见于资料：

[5] М. Г. Крейн，К теории наилучшего

приближения периодических функций, Докл. АН СССР 18, №4, 5(1983)245-149.

M. Г. Крейн 在这篇文章中给出了对应于任意实系数多项式的广义 Bernoulli 函数,提出了广义 Rolle 定理,但是没有证明. 这里的证明出自

[6] 孙永生,可微函数类上的某些极值定理. 北京师范大学学报(自然科学版),4(1984)11-26.

在本书中对实系数多项式 $P_n(\lambda)$ 加了限制 $P_n(\mathrm{i}k)\neq 0(k=\pm 1,\pm 2,\cdots)$. 如果不加这个限制,记

$$P=\{k\in \mathbf{Z}\mid P_n(\mathrm{i}k)=0\}$$

作为 $G_n(t)$ 可如下地定义

$$G_n(t)=\frac{1}{2\pi}\sum_{\substack{\nu\in \mathbf{Z}\\ \nu\in \overline{P}}}\frac{\mathrm{e}^{\mathrm{i}\nu}t}{P_n(\mathrm{i}\nu)}$$

这时定义 6.1.3 中的卷积类 $\widetilde{\mathscr{M}}_p(P_n(D))$ 定义为: $f\in \widetilde{\mathscr{M}}_p(P_n(D))$, 若

$$f(x)=\sum_{s\in P}c_s\mathrm{e}^{\mathrm{i}sx}+\int_0^{2\pi}G_n(x-t)k(t)\mathrm{d}t$$

$\|h\|_p\leqslant 1,\int_0^{2\pi}h(t)\mathrm{d}t=0$. c_s 是任意常数.

标准函数(广义 Euler 样条)最早出现在资料[5]. 但是它的特殊情形,包括对应于 $P_n(\lambda)=\lambda^n$ 时的标准函数,从 20 世纪 30 年代 Favard, Ахиезер 与 Крейн 的工作开始,陆续被发现其在逼近论的极值问题中的重要作用. 详见[1].

在资料:

[7] B. T. Шевальдин, $\mathscr{L}$ — сплайны и поперечники, Матем. заметки, 33, №5(1983)735-744.

中详细讨论了广义 Euler 样条的一些性质,同时证明

了广义 Bernoulli 核的 K 宽度估计的一个精确结果. 广义 Euler 样条在[6]中也有较详细的讨论.

定理 6.1.3 是[5]中首先给出的.

§1 的第五段关于单边逼近的基本概念,出自资料:

[8] T. Ganelius, On one-sided approximation by trigonometric polynomials, Math. Scand. 4(1965) 247-258. 这一段的内容亦可参考专著[2].

周期卷积类上的单边最佳逼近对偶公式是本书第四章 §2 结果的类比. 见[2]的第二章 §2.4.,和第三章.

(二) Kolmogorov 比较定理和 Landau-Kolmogorov 不等式

Kolmogorov 比较定理在 Корнейчук 的三本专著中都有详尽的介绍. 我们在这里介绍的是这条定理的目前所知道的一种最广泛的形式,利用它便于推出一系列涉及线性微分算子 $P_n(D)=D^n+\sum_{j=1}^{n}a_jD^{n-j}$ 所确定的可微函数类上的结果. 定理 6.2.2,定理 6.2.3 及其六条推论均见诸资料[6] 其证明的思想可以溯源于资料:

[9] A. Cavarreta, An elementary proof of Kolmogorov's Theorem Amer. MM, 81(1974) 480-486.

定理 6.2.3 的推论了包含了资料:

[10] Sharma-Tzimbalario, Landau type inequalities for some linear differential operators, Illinojs J. M. 20(1976) 433-455.

中的主要结果.另外,定理 6.2.3 包含了:

[11] H. G. Ter Morsche, Scherer, Euler $\mathscr{L}$-splines and an extremal problem for periodic functions, Jour. A. T,43(1985)90-98 的主要结果.

定理 6.2.4 见于资料:

[12] 孙永生,关于线性微分算子的 Landau-Kolmogorov 型不等式,科学通报,30(1985)481-485.

这个结果也包含着[10]的主要结果.

Landau-Kolmogorov 不等式的变形定理 6.2.5 见资料[6]但是关于特殊情形 $P_n(D)=D^n$ 的(即式(6.45))是由苏联学者给出的.见专著[2],其中附有资料.

Stěin 不等式首见于 E. M. Stein 的论文:

[13] E. M. Stein, Functions of exponential type, Ann. Math. ,65,№3(1957)582-592.

其中使用的卷积变换的论证技巧,在函数论中有很多用处. Stein 不等式在周期函数类上的情形 Корнейчук 曾给出新的证明.

周期卷积类上的 Landau-Kolmogorov 型不等式($\infty-p$ 型)和 Тайков 型不等式,是 Корнейчук 等人首先针对特殊算子 $P_n(D)=D^n$ 建立的,用到了函数重排的工具.这一部分结果在专著[2]中有很好的介绍.

本书介绍的是往 $P_n(D)=D^n+\sum_{j=1}^{n}a_jD^{n-j}$ 情形的扩充见资料[6]这些扩充有助于解决由广义 Bernoulli 核定义的周期卷积类上某些逼近的极值问题,如 Тайков 不等式可用于 K 宽度问题的估计,等等.

尚光明引理首见于:

[14] Kong-ming, Shong, Some extensions of atheorem of Hardy, Littlewood and Polya and their applicaions, Canad. J. M. 26,№6(1974).

在专著[2]内有其简单证明(用到重排).

(三)单边限制条件下的 Kolmogorov 比较定理和 Landau Kolmogorov 不等式

$P_n(D)=D^n$ 情形的结果见专著[2]. 本段的部分结果是翁心龙作的. 见:

[15] 翁心龙,可微函数类上的若干单边型极值定理和单边 L_1 宽度的强渐近值估计,北京师范大学数学系硕士学位论文,1985.

(四)Landau-Kolmogorov 不等式和逼近论极值问题的联系

这是一个广泛的课题. 本节仅仅限于讨论周期卷积类上的情形. 其基本结果是定理 6.4.1. 它扩充了 Корнейчук-Лигун-Доронин 的等价定理. 关于后者见于专著[2].

关于 Landau-Kolmogorov 不等式的历史注记中涉及一些资料有:

[16] E. Landau, Proc,LMS(2)13(1913)43-49.

[17] J. Hadamard, Sur le module maximum d' une fonction et de ses dèrivèes,C. R. des Sèances Soc. Math. France41(1914)68-72.

[18] G. H. Hardy. J. E. Littlewood, Contributions to the arithmetic theory of series, Proc. LMS (2)13(1912/1913)411-478.

[19] A. H. Kolmogorov, Ученые Записки МГУ 30, Матем. (1939)3-16.

[20] B. Nagy, Acta Sci. Math. (Szeged) 10 (1941/43)64-74.

[21] B. H. Габушин, Матем Заметки, 1(1967) 291-298.

[22] B. B. Арестов, Труды мат. ин-та АН СССР, 138(1975).(此文中附有较详细的资料可供参阅)

70 年代美国样条学者有一批工作:

[23] I. J. shoenberg, Amer. MM 80(1973)121-158.

[24] I. J. Shoenberg, A. Cavaretta, Solution of Landau's problem concerning higher derivatives on the half line, MRC Report №1104, Univ. of Wisconsin, 1970.

[25] C. deBoor, I. J. Schoenberg, Cardinal interpolation and spline functious, Spline Functions, Lecture Notes in Math, 501.

我国学者王建忠、黄达人的论文:

[26] 黄达人,王建忠,数学学报,26(1983),715-722 也是关于 Laudau-Kolmogorov 不等式的.

有限区间上的 Laudan-Kolmogorov 不等式,涉及 $W_{\infty}^{(n)}(I)=[0,1]$内 Chebyshev-Euler 完全样条(亦称等振荡完全样条). 见资料:

[27] B. M. Тихомиров, Матем. Сб, 80, №2 (1969)290-304.

[28] C. K. Chui, P. Smith, Amer. MM 82

(1975)977-929.

[29] M. Sato. Jour. A. T. 34(1982)159-166.

有限区间上的 $\mathscr{L}$-$\mathscr{K}$ 不等式 $n=4$ 的情形是不久前 A. H. Звячинцев 解决的见本节最后的[33].

С. Б. Стечкин 于 1967 年发表了：

[30] С. Б. Стечкин, Наилучшее приближение линейных операторов, матем. Заметки, 1, №2(1967) 137-148. 之后，出现了 Арестов，Габушин，Тайков 等人一系列工作. 在 Apectob 的[22]中，以及专著[2]中有广泛的资料目录.

§4 内的一组等价定理是黄达人证明的. 这些结果没有发表过. 它们仅仅解决了一些特殊情形，但是在计算由自共轭微分算子确定的可微函数类的 n-K 宽度，以及求它的极子空间时还是很有用的. 用这一方法求出宽度精确值的例子，见资料：

[31] 黄达人，孙永生，函数类 $\Omega_p^{2r+\sigma}$ 的上方逼近，东北数学，1(1985)172-182.

[32] Sun Yongsheng, Huan Daren, On one-sided approximation of class $\Omega_p^{2r+\sigma}$ of smooth functions, *J. Appr. Th. & its appl.* 1(1984)19-35.

把等价定理用于可微函数类的单边 $n-K$ 宽度下方估计并且得到精确结果的第一例见[2]的第十章. 资料[31][32]对这一方法有所发展，它所依据的是广义的 Kolmogorov 比较定理.

式(6.127)给出了由等价定理导出的估计式的一般形式，类似的估计式可以对单边 $n-K$ 宽度给出. 使用这一方法，可以把高阶可微函数类上的 $n-K$ 宽度下方估计化归于一阶可微类的 $n-K$ 宽度估计. 这相

对地讲是较易解决的,比如式(6.127)的使用化归到求方程

$$\Gamma_{n,n-1}(\gamma_m)=d_{2m}[W_\infty^1;L_{2\pi}^\infty]$$

的精确解 γ_m. 当然,为此,首先必须求出量 $d_{2m}[W_\infty^1;L_{2\pi}^\infty]$的精确值才可.

[33] A. H. Звячинцев, $n=4$ 时的 Kolmogorov 不等式(俄文), Латв. Матем. Ежегод. (Рига), №26 (1982) 165-175.

在苏联出版的"Реферативный Журнал, Математчка"杂志上对这一结果有简单的介绍. 从这本杂志上还了解到,З=3 时有限区间上的 Kolmogorov 不等式也曾经由 A. H. евячинцев 和 A. Я. Лепин 得到. 发表在"Латв. Матем. Ежпгод."1982 年 №26 上. 那么,这和 M. Sato 的[29]是同一年发表的.

最后,补充一篇资料:

[34] B. T. Шевалдин, Матем. Заметки, 29(1981) 4:603-622.

重要符号表

一、一般符号

$\forall$　逻辑符号:全称量词.

$\exists$　逻辑符号:特称量词.

$\varnothing$　空集.

$x\in A$　元素 x 属于集 A.

$x\overline{\in}A$　元素 x 不属于集 A.

$A\cap B$　A,B 集的交.

$A\cup B$　A,B 集的并.

$A\backslash B$　A,B 集的差.

$A\subset B$　B 包含 A.

$\{x|Px\}$　具有性质 P 的元素 x 的集.

$\sup\limits_{x\in A}f(x)$(或 $\sup\{f(x)|x\in A\}$)　泛函 f 在 A 上的值的上确界.

$\inf\limits_{x\in A}f(x)$(或 $\inf\{f(x)|x\in A\}$)　泛函 f 在 A 上的值的下确界.

$\stackrel{\text{df}}{=\!=}$　按等式来定义.

$\operatorname{sgn} x$　x 的符号 $\dfrac{x}{|x|}$,$x\neq 0$;否则为 0.

$\operatorname{mes}(E)$　E 的 Lebesgue 测度.

$\dim(X)$　线性集 X 的维数.

$\mathrm{span}\{x_1,\cdots,x_n\}$　由 $x_1,\cdots,x_n$ 张成的线性集.

$[\alpha]$　α 的整数部分,即不超过 α 的最大整数.

$\delta_{i,j}$　Kronecker δ:$\delta_{i,j}=0(i\neq j)$,否则为 1.

二、一些专用符号

$e(x,F)$　集 F 对定元 x 的最佳逼近度.

$\mathscr{L}_F(x)$　x 在 F 内最佳逼近元的集.

$\overline{F}$　F 的闭包.

P_n　次数小于 n 的代数多项式集.

T_{2n-1}　阶数小于 n 的三角多项式集.

$X_{2\pi}$　以 2π 为周期的函数空间.

$co(A)$　集 A 的凸包.

$\mathbf{R}$　实数集.

$\mathbf{C}$　复数集.

T　复平面上的以零点为中心的单位圆周.

$\mathbf{R}^n$　n 维实向量空间.

$\mathscr{K}_r$　Favard 常数.

$E_n(f)_X$　f 借助 T_{2n-1} 在 $X_{2\pi}$ 空间内的最佳逼近,或 f 借助 P_n 在 X 空间内的最佳逼近.

$\omega(f;t)_X$　f 在尺度 X 下的连续模.

$\omega_k(f;t)_X$　f 在尺度 X 下的 k 阶连续模($k=1$ 时,写作 $\omega(f,t)_X$).

W_p^r　$L_{2\pi}^p$ 中的满足条件 $\int_0^{2\pi}\varphi(t)\mathrm{d}t=0$, $\|\varphi\|_p\leqslant 1$ 的函数 φ 的 r 次周期积分的集合.

$\overline{W}_p^r$　W_p^r 内函数的三角共轭函数的集合.

W^rH^ω　$C_{2\pi}^r(r=1,2,3,\cdots)$ 内 f 满足 $f^{(r)}\in C_{2\pi}$,且 $\omega(f^{(r)};t)\leqslant\omega(t)$ 的全体.

H^{ω} $C_{2\pi}$内函数 f 满足$\omega(f;t)\leqslant\omega(t)$条件者的全体.

$\overline{f}$ f 的三角共轭函数.

$p(f)$ f 的非增重排.

$D_r(t)$ Bernoulli 函数.

$\mathbf{Z}$ 全体整数的集合.

$\mathbf{Z}^+$ 全体正整数的集合.

$d_n[\mathscr{M};X]$ 点集 $\mathscr{M}$ 在空间 X 内的 n 维 Kolmogorov 宽度.

$d^n[\mathscr{M};X]$ 点集 $\mathscr{M}$ 在空间 X 内的 n 维 Gelfand 宽度.

$d_n'[\mathscr{M};X]$ $\mathscr{M}$ 在 X 内的 n 维线性宽度.

$b_n[\mathscr{M};X]$ $\mathscr{M}$ 在 X 内的 n 维 Bernstein 宽度.

$a_n\asymp b$ 表示比值$\dfrac{a_n}{b}$界于两个正的常数(不依赖于 n 者)之间.

$C[a,b]$ $[a,b]$上连续函数全体.

$C^r[a,b],r\geqslant 0$ $[a,b]$上有 r 阶连续导函数的函数集.

$L_{2\pi}^p(1\leqslant p\leqslant+\infty)$ 以 2π 为周期的可测函数在一周期区期上 p 次幂可积的集合.

$C_{2\pi}^r(r\geqslant 0)$ 以 2π 为周期的连续函数,有 r 阶连续导函数的全体.